Excel+Power BI 数据分析与应用实践

翁东风 编著

清华大学出版社
北京

内容简介

本书全面系统地讲解了Excel和Power BI数据分析与可视化功能，并用示例讲解了这些功能的应用。主要内容包括：运用公式与函数，数理统计，数据分析工具，规划建模与求解，决策分析，Power BI Desktop，Power BI建模、度量值与DAX，以及Power BI服务、移动应用与自动化等。

本书可作为Excel和Power BI用户使用手册和自学、培训教材，也可作为学习和研究数理统计学、运筹学、管理学的参考书。

图书在版编目（CIP）数据

Excel+Power BI数据分析与应用实践 / 翁东风编著. --北京：清华大学出版社，2025.2. -- ISBN 978-7-302-68327-8

Ⅰ. TP391.13；TP317.3

中国国家版本馆CIP数据核字第2025SU9732号

责任编辑：薛　杨　薛　阳
封面设计：常雪影
责任校对：申晓焕
责任印制：刘海龙

出版发行：清华大学出版社
网　　址：https://www.tup.com.cn，https://www.wqxuetang.com
地　　址：北京清华大学学研大厦A座　　**邮　　编**：100084
社 总 机：010-83470000　　**邮　　购**：010-62786544
投稿与读者服务：010-62776969，c-service@tup.tsinghua.edu.cn
质量反馈：010-62772015，zhiliang@tup.tsinghua.edu.cn
课件下载：https://www.tup.com.cn，010-83470236
印 装 者：三河市铭诚印务有限公司
经　　销：全国新华书店
开　　本：185mm×260mm　　**印　　张**：27　　**字　　数**：660千字
版　　次：2025年4月第1版　　**印　　次**：2025年4月第1次印刷
定　　价：89.00元

产品编号：104092-01

前言

在工作和生活中，数字无处不在。数字技术已经成为推动人类社会进步和发展的重要力量。学习和掌握数字技术，是正确抉择、追求卓越的开始。为便于学习、掌握和运用数字技术，人们开发了计算机电子表格平台。如果将这种平台与过去的算盘、计算器相比较，不难发现新平台不再是简单的计算，而是集成了人类历史上的各种数学技术和成就，可以完成数据转换、建模、统计分析、规划求解等各种科学运算任务的工具。

1. Excel 的功能与用途

Excel 是一种功能强大、操作简便的电子表格软件。它以使用列和行定位单元格和工作表格的形式组织数据，可以通过公式和函数、加载项、嵌入的外部工具或应用程序对数据进行分析和计算。其主要功能和用途可概括如下。

(1) 记录、管理业务与生活数据。可以用工作簿记录、存储和管理日常业务和生活数据，如业绩、薪金、血压、体重等，以便查阅、分析和比较不同时段的数据，为改进业务、改善生活、强健体魄提供必要依据。

(2) 获取和转换外部数据。在工作簿中，可以从数据文件、数据库、在线平台等各种资源中获取需要的数据，并将其转换为便于阅读和分析的报表。

(3) 数据运算。可以在行、列定位的工作表中输入公式和函数运算数据，如求和、均值、最值、方差、行列式、矩阵乘积等。

(4) 数据分析。可使用数据透视表(PivotTable)、PowerPivot、数据分析、模拟分析、预测工作表等工具和统计函数，对数据的相关性、分布、规律或趋势进行分析，为决策提供量化依据。

(5) 会计和财务管理。可以调用或制作会计记账模板，建立和使用科目表、凭证表、日记账、分类账、余额表、折旧计提、资产负债表、利润表等会计报表，并进行财务状况分析。

(6) 数据可视化。在工作簿中可以使用“图表”工具，用柱形图、饼图、折线图、散点图、瀑布图、曲面图、地图等显示数据的统计特性或地理特性。

(7) 行政和人力资源管理。借鉴或修改现有管理类模板，按需要建立行政和人力资源计划、招聘与调配、培训、关键绩效指标(KPI)、薪酬福利、劳动合同等管理系统。

(8) 规划建模与求解。运用工作表中的计算功能、公式、函数或规划求解工具，解决线性规划、非线性规划、整数规划、目标规划、动态规划及运输问题的建模与求解问题。

(9) 决策分析。运用公式及函数、图形等功能，形象地分解、分析复杂的决策问题，并求解最优方案，如求解图与网络、网络计划、排队论、存储论、对策论和决策分析等问题。

(10) 商业智能分析与多媒体报表。可以连接 Power BI(Power Business Intelligence)，将工作簿数据转换为关系数据模型，通过交互式和人工智能(AI)过程形成可视化见解和多媒体报表，并可使用移动设备与同事共享和分析数据，发表见解。

(11) 按特定需要开发和扩展应用。可使用 VBA、宏和 XML 等工具，按照特定需要录制或编写业务流程、分析和计算程序，进一步提高效率。

2. Excel 的版本演变

1982 年，微软(Microsoft)公司推出了首款电子表格软件，其名称为 Multiplan。当时，Lotus Development 公司也发布了著名的 Lotus 1-2-3 电子表格应用程序。20 世纪 80 年代中期，Lotus 1-2-3 主导了电子表格软件市场。1987 年，微软推出了适用于 Windows 操作系统的 Excel 2.0，到 1988 年，Excel 2.0 的销量开始超过 Lotus 1-2-3。

1990 年，微软发布了 Excel 3.0，在工作表界面增加了工具栏、3D 图表、绘图和提纲等功能。两年后升级为 Excel 4.0，增加了自动填充等功能。1993 年，微软又推出了 Excel 5.0，并开发了 VBA(Visual Basic for Applications)语言，也就是 Excel 宏语言。VBA 为优化、拓展 Excel 的自动化和可操作性提供了无限可能。例如，可使用 VBA 代码处理数字、创建流程自动化、为企业呈现数据。

1995 年以后，微软开始采用年代作为 Excel 版本编号，先后发布了 Excel 95、Excel 97、Excel 2000、Excel 2002(Office XP)、Excel 2007、Excel 2010、Excel 2013、Excel 2016、Excel 2019、Excel 2020。每次升级或更新，都会改进、增加或拓展一些功能或工具。例如，Excel 2007 优化了压缩文件格式、扩大了文件容量、提升了文件的兼容性，并开始使用 xlsx 和 xlsm 为文件的后缀名；Excel 2013 增加了文件“自动恢复”等功能和 Power Query、Power View、Power Pivot 等工具；Excel 2016 新增了搜索框、墨迹重播、联机图片等功能；Excel 2019 版新增 IFS 等函数和漏斗图、插入图标等功能。

随着不断改进、升级和拓展，Excel 已成为使用最广泛的电子表格应用软件。2021 年 10 月，微软推出了 Excel 2021，进一步拓展了网络功能，可以在线与他人协作，分享数据、交流见解、共同创作。Excel 2021 是随 Office 365 一并发布的，Office 套件中还包括 Word、Outlook、PowerPoint、OneNote、Publisher。微软同时还推出了包含 Office 2021 的 Microsoft 365 家庭版和商业版。获取 Excel 2021 的方式有两种：一次性购买 Office 2021；或按月或年付费订阅 Microsoft 365 个人版、家庭版或商业版。

3. 从 Excel 到 Power BI

在 Excel 工作表(Sheet)中，每个单元格的数据都由行、列定位或引用，使用 Excel 公式可以计算单元格或区域的数据。为扩展关系数据计算、分析功能，微软在 Excel 2.0 就引入了 CrossTab 插件，到 Excel 5.0 更新为 PivotTable，也就是数据透视表。数据透视表是一种行、列矩阵表，它明确了数据之间的关系，在计算、分析数据时，可以直接引用行、列或表数据，提高交互式分析数据的性能。从 Excel 2010 开始，关系数据处理、分析功能进一步扩展，陆续增加了 PowerPivot、Power Query、Power View 和 Power Map 等插件。

2015 年，微软集成 Excel 中的 PowerPivot、Power Query、Power View 和 Power Map 等插件的功能，发布了商业智能软件 Power BI(Business Intelligence)，并且每月更新，截至

本书成书时,其版本为 Power BI 2.119(July 2023)。Power BI 是桌面应用(Desktop)、软件服务(Software-as-a-Service)和移动应用(Mobile Apps)的集合,它们一起协同工作。桌面应用集成查询引擎、数据建模和可视化等技术,为用户提供数据连接及查询、建模和可视化报表等功能,并可轻松与他人共享。软件服务是一种在线应用模块,使用该模块,用户可打开发布的报表,与组织成员动态协同地分析报表、交流见解。移动应用是可安装在手机或其他移动设备上的 App 程序,用户可通过该程序连接到云和本地数据,查看信息和互动,也可登录 Power BI 服务(https://powerbi.com),在"软件服务"中查看仪表板和报表,并可发表见解。

4. 下载、安装合适的 Excel 版本

在大多数情况下,用户所用的台式计算机、平板电脑或笔记本电脑都可满足安装 Excel 的硬件要求。用户可以根据自己的需要和所使用的操作系统,选择下载一个合适的版本安装、使用 Excel。目前比较流行或被广泛使用的为 Excel 2010 至 Excel 2021 版。Excel 2021 版的下载地址为

https://www.microsoft.com/zh-cn/microsoft-365/excel

对于一般性学习和工作,可以根据实际需要,选择安装旧版 Excel,企业用户或需要使用 Power Query、Power BI 等功能的用户,可以先免费试用 Microsoft 365,然后按需要订阅或一次性购买。

5. 本书结构与主要内容

本书详解了 Excel 在数理统计、运筹决策方面的运算和分析功能,并以教学习题和具体问题为示例,讲解了运用公式分析、求解数理统计和运筹规划问题的方法。作为 Excel 数据分析的延伸或补充,本书还讲解了 Power BI 数据建模与可视化分析等内容。全书分为以下 8 章。

第 1 章讲解如何运用公式与函数,主要内容有运算符和表达式、在公式中使用函数、公式中的单元格引用、在公式中定义和使用名称、三维引用、数组公式和审核公式等内容。

第 2 章讲解运用公式和 109 个统计函数计算或求解数理统计问题的方法,主要内容包括平均值及度量平均趋势,最值、排位与数据量分析,离散型随机变量分布,连续型随机变量分布,随机变量的数字特征,区间估计,假设检验、回归分析及预测等。

第 3 章讲解数据分析工具,主要内容包括删除重复值与数据验证、合并计算、分级显示、模拟分析、预测工作表、"数据分析"工具等。

第 4 章结合管理科学及运筹学中的规划建模与求解问题,讲解如何运用工作表中的计算功能、公式及函数解决线性、非线性及动态规划问题,内容包括规划求解工具、图解法与单纯形法、运输问题、目标规划、整数规划、非线性规划、动态规划等。

第 5 章运用了公式及函数、图形等功能,采用分解、演算、可视化方法,详细讨论管理科学和运筹学中的决策分析问题,内容主要包括图与网络分析、网络计划、排队论、存储论、对策论和决策分析等。

第 6~8 章详解了 Power BI 的功能与操作方法,主要内容包括安装和运行 Power BI,导入和转换数据,创建报表,钻取、交互与插入元素,视图,AI 视觉对象,R 脚本视觉对象,

Python 脚本视觉对象,分页报表,建模,度量值及其视觉对象,在 Power BI 中使用 DAX,使用外部工具编辑数据,Power BI服务,Power Apps,Power Automate 等。

为了适应不同专业背景读者的需要,本书还补充了如下电子书内容,读者可以根据需要下载。

(1) 本书为从零开始学习的初学者补充了"快速入门"和"工作簿基础",主要内容包括创建新工作簿、输入数据、设置格式及表格线、制作并打印简单报表、保存和管理工作簿文件等基础知识和操作方法。

(2) 为便于读者运用函数,提高数据分析效率,在上述统计函数基础上,本书补充了逻辑(包括新增的 LET、LAMBDA)、查找与引用、日期与时间、文本、信息、财务、数学、工程、数据库、数据集、Web 等其他 356 个函数的用法,以及创建自定义函数的方法。

(3) 本书补充讲解了表格(Excel Tables)、数据透视表(Pivot Tables)、超级透视表(PowerPivot)和超级视图(Power View)4 个实用列表数据管理工具或程序的用法。

(4) 本书围绕工作表"插入""页面布局""视图"选项卡,补充了插图、绘图、图表、三维地图、文本与符号、页面布局和视图等选项或工具的用法。

(5) 本书为正在或将要使用 Power BI 的读者,补充讲解了 Power Query,主要内容包括界面与功能、获取数据、整理数据、转换数据、添加列、自定义函数、高级编辑器与 M 语言等。

(6) 本书为学习和使用 VBA、XML 的读者补充讲解了 VBA、宏与 XML,主要内容包括 VB 编辑器、对象、方法、属性、事件、语法、语句、运算符、函数、录制宏、编辑宏代码、测试代码、运行宏、XML 编辑器、XML 语法、导入 XML 文件、编辑 XML 表、导出 XML 文件等。

6. 本书的特点

笔者在读硕、读博阶段,用 Excel 完成了许多学习、研究和写论文任务。在那段快乐的时光里,Excel 使笔者认识到数学的魅力和神奇,提升了学习和研究兴趣,也提高了建模和决策分析能力。当时,笔者的课题和论文中一个核心问题是地价模型。在完成课题建模过程中,令笔者非常有成就感的是向同学们展示调研提纲、建模思路,组织同学实地调查研究,阅读分析同学们的调查报告,用调研获得的数据建立模型。当然,设计调研表格、建模和模型评价等工作都是用 Excel 完成的。学习与创新的重要动力是兴趣,使用 Excel 不仅可以完成数据分析工作,还可以感受数字的魅力与神奇,提高学习数学的兴趣。本书将详解功能、探究原理与培养解题兴趣相结合,突出了如下特点。

(1) 将功能用途与相关教材及教学内容相结合,解剖式详解函数或工具。本书的讲解从基本定义和原理切入,用公式和示例解剖复杂函数、求解或分析工具,使读者能够按照教学或考试中书写公式和计算的要求,在电子表格中写入公式进行求解和分析,然后用函数或工具进行验证。

(2) 将公式及统计函数、数据分析(Data Analysis)工具和散点图结合,讲解二项分布、超几何分布、泊松分布、正态分布、伽马分布、贝塔分布、卡方分布、学生 T 分布、韦布尔分布、方差分析、偏度、峰度、协方差、相关系数、区间估计、假设检验、回归分析与预测等数据分析方法。

(3) 将运筹学教材有关决策分析中的习题作为示例,创新运用公式及函数、图形等功能,分析、演算、求解复杂的决策问题,包括图与网络、网络计划、排队论、存储论、对策论、风险型决策、不确定型决策、多目标决策、层次分析、数据包络分析等。

(4) 用散点图解二元线性规划及目标规划。运用散点图工具绘制约束条件直线和目标函数直线或曲线,图解可行域和最优解。

(5) 在工作表中,按照课堂作业或考试相同的格式、步骤,建立单纯形法、大 M 及两阶段单纯形法、改进单纯形法、对偶单纯形法和参数规划、运输问题、目标规划、整数规划、非线性规划、动态规划计算表,并巧妙运用相对、绝对引用等方法创建公式,求最优解。

(6) 注重可操作性。可操作性是正确使用软件各种功能的关键环节。在编写每个章节之前,笔者会对要解析的工具或函数进行专题研究,认知其背景、定义、定理、公式及参数,并通过实例完成测试,然后从专业角度叙述其功能、用途、使用方法和步骤,确保每个选项、每个函数、每个工具的可操作性。

(7) 注重系统性。Excel 及 Power Query、Power BI 内容丰富,功能强大,工具及函数繁多,关系复杂,本书连同补充内容按逻辑关系,将列表数据管理、数据分析、规划求解、数据转换等工具或插件归类讲解,将所有函数按专业用途划分为 33 个类别,分类讨论,全书结构层次清晰,便于阅读和实践。

(8) 注重长效性。为尽可能延长计算机软件类图书的寿命周期,本书以 Excel 中汇集的函数或算法工具为重点详解其定理、功能及用途,并用相关教材习题为示例讲解操作方法和步骤。这些函数或算法工具与初等、高等数学和工程、财务、统计等教材中的公式及定理一样,具有较长的时效或寿命周期。

7. 本书的约定

为节省篇幅,本书使用了如下简写符和简化措施。

- 连续单击"→",如单击"公式"→"审核公式"→"显示公式 "。
- 组合键"+",如 Ctrl+Shift+F3。
- 可选参数符"[ ]",如[number2]、[sum_range]。
- 简化函数的参数说明,相同或类似参数在首次出现时予以说明,后续不再赘述。

此外,本书中"汽车销售""学生成绩"以及未注明引用的示例,均由笔者根据讲解功能和操作方法的需要虚构或改编,无特定指向和含义。

希望本书能够帮助读者轻松、愉快地学习和掌握 Excel 和 Power BI 数据分析技术,也希望本书能帮助读者解决数理统计、运筹和管理学中遇到的问题,更希望读者能够使用 Excel 工具,在神奇的数字领域取得突破。

Excel 和 Power BI 涉及的专业领域非常广泛,尽管笔者对本书内容做了深入的研究,但精力和水平有限,书中难免有疏漏之处,欢迎广大读者批评指正。

翁东风

2024 年 11 月于北京

目录

第 1 章 运用公式与函数

工作表是一种网格化的表格，其中每个单元格或者说每个数据都有唯一的坐标位置。这个坐标位置在 Excel 中称为单元格引用。在工作表中，用户不仅可以对单元格数据进行加减乘除等基本运算，而且能使用各种函数进行高等运算或特别复杂的计算。平时，人们在学习或工作中遇到数据计算问题总会列出公式去分析、计算和求解，同样，Excel 中用户需要用公式表达计算思路和意图，使 Excel 能够理解并计算。实际上，Excel 中的公式与平时学习、工作或考试中书写的公式基本一致，只是在表达方式上需要用键盘代替书写。

在 Excel 中，公式是计算单元格值的表达式，函数是预定义的公式。表达式或公式可以包括函数、引用、运算符和常量。公式和函数是 Excel 中处理或运算数据的基本构件。据 Microsoft 365 帮助文件，Excel 现有函数 465 个，分为 13 类：数学与三角、日期与时间、查找与引用、文本、逻辑、数据库、多维数据集、信息、工程、财务、统计、Web 函数和自定义函数。随着社会生产生活、经济建设和科学技术的发展，Excel 函数也在不断添加、更新和升级，因此，其数量会随着更新或升级而出现小幅变化。

本章介绍如何运用公式与函数，主要包括运算符、表达式、创建公式、函数语法、单元格引用、定义和使用名称、三维引用、数组公式和审核公式等内容。

1.1 运算符和表达式

Excel 的运算符和表达式与其他常见软件和计算器的约定相同，在 Excel 的工作表中输入公式与平时书写公式差不多，很容易掌握。

1.1.1 运算符

Excel 公式中常用的运算符有算术运算符、比较运算符、文本及引用运算符等，如表 1-1 所示。

表 1-1 Excel 中常见运算符

类别	说　明	符号及含义						
算术运算符	公式中使用的符号	＋	－	*	/	∧	%	( )
	数学表达式	＋	－	×	÷	X^y	%	[( )]
	含义	加	减	乘	除	幂	百分符	括号
比较运算符	公式中使用的符号	＝	＜	＞	＞＝	＜＝	＜＞	
	数学表达式	＝	＜	＞	≥	≤	≠	
	含义	等于	大于	小于	大于或等于	小于或等于	不等于	

续表

类别	说　　明	符号及含义			
文本及引用运算符	公式中使用的符号	&	：	，	空格
	含义	连接文本运算符	区域运算符	联合运算符	交集运算符

算术运算符用来对公式中各个元素进行加、减、乘、除等运算操作。

比较运算符用来对公式中各个元素进行等于、大于、小于等比较运算操作。

文本及引用运算符用来连接文本和定义单元格区域的引用，其中，连接文本运算符用于连接两个文本值并产生一个连续的文本值；区域运算符生成两单元格坐标（含）之间的所有单元格区域引用；联合运算符用于合并多个单元格或单元格区域的引用；交集运算符用来比较两个单元格引用区域而生成有交集的单元格引用。

提示

（1）幂运算符“^”（Caret）通常被称为“脱字符”，其原意是编辑修改文章时的插入记号，或者是“脱落”字（句）需要插入的标记。“^”位于主键盘区第一行数字键区，数字“6”键上挡。与平时使用键盘相同，输入上挡运算符及比较运算符时均需要先按住 Shift（上挡）键。

（2）连接文本运算符写作“&”（与号），区域运算符写作“:”（冒号），联合运算符写作“,”（逗号），交集运算符写作空格。这几种运算符的用法如图 1-1 所示，其中，E5 单元格的公式中 A2:C4 与 B3:D5 两单元格区域之间是空格，即交集运算符，其交集区域是 B3:C4，故计算结果与 E4 单元格中公式“= SUM(B3:C4)”相同。

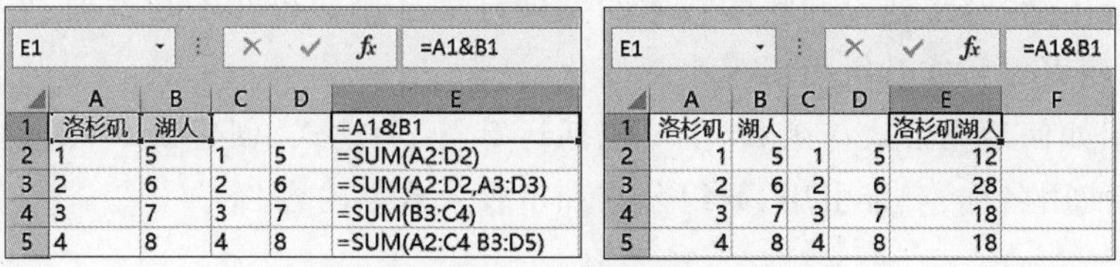

E1 =A1&B1

	A	B	C	D	E
1	洛杉矶	湖人			=A1&B1
2	1	5	1	5	=SUM(A2:D2)
3	2	6	2	6	=SUM(A2:D2,A3:D3)
4	3	7	3	7	=SUM(B3:C4)
5	4	8	4	8	=SUM(A2:C4 B3:D5)

E1 =A1&B1

	A	B	C	D	E	F
1	洛杉矶	湖人			洛杉矶湖人	
2	1	5	1	5	12	
3	2	6	2	6	28	
4	3	7	3	7	18	
5	4	8	4	8	18	

图 1-1　文本及引用运算符示例

1.1.2　表达式

表达式是一系列数值、单元格引用、函数与运算符的组合，是工作表中的计算公式。其运算法则与一般数学约定相同，先乘除后加减。如果公式中有括号，则先计算括号内的式子。使用括号时要注意括号之间的匹配，即每个左括号都应当有一个右括号与之对应。否则，系统将显示“左右括号不匹配”信息，提示用户修改公式。

以下面这个普通的数学表达式为例：

$$\left(\frac{25}{86}+\frac{1}{3}-\frac{2}{5}\right)\times 20+\left(\frac{2}{3}-\frac{3}{5}\right)\times 30+\sqrt[3]{7}\times\sqrt{5}\times 6^3$$

在 Excel 中的表达式为

```
=(25/86+1/3-2/5)*20+(2/3-3/5)*30+(7^(1/3))*(5^(1/2))*6^3
```

返回值为 930.4085589。

1.1.3　创建公式

在 Excel 中可以按如下步骤输入公式。

(1) 选定要输入公式的单元格。例如，选择 B2 单元格。

(2) 先输入等于号“＝”，然后紧跟在等于号后输入计算式如“＝PI() * (A2/2)^2”。如果使用“函数向导”向单元格中输入公式，Excel 会自动在公式前插入等于号。

(3) 按 Enter 键确认，B2 单元格中将得到结果 28.27433，如图 1-2 所示。图中编号标注了公式的基本构成。

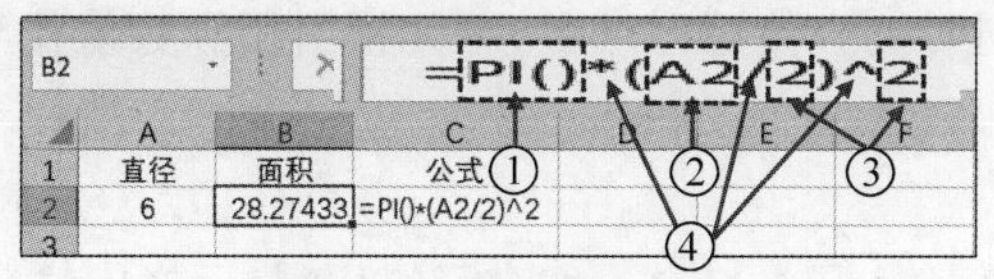

图 1-2　公式的基本内容

① 函数。PI()为圆周率函数，其返回值为 3.14159…。

② 引用。A2 为单元格引用，返回该单元格中的值。

③ 常量。2 为常量，是直接输入公式的数字。

④ 运算符。“ * ”(星号)表示乘积，“/”(斜杠)表示除法，“^”(脱字符)表示乘方。

提示

(1) 在单元格中输入公式后，单元格内会显示运算的结果，而编辑栏内显示输入的公式。例如，在 A1 单元格中输入“＝3 * (6＋12)/4－1”，单元格内显示的结果是 12.5。当将光标移动到 A1 单元格时，编辑栏内会显示该公式。

(2) 显示公式或显示计算结果的开关键是 Ctrl＋`。

1.2　在公式中使用函数

本节介绍在公式中使用函数的基本方法，包括输入函数的语法及格式要求、借助“公式记忆式输入”和“插入函数”向导等内容。

1.2.1　函数语法或格式

和其他应用程序和高级语言一样，Excel 的函数也由函数名和参数组成。函数名用来指定函数要执行的运算；参数用来指定函数使用的数值或单元格数据。例如，合计函数＝SUM(C3:C12)，其中，SUM 是函数名，C3:C12 是函数的参数。在建立函数公式时，需要注意如下语法规则。

(1) 在公式的开头一定要有“＝”号，例如“＝AVERAGE(B3:B12)”。

(2) 要用圆括号“( )”将函数的参数括起来。左括号“(”必须紧跟在函数名之后，否则会出现错误信息。个别函数如 PI、TRUE 等没有参数，在使用时也必须在其后面加上空括号，例如“＝A5 * PI()”。

(3) 当函数中的参数多于一个时，要用“,”号将它们隔开。Excel 函数的参数可以是数值、有数值的单元格或单元格区域，也可以是表达式，例如“＝SUM(2,3,A1:A6,B5)”。

(4) 文本函数的参数可以是文本，当用文本作为参数时，要用英文的双引号将文本引起来，例如“＝TEXT(NOW( ),"固定资产")”。

(5) 可以用定义的单元格名或单元格区域名作为函数的参数。例如，可以在“公式”选项卡下选择“定义名称”选项，将 B3:B12 单元格区域命名为“投资”，那么公式“=AVERAGE(投资)”计算的是 B3:B12 单元格区域中数值的平均值。

(6) 在函数中也可以使用数组参数。有的函数一定要求数组作为它们的参数，如 TREND、TRANSPOSE 等。其他函数可以接收数组。数组可以由数值、文本和逻辑值组成。

(7) 在函数中可以同时混合使用区域名、单元格引用和数值作为参数。

1.2.2 直接输入函数

可以按格式要求直接输入函数公式。例如，在 E2 单元格中输入求和函数 SUM 的公式是“=SUM(A2:D2)”。其中，参数 A2:D2 可直接用键盘输入，也可以用鼠标选择。如果用鼠标选择参数，用户可以先输入“=SUM(”，然后移动鼠标单击 A2 单元格，并拖曳到 D2 单元格，最后加上右括号“)”。Excel 通常可以自动提供右括号，因此，当用户输入完参数后，可以不输入“)”号，直接按 Enter 键。输入完函数公式后必须按 Enter 键确认，否则 Excel 不退出输入公式状态，此时，如果用户移动鼠标单击其他单元格，系统会认为用户还在继续为函数选择参数。

1.2.3 公式记忆式输入

输入函数公式时，选择“公式记忆式输入”方式有助于减少拼写和语法错误。勾选“公式记忆式输入”选项的操作方法如下。

(1) 在“文件”选项卡下单击“选项”命令，打开“Excel 选项”对话框。

(2) 在“公式”选项表“使用公式”栏勾选“公式记忆式输入”选项，或者是在输入函数公式的首位字母时直接按打开/关闭“公式记忆式输入”快捷键 Alt+↓。

在“公式记忆式输入”模式下，按格式输入等于号和函数的首位字母后，系统将以动态下拉列表方式显示与该字母匹配的有效函数名，输入第二位字母后，系统会继续匹配显示有效函数名，如图 1-3 所示。

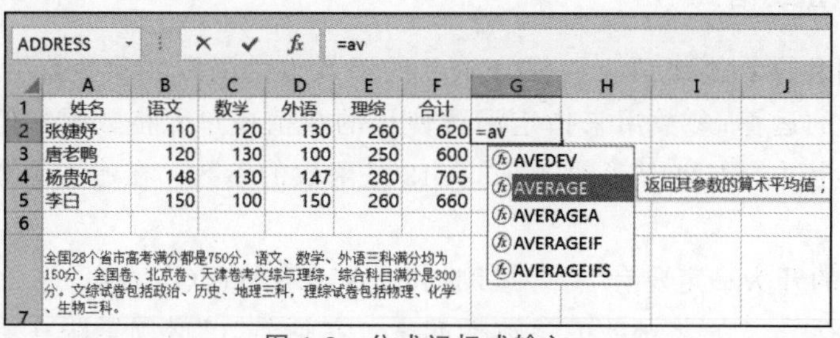

图 1-3 公式记忆式输入

提示

(1) 当匹配的有效函数较多时，下拉列表右侧会出现滚动条，显示函数名列表，用户可以用鼠标或箭头键选择匹配的函数。

(2) 在从下拉列表中移动选择光标选定项目后，按 Tab 键或者双击该项目便可将选定的函数插入公式。

(3) “开始”选项卡下“编辑”组中的“自动求和”工具可以帮助用户在活动单元格输入求

和公式。单击此工具按钮右侧下拉箭头可以打开常用函数列表，其中有“平均值”“计数”“最大值”“最小值”“其他函数”等选项。选择“其他函数”，系统将会打开“插入函数”对话框。

1.2.4　使用向导插入

在工作表编辑栏左侧有一个“插入函数”按钮 fx ，单击它可以打开“插入函数”对话框。该功能可以帮助用户按意图或要求快速搜索函数，按正确的格式输入参数，并可提供相关帮助信息。使用“插入函数”向导的操作方法和步骤如下。

(1) 选择需要建立公式的单元格。

(2) 单击“插入函数”按钮，或者在“公式”选项卡下“函数库”栏中选择“插入函数”选项，打开“插入函数”对话框。

① 在“搜索函数”框中输入要运用的函数名或有关计算要求的关键词，例如“求和”“平均值”“方差”等，然后单击“转到”按钮。

② 在“选择函数”列表框内查找需要运用的函数。在此列表框移动选择光标查找函数时，其下方会动态显示要选择函数的名称、格式和功能等信息。如果需要进一步帮助，单击“有关该函数的帮助”链接可以在线阅读该函数的帮助信息。

③ 或者可以单击“或选择类别”框下拉列表箭头，通过分类查找选择需要插入的函数。选定需要插入的函数后，单击“确定”按钮，打开“函数参数”对话框。

(3) 按提示输入单元格及单元格区域引用等参数后单击“确定”按钮，如图 1-4 所示。

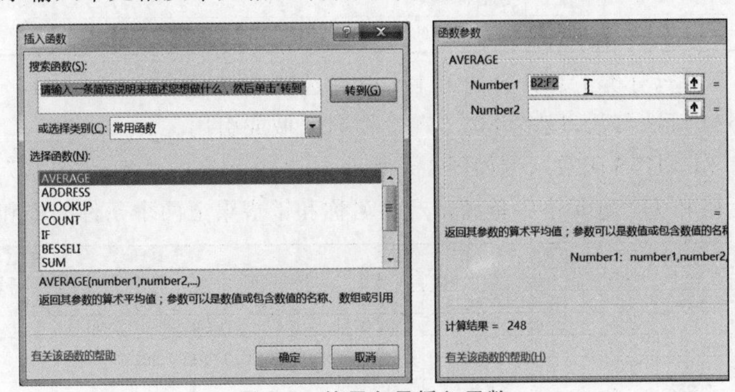

图 1-4　使用向导插入函数

1.2.5　应用示例：条件求和与分类汇总

SUM 是最常用的求和函数，SUMIF 是条件求和函数，SUMIFS 是 Excel 2019 新增函数，用于多条件求和，SUBTOTAL 是分类汇总函数。这 4 个函数的语法分别为

```
=SUM(number1,[number2],…)
=SUMIF(range, criteria, [sum_range])
=SUMIFS(sum_range, criteria_range1, criteria1, [criteria_range2, criteria2], …)
=SUBTOTAL(function_num,ref1,[ref2],…)
```

【参数说明】

- number1：数 1，可以是数字、单元格或单元格区域的引用。
- [number2]，…：数 2，可选数值参数，最多允许 255 个。

- range：范围，是要依据条件计算的单元格范围。每个范围内的单元格必须是数字、名称、数组、包含数字的引用或日期。空白和文本值将被忽略。
- criteria：条件或标准，以数字、表达式、单元格引用、文本或函数等形式表示的求和条件，用来匹配上述范围内满足条件的单元格。可以在条件中使用通配符，例如，用"?"匹配任何单个字符，用"*"匹配任何字符序列。文本条件或含有逻辑值、数学符号的条件必须使用英文双引号括起来，数字条件无须使用双引号，例如"手机"，">5000"，C2，5000。
- [sum_range]：求和范围，用来指定上述 range 之外的实际求和范围，其大小和形状应与 range 相同。如果省略，则对 range 内满足条件的单元格求和。
- function_num：要嵌套使用的函数编号，为数字 1～11 或 101～111，若为 1～11 则计算区域包括手动隐藏的行；若为 101～111 则排除手动隐藏的行，详见表 1-2。

表 1-2 SUBTOTAL(分类汇总)嵌套函数选项

function_num（包含隐藏值）	function_num（忽略隐藏值）	函数	function_num（包含隐藏值）	function_num（忽略隐藏值）	函数
1	101	AVERAGE	7	107	STDEV
2	102	COUNT	8	108	STDEVP
3	103	COUNTA	9	109	SUM
4	104	MAX	10	110	VAR
5	105	MIN	11	111	VARP
6	106	PRODUCT			

- Ref1：要进行分类汇总计算的第 1 个命名区域或引用。
- Ref2，…：可选参数，最多可选 254 个命名区域或引用。

SUMIF 和 SUMIFS 函数示例如图 1-5 所示。F2 单元格中是满足"平板"条件的产品销售量。G2 单元格和 H2 单元格中是满足产品名称和销售渠道两个条件的求和项。

	A	B	C	D	E	F	G	H
1	年	地区	产品	销售渠道	销售量	平板销量	线上手机销量	门市手机销量
2	2023	北京	手机	线上	5000	34700	17300	21000
3	2023	北京	平板	线上	4000	F1单元格中的公式		
4	2023	北京	手机	门市	7500	=SUMIF(C2:C13,"平板",E2:E13)		
5	2023	北京	平板	门市	4500			
6	2023	上海	手机	线上	5500			
7	2023	上海	平板	线上	5000	G1单元格中的公式		
8	2023	上海	手机	门市	6500	=SUMIFS(E2:E13,C2:C13,"手机",D2:D13,"线上")		
9	2023	上海	平板	门市	5600			
10	2023	广州	手机	线上	6800			
11	2023	广州	平板	线上	7600	H1单元格中的公式		
12	2023	广州	手机	门市	7000	=SUMIFS(E2:E13,C2:C13,"手机",D2:D13,"门市")		
13	2023	广州	平板	门市	8000			

图 1-5 SUMIF 和 SUMIFS 函数示例

分类汇总(SUBTOTAL)函数用于返回列表或数据库中的分类汇总。通常，用户可以使用 Excel"数据"选项卡下"分级显示"组中的"分类汇总"命令创建分类汇总列表，生成含有 SUBTOTAL 函数公式的分类汇总项。当需要修改创建的分类汇总列表时，可以通过编辑 SUBTOTAL 函数进行更改。

以某手机和平板电脑销售表为例，使用 SUBTOTAL 函数操作方法和步骤如下。

(1) 选择要进行分类汇总的区域 A1:E13。

(2) 从"数据"选项卡"分级显示"组中选择"分类汇总"，打开对话框。

(3) 在“分类汇总”对话框选择分类字段“地区”，汇总方式“求和”并勾选汇总项“销售量”，然后单击“确定”按钮。也可以直接输入分类汇总公式，如图1-6所示。

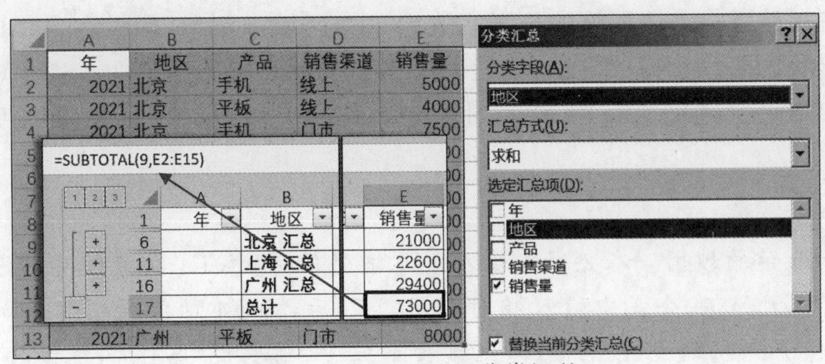

图 1-6　SUBTOTAL 分类汇总

1.3 公式中的单元格引用

在 Excel 电子表格中，每个单元格都有自己的行、列坐标位置，通常，将单元格行、列坐标位置称为单元格引用。单元格引用的概念对于建立公式、运算数据来说相当重要，熟练掌握单元格引用技术，不仅可以准确地建立公式，而且可以提高工作效率。在公式中，单元格引用就是该单元格中的实际值。例如，当用户想将 A1 和 A2 单元格中的数据合计起来时，可以在 A3 单元格中输入公式“＝A1＋A2”。这样，就在 A3 单元格用公式引用了 A1 和 A2 单元格，并得到了计算结果。

1.3.1 引用类型及范围

为满足用户的需要，Excel 提供了三种不同的引用类型：绝对引用、相对引用和混合引用。在引用单元格数据时，弄清这三种引用类型相当重要。

(1) 绝对引用。绝对引用是一种“锁定(Locked)”单元格或区域行列固定地址的引用。工作表中每个单元格的行列坐标是唯一的，使用绝对引用后，被引用的单元格或区域的行列地址被锁定，无论将这个公式复制到任何单元，公式所引用的还是原来单元格的数据。绝对引用单元格的行和列前都有“$”符，例如“＝$A$1＋$A$2”。

(2) 相对引用。与绝对引用相反，相对引用描述的是被引用单元格或区域的偏移量(Offset)，行列地址是相对可变的。例如，开车看到“右前方 100 米”的房子，保持偏移量“右前方 100 米”不变，看到的房子地址则是相对变化的。类似地，在工作表中，复制或移动公式时，其相对引用单元格地址也会发生相对变化。相对引用的格式是直接引用单元格或单元格区域名，而不加“$”符，例如“＝A1＋A2”。使用相对引用后，系统将会记住建立公式的单元和被引用的单元的相对位置(偏移量)，在复制这个公式时，新的公式单元和被引用的单元仍保持这种相对位置。

(3) 混合引用。混合引用指一个引用中既有绝对引用，也有相对引用。对于混合引用，若“$”符号在字母前，而数字前没有“$”符号，那么被引用的单元格列的位置是绝对的，行的位置是相对的。反之，则列的位置是相对的，行的位置是绝对的。例如，“$A1”是一个混合引用，其列 A 是绝对的，行 1 则是相对的。

如何引用一个单元格区域或范围呢？在公式中为每个要处理的单元格数据输入引用或名字是很烦琐的，在工作表中可以选定若干排列在一起的单元格组成一个范围，用该范围的第一个单元格和最后一个单元格的位置来表示这个区域。例如，假设在A1，B1，C1，…，F1中有需要合计的数据，用户只需在其他任何一个单元格中输入公式"＝SUM(A1:F1)"，就可以得到合计结果。这里A1:F1就是对一个区域的引用。在一个公式中可以引用多个区域。

提示

(1) F4功能键的妙用。在公式中输入单元格引用时，按F4功能键可以添加或移去绝对引用符"$"。例如，在公式中输入相对引用"L7"后，按F4功能键便可添加绝对引用符"$L$7"，再按F4键，则变成"L$7"，继续按第三下，则变成"$L7"，继续按第四下，则回到"L7"。

(2) 在输入公式后，要单击"输入"按钮✓或按Enter键确认，然后再进行下一个单元格的操作。否则，Excel将会认为用户想要引用下一个单元格。

1.3.2 引用其他工作表或工作簿的单元格

在当前工作表中可以引用其他工作表单元格的内容。假设当前的工作表是Sheet1，若要在A1单元格中引用Sheet3工作表B8:D8单元格的内容，可按以下任意一种方式操作。

(1) 直接输入。用鼠标或用键盘选择A1单元格，然后输入"＝SUM(Sheet3!B8:D8)"并按Enter键确认。

(2) 用鼠标选择要引用的单元格。选择A1单元格，输入函数公式"＝SUM("，然后单击Sheet3工作表标签，选择要引用的B8:D8单元格区域，并按Enter键确认。

在当前工作表中，用户也可以引用其他工作簿中的单元格或单元格区域的数据或公式。例如，在当前工作簿Sheet1工作表，要引用存储在本地计算机"E:\Excel\"路径下的工作簿"学生成绩.xlsx"文件中的数据，可按如下方法操作。

(1) 直接输入。

① 将光标移动到要引用数据的单元格，如A2单元格，然后在公式中按如下格式输入要引用文件的路径、文件名、工作表名、单元格或单元格区域：

```
=SUM('E:\Excel\[学生成绩.xlsx]Sheet1'!C6:D6)
```

② 按Enter键。注意上式中单引号和方括号的用法。

(2) 用鼠标选择要引用的单元格。

① 将单元格光标移动到A2单元格，并输入"＝SUM("或单击"自动求和"按钮。

② 用"文件"选项卡中的"打开"命令，打开学生成绩工作簿。

③ 在学生成绩工作簿Sheet1工作表中选择$C$6:$D$6单元格区域。

④ 按Enter键。

为便于操作和观察，用户可以从"视图"选项卡下"窗口"组中选择"并排查看"选项，使当前工作簿和学生成绩工作簿并排在屏幕上，再进行上述操作。

1.3.3 移动、剪切和复制公式与引用的变化示例

本节用一个简单示例来演示移动、剪切和复制含有公式的单元格时，公式中单元格引用

的变化情况，以便用户编辑工作表时正确运用移动、剪切和复制的方法。通过此例，用户还可以进一步了解和掌握复制公式时单元格引用变化技巧。操作示例如下。

(1) 在区域 A1:C3 每个单元格中分别输入数字"1,2,…,9"。

(2) 选择 D3 单元格并输入公式"＝＄A＄1＋A＄2＋＄B1＋B2"，式中"＄"为绝对引用符号。此公式中"＄A＄1"是绝对引用，"A＄2"是行绝对列相对混合引用，"＄B1"是列绝对行相对混合引用，"B2"是相对引用，如图 1-7①所示。

(3) 移动鼠标将 D3 单元格拖曳至 F5 单元格；或者采取剪切、粘贴将 D3 单元格移动至 F5 单元格。公式中单元格引用没有任何变化，如图 1-7②③所示。

(4) 恢复至步骤(2)，然后将 D3 单元格复制至 F5 单元格。此时，F5 单元格的公式就变成了"＝＄A＄1＋C＄2＋＄B3＋D4"。与 D3 单元格的公式比较，第 1 项绝对引用"＄A＄1"没有变化；第 2 项"A＄2"变成了"C＄2"，行没变，列由 A 变为 C；第 3 项"＄B3"列没变，行由 1 变为 3；第 4 项"B2"，行列均随目标单元格与源单元格相对位置变化做了调整(均增加 2 位)，如图 1-7④所示。

提示

将一个单元格中的公式复制到另一个单元格时，公式中相对引用的单元格行、列坐标位置会发生相对变化，即公式中的相对引用会随着目标单元格位置而改变。

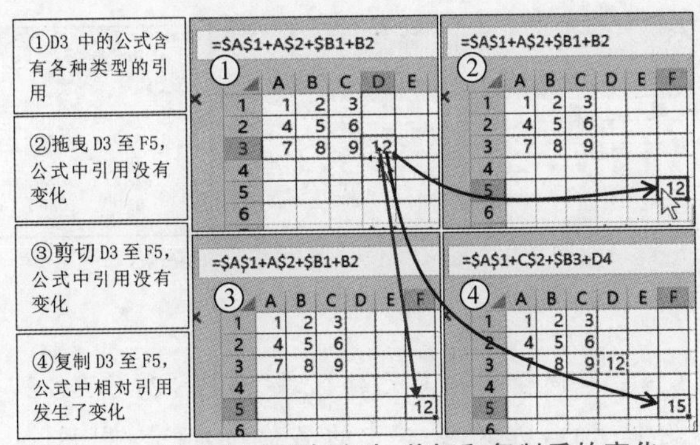

图 1-7　公式中引用在移动、剪切和复制后的变化

1.4　在公式中定义和使用名称

为便于阅读、理解和维护单元格中的公式，用户可以为单元格和单元格区域、常量或数值算式命名。为单元格和单元格区域命名后，就可以在公式中使用这些名称，而不必输入复杂的单元格引用。

1.4.1　定义和使用单元格名称

在公式中使用单元格名称与直接输入单元格引用的结果是一样的。假设 B2 单元格名称为"北方"，C2 单元格名称为"南方"，则在 D2 单元格中输入公式"＝北方＋南方"的计算值与公式"＝B2＋C2"的计算值是相同的。为单元格命名和在公式中使用名称的方法如下。

(1) 在工作表中选择要命名的 B2 单元格，然后在左上角的"名称框"中输入名称"北方"并按 Enter 键确认，如图 1-8①所示。

(2) 按上述步骤将 C2 单元格命名为“南方”。

(3) 单击 D2 单元格并输入公式“＝北方＋南方”，然后按 Enter 键确认，如图 1-8② 所示。

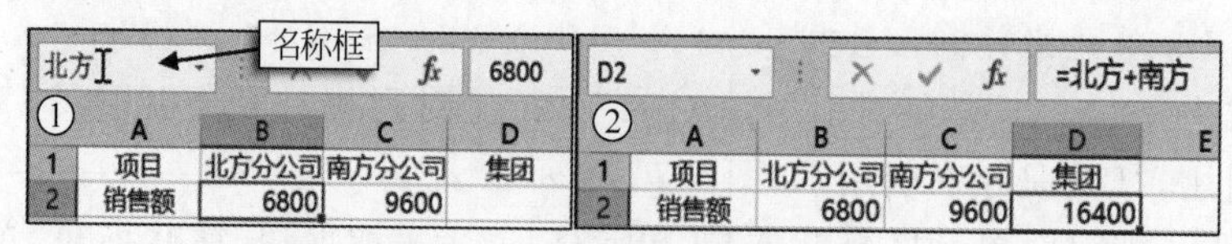

图 1-8 定义和使用单元格名称

1.4.2 定义和使用单元格区域名称

在工作表中可以直接使用左上角的名称框为单元格区域命名。例如，在图 1-9 某班学生成绩表中可用学生姓名命名其各科成绩，然后，在公式中可以直接使用学生姓名进行运算。具体操作方法和步骤如下。

(1) 选择张婕妤同学的各科成绩 B2:E2 单元格区域。

(2) 在左上角名称框中输入该同学的姓名，然后按 Enter 键确认，如图 1-9①所示。

(3) 在 F2 单元格中输入各科成绩求和公式“＝SUM(张婕妤)”，其运算结果与“＝SUM(B2:E2)”是一致的，如图 1-9②所示。

张婕妤 名称框 ① 110

	A	B	C	D	E	F
1	姓名	语文	数学	外语	理综	合计
2	张婕妤	110	120	130	260	620
3	唐老鸭	120	130	100	250	600
4	杨贵妃	148	130	147	280	705
5	李白	150	100	150	260	660
6						

=SUM(张婕妤) ②

D	E	F
外语	理综	合计
130	260	620
100	250	600
147	280	705
150	260	660

图 1-9 定义和使用单元格区域名称

提示

在公式中引用“张婕妤”等同于引用单元格区域“$B$2:$E$2”。因为工作簿中单元格、单元格区域等名称是唯一的，所以，公式中的名称均为绝对引用。

对于已经命名的单元格或单元格区域，如果公式中输入的是单元格或单元格区域行列坐标引用符，可以通过“应用名称”对话框，将其变更为已定义的名称。对于公式中没有命名的单元格或单元格区域的引用，也可以先进行命名操作，然后再通过“应用名称”对话框将公式中的行列坐标引用变更为名称引用。

假设在某班学生成绩表中，唐老鸭成绩合计公式为“＝SUM(B3:E3)”，后续用该学生姓名定义 B3:E3 单元格名称后，按下列步骤可以用定义的替换公式中单元格区域的引用。

(1) 选择包含应用名称公式的 F3 单元格，如图 1-10①所示。

(2) 单击“公式”选项卡下的“定义名称”下拉箭头，打开下拉菜单并选择“应用名称”选项，打开“应用名称”对话框，如图 1-10②所示。

(3) 在“应用名称”对话框中找到公式中单元格区域 B3:E3 的名称“唐老鸭”。

(4) 单击“确定”按钮，如图 1-10③所示。

1.4.3 定义和使用常量名称

在工作表中也可以为常量命名。以某公司汽车售价表如图 1-11①所示，定义和使用常

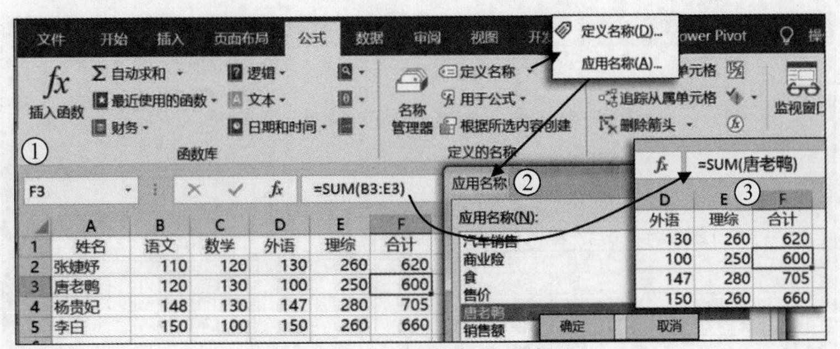

图 1-10 在公式中应用名称

量名称的方法和步骤如下。

(1) 单击“公式”选项卡下的“定义名称”按钮,打开“新建名称”对话框。

(2) 在“新建名称”对话框的“名称”栏中输入“增值税率”。

(3) 单击“范围”框的下拉箭头,并从列表中选择所在工作表名称“买车”。

	A	B	C	D	E
1					汽车销
2	车型	裸车价	购置税	购车款	销售量
3	SUV1	900000	79646	979646	5
4	SUV2	700000	61947	761947	10
5	SUV3	300000	26549	326549	20
6	轿车1	800000	70796	870796	8
7	轿车2	500000	44248	544248	20
8	轿车3	200000	17699	217699	50
11	说明	增值税率	13%		9月销售量
12		购置税率	10%		9月销售额

新建名称 名称(N): 增值税率 范围(S): 买车 批注(O): 引用位置(R): =13%

新建名称 名称(N): 购置税率 范围(S): 买车 批注(O): 引用位置(R): =买车!$C$12 确定

图 1-11 定义和使用常量名称

(4) 在“引用位置”栏中输入“=13%”并单击“确定”按钮,如图 1-11②所示。

(5) 按上述步骤将引用位置“=买车! $C$12”定义为“购置税率”,如图 1-11③所示。

(6) 选择 C3 单元格,输入计算购置税的公式“=(B3/(1+增值税率))*购置税率”并将其复制到 C4:C8,得到每款车型的购置税,如图 1-11④所示。

1.4.4 指定行、列名称

在工作表中可以快捷地为选定区域表格的行、列创建名称。以某汽车贸易中心 2020 年 1~6 月份的销售量统计表为例,可以将表格最左列“车型”中的内容分别作为本列单元格区域 B3:G3、B4:G4、B5:G5、B6:G6、B7:G7 的名称,并在公式中应用这些名称。具体操作步骤如下。

(1) 选择 A2:G7 单元格区域,然后在“公式”选项卡下单击“根据所选内容创建”按钮,或者直接按 Ctrl+Shift+F3 组合键,打开“根据所选内容创建名称”对话框。

(2) 勾选“首行”和“最左列”复选框,并单击“确定”按钮,如图 1-12 所示。

(3) 选定 H3:H7 和 B8:G8 行、列合计区域,然后单击“公式”选项卡下的“定义名称”按钮的下拉箭头,打开下拉菜单并选择“应用名称”命令,如图 1-13 所示。

(4) 在“应用名称”对话框中勾选“忽略相对/绝对引用”和“使用行/列名”复选框后,单击“确定”按钮。这样,选定区域中所有行、列合计公式中的单元格区域引用均会被对应的行、列名称替换。

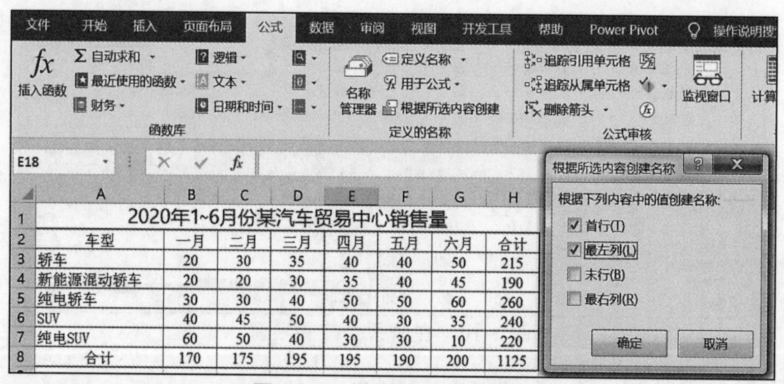

2020年1~6月份某汽车贸易中心销售量							
车型	一月	二月	三月	四月	五月	六月	合计
轿车	20	30	35	40	40	50	215
新能源混动轿车	20	20	30	35	40	45	190
纯电轿车	30	30	40	50	50	60	260
SUV	40	45	50	40	30	35	240
纯电SUV	60	50	40	30	30	10	220
合计	170	175	195	195	190	200	1125

图 1-12　指定行、列的名称

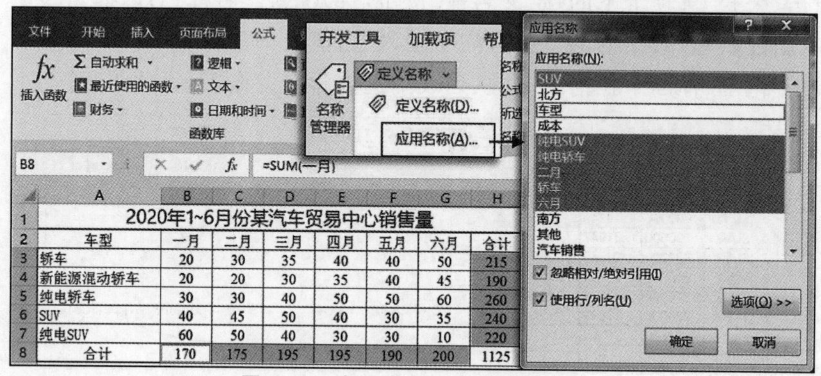

2020年1~6月份某汽车贸易中心销售量							
车型	一月	二月	三月	四月	五月	六月	合计
轿车	20	30	35	40	40	50	215
新能源混动轿车	20	20	30	35	40	45	190
纯电轿车	30	30	40	50	50	60	260
SUV	40	45	50	40	30	35	240
纯电SUV	60	50	40	30	30	10	220
合计	170	175	195	195	190	200	1125

图 1-13　在公式中应用行、列名称

1.4.5　管理名称

在工作簿中建立和使用名称之后，必定会遇到修改、删除和清理名称等问题。为此，Excel 设计了名称管理器。使用名称管理器可以对工作簿中的所有名称进行分类检查、编辑修改和清理删除等管理操作。名称管理器的使用方法和步骤如下。

(1) 在“公式”选项卡下的“定义的名称”组中单击“名称管理器”图标，打开“名称管理器”对话框，如图 1-14 所示。

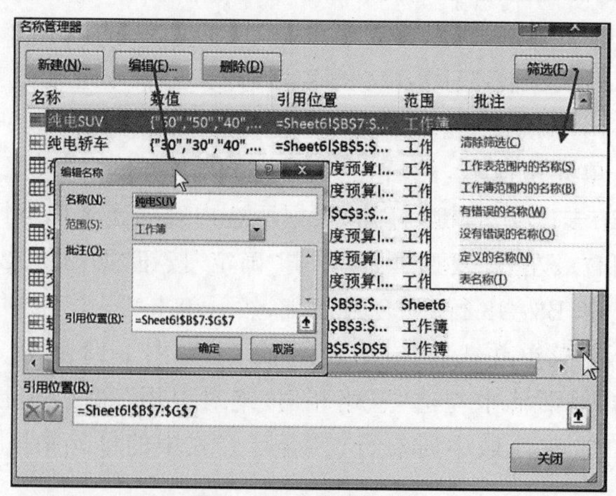

图 1-14　名称管理器

(2) 从“名称”列表中选择需要编辑或删除的名称。

(3) 在“引用位置”栏可以直接编辑修改选择“名称”的引用位置及范围。

(4) 如果需要对选择的名称进行编辑修改,可以单击“编辑”按钮,打开“编辑名称”对话框,在“名称”和“引用位置”栏进行修改。

(5) 如果想要删除名称,可以直接单击“删除”按钮。

(6) 如果工作簿名称较多,可以单击“筛选”下拉箭头打开筛选列表。

① “工作表范围内的名称”指定义名称时明确了该名称的工作表范围,即在“新建名称”对话框“范围”栏选定了该名称适用的工作表。故而,此筛选项只显示适用范围为工作表的名称。

② “工作簿范围内的名称”是系统默认的范围,此选项显示工作簿范围内全局适用的名称,不显示已指定为工作表等范围的名称。

③ “有错误的名称”指显示值包含错误的名称,如＃REF、＃VALUE、＃NAME 等。

④ “没有错误的名称”指显示值没有错误的名称。

⑤ “定义的名称”指自定义或系统自动定义的名称。

⑥ “表名称”指套用或新建表格样式时,系统自动定义或用户自定义的表名称。

提示

单击工作表左上角的“名称框”右侧的向下箭头,打开名称框列表后单击其中的一个名称,就可以选定该名称代表的单元格或单元格区域。

1.5 三维引用

三维(3D)引用是对多张工作表相同位置的单元格或单元格区域的引用。对于具有相同样式、同类数据和相同单元格的工作表,三维引用既方便又实用。例如,某集团公司或机构想要统计所属分公司或部门的预算、销售情况等,就可以运用三维引用。

假设某汽车公司下属有东、南、西、北 4 个销售分公司均按统一格式报告了 2020 年上半年销售量,并拟用三维引用汇总。为节省篇幅并便于读者分析,假设南、西、北部销售公司数据分别是东部的 2、3、4 倍,则数据汇总结果等于东部公司数据的 10 倍,如图 1-15①所示。三维引用汇总操作步骤如下。

(1) 在工作簿中将各销售分公司报表依次排列,其表标签分别为“东部销售”“南部销售”“西部销售”“北部销售”。

(2) 在 4 个分公司报表前插入汽车销售量空白统计表,其表标签为“汽车销售”。

(3) 在“汽车销售”工作表单击 B3 单元格,并输入求和函数名及左括号“＝SUM(”。然后按如下方法将右侧 4 张工作表的 B3 单元格引用输入公式。

① 单击“东部销售”表标签。然后,按住 Shift 键并单击要引用的最后一张表标签“北部销售”。此操作同时选择了 4 张工作表,使其成为活动工作表组。

② 单击上述工作表组的 B3 单元格,然后在编辑栏检查公式无误后,添加右括号并按 Enter 键。完成此步骤后,在“汽车销售”工作表得到车型为“轿车”的一月份销售量。单元格内公式“＝SUM(东部销售：北部销售！B3)”表示对 4 张工作表的单元格 B3 求和,见图 1-15②。

(4) 在“汽车销售”工作表中选择 B3 单元格,并将鼠标对准该单元格右下角填充柄,待鼠标变为填充十字后按住左键向右拖曳至 H3 单元格，然后继续向下拖曳至 H8 单元格，便可完成上半年各分公司、各车型销售量的汇总，如图 1-15③所示。

在工作表中可以为三维引用定义名称。例如，要定义三维引用“东部销售：北部销售！B3”的名称，可按如下步骤操作。

（1）在“公式”选项卡下的“定义的名称”组中单击“定义名称”按钮，打开“新建名称”对话框。

（2）在“名称”框中输入“一月份轿车销量”。

（3）单击“引用位置”框，并用退格键将框内的原引用和“＝”号删除。

（4）单击“东部销售”工作表标签。

（5）按住 Shift 键，单击“北部销售”工作表标签，然后，单击 B3 单元格。

（6）单击“确定”按钮，以上步骤如图 1-15④所示。

（7）在工作簿的任意位置使用该名称。例如，在选定单元格中输入公式“＝SUM(一月份轿车销量)”。返回值将是公司一月份轿车销售量。

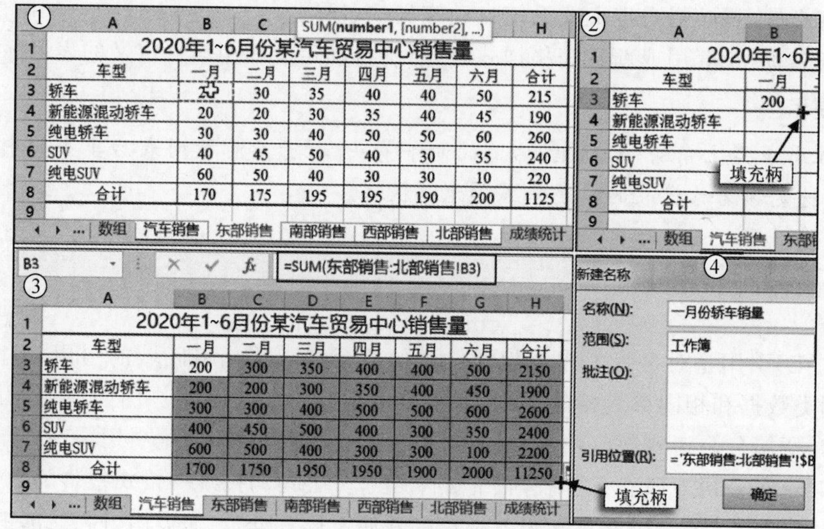

图 1-15　运用三维引用汇总数据

提示

（1）适合在三维引用中运用的函数如表 1-3 所示。

表 1-3　适合三维引用的函数

函　数	功　能	函　数	功　能
SUM	求和	PRODUCT	将数字相乘
AVERAGE	求平均值	STDEV	求样本标准偏差
AVERAGEA	求平均值，包括文本和逻辑值	STDEVA	求样本标准偏差，包括文本和逻辑值
COUNT	对包含数字的单元格进行计数	STDEVP	求总体标准偏差
COUNTA	对非空单元格进行计数	STDEVPA	求总体标准偏差，包括文本和逻辑值
MAX	求最大值	VAR	求样本方差
MAXA	求最大值，包括文本和逻辑值	VARA	求样本方差，包括文本和逻辑值
MIN	求最小值	VARP	求总体方差
MINA	求最小值，包括文本和逻辑值	VARPA	求总体方差，包括文本和逻辑值

(2) 三维引用的对象可以是单元格,也可以是单元格区域。例如,用公式“=SUM(东部销售:北部销售! B3:G7)”可以计算汽车公司上半年的总销售量(返回值为11250)。

(3) 在三维引用首、尾工作表之间增加或删除工作表,计算公式中将动态地添加或删除所对应的单元格引用。例如,将上例中“南部销售”工作表移出三维引用工作表区域,“汽车销售”工作表中的合计公式均会删除引用的“南部销售”工作表中的单元格,合计范围将自动调整为东部销售、西部销售、北部销售三个工作表,销售总合计单元格H8返回值为9000。将“南部销售”工作表重新插入上述三维引用工作表区域,“汽车销售”工作表中公式将添加“南部销售”对应的单元格(恢复合计值11250)。

1.6 数组公式

数组公式是对数组中的一个或多个项目执行多重运算的公式。工作表中的数组可以是一行或一列数据,也可以是行、列组合数据。数组公式可以返回多重或单个运算结果。可以运用数组公式完成一些复杂的数据运算或任务处理,例如,快速创建样本数据集、计算单元格区域中包含的字符数、对满足特定条件的数字求和、求给定范围中的最小值和位于上下边界之间的数字,以及对一系列值中的每第 n 个值求和等。

1.6.1 创建数组公式

像 $x_1 \times y_1 + x_2 \times y_2 + \cdots + x_n \times y_n$ 这种行与列数据相乘的求和计算是日常生活和工作中常见的形式,也是典型的数组运算问题,本节介绍创建数组公式的方法。

某汽车销量与单价数据如图1-16①A1:C6所示,用数组公式计算销售额的操作方法如下。

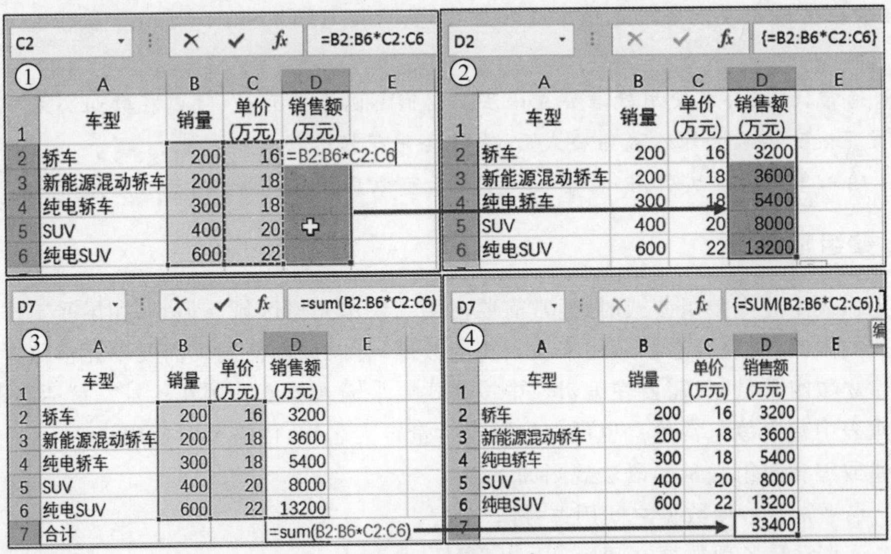

图1-16 数组公式

(1) 创建多单元(Multi-cell)数组公式,如图1-16②所示。

① 选择D2单元格,输入公式“=B2:B6 * C2:C6”。

② 按 Enter 键或 Ctrl＋Shift＋Enter 组合键。

（2）创建单个单元(Single-cell)数组公式，如图 1-16④所示。

① 选择 D7 单元格，输入公式"＝SUM(B2:B6 * C2:C6)"。

② 按 Enter 键或 Ctrl＋Shift＋Enter 组合键。

1.6.2 编辑、修改或扩展数组公式

建立数组公式后，不能在含有数组公式引用的单元格区域中插入空白单元格，也不能单独删除数组公式中引用的单元格数据。可以移动或删除整个数组公式，但无法移动或删除其部分内容。也就是说，要删除或剪切数组公式，必须对整个数组公式区域进行操作。

例如，若要删除上述含有多单元格引用的数组公式，需要先选择数组公式的单元格引用区域 D2:D6，然后按 Delete 键。

按如下步骤可以编辑、修改或扩展数组公式。

（1）选择数组公式区域内任一单元格，使数组公式显示在编辑栏内。

（2）单击编辑栏内的数组公式，将编辑栏激活。或者按 F2 功能键进入单元格编辑模式。

（3）编辑或修改该公式。若要扩展数组公式，可按格式扩大数组中单元格引用区域，如可以在编辑栏中将"＝B2:B6 * C2:C6"扩展为"＝B2:B8 * C2:C8"。

（4）修改或扩展多单元格数组公式后，必须按 Ctrl＋Shift＋Enter 组合键确认。若修改的是单个单元格数组公式，可直接按 Enter 键确认。

提示

（1）Microsoft 365 版本中简化了数组公式输入方式，用户只需要在输出区域的左上角单元格中输入公式，然后按 Enter 键确认即可。而在之前的版本中，必须首先选择输出区域，并在输出区域的左上角单元格中输入公式，然后按 Ctrl＋Shift＋Enter 组合键确认数组公式。

（2）通常，数组公式使用标准公式语法。它们都以等号开始，可以在数组公式中使用大部分内置 Excel 函数。输入数组公式后，系统会用花括号将其括起来。

（3）输入单元格区域引用，在输入"＝"号后可以用鼠标选择，也可以直接输入。

1.6.3 数组常量

在工作表中建立数组公式时，通常需要占用一块单元格区域。但是，如果受工作表中数据及样式的限制，没有合适区域用来输入相应数据，可以选择使用不需要单元格位置的数组常量。建立数组常量，只需要在编辑栏中按格式要求输入数值并用花括号"{}"括起来，就可以在工作表中建立数组常量。也可以为数组常量定义名称，供需要时使用。

创建或编辑数组常量的语法规则如下。

（1）水平常量各项数据之间用逗号","分隔。

（2）垂直常量各项数据之间用分号";"分隔。

（3）二维常量在行中用逗号","分隔各项，并用分号";"分隔每行。

（4）输入数组时，在 Microsoft 365 版本中可省略花括号，之前的版本则需要用花括号"{}"将数组括起来。

(5) 可以使用整数、小数和科学记数格式数字,不能包含百分号、货币符号、逗号或圆括号。

(6) 可以包含文本、逻辑值(如 TRUE 和 FALSE)和错误值(如#N/A),文本需要用双引号(")引起来。

(7) 不能包含其他数组、公式或函数。逗号、分号、双引号等均需要用英文字符(半角)。

在工作表中水平常量(Horizontal Constant)是某一行中的数组常量,垂直常量(Vertical Constant)则是某一列中的数组常量,二维常量(Two-dimensional Constant)是行列式数组常量,输入水平、垂直和二维常量的格式及方法如下。

1. 水平常量

(1) 选择 A1 单元格,输入公式"={2,4,6,8,10}"。

(2) 按 Enter 键,如图 1-17①所示。

2. 垂直常量

(1) 选择 F1 单元格,输入公式"={1;3;5;7;9;11}"。

(2) 按 Enter 键,如图 1-17②所示。

3. 二维常量

(1) 选择 A3:E5 单元格区域,输入公式"={1,2,3,4,5;6,7,8,9,10;11,12,13,14,15}"。

(2) 按 Enter 键,如图 1-17③所示。

	A	B	C	D	E	F	G
1	① 2	4	6	8	10	1	②
2			={2,4,6,8,10}			3	
3	1	2	3	4	5	5	
4	③ 6	7	8	9	10	7	={1;3;5;7;9;11}
5	11	12	13	14	15	9	
6		={1,2,3,4,5;6,7,8,9,10;11,12,13,14,15}				11	

图 1-17　创建数组常量

运用数组常量的最佳方式之一是将它们命名。常量名称在数组公式中更简便易用,从另一个角度说,它可以隐藏一些数组公式的复杂内容,降低了公式的复杂性。下面举例用"一月、二月、三月、四月、五月、六月"创建一个数组常量并将其命名为"上半年",来说明命名和使用数组常量的方法和操作步骤。

(1) 在"公式"选项卡下"定义的名称"组中单击"定义名称"按钮,打开"新建名称"对话框,如图 1-18①所示。

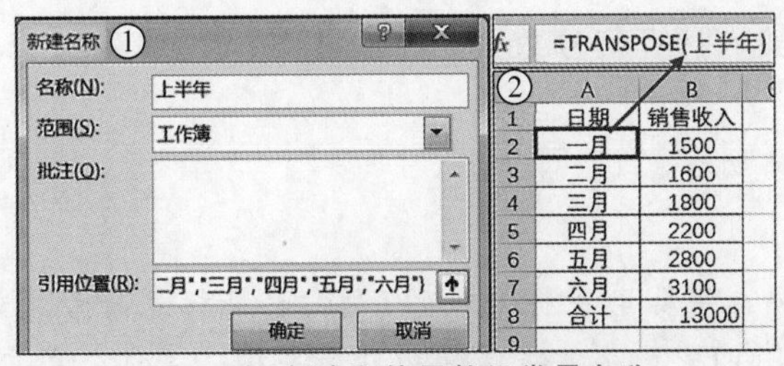

图 1-18　新建和使用数组常量名称

(2) 在"名称"框中输入"上半年"。

(3) 在"引用位置"框中输入"={"一月","二月","三月","四月","五月","六月"}"。

(4) 单击"确定"按钮,完成名称为"上半年"数组常量的创建。

(5) 使用已命名的数组常量，如图 1-18②所示。

① 选择要输入数组常量单元格，例如，单击 A2 单元格。

② 输入数组名称(公式)“＝上半年”。

③ 如果需要转置，可使用转置函数，输入公式“＝TRANSPOSE(上半年)”。

在数组公式中，可以根据需要灵活地运用数组常量进行运算。以下列举了几种常见的数组常量运算方法，并按标号标注了输入的公式，如图 1-19 所示。

①	A	B	C	D	②	F	G	H	I	③	K	L	M	N
1	={1,2,3,4;5,6,7,8;9,10,11,12}^3					={1,2,3,4;5,6,7,8;9,10,11,12}*10					=SQRT({1,2,3,4;5,6,7,8;9,10,11,12})			
2	1	8	27	64		10	20	30	40		1	1.4142	1.7321	2
3	125	216	343	512		50	60	70	80		2.2361	2.4495	2.6458	2.8284
4	729	1000	1331	1728		90	100	110	120		3	3.1623	3.3166	3.4641
5 ④					⑤					⑦				
6		=TRANSPOSE({1,2,3,4})				=TRANSPOSE({4;3;2;1})					=TRANSPOSE({1,2,3;4,5,6;7,8,9;10,11,12})			
7		1				4	3	2	1					
8		2			⑥						1	4	7	10
9		3				=SUM(F7:I7*{1,2,3,4})					2	5	8	11
10		4				20					3	6	9	12

图 1-19 常见数组常量运算示例

① 对数组中的各项求立方“＝{1,2,3,4;5,6,7,8;9,10,11,12}^3”。

② 用常数乘以数组中的各项“＝{1,2,3,4;5,6,7,8;9,10,11,12} * 10”。

③ 计算数组各项的平方根“＝SQRT({1,2,3,4;5,6,7,8;9,10,11,12})”。

④ 转置一维行“＝TRANSPOSE({1,2,3,4})”。

⑤ 转置一维列“＝TRANSPOSE({4;3;2;1})”。

⑥ 在数组公式中使用常量“＝SUM(F7:I7 * {1,2,3,4})”。

⑦ 转置二维常量“＝TRANSPOSE({1,2,3;4,5,6;7,8,9;10,11,12})”。

1.6.4 统计字符

本节以诗词《将进酒》为例，说明如何用数组公式计算单元格区域中的字符数。

(1) 在工作表中输入《将进酒》，A2:A13 每行输入一句。

(2) 在 C2 单元格输入计算总字符数公式“＝SUM(LEN(A2:A13))”。

(3) 在 C3 单元格输入计算总字数公式“＝SUM(LEN(SUBSTITUTE(SUBSTITUTE(A2:A13,"。",),"，",)))”。

(4) 在 C4 单元格输入计算逗号数公式“＝SUM(LEN(A2:A13)－LEN(SUBSTITUTE(A2:A13,"，",)))”。

(5) 在 C5 单元格输入计算句号数公式“＝SUM(LEN(A2:A13)－LEN(SUBSTITUTE(A2:A13,"。",)))”。

返回结果如图 1-20 所示。

提示

(1) LEN 是计算文本字符串字符个数的函数，包括标点符号。如果只统计字数，不统计标点，可运用 SUBSTITUTE 函数将逗号和句号去掉。注意公式中逗号和句号被“空”替换，实际上是“删除”。不能用空格替换，因为 LEN 的计算包括空格。

(2) 在 Microsoft 365 中输入或编辑数组公式时无须使用花括号，之前的版本输入数组公式时需要加花括号。例如，在 C3 单元格输入数组公式时无须使用花括号，输入之后显示公式时，系统会自动添加数组花括号，如图 1-20 中 B6:B13 区域所示。

	A	B	C
1	将进酒		
2	君不见黄河之水天上来，奔流到海不复回。	总字符数	204
3	君不见高堂明镜悲白发，朝如青丝暮成雪。	总字数	176
4	人生得意须尽欢，莫使金樽空对月。	逗号数	16
5	天生我材必有用，千金散尽还复来。	句号数	12
6	烹羊宰牛且为乐，会须一饮三百杯。	C2单元格中的公式	
7	岑夫子，丹丘生，将进酒，君莫停。	{=SUM(LEN(A2:A13))}	
8	与君歌一曲，请君为我侧耳听。	C3单元格中的公式	
9	钟鼓馔玉不足贵，但愿长醉不愿醒。	{=SUM(LEN(SUBSTITUTE(SUBSTITUTE(A2:A13,"。",),"，",)))}	
10	古来圣贤皆寂寞，惟有饮者留其名。	C4单元格中的公式	
11	陈王昔时宴平乐，斗酒十千恣欢谑。	{=SUM(LEN(A2:A13)-LEN(SUBSTITUTE(A2:A13,"，",)))}	
12	主人何为言少钱，径须沽取对君酌。	C5单元格中的公式	
13	五花马，千金裘，呼儿将出换美酒，与尔同销万古愁。	{=SUM(LEN(A2:A13)-LEN(SUBSTITUTE(A2:A13,"。",)))}	

图 1-20 用数组公式统计字符

1.6.5 找出 *n* 个最大值或最小值

使用数组公式可以快捷地查找出单元格区域中的 *n* 个最大值或最小值。下面以 2020 年 9 月 1 日新疆主要河流水位和流量为例，介绍用数组公式查找 *n* 个最大值或最小值的方法及步骤。

(1) 导入新疆河流水情部分数据，并进行适当编辑整理，如图 1-21 中 A1:D24 所示。

	A	B	C	D	E	F	G	H
1	流域	河名	水位(米)	流量(米^3/秒)		最高水位		
2	艾比湖	博尔塔拉河	5.71	10		排序	河名	水位(米)
3	艾比湖	精河	4.34	29		1	塔里木河	9.20
4	玛纳斯湖	玛纳斯河	8.02	50		2	玛纳斯河	8.02
5	内陆河	乌鲁木齐河	5.37	15		3	博斯腾湖	7.99
6	内陆河湖	开垦河	5.09	3		{= LARGE(C2:C24,{1;2;3})}		
7	内陆河湖	阿拉沟	6.76	5		最低水位		
8	哈密、吐鲁番地区诸河	头道沟	7.09	--		排序	河名	水位(米)
9	塔里木河	叶尔羌河卡群	7.53	416		1	皮山河	2.52
10	塔里木河	叶尔羌河	6.98	694		2	黄水沟	3.69
11	塔里木河	塔里木河	9.20	696		3	精河	4.34
12	塔里木河	盖孜河	5.61	43		{=SMALL(C2:C24,{1;2;3})}		
13	塔里木河	库山河	5.50	42		最大流量		
14	和田河	玉龙喀什河	5.66	176		排序	河名	流量(米^3/秒)
15	和田河	皮山河	2.52	32		1	塔里木河	696
16	塔里木河	开都河	7.21	192		2	叶尔羌河	694
17	塔里木河	开都河	4.54	103		3	叶尔羌河卡群	416
18	塔里木河	博斯腾湖	7.99	--		{= LARGE(D2:D24,{1;2;3})}		
19	塔里木河	黄水沟	3.69	15		最小流量		
20	塔里木河	孔雀河	5.43	44		排序	河名	流量(米^3/秒)
21	塔里木河	木扎提河	6.13	142		1	开垦河	3.00
22	塔里木河	黑孜河	4.40	13		2	阿拉沟	5.00
23	塔里木河	卡墙河	4.41	15		3	博尔塔拉河	10.00
24	克里雅诸小河	克里雅河	5.54	34		{=SMALL(D2:D24,{1;2;3})}		

图 1-21 找出 *n* 个最大值或最小值

(2) 在 H3 单元格输入最高水位排名前三位的公式"=LARGE(C2:C24,{1;2;3})"，在 G3 单元格用匹配和索引函数输入对应的河流名称"=INDEX(B2:B24,MATCH(H3:H5,C2:C24,0))"。

(3) 在 H9 单元格输入最低水位排名前三位的公式"=SMALL(C2:C24,{1;2;3})"，在 G9 单元格输入匹配对应河流名称公式"=INDEX(B2:B24,MATCH(H9:H11,C2:C24,0))"。

(4) 在 H15 单元格输入最大流量排名前三位的公式"=LARGE(D2:D24,{1;2;3})"，在 G15 单元格用匹配和索引函数输入对应的河流名称"=INDEX(B2:B24, MATCH(H15:H17,D2:D24,0))"。

(5) 在 H21 单元格输入最小流量排名前三位的公式"=SMALL(D2:D24,{1;2;3})"，在 G21 单元格输入匹配对应河流名称公式“＝INDEX(B2:B24,MATCH(H21:H23,D2:D24,0))”。返回结果如图 1-21 中 F1:H24 所示。

提示

在工作表中需要查找与设定值相匹配数据的位置时，可以运用 MATCH(匹配)函数。INDEX(索引)函数以数组或表格行列为索引返回对应元素的值。在数组和工作表中常常将 MATCH 函数与 INDEX 函数结合，用来查找、检索数据。

1.7 审核公式

公式的正确性决定了数据报表的质量。因此，审核公式是一项非常重要的工作。工作表中用于审核公式的工具或选项主要有追踪引用单元格或从属单元格、显示公式、错误检查与分析、公式求值分析和监视公式动态等。

1.7.1 追踪引用或被引用

选择“公式”选项卡下“公式审核”组中的“追踪引用单元格”与“追踪从属单元格”选项，可以追踪公式中引用单元格的位置，或者追踪单元格被哪个公式引用了。追踪引用或被引用的操作方法如下。

(1) 追踪引用。当需要追踪并显示公式中引用单元格的位置时，可以先选择公式所在的单元格，然后单击“公式”→“审核公式”→“追踪引用单元格”，如图 1-22①所示。

(2) 追踪从属。要检查单元格被引用情况，选择该单元格后，单击“公式”→“审核公式”→“追踪从属单元格”，如图 1-22②所示。

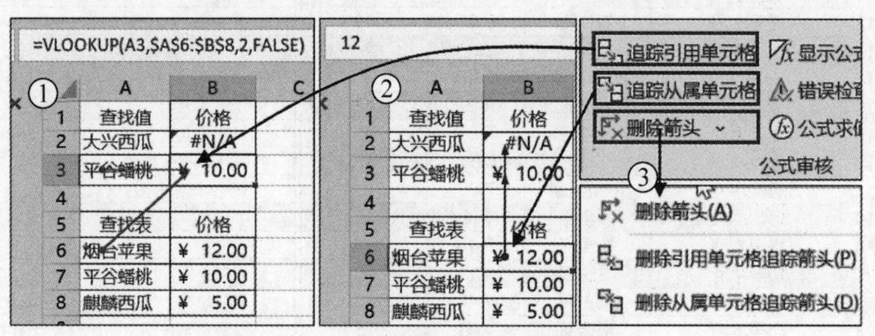

图 1-22 追踪引用或从属单元格

(3) 删除追踪箭头。完成追踪单元格检查之后，单击“公式”→“审核公式”→“删除箭头”，可以分别或一并删除追踪箭头，如图 1-22③所示。

1.7.2 显示公式与检查错误

通常，含有公式的单元格中显示的是计算结果(数据)，而公式隐藏在后台。当用户需要审核和编辑公式时，可以将隐藏的公式显示出来。当单元格出现错误信息时，可以使用“错误检查”工具，具体操作方法和步骤如下。

(1) 单击“公式”→“审核公式”→“显示公式”。或者按显示公式快捷键 Ctrl+`，此选项为开关键，再次选择可关闭显示公式。双击含有公式的单元格，可以直接在单元格中编辑公式；或者单击含有公式的单元格，然后在编辑栏中修改公式。

(2) 要检查工作表中公式的错误，可以单击“公式”→“审核公式”→“错误检查”，如图 1-23①所示。系统发现错误时会显示“错误检查”对话框，指出有错单元格位置和错误类型，提供分析、处理错误的方法，如图 1-23②③所示。

① 单击“显示计算步骤”按钮，可打开“公式求值”对话框，查阅该公式的计算过程或步骤，分析出错环节。

② 如果“求值”公式下画线部分是对另一个公式的引用，可单击“步入”按钮，查阅引用的公式，如图 1-23④所示。

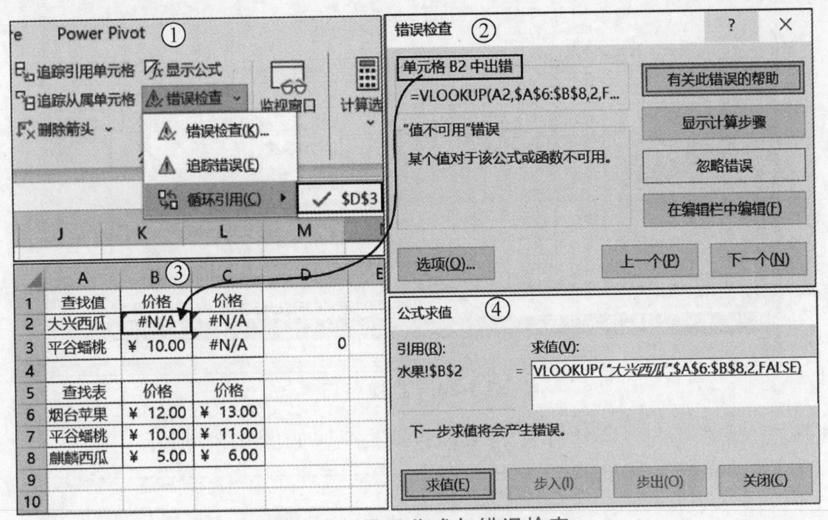

图 1-23　显示公式与错误检查

③ 如果用户认为该错误可以忽略，则单击“忽略错误”按钮。

④ 单击“在编辑栏中编辑”按钮，此时，用户可以直接在编辑栏修改公式，完成后返回对话框单击“继续”按钮。

⑤ 单击“选项”按钮，系统将打开 Excel 选项对话框的“公式”选项表，供用户更改与公式计算、性能和错误处理相关的选项。

⑥ 当工作表中有多个公式错误时，可以单击“上一个”或“下一个”按钮，逐个检查和更正错误。

⑦ 单击“有关此错误的帮助”按钮，系统将打开相关帮助说明。

(3) 当工作表中存在循环引用错误时，可单击“公式”→“审核公式”→“错误检查”→“循环引用”，查找出存在循环引用错误的单元格。

1.7.3　监视单元格与公式求值分析

在工作表中可以打开一个悬浮的“监视窗口”，用来动态“监视”指定单元格中的数据或公式及其返回值的动态情况。这是一个很有趣也很实用的工具，用户可以用它动态观察相关单元格数据或公式及返回值的变化情况。例如，在会计收支记账时可以“监视”库存现金变化。对于含有嵌套的复杂公式，可以使用“公式求值”工具检查每个计算步骤及求值情况，以分析公式的正确性。使用“监视窗口”和“公式求值”工具的操作方法如下。

(1) 使用“监视窗口”工具监视工作表中的计算公式，如图 1-24 所示。

① 选择要监视的单元格。例如，在工作表中单击 I4 单元格，拟监视此单元格中奖金计

算公式及数据。

② 单击“公式”→“公式审核”→“监视窗口”，打开“监视窗口”。

③ 在“监视窗口”中单击“添加监视”按钮。

④ 在“添加监视点”对话框中核对要监视的单元格引用，或重新用鼠标选择或输入要监视的单元格引用。然后，单击“添加”按钮。

⑤ 对于不需要继续监视的单元格，在窗口中选择该监视项后单击“删除监视”按钮。

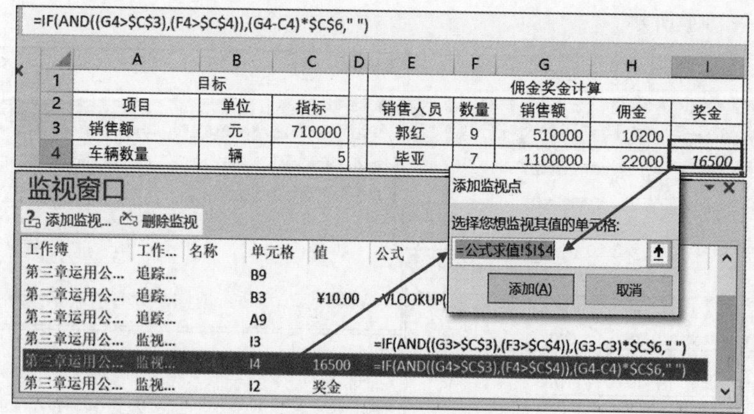

图 1-24　监视窗口

(2) 使用“公式求值”工具分析公式求值计算情况，如图 1-25 所示。

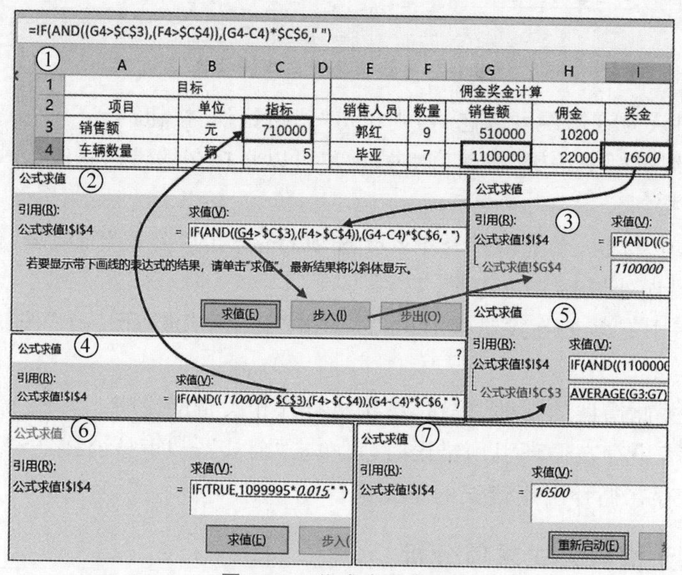

图 1-25　公式求值分析

① 选择含有公式并要对其进行求值的单元格，例如，图 1-25①中的 I4 单元格。

② 单击“公式”→“公式审核”→“公式求值”，打开“公式求值”对话框。

③ 在“求值”框中检查公式中带下画线的表达式或引用，单击“求值”按钮可查其求值结果。为提示用户，系统以斜体显示最新求值结果，如图 1-25②所示。

④ 如果公式下画线部分是对另一个公式的引用，可单击“步入”按钮，此时，工作表光标“步入”至引用的单元格，其中的公式会同步显示在“求值”框中。单击“步出”按钮光标将返

回原单元格，如图 1-25②③所示。

⑤ 继续单击“求值”或“步入”按钮，直到完成每项求值，如图 1-25④⑤⑥所示。

⑥ 完成求值计算后，对话框上会显示“重新启动”按钮。需要再次进行求值检查时，可单击“重新启动”按钮，如图 1-25⑦所示。

⑦ 单击“关闭”按钮，结束公式求值分析。

提示

(1) 可以使用鼠标拖放移动“监视窗口”并改变窗口的大小。移动鼠标至窗口上框内侧，鼠标指针变成四向箭头时，可拖曳窗口，调整位置；移动鼠标至窗口边框或角部，待指针变成双向箭头、、、、或时，可向箭头方向拖曳鼠标放大或缩小窗口。

(2) 当公式引用了另外一个工作簿中的单元格时，“步入”按钮不可用。

1.7.4　错误值含义及更正方法

在 Excel 工作表的单元格中输入公式后，如果输入的公式不符合格式或其他要求，就无法显示运算结果，该单元格中会显示错误值信息：＃＃＃＃＃、＃DIV/0!、＃N/A、＃NAME?、＃NULL!、＃NUM!、＃REF! 或 ＃VALUE!。了解生成这些错误值信息的原因和解决方法，可以帮助用户修改单元格中的公式。

(1) “＃＃＃＃＃”表示公式产生的结果或输入数字的长度超过单元格宽度，单元格中无法显示所有字符，或者单元格内出现了负的日期或时间值。扩大单元格列宽，或者双击单元格右侧列标分隔线以自动调整列宽，可以消除这种错误。

(2) “＃DIV/0!”表示公式中产生了除数或分母为 0 的错误。如遇到这种错误，需要检查公式中是否引用了空白或数值为零的单元格作除数；引用的宏程序中是否包含返回“＃DIV/0!”错误值的宏函数；是否有函数在特定条件下返回“＃DIV/0!”错误值。

(3) “＃N/A”表示公式找不到要求查找的内容。

(4) “＃NAME?”表示公式中含有不能识别的名称或字符。用户可以检查公式中引用的单元格名称是否输入了不正确的字符或拼写。

(5) “＃NULL!”表示试图为公式中两个不相交的区域指定交叉点。如遇到这种错误，需要检查是否使用了不正确的区域操作符或不正确的单元格引用。

(6) “＃NUM!”表示公式中某个函数的参数不对，如遇到这种错误，需要检查函数的每个参数是否正确。

(7) “＃REF!”表示引用中有无效单元格。移动、复制和删除公式中的引用区域时，应当注意是否破坏了公式中的单元格引用。如遇到这种错误，需要检查公式中是否有无效单元格引用。

(8) “＃VALUE!”表示在需要输入数字或逻辑值的位置输入了文本符。如遇到这种错误，需要检查公式中的数值和参数。

如果输入的公式是正确的，只是因为复制公式等原因在空格处显示了“＃DIV/0!”“＃N/A”等错误符，或者因其他原因需要控制单元格显示信息时，可以用 IF 或 IFERROR 函数给出零、空格或其他显示内容替代错误符。例如，A1、B1 单元格中数据分别是 1、0，在 C1 单元格中输入公式“＝A1/B1”，其返回值为“＃DIV/0!”。将公式更改为“＝IF(B1,A1/

B1,0)”或“＝IFERROR("",A1/B1)”,其返回值便是 0 或空格,如图 1-26 所示。

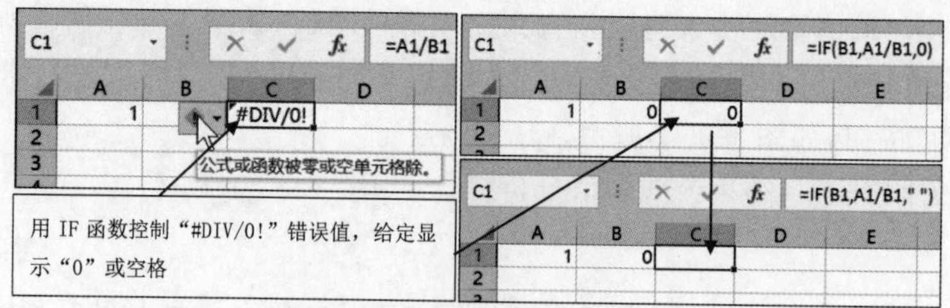

图 1-26 用 IF 函数控制显示“＃DIV/0!”错误值

第 2 章 数理统计

本章分 8 节讲解运用函数及公式分析、求解数理统计问题。2.1 节讨论平均值及度量平均趋势函数。2.2 节讲解最值、排位与数据量分析函数。2.3 节分析二项分布、负二项分布、超几何分布和泊松分布函数。2.4 节讨论正态分布、伽马分布、贝塔分布、卡方分布、学生 T 分布、F 分布、韦布尔分布、指数分布等连续随机变量分布函数。2.5 节讲解随机变量的数字特征，主要包括方差、标准差、偏度、峰度、协方差与相关系数等。2.6 节和 2.7 节讨论区间估计和假设检验。2.8 节研究回归分析及预测函数。

2.1 平均值及度量平均趋势

平均值是用于计算分析集中趋势的重要指标。集中趋势是统计分布中一组数的中心位置。最常用的集中趋势指标有算术平均值、中值、众数、几何平均值和调和平均值。算术平均值是一组数据的和除以这组数据的个数所得的商；中值是一组数据按大小排序后位于中间位置的数；众数是一组数中出现次数最多的数；几何平均值是 n 个数值连乘的 n 次方根；调和平均数又称倒数平均数，是一组数据倒数的平均值的倒数。本节将介绍 Excel 中有关均值及集中趋势指标计算的函数，如表 2-1 所示。

表 2-1　平均值及度量平均趋势函数

函　数	说　明	函　数	说　明
AVERAGE	算术平均值	MODE.SNGL	出现次数最多的值
AVERAGEA	含有文本和逻辑值的算术平均值	MODE.MULT	出现频率最高或重复出现的数组
AVERAGEIF	满足条件的算术平均值	TRIMMEAN	按百分比去掉两端数据的均值
AVERAGEIFS	满足多个条件的算术平均值	GEOMEAN	几何平均值
MEDIAN	中值	HARMEAN	调和平均值

2.1.1 算术平均值与条件平均值

计算算术平均值有两个函数：AVERAGE 和 AVERAGEA。这两个函数的主要区别是对计算区域中文本、逻辑值或空单元格的处理不同。AVERAGE 函数忽略计算区域中的文本和逻辑值，只对有数据的单元格包括含有“0”值的单元格进行均值计算；而 AVERAGEA 函数则会将文本和逻辑值计算在内(扩大了分母值)，其中，文本值和 FALSE 按“0”计算，TRUE 按“1”计算。当需要按条件筛选数据计算平均值时可以使用 AVERAGEIF 和 AVERAGEIFS 函数，前者是单个条件均值函数，后者是多条件均值函数。上述函数的语法分别为

```
=AVERAGE (number1, [number2], …)
=AVERAGEA(value1, [value2], …)
=AVERAGEIF(range, criteria, [average_range])
=AVERAGEIFS (average_range, criteria_range1, criteria1, [criteria_range2,
criteria2], …)
```

【参数说明】

- value1,[value2],…：值1,值2,……,是要计算平均值的1至多个数值,最多可包含255个。value1是必需,后续值可选。可以是数值,也可以是包含数值的名称、数组或单元格引用。
- [average_range]/average_range：平均范围。在AVERAGEIF中为可选参数,指要计算平均值的实际单元格范围,省略时,直接使用range。在AVERAGEIFS中为必需参数,指要依据条件计算平均值的单元格范围。
- criteria_range1,criteria1：条件范围1和条件1。criteria_range1是要用条件criteria1评估的单元格区域,criteria1是用数字、表达式或文本形式表示的条件,用于评估确定criteria_range1中哪些单元格符合条件。
- [criteria_range2,criteria2],…：附加范围及其条件。AVERAGEIFS函数中最多可以输入127对区域/条件(含criteria_range1,criteria1)。

示例 2-1 运用算术平均值和条件平均值函数计算产品的平均销售量。如图2-1所示,A2:E13单元格中为数据区域,F3单元格中是AVERAGEA函数返回的销售量均值,其中包含文本和逻辑值(两个停业或盘点店)。G3单元格中是AVERAGE函数返回值,其中忽略了文本和逻辑值,只对有营业数据的项目进行均值计算。F4、G4单元格分别显示了这两个函数公式。

F6单元格中是AVERAGEIF函数返回的"产品"为"平板"的平均销售量,其下方单元格显示函数公式及参数用法。F9、F12单元格中是多条件均值函数AVERAGEIFS的返回值,其下方单元格显示了函数公式及参数的用法。

	A	B	C	D	E	F	G
1	年	地区	产品	销售渠道	销售量	数据分析	
2	2021	北京	手机	线上	5000	平均销售量	
3	2021	北京	平板	线上	4000	5075	6090
4	2021	北京	手机	门市	7500	=AVERAGEA(E2:E13)	=AVERAGE(E2:E13)
5	2021	北京	平板	门市	装修	平板电脑平均销量	
6	2021	上海	手机	线上	5500	5650	
7	2021	上海	平板	线上	5000	=INT(AVERAGEIF(C2:C13,"平板",E2:E13))	
8	2021	上海	手机	门市	6500	线上平板平均销量	
9	2021	上海	平板	门市	5600	4500	
10	2021	广州	手机	线上	6800	=INT(AVERAGEIFS(E2:E13,C2:C13,"平板",D2:D13,"线上"))	
11	2021	广州	平板	线上	FALSE	门市手机平均销量	
12	2021	广州	手机	门市	7000	7000	
13	2021	广州	平板	门市	8000	=AVERAGEIFS(E2:E13,C2:C13,"手机",D2:D13,"门市")	

图 2-1 AVERAGE、AVERAGEA、AVERAGEIF 和 AVERAGEIFS 函数示例

2.1.2 截尾均值、中值与众数

截尾均值函数TRIMMEAN,实际上与跳水、体操等比赛的"去掉一个最高分,去掉一个最低分,实际得分……"评分方法差不多,就是去掉一些最高和最低的极端值,然后计算均值。中值是一组数据的中间数,其函数为MEDIAN。当需要获取数据出现频率最高或次数

最多的数据时，可以使用 MODE.SNGL 和 MODE.MULT 函数。前者用于返回单个数据出现频率最多的数值；后者用于返回一组数据或数据区域中出现频率最高或重复出现的数值的垂直数组。上述函数的语法分别为

```
=TRIMMEAN(array, percent)
=MEDIAN(number1, [number2], …)
=MODE.SNGL(number1,[number2],…)
=MODE.MULT(number1,[number2],…)
```

【参数说明】

- array：数组，指要去掉最高、最低极值并求平均值的数组或数值区域。
- percent：百分率，是一个小数或百分数，用来指定要去掉最高、最低数据点的个数。例如，要计算的数组 array 有 20 个数据点，percent 为 20％或 0.2，就代表要去掉 4 个（20％）的极值点，最大、最小各两个极值数据点。当 TRIMMEAN 按 percent 参数计算要去掉数据点不是 2 的倍数时，将向下舍入到最接近的双数。

示例 2-2　运用截尾均值、中值和众数函数分析工业品出厂价格指数。如图 2-2 所示，B2∶M2 单元格区域中是某年工业品出厂价格 PPI 指数。B6、E6、H6 单元格和 K6∶M6 单元格区域中分别是函数 TRIMMEAN、MEDIAN、MODE.SNGL 和 MODE.MULT 的返回值，其上部单元格显示了函数的公式，如图中 A5∶M5 单元格所示。为便于理解函数的算法，B3∶M4 单元格区域中显示了 PPI 指数从小到大升序的排列。这样，可以清楚地得出以下结论。

（1）从 B5 单元格显示的公式和 B6 单元格中的返回值可以看出，TRIMMEAN 函数的 percent 参数指定要去掉的数据点为 2(0.2×12 并向下舍入)，因此，函数计算均值时去掉了最大值 100.1 和最小值 96.3。

（2）E6 单元格中是 MEDIAN 函数返回的 12 个月 PPI 指数的中值。从排序的 PPI 数据可以看出数据点个数为偶数时，MEDIAN 返回值是中间两个数 97.9 和 98 的平均值。

（3）从 H6 单元格和 K6∶M6 单元格区域中的返回值可以看出，有多个相同频数值时，MODE.SNGL 函数只能返回其中一个值，而 MODE.MULT 函数可以返回全部重复值。

（4）A8∶M9 单元格区域中补充显示了 MODE.SNGL、MODE.MULT 函数的数组用法。

	A	B	C	D	E	F	G	H	I	J	K	L	M
1	月份	1月	2月	3月	4月	5月	6月	7月	8月	9月	10月	11月	12月
2	PPI	100.1	99.6	98.5	96.9	96.3	97	97.6	98	97.9	97.9	98.5	99.6
3	按PPI	5月	4月	6月	7月	9月	10月	8月	3月	11月	2月	12月	1月
4	值排序	96.3	96.9	97	97.6	97.9	97.9	98	98.5	98.5	99.6	99.6	100.1
5	函数公式	=TRIMMEAN(B2:M2,0.2)			=MEDIAN(B2:M2)			=MODE.SNGL(B2:M2)			{=TRANSPOSE(MODE.MULT(B2:M2))}		
6	返回值	98.15			97.95			99.60			99.6	98.50	97.90
8	数组	1	2	3	9	3	2	1	2	3	5	6	1
9	数据	1	2	3	7	3	2	1	2	3	8	9	1
10	公式	=MODE.SNGL(B8:M9)			1	{=TRANSPOSE(MODE.MULT(B8:M9))}					1	2	3

图 2-2　**TRIMMEAN、MEDIAN、MODE.SNGL 和 MODE.MULT 函数示例**

提示

（1）当计算的数据点个数为偶数时，MEDIAN 将返回位于中间的两个数的平均值。

（2）MEDIAN、MODE.SNGL 和 MODE.MULT 函数计算时忽略数组或单元格引用中包含文本、逻辑值或空白单元格，但包含零值的单元格将被计算在内。

(3) 在 MEDIAN 公式中直接输入逻辑值和文本格式数字，函数会将其计算在内，其中，FALSE 按 0 计算，TRUE 按 1 计算。

(4) MODE.MULT 返回值为出现频率最高或重复出现的数值的垂直数组。如果需要返回水平数组，可使用 TRANSPOSE(MODE.MULT(number1，number2，…))公式。

2.1.3 几何平均值与调和平均值

几何平均值指 n 个数值连乘的 n 次方根，其主要用途是对比率、指数等进行平均计算，以及分析平均发展速度等。调和平均值又称倒数平均数，是数值倒数的平均值的倒数。在分析距离相等速度不同的运动、多个股票的市盈率以及并联电阻的等效值等数据时，可以运用调和平均值进行分析。两个函数语法分别为

```
=GEOMEAN(number1, [number2], …)
=HARMEAN(number1, [number2], …)
```

提示

(1) 几何平均值的公式为

$$\text{GEOMEAN}=\sqrt[n]{a_1 \times a_2 \times \cdots \times a_n}$$

式中，$a_1, a_2, \cdots, a_n$ 为 number1，[number2]，…，[number n]。

(2) 调和平均值 HARMEAN 函数的计算公式为

$$\text{HARMEAN}=\frac{n}{\sum_{i=1}^{n}\frac{1}{a_i}}$$

式中，a_i 为 number1，[number2]，…，[number n]。

示例 2-3　运用几何平均值函数求平均增长率。如图 2-3 所示，2010—2017 年国内生产总值及各年度增长率数据见 A2:C9 单元格区域。D2:D9 单元格区域中为年增长指数(末期值/初期值)。2011—2015 年期间，国内生产总值年均增长率是多少？

	A	B	C	D	E	F	G
1	年份	国内生产总值	年增长率	年增长指数	2011—2015年增长率算术平均值	2011—2015年增长指数	
						几何平均值计算年增长率	直接用公式计算平均增长率
2	2010	413030.3					
3	2011	489300.6	18.47%	118.47%			
4	2012	540367.4	10.44%	110.44%	=AVERAGE(C4:C7)	=GEOMEAN(D4:D7)-1	=(B7/B3)^(1/4)-1
5	2013	595244.4	10.16%	110.16%			
6	2014	643974.0	8.19%	108.19%			
7	2015	689052.1	7.00%	107.00%	8.94750%	8.938%	8.935%
8	2016	743585.5	7.91%	107.91%			
9	2017	827121.7	11.23%	111.23%			

图 2-3　GEOMEAN 函数示例

解　先用简单的算术平均值计算。E4 单元格中显示了算术均值函数 AVERAGE 的公式，E7 单元格中为返回值。其公式为

$$\frac{10.44+10.16+8.19+7}{4}\times 100\%=8.94\%$$

再用简化平均增长率公式计算：

$$\left(\sqrt[4]{\frac{689052.1}{489300.6}}-1\right)\times 100\% \approx \frac{689052.1-489300.6}{4\times 489300.6}\times 100\%=10.206\%$$

然后，用几何平均值函数 GEOMEAN 计算 2011—2015 年增长率：F4 单元格中显示了该函数计算公式，F7 单元格中为返回值，如图 2-3 所示。

最后直接用年平均增长率公式计算：

$$\left(\sqrt[n]{\frac{\text{start year value}}{\text{end year value}}}-1\right)\times 100\%=\left(\sqrt[4]{\frac{689052.1}{489300.6}}-1\right)\times 100\%=8.935\%$$

显然，2011—2015 年期间，国内生产总值年均增长率约为 8.9%。比较几种算法，可以看出简化公式计算的增长率大于算术平均值，算术平均值大于几何平均值。

示例 2-4 运用调和平均值法求解下列问题。①一个人骑车过桥，上桥速度为 12km/h，下桥速度为 24km/h，上下桥经过路程相等。问此人过桥的平均速度是多少？②有一种溶液，蒸发一定量水分后，浓度为 10%；再蒸发同样多的水后，浓度变为 12%；第三次蒸发同样多水分后，溶液浓度将变为多少？③某水果商购进特等、一等和二等三种品质的苹果，特等每千克 12 元、一等每千克 8 元、三等每千克 6 元，用于购买三种品质苹果的经费相等，问每千克苹果的平均成本是多少？

解 上述三个问题分别为等距离平均速度、等溶质增减溶剂、等费用平均成本或价格问题。下面用公式、HARMEAN 函数和单变量求解工具进行分析、计算。

（1）等距离平均速度问题。

① 设上(下)桥路程为 S，上桥时间为 T_1、速度为 V_1，下桥时间为 T_2、速度为 V_2，用公式计算此人骑车过桥的平均速度为

$$V=\frac{2S}{T_1+T_2}=\frac{2S}{\dfrac{S}{V_1}+\dfrac{S}{V_2}}=\frac{2}{\dfrac{1}{V_1}+\dfrac{1}{V_2}}=\frac{2}{\dfrac{1}{12}+\dfrac{1}{24}}=16$$

② 将已知数据输入 A1:C3 单元格后，在 C4 单元格输入上述公式“=2/(1/C2+1/C3)”，在 C5 单元格输入函数公式“=HARMEAN(C2:C3)”，返回的过桥平均速度均为 16，如图 2-4①所示。

（2）等溶质增减溶剂问题。

① 设溶质为 m，第一次蒸发后溶液为 ω、蒸发量为 $\Delta\omega$，三次蒸发后的浓度分别为 c_1、c_2、c_3，则第一次浓度与第三次蒸发后 $c_1=\dfrac{m}{\omega}$、$c_2=\dfrac{m}{(\omega-\Delta\omega)}$、$c_3=\dfrac{m}{(\omega-2\Delta\omega)}$，变换后有 $\omega=\dfrac{m}{c_1}$、$\Delta\omega=\dfrac{\left(\dfrac{m}{c_1}-\dfrac{m}{c_3}\right)}{2}$。由此，可以得到如下等式：

$$c_2=\frac{m}{\omega-\Delta\omega}=\frac{m}{\dfrac{m}{c_1}-\dfrac{1}{2}\left(\dfrac{m}{c_1}-\dfrac{m}{c_3}\right)}=\frac{2}{\dfrac{1}{c_1}+\dfrac{1}{c_3}}=\frac{2}{\dfrac{1}{0.1}+\dfrac{1}{c_3}}=0.12$$

② 将已知数据输入 D1:F3 单元格后，在 F4 单元格输入上述公式“=0.12/(2−0.12*(1/0.1))”，返回的第三次蒸发浓度为 15%。

③ 在 H4 单元格输入第三次蒸发后溶液浓度的估计值“14%”，然后在 H3 单元格输入调和均值函数公式“=HARMEAN(F2,H4)”，依题意其返回值应等于第二次蒸发后的浓度 12%，故可用“单变量求解”工具求解 H4 单元格中的准确值。

- 单击“数据”→“模拟分析”→“单变量求解”，打开对话框。

• 在“目标单元格”框输入“$H$3”，在“目标值”框输入“12%”，在“可变单元格”框输入“$H$4”。

• 单击“确定”按钮，求解结果为“15%”，如图 2-4②所示。

(3) 等费用平均成本或价格问题。

① 设购买每种品质苹果的经费为 x，则三种品质苹果的平均成本为

$$C=\frac{3x}{\frac{x}{12}+\frac{x}{8}+\frac{x}{6}}=\frac{3}{\frac{1}{12}+\frac{1}{8}+\frac{1}{6}}=8$$

② 将已知数据输入 A1:D2 单元格后，在 E2 单元格输入公式“=HARMEAN(B2:D2)”，返回值为 8(元/kg)。为便于比较理解，在 F2 单元格输入算术平均值函数计算公式“=1/AVERAGE(1/B2, 1/C2,1/D2)”，返回值与 E2 相同，如图 2-4③所示。

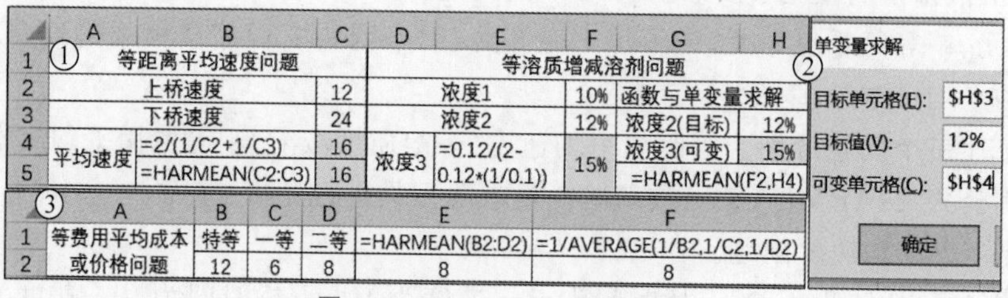

图 2-4 HARMEAN 函数示例

2.2 最值、排位与数据量分析

本节讨论数据的最大值、最小值、百分比排位和数据量分析函数。最大值与最小值各有 4 个函数：从数据列表中查找最大/小值、查找含有文本及逻辑值的最大/小值、查找满足条件的最大/小值和查找第 k 个最大/小值。列表或区域中数字的排位有 8 个函数——2 个直接计算数据排位、4 个按百分点计算排位、2 个关于数据的四分位计算。分析列表或区域中数据量及频数的函数有 6 个，主要用于计算数据、单元格等的数量与频数。上述函数名称与说明详见表 2-2。

表 2-2 区域中最值、排位与数据记录统计函数

函 数	说 明	函 数	说 明
MAX	最大值	RANK.AVG	数字排位(均值法)
MAXA	含有文本和逻辑值的最大值	RANK.EQ	数字排位(等值法)
MAXIFS	满足条件的最大值	PERCENTILE.INC	第 k 个百分点值，含最大最小值
LARGE	第 k 个最大值	PERCENTILE.EXC	第 k 个百分点值，不含最大最小值
MIN	最小值	PERCENTRANK.EXC	数据排位的百分点值
MINA	含有文本和逻辑值的最小值	PERCENTRANK.INC	数据的百分比排位
MINIFS	满足条件的最小值	QUARTILE.INC	一组数据的四分位点
SMALL	第 k 个最小值	QUARTILE.EXC	基于百分点值数据集的四分位

续表

函　数	说　明	函　数	说　明
FREQUENCY	以垂直数组的形式频率分布	COUNTBLANK	空白单元格数
COUNT	数字记录数	COUNTIF	符合条件的记录数
COUNTA	任何数据记录数	COUNTIFS	符合多个条件的记录数

2.2.1　最大值与最小值

MAX 与 MAXA 都可以用来查找返回参数列表中的最大值，其区别在于 MAX 忽略文本和逻辑值，MAXA 不忽略文本和逻辑值。MAXIFS 用于返回一组给定条件或标准指定的单元格之间的最大值。LARGE 用于计算数据集中的第 *k* 个最大值。同样，MIN 与 MINA 都是求最小值函数，其区别在于，前者忽略文本和逻辑值，后者不忽略文本和逻辑值。MINIFS 用于返回一组给定条件或标准指定的单元格之间的最小值。SMALL 用于计算数据集中的第 *k* 个最小值。上述函数的语法分别为

```
=MAX(number1, [number2], …)
=MAXA(value1,[value2],…)
=MAXIFS(max_range, criteria_range1, criteria1, [criteria_range2, criteria2], …)
=LARGE(array, k)
=MIN(number1, [number2], …)
=MINA(value1, [value2], …)
=MINIFS(min_range, criteria_range1, criteria1, [criteria_range2, criteria2], …)
=SMALL(array, k)
```

【参数说明】

- max_range/min_range：最大/最小值范围，指查找最大或最小值的单元格区域。
- *k*：待查找值的排序位置。在 LARGE 中是从大到小排序，在 SMALL 中是从小到大排序。例如，LARGE(array,1)将返回最大值，LARGE(array, *n*)则返回最小值；SMALL(array,1)等于最小值，SMALL(array, *n*)等于最大值。

示例 2-5　某班学生英语成绩分析表如图 2-5 所示，其中，左侧 A2:G13 单元格是成绩统计表，右侧 I2:L13 是使用函数分析成绩表的返回值及公式，有关说明如下。

	A	B	C	D	E	F	G	H	I	J	K	L
1	学生英语成绩分析表											
2	姓名	性别	口语	听力	语法	作文	合计		要求及条件	姓名	返回值	公式
3	郭黎明	男	78	75	79	50	282		总分第1名	刘　华	325	=MAX(G3:G13)
4	黄鸣放	男	80	68	85	70	303		总分最末名	唐老鸭	226	=MIN(G3:G13)
5	江婕妤	女	90	80	60	85	315		=XLOOKUP(K4,$G$3:$G$13,$A$3:$A$13)			
6	姜　萍	女	92	80	45	70	287		女生口语大于80的总分第1	江婕妤	315	=MAXIFS(G3:G13,B3:B13,"女",C3:C13,">80")
7	李　丽	女	68	70	50	85	273					
8	刘　华	女	72	90	73	90	325		男生听力小于60的总分最末	王　子	227	=MINIFS(G3:G13,B3:B13,"男",D3:D13,"<60")
9	宋祖明	男	76	78	60	85	299					
10	王　子	男	59	50	68	50	227					
11	唐老鸭	男	56	60	50	60	226		口语第3名	黄鸣放	80	=LARGE(C3:C13,3)
12	张丽丽	女	80	60	75	40	255		作文倒数第2名	郭黎明	50	=SMALL(F3:F13,2)
13	朱贵妃	女	80	70	85	80	315		=XLOOKUP(K12,F3:F13,$A$3:$A$13)			

图 2-5　最大/最小值函数示例

(1) 总分第 1 名。在 K3 单元格输入的是总分最大值公式"=MAX(G3:G13)"，J3 单元格输入的是匹配总分第 1 同学姓名的公式"XLOOKUP(K3，$G$3：$G$13，$A$3：

＄A＄13)”。

(2) 总分最末名。在 K4 单元格输入的是总分最小值公式“＝MIN(G3:G13)”,J4 单元格输入的是匹配总分最末同学姓名的公式“＝XLOOKUP(K4,＄G＄3:＄G＄13,＄A＄3:＄A＄13)”。

(3) 口语成绩大于 80 分的女生中总分第 1 名。在 K6 单元格输入的是多条件最大值公式“＝MAXIFS(G3:G13,B3:B13,"女",C3:C13,"＞80")”,式中 G3:G13 是要按多条件求最值的单元格范围,B3:B13 是要用条件 1(女)评估的单元格范围,C3:C13 是要用条件 2(口语成绩大于 80 分)评估的范围。J6 单元格中输入的是匹配口语成绩大于 80 分的女生中总分第 1 同学姓名的公式“＝XLOOKUP(K6,＄G＄3:＄G＄13,＄A＄3:＄A＄13)”。

(4) 听力成绩小于 60 分的男生中总分最末名。K8 单元格中是 MINIFS 函数返回的满足“性别为男且听力成绩小于 60 分”条件的总成绩最小值,J8 单元格中是 XLOOKUP 函数返回的该同学姓名。

(5) 口语成绩第 3 名。K11 单元格中是 LARGE 函数返回的排位第 3 的口语成绩。

(6) 作文成绩倒数第 2 名。K12 单元格中是 SMALL 函数返回的排位倒数第 2 的作文成绩。

提示

使用最大/最小值函数得到的返回值仅是成绩单中满足要求的分数,无法返回这个分数所对应的学生姓名。要找到并显示分数对应的学生姓名,需要使用 XLOOKUP 函数,通过已返回成绩数据,定位查找所对应的学生姓名。

2.2.2 数据排位

用于数据排位计算的有 8 个函数。RANK.AVG 和 RANK.EQ 用于返回指定数字在数据集的排位。PERCENTRANK.INC 和 PERCENTRANK.EXC 用于计算指定数字在数据集的百分位数;PERCENTILE.INC 和 PERCENTILE.EXC 则用来计算返回给定百分位数在数据集中所对应的值。QUARTILE.INC 与 QUARTILE.EXC 是按相应的百分点值计算返回数据集中的四分位数。上述函数的语法分别为

```
=RANK.AVG(number,ref,[order])
=RANK.EQ(number,ref,[order])
=PERCENTRANK.INC(array, x,[significance])
=PERCENTILE.INC(array, k)
=PERCENTRANK.EXC(array, x,[significance])
=PERCENTILE.EXC (array,k)
=QUARTILE.INC(array,quart)
=QUARTILE.EXC(array,quart)
```

【参数说明】

- number:数字,指想要排位的数字。当 number 中含有相同数字时,有两种处理方式:均值法(AVG)与等值法(EQ)。这也就是 RANK.AVG 与 RANK.EQ 的区别。RANK.AVG 对相同数字排位的计算方法是取其排位的平均值,而 RANK.EQ 是按相等或并列排位计算,相当于体育比赛时的“并列第几”。
- ref:包含一列数字的引用或数组。如果其中出现非数字值,将会被忽略。

- [order]：可选参数，用来指定数字排位方式。0或省略按降序排列，1或其他值按升序排列。
- *x*：要排位的值。如果 array 中没有 *x* 值，PERCENTRANK.INC 和 PERCENTRANK.EXC 将进行插值并返回其百分比排位。
- [significance]：可选参数，用于标识返回的百分比值的有效位数。默认值为3，即保留3位小数。
- *k*：0～1的百分数值。PERCENTILE.INC 与 PERCENTILE.EXC 函数的区别在于 *k* 值范围有所不同，前者包含0和1，而后者不包含。
- quart：四分位数，是一个0～4的整数，用于指定返回第几个四分位值。0表示返回最小值；1表示返回第1个四分位值，相当于排位在第25%点位的值；2表示返回中值；3表示返回第3个四分位值，也就是0.75百分点排位的值；4表示返回最大值。注意 QUARTILE.INC 与 QUARTILE.EXC 的区别，前者包含0与4，而后者不包含。

提示

(1) Excel 2007 中排位函数为 RANK，之后被替换为 RANK.AVG 和 RANK.EQ。后缀 AVG 与 EQ 的含义分别为均值与等值，用来表示对相同数据排位的处理方式，分别是平均方法与并列方法。

(2) RANK.EQ 给定重复数据相同排位后，其后续数据排位将受到影响。也就是说，重复数据仍然会占用排序位置。例如，三个并列第2，其后续数字排位将是第5，没有第2、3位。

(3) 百分位和四分位函数后缀 INC 与 EXC 的含义是包含与不包含，用来区别数据排位计算时，是包含最大、最小值，还是不包含最大、最小值。

(4) 在 QUARTILE.INC 函数中，当参数 quart 值为0、2、4时，该函数分别等同于 MIN、MEDIAN 和 MAX 函数。

示例 2-6 某市年度天气温湿度数据及排位分析如图2-6所示，其中，数据排位函数的用法说明如下。

	A	B	C	D	E	F	G	H	I	J	K	L	M
1	某市年度温湿度统计表												
2	月份	1月	2月	3月	4月	5月	6月	7月	8月	9月	10月	11月	12月
3	平均气温(℃)	-3.7	-7.0	5.8	14.2	19.9	24.4	26.2	24.9	20.0	13.1	4.6	-1.5
4	平均相对湿度(%)	44	44	46	46	53	61	75	77	68	61	57	49
6	温度-1.5℃ 排寒冷天第几位						=RANK.AVG(-1.5,B3:M3,1)						3
7	湿度46排干燥天气第几位，AVG						=RANK.AVG(46,B4:M4,1)						3.5
8	湿度46排干燥天气第几位，EQ						=RANK.EQ(46,B4:M4,1)						3
9	温度20℃ 在年度气温的百分比排位，INC						=PERCENTRANK.INC(B3:M3,20,2)						0.72
10	温度20℃ 在年度气温的百分比排位，EXC						=PERCENTRANK.EXC(B3:M3,20,2)						0.69
11	年度气温百分比排位0.72的温度，INC						=PERCENTILE.INC(B3:M3,0.72)						20
12	年度气温百分比排位0.69的温度，EXC						=PERCENTILE.INC(B3:M3,0.69)						20
13	年度气温第0个四分位值，INC						=QUARTILE.INC(B3:M3,0)						-7
14	年度气温第2个四分位值，EXC						=QUARTILE.EXC(B3:M3,2)						13.7

图 2-6 数据排位函数示例

M6 单元格中是 RANK.AVG 函数返回的气温−1.5℃在年度寒冷天气中的排位数(第3位)。

M7 单元格中是 RANK.AVG 函数计算的46%在年度气候相对湿度数据中的排位，其中有两个 46%，按其排位的平均值计算，返回值为 3.5。

M8 单元格中是 RANK.EQ 函数赋予重复数据 46%的相同排位，返回值为 3。

M9、M10 单元格中是 PERCENTRANK.INC 和 PERCENTRANK.EXC 分别计算返回的气温 20℃在年度气温数据中的百分比排位数，其中，0.72 是按包含极值点百分位 0 和 1 计算的返回值，0.69 则是按不包含极值点计算的返回值。

M11、M12 单元格中是 PERCENTILE.INC 与 PERCENTILE.EXC 函数分别计算的数据集中第 0.72 和第 0.69 百分比排位所对应的值。可以看出，这两个函数是上述 PERCENTRANK.INC 和 PERCENTRANK.EXC 函数的逆运算。

M13、M14 单元格中是 QUARTILE.INC 和 QUARTILE.EXC 函数返回的年度气温第 0 与第 2 个四分位值，前者包括最大、最小极值点，后者不包括第 0 和第 4 分位。

2.2.3 数据量与频数分析

本节介绍对数据的计数与分析函数。COUNT 用于统计指定数据区数值个数，COUNTA 用来计算指定数据区包含任何类型信息的数量，COUNTBLANK 则用于统计指定数据区空白单元格数量。COUNTIF 与 COUNTIFS 分别用于计算满足给定单条件和多条件的单元格数量。FREQUENCY 是一个数组函数，用来计算给定数据集中各区间数据的频数并以垂直数组的形式返回各区间数据个数。上述函数的语法分别为

```
=COUNT(value1, [value2], …)
=COUNTA(value1, [value2], …)
=COUNTBLANK (range)
=COUNTIF(range, criteria)
=COUNTIFS(criteria_range1, criteria1, [criteria_range2, criteria2],…)
=FREQUENCY(data_array, bins_array)
```

【参数说明】

- data_array：要对其数据频次进行计数的数组或引用。
- bins_array：间隔数组或引用，指要将 data_array 中数据频次插入对应间隔值范围的数组或引用。

提示

(1) COUNT 与 COUNTA 的区别在于对文本、错误值和逻辑值的计算。COUNT 忽略数组或引用中的空白单元格、逻辑值、文本或错误值，但是直接输入的逻辑值和代表数字的文本将被计算在内。COUNTA 计算包含任何类型的信息，包括文本及空文本、错误值、逻辑值等，但不会对空单元格进行计数。

(2) COUNTIF 和 COUNTIFS 条件参数不区分大小写。可以在条件中使用通配符，例如，用“?”匹配任何单个字符，用“*”匹配任何字符序列。

示例 2-7　某班学生英语成绩分析表如图 2-7 所示，其中，A2:G13 单元格区域中是各科成绩，I2:M13 单元格区域中显示的是用 COUNTA、COUNT、COUNTBLANK、COUNTIF、COUNTIFS、FREQUENCY 等函数分析学生英语成绩的返回值及其公式，其用法说明如下。

(1) J3 单元格中是函数 COUNTA 返回的学生英语成绩记录数，J4 单元格中是 COUNT

函数返回的听力成绩记录数,其中不含请假缺考数(TRUE、病)。

(2) J5、J6 单元格中是 COUNTIF 函数返回的男生和女生数,J7 单元格中是 COUNTBLANK 函数返回的学生成绩表中空白单元格数。

(3) J9、J11 单元格中是 COUNTIFS 返回的满足多条件的学生数。J9 中是满足“男”和“总分大于 260 分”的学生数;J11 中是满足“女”“口语大于 70 分”和“总分大于 260 分”的学生数。

(4) L3:M7 单元格显示了 FREQUENCY 函数的用法。

① 使用 MAX、MIN 函数并按步长 40 将总成绩划分 4 个区间,并将区间点分数输入 L3:L6 单元格。

② 在 M3 单元格中输入公式“=FREQUENCY(G3:G13,L3:L6)”,便可以得到各总分区间学生人数,如图 2-7 中 L3:M7 单元格所示。M7 单元格中的返回值是大于最后区间值数据的频数,没有大于最后区间值的数据时,返回值为 0。

(5) K3:K13、L9:L13 单元格中显示了上述函数公式,如图 2-7 所示。

	A	B	C	D	E	F	G	I	J	K	L	M
1	学生英语成绩分析表											
2	姓名	性别	口语	听力	语法	作文	合计	记录数及分布	人数	公式	总分区间	人数
3	郭黎明	男	78	75	79	50	282	记录数	11	=COUNTA(A3:A13)	220	1
4	黄鸣放	男	80	TRUE	70	70	220	听力成绩数	9	=COUNT(D3:D13)	260	4
5	江婕妤	女	90	80	60	85	315	男生	5	=COUNTIF(B3:B13,"男")	300	4
6	姜　萍	女	92	80	45	70	287	女生	6	=COUNTIF(B3:B13,"女")	325	2
7	李　丽	女	68	70	50	85	273	空白单元格	0	=COUNTBLANK(A2:G13)		0
8	刘　华	女	72	90	73	90	325					
9	宋祖明	男	76	78	60	85	299	男生总分大于260分	2	=COUNTIFS(B3:B13,"男",G3:G13,">260")	=MIN(G3:G13)	
10	王　子	男	59	50	68	50	227				=MAX(G3:G13)	
11	唐老鸭	男	56	60	50	60	226	女生口语大于70、总分大于260分	3	=COUNTIFS(B3:B13,"女",C3:C13,">70",G3:G13,">260")	{=FREQUENCY(G3:G13,L3:L6)}	
12	张丽丽	女	80	60	75	40	255					
13	朱贵妃	女	80	病	85	80	245					

图 2-7 数据量与频数分析函数示例

2.3 离散型随机变量分布

本节介绍二项分布、负二项分布、超几何分布和泊松分布 4 个重要离散型随机变量分布函数,如表 2-3 所示。

表 2-3 离散型随机变量分布函数

函　数	说　明	函　数	说　明
BINOM.DIST	二项式分布概率	NEGBINOM.DIST	负二项式分布概率
BINOM.DIST.RANGE	二项式分布区间概率	HYPGEOM.DIST	超几何分布概率
BINOM.INV	累积二项式分布概率	POISSON.DIST	泊松分布概率

2.3.1 二项分布

二项分布(Binomial Distribution)是一种常见的离散型随机变量的概率分布,是指 n 个独立的“成功或失败”试验中“成功”次数的离散概率分布。这种单次“成功/失败”独立事件试验又称为伯努利试验。二项分布的基本准则或假设是:固定的试验次数、每个试验相互独立、每次试验有相同的成功概率和每次试验的结果是成功或失败。工作表中用于二项分布计算的函数有 BINOM.DIST、BINOM.DIST.RANGE 和 BINOM.INV。其中，BINOM.DIST 用于计算二项分布的概率和累积概率，BINOM.DIST.RANGE 用于计算两个成功次数之间或分布区间的累积概率，BINOM.INV 用于计算给定概率下事件发生次数或成功次数的最小阈值。上述函数语法分别为

```
=BINOM.DIST(number_s,trials,probability_s,cumulative)
=BINOM.DIST.RANGE(trials,probability_s,number_s,[number_s2])
=BINOM.INV(trials,probability_s,alpha)
```

【参数说明】

- number_s：试验成功次数。必须大于或等于 0 且小于或等于 trials 的整数。
- trials：独立试验次数。必须大于或等于 0。
- probability_s：每次试验成功的概率。必须大于或等于 0 且小于或等于 1。
- cumulative：为逻辑值。TRUE 返回累积分布函数，FALSE 则返回概率密度函数。
- [number_s2]：为可选参数。如果提供[number_s2]，BINOM.DIST.RANGE 函数将返回成功试验的次数落在 Number_s 和[number_s2]之间的概率。必须大于或等于 number_s 且小于或等于 trials。
- alpha：累积概率临界值。

提示

（1）二项分布概率密度函数 BINOM.DIST 公式为

$$b(x,n,p)=C_n^x p^x\ (1-p)^{(n-x)}$$

式中，C_n^x 为组合公式，即 COMBIN(n,x)。

累计二项分布函数公式为

$$b(x,n,p)=\sum_{y=0}^{n} b(y,n,p)$$

（2）二项分布累积概率函数 BINOM.DIST.RANGE 公式为

$$b(x,n,p)=\sum_{k=s}^{s_2} C_n^k p^k\ (1-p)^{n-k}$$

式中，s，s_2 为试验次数 number_s 和 number_s2；p 为每次试验成功的概率 probability_s；k 为迭代变量。

示例 2-8（2009 年北京高考理科数学试题） 某学生在上学路上要经过 4 个路口，假设在各路口遇到红灯是相互独立的，遇到红灯的概率都是 1/3，遇到红灯时停留的时间都是 2min。

（1）求这名学生在上学路上到第三个路口时首次遇到红灯的概率。

（2）求这名学生在上学路上因遇到红灯停留总时间 ξ 的分布列及期望。

（3）求 ξ 分布列各点的累积分布概率（（3）～（5）为添加的问题）。

（4）求遇到第 1 至第 3 个红灯之间的累积分布概率。

（5）当遇到 k 次红灯事件累积分布概率为 90%时，求遇到红灯的最小值。

解

（1）已知学生经路口遇到红灯的概率为 1/3，则没有遇到红灯的概率为 1－(1/3)，由概率乘法原理，这名学生在上学路上到第 3 个路口时首次遇到红灯的概率为第 1、第 2 个路口

没有遇到红灯与第 3 个路口遇到红灯概率的乘积，即

$$P=\left(\frac{2}{3}\right)\times\left(\frac{2}{3}\right)\times\left(\frac{1}{3}\right)=\frac{4}{27}$$

(2) 依题意，这名学生在上学路上因遇到红灯停留总时间的 ξ 分布列为二项分布，其中，$n=4,k=0,1,\cdots,n$。因遇到红灯时停留的时间都是 2min，故有 $\xi=2k$。由二项分布函数公式得

$$P\{\xi=2k\}=C_n^k p^k\ (1-p)^{n-k}=C_n^k\left(\frac{1}{3}\right)^k\left(1-\frac{1}{3}\right)^{4-k}\quad (k=1,2,3,4)$$

在工作表中求解此题的结果如图 2-8 所示，具体操作方法如下。

	A	B	C	D	E	F	G
1	参数及事件	说明	红灯				
2	number_s	试验次数trials为4	0	1	2	3	4
3	probability_s	各路口遇到红灯的概率		1/3	1/3	1/3	1/3
4	第3路口时首次遇到红灯的概率		=(1-D3)*(1-E3)*F3			4/27	
5	遇到红灯停留总时间ξ的分布列	遇到红灯等候时间	0	2	4	6	8
6		=BINOM.DIST(C2,4,1/3,FALSE)	16/81	32/81	8/27	8/81	1/81
7	遇到红灯停留总时间ξ的期望(Eξ)		=SUM(C5:G5*C6:G6)			8/3	
8	累积分布概率	=BINOM.DIST(C2,4,1/3,TRUE)	16/81	16/27	8/9	80/81	1
9	第1至第3红灯之间的累积概率	=BINOM.DIST.RANGE(4,1/3,D2,F2)		64/81			
10	累积分布概率阈值alpha为90%时，遇到红灯的最少次数		=BINOM.INV(4,1/3,0.9)			3	

图 2-8　二项分布函数示例

(1) 在 C2 至 G2 单元格中输入 0,1,…,4 表示遇到路口红灯的序号，其中，0 表示全程没有遇到红灯。然后在 D3:G3 单元格区域中输入每路口遇到红灯的概率“1/3”。

(2) 在 A2、A3 单元格输入参数名称“number_s”“probability_s”，并将 C3:G9 单元格区域的格式设置成分母为两位数的分数格式。设置两位分数格式方法：单击“开始”→“单元格”→“格式”→“设置单元格格式”→“数字”→“分数”→“分母为两位数(21/25)”→“确定”。

(3) 在 A4 单元格输入“第 3 路口时首次遇到红灯的概率”。并在 F4 单元格输入计算公式“=(1−D3)*(1−E3)*F3”，得到答案为 4/27。

(4) 在 A5 单元格输入“遇到红灯停留总时间 ξ 的分布列”，在 C5:G5 单元格区域分别输入等候时间，然后在 C6 单元格输入公式“=BINOM.DIST(C2,4,1/3,FALSE)”，并将此公式拖曳复制到 G6，得到 ξ 的分布列。

(5) 在 F7 单元格输入计算 ξ 期望的数组公式“=SUM(C5:G5*C6:G6)”，得到 ξ 的期望为 8/3。

(6) 借助此题，可以进一步说明 BINOM.DIST 函数累积分布概率以及 BINOM.DIST.RANGE 和 BINOM.INV 函数的用法。

① 在 C8 单元格中输入公式“=BINOM.DIST(C2,4,1/3,TRUE)”。注意当 cumulative 参数为 TRUE 时，函数返回累积分布概率。然后将公式拖曳复制到 G8 单元格，便可以得到各点的累积分布概率。

② 在 D9 单元格中输入公式“=BINOM.DIST.RANGE(4,1/3,D2,F2)”，便可以得到第 1 至第 3 个红灯之间的累积分布概率。式中 D2 为参数 number_s，F2 为参数[number_s2]。

③ 在 F10 单元格中输入公式“=BINOM.INV(4,1/3,0.9)”，其返回值为累积分布概率阈值为 90%时遇到红灯的最少次数，如图 2-8 中 A10:F10 单元格所示。

2.3.2 负二项分布

负二项分布(Negative Binomial Distribution)与二项式分布相似,二者均是多次重复伯努利试验,其主要区别在于试验的阈值条件和关注的随机变量及其概率分布不同。二项分布试验阈值条件为 trials 次,随机变量为 trials 次试验中成功次数;该随机变量的概率分布为二项分布;负二项分布试验阈值条件是累积出现成功 number_s 次,随机变量为出现 number_s 次成功前失败的次数 number_f。

需要注意的是,负二项分布的定义有两种形式。一种是以成功次数为阈值,达到成功阈值之前失败的次数为随机变量;另一种是以失败次数为阈值,达到失败阈值之前成功的次数为随机变量。这两种定义形式只是将"成功"和"失败"的阈值对调,其本质上没差别。Excel 中采用的是前一种形式。该函数的语法为

```
=NEGBINOM.DIST(number_f,number_s,probability_s,cumulative)
```

【参数说明】

- number_f:失败的次数。

提示

(1) 负二项式分布 NEGBINOM.DIST 函数的公式为

$$nb(x,r,p)=C_{x+r-1}^{r-1}p^r(1-p)^x$$

式中,x 为失败的次数 number_f;r 为成功次数 number_s 的阈值;p 为成功的概率 probability_s。

(2) 以失败次数为阈值的负二项式分布函数的公式为

$$nb(x,f,p)=C_{x+f-1}^{x}p^x(1-p)^f$$

式中,x 为成功的次数;f 为失败次数的阈值;p 为成功的概率。

示例 2-9(https://docs.analytica.com/) 某商场无人超市自动售货系统,防控并抓住某小偷的概率为 20%,商场保安如果成功抓住小偷三次,就可以依法将小偷送进监狱免除隐患。求抓小偷失败次数的概率分布。

解 商场保安没抓住小偷的次数为 number_f,成功抓住小偷的阈值为三次,抓住小偷的概率 probability_s 为 0.2。这样,便可以运用 NEGBINOM.DIST 函数得到商场抓住小偷三次前失败次数的概率分布,如图 2-9 所示。操作方法和步骤如下。

(1) 在 B1、B2 单元格中分别输入抓住小偷成功次数阈值"3"和概率"20%",在 B3:AF3 单元格输入抓小偷失败次数"0,1,2,…,30"(随机变量)。然后在 B4 单元格输入公式"=NEGBINOM.DIST(B3,$B$1,$B$2,FALSE)"并将其复制到 C4:AF4 单元格,便可以得到 0～30 概率分布,如图 2-9①所示。

(2) 在 B5 单元格中输入公式"=NEGBINOM.DIST(B3,$B$1,$B$2,TRUE)"并将其复制到 C5:AF5 单元格,便可以得到随机变量的累积概率分布。

(3) 选择 B3:AF4 单元格区域,然后从"插入"选项卡"图表"组中选择"插入柱形图或条形图"→"更多柱形图"→"簇状柱形图",可生成函数的概率密度分布图,如图 2-9②所示。同样,选择 B3:AF3 和 B5:AF5 单元格区域,并按上述步骤选择插入"簇状柱形图",可生成函数的累积概率分布图,如图 2-9③所示。

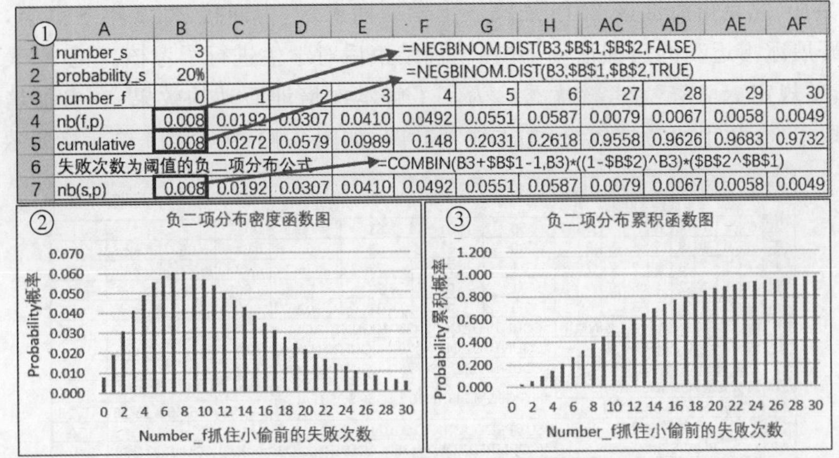

图 2-9　负二项分布函数示例

(4) 在 B7 单元格输入二项分布另外一种定义类型的公式“=COMBIN(B3+＄B＄1-1,B3)*((1-＄B＄2)^B3)*(＄B＄2^＄B＄1)”,并将公式复制到 C7:AF7 单元格,可以得到上述 NEGBINOM.DIST 函数一致结果。这是以失败次数为阈值的负二项分布公式,注意其中“成功”与“失败”的阈值及概率均进行了对换。此定义类型可以从小偷角度描述:小偷每次得手的概率为 80%,如果被抓三次,将被起诉判刑遭受牢狱之灾。小偷被抓的概率分布为 $\mathrm{nb}(x,f,p)=C_{x+f-1}^{x}p^{x}(1-p)^{f}$,其中,小偷得手次数为 x,小偷被抓阈值 f 为 3。

2.3.3　超几何分布

超几何分布(Hypergeometric Distribution)可以描述为:包含甲乙两种物体(包括物件、物品及生物体等)的总体,从中选取一部分中含有甲或乙数量的概率分布。举例来说,某班有 30 名同学,其中有男同学 12 名。现在要从这个班任选(不重复)6 名同学到居民区参加宣传垃圾分类活动,求选到男同学数的分布。这里,可能选到男同学数“0,1,2,…,6”便是随机变量,其分布被称为超几何分布,其函数为 HYPGEOM.DIS。使用该函数要分清楚已知参数和随机变量。其中,有三个已知常数参数:总体规模(如全体同学)、总体中物体或事物的数量(男同学)、选取样本的数量(参加宣传垃圾分类活动的同学);一个随机变量是可能选取的指定物体数量或事物数(选到参加宣传垃圾分类活动的男同学数)。该函数的语法为

```
HYPGEOM.DIST(sample_s,number_sample,population_s,number_pop,cumulative)
```

【参数说明】

- number_sample:样本数量。
- population_s:总体中成功的数量。
- number_pop:总体规模。

提示

超几何分布 HYPGEOM.DIST 函数的公式为

$$P(X=x)=h(x,n,M,N)=\frac{C_{M}^{x}C_{N-M}^{n-x}}{C_{N}^{n}}$$

式中,x 为 sample_s;n 为 number_sample;M 为 population_s;N 为 number_pop。

示例 **2-10**（北京市海淀区 2019 届高三上学期期末） 为迎接 2022 年冬奥会，北京市组织中学生开展冰雪运动的培训活动，并在培训结束后对学生进行了考核。记 X 表示学生的考核成绩，并规定 $X \geqslant 85$ 为考核优秀。为了了解本次培训活动的效果，在参加培训的学生中随机抽取了 30 学生的考核成绩，并作成茎叶图，如图 2-10 中 A1:I6 单元格所示。

	A	B	C	D	E	F	G	H	I	J	K	L	M	N	O	P	Q
1	学生成绩茎叶图									学生成绩表							
2	5	0	1	1	6					50	51	51	56				
3	6	0	1	3	3	4	5	8		60	61	63	63	64	65	68	
4	7	1	2	3	6	7	7	7	8	71	72	73	76	77	77	77	78
5	8	1	1	2	4	5	9			81	81	82	84	85	89		
6	9	0	0	1	2	3				90	90	91	92	93			
7	随机选取1人考核为优秀的概率									=COUNTIF(J2:Q6,">=85")/COUNT(J2:Q6)							7/30
8	成绩X∈[70,79]的学生数									=COUNTIF(J2:Q6,">=70")-COUNTIF(J2:Q6,">79")							8
9	成绩满足|X-85|≤10的学生数									=COUNTIF(J2:Q6,">=75")-COUNTIF(J2:Q6,">79")							5
10	随机变量Y(sample_s)									=HYPGEOM.DIST(N10,3,$Q$9,$Q$8,FALSE)				0	1	2	3
11	概率分布HYPGEMO.DIST													1/56	15/56	15/28	5/28
12	数学期望									=SUMPRODUCT(N10:Q10,N11:Q11)							15/8
13	P(|(X-85)/10|≤1)									=(COUNTIF(J2:Q6,">=75")-COUNTIF(J2:Q6,">=95"))/COUNT(J2:Q6)							8/15

图 **2-10** 超几何分布函数示例

（1）如从参加培训的学生中随机选取 1 人，请根据茎叶图数据，估计这名学生成绩为优秀的概率。

（2）从考核成绩满足 $X \in [70,79]$ 的学生中任取 3 人，设 Y 表示这 3 人中成绩满足 $|X-85 \leqslant 10|$ 的人数，求 Y 的分布列和数学期望。

（3）根据以往培训数据，规定当 $P\left(\left|\frac{X-85}{10}\right| \leqslant 1\right) \geqslant 0.5$ 时培训有效。请根据图中数据，判断此次中学生冰雪培训活动是否有效，并说明理由。

解 为便于分析和计算，先在工作表中将茎叶图转换为分数成绩表，然后逐题解答。

（1）因"茎×10+叶"等于学生成绩，故在 J2 单元格中输入公式"= $A2 * 10+B2"并拖曳填充柄将其复制到 J2:Q6 单元格，然后删除多余复制的 N2:Q2、Q3、P5、Q5、O6:Q6 单元格的内容，便可以得到学生成绩表，如图 2-10 中 J2:Q6 单元格所示。

（2）用 COUNTIF 函数可以很快得到随机选取 1 人成绩为优秀的概率，即在 Q7 单元格输入公式"=COUNTIF(J2:Q6,">=85")/COUNT(J2:Q6)"，返回答案为 7/30。

（3）在 Q8 单元格输入公式"=COUNTIF(J2:Q6,">=70")-COUNTIF(J2:Q6,">79")"，得到考核成绩满足 $X \in [70,79]$ 的人数为 8 人。这便是总体规模参数 number_pop。

（4）将成绩满足 $|X-85| \leqslant 10$ 的条件变换为 $X \in [75,79]$，用 COUNTIF 计算为 5 人。见 P9、Q9 单元格。可以看出，此数为总体中成功的数量 population_s 参数。

（5）在 N10:Q10 单元格分别输入随机变量"0,1,2,3"，也就是 sample_s 参数。并将 N11:Q11 单元格的格式设置为分母为两位数的分数格式。

（6）在 N11 单元格中输入公式"=HYPGEOM.DIST(N10,3,$Q$9,$Q$8,FALSE)"并将其拖曳复制到 O11:Q11，便可以得到 Y 的分布列。然后可以用 SUMPRODUCT 函数计算得到数学期望，如图 2-10 中 J12:Q12 单元格所示。

（7）$\left|\frac{X-85}{10}\right| \leqslant 1$ 相当于 $X \in [75,95]$，于是在 Q13 输入计算 $P\left(\left|\frac{X-85}{10}\right| \leqslant 1\right)$ 的公式

```
=(COUNTIF(J2:Q6,">=75")-COUNTIF(J2:Q6,">=95"))/COUNT(J2:Q6),
```

得到的返回值为"8/15"。

显然 $P\left(\left|\frac{X-85}{10}\right|\leqslant 1\right)=\frac{8}{15}\geqslant 0.5$，故培训有效，如图 2-10 中 A13：Q13 单元格所示。

2.3.4　泊松分布

泊松分布(Poisson's Distribution)是法国数学家 Siméon-Denis Poisson 在 1838 年研究二项分布的渐进公式时提出来的。当二项式分布的 n 较大，p 较小时，泊松分布可用作二项式分布的近似值，其中，λ 为 np。一般情况下，当 n 大于或等于 20，p 小于或等于 0.05 时，可用泊松公式近似计算二项分布。实际上，泊松分布是由二项分布推导出的。泊松分布的期望和方差均为 λ。泊松分布是最重要的离散分布之一，它多出现在当 x 表示在一定的时间或空间内出现的事件个数这种场合，适合于描述单位时间(或空间)内随机事件发生的次数。因此，泊松分布在管理科学和自然科学的某些问题中都占有重要的地位。其语法为

```
=POISSON.DIST(x,mean,cumulative)
```

【参数说明】

- mean：期望值。

泊松分布 POISSON.DIST 函数的公式为

$$\text{POISSON}=\frac{e^{-\lambda}\lambda^{x}}{x!}$$

式中，λ 表示 mean。

示例 2-11　小杨同学到某珠宝商行实习，发现商行一款钻戒月平均销量为 10 件，其库存资料显示，过去月进货在 10～20 件不等，月销售记录有脱销和滞销情况。小杨运用泊松分布原理，向商行经理提出了保证 90%以上把握不脱销的月进货量，改进了商行的库存管理。小杨提出的月进货量是多少件？

解　设小杨提出的月进货量为 A 件，按泊松分布函数有

$$P\{x\leqslant A\}=\sum_{x=0}^{A}\frac{e^{-10}10^{x}}{x!}\geqslant 0.90,(x=0,1,\cdots,A)$$

这是一个已知概率求解变量的问题，直接计算求解 x 是比较麻烦的，而在工作表中利用泊松分布函数，可以便捷地得到月进货 10～20 件的概率数据，然后按题意选择对应的进货量 A。如图 2-11 所示，在 A1：L2 单元格输入基本数据后，在 B3 单元格输入"=POISSON.DIST(B2，\$B\$1，TRUE)"，然后将其复制到 C3：L3 单元格便可以得到月进货量的累积泊松分布概率。从表格显示的结果可以判断，小杨提出的进货量为 14～15 件。13 件以下脱销的可能性偏大，16 件以上则会积压库存，增加库存成本。

	A	B	C	D	E	F	G	H	I	J	K	L
1	期望值(月平均销售量)mean	10	10	10	10	10	10	10	10	10	10	10
2	月进货量x	10	11	12	13	14	15	16	17	18	19	20
3	保证不脱销的概率P(x≤A)	58.3%	69.7%	79.2%	86.4%	91.7%	95.1%	97.3%	98.6%	99.3%	99.7%	99.8%
4	公式	=POISSON.DIST(B2,\$B\$1,TRUE)										

图 2-11　泊松分布函数示例

2.4 连续型随机变量分布

本节讨论连续概率分布(Continuous Probability Distribution)函数，主要有正态分布、卡方分布、T 分布、F 分布、指数分布、对数分布、伽马和贝塔分布，详见表 2-4。

表 2-4 连续型随机变量分布函数

函　数	说　明	函　数	说　明
NORM.DIST	正态分布函数	CHISQ.INV	卡方分布累积概率函数的反函数
NORM.INV	正态分布累积概率函数的反函数	CHISQ.DIST.RT	卡方分布右尾概率
NORM.S.DIST	标准正态分布函数	CHISQ.INV.RT	卡方分布右尾概率函数的反函数
NORM.S.INV	标准正态累积概率函数的反函数	T.DIST	学生 T 分布函数
PHI	返回标准正态概率密度函数值	T.INV	T 分布累积概率函数的反函数
STANDARDIZE	将正态分布转换为标准正态分布	T.DIST.RT	学生 T 分布右尾概率函数
GAUSS	返回 Z 分数	T.DIST.2T	学生 T 分布双尾概率函数
KURT	返回数据集的峰值	T.INV.2T	T 分布双尾概率函数的反函数
GAMMA	返回伽马函数值	F.DIST	F 分布函数
GAMMALN	返回伽马函数的自然对数	F.INV	F 分布累积概率函数的反函数
GAMMALN.PRECISE	返回伽马函数的自然对数(精度)	F.DIST.RT	F 分布右尾概率函数
GAMMA.DIST	伽马分布函数	F.INV.RT	F 分布右尾概率函数的反函数
GAMMA.INV	伽马分布累积概率函数的反函数	WEIBULL.DIST	韦布尔分布函数
BETA.DIST	贝塔分布函数	EXPON.DIST	指数分布函数
BETA.INV	贝塔分布累积概率函数的反函数	LOGNORM.DIST	对数分布函数
CHISQ.DIST	卡方分布函数	LOGNORM.INV	对数分布累积概率函数的反函数

2.4.1 正态分布

正态分布(Normal Distribution)，又称为高斯分布(Gaussian Distribution)，是一种关于均值对称的概率分布，接近均值数据的频率比远离均值的频率更高，其分布曲线是一条中间高，两边逐渐下降且完全对称的钟形曲线。正态分布在统计学的许多方面有着广泛应用，社会经济、教育、医疗、工农业生产与科学试验中很多随机变量的概率分布都可以近似地用正态分布来描述，人们可以利用正态分布量化分析结果，提高科学决策能力。Excel 中有以下几个用于正态分布计算的函数。

NORM.DIST 是指定均值和标准偏差的正态分布函数,可以分别返回累积分布函数值和概率密度函数值。NORM.INV 是正态累积分布函数的反函数。

NORM.S.DIST 和 NORM.S.INV 则是标准正态分布函数和标准正态分布函数的反函数。

STANDARDIZE 是将正态分布转换为标准正态分布的函数,可以返回指定均值和标准偏差的一个分布的标准化值。与 NORM.S.DIST 嵌套使用可以直接将指定均值和标准偏差的正态分布函数转换为标准正态分布函数。

PHI 用于返回标准正态分布的概率密度函数值。此函数返回值与 NORM.S.DIST 函数逻辑值 cumulative 为 FALSE 时的返回值是一致的。

GAUSS 是计算 z 分数或标准分数的函数,返回值为某数据点高于或低于均值的标准差数。GAUSS(z)的计算结果与 NORM.S.DIST(z,TRUE)-0.5 是一致的。

上述函数的语法分别为

```
=NORM.DIST(x, mean, standard_dev, cumulative)
=NORM.S.DIST(z,cumulative)
=NORM.INV(probability,mean,standard_dev)
=NORM.S.INV(probability)
=STANDARDIZE(x, mean, standard_dev)
=PHI(x)
=GAUSS(z)
```

【参数说明】

- x:变量。在 NORM.DIST 函数中为要计算其分布的数;在 STANDARDIZE 函数中为要标准化的数;在 PHI 函数中为要计算其标准正态分布密度的数。
- mean:分布的算术平均值。
- standard_dev:分布的标准偏差。
- probability:与正态分布相对应的概率。
- z:要计算其分布 NORM.S.DIST 或 z 分数 GAUSS 的数值或变量。

提示

(1) 正态分布公式。当参数 cumulative 为 FALSE 时,返回概率密度函数值:

$$\frac{e^{-\frac{1}{2}\left(\frac{x-\mu}{\sigma}\right)^2}}{\sqrt{2\pi}\sigma}$$

当参数 cumulative 为 TRUE 时,返回累积概率函数值:

$$\int_{-\infty}^{x}\frac{e^{-\frac{1}{2}\left(\frac{t-\mu}{\sigma}\right)^2}}{\sqrt{2\pi}\sigma}dt$$

式中,μ 表示均值 mean;σ 表示标准偏差 standard_dev。

(2) 标准正态分布公式。当参数 cumulative 为 FALSE 时,返回概率密度函数值:

$$\frac{e^{-\frac{1}{2}(x)^2}}{\sqrt{2\pi}}$$

当参数 cumulative 为 TRUE 时,返回累积概率函数值:

$$\int_{-\infty}^{x}\frac{e^{-\frac{1}{2}(t)^2}}{\sqrt{2\pi}}\mathrm{d}t$$

(3) STANDARDIZE 函数公式：

$$z=\frac{x-\mu}{\sigma}$$

(4) NORM.DIST 函数，均值 mean 参数为 0，标准差 standard_dev 为 1 时，其结果等同于 NORM.S.DIST 函数。

示例 **2-12**（2017 年全国 1 卷高考题） 为了监控某种零件的一条生产线的生产过程，检验员每天从该生产线上随机抽取 16 个零件，并测量其尺寸（cm）。根据长期生产经验，可以认为这条生产线正常状态下生产的零件的尺寸服从正态分布 $N(\mu,\sigma^2)$。检验员在一天内抽取的 16 个零件的尺寸如表 2-5 所示。

表 2-5 零件尺寸

抽取次序	1	2	3	4	5	6	7	8
零件尺寸	9.95	10.12	9.96	9.96	10.01	9.92	9.98	10.04
抽取次序	9	10	11	12	13	14	15	16
零件尺寸	10.26	9.91	10.13	10.02	9.22	10.04	10.05	9.95

经计算得：

$$\bar{x}=\frac{1}{16}\sum_{i=1}^{16}x_i=9.97,s=\sqrt{\frac{1}{16}\sum_{i=1}^{16}(x_i-\bar{x})^2}=\sqrt{\frac{1}{16}(\sum_{i=1}^{16}x_i^2-16\bar{x}^2)}\approx 0.212$$

$$\sqrt{\sum_{i=1}^{n}(i-8.5)^2}\approx 18.439,\sum_{i=1}^{n}(x_i-\bar{x})(i-8.5)=-2.78$$

其中，x_i 为抽取的第 i 个零件的尺寸，$i=1,2,\cdots,16$。

(1) 假设生产状态正常，记 x 表示一天内抽取的 16 个零件中其尺寸在 $(\mu-3\sigma,\mu+3\sigma)$ 之外的零件数，求 $P(x\geqslant 1)$ 及 x 的数学期望。

(2) 一天内抽检零件中，如果出现了尺寸之外的零件，就认为这条生产线在这一天的生产过程中可能出现了异常情况，需对当天的生产过程进行检查。

① 试说明上述监控生产过程方法的合理性。

② 用样本平均数 $\bar{x}$ 作为 μ 的估计值 $\hat{\mu}$，用样本标准差 s 作为 σ 的估计值 $\hat{\sigma}$，利用估计值判断是否需对当天的生产过程进行检查？剔除 $(\hat{\mu}-3\hat{\sigma},\hat{\mu}+3\hat{\sigma},)$ 之外的数据，用剩下的数据估计 μ 和 σ（精确到 0.01）。

附：若随机变量 z 服从正态分布 $N(\mu,\sigma^2)$，则

$$P(\mu-3\sigma<z<\mu+3\sigma)=0.9974,0.9974^{16}=0.9592,\sqrt{0.008}\approx 0.09$$

样本 $(x_i,y_i)(i=1,2,\cdots,n)$ 的相关系数：

$$r=\frac{\sum_{i=1}^{n}(x_i-\bar{x})(y_i-\bar{y})}{\sqrt{\sum_{i=1}^{n}(x_i-\bar{x})^2\sum_{i=1}^{n}(y_i-\bar{y})^2}}$$

③ 求 $(x_i,i)(i=1,2,\cdots,16)$ 的相关系数 r，并回答是否可以认为这一天生产的零件尺寸不随生产过程的进行而系统地变大或变小（$|r|<0.25$，则可以认为零件的尺寸不随生产

过程的进行而系统地变大或变小）。

(3) 用上述②估计 μ 和 σ 计算抽取某个零件的尺寸在$(\mu-3\sigma,\mu+3\sigma)$之内的概率(补充)。

解　第 1 问实际是一个二项分布问题。因为每次抽检只有“抽到或抽不到”次品两个结果，故可用二项分布公式求得抽到次品的概率和期望值，如图 2-12 中 B4:Q6 单元格所示。

	A	B	C	D	E	F	G	H	I	J	K	L	M	N	O	P	Q
1	序号	1	2	3	4	5	6	7	8	9	10	11	12	13	14	15	16
2	尺寸	9.95	10.12	9.96	9.96	10.01	9.92	9.98	10.04	10.26	9.91	10.13	10.02	9.22	10.04	10.05	9.95
3	超范围值													9.22			
4	二项分布	number_s		trials	probability_s			P(x=0)					P(x≥1)		Ex		
5	解析	0,1,2,⋯,16		16	0.0026			0.9592					0.0408		0.0416		
6	公式				=1-0.9974			=BINOM.DIST(0,16,0.0026,FALSE)					=1-H5		=D5*E5		
7	正态分布解析	均值μ			标准差σ			μ-3σ			μ+3σ			超出μ-3σ<x<μ+3σ范围值			
8		9.97			0.212			9.334			10.606			9.22			
9		剔除异常后均值μ					剔除异常后标准差σ			P(μ-3σ<x<μ+3σ)					相关系数		
10		10.02					0.0903			0.9973					-0.177		
11	公式	=AVERAGEIFS(B2:Q2,B2:Q2,">=9.334",B2:Q2,"<=10.606")					=STDEV.P(B2:M2,O2:Q2)			=NORM.DIST((B8+3*E8),B8,E8,TRUE)-NORM.DIST((B8-3*E8),B8,E8,TRUE)					=CORREL(B1:Q1,B2:Q2)		

图 2-12　正态分布函数示例

第 2、3 问是随机抽检零件尺寸的正态分布问题。首先，在 H8、K8 单元格输入合格尺寸范围数据或公式，在 B3 单元格中输入 IF 和 OR 函数公式“=IF(OR(B2<$H$8,B2>$K$8),B2," ")”，并将公式拖曳复制至 C3:Q3 单元格，便可以找出超出尺寸范围的零件。然后按题意剔除超出范围的数据，计算均值、标准差、概率和相关系数。为便于分析，在计算结果值下方单元格分别给出相应的计算公式，如图 2-12 中 B11:Q11 单元格所示。

(1) 从该题给出的已知条件及数据可知：$P(\mu-3\sigma<x_i<\mu+3\sigma)=0.9974$。由概率的性质可得 x_i 在$(\mu-3\sigma,\mu+3\sigma)$之外的概率为 $1-0.9974=0.0026$。这样，可以得到随机抽取零件事件的二项分布 $X\sim(16,0.0026)$。

由 $P(X=k)=C_n^k p^k q^{n-k}$，$E(X)=np$，可以计算出 $P(x\geqslant1)$ 及 x 的数学期望：

$$P(X\geqslant1)=1-P(X=0)=1-0.9974^{16}=1-0.9592=0.0408$$

$$E(X)=16\times0.0026=0.0416$$

(2) 依题意，这条生产线正常状态下生产的零件的尺寸服从正态分布 $N(\mu,\sigma^2)$。

① 因为在正常生产状态下，一个零件尺寸超出误差$(\mu-3\sigma,\mu+3\sigma)$范围的概率只有 0.0026，一天抽取 16 个零件中，出现尺寸超出误差$(\mu-3\sigma,\mu+3\sigma)$范围零件的概率也只有 0.0408，故一旦发生这种小概率事件，抽取到尺寸超出规定误差范围的零件，就表明该生产线可能出现了异常情况，需要对当天的生产过程进行检查，所以这种运用正态分布的小概率事件分析、判断生产过程是否异常的方法是合理的。

② 由 $\mu-3\sigma=9.97-3\times0.212=9.334$，$\mu+3\sigma=9.97+3\times0.212=10.606$，经比较有 $x_{13}=9.22<9.334$，故需要对当天的生产过程进行检查。剔除超出规定误差范围零件尺寸数据 9.22 后，剩余数据的均值和标准差，可利用本题给出的数据直接计算：

由 $\bar{x}=\dfrac{1}{16}\sum\limits_{i=1}^{16}x_i=9.97$，可得 $\mu=\dfrac{1}{15}\times(16\times9.97-9.22)=10.02$

由 $\sqrt{\dfrac{1}{16}\left(\sum\limits_{i=1}^{16}x_i^2-16\bar{x}^2\right)}\approx0.212$，可得

$$\sum_{i=1}^{16}x_i^2\approx16\times0.212^2+16\times9.97^2\approx1591.134$$

由标准差公式 $\sqrt{\frac{1}{n}\left(\sum_{i=1}^{n}x_i^2\right)-\left(\frac{\sum_{i=1}^{n}x_i}{n}\right)^2}$，可得

$$\sigma=\sqrt{\frac{1}{15}(1591.134-9.22^2)-10.02^2}=\sqrt{0.008}\approx 0.09$$

③ 根据样本相关系数公式和已知计算数据，可得

$$r=\frac{\sum_{i=1}^{n}(x_i-\bar{x})(i-8.5)}{\sqrt{\sum_{i=1}^{n}(x_i-\bar{x})^2\sum_{i=1}^{n}(i-8.5)^2}}=\frac{-2.78}{4\times 0.212\times 18.439}\approx -0.18$$

按题意，$|r|<0.25$，可以认为零件的尺寸不随生产过程的进行而系统地变大或变小。

(3) 由 $P(\mu-3\sigma<x_i<\mu+3\sigma)=P(\mu+3\sigma)-P(\mu-3\sigma)$，使用 NORM.DIST 函数可得

$$P(\mu-3\sigma<x<\mu+3\sigma)=0.9973。$$

示例 2-13　小方大学毕业后到某县参加脱贫、扶贫工作，通过研究分析了农民收入调查统计数据后，发现本县农民个人年纯收入符合正态分布 $N(15,5^2)$。按脱贫、扶贫有关要求，小方需要解答如下问题：①该县农民总人口约 20 万，假设脱贫收入标准是农民个人年纯收入 3 千元，问在脱贫收入标准以下的农民还有多少人？②要使 95%以上的农民年纯收入在区间$(\mu-a\sigma,\mu+a\sigma)$之内，$a$ 取值应为多少？③绘制该县农民个人年纯收入正态分布曲线图。附：$x\sim N(15,5^2)$，$P(x\leqslant 3)=0.0082$；$x\sim N(0,1)$，$\Phi(1.96)=0.975$。

解　该县农民个人年纯收入在 3 千元以下的人数为 $200000\times 0.0082=1640$(人)。

由 $P(\mu-a\sigma)=1-P(\mu+a\sigma)$，可知

$$P(\mu-a\sigma\leqslant x\leqslant\mu+a\sigma)=P(\mu+a\sigma)-P(\mu-a\sigma)=2P(\mu+a\sigma)-1$$

由于题中给出的是标准正态分布查表数据，因此，需将上式转换为标准正态分布形式：

$$\Phi(Z)=\Phi\left(\frac{x-\mu}{\sigma}\right),2\Phi\left(\frac{\mu+a\sigma-\mu}{\sigma}\right)-1\geqslant 0.95,\Phi(a)\geqslant 0.975,a=1.96$$

故，其边界值为

$$\mu-a\sigma=15-1.96\times 5=5.2,\mu+a\sigma=15+1.96\times 5=24.8$$

即该县 95%以上的农民个人年纯收入在区间(5.2,24.8)(千元)范围。

在表格中填入个人年纯收入数据 2.5～30(千元)，并按正态分布 $N(15,5^2)$分别计算其累计分布概率和概率密度函数值，形成该县农民个人年纯收入正态分布数据表，然后，按此表分别运用函数计算农民个人年纯收入概率密度函数值、累计分布概率函数和标准正态分布概率密度函数值、标准正态分布累积概率函数值，以及 z 分数、峰度函数值等，如图 2-13 所示。

(1) 在 B1 单元格输入人均年纯收入序列数公式“=SEQUENCE(1,56,2.5,(30−2.5)/55)”，其中，起始数为 2.5 千元，步长为 0.5 千元，最高为 30 千元。

(2) 在 B2 单元格输入概率密度函数公式“=NORM.DIST(B1,$B$9,$B$10,FALSE)”，在 B3 单元格输入累积概率函数公式“=NORM.DIST(B1,$B$9,$B$10,TRUE)”。

(3) 在 B4 单元格输入将正态分布转换为标准正态分布公式“=STANDARDIZE(B1,15,5)”，在 B5 单元格输入标准正态分布概率密度函数公式“=NORM.S.DIST(B4,

	A	B	C	D	AW	AX	AY	AZ	BA	BB	BC	BD
1	农民人均年收入(千元)	2.5	3	3.5	26	26.5	27	27.5	28	28.5	29	29.5
2	概率密度函数值	0.0035	0.0045	0.006	0.007	0.006	0.004	0.004	0.003	0.002	0.002	0.001
3	累积概率函数值	0.0062	0.0082	0.011	0.986	0.989	0.992	0.994	0.995	0.997	0.997	0.998
4	标准正态分布	-2.5000	-2.4000	-2.3	2.2	2.3	2.4	2.5	2.6	2.7	2.8	2.9
5	标准正态分布概率密度	0.0175	0.0224	0.028	0.035	0.028	0.022	0.018	0.014	0.01	0.008	0.006
6	标准正态分布累积概率	0.0062	0.0082	0.011	0.986	0.989	0.992	0.994	0.995	0.997	0.997	0.998
7	z分数GAUSS(z)函数值	-0.4938	-0.4918	-0.489	0.486	0.489	0.492	0.494	0.495	0.497	0.497	0.498
8	峰度KURT函数值	-1.2										
9	均值	15.00										
10	标准差	5.000										
11	农民人数	200000										
12	P(x<3)	0.0082										
13	年收入少于3千元人数	1640	=B11*C3									
14	P(μ-aσ<x<μ+aσ)	0.95										
15	=(NORM.INV(0.975,15,5)-15)/5	1.96	a值									
16	=NORM.INV(0.025,15,5)	5.20	μ-1.96σ									
17	=NORM.INV(0.975,15,5)	24.80	μ+1.96σ									

图 2-13　正态分布与标准正态分布函数示例

FALSE)”，在 B6 单元格输入标准正态分布累积概率函数公式“＝NORM.S.DIST(B4，TRUE)”，在 B7 单元格输入 z 分数公式“＝GAUSS(B4)”。

(4) 将 B2:B7 复制到 C3:C7 至 BE3:BE7，生成农民人均年纯收入正态分布散点数据表。

(5) 在 B8 单元格输入峰度值公式“＝KURT(C1:BE1)”，返回值为－1.2。表明该县农民人均收入众数接近均值，离群值少，贫富差距小。

(6) 在 B9:B11 单元格分别输入已知的均值、标准差和农民人数。

(7) 计算年均收入少于 3 千元的农民人数。在 B12 单元格输入少于 3 千元的累积分布概率“＝C3”，在 B13 单元格输入“＝B11＊C3”，返回值为 1640 人，如图 2-13 中 A12:C13 单元格所示。

(8) 运用图形工具，可以直观形象地分析农民人均收入分布情况，操作方法和步骤如下。

① 选定人均收入数据 B1:BE1 后按住 Ctrl 键，选择概率密度分布数据 B2:BE2。也可以同时选择概率密度、累积概率分布等多组数据。

② 从“插入”选项卡“图表”组中选择“插入柱形图或条形图”→“更多柱形图”，打开“插入图表”对话框，然后选择需要插入的图表样式，如图 2-14 所示。

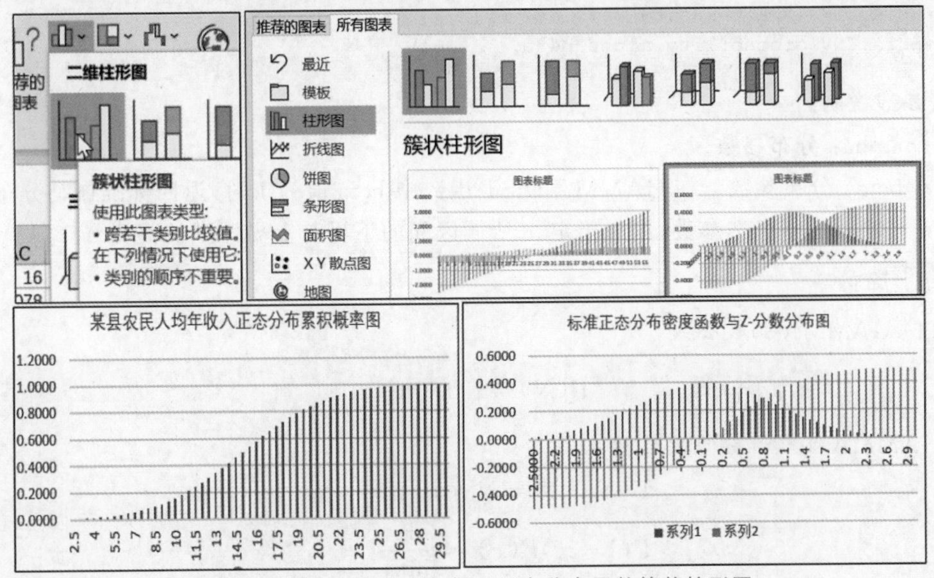

图 2-14　插入正态分布与标准正态分布函数簇状柱形图

(9) 对于95%以上的农民年纯收入在区间$(\mu-a\sigma,\mu+a\sigma)$之内，求$a$值问题，可以从标准正态分布概率密度函数图形分析。95%区间$(\mu-a\sigma,\mu+a\sigma)$之外的累积概率值应等于$1-0.95=0.05$，按正态分布函数的对称性，可知$\varnothing(\mu-a\sigma)=\frac{0.05}{2}=0.025$，$\varnothing(\mu+a\sigma)=0.95+\frac{0.05}{2}=0.975$。由题目给出的$\varnothing(1.96)=0.975$数据，直接可以得到$a=1.96$。用正态分布累积概率反函数可以计算出农民年纯收入在区间的边界值，如图2-13中A16:D17单元格所示。

① 在B16单元格输入“=NORM.INV(0.025,15,5)”，返回值为5.2($\mu-1.96\sigma$)。

② 在B17单元格输入“=NORM.INV(0.975,15,5)”，返回值为24.8($\mu+1.96\sigma$)。

2.4.2 伽马、贝塔函数及其分布

伽马函数(Gamma Function)，也叫欧拉第二积分，是阶乘函数在实数与复数上扩展的一类函数。贝塔函数(Beta Function)，又称为第一类欧拉积分，是一种特殊型的唯一函数，其每个输入值都与一个输出值密切相关，它解释了输入和输出集合之间的关联。伽马与贝塔函数之间的等式关系见本节提示内容。伽马、贝塔函数及其分布在分析学、概率论、偏微分方程和许多数学运算中有重要的应用。在Excel中，GAMMA用于返回伽马函数值，GAMMALN和GAMMALN.PRECISE用来返回伽马函数值的自然对数；GAMMA.DIST用于返回伽马分布的概率密度和累积概率函数值，GAMMA.INV则是伽马分布累积概率函数的反函数；BETA.DIST用于返回贝塔分布的概率密度和累积概率函数值，其反函数为BETA.INV。上述函数的语法为

```
=GAMMA(number)
=GAMMALN(x)
=GAMMALN.PRECISE(x)
=GAMMA.DIST(x,alpha,beta,cumulative)
=GAMMA.INV(probability,alpha,beta)
=BETA.DIST(x,alpha,beta,cumulative,[A],[B])
=BETA.INV(probability,alpha,beta,[A],[B])
```

【参数说明】

- alpha：分布参数。
- beta：分布参数。在GAMMA.DIST函数中beta值为1时，返回标准伽马分布。
- [A],[B]：可选参数，用来指定x所属区间的下界与上界。默认值为0、1。

提示

(1) GAMMA函数公式：

$$\Gamma(N)=\int_0^{\infty} t^{N-1}\mathrm{e}^{-t}\,\mathrm{d}t$$

GAMMA函数部分重要性质：

$$\Gamma(N+1)=N\times\Gamma(N)=N!$$

$$\Gamma(1-x)\Gamma(x)=\frac{\pi}{\sin\pi x}$$

$$\Gamma\left(\frac{1}{2}\right)=\sqrt{\pi}$$

GAMMA分布均值：$\mu=\alpha\beta$。方差：$\alpha\beta^2$。

(2) GAMMALN和GAMMALN.PRECISE函数公式：

$$\mathrm{GAMMAL}N(N)=\mathrm{LN}(\Gamma(N))$$

(3) GAMMA.DIST概率密度函数公式：

$$\mathrm{GAMMA.DIST}(x,\alpha,\beta)=\frac{1}{\beta^{\alpha}\Gamma(\alpha)}x^{\alpha-1}\mathrm{e}^{-\frac{x}{\beta}}$$

GAMMA.DIST累积概率函数公式：

$$f(x,\alpha,\beta)=\int_0^x\frac{1}{\beta^{\alpha}\Gamma(\alpha)}t^{\alpha-1}\mathrm{e}^{-\frac{t}{\beta}}\mathrm{d}t$$

标准GAMMA.DIST概率密度函数公式：

$$f(x,\alpha,\beta)=\frac{x^{\alpha-1}\mathrm{e}^{-x}}{\Gamma(\alpha)}$$

(4) BETA函数公式：

$$\mathrm{BETA}(\alpha,\beta)=\int_0^1 x^{\alpha-1}(1-x)^{\beta-1}\mathrm{d}x=2\int_0^{\frac{\pi}{2}}\sin^{(2\beta-1)}x\cos^{(2\alpha-1)}x\,\mathrm{d}x$$

BETA函数两个重要性质：

$$\mathrm{BETA}(\alpha,\beta)=\mathrm{BETA}(\beta,\alpha)$$

$$\mathrm{BETA}(\alpha,\beta)=\frac{\Gamma(\alpha)\Gamma(\beta)}{\Gamma(\alpha+\beta)}$$

(5) BETA.DIST分布概率密度函数公式：

$$\mathrm{BETA.DIST}(x,\alpha,\beta,a,b)=\frac{(x-a)^{\alpha-1}(b-x)^{\beta-1}}{\mathrm{BETA}(\alpha,\beta)(b-a)^{\alpha+\beta-1}}\quad a\leqslant x\leqslant b;\alpha,\beta>0$$

(6) BETA.DIST累积概率函数公式：

$$\mathrm{BETA.DIST}(x,\alpha,\beta,a,b)=\int_0^x\frac{(t-a)^{\alpha-1}(b-t)^{\beta-1}\mathrm{d}t}{\mathrm{BETA}(\alpha,\beta)(b-a)^{\alpha+\beta-1}}$$

(7) BETA分布的众数M_β、期望$E(X)$和方差$\mathrm{Var}(X)$：

$$M_\beta=\frac{\alpha-1}{\alpha+\beta-2};\quad E(X)=\frac{\alpha}{\alpha+\beta};\quad \mathrm{Var}(X)=\frac{\alpha\beta}{(\alpha+\beta)^2(\alpha+\beta+1)}$$

示例2-14　计算$\int_0^{\frac{\pi}{2}}\sin^6 x\cos^4 x\,\mathrm{d}x$。

解　由$\mathrm{BETA}(\alpha,\beta)=2\int_0^{\frac{\pi}{2}}\sin^{(2\beta-1)}x\cos^{(2\alpha-1)}x\,\mathrm{d}x$，可得

$$\int_0^{\frac{\pi}{2}}\sin^6 x\cos^4 x\,\mathrm{d}x=\frac{1}{2}\mathrm{BETA}\left(\frac{7}{2},\frac{5}{2}\right)=\frac{\Gamma\left(\frac{7}{2}\right)\Gamma\left(\frac{5}{2}\right)}{2\Gamma\left(\frac{7}{2}+\frac{5}{2}\right)}=\frac{\frac{5}{2}\times\frac{3^2}{2^2}\times\frac{1}{2^2}\left(\Gamma\left(\frac{1}{2}\right)\right)^2}{2\Gamma(6)}$$

$$=\frac{3\pi}{2^9}=\frac{3}{163}$$

在工作表任一单元格输入公式“=(GAMMA(7/2)*GAMMA(5/2)/GAMMA(7/2+

5/2))/2”，其返回值为$\frac{3}{163}$，与上述计算结果相同，如图 2-15①所示。

示例 **2-15**(https://real-statistics.com/)　假设某银行签发汇票是一个随机事件，平均每 15min 就会有一个人到该银行办理签发汇票。问该银行在 3h 内共签发 10 张汇票的概率是多少？按 95%的概率计算该银行签发 10 张汇票所需要的时间。

解　每 15min 签发 1 张汇票，经 15/60 换算，也就是每 0.25h 签发 1 张汇票。按 GAMMA.DIST 分布，x 应按不到 3h 取值，alpha 值为 10 张汇票，beta 值为 0.25h。于是，在 G2 单元格输入公式“＝GAMMA.DIST(3,10,0.25,TRUE)”，其返回值为 0.758，故该银行不到 3h 内共签发 10 张汇票的概率为 75.8%。

在 G3 单元格输入签发 10 张汇票所需要时间公式“＝GAMMA.INV(0.95,10,0.25)”，式中概率取值为 95%，其返回值为 3.93(h)，如图 2-15②所示。

示例 **2-16**　假设某学生正在求解一些数学难题，他希望平均每半小时可以解答一题。请计算该学生在 2～4h 解决其中 4 道难题的概率。

解　该学生希望平均每 0.5h 解答 1 题，其频数是每小时 2 道题(λ＝2)，可以分别确定伽马分布函数的参数为 beta＝(1/λ)＝0.5，alpha＝4。在 G4 单元格输入该学生在希望时间内解决难题的概率公式“＝GAMMA.DIST(4,4,0.5,TRUE)－GAMMA.DIST(2,4,0.5,TRUE)”，其返回值为 0.39109，即该学生在 2～4h 解决其中 4 道难题的概率为 39.109%。

注意 beta 取值。如果按每小时解答 2 题取 beta＝λ＝2，计算公式为“＝GAMMA.DIST(4,4,2,TRUE)－GAMMA.DIST(2,4,2,TRUE)”，返回值为 0.12389。

比较 alpha＝4 时，beta＝0.5 与 beta＝2 时的两条伽马分布曲线，按每半小时解答 1 题取值 beta＝0.5 时，可确信该学生 7h 将完成 4 道难题；按每小时解答 2 道难题取值 beta＝2 时，该学生 7h 内做出 4 道难题的概率只有 46%，26h 做出 4 道难题的概率才能达到 99.9%，如图 2-15③所示。

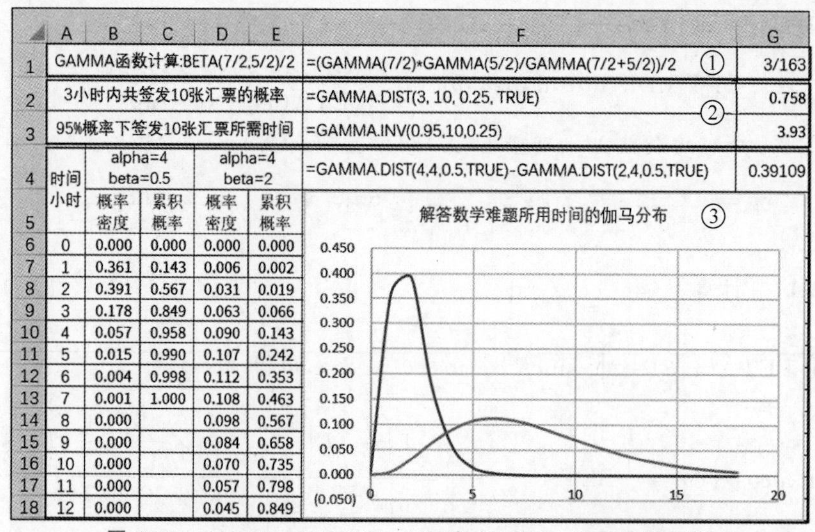

	A	B	C	D	E	F	G
1	GAMMA函数计算:BETA(7/2,5/2)/2					=(GAMMA(7/2)*GAMMA(5/2)/GAMMA(7/2+5/2))/2 ①	3/163
2	3小时内共签发10张汇票的概率					=GAMMA.DIST(3, 10, 0.25, TRUE) ②	0.758
3	95%概率下签发10张汇票所需时间					=GAMMA.INV(0.95,10,0.25)	3.93
4	时间小时	alpha=4 beta=0.5		alpha=4 beta=2		=GAMMA.DIST(4,4,0.5,TRUE)-GAMMA.DIST(2,4,0.5,TRUE)	0.39109
5		概率密度	累积概率	概率密度	累积概率		
6	0	0.000	0.000	0.000	0.000		
7	1	0.361	0.143	0.006	0.002		
8	2	0.391	0.567	0.031	0.019		
9	3	0.178	0.849	0.063	0.066		
10	4	0.057	0.958	0.090	0.143		
11	5	0.015	0.990	0.107	0.242		
12	6	0.004	0.998	0.112	0.353		
13	7	0.001	1.000	0.108	0.463		
14	8	0.000		0.098	0.567		
15	9	0.000		0.084	0.658		
16	10	0.000		0.070	0.735		
17	11	0.000		0.057	0.798		
18	12	0.000		0.045	0.849		

图 2-15　GAMMA、GAMMA.DIST 和 GAMMA.INV 函数示例

示例 **2-17**(https://real-statistics.com/)　一家彩票机构宣传销售足球彩票时，声称每十个人中至少有一个中奖。该机构在最近售出的 500 张彩票中，有 37 张中奖者。根据这个

样本,彩票机构的说法是正确的概率是多少(玩家购买中奖彩票的概率至少是 10%)? 计算该彩票中奖概率的均值和 95%的置信区间,并判断彩票机构说法正确性。

解　这是一个使用贝塔分布分析中奖概率的问题。按售出彩票的样本,设中彩数 37 为 alpha 值,没中彩数为 beta 值(500－37),中彩的概率为 x,按此参数构成的贝塔分布如图 2-16 所示。

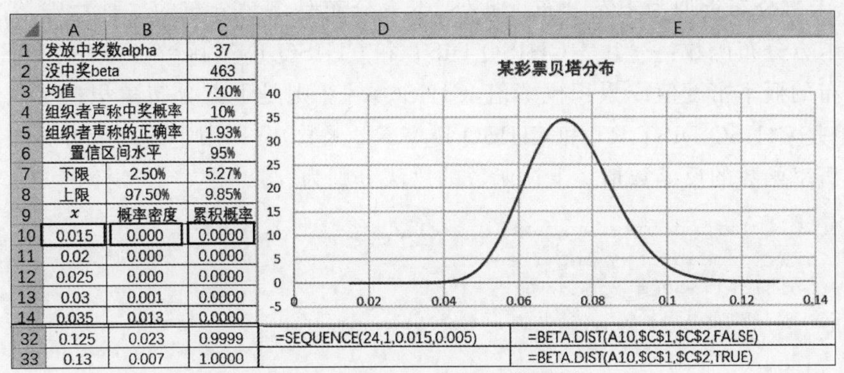

	A	B	C	D	E
1	发放中奖数alpha		37		
2	没中奖beta		463		
3	均值		7.40%		
4	组织者声称中奖概率		10%		
5	组织者声称的正确率		1.93%		
6	置信区间水平		95%		
7	下限	2.50%	5.27%		
8	上限	97.50%	9.85%		
9	x	概率密度	累积概率		
10	0.015	0.000	0.0000		
11	0.02	0.000	0.0000		
12	0.025	0.000	0.0000		
13	0.03	0.001	0.0000		
14	0.035	0.013	0.0000		
32	0.125	0.023	0.9999	=SEQUENCE(24,1,0.015,0.005)	=BETA.DIST(A10,$C$1,$C$2,FALSE)
33	0.13	0.007	1.0000		=BETA.DIST(A10,$C$1,$C$2,TRUE)

图 2-16　**BETA.DIST** 函数示例

(1) 计算彩票机构说法是正确的概率。分别在 C1、C2 和 C4 单元格输入 alpha、beta 值和中彩率数据,在 C5 单元格输入公式"=1－BETA.DIST(C4,C1,C2,TRUE)",其返回值为 1.93%,也就是彩票机构说法是正确的概率。显然,组织者夸大了中奖率。

注意,贝塔分布研究的是事件概率的概率。对于本问题,要回答的是玩家购买中奖彩票的中奖概率至少是 10%的可能性(概率)。上式中"BETA.DIST(C4,C1,C2,TRUE)"的返回值 0.9807 是小于 10%中彩率的累积概率,而"每十个人中至少有一个中奖"的意思是中彩率大于或等于 10%,因此,其概率值应为"1－0.9807＝1.93%"。

(2) 计算彩票中奖概率的均值。依据贝塔分布均值公式,在 C3 单元格输入公式"=C1/ (C1+C2)",其返回值为 7.40%。

(3) 计算 95%的置信区间。

① 在 C6 单元格输入置信水平"95%",在 B7 单元格输入下限概率公式"=(1－C6)/2",在 B8 单元格输入上限概率公式"=C6+B7"。

② 在 C7 单元格输入中奖率下限公式"=BETA.INV(B7,C1,C2)",返回值为=5.27%,在 C8 单元格输入中奖率上限公式"=BETA.INV(B8,C1,C2)",返回值为 9.85%。因为 10%不在 95%的置信区间(5.27%,9.85%)内,故该彩票机构说法不正确。

(4) 绘制该彩票中奖概率贝塔分布曲线。

① 在 A10 单元格输入公式"=SEQUENCE(24,1,0.015,0.005)"。

② 在 B10 单元格输入概率密度函数公式"=BETA.DIST(A10,$C$1,$C$2,FALSE)"。

③ 在 C10 单元格输入累积概率函数公式"=BETA.DIST(A10,$C$1,$C$2,TRUE)"。

④ 将 B10:C10 单元格复制到 B33:C33 单元格。

⑤ 选择 A9:B33 单元格区域后,单击"插入"→"图表"→"插入散点图(X、Y)或气泡图"→"带平滑线的散点图"。

⑥ 该彩票中奖概率 x 的贝塔分布曲线及数据表如图 2-16 所示。

2.4.3 卡方分布

卡方分布(Chi-square Distribution)是描述随机变量平方和、具有 k 个自由度的连续分布，是统计推断中应用最为广泛的概率分布之一。人们常常用卡方分布检验数据的拟合优度，判断随机变量是否相互独立，围绕方差和标准偏差估计正态分布的置信水平。当自由度 k 很大时，卡方分布近似为正态分布。此外，卡方分布是伽马分布的一种特殊情况。Excel 中有两组卡方分布函数：一组是 CHISQ.DIST 和 CHISQ.INV 函数，CHISQ.DIST 用于返回卡方分布的概率密度值或累积概率值，CHISQ.INV 则是卡方分布累积概率函数的反函数；另一组是 CHISQ.DIST.RT 和 CHISQ.INV.RT 函数，分别用于返回卡方分布右尾概率值和右尾概率函数的反函数值。上述函数的语法分别为

```
=CHISQ.DIST(x,deg_freedom,cumulative)
=CHISQ.INV(probability,deg_freedom)
=CHISQ.DIST.RT(x,deg_freedom)
=CHISQ.INV.RT(probability,deg_freedom)
```

【参数说明】

- deg_freedom：自由度数。

提示

(1) 卡方分布统计量 x^2 计算公式为

$$x^2=\sum_{i=1}^{r}\sum_{j=1}^{c}\frac{(A_{ij}-E_{ij})^2}{E_{ij}}$$

式中，A_{ij} 表示第 i 行、第 j 列的实际频率；E_{ij} 表示第 i 行、第 j 列的预期频率；r 表示行数；c 表示列数。

(2) 关于自由度数 df 的取值。当 $r>1,c>1$ 时，$\mathrm{df}=(r-1)(c-1)$；当 $r=1,c>1$ 时，$\mathrm{df}=c-1$；当 $r>1,c=1$ 时，$\mathrm{df}=r-1$。

(3) CHISQ.DIST 函数公式。当 cumulative 取值为 FALSE 时，为概率密度函数公式：

$$\frac{x^{\frac{n}{2}-1}\mathrm{e}^{-\frac{x}{2}}}{2^{\frac{n}{2}}\Gamma\left(\frac{n}{2}\right)}\quad(x>0)$$

当 cumulative 取值为 TRUE 时，为累积概率函数公式：

$$\int_{x}^{\infty}\frac{t^{\frac{n}{2}-1}\mathrm{e}^{-\frac{t}{2}}}{2^{\frac{n}{2}}\Gamma\left(\frac{n}{2}\right)}\mathrm{d}t\quad(x>0)$$

式中，n 表示 deg_freedom。

(4) CHISQ.INV.RT 函数使用 CHISQ.DIST.RT 及迭代搜索方法求解 x 值。如果搜索在 64 次迭代之后没有收敛，则函数返回错误值#N/A。

示例 2-18　某商场用“幸运大转盘”开展积分抽奖活动，大转盘共设有彩电、冰箱、手机、卫洗丽、玩具车和纪念币 6 种奖品。商场声称大转盘旋转产生 6 种奖品的概率均为 1/6，获大奖的机会很高。顾客石某对商家的说法存在疑问，现场观察记录了 180 次实际抽奖数据：彩电 20、冰箱 20、手机 25、卫洗丽 35、玩具车 40 和纪念币 40。然后对商家的说法进行了验

证,发现了大转盘的“秘密”。试分析石某的验证结果。

解　用卡方分布和石某观察记录的数据,对商家关于“幸运大转盘”产生6种奖品概率相同的说法进行拟合优度检验。

(1) 输入数据。将观察记录数据输入B2:C7单元格,将商家声称的期望值180/6=30输入D2:D7,如图2-17中B1:D7单元格所示。

	A	B	C	D	E	F	G	H	I
1	对幸运大转盘奖项观测、期望及卡方等数据	幸运奖	观测	期望	Chi-square	随机变量	右尾概率	累积概率	概率密度
2		彩电	20	30	3.333333	0	1	0	0
3		冰箱	20	30	3.333333	1	0.96257	0.03743	0.08066
4		手机	25	30	0.833333	2	0.84915	0.15085	0.13837
5		卫洗丽	35	30	0.833333	3	0.69999	0.30001	0.15418
6		玩具车	40	30	3.333333	4	0.54942	0.45058	0.14398
7		纪念币	40	30	3.333333	5	0.41588	0.58412	0.12204
8		合计	180	180	15	6	0.30622	0.69378	0.09730
9	自由度	=(COLUMNS(C2:D7)-1)* (ROWS(C2:D7)-1)				7	0.22064	0.77936	0.07437
10		5				8	0.15624	0.84376	0.05511
11	右尾概率值	=CHISQ.DIST.RT(E8,5)			0.010362	9	0.10906	0.89094	0.03989
12	累积概率值	=CHISQ.DIST(E8,5,TRUE)			0.989638	10	0.07524	0.92476	0.02833
13	概率密度值	=CHISQ.DIST(E8,5,FALSE)			0.004273	11	0.05138	0.94862	0.01983
14	右尾概率反函数值	=CHISQ.INV.RT(E11,5)			15	12	0.03479	0.96521	0.01370
15	累积概率反函数值	=CHISQ.INV(E12,5)			15	13	0.02338	0.97662	0.00937
16	卡方检验值	=CHISQ.TEST(C2:C7,D2:D7)			0.010362	14	0.01561	0.98439	0.00635
17	累积概率与概率密度分布图数据公式	=CHISQ.DIST(F17,5,TRUE)				15	0.01036	0.98964	0.00427
18		=CHISQ.DIST(F18,5,FALSE)				16	0.00684	0.99316	0.00286

图2-17　卡方分布函数示例

(2) 计算观察值与期望值误差的平方和。在E2单元格中输入公式“=((C2−D2)^2)/D2”,并将其复制到E3:E7,然后在E8单元格中输入公式“=SUM(E2:E7)”。

(3) 计算自由度。在B10单元格输入公式“=(COLUMNS(C2:D7)−1)*(ROWS(C2:D7)−1)”。

(4) 计算卡方分布右尾概率。在E11单元格输入公式“=CHISQ.DIST.RT(E8,B10)”,其返回值为0.010362。显然卡方分布右尾P值小于0.05,这表明幸运大转盘的确可疑,它并没有按商家声称的6种奖品概率相同地随机旋转,顾客抽选到6种奖品的概率存在显著差异。

(5) 计算累积概率值。在E12单元格输入累积概率公式“=CHISQ.DIST(E8,5,TRUE)”,返回值为0.989638。比较右尾概率与累积概率值,可知CHISQ.DIST.RT(E8,5)+CHISQ.DIST(E8,5,TRUE)=1。

(6) 计算概率密度值。在E13单元格输入公式“=CHISQ.DIST(E8,5,FALSE)”,返回值为0.004273。

(7) 计算右尾和累积概率的反函数值。在E14单元格输入公式“=CHISQ.INV.RT(E11,5)”,在E15单元格输入公式“=CHISQ.INV(E12,5)”,其返回值均为15。

(8) E16单元格中是用卡方检验函数CHISQ.TEST对观测值与期望值的检验,其返回值为0.010362,与CHISQ.DIST.RT函数返回值一致。

(9) 在F2:I18单元格输入x从0到16的右尾、累积概率值和概率密度函数值,并使用图表工具可生成5自由度卡方分布曲线,如图2-18所示。

2.4.4　学生T分布

T分布,也被称为学生T分布(Student's T Distribution),是一个在不知道标准差的情况下对均值进行假设的概率分布。其概率密度曲线与正态分布类似,也是中部高两侧低的

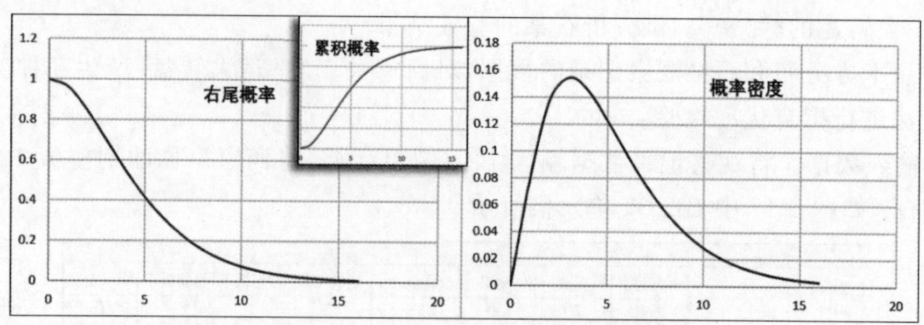

图 2-18　5 自由度卡方分布曲线图

钟形分布曲线，但 T 分布是随自由度变化的一组曲线，当自由度越高时，该分布就越接近均值为 0、标准差为 1 的标准正态分布。T 分布是 1908 年由威廉・戈塞特（William Sealy Gosset）发现的。戈塞特于 1876 年 6 月 13 日出生在英格兰的卡坦伯里（Catenbury）。他在牛津大学研究化学和数学之前，曾就读于温切斯特学院。1899 年毕业后，他在 Arthur Guinness and Son 啤酒厂应用掌握的统计数据经常进行小样本统计分布研究，多年后他以"Student"为笔名在《生物计量学》（*Biometric*）上发表了 T 分布论文。之后，T 检验以及相关理论由现代统计学奠基人罗纳德・费雪（Sir Ronald Aylmer Fisher）发扬光大，并将此分布称为 Student's T Distribution。

Excel 中有左尾、右尾、双尾三个 T 分布概率函数和左尾、双尾两个 T 分布概率反函数。其中，T.DIST 是左尾概率及概率密度函数，T.DIST.RT 是右尾概率函数，T.DIST.2T 是双尾概率函数，T.INV 是左尾累积概率函数的反函数，T.INV.2T 是双尾概率函数的反函数。其语法分别为

```
=T.DIST(x,deg_freedom, cumulative)
=T.DIST.RT(x,deg_freedom)
=T.DIST.2T(x,deg_freedom)
=T.INV(probability,deg_freedom)
=T.INV.2T(probability,deg_freedom)
```

提示

(1) 分布值 x 的计算公式：

$$x=\frac{\bar{x}-\mu}{\frac{\sigma}{\sqrt{n}}}$$

式中，$\bar{x}$ 表示样本均值；μ 表示总体均值；σ 表示假设标准差；n 表示样本数。

(2) T.DIST 函数公式。当 cumulative 取值 FALSE 时，为概率密度函数公式：

$$\frac{\Gamma\left(\frac{n+1}{2}\right)}{\sqrt{n\pi}\,\Gamma\left(\frac{n}{2}\right)}\left(1+\frac{x^2}{n}\right)^{-\frac{n+1}{2}}$$

当 cumulative 取值 TRUE 时，为累积概率函数公式：

$$\frac{\Gamma\left(\frac{n+1}{2}\right)}{\sqrt{n\pi}\,\Gamma\left(\frac{n}{2}\right)}\int_{-\infty}^{x}\left(1+\frac{t^2}{n}\right)^{-\frac{n+1}{2}}\mathrm{d}t$$

(3) T.DIST.RT 函数公式：

$$\frac{\Gamma\left(\frac{n+1}{2}\right)}{\sqrt{n\pi}\,\Gamma\left(\frac{n}{2}\right)}\int_{x}^{\infty}\left(1+\frac{t^{2}}{n}\right)^{-\frac{n+1}{2}}\mathrm{d}t \quad (x \geqslant 0)$$

(4) T.DIST.2T 函数公式：

$$\frac{2\times\Gamma\left(\frac{n+1}{2}\right)}{\sqrt{n\pi}\,\Gamma\left(\frac{n}{2}\right)}\int_{x}^{\infty}\left(1+\frac{t^{2}}{n}\right)^{-\frac{n+1}{2}}\mathrm{d}t \quad (x \geqslant 0)$$

示例 2-19 有一种观点认为，在顶尖大学能够完成学业获得学位的学生平均 IQ(智商)值达 140。美娜老师对此说法产生疑问，进行了抽样调研。根据抽样调查，某顶尖大学 25 名完成学业获得学位的同学平均 IQ 值是 135。假设样本的标准差为 5，在 0.05 的显著性水平下，请判断美娜老师的结论。

解

(1) 计算分布值 x 和自由度 df。

$$x=\frac{\bar{x}-\mu}{\frac{\sigma}{\sqrt{n}}}=\frac{135-140}{\frac{5}{\sqrt{25}}}=-5;\mathrm{d}f=n-1=25-1=24$$

为便于绘图分析 T 分布函数，理解左尾概率、右尾概率和双尾概率等函数的用法及其之间的关系，在工作表中列表计算了 IQ 为 130～146 的 T 分布值，如图 2-19 中 A1:A21 单元格所示。

	A	B	C	D	E	F	G	H	I
1	IQ值	$x(\mu=140)$	$x(\mu=135)$	概率密度值	左尾概率值	右尾概率值	双尾概率值	概率密度值	左尾概率值
2		=(A8-140)/(5/SQRT(25))	=(A3-135)/(5/SQRT(25))	=T.DIST(B8,24,FALSE)	=T.DIST(B8,24,TRUE)	=T.DIST.RT(B8,24)	=T.DIST.2T(ABS(B8),24)	=T.DIST(C8,24,FALSE)	=T.DIST(C8,24,TRUE)
3	130		-5					0.00005	0.00002
4	131		-4					0.00067	0.00026
5	132		-3					0.00737	0.00310
6	132.9361		-2.06390					0.05122	0.02500
7	133		-2					0.05748	0.02847
8	134	-6	-1	0.0000042	0.00000	1.00000	0.00000	0.23702	0.16364
9	135	-5	0	0.0000527	0.00002	0.99998	0.00004	0.39481	0.50000
10	136	-4	1	0.0006657	0.00026	0.99974	0.00053	0.23702	0.83636
11	137	-3	2	0.0073723	0.00310	0.99690	0.00621	0.05748	0.97153
12	137.0639	-2.9361	2.06390	0.0085185	0.00361	0.99639	0.00722	0.05122	0.97500
13	138	-2	3	0.0574847	0.02847	0.97153	0.05694	0.00737	0.99690
14	139	-1	4	0.2370161	0.16364	0.83636	0.32729	0.00067	0.99974
15	140	0	5	0.3948094	0.50000	0.50000	1.00000	0.00005	0.99998
16	141	1		0.2370161	0.83636	0.16364	0.32729	=T.INV.2T(0.05,24)	
17	142	2		0.0574847	0.97153	0.02847	0.05694	2.06390	
18	143	3		0.0073723	0.99690	0.00310	0.00621	=135+T.INV(0.025,24)	
19	144	4		0.0006657	0.99974	0.00026	0.00053	132.9361	
20	145	5		0.0000527	0.99998	0.00002	0.00004	=135+T.INV(0.975,24)	
21	146	6		0.0000042	1.00000	0.00000	0.00000	137.0639	

图 2-19 学生 T 分布函数示例

(2) 在 H17 单元格输入计算 0.05 显著性水平下双尾概率的反函数公式"＝T.INV.2T(0.05,24)"，返回值为 2.0639。由 T 分布的对称性可知 $x_{0.025,24}=-2.0639$，$x_{0.975,24}=2.0639$。因为 $x=-5<x_{0.025,24}$，故美娜老师的结论是拒绝顶尖大学能够完成学业的学生平均 IQ(智商)值达 140 的假设。

(3) 在 D8:E21 单元格中用 T.DIST 函数分别计算了各分布点的概率密度值和累积概

率值(左尾),并生成了曲线图;在 F8:G8 分别用 T.DIST.RT 和 T.DIST.2T 函数计算了各点的右尾和双尾概率值。比较这三个函数返回值,不难发现,分布值 x 的左尾概率值与右尾概率值之和等于 1;当 $x=0$ 时,左尾概率等于右尾概率等于 0.5,双尾概率等于 1;当 $x>0$ 时,双尾概率等于 2 倍右尾概率;当 $x<0$ 时,双尾概率等于 2 倍左尾概率,如图 2-19 中 B8:G21 单元格所示。

(4) 在 C3:C15 单元格中,是将总体均值假设调整为 135 计算的 x 分布值。

(5) 在 95%的照置信水平下,顶尖大学能够完成学业获得学位的学生平均 IQ 值的分布区间如图 2-19 中 H18:I21 单元格所示。IQ 下限值为 135＋T.INV(0.025,24)＝132.9361;IQ 上限值为 135＋T.INV(0.975,24)＝137.0639。

(6) 在 H3:I15 单元格中用 T.DIST 函数分别计算了调整后的各分布点概率密度值和累积概率值(左尾),并以学生 IQ 值为横轴生成了曲线图,如图 2-20 所示。

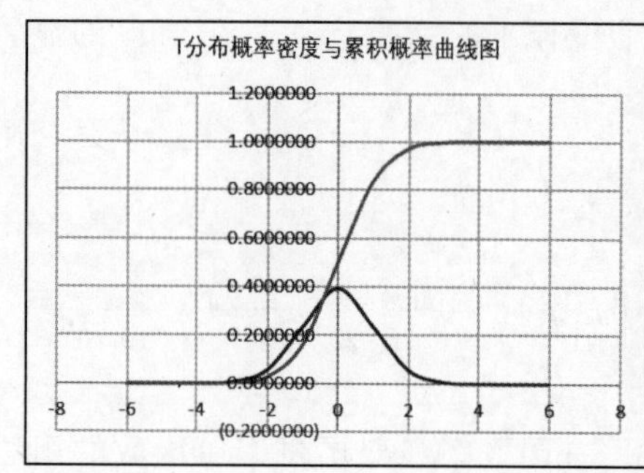

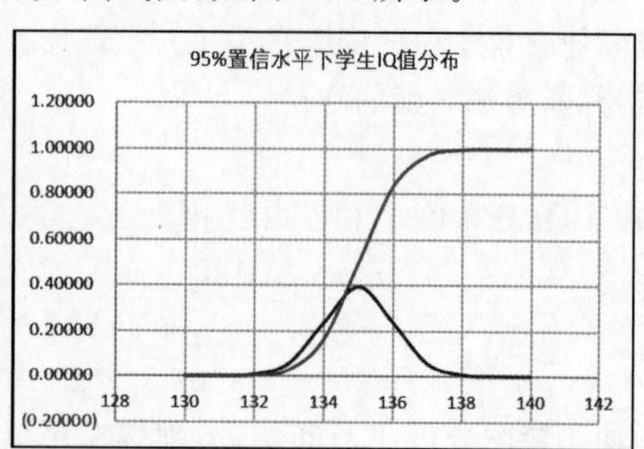

图 2-20 T 分布概率密度与累积概率曲线图

2.4.5 F 分布

F 分布(F Distribution)是 1924 年由英国统计学家罗纳德·费雪(Ronald A.Fisher)和美国统计学教授乔治·斯尼迪格(George W. Snedecor)共同研究提出的。在概率和统计学中,F 分布也称为斯尼迪格的 F 分布(Snedecor's F Distribution)或费雪-斯尼迪格分布(Fisher-Snedecor Distribution)。因为 F 分布通常由两个正态分布总体方差之比构成,所以也有人称之为方差比分布。它是一种非对称分布,有两个自由度,且位置不可互换。Excel 中有 4 个 F 分布函数:F.DIST 用来计算返回 F 分布的概率密度函数值或累积概率函数值,F.INV 是 F 分布累积概率函数的反函数;F.DIST.RT 用于计算返回 F 分布右尾概率函数值,F.INV.RT 则是 F 分布右尾概率函数的反函数。其语法分别为

```
=F.DIST(x,deg_freedom1,deg_freedom2,cumulative)
=F.INV(probability,deg_freedom1,deg_freedom2)
=F.DIST.RT(x,deg_freedom1,deg_freedom2)
=F.INV.RT(probability,deg_freedom1,deg_freedom2)
```

提示

(1) 与 T 分布相同,使用 F 分布函数时,要先计算 F 统计量(方差比值),也就是 F.DIST 和 F.DIST.RT 函数中的 x 值:

$$x=\frac{\dfrac{\mathrm{SS_{between}}}{k-1}}{\dfrac{\mathrm{SS_{within}}}{n-k}}=\frac{\sum\left[\dfrac{(s_j)^2}{n_j}\right]-\dfrac{\left(\sum s_j\right)^2}{n}}{\sum y^2-\dfrac{\left(\sum y\right)^2}{n}-\sum\left[\dfrac{(s_j)^2}{n_j}\right]+\dfrac{\left(\sum s_j\right)^2}{n}}\times\frac{n-k}{k-1}$$

式中，$\mathrm{SS_{between}}$ 表示不同样本间方差的平方和；$\mathrm{SS_{within}}$ 表示样本内随机变量方差的平方和；k 表示不同组的数量，$k-1$ 为分子自由度(deg_freedom1)；n 表示总样本量，也就是 $\sum n_j$；$n-k$ 为分母自由度(deg_freedom2)；n_j 表示第 j 组数据量；s_j 表示第 j 组数据之和；y 表示数值，$\sum y=\sum s_j$ 。

(2) F.DIST 函数。当 cumulative 取值 FALSE 时，为概率密度函数公式：

$$f(x,n_1,n_2)=\begin{cases}\dfrac{\left(\dfrac{n_1}{n_2}\right)^{\frac{n_1}{2}}}{B\left(\dfrac{n_1}{2},\dfrac{n_2}{2}\right)}x^{\frac{n_1}{2}-1}\left(1+\dfrac{n_1}{n_2}x\right)^{-\frac{n_1+n_2}{2}} & (x>0)\\ 0 & (x\leqslant 0)\end{cases}$$

式中，n_1，n_2 表示 deg_freedom1，deg_freedom2。

$$B\left(\frac{n_1}{2},\frac{n_2}{2}\right)=\frac{\Gamma\left(\dfrac{n_1}{2}\right)\Gamma\left(\dfrac{n_2}{3}\right)}{\Gamma\left(\dfrac{n_1}{2}+\dfrac{n_2}{3}\right)}$$

当 cumulative 取值 TRUE 时，为累积概率函数公式：

$$P(x,n_1,n_2)=\int_0^x f(t,n_1,n_2)\mathrm{d}t$$

(3) F.DIST.RT 函数公式：

$$P(x,n_1,n_2)=\int_x^\infty f(t,n_1,n_2)\mathrm{d}t$$

示例 **2-20**(https://math.libretexts.org/Courses/)　为了解不同类型土壤覆盖物对番茄产量的影响，马里斯特学院(Marist College)的学生按裸地、专用透明地膜、黑色塑料地膜、稻草和混合物等养护方式种植了 5 组 15 颗番茄。所有番茄品种相同，生长环境等条件相同。收获过程中，学生们记录了 15 颗番茄的产量，如图 2-21 中 A1:G5 所示。请使用 5% 的显著性水平，检验 5 组不同类型土壤覆盖物对番茄产量的影响。

	A	B	C	D	E	F	G
1	项目	裸地	专用透明地膜	黑色塑料地膜	稻草	混合物	合计
2	颗	3	3	3	3	3	15
3	产量(y)	2625	5348	6583	7285	6277	28118
4		2997	5682	8560	6897	7818	31954
5		4915	5482	3830	9230	8677	32134
6	=SUM(B3:B5)	10537	16512	18973	23412	22772	92206
7	=(B6^2)/B2	37009456	90882048	119991576.3	182707248	172854661	566796429
8	y^2	6890625	28601104	43335889	53071225	39400729	
9		8982009	32285124	73273600	47568609	61121124	
10		24157225	30052324	14668900	85192900	75290329	
11	$\mathrm{SS_{total}}$	=SUM(B8:F10)-G7		57095287	df	=15-1	14
12	$\mathrm{SS_{between}}$	=SUM(B7:F7)-G7		36648560	$\mathrm{df_{between}}$	=5-1	4
13	$\mathrm{SS_{within}}$	=D11-D12		20446727	$\mathrm{df_{within}}$	=15-5	10
14	F 统计量(x)	=(D12/G12)/(D13/G13)		4.4810	$F(\alpha=0.05)$		
15	$P(F>4.481)$	=F.DIST.RT(D14,4,10)		0.0248	=F.INV.RT(0.05,4,10)		3.4780

图 **2-21**　F 分布函数示例

解

(1) 计算F分布值。按照定义及公式,先分别计算 $SS_{between}$ 和 SS_{within},然后在D14单元格输入公式"=(D12/G12)/(D13/G13)",得到 F 值为4.481,如图2-21中A11:D14单元格所示。

(2) 计算F分布右尾概率。在D15单元格输入公式"=F.DIST.RT(D14,4,10)",返回值2.48%小于5%的显著水平,表明番茄产量均值存在差异,也就是说,不同类型土壤覆盖物对番茄产量是有影响的。

(3) 计算 F 临界值。在G15单元格输入公式"=F.INV.RT(0.05,4,10)",返回的临界值3.478小于 F 值,表明不同养护方式番茄产量的均值存在差异。

(4) 为便于理解,本例用F.DIST和F.DIST.RT计算了分子自由度为4、分母自由度为10的F分布概率密度函数值、累积概率函数和右尾概率函数值,并生成了曲线图,如图2-22所示。

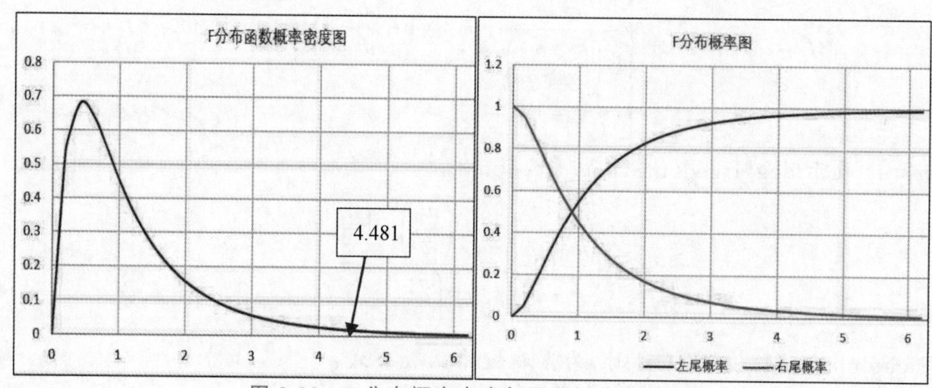

图2-22 F分布概率密度与累积概率曲线图

2.4.6 韦布尔分布与指数分布

韦布尔分布(Weibull Distribution)属于双参数分布族,是一种多用途的连续分布。该分布的一个重要特性是通过形状(Shape)和尺度(Scale)两个参数的取值变化构建可靠性、生存率、风速等多种数据分布模型。瑞典数学家韦布尔(Waloddi Weibull)在1951年详细描述了这种分布。之后,韦布尔分布不仅在可靠性领域得到了广泛应用,而且在经济学、水文学、生物学、工程科学等其他领域也得到了广泛应用。指数分布(Exponential Distribution)可以看作韦布尔分布的特殊形式。当韦布尔函数WEIBULL.DIST的形状参数alpha等于1时,其返回值与指数分布函数EXPON.DIST返回值相等。指数分布可以用来表示独立随机事件发生的时间间隔,如客户进商场的时间间隔、机器工作多少小时不出故障等。该分布具有无记忆性(Memoryless Property)的特性,不能用于机械零件的疲劳、磨损、腐蚀、蠕变等损伤过程研究。指数分布虽然不能模拟机械零件的使用寿命,但是,它可以近似地作为高可靠性的复杂部件、机器或系统的失效分布模型,应用于部件或机器的整机试验。上述韦布尔和指数分布函数的语法分别为

```
=WEIBULL.DIST(x,alpha,beta,cumulative)
=EXPON.DIST(x,lambda,cumulative)
```

【参数说明】

- lambda：参数值。

提示

（1）WEIBULL.DIST 函数。当 cumulative 取值 FALSE 时，为概率密度函数公式：

$$f(x)=\frac{\alpha}{\beta^{\alpha}}x^{\alpha-1}e^{-\left(\frac{x}{\beta}\right)^{\alpha}}$$

当 cumulative 取值 TRUE 时，为累积概率函数公式：

$$P(x)=\int_{0}^{\infty}\frac{\alpha}{\beta^{\alpha}}x^{\alpha-1}e^{-\left(\frac{x}{\beta}\right)^{\alpha}}dx=1-e^{-\left(\frac{x}{\beta}\right)^{\alpha}}$$

式中，α 表示 alpha；β 表示 beta。

（2）韦布尔分布均值 Mean 与方差 Variance 公式：

$$\text{Mean}=\beta\Gamma\left(1+\frac{1}{\alpha}\right)$$

$$\text{Variance}=\beta^{2}\left\{\Gamma\left(1+\frac{1}{\alpha}\right)-\left[\Gamma\left(1+\frac{1}{\alpha}\right)\right]^{2}\right\}$$

（3）EXPON.DIST 函数。当 cumulative 取值 FALSE 时，为概率密度函数公式：

$$f(x)=\lambda e^{-\lambda x}$$

当 cumulative 取值 TRUE 时，为累积概率函数公式：

$$P(x)=\int_{0}^{\infty}\lambda e^{-\lambda x}=1-e^{-\lambda x}$$

式中，λ 表示 lambda。

（4）当 WEIBULL.DIST 函数的 alpha 参数等于 1 时 $\left(\lambda=\frac{1}{\beta}\right)$，该函数返回指数分布。

（5）指数分布与泊松分布的关系：如果单位时间发生事件的次数服从泊松分布，则连续发生事件间隔时间序列服从指数分布。

示例 2-21　一台计算机显示屏的故障时间服从韦布尔分布，其参数 $\alpha=0.6$，$\beta=1000$。问屏幕持续超过 5000h 不出故障的概率是多少？设 $\lambda=\frac{1}{\beta}=\frac{1}{1000}$，平均出现故障的间隔时间为多少？当分布形状参数 $\alpha=1$ 时，屏幕持续 100h 无故障的概率是多少？

解　在工作表中可以直接用 WEIBULL.DIST 和 EXPON.DIST 函数解答此题，如图 2-23①中 A1:G4 单元格所示，具体操作方法如下。

（1）计算显示屏持续超过 5000h 不出故障的概率。根据韦布尔分布，显示屏持续超过 5000h 发生故障的概率为 $P(x\geqslant 5000)$，不出故障的概率则为 $1-P(x\geqslant 5000)$，于是在 G1 单元格输入公式“=1-WEIBULL.DIST(5000,0.6,1000,TRUE)”，得到的答案是 $1-P(x\geqslant 5000)=0.07233$。

（2）计算平均出现故障的间隔时间。根据 $\text{Mean}=\beta\times\text{GAMMA}(\text{number})=\beta\times\Gamma\left(1+\frac{1}{\alpha}\right)$，在 G2 单元格输入公式“=1000*GAMMA(1+1/0.6)”，返回的平均出现故障的间隔时间为 1504.575(h)。

（3）计算屏幕持续 100h 无故障的概率。因为 $\alpha=1$，所以此问可以使用指数分布或韦布尔函数计算。在 G3 单元格输入公式“＝1－EXPON.DIST(100,1/1000,TRUE)”,在 G4 单元格输入公式“＝1－WEIBULL.DIST(100,1,1000,TRUE)”,返回值均为 0.90484。

①

	A	B	C	D	E	F	G
1	屏幕持续超过5000h不出故障的概率			=1-WEIBULL.DIST(5000,0.6,1000,TRUE)			0.07233
2	平均出现故障的时间			=1000*GAMMA(1+1/0.6)			1504.575
3	屏幕持续100h不出故障的概率			=1-EXPON.DIST(100,1/1000,TRUE)			0.90484
4				=1-WEIBULL.DIST(100,1,1000,TRUE)			0.90484
5	x	=WEIBULL.DIST(A6,0.6,1000,FALSE)	=WEIBULL.DIST(A6,0.6,1000,TRUE)	=WEIBULL.DIST(A6,1,1000,FALSE)	=WEIBULL.DIST(A6,1,1000,TRUE)	=EXPON.DIST(A6,1/1000,FALSE)	=EXPON.DIST(A6,1/1000,TRUE)
6	0	0.0000000	0.0000000	0.0000000	0.0000000	0.0010000	0.0000000
7	50	0.0016850	0.1527188	0.0009512	0.0487706	0.0009512	0.0487706
37	4800	0.0000247	0.9229251	0.0000082	0.9917703	0.0000082	0.9917703
38	5000	0.0000228	0.9276708	0.0000067	0.9932621	0.0000067	0.9932621
39	5200	0.0000211	0.9320559	0.0000055	0.9944834	0.0000055	0.9944834

②

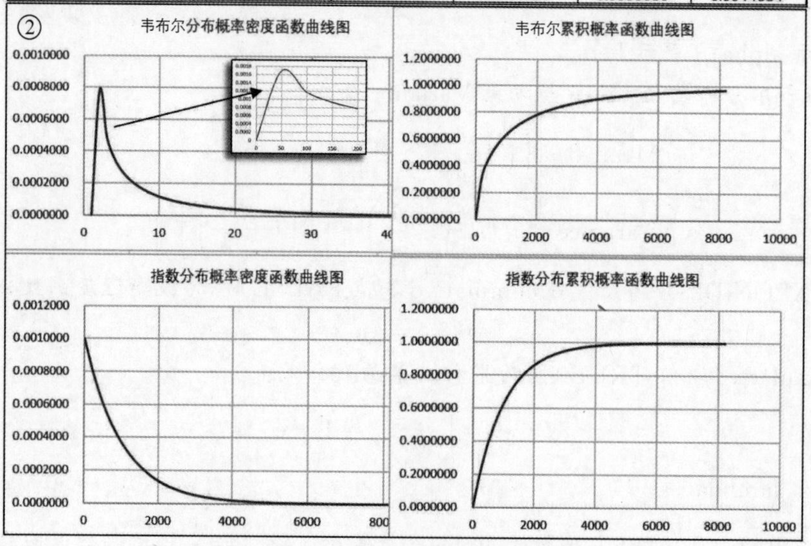

图 2-23　韦布尔与指数分布函数示例

(4) 为便于直观理解韦布尔和指数分布,在 A5:G39 单元格输入和计算了该显示屏 0～5200h 的故障概率数据和分布曲线,如图 2-23②所示。

示例 2-22　某商场收银台顾客结账的时间间隔服从指数分布,结账的人次服从泊松分布,平均每分钟有 2 名顾客结账,求 1min 内和 3min 内没有顾客结账的概率。

解　本题需要从结账的时间间隔和人次两种分布方式分析,分别用指数分布和泊松分布函数计算。

(1) 按结账时间间隔分析,用指数分布函数计算,如图 2-24 中 A2:E4 单元格所示。

① 1min 内 2 名顾客结账,可以理解为每间隔 1min 发生 2 次结账,故参数 $\lambda=2$。于是,在 E2 单元格输入公式“＝EXPON.DIST(1,2,TRUE)”,可得到 1min 内发生顾客结账的概率,在 E3 单元格输入公式“＝1－E2”,返回值 0.1353 则是 1min 内没有顾客结账的概率。

② 当间隔时间为 3min 时,其单位时间内发生顾客结账次数没有变($\lambda=2$)。在 E3 单元格输入公式“＝1－EXPON.DIST(3,2,TRUE)”,返回值 0.0025 便是 3min 内没有顾客结账的概率。

(2) 按结账人次分析,用泊松分布函数计算,如图 2-24 中 A5:E6 单元格所示。

① $\lambda=2$,$x=0$,在 E5 单元格输入公式“＝POISSON.DIST(0,2,TRUE)”,返回 1min 内没有顾客结账的概率值为 0.1353。

② $\lambda=6, x=0$，在 E6 单元格输入公式“=POISSON.DIST(0,6,TRUE)”，返回 3min 内没有顾客结账的概率值为 0.0025。

	A	B	C	D	E
1	方法	λ	事件	公式	概率
2	指数分布	2	1min间隔内发生顾客结账的概率	=EXPON.DIST(1,2,TRUE)	0.8647
3			1min间隔内没有发生顾客结账的概率	=1-E2	0.1353
4		2	3min间隔内发生顾客结账的概率	=1-EXPON.DIST(3,2,TRUE)	0.0025
5	泊松分布	2	1min内没有顾客结账的概率	=POISSON.DIST(0,2,TRUE)	0.1353
6		6	3min间隔内发生顾客结账的概率	=POISSON.DIST(0,6,TRUE)	0.0025

图 2-24　指数分布与泊松分布关系示例

2.4.7　对数正态分布

对数正态分布(Log-normal Distribution)是指随机变量 x 的自然对数的正态分布。换句话说，就是随机变量 x 的对数服从正态分布，则 x 服从对数正态分布。对数正态分布常用来评估机械系统的疲劳应力及寿命，分析修理时间等数据。因此，在可靠性分析领域，对数正态分布与韦布尔分布具有良好的互补性。在金融领域，对数正态分布常用来模拟和分析股票价格、指数值、资产回报以及汇率等。对数正态分布的主要特点是具有较低均值、较大方差和全正值的偏态分布。Excel 中有 LOGNORM.DIST 和 LOGNORM.INV 两个对数分布函数，前者用来计算返回对数正态分布概率密度函数值或累积概率函数值；后者是对数正态分布累积概率函数的反函数。其语法分别为

```
=LOGNORM.DIST(x,mean,standard_dev,cumulative)
=LOGNORM.INV(probability, mean, standard_dev)
```

【参数说明】

- mean：ln(x) 的平均值。
- standard：ln(x) 的标准偏差。

提示

LOGNORM.DIST 函数公式为

$$\text{LOGNORM.DIST}\left(\text{LN}(x)-\frac{\text{mean}}{\text{standard}_{\text{dev}}}\right)$$

示例 2-23　一台电机的寿命 x 服从对数正态分布，ln(x)的平均值和标准偏差分别为 11 和 1.3，问此电机寿命超过 12 000h 的概率是多少？该电机发生故障(寿命终止)的概率小于 5%时，其寿命为多少小时？

解　先用对数正态分布函数求解问题，然后创建该电机时间寿命分布列，计算其对数正态分布概率密度和累积概率，并绘制分布曲线图，如图 2-25 所示。

(1) 计算该电机寿命超过 12 000h 的概率。在 G1 单元格输入公式“=1-LOGNORM.DIST(12000,11,1.3,TRUE)”，返回的答案是 $P(x>12000)=89.185\%$。

(2) 计算该电机发生故障(寿命终止)的概率小于 5%时的寿命。在 G2 单元格输入公式“=LOGNORM.INV(0.05,11,1.3)”，返回值 7056.4(h)。

(3) 在 A4:A111 单元格输入该电机寿命的时间变量，在 B4:B111 和 C4:C111 分别计算其概率密度函数值和累积概率函数值，然后使用图表工具绘制分布曲线图。

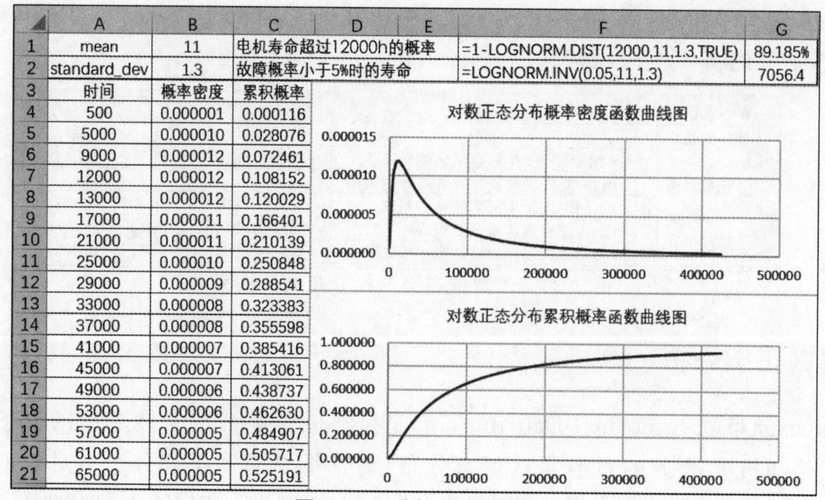

	A	B	C	D	E	F	G
1	mean	11	电机寿命超过12000h的概率			=1-LOGNORM.DIST(12000,11,1.3,TRUE)	89.185%
2	standard_dev	1.3	故障概率小于5%时的寿命			=LOGNORM.INV(0.05,11,1.3)	7056.4
3	时间	概率密度	累积概率				
4	500	0.000001	0.000116				
5	5000	0.000010	0.028076				
6	9000	0.000012	0.072461				
7	12000	0.000012	0.108152				
8	13000	0.000012	0.120029				
9	17000	0.000011	0.166401				
10	21000	0.000011	0.210139				
11	25000	0.000010	0.250848				
12	29000	0.000009	0.288541				
13	33000	0.000008	0.323383				
14	37000	0.000008	0.355598				
15	41000	0.000007	0.385416				
16	45000	0.000007	0.413061				
17	49000	0.000006	0.438737				
18	53000	0.000006	0.462630				
19	57000	0.000005	0.484907				
20	61000	0.000005	0.505717				
21	65000	0.000005	0.525191				

图 2-25　对数分布示例

2.5 随机变量的数字特征

在概率论中，定义在随机试验样本空间上的实值函数称为随机变量。也就是说，随机变量的值对应于随机试验的结果。作为空间上的实值函数，需要测量每个随机变量并将概率分配给潜在的变量值。换句话说，也就是函数中每个随机变量都有一个概率分布，不同的概率分布体现或描述着随机变量的统计特征。通过概率分布可以得出随机变量落入某个区间的概率，从而推断具体随机事件的概率。然而，在许多实际问题中，人们并不需要完整地了解随机变量的分布及变化情况，只需要知道随机变量的期望或均值、方差、协方差等一些统计特征，就可以直接计算其概率值，判断随机事件的可能性。本节讨论随机变量的数字特征函数，主要有方差、标准差、偏度、峰度和协方差、相关系数等，如表 2-6 所示。

表 2-6　随机变量数字特征函数

函　数	说　明	函　数	说　明
VAR.P	总体方差	SKEW.P	总体偏度
VARPA	总体方差(包括文本和逻辑值)	SKEW	样本偏度
VAR.S	样本方差	KURT	峰度
VARA	样本方差(包括文本和逻辑值)	COVARIANCE.P	总体协方差
STDEV.P	总体标准差	COVARIANCE.S	样本协方差
STDEVPA	总体标准差(包括文本和逻辑值)	CORREL	相关系数
STDEV.S	样本标准差	PEARSON	皮尔逊积矩相关系数
STDEVA	样本标准差(包括文本和逻辑值)	RSQ	皮尔逊积矩相关系数的平方
AVEDEV	数据点与其均值的绝对偏差的平均值	PROB	计算分布列中指定区间的概率
DEVSQ	偏差的平方和		

2.5.1 方差、标准差及平均偏差、偏差平方和

方差(Variance)是随机变量与其期望值或平均值的离差平方和的平均值。标准差

(Standard Deviation)是方差的算术平方根,也称为均方差。方差和标准差是测度数据差异或离散程度的常用指标。Excel 中计算方差的函数有两组：一组是计算总体方差函数 VAR.P 和 VARPA;另一组是计算样本方差 VAR.S 和 VARA。使用时要注意两点区别：一是总体方差与样本方差计算公式中分母(除数)的区别,总体方差是用总的数据个数或频数 n 为分母去除离差,而样本方差是用 $n-1$ 为分母去除离差。实际上,样本方差可以理解成是对所给总体方差的一个无偏估计,其中,$n-1$ 的使用称为贝塞尔校正(Bessel's Correction)。二是数组或引用中包含逻辑值和文本格式数字的处理方式的区别,方差 VAR.P 和标准差 VAR.S 函数将忽略逻辑值和文本格式数字,而 VARPA 和 VARA 函数(末尾字母均为 A)将逻辑值 TRUE 视为 1,将文本或 FALSE 视为 0 来计算。与上述方差函数相对应,Excel 中也有两组标准差函数：总体标准差 STDEV.P 和 STDEVPA 函数,样本标准差 STDEV.S 和 STDEVA 函数。使用时注意点与上述方差函数相同,不再赘述。平均偏差 AVEDEV 函数返回值是一组数据与其均值离差绝对值的平均值,偏差平方和 DEVSQ 函数返回值为一组数据与其均值离差的平方和。上述函数的语法分别为

```
=VAR.P(number1,[number2],…)
=VARPA(value1, [value2], …)
=VARA(value1, [value2], …)
=VAR.S(number1,[number2],…)
=STDEV.P(number1,[number2],…)
=STDEVPA(value1, [value2], …)
=STDEVA(value1, [value2], …)
=STDEV.S(number1,[number2],…)
=AVEDEV(number1, [number2], …)
=DEVSQ(number1, [number2], …)
```

提示

(1) 总体方差 VAR.P 函数公式为 $\frac{\sum (x-\bar{x})^2}{n}$。

(2) 样本方差 VAR.S 函数公式为 $\frac{\sum (x-\bar{x})^2}{n-1}$。

(3) 总体标准差 STDEV.P 函数公式为 $\sqrt{\frac{\sum (x-\bar{x})^2}{n}}$。

(4) 样本标准差 STDEV.S 函数公式为 $\sqrt{\frac{\sum (x-\bar{x})^2}{n-1}}$。

(5) 平均偏差 AVEDEV 函数公式为 $\frac{\sum |x-\bar{x}|}{n}$。

(6) 偏差平方和 DEVSQ 函数公式为 $\sum (x-\bar{x})^2$。

示例 2-24　某工厂检验数控机床加工零件质量状况,抽样检测 15 件,尺寸数据如图 2-26 中 A2:F4 单元格所示。行业要求抽检 15 个样本方差不得大于 0.005,否则就要停机检修机床。问该数控机床需要停机检修吗?

解　根据检测数据,在工作表中直接输入样本方差公式“=VAR.S(A2:F4)”,其返回值

为 0.002，小于 0.005，因此，该机床无须停机检修，可以继续加工生产，如图 2-26 中 G2:I4 单元格所示。I3 单元格输入的公式为"＝DEVSQ(B2:F4)/(15-1)"，其返回值与 VAR.S 函数相同。I4 单元格中公式为"＝AVEDEV(B2:F4)"，其返回值为平均偏差。

示例 **2-25** 某工程质监站对甲乙两个钢厂的 Φ12 螺纹钢的抗拉强度(MPa)进行了抽样检测，数据如图 2-26 中 B5:F8 单元格所示。从检查数据看，两家钢厂抽检数据的平均值都是 468.5MPa。设计要求 Φ12 螺纹钢抗拉强度不小于 400MPa。问该工程应当选择哪家钢厂供货？

解 使用样本标准差公式，分别计算两钢厂 Φ12 螺纹钢抗拉强度(MPa)抽样数据的标准差，然后比较选择偏差小的供货。在 I5 单元格输入甲产品标准差公式"＝STDEV.S(B5:F6)"，返回值为 31.43；在 I7 单元格输入乙产品标准差公式，返回值为 68.23。显然，乙产品标准差大于甲产品。从抽样数据看，虽然乙厂部分螺纹钢抗拉强度最高，但是其抽样数据的标准差较大，说明抽样螺纹钢抗拉强度离差大，且有低于设计要求 400MPa 的抽样数据，因此，应选择甲厂供货，如图 2-26 中 G5:I8 单元格所示。

	A	B	C	D	E	F	G	H	I
1	项目	检测数据					均值	公式	返回值
2	数控机床加工零件抽样	3.45	3.43	3.48	3.52	3.5	3.46	=VAR.S(A2:F4)	0.002
3		3.51	3.49	3.45	3.48	3.41		=DEVSQ(B2:F4)/(15-1)	0.002
4		3.43	3.51	3.39	3.38	3.47		=AVEDEV(B2:F4)	0.037
5	甲钢厂Φ12螺纹钢抽样	409	446	446	465	465	468.5	=STDEV.S(B5:F6)	31.43
6		465	483	483	502	521		=SQRT(DEVSQ(B5:F6)/(10-1))	31.43
7	乙钢厂Φ12螺纹钢抽样	335	372	446	465	483	468.5	=STDEV.S(B7:F8)	68.23
8		483	502	521	539	539		=SQRT(DEVSQ(B7:F8)/(10-1))	68.23

图 **2-26** 方差、标准差等函数示例

2.5.2 偏度与峰度

偏度(Skewness)也称为偏态、偏态系数，是统计数据分布偏斜方向和程度的度量，是统计数据分布非对称程度的数字特征。从分布曲线看，当大部分数据位于左侧，右侧尾部较长时，该分布为右偏态或正偏态；反之，则是左偏态或负偏态。如果偏度小于－1 或大于＋1，则分布为高度偏态；如果偏度为－1～－1/2 或 1/2～1，则分布为中度偏态；如果偏度为－1/2～1/2，则分布近似对称。Excel 中有两个偏度函数，一个是总体偏度 SKEW.P 函数，另一个是样本偏度 SKEW 函数。

峰度(Kurtosis)是描述总体中所有取值分布形态陡缓程度的统计量，它反映了一个分布相对于正态分布的峰状或平坦性，峰度大于 0 时，其分布为相对尖峰状，说明高出均值的数据较多，存在一定离群值，数据差距较大；峰度小于 0 时，其分布相对平坦，众数接近均值，离群值少，数据差距小。Excel 中峰度函数为 KURT。

上述偏度与峰度函数的语法为

```
=SKEW.P(number 1, [number 2],…)
=SKEW(number1, [number2], …)
=KURT(number1, [number2], …)
```

提示

(1) SKEW.P 函数公式：

$$\frac{1}{N}\sum_{i=1}N\left(\frac{x_i-\bar{x}}{\sigma}\right)^3$$

式中，N 表示数据的总个数；$\bar{x}$ 表示期望或均值；x_i 表示第 i 个数；σ 表示总体标准差。

(2) SKEW 函数公式：

$$\frac{N}{(N-1)(N-2)}\sum_{i=1}N\left(\frac{x_i-\bar{x}}{s}\right)^3$$

式中，N 表示数据的总个数；$\bar{x}$ 表示期望或均值；x_i 表示第 i 个数；s 表示样本标准差。

(3) KURT 函数公式：

$$\left[\frac{n(n+1)}{(n-1)(n-2)(n-3)}\sum_{i=1}^{n}\left(\frac{x_i-\bar{x}}{s}\right)^4\right]-\frac{3(n-1)^2}{(n-2)(n-3)}$$

式中，n 表示数据的总个数；s 表示样本标准差；x_i 表示第 i 个数；$\bar{x}$ 表示期望或均值。

(4) 贝塔分布偏度公式：

$$\frac{2(\beta-\alpha)\sqrt{\alpha+\beta+1}}{(\alpha+\beta+2)\sqrt{\alpha\beta}}$$

示例 2-26　设贝塔分布 alpha＝5，beta＝2，请计算该分布的众数、期望和偏度。交换 alpha 与 beta 值，即 alpha＝2，beta＝5，计算其偏度。

解　根据已知 alpha、beta 参数，用贝塔分布公式计算其众数、期望、标准差和偏度，然后用 BETA.DIST 函数分别计算两组参数 x 变量的概率密度并绘制分布曲线。

(1) 输入已知参数。在 B1、B2 单元格输入 alpha 和 beta 值，在 C1、C2 单元格输入互换后的 alpha 与 beta 值，如图 2-27 中 A1:C2 单元格所示。

(2) 计算众数、期望和偏度。在 B3:B6 单元格分别输入公式"＝(B1－1)/(B1＋B2－2)""＝B1/(B1＋B2)""＝SQRT((B1 * B2)/(((B1＋B2)^2) * (B1＋B2＋1)))""＝(2 * (B2－B1) * SQRT(B1＋B2＋1))/((B1＋B2＋2) * SQRT(B1 * B2))"，并将其复制到 C3:C6。返回的数值如图 2-27 中 B3:C6 单元格所示。

(3) 用 BETA.DIST 函数分别计算两组参数 x 变量的概率密度并绘制分布曲线，如图 2-27 中A7:C18 和 D1:G18 单元格所示。

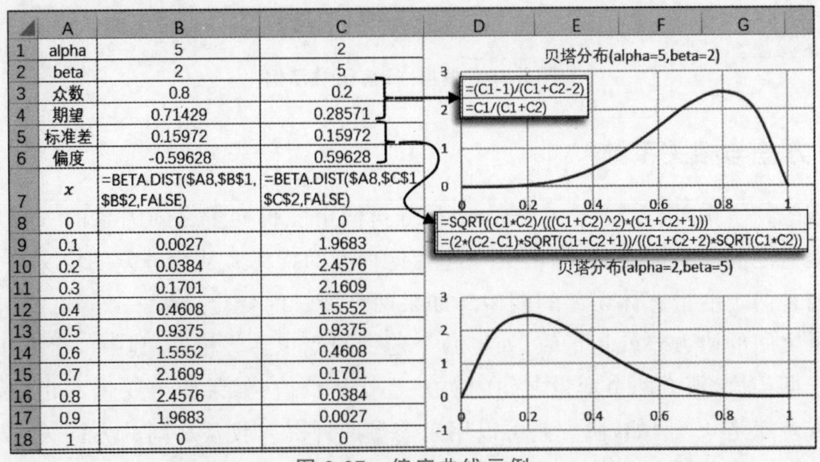

	A	B	C
1	alpha	5	2
2	beta	2	5
3	众数	0.8	0.2
4	期望	0.71429	0.28571
5	标准差	0.15972	0.15972
6	偏度	-0.59628	0.59628
7	x	=BETA.DIST($A8,$B$1,$B$2,FALSE)	=BETA.DIST($A8,$C$1,$C$2,FALSE)
8	0	0	0
9	0.1	0.0027	1.9683
10	0.2	0.0384	2.4576
11	0.3	0.1701	2.1609
12	0.4	0.4608	1.5552
13	0.5	0.9375	0.9375
14	0.6	1.5552	0.4608
15	0.7	2.1609	0.1701
16	0.8	2.4576	0.0384
17	0.9	1.9683	0.0027
18	1	0	0

图 2-27　偏度曲线示例

示例 2-27 某高中分析学生身高情况，随机选取了 100 名男生，测量数据如图 2-28 中 A1:F8 单元格所示。其中，165cm 组 5 人、170cm 组 18 人、175cm 组 42 人、180cm 组 27 人、185cm 组 8 人。试用偏度与峰度值分析其分布状况。

解 本题给出统计数据分组身高值及人数。按照工作表中 SKEW 和 KURT 等函数语法及格式，需要按频数（人数）填充各组数据，然后运用函数公式进行计算。

（1）在 A1:F2 单元格输入身高区间和频数，在 B3:F3 单元格输入各组平均身高数据，如图 2-28 中 A1:F3 单元格所示。

（2）使用填充柄或“开始”选项卡“编辑”组中的“填充”工具，按频数向下填充，形成学生身高抽样数据表 B3:F44。

（3）在 H2:H6 单元格分别输入偏度、峰度等函数公式“=SKEW.P(B3:F44)”“=SKEW(B3:F44)”“=KURT(B3:F44)”“=AVERAGE(B3:F44)”“MODE.SNGL(B3:F44)”。

（4）用函数公式返回的偏度与峰度值分析其分布状况。由于是抽样统计，所以应采用 SKEW 函数返回的样本偏度数据“−0.1098”。此偏度大于−0.5，小于 0，说明样本数据比较接近对称，略为左偏。KURT 函数返回的峰度值小于 0，表明数据分布相对平坦，均值接近众数，数据差距较小。

（5）用各身高区间频数及平均身高数据和图表工具生成身高抽样分布图，如图 2-28 中 A9:H16 单元格所示。

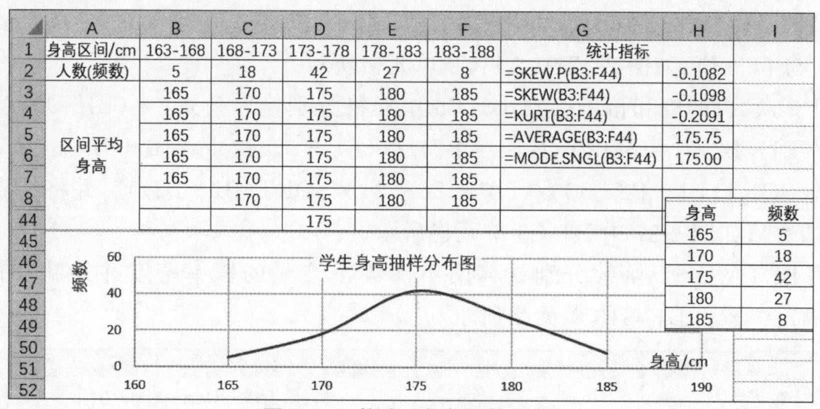

	A	B	C	D	E	F	G	H	I
1	身高区间/cm	163-168	168-173	173-178	178-183	183-188	统计指标		
2	人数(频数)	5	18	42	27	8	=SKEW.P(B3:F44)	-0.1082	
3	区间平均身高	165	170	175	180	185	=SKEW(B3:F44)	-0.1098	
4		165	170	175	180	185	=KURT(B3:F44)	-0.2091	
5		165	170	175	180	185	=AVERAGE(B3:F44)	175.75	
6		165	170	175	180	185	=MODE.SNGL(B3:F44)	175.00	
7		165	170	175	180	185			
8			170	175	180	185			
44				175				身高	频数
45								165	5
46								170	18
47								175	42
48								180	27
49								185	8
50									
51									
52									

图 2-28 偏度、峰度函数示例

2.5.3 协方差与相关系数

在数理统计学中，协方差(Covariance)是分析两个随机变量之间关系的一种度量值，是衡量两个变量之间的总体误差，评估其一起变化程度的指标。从协方差的定义公式上看，协方差表示的是两个变量总体误差的期望。如果两个变量的变化趋势一致，均大于期望值，那么两个变量之间的协方差就是正值；如果两个变量的变化趋势相反，其中一个大于期望值而另一个小于期望值，那么两个变量之间的协方差就是负值；如果两个变量不相关，那么二者之间的协方差就是 0。例如，协方差可以用来衡量两种资产收益之间的方向关系，正协方差意味着两种资产收益同向移动，负协方差则意味着它们反向移动。Excel 中有整体和样本两个协方差函数 COVARIANCE.P 和 COVARIANCE.S。

相关系数(Correlation Coefficient)是度量两个变量之间关系强度的统计度量,是研究两个变量之间线性相关程度的统计指标。Excel 中有三个相关系数函数:简单相关系数函数 CORREL、皮尔逊(Pearson)相关系数 PEARSON 函数和皮尔逊积矩相关系数的平方函数 RSQ。相关系数是以两变量与各自平均值的离差为基础,通过两个离差相乘来反映两变量之间的相关程度,其取值范围为"-1"至"1"。相关系数为"-1"时表示完全负相关,为"1"时表示完全正相关,为"0"时表示没有线性关系。

上述函数的语法分别为

```
=COVARIANCE.P(array1,array2)
=COVARIANCE.S(array1,array2)
=CORREL(array1,array2)
=PEARSON(array1, array2)
=RSQ(known_y's,known_x's)
```

【参数说明】

- array1,array2:要计算其协方差或相关系数的两个数据集——数组1,数组2。
- known_y's,known_x's:要计算其皮尔逊积矩相关系数的两个数据集 Y, X。

上述数据集参数可以是数字,或者是包含数字的名称、数组或引用。数组或引用参数包含文本、逻辑值或空白单元格,将被忽略;包含零值的单元格将会计算在内;array1 和 array2 所含数据点个数不等时,将返回错误值。

提示

(1) COVARIANCE.P 函数公式:

$$\frac{\sum(x-\bar{x})(y-\bar{y})}{n}$$

(2) COVARIANCE.S 函数公式:

$$\frac{\sum(x-\bar{x})(y-\bar{y})}{n-1}$$

(3) CORREL 和 PEARSON 函数公式:

$$\frac{\sum(x-\bar{x})(y-\bar{y})}{\sqrt{\sum(x-\bar{x})^2\sum(y-\bar{y})^2}}$$

(4) RSQ 函数公式:

$$\left(\frac{\sum(y-\bar{y})(x-\bar{x})}{\sqrt{\sum(y-\bar{y})^2\sum(x-\bar{x})^2}}\right)^2$$

式中,x 表示 array1,在 RSQ 中为 known_y's;y 表示 array2,在 RSQ 中为 known_x's;$\bar{x}$ 表示 array1 的期望或均值,在 RSQ 中为 known_y's 的期望或均值;$\bar{y}$ 表示 array2 的期望或均值,在 RSQ 中为 known_x's 的期望或均值;n 表示样本数。

示例 2-28 某体校学生身高与体重抽样调查数据如图 2-29 中 A1:K2 单元格所示,I3 和 I4 单元格中分别是协方差 COVARIANCE.S 和相关系数 CORREL 函数返回值 172.64 和 0.9551。显然,协方差为正值,相关系数大于零接近 1,表明身高与体重正相关度高,也就是身高增高，体重增加。

示例 2-29　某课程学习时间与考试错误数统计数据如图 2-29 中 A5：H6 单元格所示，I7、I8 和 I9 单元格中分别是协方差(COVARIANCE.P)、皮尔逊积矩相关系数(PEARSON)和皮尔逊积矩相关系数的平方(RSQ)函数的返回值：－647、－0.9261、0.8577。从协方差为负值，皮尔逊积矩相关系数为小于 0 的负数看，学习时间与考试出错数成负相关。

	A	B	C	D	E	F	G	H	I	J	K
1	身高/cm	152	157	160	165	165	173	175	178	183	188
2	体重/kg	46	54	59	68	54	66	79	77	84	95
3	协方差	=COVARIANCE.S(B1:K1,B2:K2)							172.64		
4	相关系数	=CORREL(B1:K1,B2:K2)							0.9551		
5	学习时间/min	90	100	130	150	180	200	220	300	350	400
6	错误数	25	28	20	20	15	12	13	10	8	6
7	协方差	=COVARIANCE.P(B5:K5,B6:K6)							-647		
8	皮尔逊积矩相关系数	=PEARSON(B5:K5,B6:K6)							-0.9261		
9	皮尔逊积矩相关系数的平方	=RSQ(B5:K5,B6:K6)							0.8577		

图 2-29　协方差、相关系数函数示例

2.5.4　分布列中指定区间概率

在随机变量分布列中，已知一组随机变量及其所对应的概率，可以使用 PROB 函数计算该分布列中指定区间的概率。该函数在资金风险管理中常用于估算业务损失等财务概率分析。其语法为

```
=PROB(x_range, prob_range, lower_limit, [upper_limit])
```

【参数说明】

- x_range：具有各自相应概率值的 x 数值区域。
- prob_range：与 x_range 中的 x 值相对应的一组概率值 P_i。
- lower_limit,[upper_limit]：分别为要计算其概率的数值下界和上界。其中，上界为可选参数，省略时，函数将返回 x 等于下界的概率。

提示

(1) PROB 函数公式：

$$\sum_{k=1}^{n}(I(x_i,\text{lower}_{\text{limit}},\text{upper}_{\text{limit}})\times P_i)$$

式中，I 为指标函数，$d_i\in[\text{lower}_{\text{limit}},\text{upper}_{\text{limit}}]$时，取值为 1，否则为 0。

(2) 参数 prob_range 中概率值 P_i 之和必须正好等于 1，否则将返回＃NUM！错误。

(3) x_range 与 prob_range 中的数据点必须相同，否则返回＃N/A 错误。

示例 2-30　掷两个六面骰子，其点数大于 10(含)的概率是多少？

解　先算出两个骰子组合各种点数的概率，然后再用 PROB 函数计算 10～12 点的概率。

(1) 在工作表中设计一个计算掷骰子点数表，如图 2-30 中 A1：J12 单元格所示。

(2) 计算出两个骰子所有组合的点数。在 C3 单元格输入计算两个骰子为 1 时的点数公式"＝$B3＋C$2"，并其复制到 C3：H8 单元格，得到所有点数的组合，注意该公式中行列的绝对引用与相对引用的运用，相当于固定骰子一个面转动另一个骰子，从而计算出所有

组合矩阵。

（3）在 I2:I12 输入点数序列，然后在 J2 单元格中输入公式“=COUNTIF(C$3:H$8,I2)”，并将此公式复制到 J3:J12。

	A	B	C	D	E	F	G	H	I	J	K
1	点数		骰子2						点数	频数	概率
2			1	2	3	4	5	6	2	1	0.027778
3	骰子1	1	2	3	4	5	6	7	3	2	0.055556
4		2	3	4	5	6	7	8	4	3	0.083333
5		3	4	5	6	7	8	9	5	4	0.111111
6		4	5	6	7	8	9	10	6	5	0.138889
7		5	6	7	8	9	10	11	7	6	0.166667
8		6	7	8	9	10	11	12	8	5	0.138889
9	C3中点数公式		=$B3+C$2						9	4	0.111111
10	J2中频数公式		=COUNTIF(C$3:H$8,I2)						10	3	0.083333
11	K2中概率公式		=J2/SUM($J$2:$J$12)						11	2	0.055556
12	K12中公式		=1-SUM(K2:K11)						12	1	0.027778
13	$P(x \geqslant 10)$		=PROB(I2:I12,K2:K12,I10,I12)						16.67%		

图 2-30　PROB 函数示例

（4）在 K2 单元格中输入计算各点数的概率公式“=J2/SUM($J$2:$J$12)”并将其复制到 K3:K11。

（5）为避免计算因小数点舍入出现概率之和不完全等于 1 而出现 #NUM! 错误的情况，在最后一个点数（K12 单元格）的概率可以使用如下公式计算“=1-SUM(K2:K11)”。

（6）在 I13 单元格输入计算点数大于 10 的概率公式“=PROB(I2:I12,K2:K12,I10,I12)”，返回值为 16.67%，如图 2-30 中 A13:I13 单元格所示。

2.6　区间估计

区间估计（Interval Estimation）是从点估计值和抽样标准误差出发，按给定的概率值建立包含待估计参数的区间。其中，这个给定的概率值称为置信水平（Confidence Level），也就是总体参数值落在样本统计值某一区内的概率。这个建立起来的包含待估计参数的区间称为置信区间（Confidence Interval），是指在某一置信水平下，样本统计值与总体参数值间误差范围。划定置信区间的两个值分别称为置信下限（Lower）和置信上限（Upper），置信区间越大，置信水平越高。Excel 中有正态分布与学生 T 分布两个置信区间函数，如表 2-7 所示。

表 2-7　区间估计函数

函　　数	说　　明
CONFIDENCE.NORM	返回正态分布总体平均值的置信区间
CONFIDENCE.T	返回学生 T 分布总体平均值置信区间

如果已知总体标准差，或者样本容量 n 大于 30，可以用 z 分数来表示相应的置信水平，也就是使用正态分布区间估计 CONFIDENCE.NORM 函数计算置信区间；如果未知总体标准差，且样本容量 n 小于 30，可以用 T 统计量表示相应的置信水平，也就是使用学生 T 分布区间估计 CONFIDENCE.T 函数计算置信区间。上述区间估计函数的语法分别为

```
=CONFIDENCE.NORM (alpha,standard_dev,size)
=CONFIDENCE.T(alpha,standard_dev,size)
```

【参数说明】

- alpha：显著性水平参数，为一个概率值。该值与置信水平之和等于 1。例如，当 alpha 为 0.05，则置信水平为 95%。
- size：样本大小。

提示

（1）当显著水平 alpha 等于 0.05 时，标准正态曲线下的面积为 0.95，区间左右两端点的概率分别为 0.025 和 0.975，由标准正态分布概率函数的反函数可知，所对应的 x 值分别为 NORM.S.INV(0.025)＝－1.96，NORM.S.INV(0.975)＝＋1.96。此时，置信区间为

$$\bar{x} \pm 1.96\left(\frac{\sigma}{\sqrt{n}}\right)$$

式中，σ 为 standard_dev；n 为 size。

（2）使用区间估计函数计算置信区间的步骤如下。

① 收集整理样本数据。

② 计算样本均值和标准差。

③ 使用 CONFIDENCE.NORM 或 CONFIDENCE.T 函数计算置信区间。

④ 计算置信上限(Upper)和置信下限(Lower)。

示例 2-31 某手机制造商在宣传一款智能手机时，声称手机充满电后连续播放视频的时间至少可达到 10h。为验证制造商的宣传声明，质检部门随机抽检了 48 部手机，每部手机播放视频时间记录如图 2-31 中 A3:F10 单元格所示，该制造商的说法正确吗？

	A	B	C	D	E	F	G	H	I
1	单样本均值检验						说明	公式	结果
2	抽检48部手机连续播放视频时间(小时)						样本均值	=AVERAGE(A3:F10)	10.3813
3	13.7	7.3	9.9	11.3	9.6	13.5	假设总体均值		10
4	11.1	8.3	7.4	6.8	13.7	10.7	样本标准差	=STDEV.S(A3:F10)	2.3959
5	7.2	9.8	8.4	7	11.6	9.8	Std err	=I4/SQRT(F11)	0.3458
6	11.5	13.1	11.3	6.3	11.9	12.8	P-value	=NORM.DIST(I3,I2,I5,TRUE)	0.1351
7	13.8	7.3	11.5	12.4	10.1	9.7	显著水平		0.05
8	8.2	13.3	11.1	13.2	6.5	13.2	Error margin	=CONFIDENCE.NORM(I7,I4,F11)	0.6778
9	7.6	9.2	10.1	13.4	11.3	7.5	下限Lower	=I2-I8	9.7035
10	10	9.8	11.4	14	6.4	13.3	上限Upper	=I2+I8	11.0591
11	样本大小		=COUNT(A3:F10)			48	z检验	=Z.TEST(A3:F10,10)	0.1351
12	P-value双尾概率			=2*MIN(Z.TEST(A3:F10,10,I4),1-Z.TEST(A3:F10,10,I4))					0.27026

图 2-31 CONFIDENCE.NORM 函数示例

解 假设该公司的说法是正确的，$H_0: \mu \geqslant \mu_0 = 10$。

（1）计算均值和标准偏差。在 I2、I4 单元格分别输入均值和标准偏差公式"＝AVERAGE(A3:F10)""＝STDEV.S(A3:F10)"，返回均值为 10.3813，标准偏差为 2.3959。

（2）计算置信区间。在 I8 单元格输入公式"＝CONFIDENCE.NORM(I7,I4,F11)"，返回值为 0.6778。由此，可以计算出在置信水平为 5%的情况下，手机连续播放视频时间均值的置信区间上下限值 10.3813±0.6778，如图 2-31 中 G2:I10 单元格所示。手机制造商声称的连续播放视频时间 10h 在上述置信区间内，因此，不能拒绝假设，可以认为制造商说法是正确的。

（3）用正态分布或标准正态分布函数计算假设总体均值 10h 处的概率值。在 I6 单元格输入公式"＝NORM.DIST(I3,I2,I5,TRUE)"，返回值为 0.1351。显然，P-value 值大于 0.05，不能拒绝原假设。需要注意的是，在正态分布 NORM.DIST 函数中的标准差应使用

样本与假设总体的标准误差 Std err 值，如图 2-31 中 G5:I5 单元格所示。

$$\text{Stderr} = \frac{\sigma}{\sqrt{n}} \approx \frac{s}{\sqrt{n}} = \frac{2.3959}{\sqrt{48}} = 0.3458$$

(4) 用 Z 检验函数计算。在 I11 单元格输入 Z 检验函数公式“=Z.TEST(A3:F10,10)”，返回值为 0.1351，与上述结果一致。

(5) 绘制样本均值的正态分布直方图，直观分析置信区间。

① 在 A14 单元格输入手机连续播放时间样本均值变量 x 序列数“=SEQUENCE(28,1,9.1,0.1)”。然后在 B14 单元格输入公式“=NORM.S.DIST(B14,FALSE)”并将其复制到 B15:B41 单元格，如图 2-32①所示。

② 选定 A14:B41 单元格区域后，单击“插入”→“图表”→“插入柱形图和条形图”→“更多柱形图”，然后选择正态分布形柱形图，如图 2-32②所示。

③ 在分布图中插入置信区间上、下限值，并分析检验均值，如图 2-32③所示。

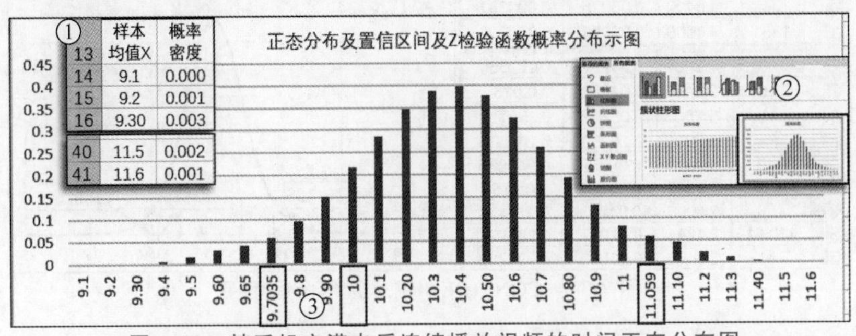

图 2-32　某手机充满电后连续播放视频的时间正态分布图

示例 2-32　某基金投资公司经理美玲认为她的业绩得分应高于同行的平均水平 145 分。美玲过去 15 次得分记录如图 2-33 中 A1:B16 单元格所示，公司安排统计分析人员对其得分进行了分析，其结果与美玲经理自己的想法一致吗？

	A	B	C	D	E	F
1	观察编号	分数	说明		公式	返回值
2	1	152.84	同行平均分			145
3	2	172.14	假设美玲与同行一样H_0		=F2	145
4	3	153.62	样本数		=COUNT(B2:B16)	15
5	4	146.81	自由度		=F4-1	14
6	5	149.41	样本均值		=AVERAGE(B2:B16)	150.51
7	6	151.89	样本标准差		=STDEV.S(B2:B16)	8.8022
8	7	153.44	T值 (x = 150.51)		=(F6-F2)*SQRT(15)/F7	2.4244
9	8	141.52	P--value		=T.DIST.RT(F8,14)	0.0147
10	9	146.28	置信区间		=CONFIDENCE.T(0.05,F7,F4)	4.8745
11	10	152.97	下限lower		=F2-F10	140.1255
12	11	145.23	上限upper		=F2+F10	149.8745
13	12	142.15	下限T值 (x = 140.1255)		=(F11-$F$2)*SQRT(15)/$F$7	-2.1448
14	13	153.85	上限T值 (x = 149.8745)		=(F12-$F$2)*SQRT(15)/$F$7	2.1448
15	14	134.57	T检验(T.TEST)		=T.TEST(B2:B16,F2:F3,1,3)	0.01473
16	15	160.93			=T.TEST(B2:B16,F2:F3,2,3)	0.02946

图 2-33　CONFIDENCE.T 函数示例

解　假设美玲经理业绩平均得分与同行一致，$H_0:\mu=\mu_0=145$。

(1) 计算基本参数。分别在 F4:F8 单元格输入样本数、自由度、样本均值、样本标准差和 T 值公式“=COUNT(B2:B16)”“=F4-1”“=AVERAGE(B2:B16)”“STDEV.S(B2:B16)”“=(F6-F2)*SQRT(15)/F7”，如图 2-33 中 C4:F8 单元格所示。

(2) 计算 P-value。在 F9 单元格输入公式“＝T.DIST.RT(F8,14)”,返回值为 0.0147。

(3) 计算置信区间边界。在 F10 单元格输入公式“＝CONFIDENCE.T(0.05,F7,F4)”,返回值置信区间值为 4.8745。然后分别在 F11、F12 单元格输入下限、上限公式“＝F2－F10”“＝F2＋F10”,返回下限值为 140.1255,上限值为 149.8745。

(4) 分析。由 P-value＝0.0147＜0.05 看出,美玲经理的业绩平均分与同行平均分有显著差异,且样本均值大于置信区间上限值,因此可以拒绝美玲经理业绩与同行平均水平相同的原假设,也就是美玲自认为高于同行平均水平的说法是正确的。

(5) 也可以直接使用 T.TEST 函数计算 P 值,其结果与上述 T.DIST.R 函数返回值相同,如图 2-33 中 C15:F16 单元格所示。

(6) 为便于比较分析,本例用美玲业绩得分样本数据列表计算了学生 T 分布概率密度与累积概率值,并生成了分布曲线图,如图 2-34 所示。

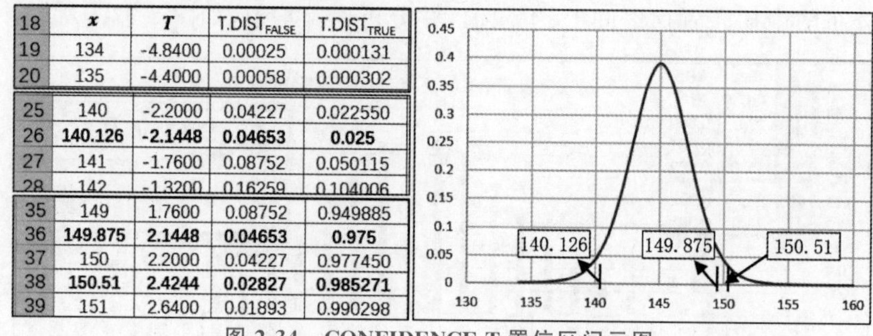

18	x	T	$T.DIST_{FALSE}$	$T.DIST_{TRUE}$
19	134	-4.8400	0.00025	0.000131
20	135	-4.4000	0.00058	0.000302
25	140	-2.2000	0.04227	0.022550
26	**140.126**	**-2.1448**	**0.04653**	**0.025**
27	141	-1.7600	0.08752	0.050115
28	142	-1.3200	0.16259	0.104006
35	149	1.7600	0.08752	0.949885
36	**149.875**	**2.1448**	**0.04653**	**0.975**
37	150	2.2000	0.04227	0.977450
38	**150.51**	**2.4244**	**0.02827**	**0.985271**
39	151	2.6400	0.01893	0.990298

图 2-34　CONFIDENCE.T 置信区间示图

2.7 假设检验

在统计分析中,如何根据样本信息来判断总体分布的某个假设是否成立就是假设检验问题。假设检验的基本思想是:首先提出关于未知总体分布的假设 H_0 成立,然后分析在 H_0 成立的条件下已知样本信息出现的概率。如果这个概率很小,说明总体分布中一个概率很小的事件竟然在抽样试验中发生了,那么,假设 H_0 对于总体是不成立的,否则,可以认为事先提出的假设 H_0 成立。假设检验的具体方法是通过研究样本的均值、方差,来分析样本与总体或样本与样本之间的差异。本节讨论 Excel 中的假设检验函数,主要有 Z 检验、T 检验、卡方检验和费雪变换函数及其反函数,如表 2-8 所示。

表 2-8　假设检验函数

函　数	说　明	函　数	说　明
Z.TEST	Z 检验	CHISQ.TEST	卡方检验
T.TEST	T 检验	FISHER	Fisher 变换
F.TEST	F 检验	FISHERINV	Fisher 变换反函数

2.7.1 Z 检验

Z 检验,也称为 U 检验,是用标准正态分布理论来比较样本均值与某一期望值的差异,并通过发生的概率推断差异是否显著。一般用于已知标准差和样本容量大于 30 的均值检验。其语法为

```
=Z.TEST(array, x,[sigma])
```

【参数说明】

- [sigma]：可选参数，指总体标准偏差。如果省略，则使用样本标准偏差。设样本容量为 n，指定[sigma]参数时，Z.TEST 计算公式为

$$1-\text{NORM.S.DIST}(\text{AVERAGE}(\text{array})-x)/(\text{sigma}/\sqrt{n},\text{TRUE})$$

省略[sigma]参数时，Z.TEST 计算公式为

$$1-\text{NORM.S.DIST}\left(\frac{\text{AVERAGE}(\text{array})-x}{\frac{\text{STDEV}(\text{array})}{\sqrt{n}}},\text{TRUE}\right)$$

提示

Z.TEST 计算双尾概率为

$$2\times\text{MIN}(\text{Z.TEST}(\text{array},x,\text{sigma}),1-\text{Z.TEST}(\text{array},x,\text{sigma}))$$

示例 2-33　在 2.6 节示例 2-31 中可以直接用 Z.TEST 函数检验手机连续播放视频时间均值与制造商声明值差异的显著水平，如图 2-31 所示。

(1) 在 I11 单元格中输入 Z.TEST 公式"=Z.TEST(A3:F10,10)"，返回值为 13.51%。

(2) 在 I12 单元格输入计算双尾概率公式"=2*MIN(Z.TEST(A3:F10,10,I4),1-Z.TEST(A3:F10,10,I4))"，返回值为 27.026%。

显然，Z.TEST 函数返回值大于显著水平 5%，表示原假设成立的概率较大，即假设手机连续播放视频时间的均值大于声明值(10h)的概率较大，也就是差异不显著。据此，可以认为制造商关于手机播放视频时间的宣传是正确的。

2.7.2　T 检验

T 检验，是用学生 T 分布理论来比较样本均值与某一期望值的差异，并通过发生的概率推断差异是否显著。主要用于总体标准差未知，样本容量小于 30 的均值检验。此函数可分别计算单尾和双尾检验概率值，并有三种类型：①成对或配对(Paired)样本；②双样本，等方差或同方差；③双样本，异方差或不等方差。其语法为

```
=T.TEST(array1,array2,tails,type)
```

【参数说明】

- tails：分布的尾数。要计算单尾概率值时为 1，计算双尾值时为 2。
- type：要执行的 T 检验类型，为"1、2 或 3"数字。1 为成对；2 为双样本，等方差或同方差；3 为双样本，异方差或不等方差。

提示

(1) T.TEST 使用 array1 和 array2 数据计算 T 分布 x 值，并按指定参数返回 x 值的单尾或双尾概率。

(2) 配对样本设计是将受试对象的某些重要特征按相近的原则配成对子，且每对观察对象之间除处理因素或研究因素外，其他因素基本相同。这样，在比较每对个体接受两种处理时，可以减少个体差异和试验误差，提高试验效率。常见的配对设计有自身前后配对、左

右配对和异体配对等。

示例 **2-34**　用 T 检验分析样本均值与某一期望值的差异。在示例 2-32 中，可以直接用 T.TEST 函数分析某基金投资公司经理美玲的业绩与同行平均水平的差异，如图 2-33 所示，在 F15 单元格输入 T.TEST 函数公式“＝T.TEST(B2:B16,F2:F3,1,3)”，返回值为 0.0147；在 F16 单元格输入 T 检验双尾概率公式“＝T.TEST(B2:B16,F2:F3,2,3)”，返回值为 0.02946。

根据 T.TEST 函数返回值小于 0.05 的结果，说明美玲经理业绩均值 150.51 与同行均值存在显著差异，因此，应拒绝 $H_0:\mu=\mu_0$ 的假设，可以判断她的业绩得分高于同行平均水平。

示例 **2-35**　某位老师明年要组织毕业班进行两次考试，为把握好两次毕业考题的难度，今年她组织学生进行两次模拟测验，成绩如图 2-35 中 A1:E17 单元格所示。她想通过查看每位同学两次测验成绩之间的差异，来分析两次考题是否具有同样的难度。设显著水平为 0.05，这位老师得出的结论是什么？

解　先对要检验的数据进行正态性分析，然后用 T.TES 函数检验两样本之间的差异。

(1) 使用分位数(百分比)和图表工具对要检验的数据进行正态性分析，生成“测验差异分位数”散点图，如图 2-35 中 F1:I17 单元格所示。从数据点分布大致成一条直线看，每位学生两次测验成绩差异服从正态分布。

(2) 计算两次模拟测验样本及其差异的均值和标准差。分别在 B18:B19 单元格输入公式“＝AVERAGE(B2:B17)”“STDEV.S(B2:B17)”，并将其复制到 C18:D19。

(3) 假设每位同学两次测验分数差异的总体均值等于 0：$H_0:\mu_d=0$。

(4) 用 T 检验函数计算双尾概率值(P-value)。在 I2 单元格输入公式“＝T.TEST(B2:B17,C2:C17,2,1)”，返回值为 0.465。因为 $P_{value}=0.465>0.05$，说明两次模拟测验成绩没有显著差异，故不能拒绝原假设。

(5) 为进一步分析 T 检验函数的用法，可以使用 T 分布函数计算两次测验分数差异的 T 值、概率和显著水平临界值，如图 2-35 中 A20:F23、G18:I23 单元格所示。

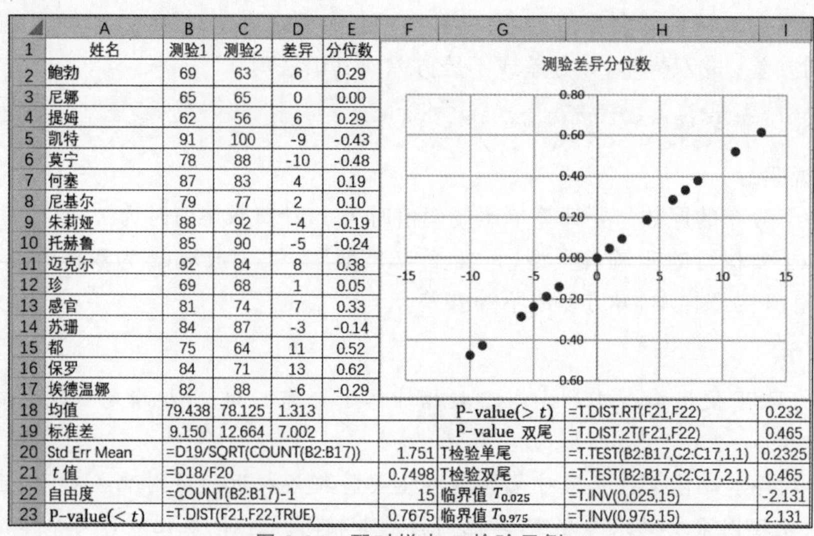

	A	B	C	D	E	F	G	H	I
1	姓名	测验1	测验2	差异	分位数				
2	鲍勃	69	63	6	0.29				
3	尼娜	65	65	0	0.00				
4	提姆	62	56	6	0.29				
5	凯特	91	100	-9	-0.43				
6	莫宁	78	88	-10	-0.48				
7	何塞	87	83	4	0.19				
8	尼基尔	79	77	2	0.10				
9	朱莉娅	88	92	-4	-0.19				
10	托赫鲁	85	90	-5	-0.24				
11	迈克尔	92	84	8	0.38				
12	珍	69	68	1	0.05				
13	感官	81	74	7	0.33				
14	苏珊	84	87	-3	-0.14				
15	都	75	64	11	0.52				
16	保罗	84	71	13	0.62				
17	埃德温娜	82	88	-6	-0.29				
18	均值	79.438	78.125	1.313			P-value(> t)	=T.DIST.RT(F21,F22)	0.232
19	标准差	9.150	12.664	7.002			P-value 双尾	=T.DIST.2T(F21,F22)	0.465
20	Std Err Mean	=D19/SQRT(COUNT(B2:B17))				1.751	T检验单尾	=T.TEST(B2:B17,C2:C17,1,1)	0.2325
21	t 值	=D18/F20				0.7498	T检验双尾	=T.TEST(B2:B17,C2:C17,2,1)	0.465
22	自由度	=COUNT(B2:B17)-1				15	临界值 $T_{0.025}$	=T.INV(0.025,15)	-2.131
23	P-value(< t)	=T.DIST(F21,F22,TRUE)				0.7675	临界值 $T_{0.975}$	=T.INV(0.975,15)	2.131

图 2-35　配对样本 T 检验示例

① 在 F20:F22 单元格分别输入标准误差(Std err)、t 值和自由度公式“=D19/SQRT(COUNT(B2:B17))”“=D18/F20”“=COUNT(B2:B17)−1”。

② 在 F23、I18 单元格输入计算 t 值概率和右尾概率公式“=T.DIST(F21,F22,TRUE)”“=T.DIST.RT(F21,F22)”。

③ 在 I20:I23 单元格分别输入 T 检验单尾、双尾概率和临界值公式“=T.TEST(B2:B17,C2:C17,1,1)”“=T.TEST(B2:B17,C2:C17,2,1)”“=T.INV(0.025,15)”“=T.INV(0.975,15)”。由 $T_{0.025} < t < T_{0.975}$，说明两次模拟测验题的差异没有超过设定的显著水平 5%，如图 2-35 中 A21:F21、G20:I23 单元格所示。因此，这位老师可以据此把握明年两次考试题的难度。

2.7.3　F 检验

F.TEST(F 检验)，也称为联合假设检验、方差比率检验或方差齐性检验。它是用 F 分布理论来比较两个正态总体方差的差异，并可用 F 分布的反函数来确定临界值的检验。其语法为

```
=F.TEST(array1,array2)
```

示例 2-36　某不锈钢水管厂为降低 304 薄壁不锈钢水管及卡压式管件成本，研究了一种新的生产工艺，为保证新工艺液压质量水平与原工艺基本一致，该厂对新、旧工艺生产的两种不锈钢水管液压进行了抽样检测，数据如图 2-36 中 A1:D10 单元格所示。问新、旧工艺生产的不锈钢水管液压质量水平是否存在显著差异？

解　用 F.TEST 函数分析新、旧工艺生产的不锈钢水管液压质量水平是否存在显著差异。

(1) 假设新、旧工艺方差相同(液压质量有相同的可控性)：$H_0:\sigma_1=\sigma_2$。

(2) 计算两样本的均值、方差和自由度等基本参数，如图 2-36 中 E2:H6 单元格所示。

	A	B	C	D	E	F	G	H	I	J	K
1	液压值/MPa				双样本F检验						
2	原工艺		新工艺		项目	原工艺	新工艺	公式	项目	返回值	公式
3	4.7	4.9	3.7	3.9	均值	4.1	4.4	=AVERAGE(A3:B10)	F检验	0.2787	=F.TEST(A3:B10,C3:D10)
4	3.7	5.3	4.1	3.7	方差	0.7842	0.4246	=VAR.S(A3:B10)		Yes	=IF(J3>F9,"Yes","No")
5	3.2	2.8	3.5	4.8	样本数	12	15	=COUNT(A3:B10)	双尾概率	0.2787	=2*F.DIST.RT(F7,F6,G6)
6	3.1	4.2	5.5	5	自由度	11	14	=F5-1	F临界值	3.0946	=F.INV.RT(F9/2,F6,G6)
7	3.9		4.1	5.3	F统计量	1.8471		=F4/G4		Yes	=IF(J6>F7,"Yes","No")
8	4.8		4.7	4.4	置信度	0.95	说明	1.F值的双尾概率与F.TEST函数返回值一致；2.从上述置信度及临界值的比较看，两种生产方法没有显著差异。			
9	3.1		4.9	4.6	检验水准	0.05					
10	5.1		3.5								

图 2-36　F 检验函数示例

(3) 计算 F 值。在 F7 单元格输入公式“=F4/G4”，返回值为 1.8471。

(4) 计算双尾检验值。在 J3 单元格输入公式“=F.TEST(A3:B10,C3:D10)”，返回值为 0.2787。也可使用 F 分布右尾概率函数计算双尾概率，在 J5 单元格输入公式“=2*F.DIST.RT(F7,F6,G6)”，返回值与 F.TEST 函数一致。

(5) 计算临界值。在 J6 单元格输入公式“=F.INV.RT(F9/2,F6,G6)”，返回为 3.0946。

(6) 比较分析。由 $P_{value}=0.2787>0.05$，$F_{crit}=3.0946>F=1.8471$，可以判断两种工艺在 95%置信度下无显著性差异，也就是说，新工艺保证了质量，节省了成本，其生产的不锈钢水管液压质量水平与原工艺基本一致，如图 2-36 中 I3:K7 单元格所示。

2.7.4 卡方检验

卡方检验(Chi-square Test),也称为 x^2 检验,它是用卡方分布理论比较两个或两个以上的样本率,以及分类变量的理论期望与实际频数之间的独立性。卡方检验属于非参数检验范畴,它可以用来比较实际频率和期望频率的差异。Excel 中的 CHISQ.TEST 函数用于计算实际与期望两数据集卡方值的概率,也就是两数据集 x^2 统计量及相应自由度的卡方分布累积概率值。其语法为

```
=CHISQ.TEST(actual_range,expected_range)
```

【参数说明】

- actual_range:包含实际值的数据区域或单元格引用。
- expected_range:包含预期值的数据区域或单元格引用。

示例 2-37　某服装公司为适应市场需求,优化服装设计和生产,拟对原设定的消费者购买服装偏好的预期销售数(计划)进行检验。公司销售部门按男女两组和 8 种偏好类型,分别统计了预期销售和实际销售数据,如图 2-37①中 A1:F11 单元格所示。该公司拟通过分析理论预期数与实际销售数的一致性或差异性,调整各种样式服装的预期销售及设计、生产计划。该公司需要调整各种偏好预期销售数吗?

解　使用卡方检验函数计算男、女服装实际销售与预期销售之间的关系值,分析差异性并解答问题。

(1) 用 CHISQ.TEST 函数计算独立性检验值。

① 男装,在 D13 单元格输入"=CHISQ.TEST(B3:B10,C3:C10)",返回值为 97.01%。

② 女装,在 G13 单元格输入"=CHISQ.TEST(E3:E10,F3:F10)",返回值为 1.98%。

(2) 从 CHISQ.TEST 函数返回值看,男装实际销售结果接近预期销售数,也就是实际销售与预期是一致的。女装预期销售和实际销售数据 CHISQ.TEST 检验值 P_{value} 小于显著水平 5%,这意味着实际销售数据与预期值不一致。因此,该公司应保持男式各类型服装预期销售计划,女式各类型服装预期销售及设计、生产计划则需要调整。

为更清晰地分析此问题,可以按卡方分布定义计算上述实际销售与预期销售数的卡方统计量及其概率,并通过概率分布图,直观分析卡方检验函数返回值的含义。

(1) 根据卡方统计量公式,在 D3 单元格输入公式"=((B3-C3)^2)/C3",并将其复制到 D4:D10 和 G3:G10 单元格。

(2) 在 D11 单元格中输入公式"=SUM(D3:D10)",并将其复制到 G11 单元格。其返回值分别为男式和女式服装销售卡方统计量 1.8 和 16.6468。

(3) 计算自由度 $n-1=8-1=7$,然后分别计算男、女装的右尾概率。在 D12 单元格输入公式"=CHISQ.DIST.RT(D11,7)",返回值为 0.9701;在 G12 单元格输入公式"=CHISQ.DIST.RT(G11,7)",返回值为 0.0198。计算结果与上述 CHISQ.TEST 函数一致,如图 2-37①中 A12:G13 单元格所示。

(4) 计算显著水平 5%对应的临界值。在 H4 单元格输入公式"=CHISQ.INV.RT(0.05,7)",返回值 14.0671 大于男装卡方统计量 1.8,小于女装卡方统计量 16.6468。

(5) 从 7 自由度卡方分布曲线图可以看出,横轴 x^2 始终为正数,仅在观测值与期望值

相等时($A_{ij}=E_{ij}$)为 0。x^2 值越小,右尾概率越大,其实际值与预期值差异越小;x^2 值越大,右尾概率越小,其实际值与预期值差异越大,如图 2-37②所示。

①

	A	B	C	D	E	F	G	H
1	偏好类型	男装			女装			临界值(5%)
2		实际销售数	预期销售数	卡方分布	实际销售数	预期销售数	卡方分布	
3	简洁	24	20	0.8	11	17	2.1176	=CHISQ.INV.RT(0.05,7)
4	时尚	22	20	0.2	58	50	1.2800	14.0671
5	闪亮	19	20	0.05	10	18	3.5556	
6	休闲	21	20	0.05	35	36	0.0278	男装
7	新颖	18	20	0.2	25	43	7.5349	0.9701>0.05
8	情侣	19	20	0.05	23	20	0.4500	1.8<14.0671
9	古典	20	20	0	20	21	0.0476	
10	工作	23	20	0.45	23	30	1.6333	女装
11	合计	166	160	1.8	205	235	16.6468	0.0198<0.05
12	右尾概率	=CHISQ.DIST.RT(D11,7)		0.9701	=CHISQ.DIST.RT(G11,7)		0.0198	16.6468>14.0671
13	卡方检验	=CHISQ.TEST(B3:B10,C3:C10)		0.9701	=CHISQ.TEST(E3:E10,F3:F10)		0.0198	

② 卡方分布概率密度值曲线图(df=7)

图 2-37　卡方检验函数示例

2.7.5　Fisher 变换

费雪变换(Fisher Transformation)是统计学中用于相关系数假设检验的一种方法。因为皮尔逊相关系数在[−1,1]之间,所以高度相关变量的抽样分布是高度偏态的。在假设检验中,偏度过大将难以估计置信区间。1921 年,R.A.Fisher 研究了二元正态数据的相关性,发现了将样本相关性的偏态分布变换为近似高斯正态分布的方法,也就是现在被广泛应用的费雪变换。Excel 中有费雪变换 FISHER 函数和它的反函数 FISHERINV,其语法分别为

```
=FISHER(x)
=FISHERINV(y)
```

【参数说明】

- x, y:要转换的数。如果 $x \leqslant -1$ 或 $x \geqslant 1$,FISHER 将返回错误值#NUM!。

提示

(1) FISHER 函数公式:

$$Z=\frac{1}{2}\ln\left(\frac{1+x}{1-x}\right)$$

式中,x 表示相关系数。

(2) FISHER 函数 Z 值近似服从正态分布,其均值 μ 和标准差 σ 分别为

$$\mu=\frac{1}{2}\ln\left(\frac{1+x}{1-x}\right);\sigma=\frac{1}{\sqrt{n-3}}$$

式中,n 表示样本数。

(3) FISHER函数与反双曲正切ATANH函数相等：FISHER(x)＝ATANH(x)；FISHERINV函数与双曲正切TANH函数相等。

(4) 相关系数(见2.5.3节)的显著性检验T统计量公式为

$$t=|r|\sqrt{\frac{n-2}{1-r^2}}$$

式中，$(n-2)$为自由度df。

示例2-38(https://exceltable.com/) 某公司为改进生产经营，分析了近期产品利润y与成本x之间的关系，如图2-38中A2:B7单元格所示，单位为百万元。在5%的显著性水平下，该公司得出的结论如何？

解 先用T分布准则验证该公司产品利润y与成本x之间线性相关的显著性，然后通过费雪变换求出相关系数位于的区间。

(1) 计算线性相关系数。在H2单元格输入公式"＝CORREL(A2:A7,B2:B7)"，返回值为－0.9118。

(2) 根据T分布准则，先假设相关系数等于零，然后使用T统计量验证。

① 在H3单元格输入t值公式"＝ABS(H2)*SQRT((6－2)/(1－H2^2))"，返回值为4.4409。其中自由度为$n-2=6-2=4$。

② 在H4单元格输入5%显著性水平$T_{\alpha=0.05}$值公式"T.INV.2T(0.05,4)"，返回值为2.7764。

③ 因为$t=4.4409>T_{\alpha=0.05}=2.7764$，所以应拒绝相关系数等于零的原假设，可以认为产品利润y与成本x之间的线性相关显著。

(3) 计算FISHER变换值。在H5单元格输入公式"FISHER(H2)"，返回值为－1.5381。用反双曲正切函数公式"＝ATANH (H2)"可以得到同样的结果，如图2-38中H5、H8单元格所示。

(4) 根据5%的显著水平进行区间估计。

① 在D8单元格输入标准正态分布z值公式"＝NORM.S.INV(0.025)"。

② 在D9单元格输入左边界z值公式"＝H5＋D8*SQRT(1/(6－3))"。

③ 在H9单元格输入右边界z值公式"＝H5－D8*SQRT(1/(6－3))"。

④ 在D10单元格输入左边界r_{xy}值公式"＝FISHERINV(D9)"，返回值为－0.9904。

⑤ 在H10单元格输入右边界r_{xy}值公式"＝FISHERINV(H9)"，返回值为－0.38549。

⑥ 结论。在5%的显著性水平下，产品利润y与成本x之间线性相关系数－0.9118位于－0.3855～－0.9904区间。

(5) 为清楚地分析FISHER函数的用法，本例对照计算了相关系数T分布和费雪变换值正态分布表，并生成了概率密度分布曲线图。

① 在A12:G69单元格输入r_{xy}和Fisher-z序列值并分别计算其概率密度和累积概率。在r_{xy}相关系数、T分布和费雪变换值正态分布数据表中，可以清楚地看出要检验的r_{xy}值与显著水平值、边界值的关系，如图2-38中A12:G69单元格所示。

② 使用图表工具生成T分布和费雪变换值正态分布曲线图。由于T分布高度偏态，无法对$t=4.4409$进行区间估计。使用FISHER函数将高度偏态的t_{xy}分布变换为近似正态分布后，便可以估计要检验值的具体区间，如图2-39所示。

	A	B	C	D	E	F	G	H
1	x	y	说明		公式			返回值
2	210	95	相关系数r_{xy}		=CORREL(A2:A7,B2:B7)			-0.9118
3	1068	76	t 值		=ABS(H2)*SQRT((6-2)/(1-H2^2))			4.4409
4	1005	78	$T_{\alpha=0.05}$		=T.INV.2T(0.05,4)			2.7764
5	610	89	Fisher变换值z		=FISHER(H2)			-1.5381
6	768	77	Fisher-z均值		=0.5*LN((1+H2)/(1-H2))			-1.5381
7	799	85	Fisher-z标准差		=1/(SQRT(6-3))			0.5774
8	标准 z 值	=NORM.S.INV(0.025)		-1.9600	反双曲正切	=ATANH(H2)		-1.5381
9	左边界 z 值	=H5+D8*SQRT(1/(6-3)		-2.6697	右边界 z 值	=H5-D8*SQRT(1/(6-3))		-0.4065
10	左边界r_{xy}值	=FISHERINV(D9)		-0.9904	右边界r_{xy}值	=FISHERINV(H9)		-0.38549
11	r_{xy}标准差	=SQRT((1-H2^2)/4)		0.2053	双曲正切	=TANH(D9)		-0.9904
12	r_{xy}	T统计量	T分布概率密度	T分布右尾概率	Fisher-z	正态分布概率密度	正态分布累积概率	
13	-0.9982	-33.2883	0.0000	1.0000	-3.5000	0.0021	0.0003	
22	-0.9904	-14.3665	0.0000	0.9999	-2.6697	0.1012	0.0250	
33	-0.9217	-4.7511	0.0033	0.9955	-1.6000	0.6870	0.4573	
34	-0.9118	-4.4409	0.0044	0.9943	-1.5381	0.6909	0.5000	
46	-0.4621	-1.0422	0.2057	0.8219	-0.5000	0.1373	0.9639	
47	-0.3855	-0.8356	0.2508	0.7748	-0.4065	0.1012	0.9750	
63	0.8005	2.6713	0.0290	0.0279	1.1000	0.0000	1.0000	
64	0.8110	2.7764	0.0256	0.0250	1.1299	0.0000	1.0000	
69	0.9354	5.2909	0.0021	0.0031	1.7000	0.0000	1.0000	

图 2-38　FISHER 函数示例

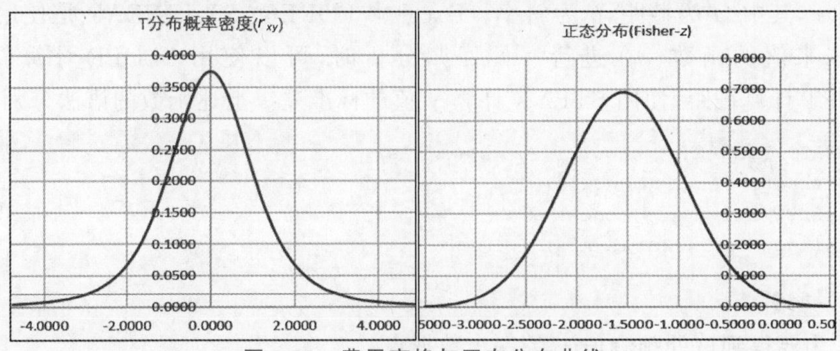

图 2-39　费雪变换与正态分布曲线

2.8 回归分析及预测

回归分析是一套用于估计一个因变量和一个或多个自变量之间关系的统计方法。它可以用来评估变量之间关系的强度，并为它们之间的未来关系建立模型。Excel 中用于回归与预测分析的函数有 12 个，其中，FORECAST.LINEAR、SLOPE、INTERCEPT 和 STEYX 函数主要用于一元线性回归分析；TREND 和 LINEST 可用于多元线性回归计算；GROWTH 和 LOGEST 函数主要用于拟合指数曲线；TREND、LINEST 和 GROWTH、LOGEST 函数也可用于分析多元非线性回归问题；FORECAST.ETS、FORECAST.ETS.CONFINT、FORECAST.ETS.SEASONALITY 和 FORECAST.ETS.STAT 函数则是用于时间序列数据分析的指数平滑预测法，如表 2-9 所示。

表 2-9　回归分析与预测函数

函　数	说　明	函　数	说　明
FORECAST.LINEAR①	一元线性回归值	STEYX	一元回归 y 值标准差
SLOPE	一元线性回归斜率	TREND	多元线性回归值
INTERCEPT	一元线性回归截距	LINEST	多元线性回归参数

续表

函　数	说　明	函　数	说　明
GROWTH	指数回归值	FORECAST.ETS .CONFINT	指数平滑预测值的置信区间
LOGEST	指数回归参数	FORECAST.ETS .SEASONALITY	指数平滑预测中时间序列的季节性周期长度
FORECAST.ETS	指数平滑预测值	FORECAST.ETS .STAT	指数平滑预测值的统计指标

注：① 此函数原名称为 FORECAST，Excel 2016 之后添加了后缀“LINEAR（线性）”，以区别其他算法的 FORECAST 函数。现行版本中原 FORECAST 仍然可以继续使用。

2.8.1 一元线性回归分析

一元线性回归分析只涉及两个变量：自变量与因变量。其主要任务是用自变量 x 去估计因变量 y，也就是要找出一个能够计算 y 值的直线方程 $y=f(x)$。这个方程一般可表示为 $y=a+bx$，其中，a 为截距，b 为斜率。Excel 中 FORECAST.LINEAR 是使用一元回归方程预测未来值的函数。在进行一元回归分析时，可以使用 SLOPE 计算斜率，使用 INTERCEPT 计算截距，使用 STEYX 计算 y 值的标准差。上述函数的语法分别为

```
=FORECAST.LINEAR(x, known_y's, known_x's)
=SLOPE(known_y's, known_x's)
=INTERCEPT(known_y's, known_x's)
=STEYX(known_y's, known_x's)
```

【参数说明】

- x：为要得到该处预测值 y 的一个数据点。
- known_y's：已知因变量 y 的数组或数据区域。
- known_x's：已知自变量 x 的数组或数据区域。

提示

（1）FORECAST.LINEAR 函数公式为 $y=a+bx$，其中：

a＝INTERCEPT(known'_ys，known'_xs)；b＝SLOPE(known'_ys，known'_xs)

（2）INTERCEPT 函数公式为 $a=\bar{y}-b\bar{x}$。

（3）SLOPE 函数公式为

$$b=\frac{\sum(x-\bar{x})(y-\bar{y})}{\sum(x-\bar{x})^2}$$

（4）STEYX 函数公式为

$$s=\sqrt{\frac{1}{(n-2)}\left[\sum(y-\bar{y})^2-\frac{\left(\sum(x-\bar{x})(y-\bar{y})\right)^2}{\sum(x-\bar{x})^2}\right]}$$

上述公式中，$\bar{x}$＝AVERAGE(known'_xs)；$\bar{y}$＝AVERAGE(known'_ys)。

示例 2-39　某服装公司上半年 1～6 月份销售额如图 2-40 所示，A3:B8 单元格是销售

额数据，C3:D5 单元格是对 9～11 月销售额的预测，D6:D8 单元格中分别为截距、斜率和标准差，E3:E8 单元格中显示了输入的公式。其回归方程为 $y=2000+1000x$。

	A	B	C	D	E
1	已知		预测		公式
2	月份	销售额	月份	销售额	
3	1	3100	9	11000	=FORECAST.LINEAR(C3,$B$3:$B$8,$A$3:$A$8)
4	2	4500	10	12000	=FORECAST.LINEAR(C4,$B$3:$B$8,$A$3:$A$8)
5	3	4400	11	13000	=FORECAST.LINEAR(C5,$B$3:$B$8,$A$3:$A$8)
6	4	5400	截距*a*	2000	=INTERCEPT(B3:B8,A3:A8)
7	5	7500	斜率*b*	1000	=SLOPE(B3:B8,A3:A8)
8	6	8100	标准差*s*	556.7764	=STEYX(B3:B8,A3:A8)

图 2-40　一元回归方程及预测函数示例

2.8.2　多元线性回归分析

多元线性回归分析是一种用多个自变量来预测一个因变量结果的统计分析技术，其目标是建立多自变量 x_i 与因变量 y 之间的线性关系模型 $y=m_nx_n+m_{n-1}x_{n-1}+\cdots+m_2x_2+m_1x_1+b$。在 Excel 中可以使用 TREND 和 LINEST 函数进行多元线性回归分析。其语法分别为

```
=TREND(known_y's, [known_x's], [new_x's], [const])
=LINEST(known_y's, [known_x's], [const], [stats])
```

【参数说明】

- [new_x's]：新 x_n 变量值，为可选参数。指 TREND 用来预测新 y 值的新自变量 x_n。[new_x's]的列或行数必须与[known_x's]相同。省略时，函数将假设[known_x's]为新 x_n 变量值。
  - 当[known_x's]参数为一个独立变量时，[new_x's]也是一个变量(一元线性)。
  - 当[known_x's]参数为多个独立变量时，[new_x's]也是多个变量(多元线性)。
- [const]：可选逻辑值参数，用于指定常数 b 是否为 0。为 TRUE 或省略时，按正常计算常数 b；为 FALSE 时则是指定 $b=0$。
- [stats]：可选逻辑值参数，用于指定返回值内容。为 TRUE 时，返回系数 m_n 常数 b 和相关性检验结果等内容；为 FALSE 或省略时，仅返回方程的系数和常数，如表 2-10 所示。

表 2-10　LINEST 函数返回值表

stats	返　回　值	说　　明
TRUE	m_n　m_{n-1}　…　m_2　m_1　b	多元回归方程变量系数和常数
	se_n　se_{n-1}　…　se_2　se_1　se_b	对应系数与常数的标准误差
	r^2　se_y	r^2：拟合度判定系数；se_y：y 估计值的标准误差
	F　df	F：统计值或 F 观测值；df：残差自由度
	$\mathrm{ss}_{\mathrm{reg}}$　$\mathrm{ss}_{\mathrm{resid}}$	$\mathrm{ss}_{\mathrm{reg}}$：回归平方和；$\mathrm{ss}_{\mathrm{resid}}$：残差平方和
FALSE	m_n　m_{n-1}　…　m_2　m_1　b	

提示

(1) TREND 函数用最小二乘法将已知 known_y's 和 known_x's 数组匹配成一条直线，

然后返回指定的 new_x's 数组沿该直线的 y-value 值。当 known_x's 是单个变量时，其公式 $y=a+bx$ 与 FORECAST.LINEAR 相同，为一元线性回归方程。当 x 为多个变量时，TREND 函数执行多元线性回归，其最优拟合线方程为

$$y=m_nx_n+m_{n-1}x_{n-1}+\cdots+m_2x_2+m_1x_1+b$$

（2）LINEST 的算法与公式与 TREND 一致，是 TREND 的配套函数，用来计算回归方程变量的系数、常数及方程拟合度检验参数。当只有一个自变量 x 时，LINEST 计算结果与 SLOPE 和 INTERCEPT 相同，即

```
INDEX(LINEST(known_y's,known_x's),1)=SLOPE(known_y's, known_x's)
INDEX(LINEST(known_y's,known_x's),2)=INTERCEPT(known_y's, known_x's)
```

（3）在 TREND 和 LINEST 函数中可以采取嵌套函数的办法进行非线性方程回归分析，方法是将 x 和 y 变量的函数作为 TREND 和 LINEST 的 x 和 y 系列输入。例如，回归方程为 $y=m_1x+m_2x^2+\cdots+m_nx^n+b$ 形式，假设其中 $n=3$ 时，输入公式的语法和格式为"＝LINEST(known_y's, known_x's^COLUMN($A:$C))"，式中，COLUMN($A:$C)等同于{1,2,3}。上式可以写成"＝LINEST(known_y's, known_x's^{1,2,…, n})"。通过这种嵌套，TREND 和 LINEST 可以对多种类型的方程进行回归分析，包括多项式、对数、指数和幂级数等。具体方法和示例见 2.8.3 节和 2.8.4 节。

（4）拟合度判定系数 r^2 范围是 0～1，用于比较 y 的估计值与实际值，数值越接近 1 拟合度越好；F 统计值用来检验方程的显著性，也就是判定 x 与 y 之间的线性相关程度；自由度 df 用于计算 F 检验的临界值及置信区间。LINEST 返回的检验值与 F.TEST 函数返回的检验值不同，前者是 F 统计值，后者是概率。

（5）多元回归分析参数输入和结果输出为数组形式。

示例 2-40(https://www.mit.edu)　某校青春期前男孩的生理数据样本如图 2-41 中 A1:E12 单元格所示，请分析青春期前男孩的生理数据与其最大摄氧量的关系，并建立回归模型。

	A	B	C	D	E	F	G	H	I	J
1	摄氧量 y	岁数 x_1	身高 x_2	体重 x_3	胸厚 x_4	LINEST返回系数、常数和检验值				
2	(盎司)	(年)	(cm)	(kg)	(cm)					
3	1.5	8.4	132.0	29.1	14.4	=LINEST(A3:A12,B3:E12,TRUE,TRUE)				
4	1.7	8.7	135.5	29.7	14.5	0.034489	-0.023417	0.051637	-0.035214	-4.774739
5	1.3	8.9	127.7	28.4	14.0	0.085239	0.013428	0.006215	0.015386	0.862818
6	1.5	9.9	131.1	28.8	14.2	0.967493	0.037209	#N/A	#N/A	#N/A
7	1.5	9.0	130.0	25.9	13.6	37.203689	5	#N/A	#N/A	#N/A
8	1.4	7.7	127.6	27.6	13.9	0.206037	0.006923	#N/A	#N/A	#N/A
9	1.5	7.3	129.9	29.0	14.0	TREND和方程返回预测值				
10	1.7	9.9	138.1	33.6	14.6					
11	1.3	9.3	126.6	27.7	13.9	=TREND(A3:A12,B3:E12,G12:J12,TRUE)				
12	1.5	8.1	131.8	30.8	14.5	1.663	10.0	137	33.5	14.5
13	T-stat	=I4/I5	=H4/H5	=G4/G5	=F4/F5	1.663	=G12*I4+H12*H4+I12*G4+J12*F4+J4			
14		-2.2887	8.3084	-1.7439	0.4046	=F.DIST.RT(F7,4,5)		0.000651	=T.INV.2T(0.1,5)	
15	P-value	0.07076	0.00041	0.14163	0.70250	=F.INV.RT(0.05,4,5)		5.192168	2.0150	
16	=T.DIST.2T(ABS(B14),5)			下限Lower		=F4-F5*I15	=G4-G5*I15	=H4-H5*I15	=I4-I5*I15	=J4-J5*I15
17	=T.DIST.2T(ABS(C14),5)					-0.13727	-0.0504744	0.03911378	-0.0662168	-6.5133173
18	=T.DIST.2T(ABS(D14),5)			上限Upper		=F4+F5*I15	=G4+G5*I15	=H4+H5*I15	=I4+I5*I15	=J4+J5*I15
19	=T.DIST.2T(ABS(E14),5)					0.206246	0.003640	0.064160	-0.004211	-3.036161

图 2-41　多元回归方程及预测函数示例

解　这是一个多元回归分析问题，可以使用 LINEST 和 TREND 函数求解。

(1) 根据样本数据及经验列出用生理数据推断最大摄氧量的多元线性方程式：

$$y=m_4x_4+m_3x_3+m_2x_2+m_1x_1+b$$

(2) 使用 LINEST 函数计算方程中的系数和常数以及检验值，并创建回归方程。在 F4 单元格中输入公式“=LINEST(A3:A12,B3:E12,TRUE,TRUE)”，返回值为回归方程系数表，如图 2-41 中 F4:J8 单元格所示。

(3) 用 LINEST 函数返回的系数和常量建立回归方程。

$$y=0.034489x_4-0.023417x_3+0.051637x_2-0.035214x_1-4.774739$$

(4) 拟合度分析。从计算结果看，拟合度判定系数 r^2 为 0.967493，如图 2-41 中 F6 单元格所示。这表明青春期前男孩的生理数据自变量与最大摄氧量之间有很强的关系，符合运用回归分析方法建立量化模型基本要求。

(5) F 检验，也被称为总体的显著性检验。主要检验因变量最大摄氧量与所有生理自变量之间的线性关系是否显著，所采用的检验方法是用 F 统计量将回归均方和同离差均方和加以比较，分析二者之间的差别是否显著。

① 比较 F 值与显著水平为 0.05 时的临界值。LINEST 函数返回的 F 值为 37.203689，大于“=F.INV.RT(0.05,4,5)”返回值的临界值 5.192168，故最大摄氧量与所有生理变量之间存在显著线性关系，如图 2-41 中 F7、F15:H15 单元格所示。

② 也可以计算 F 统计量的概率与显著水平 α 进行比较。在 H14 单元格输入 F 分布右尾概率公式“=F.DIST.RT(F7,4,5)”，返回值为 0.000651。显然，F.DIST.RT 返回值小于显著水平 0.025(0.05/2)，因此，可以用生理变量及回归方程推断最大摄氧量，如图 2-41 中 F14:H14 单元格所示。

注意上述函数中 deg _freedom1，deg _freedom2 参数的计算。

• 当常数 $b\neq0$ 时，deg _freedom1 $=n-\mathrm{df}-1$，deg _freedom2 $=\mathrm{df}$。

式中，$\mathrm{df}=n-k-1$，k 为自变量列数。

• 当常数 $b=0$ 时，deg _freedom1 $=n-\mathrm{df}$，deg _freedom2 $=\mathrm{df}$。

式中，$\mathrm{df}=n-k$。

(6) T 检验。方程中青春期前男孩的每个生理变量是否可以用来估算其最大摄氧量，可以用 t 值来检验。

① 计算每个变量系数 m_n 的 t_i 统计量。在 B14:E14 单元格分别输入上式“=I4/I5”“=H4/H5”“=G4/G5”“=F4/F5”，便可以得到所有变量的 t 值。

② 先假设变量 x_n 对估算最大摄氧量 y 没有贡献，也就是假设 $m_n=0$。然后根据模型精度等基本要求，选择显著水平概率值，如 0.01、0.05、0.1，值越小 m_n 与 0 的差异显著性越高，也就是变量 x_n 对估算 y 值的贡献越显著。本例假设显著水平 $\alpha=0.1$，在 I15 单元格输入公式“=T.INV.2T(0.1,5)”，返回临界值为 2.015。也可以用 T 分布双尾概率函数计算 t 值的概率。在 B15 单元格输入公式“=T.DIST.2T(ABS(B14),5)”，并将其复制到 C15:E15 单元格，如图 2-41 中 A13:E15、A16:A19 单元格所示。

③ 经比较发现体重 x_3 与胸厚 x_4 的 T 值小于临界值，表明这两个变量对估算 y 值贡献不大，尤其是 x_4 小于临界值很多，因此需要分析胸厚 x_4 与被解释变量最大摄氧量 y 相关关系不显著的原因，并按建模的要求采取剔除或调整变量的办法重新进行回归分析。

④ 对各系数 m_n 进行区间估计。由区间计算公式 $m_n\pm T_{\frac{\alpha}{2}}\times \mathrm{se}_n$，可以计算出各变量系

数与常数在 90%的置信区间，如图 2-41 中 D16:J19 单元格所示。

2.8.3 一元非线性回归分析

一元非线性回归也称为一元曲线回归。它是将有非线性关系的两个随机变量进行适当的变换，转换成线性关系的一类回归分析。对于非线性回归问题，首先要根据经验分析确定因变量与自变量之间的函数关系，如果难以确定两个变量之间的函数关系，可以将样本数据散点图的形状与已知函数曲线图进行比较，选择拟合函数作为要回归的方程。常用的曲线回归方程有指数、对数、幂函数、双曲线和 S 曲线等。用户可以根据要拟合曲线的需要，选择 GROWTH、LOGEST、TREND 和 LINEST 函数进行非线性或曲线回归分析。TREND 和 LINEST 函数语法见 2.8.2 节，GROWTH 和 LOGEST 函数语法分别为

```
=GROWTH(known_y's, [known_x's], [new_x's], [const])
=LOGEST(known_y's, [known_x's], [const], [stats])
```

提示

(1) GROWTH 和 LOGEST 函数拟合方程为

$$y = b \times m^x \text{ 或 } y = b \times m_1^{x_1} m_2^{x_2} \cdots m_n^{x_n}$$

(2) 当仅有一个自变量 x 时，参数 b 值可以用下式计算：

$$=\text{INDEX(LOGEST(known\_y,known\_x),2)}$$

(3) 可以用拟合方程 $y=b\times m^x$ 估算 y 值，其结果与 GROWTH 函数一致。

示例 2-41(《应用数理统计》中国农业出版社)　在研究河南斗鸡与肉鸡杂交改良效果的试验中，对杂交鸡的生产发育结果用数学模型进行拟合，寻求最佳生长模型，以便求出速生区间及最速点(生长拐点)。试验所取样本数据如图 2-42 中 A2:B14 单元格所示。

	A	B	C	D	E	F	G	H
1	**鸡龄 *x*** (周)	**体重 *y*** (克)	=GROWTH(B2:B14,A2:A14)	=\$H\$2*\$G\$2^A2	=EXP(TREND(LN(B2:B14),A2:A14))	=EXP(\$H\$9)*EXP(1)^(\$G\$9*A2)	=LOGEST(B2:B14,A2:A14,TRUE,TRUE)	
2	0	43.65	97.10599421	97.10599421	97.10599421	97.10599421	1.37779	97.106
3	1	109.86	133.7915234	133.7915234	133.7915234	133.7915234	0.02846	0.20124
4	2	187.21	184.3364243	184.3364243	184.3364243	184.3364243	0.92018	0.38394
5	3	312.67	253.976608	253.976608	253.976608	253.976608	126.806	11
6	4	496.58	349.9260534	349.9260534	349.9260534	349.9260534	18.6927	1.62153
7	5	707.65	482.124097	482.124097	482.124097	482.124097	=LINEST(LN(B2:B14),A2:A14,TRUE,TRUE)	
8	6	960.25	664.2650431	664.2650431	664.2650431	664.2650431		
9	7	1238.75	915.2167466	915.2167466	915.2167466	915.2167466	0.32048	4.5758
10	8	1560	1260.975121	1260.975121	1260.975121	1260.975121	0.02846	0.20124
11	9	1824.29	1737.357038	1737.357038	1737.357038	1737.357038	0.92018	0.38394
12	10	2199	2393.710572	2393.710572	2393.710572	2393.710572	126.806	11
13	11	2438.89	3298.026932	3298.026932	3298.026932	3298.026932	18.6927	1.62153
14	12	2737.71	4543.983625	4543.983625	4543.983625	4543.983625	$F_{0.01}$	9.64603
15	t_b	=H9/H10	22.7379538	=T.INV.2T(0.01,11)	b-Lower	=EXP(H9-D16*H10)		51.9763
16				3.105806516	b-Upper	=EXP(H9+D16*H10)		181.421
17	t_m	=G9/G10	11.26080821		m-Lower	=G9-D16*G10		0.23209
18				=T.DIST.2T(C15,11)	m-Upper	=G9+D16*G10		0.40887
19	t_b	=LN(H2)/H3	22.7379538	0.00000000013	b-Lower	=EXP(LN(H2)-H3*D16)		51.9763
20					b-Upper	=EXP(LN(H2)+H3*D16)		181.421
21	t_m	=LN(G2)/G3	11.26080821	=T.DIST.2T(C17,11)	m-Lower	=EXP(LN(G2)-G3*D16)		1.26123
22				0.00000022299	m-Upper	=EXP(LN(G2)+G3*D16)		1.50512

图 2-42　一元非线性回归函数用法示例

解　先用样本数据绘制散点图，然后选择拟合的曲线进行回归分析，求出回归方程。

(1) 绘制样本散点图并根据拟合曲线选择列出回归方程 $y=b\times e^{mx}$ 或 $y=b\times m^x$。

(2) 使用 LINEST 或 LOGEST 计算回归方程系数、常数和统计检验信息。

① LINEST 是线性回归函数，在进行非线性回归时，需要将两个随机变量转换为线性关系。在方程 $y=b\times e^{mx}$ 两边取自然对数，得 $\ln(y)=\ln(b)+mx$。于是，在 G9 单元格输入公式"＝LINEST(LN(B2:B14)，A2:A14，TRUE，TRUE)"，得到的返回值便是方程的自变量系数、截距和统计信息，如图 2-42 中 G9:H13 单元格所示，其中，$b=\text{EXP}(\ln(b))=\text{EXP}(\text{H9})=97.106$，$m=0.32048$。因此，所求的回归方程为 $y=97.106\times e^{0.32048x}$。

② LOGEST 是非线性回归分析函数，对于方程 $y=b\times m^{x}$，可以直接在 G2 单元格输入公式"＝LOGEST(B2:B14，A2:A14，TRUE，TRUE)"，返回结果为数组值，其中包含回归方程变量系数和评价方程的拟合度、标准误差等参数，如图 2-42 中 G2:H6 单元格所示，其中，$b=97.106$，$m=1.37779$。因此，所求的回归方程为 $y=97.106\times 1.37779^{x}$。

(3) 可以用 TREND、GROWTH 函数和 $y=97.106\times e^{0.32048x}$、$y=97.106\times 1.37779^{x}$ 方程估算 y 值。在 C2 单元格输入"＝GROWTH(B2:B14，A2:A14)"，在 D2 单元格输入"＝$H$2*$G$2^A2"，在 E2 单元格输入"＝EXP(TREND(LN(B2:B14)，A2:A14))"，在 F2 单元格输入"＝EXP($H$9)*EXP(1)^($G$9*A2)"。其中，C2、E2 单元格中是数组公式，将直接生成 12 周鸡龄的体重 y 值。然后将 D2、F2 单元格中的公式分别复制到 D3:D14、F3:F14。上述 4 种方法估算的 y 值相同，如图 2-42 中 C2:F14 单元格所示。

(4) 拟合度检验。从 LOGEST 函数返回的数组看，拟合度判定系数 $r^2=0.92018$，比较接近 1，说明杂交鸡周龄 x 与体重 y 之间具有很强的相关性。

(5) F 检验。在 LINEST 或 LOGEST 函数返回参数表中可以看到 $F=126.806$。在 H14 单元格输入置信水平 $\alpha=0.01$ 时的临界值公式"＝F.INV.RT(0.01，1，11)"，其返回值 9.64603 小于上述 F 值，表明杂交鸡体重 y 与周龄 x 变量之间的相关性非常显著，故回归方程可用于估算杂交鸡的体重。

(6) T 检验。根据 LINEST 或 LOGEST 函数返回的参数，分别在 C15:C21 单元格输入 t_b、t_m 公式"＝H9/H10""＝G9/G10""＝LN(H2)/H3""＝LN(G2)/G3"，在 D16 单元格输入临界值公式"＝T.INV.2T(0.01，11)"，比较其返回值，t_m、t_b 均大于临界值，说明回归公式杂交鸡周龄变量可以用于估计其体重。

(7) 用图表工具生成曲线图。从杂交鸡周龄与体重曲线图可以看出，在饲养第 10 周以后，回归方程估算的体重值开始向上偏离实际观测值。对于此项试验而言，应当继续测试 10 周以后或出栏前期的数据，进一步完善回归模型，如图 2-43 所示。

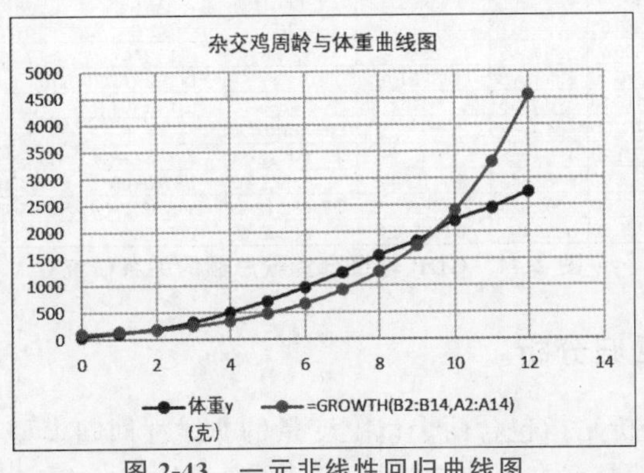

图 2-43　一元非线性回归曲线图

示例 2-42(https://doc.mbalib.com) 厦门市 1990—2003 年 GDP 与银行贷款总额的统计数据如图 2-44 中 A1:C16 单元格所示，请据此创建 GDP 与银行贷款总额的关系模型。

解 先用散点图分析样本数据，选择拟合曲线，然后使用 LINEST 和 TREND 函数求解回归方程。

(1) 在“插入”选项卡“图表”组下选择“散点图”工具对样本数据进行分析后，选择拟合多项式曲线方程 $y=m_1x+m_2x^2+\cdots+m_nx^n+b$，$y$ 为贷款总额，x 为 GDP。

(2) 计算预测值 y。在 D3 单元格输入公式“=TREND(B3:B16,C3:C16^COLUMN(A2:C2))”，返回的数组为各年贷款额的预测值 y，如图 2-44 中 D3:D16 单元格所示。

(3) 计算参数。在 E3 单元格输入公式“=LINEST(B3:B16,C3:C16^COLUMN(A2:C2),TRUE,TRUE)”，返回数组为曲线方程回归分析的参数。如图 2-44 中 E3:H7 单元格所示。

(4) 建立回归方程。对照 LINEST 函数返回值表，有 $m_3=0.0000027$，$m_2=-0.0026$，$m_1=1.6354$，$b=-24.5932$。由此，可写出回归拟合的多项式曲线方程：

$$y=1.6354x-0.0026x^2+0.0000027x^3-24.5932$$

(5) 拟合度检验。从返回的数组看，拟合度判定系数 $r^2=0.9986$，说明样本与回归曲线高度拟合。

(6) F 检验。LINEST 函数返回 $F=2463.275$，远大于临界值“F.INV.RT(0.01,3,10)”，表明 x 与 y 的相关性显著。

(7) T 检验。在 H12 单元格输入显著水平为 0.05 的临界值公式“=T.INV.2T(0.05,10)”，返回值为 2.22813852。在 E9 单元格输入公式“=E3/E4”，并将其复制到 F9:H9 单元格，可以得到各变量和常数的 t_i 值，从返回值看，t_1，t_2，t_3 的绝对值均大于临界值，可用于估测 y 值；t_b 的绝对值小于临界值，表示其对估测 y 的影响小于设置的显著水平；正数 t_1，t_3 表示对预测值 y 为正贡献，负数 t_2，t_b 表示对预测值 y 为负贡献，如图 2-44 中 E8:H9、E12:H12 单元格所示。

	A	B	C	D	E	F	G	H	I
1	年	贷款额	GDP	预测值 **y**	=TREND(B3:B16,C3:C16^COLUMN(A2:C2))				参数名称
2					=LINEST(B3:B16,C3:C16^COLUMN(A2:C2),TRUE,TRUE)				
3	1990	63.70	57.10	60.7419	**2.703E-06**	**-0.0026**	**1.6354**	**-24.5932**	m_3,m_2,m_1,b
4	1991	78.00	72.00	80.5715	3.423E-07	0.0004	0.1444	12.5313	se_3,se_2,se_1,se_b
5	1992	112.70	97.70	112.6785	0.9986	9.9883	#N/A	#N/A	r^2,se_y
6	1993	151.80	132.30	152.1378	2463.2749	10	#N/A	#N/A	F,df
7	1994	209.60	187.00	207.2204	737255.5312	997.6631	#N/A	#N/A	ss_{reg},ss_{resid}
8	1995	260.80	250.60	263.1317	=E3/E4	=F3/F4	=G3/G4	=H3/H4	T_3,T_2,T_1,T_b
9	1996	306.80	306.40	308.1195	7.8991	-6.2538	11.3244	-1.9625	
10	1997	352.30	370.30	358.7598	=T.DIST.2T(ABS(E9),10)		=T.DIST.2T(ABS(G9),10)		P-value
11	1998	397.30	418.10	398.4458	1.316E-05	9.458E-05	5.028E-07	7.811E-02	
12	1999	435.30	458.30	434.4706	=T.INV.2T(0.05,10)			2.2281	$T_{0.05}$
13	2000	488.30	501.20	476.8456	=E3-$H$12*E4	=F3-$H$12*F4	=G3-$H$12*G4	=H3-$H$12*H4	Lower 95%
14	2001	552.00	556.00	538.8743	1.941E-06	-3.556E-03	1.314E+00	-5.251E+01	
15	2002	646.00	648.00	669.8625	=E3+$H$12*E4	=F3+$H$12*F4	=G3+$H$12*G4	=H3+$H$12*H4	Upper 95%
16	2003	898.00	760.00	890.7401	3.466E-06	-1.688E-03	1.957E+00	3.328E+00	

图 2-44 GDP 与银行贷款总额的关系研究

2.8.4 多元非线性回归分析

多元非线性回归分析是指包含两个以上变量的非线性回归模型。对多元非线性回归模型求解的传统做法，仍然是想办法把它转换成标准的线性形式的多元回归模型来处理。在 Excel 中可以使用 TREND、LINEST 和 GROWTH、LOGEST 函数进行多元非线性回归分

析。这4个函数的语法及有关提示见2.8.2节和2.8.3节。本节主要通过实例讨论多元非线性回归分析函数的用法。

示例 2-43(https://doc.mbalib.com) 某市1978—2002年的GDP、资本投入和劳动力人数样本数据，如图2-45中A1:D26单元格所示。试用柯布-道格拉斯(C.W.Cobb and Paul H.Douglas)生产函数，研究该市资本(K)及劳动力(L)投入与国内生产总值(GDP)关系，并建立预测GDP的数学模型。

解 先列出柯布-道格拉斯函数公式，然后用LINEST函数进行回归分析，建立回归模型并进行统计检验。

(1) 列出柯布-道格拉斯函数公式：

$$y=AK^{\alpha}L^{\beta}=bx_1^{m_1}x_2^{m_2}$$

式中，y表示GDP；A，b表示效率系数；K，L，x_1，x_2表示资本与劳力要素；α，β，m_1，m_2表示资本与劳力的产出弹性。

(2) 用LINEST函数计算模型的参数及统计信息。在H3单元格输入公式"=LINEST(LN(B2:B26),LN(C2:D26),TRUE,TRUE)"，返回的数组值为方程的参数和统计信息表，如图2-45中H3:J7单元格所示。

	A	B	C	D	E	F	G	H	I	J
1	年份	GDP	K	L	GDP1	GDP2	b正常计算	=LINEST(LN(B2:B26),LN(C2:D26),TRUE,TRUE)		
2	1978	3624.1	1377.9	40152	3861.43	3928.11				
3	1979	4038.2	1474.2	41024	4136.07	4197.99	m_2,m_1,b	**0.3606**	**0.9024**	**-2.0860**
4	1980	4517.8	1590.0	42361	4479.66	4527.24	se_2,se_1,se_b	0.2010	0.0349	1.9032
5	1981	4862.4	1581.0	43725	4507.99	4523.26	r^2,se_y	0.9981	0.0522	#N/A
6	=EXP(TREND(LN(B2:B26),LN(C2:D26)))				[illegible]	5027.9	F,df	5917.77	22	#N/A
7	1983	5934.5	2005.0	46436	5708.39	5701.69	ss_{reg},ss_{resid}	32.2364	0.0599	#N/A
8	1984	7171.0	2468.6	48197	6980.08	6967.8	t_2,t_1,t_b	=H3/H4	=I3/I4	=J3/J4
9	1985	8964.4	3386.0	=(C2^$I$13)*D2^$H$13				1.7939	25.8627	-1.0961
10	1986	10202.2	3846.0	51282	10649.7	10658.2	$T_{0.05}$	=T.INV.2T(0.05,22)		2.0738731
11	1987	11962.5	4322.0	52783	11956	11940.5	$b=0$	=LINEST(LN(B2:B26),LN(C2:D26),FALSE TRUE)		
12	1988	14928.3	5495.0	54334	15004.6	15021.3				
13	1989	16909.2	6095.0	55329	16583.6	16598.6	m_2,m_1	**0.1405**	**0.9389**	**0**
14	1990	18547.9	6444.0	64749	18455.2	17880	se_2,se_1	0.0085	0.0103	#N/A
15	1991	21617.8	7517.0	65491	21294.3	20695.1	r^2,se_y	1.0000	0.0524	#N/A
16	1992	26638.1	9636.0	66152	26739.9	26166.6	F,df	454189.76	23	#N/A
17	1993	34634.4	14998.0	66808	40002.5	39696.8	ss_{reg},ss_{resid}	2495.8083	0.0632	#N/A
18	1994	46759.4	19260.6	67455	50307.1	50274.4		=H13/H14	=I13/I14	
19	1995	58478.1	23877.0	68065	61269	61589.9	t_2,t_1	16.6025	91.2176	
20	1996	67884.6	26867.2	68950	68470.7	68930.5	$T_{0.05}$	=T.INV.2T(0.05,23)		2.0687
21	1997	74462.6	28457.6	69820	72444.6	72883.2	Lower 95%	=H13-$J$20*H14	b=0	
22	1998	78345.2	29545.9	70637	75255	75620.7			=I13-$J$20*I14	
23	1999	82067.5	30701.6	71394	78206.3	78512.3		0.1230	0.9177	
24	2000	89468.1	32611.4	72085	82870.6	83201.9	Upper 95%	=H13+$J$20*H14	b=0	
25	2001	97314.8	37460.8	73025	94353.9	94941.4			=I13+$J$20*I14	
26	2002	105172.3	42355.4	73740	105782	106690		0.1580	0.9602	

图 2-45 柯布-道格拉斯生产函数回归分析

(3) 将参数代入方程：

$$y=\mathrm{EXP}(-2.08601)K^{0.9024}L^{0.3606}=0.1242K^{0.9024}L^{0.3606}$$

(4) 检验。拟合度系数$r^2=0.9981$，接近1，表明GDP与资本投入及劳动力要素高度相关；$F=5917.769$，远远大于$\alpha=0.01$时的临界值F.INV.RT(0.01,2,22)=5.719，因此，从总体上看，回归公式可以用于估算GDP值；$T_1=25.8627$、$T_2=1.7939$、$T_b=-1.0961$，与显著水平$\alpha=0.05$时临界值$T_{0.05}$=T.INV.2T(0.05,22)=2.0739比较，T_2、ABS(T_b)小于临界值，表明这两个参数对于估算GDP的显著水平达不到通常0.05的要求，尤其是T_b，也就是

A 系数小于或偏离临界点较多，可以考虑剔除。

(5) 假设剔除 t_b，也就是设 $t_b=0$，即 $A=1$。此时，输入的公式为“=LINEST(LN(B2:B26),LN(C2:D26),FALSE,TRUE)”，返回数组值如图 2-45 中 H13:J17 单元格所示。据此，写出新的回归方程为 $y=K^{0.9389}L^{0.1405}$。

(6) 设正常计算 m_b 的回归方程为 GDP1，$m_b=0$ 的回归方程为 GDP2。重复上述检验过程，发现新回归方程 GDP2 的拟合度、显著性等均有所提高，特别是弹性模量 α,β 的 t 统计值均大于显著水平为 0.05 时的临界值，如图 2-45 中 H19:J20 单元格所示。从经济学的角度看，原系数 $A=0.12418$ 低估了综合技术水平的贡献。

(7) 用 TREND 函数和创建的数学模型分析资本和劳动力投入数据，预测 GDP 值，如图 2-45 中 E1:F26 单元格所示。

示例 **2-44**(https://www.excelfunctions.net/)　y 值与独立变量 x_1,x_2,x_3 的数据表如图 2-46 中 A1:D11 单元格所示，假设其最佳拟合方程为 $y=b\times m_1^{x_1}m_2^{x_2}\cdots m_n^{x_n}$，请写出回归方程并进行检验分析。

解　先用 LOGEST 函数求出方程各变量的系数和常数值，然后写出方程并进行检验分析。

(1) 计算参数。在 H2 单元格输入公式“=LOGEST(A2:A11,B2:D11,TRUE,TRUE)”，返回的数组值为回归方程的系数、常数项和统计检验信息，如图 2-46 中 G2:K6 单元格所示。

(2) 写出回归方程。根据 LOGEST 函数返回的参数表可写出如下回归方程。

$$y=2.554653\times 1.313737^{x_1}\times 0.942167^{x_2}\times 2.010751^{x_3}$$

(3) 统计检验。运用 LOGEST 函数返回的参数表，对回归方程拟合度、因变量与自变量相关性，以及自变量估测因变量的显著性进行检验，图 2-46 中 H4:K11 单元格所示。

① 拟合度系数 $r^2=0.9977$，说明样本与回归方程高度拟合。

② $F=886.531$ 远大于显著水平为 0.05 的临界值 $F_{0.05}=4.7571$，说明 y 值与独立变量 x_1,x_2,x_3 密切相关。

③ $t_b=9.283,t_1=27.5743,t_2=72.8778,t_3=25.0355$ 值均大 $T_{0.05}=2.4469$ 边界值，说明可以用这些独立变量估算 y 值。

(4) 用回归方程估算 y 值。在 F2 单元格输入公式“=$K$2*$J$2^B2*$I$2^C2*$H$2^D2”并将其复制到 F3:F11，返回的估算结果如图 2-46 中 F2:F11 单元格所示。

	A	B	C	D	E	F	G	H	I	J	K
1	y	x_1	x_2	x_3	=GROWTH(A2:A11,B2:D11)	=$K$2*$J$2^B2*$I$2^C2*$H$2^D2	参数名称	=LOGEST(A2:A11,B2:D11,TRUE,TRUE)			
2	3	1	20	1.5	2.9069	2.9069	m_3,m_2,m_1,b	2.0108	0.9422	1.3137	2.5547
3	5	2	21	2	5.1021	5.1021	se_3,se_2,se_1,se_b	0.0803	0.0129	0.0476	0.2752
4	9	3	25	2.8	9.2354	9.2354	r^2,se_y	0.9977	0.0577	#N/A	#N/A
5	12	4	27	2.9	11.5494	11.5494	F,df	886.513	6	#N/A	#N/A
6	20	5	28	3.4	20.2709	20.2709	ss_{reg},ss_{resid}	8.8549	0.0200	#N/A	#N/A
7	25	6	31	3.6	25.6116	25.6116					
8	27	7	38	3.8	25.4984	25.4984	t_3,t_2,t_1,t_b	=H2/H3	=I2/I3	=J2/J3	=K2/K3
9	30	8	40	3.9	31.8869	31.8869		25.0355	72.8778	27.5743	9.2830
10	40	9	41	4	42.3237	42.3237	$F_{0.05}$	=F.INV.RT(0.05,10-6-1,6)			4.7571
11	80	10	42	4.5	74.2847	74.2847	$T_{0.05}$	=T.INV.2T(0.05,6)			2.4469

图 **2-46**　多元指数函数回归分析示例

2.8.5　指数平滑预测

指数平滑预测法是布朗(Robert Goodell Brown)于1956年研究提出的,1957年,霍尔特(Charles C.Holt)对其进行了扩展。指数平滑法是在移动平均法基础上发展起来的一种时间序列分析预测法,它是通过计算指数平滑值,配合一定的时间序列预测模型对现象的未来进行预测。其原理是任一期的指数平滑值都是本期实际观察值与前一期指数平滑值的加权平均。根据平滑次数不同,指数平滑法分为一次指数平滑法、二次指数平滑法和三次指数平滑法等。但它们的基本思想都是:预测值是以前观测值的加权和,且对不同的数据给予不同的权数,新数据给予较大的权数,旧数据给予较小的权数。

Excel中的指数平滑预测是基于三重指数平滑(Exponential Triple Smoothing,ETS)算法的AAA版本。这里,AAA是指附加误差(Additive Error)、附加趋势(Additive Trend)和附加季节性(Additive Seasonality),也就是算法中考虑了误差水平、趋势和季节性的影响。这种算法也称为Holt Winters预测法。这种预测方法比较适合于具有季节性或其他周期性模式的非线性数据模型。Excel中用于指数平滑预测的函数共有4个:FORECAST.ETS是基于现有或历史数据及三次指数平滑(ETS)算法预测未来值函数;FORECAST.ETS.SEASONALITY用于返回指定时间序列中检测到的季节性或重复模式的长度;FORECAST.ETS.CONFINT用来计算返回指定目标日期或数据点预测值的置信区间;FORECAST.ETS.STAT则是用来计算返回ETS算法及预测结果的统计信息,包括alpha、beta、gamma参数和准确性及差异度量值等。上述函数的语法分别为

```
=FORECAST.ETS(target_date,values,timeline,[seasonality],[data_completion],
        [aggregation])
=FORECAST.ETS.CONFINT(target_date,values,timeline,[confidence_level],
        [seasonality],[data_completion],[aggregation])
=FORECAST.ETS.STAT(values,timeline,statistic_type,[seasonality],[data_
        completion],[aggregation])
=FORECAST.ETS.SEASONALITY(values,timeline,[data_completion],[aggregation])
```

【参数说明】

- target_date:目标日期或数据点,指要预测值的日期或数据点。
- values:值,指已知的历史值或现有值,被用来预测目标日期或数据点的值。
- timeline:时间序列。与值对应的时间或日期序列,其步长必须相等且不能为零。
- [seasonality]:季节性,为可选参数。"1"或默认,自动检测预测的季节性;"n"为指定时间序列中季节性模式的长度,为正整数;"0"表示无季节性,这意味着预测将是线性的。
- [data_completion]:数据完成,为可选参数1或0。用来明确处理数据缺失的方式,为1或默认,将用相邻数据的内插值计算;为0表示缺失的点按0处理。
- [aggregation]:聚合,为可选参数1~7,用于指定聚合算法,如表2-11所示。尽管时间线需要数据点之间的固定步长,但FORECAST.ETS可聚合多个时间相同点的数值,如历史数据中每个月的多个数据可以聚合成一个数据。

表2-11　FORECAST聚合参数表

1或默认	2	3	4	5	6	7
AVERAGE	COUNT	COUNTA	MAX	MEDIAN	MIN	SUM

- statistic_type：统计类型参数 1～8，用于指示要返回的 ETS 算法参数及预测结果的统计信息，如表 2-12 所示。在公式中可以使用数字、数组或单元格引用指定要返回的一个或多个参数类型。

表 2-12 FORECAST.ETS.STAT 统计信息参数表

参数	信息类型说明
1	Alpha，base parameter 基本参数
2	Beta，trend parameter 趋势参数
3	Gamma，seasonality parameter 季节性参数
4	MASE，mean absolute scaled error，平均绝对尺度误差
5	SMAPE，symmetric mean absolute percentage error 对称平均值绝对百分比误差
6	MAE，mean absolute error 绝对误差平均值
7	RMSE，root mean squared error 均方根误差
8	STEP SIZE，difference between time value 步长，时间序列两时间值之间的天数

- [confidence_level]：置信水平，为可选参数，介于 0 和 1 之间，默认值为 95%。

示例 2-45　某公司 2021—2023 年每季度销售数据如图 2-47 中 A2：C13 单元格所示，请用指数平滑法预测该公司 2024 年各季度的销售额。

解　分别使用 4 个 FORECAST 函数计算预测值、置信区间、统计信息和季节性长度。

(1) 计算预测值。依据历史销售额数据，预测新年度销售额数据。在 D14 单元格输入公式"＝FORECAST.ETS(B14：B17，C2：C13，B2：B13，4)"，便可以得到要预测的值，如图 2-47 中 D14：D17 单元格所示。

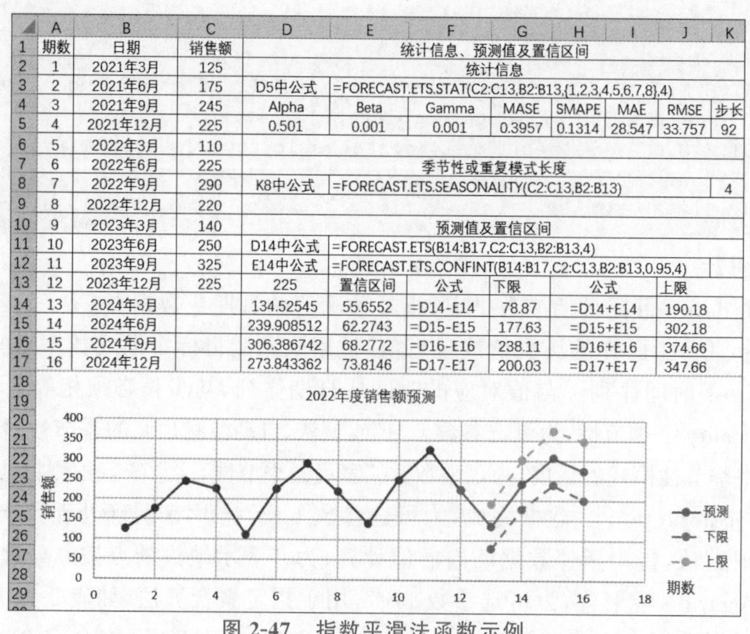

	A	B	C	D	E	F	G	H	I	J	K
1	期数	日期	销售额	统计信息、预测值及置信区间							
2	1	2021年3月	125	统计信息							
3	2	2021年6月	175	D5中公式	=FORECAST.ETS.STAT(C2:C13,B2:B13,{1,2,3,4,5,6,7,8},4)						
4	3	2021年9月	245	Alpha	Beta	Gamma	MASE	SMAPE	MAE	RMSE	步长
5	4	2021年12月	225	0.501	0.001	0.001	0.3957	0.1314	28.547	33.757	92
6	5	2022年3月	110								
7	6	2022年6月	225	季节性或重复模式长度							
8	7	2022年9月	290	K8中公式	=FORECAST.ETS.SEASONALITY(C2:C13,B2:B13)						4
9	8	2022年12月	220								
10	9	2023年3月	140	预测值及置信区间							
11	10	2023年6月	250	D14中公式	=FORECAST.ETS(B14:B17,C2:C13,B2:B13,4)						
12	11	2023年9月	325	E14中公式	=FORECAST.ETS.CONFINT(B14:B17,C2:C13,B2:B13,0.95,4)						
13	12	2023年12月	225	225	置信区间	公式	下限	公式		上限	
14	13	2024年3月		134.52545	55.6552	=D14-E14	78.87	=D14+E14		190.18	
15	14	2024年6月		239.908512	62.2743	=D15-E15	177.63	=D15+E15		302.18	
16	15	2024年9月		306.386742	68.2772	=D16-E16	238.11	=D16+E16		374.66	
17	16	2024年12月		273.843362	73.8146	=D17-E17	200.03	=D17+E17		347.66	

图 2-47　指数平滑法函数示例

(2) 计算预测值的置信区间及边界。按照 95%的置信水平，在 E14 单元格输入置信区间函数公式"＝FORECAST.ETS.CONFINT(B14：B17，C2：C13，B2：B13，0.95，4)"，得到返回值后，可用预测值加、减置信区间值求出下、上限边界，如图 2-47 中 D13：J17、A18：K29 单元格所示。

(3) 计算统计信息。统计类型(statistic_type)参数,可以采用数组格式输入。在 D5 单元格输入公式"=FORECAST.ETS.STAT(C2:C13,B2:B13,{1,2,3,4,5,6,7,8},4)",返回值如图 2-47 中 D5:K5 单元格所示。

(4) 计算季节性长度。在 K8 单元格输入公式"=FORECAST.ETS.SEASONALITY(C2:C13,B2:B13)",返回值为 4,如图 2-47 中 E8:K8 单元格所示。

提示

在工作表"数据"选项卡"预测"组中选择"预测工作表"工具,可以整体完成本节 4 个指数平滑预测函数的运算,并可生成历史值或现值与预测值及置信区间曲线图。

第 3 章 数据分析工具

本章讨论“数据”选项卡上的数据验证、分级显示、模拟分析(What-If Analysis)、单变量求解(Goal Seek)、预测工作表(Forecast Sheet)与数据分析(Data Analysis)等工具。模拟分析包括方案管理器、单变量求解和模拟运算表三部分内容。预测工作表是时间序列数据分析工具,可用于依据历史数据推算未来趋势值。数据分析是一个加载的分析工具库(Analysis ToolPak),其中包括方差分析、统计描述、统计检验和指数平滑预测等 15 个工具。本章共 6 节,3.1～3.3 节介绍删除重复值与数据验证、合并计算和分级显示,3.4～3.6 节讲解模拟分析、预测工作表和“数据分析”工具。

3.1 删除重复值与数据验证

对列表数据进行统计分析时,常常需要对加载、复制或录入数据进行检查,删除发现的重复值,验证数据的正确性。本节介绍工作表中“删除重复值”和“数据验证”工具的用法。

3.1.1 删除重复值

“删除重复值”工具或选项位于“数据”选项卡中的“数据工具组”。此工具可按列检查重复值。当指定列含有重复值时,将保留首次出现的唯一值,删除其他重复值。删除重复值时,检查区域内列表数据的行、列关系保持不变。为防止发生误删丢失数据,可以先将要检查的列表数据复制到另一个工作表或工作簿,然后再进行删除重复值操作。

示例 3-1 某班学生成绩表如图 3-1①所示,检查和删除数据表中重复值的操作方法如下。

(1) 选择要检查重复值的 A1:F10 单元格区域。然后单击“数据”→“数据工具”→“删除重复值”。

(2) 在“删除重复值”对话框中,选择一个或多个包含重复值的列。

① 勾选要删除重复值的列。对于学生成绩表来说,“学生 ID”是唯一的,其他列可存在重复值。因此,勾选“学生 ID”列。

② 如果选定数据区域包含标题须勾选“数据包含标题”复选框,如图 3-1②所示。

(3) 单击“确定”按钮,结果如图 3-1③所示。

(4) 当列表数据量较大时,为便于检查,可以借助“条件格式”突出显示含有重复值单元格的颜色,然后按需要进行删除重复值操作。

① 选定要检查的列表数据 A1:B10 单元格区域。

② 单击“开始”→“样式”→“条件格式”→“突出显示单元格规则”→“重复值”。

③ 在“重复值”对话框中,为含有重复值或唯一值的单元格设置格式。本例选择“浅红

色填充”,也可以选择“自定义格式”。

④ 检查重复值情况,确定要删除的重复值后再单击“数据”→“数据工具”→“删除重复值”,然后按上述步骤删除重复值,如图 3-1④所示。

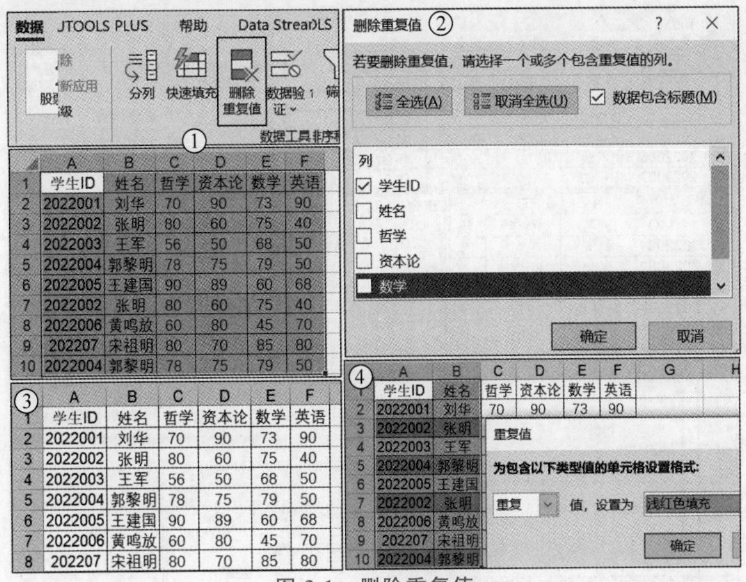

图 3-1　删除重复值

3.1.2　设置数据验证条件

在工作表中,为保证输入数据的正确率,可以使用数据验证来限制输入数据的类型或值的范围。例如,可以为年龄、日期和预算、成本等数字设置输入格式、范围、小数位等限制,也可以为文本字符串设置格式或长度限制,并显示相关提示。

示例 3-2　某班学生成绩表如图 3-2①所示,为该成绩表设置数据验证条件的方法如下。

(1) 选择设置规则的 A2:A8 单元格区域。

(2) 单击“数据”→“数据工具”→“数据验证”,打开对话框,如图 3-2②所示。

(3) 在“数据验证”对话框中“允许”框中选择“文本长度”,在“数据”框中选择“等于”,在“长度”框中输入“7”,如图 3-2③所示。

(4) 单击“输入信息”标签,勾选“选定单元格时显示输入信息”复选框,然后在“标题”框中输入“学号”,在“输入信息”框中输入提示信息,如图 3-2④所示。

(5) 单击“出错警告”标签,勾选“输入无效数据时显示出错警告”复选框,然后在“标题”框中输入“学号”,在“错误信息”框中输入提示信息,如图 3-2⑤所示。完成“数据验证”对话框的设置后,单击“确定”按钮。

(6) 选择 B2:F8 单元格区域。

(7) 单击“数据”→“数据工具”→“数据验证”。然后在“数据验证”对话框中“允许”框中选择“小数”,在“数据”框中选择“介于”,在“最小值”框中输入“60”,在“最大值”框中输入“100”,如图 3-2⑥所示。

(8) 选择 A2:F8 单元格区域,单击“数据”→“数据工具”→“数据验证”→“圈释无效数据”,如图 3-2①所示。要取消圈释,可单击“数据”→“数据工具”→“数据验证”→“清除验证标识圈”。

(9) 设置数据验证规则格式后，输入数据须符合规则，否则会出现“此值与此单元格定义的数据验证限制不匹配”或设置的“出错警告”提示，如图 3-2⑦所示。

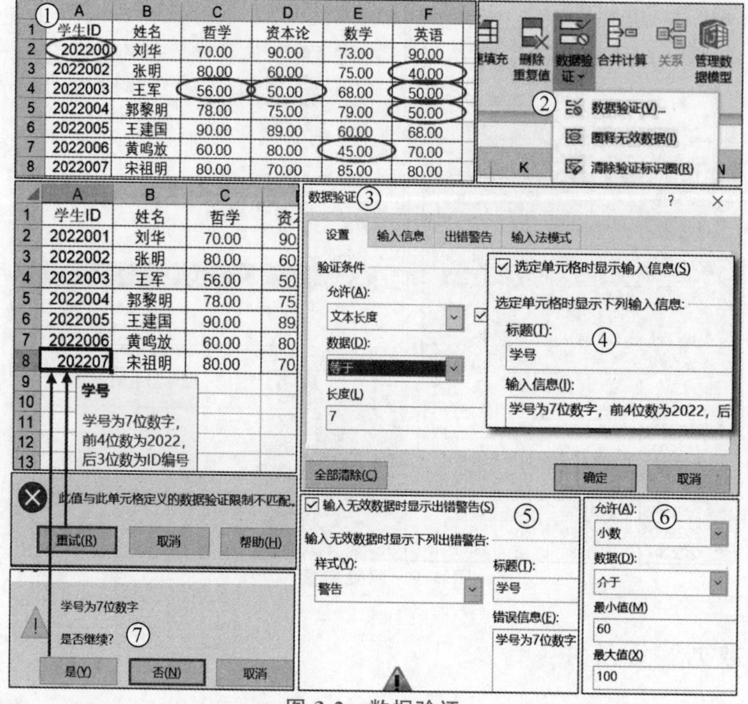

图 3-2 数据验证

3.1.3 创建输入条目或数据的下拉列表

为保证输入数据的正确性和提高输入效率，可以用“数据验证”工具创建输入项目的下拉列表，当在此单元格中输入条目时，可直接从下拉列表中选择。

示例 3-3 以输入某班学生姓名为例，创建输入条目下拉列表的操作方法和步骤如下。

(1) 选择要输入学生姓名的 H2:H18 单元格区域，如图 3-3①所示。

(2) 单击“数据”→“数据工具”→“数据验证”，打开对话框。

① 在“设置”选项卡“验证条件”栏中，单击“允许”框右侧下拉箭头并选择“序列”。

② 单击“来源”框，然后单击含有全班学生姓名的工作表“学生英语成绩”并用鼠标选择学生姓名区域 $A$3:$A$17，如图 3-3②所示。

③ 单击“输入信息”标签，勾选“选定单元格时显示输入信息”复选框，然后在“标题”框中输入“姓名”，在“输入信息”框中输入提示信息“请单击右侧箭头”，从下拉列表中选择“姓名”，如图 3-3③所示。

④ 单击“出错警告”标签，勾选“输入无效数据时显示出错警告”复选框，并从“样式”框中选择一种警告提示图标样式，然后在“标题”框中输入“无效姓名”，在“错误信息”框中输入“请从下拉列表中选择姓名”，如图 3-3④所示。

(3) 需要编辑或修改下拉列表中的条目时，可以转至列表来源区域进行插入、添加、变更、删除等操作。例如，可以对上述列表来源区域 $A$3:$A$17 中的学生姓名进行编辑或修改，更改后 Excel 会自动更新关联的下拉列表，如图 3-3⑤所示。

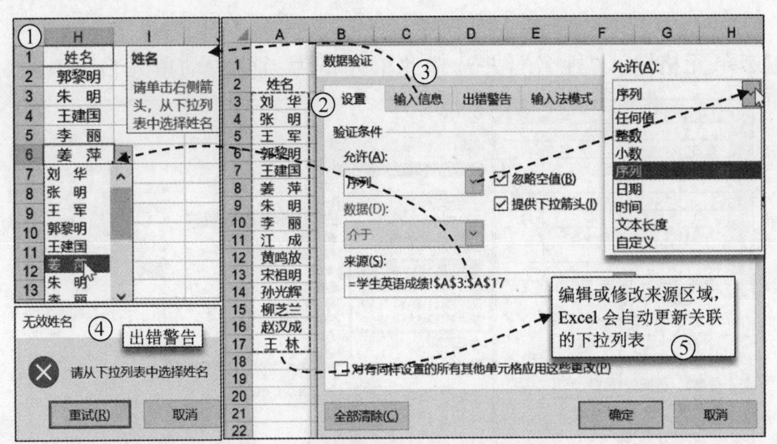

图 3-3　创建输入条目下拉列表

提示

（1）“数据验证”对话框中“允许”框下拉列表中有“任何值”“整数”“小数”“序列”“日期”“时间”“文本长度”和“自定义”等选项，使用时可以按需要选择。要用公式限制单元格接受的数据范围，可选择“自定义”选项。

（2）设置“数据验证”格式后，复制或粘贴不会显示“错误警报”。如需验证复制或粘贴的数据，可以使用“圈释无效数据”选项查找和标识无效数据。

（3）删除单元格下拉列表或数据验证设置的操作方法：选择要删除设置的单元格后，单击“数据”→“数据验证”。然后单击“数据验证”对话框上的“全部清除”按钮。如果不知道设有数据验证单元格的位置，可单击“开始”→“编辑”→“查找和选择”→“数据验证”。也可以按 Ctrl＋G 组合键打开“定位”对话框，单击“定位条件”，然后在“定位条件”对话框中单击“数据验证”→“全部”或“相同”。

3.2　合并计算

阅读和分析信息量较大的数据表时，常常需要创建合并与汇总公式来概括提炼总体或重点信息。为方便阅读、分析，可以直接使用“合并计算”将其他数据源合并到当前工作表，最多可以将 255 个工作表的数据收集到一个主工作表。合并计算有两种方法，一是按位置合并；二是按类别合并。

3.2.1　按位置合并

当两个或多个源区域的数据具有相同的顺序，并使用相同的标签（列标题和最左列），则可以按位置合并计算对应的数据。使用此方法可合并计算一系列工作表中的数据，例如，通过同一模板创建的学生成绩表、部门预算表等。

示例 3-4　工作簿中有 4 张工作表记录了学生的课堂平时成绩、期中测验 1、期中测验 2 和期末考试成绩，按位置合并计算每位同学年度平均成绩的操作方法和步骤如下。

（1）在“平时成绩”工作表前插入新工作表，并将其命名为“平均成绩”。

（2）在“平均成绩”表中，选择 A1:E1 单元格并单击“合并后居中”，然后输入表头“学生成绩表”。

（3）在 A2 单元格输入“姓名”，并选择此单元格为当前活动单元格，如图 3-4①所示。

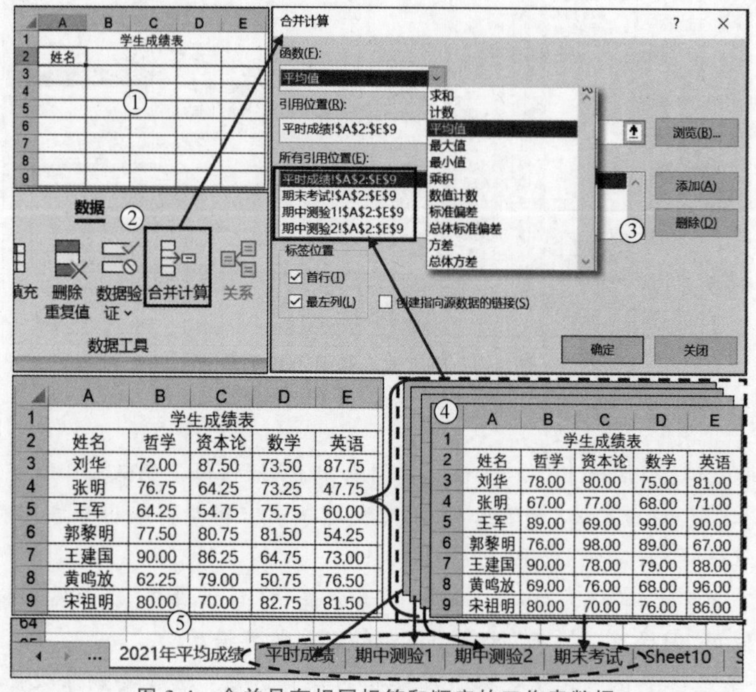

图 3-4　合并具有相同标签和顺序的工作表数据

（4）单击“数据”→“数据工具”→“合并计算”，打开对话框，如图 3-4②所示。

（5）在“合并计算”对话框中选择合并计算函数，输入所有合并项的引用位置，并勾选标签位置，如图 3-4③所示。

①“函数”下拉列表中显示着“求和”“计数”“平均值”“最大值”“最小值”“乘积”“数值计数”“标准偏差”“总体标准偏差”“方差”“总体方差”11 个可用于合并计算的函数名称，用户可以根据需要选择。本示例选择的是“平均值”。

②“引用位置”指要合并数据的引用位置，可以直接输入，也可以用鼠标选择。输入或选定后要单击“添加”按钮，将其添加至“所有引用位置”框。本例添加的引用位置为“平时成绩”“期中测验 1”“期中测验 2”“期末考试”成绩表的 $A$2:$E$9，如图 3-4③④所示。

③“所有引用位置”框内排列着添加的要合并的引用。通常，选择“合并计算”后，系统会自动分析并添加要合并的引用。用户可以查看系统自动添加的引用是否正确，如果不正确，可以单击“删除”按钮将其删除。

④“标签位置”。

• 如果在“所有引用位置”框内的引用包含列标签（列标题），则须勾选“首行”复选框，如科目名称。

• 列表左列为标签时，则须勾选“最左列”复选框，如姓名。

⑤ 勾选“创建指向源数据的链接”复选框，可以创建源数据的链接，以便在数据更改时自动更新合并表。

（6）单击“确定”按钮，结果如图 3-4⑤所示。

3.2.2　按类别合并

当源数据记录使用相同的列标题和最左列标签时，可以按类别合并计算具有相同标签的数据。使用此方法可合并计算具有不同布局但拥有相同数据标签的一系列工作表数据。

示例 3-5　假设某公司销售统计表分别位于“北方地区销售报告”和“南方地区销售报告”工作簿中，共有 4 张工作表，如图 3-5①所示。按如下方法可将上述报表合并汇总到“销售报告”工作簿中。

（1）新建或打开“销售报告”工作簿，然后依次打开“北方地区销售报告”和“南方地区销售报告”两个工作簿。

（2）在“销售报告”工作簿中，将单元格光标移动到第一列和第一行的第一个单元格，即 A2 单元格并输入“产品名称”。

（3）单击“数据”→“合并计算”，打开“合并计算”对话框，如图 3-5②所示。

（4）在对话框“函数”列表中选择“求和”。

（5）将“北方地区销售报告”和“南方地区销售报告”中要合并的数据引用输入“引用位置”并添加至“所有引用位置”框。也可以用鼠标选择方式输入。

（6）勾选“首行”和“最左列”复选框，并单击“确定”按钮，结果如图 3-5③所示。

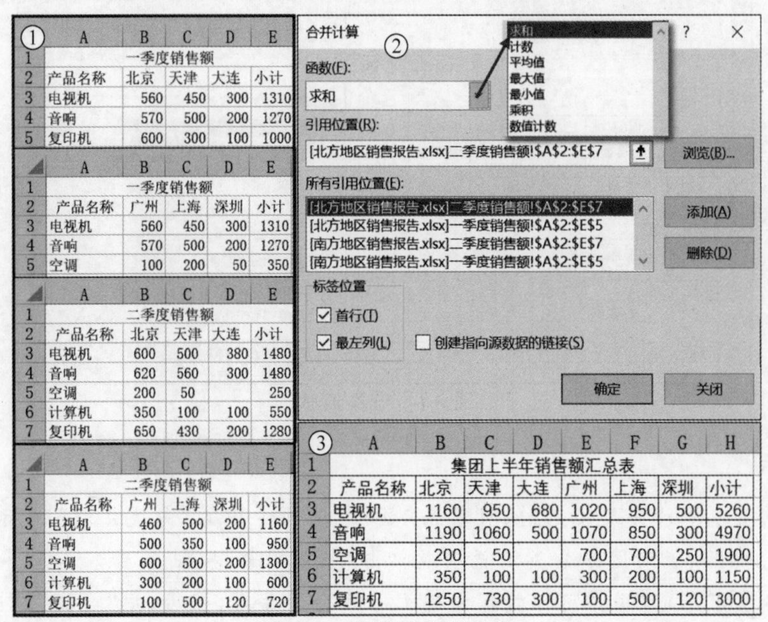

①

	A	B	C	D	E
1	一季度销售额				
2	产品名称	北京	天津	大连	小计
3	电视机	560	450	300	1310
4	音响	570	500	200	1270
5	复印机	600	300	100	1000

	A	B	C	D	E
1	一季度销售额				
2	产品名称	广州	上海	深圳	小计
3	电视机	560	450	300	1310
4	音响	570	500	200	1270
5	空调	100	200	50	350

	A	B	C	D	E
1	二季度销售额				
2	产品名称	北京	天津	大连	小计
3	电视机	600	500	380	1480
4	音响	620	560	300	1480
5	空调	200	50		250
6	计算机	350	100	100	550
7	复印机	650	430	200	1280

	A	B	C	D	E
1	二季度销售额				
2	产品名称	广州	上海	深圳	小计
3	电视机	460	500	200	1160
4	音响	500	350	100	950
5	空调	600	500	200	1300
6	计算机	300	200	100	600
7	复印机	100	500	120	720

③

	A	B	C	D	E	F	G	H
1	集团上半年销售额汇总表							
2	产品名称	北京	天津	大连	广州	上海	深圳	小计
3	电视机	1160	950	680	1020	950	500	5260
4	音响	1190	1060	500	1070	850	300	4970
5	空调	200	50		700	700	250	1900
6	计算机	350	100	100	300	200	100	1150
7	复印机	1250	730	300	100	500	120	3000

图 3-5　按类别合并计算

3.3　分级显示

工作表“数据”选项卡下“分级显示”组中包含分类汇总、组合、取消组合、显示明细数据、隐藏明细数据 5 个选项，在阅读、分析大量数据时，可以根据需要直接使用这些选项分类汇总和分级、分组显示数据。

3.3.1 分类汇总

分类汇总是数据统计中最常用的分析方法。例如，在统计学生成绩时，可以按优秀、良好、及格与不及格 4 个等级归类。再如，公司销售产品，可以按地区、时间和产品等层次归类。分类汇总的运算不仅是求和，也可以计算均值、最值、乘积、数值计数、标准差和方差等。

示例 3-6 某企业产品销售统计表如图 3-6 所示，“分类汇总”的操作方法和步骤如下。

(1) 在“数据”选项卡“分级显示”组中选择“分类汇总”。

(2) 在“分类汇总”对话框中选择分类字段、汇总方式和选定汇总项。

① 单击“分类字段”下拉箭头，从列表中选择“地区”。

② 在“汇总方式”列表中选择“求和”。

③ 在“选定汇总项”框内勾选要汇总的列标题，也就是月和季度的销售额。

④ 勾选“替换当前分类汇总”复选框可替换当前分类汇总。

⑤ 需要按组分页时，可勾选“每组数据分页”复选框。

⑥ “汇总结果显示在数据下方”表示在分类数据的下方插入汇总结果行。

(3) 单击“确定”按钮，如图 3-6 所示。

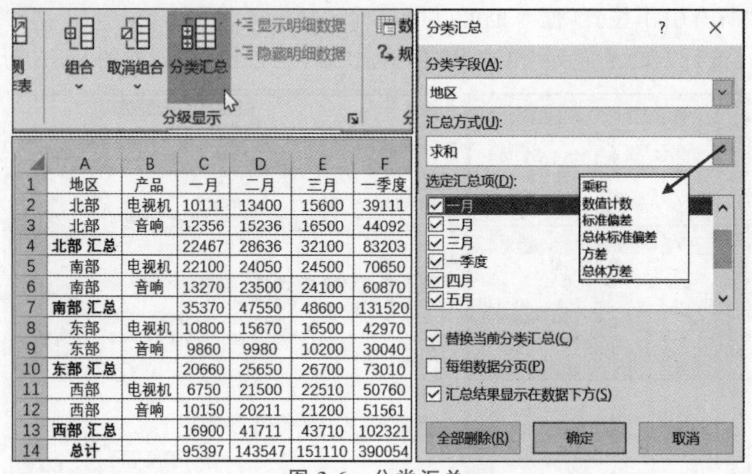

	A	B	C	D	E	F
1	地区	产品	一月	二月	三月	一季度
2	北部	电视机	10111	13400	15600	39111
3	北部	音响	12356	15236	16500	44092
4	**北部 汇总**		22467	28636	32100	83203
5	南部	电视机	22100	24050	24500	70650
6	南部	音响	13270	23500	24100	60870
7	**南部 汇总**		35370	47550	48600	131520
8	东部	电视机	10800	15670	16500	42970
9	东部	音响	9860	9980	10200	30040
10	**东部 汇总**		20660	25650	26700	73010
11	西部	电视机	6750	21500	22510	50760
12	西部	音响	10150	20211	21200	51561
13	**西部 汇总**		16900	41711	43710	102321
14	**总计**		95397	143547	151110	390054

图 3-6 分类汇总

提示

(1) 要改变或取消分类汇总时，可单击“数据”选项卡中的“分类汇总”图标，打开“分类汇总”对话框，然后，重新选择分类汇总项或单击“全部删除”按钮。

(2) 在分类汇总前，用户可以指定或建立一列分类字段，然后，用“数据”选项卡上的“排序”工具，对记录进行排序，Excel 将自动将字段相同的记录分为一类。

(3) 在分类汇总项的单元格中使用 SUBTOTAL 函数可以得到相同的结果。

3.3.2 分级与组合显示

对于数据量较大的表格，采取分级显示可以更加清晰和灵活地阅读数据。在工作表中可以根据需要创建最多 8 个级别的分级显示。

示例 3-7 以某企业产品销售统计表为例，建立分级显示。

（1）选择要分级显示数据区中的任意单元格。

（2）从“数据”选项卡中选择“组合”→“自动建立分级显示”，如图3-7①所示。

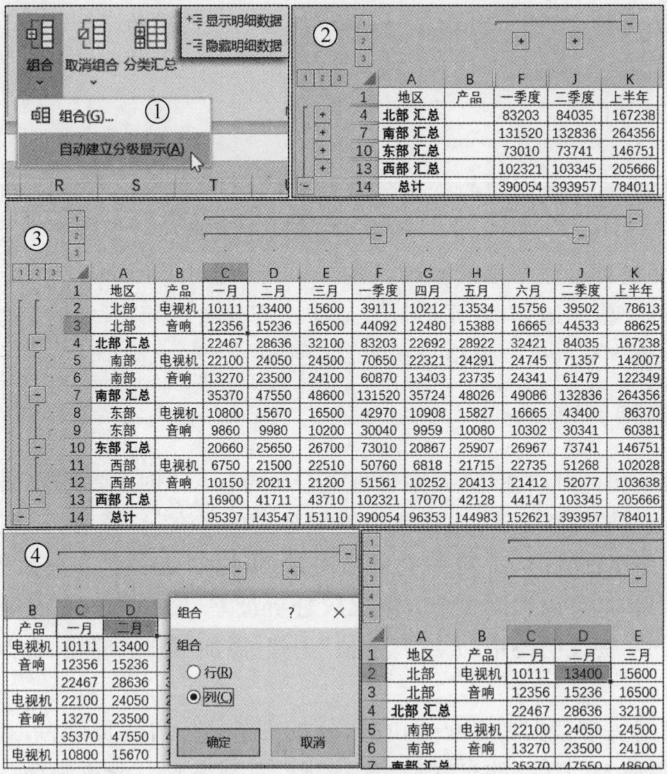

	A	B	F	J	K
1	地区	产品	一季度	二季度	上半年
4	北部 汇总		83203	84035	167238
7	南部 汇总		131520	132836	264356
10	东部 汇总		73010	73741	146751
13	西部 汇总		102321	103345	205666
14	总计		390054	393957	784011

	A	B	C	D	E	F	G	H	I	J	K
1	地区	产品	一月	二月	三月	一季度	四月	五月	六月	二季度	上半年
2	北部	电视机	10111	13400	15600	39111	10212	13534	15756	39502	78613
3	北部	音响	12356	15236	16500	44092	12480	15388	16665	44533	88625
4	北部 汇总		22467	28636	32100	83203	22692	28922	32421	84035	167238
5	南部	电视机	22100	24050	24500	70650	22321	24291	24745	71357	142007
6	南部	音响	13270	23500	24100	60870	13403	23735	24341	61479	122349
7	南部 汇总		35370	47550	48600	131520	35724	48026	49086	132836	264356
8	东部	电视机	10800	15670	16500	42970	10908	15827	16665	43400	86370
9	东部	音响	9860	9980	10200	30040	9959	10080	10302	30341	60381
10	东部 汇总		20660	25650	26700	73010	20867	25907	26967	73741	146751
11	西部	电视机	6750	21500	22510	50760	6818	21715	22735	51268	102028
12	西部	音响	10150	20211	21200	51561	10252	20413	21412	52077	103638
13	西部 汇总		16900	41711	43710	102321	17070	42128	44147	103345	205666
14	总计		95397	143547	151110	390054	96353	144983	152621	393957	784011

图3-7 分级与组合显示

（3）根据需要单击行或列分级数字，单击[1]按钮显示总计数，单击[2]按钮显示总计和分类汇总数，单击[3]按钮显示三个级别全部数据。

（4）单击[+]或[-]按钮可以打开或隐藏本级数据，如图3-7②③所示。

（5）显示或隐藏明细数据。建立分级显示后，可以快捷地显示或隐藏明细数据。在分级或分组中，要查看隐藏的明细数据，可先选择该组合任意单元格，然后单击“数据”选项卡上的“显示明细数据”；要隐藏组合中的明细数据，可先选择任意明细数据，然后单击“隐藏明细数据”。

用分级显示可以快速将细节隐藏起来，只留下“概要表”。建立概要表不仅能清楚地查阅信息和重新组织工作表，还便于选择属于同一层次的单元格。隐藏明细数据的概要表如图3-7②所示，其中概要显示了总计和分类汇总数据。

Excel的自动建立分级显示可以正确地解释工作表层次，显示需要的概要信息。但是，有时用户还有一些特殊要求，需要进一步调整概要表的分级显示。这时，可以用“组合”和“取消组合”命令来实现用户的要求，具体操作方法和步骤如下。

（1）选择想要组合为一组的行或列的任意区域。例如，要将上述产品销售统计表一月和二月的销售额组合为一组，可选择C1:D1单元格区域。

（2）单击“数据”→“组合”→“列”，然后单击“确定”按钮，如图3-7④所示。

（3）要取消已定义的组合，可以先选择该行或列组合的任意区域，如上述C1:D1单元格。然后从“数据”选项卡中选择“取消组合”→“行”或“列”。

提示

建立组合的快捷键为 Alt+Shift+→;取消组合的快捷键为 Alt+Shift+←。

3.4 模拟分析

工作簿中模拟分析工具对应的英文名称为 What-If Analysis Tools,也可称之为假设分析工具。What-if Analysis 实际上是一种数学运算,也就是在一个或多个公式中使用不同的变量值集来模拟变量对运算结果的影响。例如,可以使用 What-if Analysis 对不同利率和期限的还贷方案进行模拟运算,以评估每月最佳还贷金额。“模拟分析”工具位于工作表“数据”选项卡中。本节将举例讨论模拟分析工具的用法。

3.4.1 创建与管理方案

在编制数据报表时,可以使用“方案管理器(Scenarios)”创建不同数据方案并保存在工作表中,然后,通过“方案管理器”选择或切换要显示的方案,以查看、比较和分析不同的结果。例如,在编制年度预算时,针对一些未知因素,可以制定多套方案比较各种可能情况。再如,制订销售计划时,可以编制多个方案比较分析最差、最好和一般市场情形下的销售收入及利润。下面的示例说明使用“方案管理器”创建、添加、删除、编辑、合并和生成摘要报表的操作步骤和方法。

示例 3-8 某对夫妻根据家庭收支情况,分析买车价位与还贷能力,其基本数据为:最低价位 15 万元、最高 50 万元,购车首付 25%,贷款年利率 6%,贷款期限 3 年,每月初还贷。夫妻俩在两个工作表中分析了价位为 15 万、20 万、30 万、40 万和 50 万的贷款方案,然后将方案合并进行比较分析。

(1) 在工作簿中双击新工作表标签并输入“购车方案 1”,然后在该工作表中绘制表头并输入车价、首付、贷款额、利率、支付期数和月初付款额等参数及项目名称,如图 3-8①所示。

(2) 输入数据和公式。将车价、利率、年限和支付类型(月初还贷)数据分别输入 C2、F2、H2 和 K2 单元格。然后将首付、贷款额、月利率和月初付款额公式分别输入 D2、E2、G2 和 J2 单元格(D3、E3、G3 和 J3 显示了上述公式)。J2 单元格中的 PMT 是等额分期还款函数。

(3) 由于车价为不同方案的可变值,因此,可单击 C2 单元格为可变值(车价)。

(4) 单击“数据”→“预测”→“模拟分析”→“方案管理器”,如图 3-8②所示。

(5) 在“方案管理器”对话框中单击“添加”按钮,然后在“添加方案”对话框中“方案名”框中输入“车贷 1”并确认“可变单元格”框中预选的引用“$C$2”。如果有误,可重新输入。之后,单击“确定”按钮打开“方案变量值”对话框,如图 3-8③所示。

(6) 在“请输入每个可变单元格的值”框中输入“200000”。

(7) 单击“确定”按钮,如图 3-8④所示。

(8) 在“方案管理器”对话框中单击“添加”按钮,然后按上述步骤添加“车贷 2(300000)”和“车贷 3(400000)”方案,如图 3-8⑤所示。

(9) 查看和分析车贷方案数据。在“方案管理器”对话框的“方案”列表中,选择要查看的方案名，然后单击“显示”按钮便可在工作表中查看此方案，如图 3-8⑥所示。

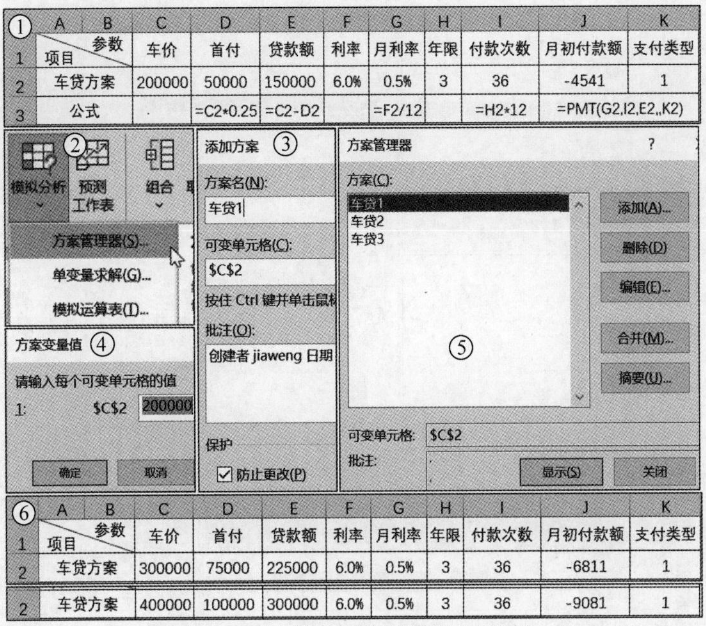

图 3-8　使用“方案管理器”创建方案

(10) 添加新工作表并命名为“购车方案 2”，然后使用“方案管理器”按上述步骤创建“最低价位”为“150000”和“最高价位”为“500000”两个方案。

(11) 返回“购车方案 1”工作表，单击“数据”→“预测”→“模拟分析”→“方案管理器”→“合并”。然后通过“合并方案”对话框查找选择“购车方案 2”工作表并单击“确定”按钮，如图 3-9①所示。

(12) 完成合并后，在“方案管理器”中可以对需要修改的方案进行“编辑”，也可以“删除”不需要的方案。需要生成合并方案的摘要报表或数据透视表时，可以单击“摘要”按钮，打开“方案摘要”对话框，如图 3-9②所示。

(13) 在“方案摘要”对话框中勾选“报表类型”，可根据需要选择“方案摘要”或“方案数据透视表”，然后核对或重新输入方案的“结果单元格”引用，如图 3-9③所示。

(14) 使用“方案摘要”或“方案数据透视表”进行模拟分析，如图 3-9④⑤所示。

提示

(1) 从其他工作簿或工作表合并不同方案时，要合并的方案应具有相同的单元格结构。例如，“车价”应统一在 B2 单元格中，“月初付款额”应始终在 J2 单元格中。如果源工作表的方案使用了不同的单元格结构，则无法正确合并。

(2) 为便于分享或综合分析他人方案，可考虑先创建方案，然后向他人发送包含该方案的工作簿副本。这样，可以确保所有方案的结构相同，便于正确合并。

(3) 在默认情况下，摘要报表使用单元格引用作表头标识。如果需要使用名称来标识“可变单元格”和“结果单元格”，可以先为单元格或区域命名，然后，再使用“方案管理器”生成摘要报表。

(4)“方案摘要”生成后不会自动更新。更改方案需要重新创建摘要报表。

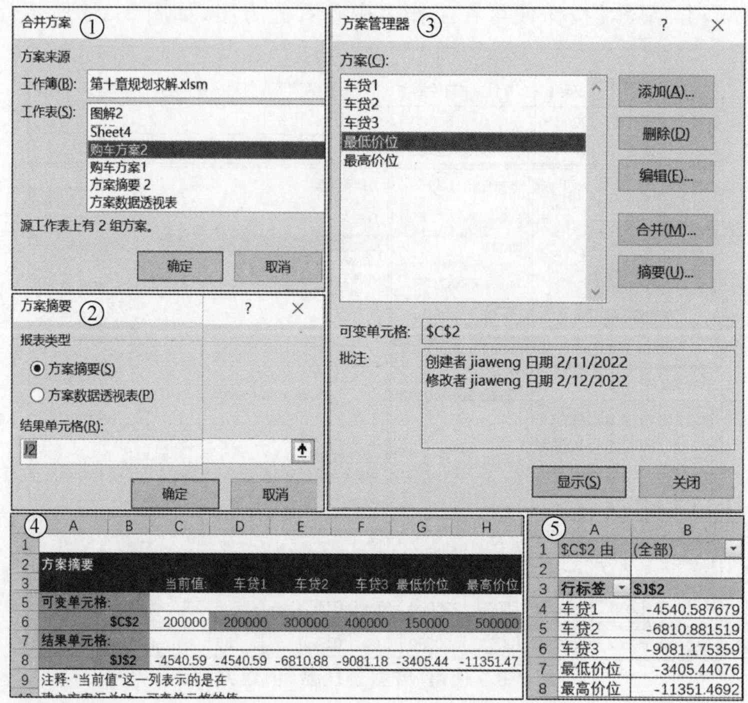

图 3-9 合并方案及生成摘要报表

3.4.2 单变量求解

单变量求解(Goal Seek)是一个用迭代法解一元方程的程序。也就是已知一个单变量公式或方程的结果,可以用“单变量求解”工具推算出公式中未知变量的值。

示例 3-9 解下列方程

(a) $x^3+3x^2-6x-8=0$ (b) $2\times10^7\times x^{-2.146}-200=0$

(c) $12x^4-56x^3+89x^2-56x+12=0$

解 工作表中可以按如下步骤求解上述方程。

(1) 求解方程(a)。在 A1、B1 单元格输入变量符 x 和 y,在 B2 单元格输入方程(a)的公式“＝A2^3＋3＊A2^2－6＊A2－8”,并将其复制到 B3:B10 单元格,如图 3-10①所示。

(2) 估测一个值输入变量单元格,例如,在 A3 单元格输入“－3”。由于迭代法是一种不断用变量的旧值递推新值的过程,为避免迭代过程无休止地重复,估测值应尽量在根的附近。为便于输入估测值,可以输入一组变量值并计算该方程的 y 值,然后利用工作表“带平滑线的散点图”工具画出该方程曲线图,这样,便容易估测 x 值。此外,一元高次方程往往有多个解,画出方程曲线可以避免遗漏。

(3) 单击“数据”→“预测”→“模拟分析”→“单变量求解”,然后在“单变量求解”对话框中“目标单元格”框中输入“B3”,在“目标值”框中输入“0”,在“可变单元格”框中输入“＄A＄3”并单击“确定”按钮,返回值为－4,如图 3-10②所示。

(4) 以 A3 为起始点,按一定步长向上、下填充 x 序列值 A2:A10 单元格。此时,在 B3:B10 单元格可得到相应的 y 值。

(5) 选择 A1:B10 单元格后,单击“插入”→“图表”→“带平滑线和数据标记的散点图”。

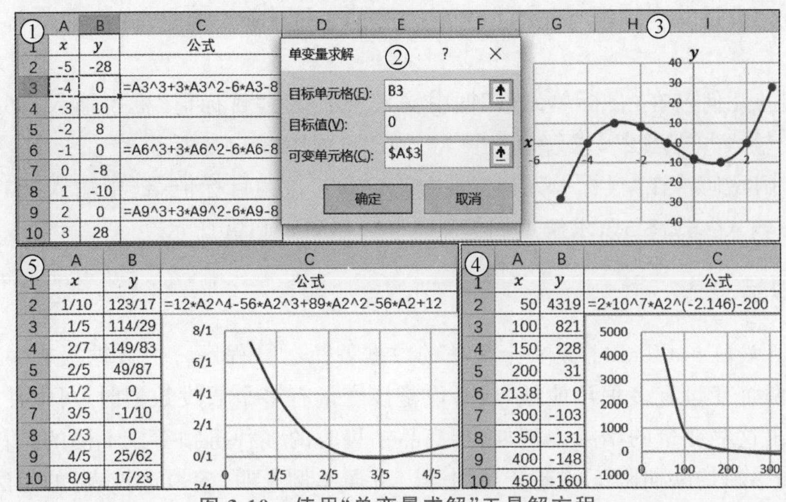

①

	A	B	C
1	x	y	公式
2	-5	-28	
3	-4	0	=A3^3+3*A3^2-6*A3-8
4	-3	10	
5	-2	8	
6	-1	0	=A6^3+3*A6^2-6*A6-8
7	0	-8	
8	1	-10	
9	2	0	=A9^3+3*A9^2-6*A9-8
10	3	28	

② 单变量求解：目标单元格(E): B3；目标值(V): 0；可变单元格(C): $A$3；确定；取消

④

	A	B	C
1	x	y	公式
2	50	4319	=2*10^7*A2^(-2.146)-200
3	100	821	
4	150	228	
5	200	31	
6	213.8	0	
7	300	-103	
8	350	-131	
9	400	-148	
10	450	-160	

⑤

	A	B	C
1	x	y	公式
2	1/10	123/17	=12*A2^4-56*A2^3+89*A2^2-56*A2+12
3	1/5	114/29	
4	2/7	149/83	
5	2/5	49/87	
6	1/2	0	
7	3/5	-1/10	
8	2/3	0	
9	4/5	25/62	
10	8/9	17/23	

图 3-10 使用“单变量求解”工具解方程

(6) 从生成的方程曲线图判断，该方程还有两个解。可继续使用“单变量求解”工具求得另外两个解－1 和 2，如图 3-10③所示。

(7) 按上述方法和步骤解方程(b)，得到的解为 213.8，如图 3-10④所示；求解方程(c)，得到的解为 1/2 和 2/3，如图 3-10⑤所示。

示例 3-10 北宋数学家刘益在《议古根源》中记载的二问：“直田积八百六十四步，之云阔不及长十二步，问长阔各几何？”“直田积八百六十四步，只云长阔共六十步，问长多阔几何？”

解 第一问意思是一个面积为 864m^2(步)的矩形田，其宽比长少 12 步，问其长为多少步？第二问意思是一个面积为 864m^2(步)的矩形田，其长宽共 60 步，问其长比宽多几步？

显然，这两个问题是已知矩形面积和长宽关系，求边长问题。设第一问矩形长为 x，则宽为 $x-12$。于是，可以列出方程 $x(x-12)=864$，即 $x^2-12x-864=0$。通过配方法可得 $(x-36)(x+24)=0$。因矩形长应大于零，故 $x=36$。

同样，可以列出第二问方程 $-x^2+60x-864=0$，求得解为 $x_1=36$，$x_2=24$。

在工作表中使用“单变量求解”可以得到同样的结果。

(1) 输入要求解的计算表，然后分别在 B2、B5 单元格中输入预估边长值 30、33。

(2) 依题意，在 C2、C5 单元格中分别输入公式“＝B2－12”“＝60－B5”，在 D2、D5 单元格分别输入面积公式“＝B2＊C2”“＝B5＊C5”，在 C4 单元格输入“＝B5－C5”，如图 3-11①所示。

①

	A	B	C	D
1		矩形长X	矩形宽Y	面积
2	长阔各几何?	30	18	540
3	公式		=B2-12	=B2*C2
4	长多阔几何?	=B5-C5	6	
5		33	27	891
6	公式		=60-B5	=B5*C5

② 单变量求解：目标单元格(E): D2；目标值(V): 864；可变单元格(C): $B$2；确定；取消

③

	A	B	C	D
1		矩形长X	矩形宽Y	面积
2	长阔各几何	36	24	864
3	公式		=B2-12	=B2*C2
4	长多阔几何?	=B5-C5	12	
5	公式	36	24	864
6			=60-B5	=B5*C5

单变量求解：目标单元格(E): D5；目标值(V): 864；可变单元格(C): $B$5；确定；取消

图 3-11 使用“单变量求解”工具解方程

（3）单击“数据”→“预测”→“模拟分析”→“单变量求解”，打开“单变量求解”对话框，然后逐项求解。

① 长阔各几何？在“目标单元格”框中输入“D2”，在“目标值”框中输入“864”，在“可变单元格”框中输入“＄B＄2”，求解值为长 36、宽 24，如图 3-11②所示。

② 长多阔几何？在“目标单元格”框中输入“D5”，在“目标值”框中输入“864”，在“可变单元格”框中输入“＄B＄5”，求解返回答案为 12，如图 3-11③所示。

3.4.3 模拟运算表

模拟运算表（Data Table）是一个简单的数据替换运算程序。当数据报表中公式中引用的某个或某两个变量有多种可能性，或者说是该变量有多个假设数值时，可以使用模拟运算表快速计算出这些变量的结果。例如，某商品销售时的多种折扣率或不同的销售价格分析。再如，不同利率和贷款期限下的还贷计划等。下面举例说明“模拟运算表”的用法。

示例 3-11 冬奥会期间，某商场促销 100 双速滑冰刀鞋，计划以 500 元一双的价格销售 60%，以 400 元一双的促销价销售 40%。根据市场信息，商家想分析如下三种情况的销售额。

（1）最高销售价（无折扣）的占比分别提高至 70%、80%、90%和 100%。

（2）促销数量比率不变，销售价格分别提高至 600 元、700 元、800 元和 900 元。

（3）最高售价占比分别提高至 70%、80%、90%和 100%，且售价提高至 600 元或 700 元。

使用“模拟运算表”制作冰刀鞋促销方案报表的操作方法和步骤如下。

（1）制作基本数据表，并输入数据和计算营业额公式，如图 3-12 中 A1:F2 单元格所示。注意：C3 单元格中是最高销售价占比，其数值有 4 种假设；E3 单元格中单价也有 4 种假设；D3 单元格中公式为“＝D2 * C3”，F3 单元格中公式为“＝D3 * E3”，F5 单元格中公式为“＝SUM（F3:F4）”。

	A	B	C	D	E	F	G	H	I	J	K	L
1	冰刀鞋店		比率	数量	单价	营业额	促销数量比率不变，提高单价					
2	库存			100				500	600	700	800	900
3	最高价(无折扣)		60%	60	500	30000	46000	46000	52000	58000	64000	70000
4	折扣价		40%	40	400	16000						
5	营业收入合计					46000						
6	提高最高价占比		提高最高价占比和单价									
7		46000	46000	500	600	700						
8	60%	46000	60%	46000	52000	58000						
9	70%	47000	70%	47000	54000	61000						
10	80%	48000	80%	48000	56000	64000						
11	90%	49000	90%	49000	58000	67000						
12	100%	50000	100%	50000	60000	70000						

模拟运算表 ? ×
输入引用行的单元格(R): $E$3
输入引用列的单元格(C): $C$3
确定 取消

图 3-12 “模拟运算表”示例

（2）提高最高售价占比的销售额。

① 在 A8:A12 单元格输入最高价占比数据 60%、70%、80%、90%和 100%，在 B7 单元格中输入“＝F5”。

② 选择要生成模拟运算结果的区域 A7:B12 后，单击“数据”→“预测”→“模拟分析”→“模拟运算表”，打开“模拟运算表”对话框，然后在“输入引用列的单元格”框中输入“C3”并单击“确定”按钮，如图 3-12 中 A7:B12 单元格所示。

(3) 促销比例不变,提高单价的销售额。

① 在 H2:L2 单元格中分别输入单价 500、600、700、800 和 900,在 G3 单元格中输入"=F5"。

② 选择要模拟运算的区域 G1:L3 单元格后,打开"模拟运算表"对话框并在"输入引用行的单元格"框中输入"E3",如图 3-12 中 G1:L3 单元格所示。

(4) 提高最高售价占比和单价的销售额。

① 在 C8:C12 单元格输入最高价占比数据 60%、70%、80%、90%和 100%,在 D7:F7 单元格中输入单价 500、600、700,在 C7 单元格中输入"=F5"。

② 选择 C7:F12 单元格区域后,打开"模拟运算表"对话框并在"输入引用行的单元格"框中输入"E3",在"输入引用列的单元格"框中输入"C3",如图 3-12 中 C6:F12 单元格所示。

3.5 预测工作表

预测工作表(Forecast Sheet)是一个时间序列数据预测工具,也就是依据历史时间数据预测未来值。其算法与 FORECAST.ETS 函数相同,也是指数平滑(ETS)法。在工作表中可以使用此工具来预测市场需求、消费趋势和销售额等信息。

示例 3-12　某电子产品公司 2019—2021 年销售一款运动手环,销售额数据如图 3-13 中 A1:B13 单元格所示。请依据历史数据对该公司 2022—2023 年销售额进行预测。

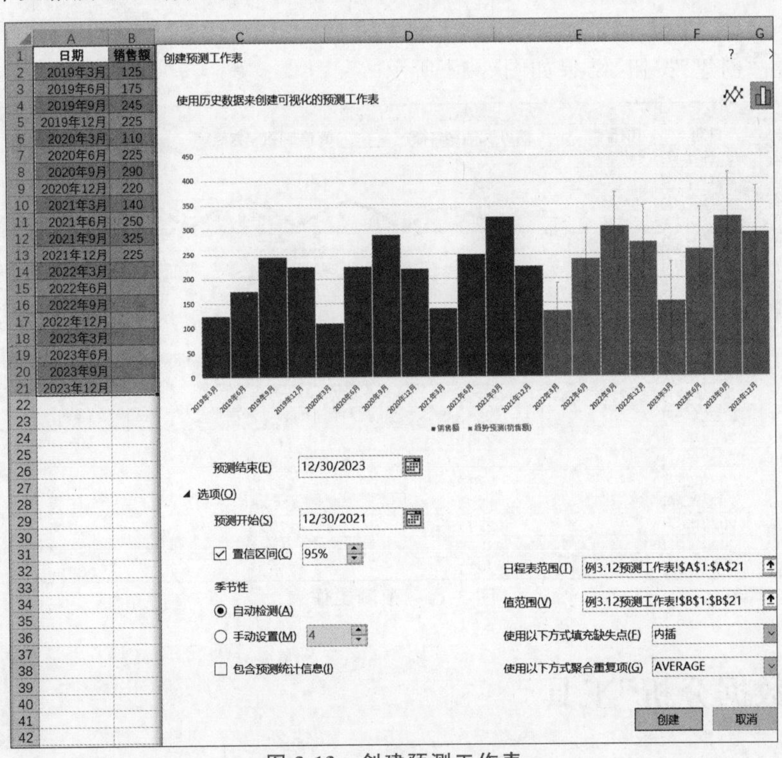

图 3-13　创建预测工作表

使用"预测工作表"计算运动手环销售额预测值的操作方法和步骤如下。

(1) 选择要分析和预测的数据区域 A1:B21 单元格。

（2）单击“数据”→“预测”→“预测工作表”，打开“创建预测工作表”对话框。然后按需要输入参数和确定选项，如图 3-13 所示。

① 在“使用历史数据来创建可视化的预测工作表”栏中选择“创建折线图”或“创建柱形图”。

② 在“预测结束”框中选择或输入预测结束日期“12/30/2023”。

（3）单击“选项”左侧展开箭头，打开选项列表。

① 在“预测开始”框中选择或输入预测开始日期“12/30/2021”。

② 勾选并选择置信区间参数“95％”。

③ 在“季节性”栏中选择“自动检测”单选按钮，程序将自动检测并确定季节性参数。如果选择“手动设置”单选按钮，可以输入季节性数据。

④ 勾选“包含预测统计信息”复选框，程序将返回 Alpha、Beta、Gamma、MASE、SMAPE、MAE 和 RMSE 等统计信息参数。

⑤ 在“日程表范围”框中核对时间序列数据，如有误可重新选择或输入。

⑥ 在“值范围”框中核对销售额数据，如有误可重新选择或输入。

⑦ 当历史数据有缺失点时，可在“使用以下方式填充缺失点”列表框中选择处理方法：“零”或“内插”。

⑧ 当历史数据中含有时间相同的重复值，可以单击“使用以下方式聚合重复项”选项框右侧下拉箭头，选择一种聚合重复值的方式：AVERAGE、COUNT、COUNTA、MAX、MEADIAN、MIN 和 SUM。

（4）单击“创建”按钮，结果如图 3-14 所示。

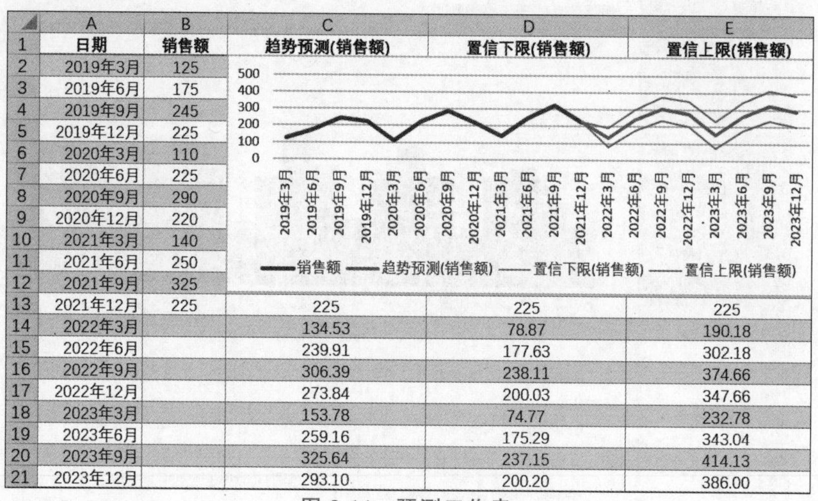

	A	B	C	D	E
1	日期	销售额	趋势预测(销售额)	置信下限(销售额)	置信上限(销售额)
2	2019年3月	125			
3	2019年6月	175			
4	2019年9月	245			
5	2019年12月	225			
6	2020年3月	110			
7	2020年6月	225			
8	2020年9月	290			
9	2020年12月	220			
10	2021年3月	140			
11	2021年6月	250			
12	2021年9月	325			
13	2021年12月	225	225	225	225
14	2022年3月		134.53	78.87	190.18
15	2022年6月		239.91	177.63	302.18
16	2022年9月		306.39	238.11	374.66
17	2022年12月		273.84	200.03	347.66
18	2023年3月		153.78	74.77	232.78
19	2023年6月		259.16	175.29	343.04
20	2023年9月		325.64	237.15	414.13
21	2023年12月		293.10	200.20	386.00

图 3-14　预测工作表

3.6 “数据分析”工具

“数据分析”(Data Analysis)工具选项位于“数据”菜单的“分析”栏中，单击该选项可以打开“数据分析”对话框及分析工具库(Analysis ToolPak)列表，其中包括方差分析、相关系数、协方差、描述统计、指数平滑、F 检验、双样本方差、傅里叶分析、直方图、移动平均、随机数发生器、排位与百分比排位、回归、抽样、T 检验、Z 检验等 19 个数理统计或工程宏函数。需要时可以直接使用这些工具对复杂问题的源数据或样本进行分析、计算并输出图表。本节讨论这些数据分析工具的具体用法和步骤。实际上，分析工具库中绝大部分工具与对应的函数功能是一致的，在分析数据时，用户可以根据情况选择使用工具或函数。

3.6.1 方差分析：单因素与双因素方差分析

方差分析（Analysis of Variance，ANOVA）是 Ronald Fisher 于 1918 年提出的一种统计分析方法，也称为费雪（Fisher）分析。它是通过方差检验均值来确定两个或多个分类组之间是否存在统计学上的显著差异，从而达到鉴别事物影响因素的目的。

单因素方差分析是指对单个因素试验结果进行分析，检验因素对试验结果有无显著影响的方法，也就是依据一个因素或分类变量不同水平的方差检验其对观测变量的影响。具体方法是通过分析样本组间差异与平均组内差异，计算 F 统计量，然后，根据给定的 F 分布显著水平及临界值，来检验几个总体是否具有相同的均值。

双因素方差分析是指对两个因素试验结果进行分析，检验两个因素的不同水平对试验结果是否有显著影响的方法。双因素方差分析有两种类型：一是无交互作用的双因素分析，即因素 A 与因素 B 是相互独立的，不存在交互效应；二是有交互作用的双因素方差分析，即因素 A 与因素 B 之间存在交互效应。双因素分析思路及方法与单因素类似，也是通过分析各因素方差及交互效应方差、系统误差、总体方差，构建 F 统计量来检验其对观测变量的影响。

工作表“数据分析(Data Analysis)”中有“单因素方差分析”“可重复双因素分析”和“无重复双因素分析”三个工具选项，下面通过示例介绍其用法。为便于理解方差分析的原理与计算与方法，在示例中给出了运用公式计算的详细方法、过程与步骤。

示例 3-13 根据示例 2-20 中 Marist College 学生关于不同类型土壤覆盖物对番茄产量影响的试验数据，试运用“数据分析”工具，分析、检验不同类型土壤覆盖物对番茄产量的影响。

解 将试验数据输入工作表，如图 3-15 中 A1:F4 单元格所示，然后按如下步骤操作。

(1) 单击“数据”→“数据分析”，打开“数据分析”对话框，如图 3-15①所示。

(2) 在“分析工具”列表中选择“方差分析：单因素方差分析”并单击“确定”按钮。

(3) 在“单因素方差分析”对话框中输入数据区域并设置选项，如图 3-15②所示。

① 单击“输入区域”框，输入要分析的数据区域“$B$1:$F$4”。可以直接输入，也可以用鼠标选择方式输入数据区域。

② 勾选分组方式。本例按影响因素分组，选择“列”单选按钮。

③ 当数据表第一行有分组列名称时，须勾选“标志位于第一行”复选框。

④ 确定显著水平 α，本例为 0.05。需要更改时，可在 α 框中输入要设定的小数。

⑤ 选择“输出选项”。可以为形成的方差分析报告选择位置：“输出区域(指本工作表)”“新工作表组”或“新工作簿”。完成设置后单击“确定”按钮。

(4) 分析结果，回答问题。计算结果为 $F=4.481>F_{\text{crit}}=3.478$；$P_{\text{value}}=2.48\%<5\%$，与示例 2-20 中用函数和公式计算的结果一致，也就是不同类型土壤覆盖物对番茄产量有显著影响，如图 3-15③所示。

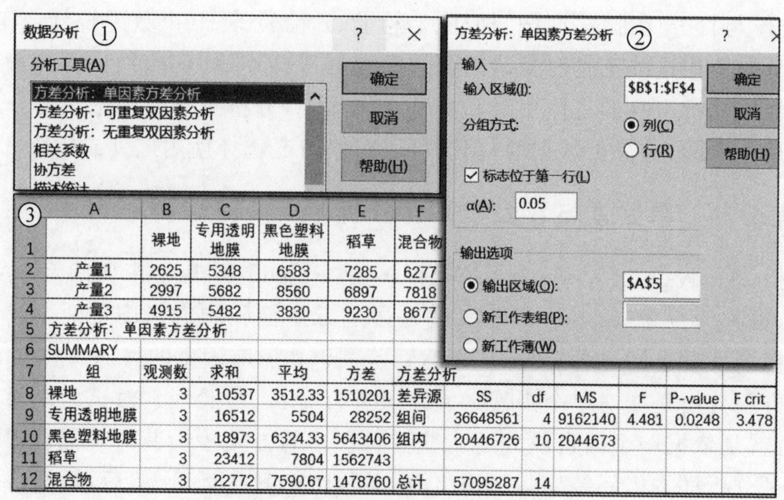

③	A	B	C	D	E	F	G	H	I	J	K	L
1		裸地	专用透明地膜	黑色塑料地膜	稻草	混合物						
2	产量1	2625	5348	6583	7285	6277						
3	产量2	2997	5682	8560	6897	7818						
4	产量3	4915	5482	3830	9230	8677						
5	方差分析：单因素方差分析											
6	SUMMARY											
7	组	观测数	求和	平均	方差	方差分析						
8	裸地	3	10537	3512.33	1510201	差异源	SS	df	MS	F	P-value	F crit
9	专用透明地膜	3	16512	5504	28252	组间	36648561	4	9162140	4.481	0.0248	3.478
10	黑色塑料地膜	3	18973	6324.33	5643406	组内	20446726	10	2044673			
11	稻草	3	23412	7804	1562743							
12	混合物	3	22772	7590.67	1478760	总计	57095287	14				

图 3-15　单因素方差分析示例

示例 **3-14**(https://www2.stat.duke.edu/)　某植物研究所试验土质条件和除草剂对剑兰花穗重量的影响。该所在 4 个地块种植剑兰并使用 4 种不同的除草剂，试验观测的各地块和不同除草剂的花穗重量（盎司）数据如图 3-16 中 A1:E5 单元格所示，试分析不同地块和除草剂对剑兰穗重有无显著影响（显著水平 $\alpha=5\%$）。

	A	B	C	D	E	F	G	H	I	J	K	L	M
1		控制	A	B	C	均值	异差源	离差平方和(SS)	df	均方和(MS)	F值	P-value	临界值
2	地块1	1.25	2.05	1.95	1.75	1.750							
3	地块2	1.73	1.56	2	1.93	1.805	地块	0.0946687	3	0.03155623	0.75442	0.5470611	3.862548
4	地块3	1.82	1.68	1.83	1.7	1.7575	除草剂	0.2777188	3	0.09257293	2.213156	0.1560601	3.862548
5	地块4	1.31	1.69	1.81	1.59	1.6	误差	0.3764562	9	0.04182847	=F.DIST.RT(K3,I3,$I$5)		
6	均值	1.5275	1.7450	1.8975	1.7425	1.728	总和	0.7488438	15		=F.INV.RT(0.05,I3,$I$5)		
7	行、列方差及公式						SS公式			=(B2+$F$6-$F2-B$6)^2			
8	0.1267	=VAR.S(B2:E2)	0.0836	=VAR.S(B2:B5)			=4*DEVSQ(F2:F5)		误差	0.0896254	0.0801598	0.0009379	0.0002066
9	0.0398	=VAR.S(B3:E3)	0.0448	=VAR.S(C2:C5)			=4*DEVSQ(B6:E6)			0.0157816	0.0685785	0.0006566	0.0122379
10	0.0062	=VAR.S(B4:E4)	0.0085	=VAR.S(D2:D5)			=SUM(J8:M11)			0.0692348	0.0089066	0.0093848	0.0051660
11	0.0455	=VAR.S(B5:E5)	0.0201	=VAR.S(E2:E5)			=DEVSQ(B2:E5)			0.0079879	0.0053473	0.0016504	0.0005941

图 3-16　双因素无交互作用方差分析（公式计算）

解　这是一个无重复双因素方差分析问题，其中，因素 A 为地块($a=4$)，因素 B 为除草剂($b=4$)，按题意需要对下列假设进行检验。

H_0：在不同地块使用除草剂种植的剑兰穗重具有相同的均值；H_1：H_0 不成立。

为便于理解双因素方差分析的理论方法，下面用公式和“数据分析”工具两种方法求解。

(1) 用公式计算。将要分析的数据输入工作表后按如下步骤操作。

① 计算行、列均值和总体均值。在 F2 单元格输入公式“＝AVERAGE(B2:E2)”并将其复制到 F3:F5 单元格，在 B6 单元格输入公式“＝AVERAGE(B2:B5)”并将其复制到 C6:F6 单元格。

② 计算因素 A、B 方差 SS_A 与 SS_B。根据因素 A 方差公式 $SS_A=b\sum_{i=1}^{a}(\bar{X}_{i.}-\bar{X})^2$，在 H3 单元格输入公式“＝4＊DEVSQ(F2:F5)”，返回值为“0.0946687”；根据因素 B 方差公式 $SS_B=a\sum_{i=1}^{b}(\bar{X}_{.j}-\bar{X})^2$，在 H4 单元格输入公式“＝4＊DEVSQ(B6:E6)”，返回值为“0.2777188”。

③ 计算误差 SS_E。鉴于公式 $SS_E=\sum_{i=1}^{a}\sum_{j=1}^{b}(X_{ij}-\bar{X}_{i.}-\bar{X}_{.j}+\bar{X})^2$ 较为复杂，可先计

算$(X_{ij}-\overline{X}_{i.}-\overline{X}_{.j}+\overline{X})^2$,再求和。在J8单元格输入"=(B2+$F$6-$F2-B$6)^2"并将其复制到J8:M11单元格,便可以得到各点离差平方表,然后在H5单元格输入"=SUM(J8:M11)",得到$SS_E=0.3764562$。这里,在公式中巧妙地运用了绝对引用与相对引用,大大简化了运算操作。

④ 计算方差SS_T。根据$SS_T=\sum_{i=1}^{a}\sum_{j=1}^{b}(\overline{X}_{ij}-\overline{X})^2$,在H6单元格输入公式"=DEVSQ(B2:E5)",得到返回值为"0.7488438"。

⑤ 计算均方和MS_A,MS_B,MS_E。在J3单元格输入"=H3/I3"并将其复制到J4:J5。

⑥ 计算F值。在K3单元格输入"=J3/$J$5"并将其复制到K4单元格。

⑦ 计算P_{value}与临界值。在L3单元格输入公式"=F.DIST.RT(K3,I3,$I$5)"并将其复制到L4单元格,返回值对应因素F统计量右尾概率;在M3单元格输入公式"=F.INV.RT(0.05,I3,$I$5)"并将其复制到M4单元格,可得到F分布的临界值,如图3-16所示。

⑧ 结论。因为$F_A=0.75442$,$F_B=2.213156$均小于临界值$F_{crit}=3.862548$,且P_{value}值均大于$\alpha=5\%$,故不能拒绝原假设H_0,即地块与除草剂对剑兰花穗重量无显著影响。

(2) 使用"数据分析"工具。

① 单击"数据"→"数据分析",打开"数据分析"对话框。

② 在"数据分析"对话框中选择"方差分析:无重复双因素分析"。

③ 在"输入区域"框中输入要分析的数据区域"$A$1:$E$5",如果输入的数据区域含行、列标题,需要勾选"标志"复选框。

④ 确定显著水平,默认值为0.05。选择"输出选项",例如选择"新工作表组"。

⑤ 单击"确定"按钮。结果为$F_A=0.75442$,$F_B=2.213156$,$F_{crit}=3.862548$,与上述用公式计算的结果一致,如图3-17所示。

	A	B	C	D	E	F	G	H	I	J	K	L
1	方差分析: 无重复双因素分析											
2	SUMMARY	观测数	求和	平均	方差							
3	地块1	4	7	1.75	0.126667							
4	地块2	4	7.22	1.805	0.039767							
5	地块3	4	7.03	1.7575	0.006158							
6	地块4	4	6.4	1.6	0.045467	差异源	SS	df	MS	F	P-value	F crit
7						行	0.094669	3	0.031556	0.75442	0.547061	3.862548
8	控制	4	6.11	1.5275	0.083625	列	0.277719	3	0.092573	2.213156	0.15606	3.862548
9	除草剂A	4	6.98	1.745	0.044833	误差	0.376456	9	0.041828			
10	除草剂B	4	7.59	1.8975	0.008492							
11	除草剂C	4	6.97	1.7425	0.020092	总计	0.748844	15				

输入
输入区域(I): $A$1:$E$5
☑ 标志(L)
α(A): 0.05
确定
取消

图3-17 双因素无交互作用方差分析"数据分析"工具计算

示例 **3-15**(Two-way Analysis of Variance,https://milnepublishing.geneseo.edu/)

某农场进行一项大豆种植试验,以评估种植密度(因素A)和品种(因素B)对产量的影响。试验采用了3个品种、4种密度:每公顷5000株、10000株、15000株和20000株,每种密度做3次重复试验。观测的大豆种植试验产量统计表如图3-17中A1:D13单元格所示。试评估:①种植密度与品种是否存在交互作用;②种植密度和品种对产量的影响(显著性水平为5%)。

解 由4种植密度、每种密度3次重复试验和3个大豆品种,可知$a=4$,$t=3$,$b=3$。

检验假设为H_0:①品种与种植密度之间没有交互作用;②不同种植密度与品种具有相同的产量均值;H_1:H_0两条假设不成立。

(1) 使用“数据分析”工具。将要分析的数据输入表格后按如下步骤操作。

① 单击“数据”→“数据分析”，打开“数据分析”对话框。

② 在“数据分析”对话框中选择“方差分析：可重复双因素分析”。

③ 在“输入区域”框中输入要分析的数据区域“＄A＄1：＄D＄13”。

④ 在“每一样本的行数”中输入因素 A 重复试验次数，也就是每一样本观测数据的行数，本例为“3”。

⑤ 确定显著水平 $\alpha=0.05$。

⑥ 选择“输出选项”。在“输出区域”框中输入“＄A＄14”(在本表指定输出位置)。

⑦ 单击“确定”按钮，输出结果如图 3-18 中 A14：E34、F25：L34 单元格所示。

	A	B	C	D	E	F	G	H	I	J	K	L
1	品种 (B) 密度(A)	品种1	品种2	品种3	平均值				=AVERAGE(E2:G2)	内部误差 SS_E		
2		7.8	8	15.3	9.1667	8.9	16.3	11.4556	=AVERAGE(B2:B4)	1.86778	0.81000	1.00000
3	5000株/公顷	9.1	8.7	16	12.4	12.6667	18.1	14.3889	=AVERAGE(B5:B7)	0.00444	0.04000	0.09000
4		10.6	10	17.6	12.9	14.5	19.8667	15.7556	=AVERAGE(B8:B10)	2.05444	1.21000	1.69000
5		11.2	11.3	16.8	10.8	12.7667	18.2	13.9222	=AVERAGE(B11:B13)	1.44000	1.86778	1.69000
6	10000株/公顷	12.7	12.9	18.3	11.317	12.2083	18.1167	13.8806	=AVERAGE(E2:E5)	0.09000	0.05444	0.04000
7		13.3	13.8	19.2		=(E2-E$6-$H2+$H$6)^2			=(B2-$E$2)^2	0.81000	1.28444	1.21000
8		12.1	13.8	17.9		0.07562	0.78028	0.37007	=(B3-$E$2)^2	0.64000	0.49000	3.86778
9	15000株/公顷	12.5	14.3	21		0.33063	0.00250	0.27563	=(B4-$E$2)^2	0.16000	0.04000	1.28444
10		14.1	15.4	20.7	AB交互作用 $SS_{A\times B}$	0.08507	0.17361	0.01563	=(B5-$E$3)^2	1.44000	0.81000	0.69444
11		9.1	11.3	17.2		0.31174	0.26694	0.00174	=(B6-$E$3)^2	2.89000	2.15111	1.00000
12	20000株/公顷	10.7	12.7	18.3		=(E3-E$6-$H3+$H$6)^2			=(B7-$E$3)^2	0.01000	0.00444	0.01000
13		12.6	14.3	19.1		=(E4-E$6-$H4+$H$6)^2			=(B8-$E$4)^2	3.24000	2.35111	0.81000
14	SUMMARY	品种1	品种2	品种3	总计	差异源	SS	df	MS	F	P-value	F crit
15	5000 株/公顷					样本	86.9075	3	28.969167	17.76	3E-06	3.00879
16	观测数	3	3	3	9	列	327.774	2	163.886944	100.48	2E-12	3.40283
17	求和	27.5	26.7	48.9	103.1	交互	8.06833	6	1.344722	0.8244	0.5623	2.50819
18	平均	9.167	8.9	16.3	11.46	内部	39.1467	24	1.631111			
19	方差	1.963	1.03	1.39	14.31	总计	461.9	35	=G15/H15	=F.DIST.RT(J15,H15,$H$18)		
20	10000株/公顷					=3*3*DEVSQ(H2:H5)		=4-1	=G16/H16	=F.DIST.RT(J16,H16,$H$18)		
21	观测数	3	3	3	9	=4*3*DEVSQ(E6:G6)		=3-1	=G17/H17	=F.DIST.RT(J17,H17,$H$18)		
22	求和	37.2	38	54.3	129.5	=3*SUM(F8:H11)		=H15*H16	=I15/$I$18	=F.INV.RT(0.05,H15,$H$18)		
23	平均	12.4	12.67	18.1	14.39	=SUM(J2:L13)		=4*3*(3-1)	=I16/$I$18	=F.INV.RT(0.05,H16,$H$18)		
24	方差	1.17	1.603	1.47	8.821	=DEVSQ(B2:D13)		=4*3*3-1	=I17/$I$18	=F.INV.RT(0.05,H17,$H$18)		
25	15000株/公顷					观测数	12	12	12			
26	观测数	3	3	3	9	求和	135.8	146.5	217.4			
27	求和	38.7	43.5	59.6	141.8	平均	11.317	12.2083	18.11667			
28	平均	12.9	14.5	19.87	15.76	方差	3.6688	5.56992	2.95424			
29	方差	1.12	0.67	2.923	11.17	差异源	SS	df	MS	F	P-value	F crit
30	20000株/公顷					样本	86.908	3	28.96916667	17.76	3E-06	3.00879
31	观测数	3	3	3	9	列	327.77	2	163.8869444	100.48	2E-12	3.40283
32	求和	32.4	38.3	54.6	125.3	交互	8.0683	6	1.344722222	0.8244	0.5623	2.50819
33	平均	10.8	12.77	18.2	13.92	内部	39.147	24	1.631111111			
34	方差	3.07	2.253	0.91	12.58	总计	461.9	35				

图 3-18　双因素有交互作用方差分析示例

(2) 用公式计算。

① 计算行、列均值和总体均值。在 E2 单元格输入公式“＝AVERAGE(B2：B4)”并将其复制到 F2：G2 单元格，在 E3 单元格输入公式“＝AVERAGE(B5：B7)”并将其复制到 F3：G3 单元格，在 E4 单元格输入公式“＝AVERAGE(B8：B10)”并将其复制到 F4：G4 单元格，在 E5 单元格输入公式“＝AVERAGE(B11：B13)”并将其复制到 F5：G5 单元格。然后在 H2 单元格输入“＝AVERAGE(E2：G2)”并将其复制到 H3：H5 单元格，在 E6 单元格输入公式“＝AVERAGE(E2：E5)”并将其复制到 E6：H6 单元格。

② 计算因素 A、B 方差 SS_A 与 SS_B。根据 $SS_A = bt\sum_{i=1}^{a}(\overline{X}_{i..}-\overline{X})^2$，在 G15 单元格输入公式“＝3 * 3 * DEVSQ(H2：H5)”；根据 $SS_B = at\sum_{i=1}^{a}(\overline{X}_{.j}-\overline{X})^2$，在 G16 单元格输入公式“＝4 * 3 * DEVSQ(E6：G6)”。

③ 计算AB交互作用方差$SS_{A\times B}$。根据$SS_{A\times B}=t\sum_{i=1}^{a}\sum_{j=1}^{b}(\overline{X}_{ij.}-\overline{X}_{i..}-\overline{X}_{.j.}+\overline{X})^2$，在F8单元格输入“=(E2−E$6−$H2+$H$6)^2”并将其复制到F8:H11单元格，然后在G17单元格输入公式“=3*SUM(F8:H11)”。

④ 计算内部误差SS_E。根据$SS_E=\sum_{i=1}^{a}\sum_{j=1}^{b}\sum_{k=1}^{t}(X_{ijk}-\overline{X}_{ij.})^2$，先计算密度5000株各点离差的平方。在J2、K2、L2单元格分别输入公式“=(B2−$E$2)^2”“=(C2−$F$2)^2”“=(D2−$G$2)^2”，并将其复制到对应的J3:L4单元格。然后按此方法依次计算其他3种密度各点的离差平方，得到所有观测值的离差平方表，如图3-18中J1:L13单元格所示。

⑤ 在G18单元格输入公式“=SUM(J2:L13)”。

⑥ 计算总体方差SS_T。根据$SS_T=\sum_{i=1}^{a}\sum_{j=1}^{b}\sum_{k=1}^{t}(X_{ijk}-\overline{X})^2$，在G19单元格输入公式“=DEVSQ(B2:D13)”。

⑦ 计算MS_A，MS_B，$MS_{A\times B}$，MS_E。在I15单元格输入公式“=G15/H15”并将其复制到I16:I18单元格。

⑧ 计算F值、P值与临界值。在J15单元格输入“=I15/$I$18”并将其复制到J16:J17单元格，在K15单元格输入公式“=F.DIST.RT(J15,H15,$H$18)”并将其复制到K16:K17单元格，在L15单元格输入公式“=F.INV.RT(0.05,H15,$H$18)”并将其复制到L16:L17单元格，如图3-18所示。

(3) 上述两种方法计算结果相同。

① 因为$F_{A\times B}=0.8244<F_{A\times B-crit}=2.50819$，所以不能拒绝原假设，也就是没有证据表明不同大豆品种与种植密度之间存在显著的相互作用。

② 由于$F_A=17.76>F_{A-crit}=3.00879$；$F_B=100.48>F_{B-crit}=3.40283$，因此，应当拒绝原假设，即不同大豆品种与种植密度的产量存在显著差异。

提示

(1) 要考查A、B两因素之间是否存在交互作用，需要对两个因素各种水平的组合进行重复试验。通常，有重复试验观测数据的双因素方差分析需要检验其交互作用。

(2) 单因素样本数据结构、方差分析模型或公式如图3-19所示。

	A	B	C	D	E	F	G	H	I	J	K
1	单因素方差分析	因素水平	样本观测值				方差来源	离差平方和(SS) Sums of Squares	自由度 (DF)	均方和(MS) Mean Sqaure	F值 F-Statistic
2											
3		A_1	X_{11}	X_{12}	…	X_{1n_1}	因素A	$SS_A=\sum_{i=1}^{k}(\bar{X}_{i.}-\bar{X})^2$	$k-1$	$MS_A=\frac{SS_A}{df_A}$	$F=\frac{MS_A}{MS_E}$
4		A_2	X_{21}	X_{22}	…	X_{2n_2}					
5		…	…	…	…	…					
6		A_k	X_{k1}	X_{k2}	…	X_{kn_k}	误差	$SS_E=SS_T-SS_A$	$n-k$	$MS_E=\frac{SS_E}{df_E}$	
7		F临界值					总和	$SS_T=\sum_{i=1}^{k}\sum_{j=1}^{bn_i}(\bar{X}_{ij}-\bar{X})^2$	$n-1$		
8		$F_\alpha=((k-1),(n-k))$									
9											

图3-19 单因素方差分析数据结构与公式

(3) 双因素样本数据结构、方差分析模型或公式如图3-20所示。

(4) 使用“数据分析”工具时，如表格中出现数据精度不一致时，可打开“Excel选项”对话框，单击“高级”，找到“计算此工作簿时”栏，取消勾选“将精度设为显示的精度”复选框。

	A	B	C	D	E	F	G	H	I	J	K
1–2	单因素方差分析	因素水平	样本观测值				方差来源	离差平方和(SS) Sums of Squares	自由度(DF)	均方和(MS) Mean Sqaure	F值 F-Statistic
3		A_1	X_{11}	X_{12}	…	X_{1n_1}	因素A	$SS_A=\sum_{i=1}^{k}(\bar{X}_{i.}-\bar{X})^2$	$k-1$	$MS_A=\frac{SS_A}{df_A}$	$F=\frac{MS_A}{MS_E}$
4		A_2	X_{21}	X_{22}	…	X_{2n_2}					
5		…	…	…	…	…					
6		A_k	X_{k1}	X_{k2}	…	X_{kn_k}	误差	$SS_E=SS_T-SS_A$	$n-k$		
7		F临界值					总和	$SS_T=\sum_{i=1}^{k}\sum_{j=1}^{bn_i}(\bar{X}_{ij}-\bar{X})^2$	$n-1$	$MS_E=\frac{SS_E}{df_E}$	
8–9		$F_\alpha=((k-1),(n-k))$									
10–11	双因素无重复方差分析	因素B / 因素A	B_1	B_2	…	B_b	因素A	$SS_A=b\sum_{i=1}^{a}(\bar{X}_{i.}-\bar{X})^2$	$a-1$	$MS_A=\frac{SS_A}{df_A}$	
12		A_1	X_{11}	X_{12}	…	X_{1b}					
13		A_2	X_{21}	X_{22}	…	X_{2b}	因素B	$SS_B=a\sum_{i=1}^{b}(\bar{X}_{.j}-\bar{X})^2$	$b-1$		$F_A=\frac{MS_A}{MS_E}$
14		…	…	…	…	…					
15		A_a	X_{a1}	X_{a2}	…	X_{ab}				$MS_B=\frac{SS_B}{df_B}$	
16		F临界值									
17		$F_\alpha=((a-1),(a-1)(b-1))$					误差	$SS_E=\sum_{i=1}^{a}\sum_{j=1}^{b}(X_{ij}-\bar{X}_{i.}-\bar{X}_{j}+\bar{X})^2$	$(a-1)(b-1)$		$F_B=\frac{MS_B}{MS_E}$
18		$F_\alpha=((b-1),(a-1)(b-1))$									
19–21		$SS_T=SS_A+SS_B+SS_E$					总和	$SS_T=\sum_{i=1}^{a}\sum_{j=1}^{b}(\bar{X}_{ij}-\bar{X})^2$	$ab-1$	$MS_E=\frac{SS_E}{df_E}$	
22–23	双因素有重复方差分析	因素B / 因素A	B_1	B_2	…	B_b	因素A	$SS_A=bt\sum_{i=1}^{a}(\bar{X}_{i..}-\bar{X})^2$	$a-1$	$MS_A=\frac{SS_A}{df_A}$	
24		A_1	X_{111}	X_{121}	…	X_{1b1}					$F_A=\frac{MS_A}{MS_E}$
25		A_2	X_{21}	X_{22}	…	X_{2b2}					
26		…	…	…	…	…	因素B	$SS_B=at\sum_{i=1}^{a}(\bar{X}_{.j}-\bar{X})^2$	$b-1$	$MS_B=\frac{SS_B}{df_B}$	
27		A_a	X_{a1t}	X_{a2t}	…	X_{abt}					
28–29		F临界值					AB交互作用	$SS_{A\times B}=t\sum_{i=1}^{a}\sum_{j=1}^{b}(\bar{X}_{ij.}-\bar{X}_{i..}-\bar{X}_{.j.}+\bar{X})^2$	$(a-1)(b-1)$		$F_B=\frac{MS_B}{MS_E}$
30		$F_\alpha=((a-1),ab(t-1))$								$MS_{A\times B}=\frac{SS_{A\times B}}{df_{A\times B}}$	
31		$F_\alpha=((b-1),ab(t-1))$					误差	$SS_E=\sum_{i=1}^{a}\sum_{j=1}^{b}\sum_{k=1}^{t}(X_{ijk}-\bar{X}_{ij.})^2$			
32–33		$F_\alpha=((a-1)(b-1),ab(t-1))$							$ab(t-1)$	$MS_E=\frac{SS_E}{df_E}$	$F_{A\times B}=\frac{MS_{A\times B}}{MS_E}$
34–36		$SS_T=SS_A+SS_B+SS_{A\times B}+SS_E$					总和	$SS_T=\sum_{i=1}^{a}\sum_{j=1}^{b}\sum_{k=1}^{t}(X_{ijk}-\bar{X})^2$	$abt-1$		

图 3-20　双因素方差分析数据结构与公式

3.6.2　协方差、相关系数、描述统计和直方图

“数据分析”工具库中“相关系数”“协方差”“描述统计”“直方图”4 个工具的数据统计算法与所对应的数字特征等函数是一致的，也就是说，用户也可以直接用函数公式进行同类运算。下面的示例介绍这 4 个工具的用法。

示例 3-16　用“数据分析”工具库中“相关系数”和“协方差”工具计算示例 2-28 中学生身高、体重、学习时间与错误数的相关系数与协方差。

（1）单击“数据”→“数据分析”→“相关系数”，打开“相关系数”对话框。

（2）在“输入区域”框中输入要分析的数据区域“＄A＄1:＄K＄4”，如图 3-21 所示。

	A	B	C	D	E	F	G	H	I	J	K	L	M	N	O	P
1	身高	152	157	160	165	165	173	175	178	183	188		身高	体重	学习时间	错误数
2	体重	46	54	59	68	54	66	79	77	84	95	身高	1			
3	学习时间	90	100	130	150	180	200	220	300	350	400	体重	0.9551	1		
4	错误数	25	28	20	20	15	12	13	10	8	6	学习时间	0.9688	0.9235	1	
5												错误数	-0.951	-0.85	-0.926	1
6													身高	体重	学习时间	错误数
7												身高	123.24			
8												体重	155.38	214.76		
9												学习时间	1082.8	1362.6	10136	
10												错误数	-73.32	-86.44	-647.4	48.21

相关系数　?
输入
输入区域(I):　$A$1:$K$4　确定
分组方式:　○ 逐列(C)　取消
☑ 标志位于第一列(L)　◉ 逐行(R)　帮助(H)

图 3-21　相关系数与协方差工具用法示例

（3）在“分组方式”中选择“逐行”单选按钮。如果数据是按列分组，则选择“逐列”单选按钮。

（4）勾选“标志位于第一列”复选框。当选择的数据区不含标志（数据名称）时，不勾选

此项。

（5）选择“输出选项”。在“输出区域”框中输入“＄L＄1”。

（6）单击“确定”按钮，结果如图3-21中L1:P5单元格所示。

（7）按上述步骤(1)打开“协方差”对话框，并输入要分析的数据区域“＄A＄1:＄K＄4”，返回的协方差如图3-21中L6:P10单元格所示。

示例3-17　某班学生语文和英语成绩表如图3-22中A1:C20单元格所示，请用“数据分析”工具库中“描述统计”工具对学生语文和英语成绩进行概要分析。

（1）单击“数据”→“数据分析”→“描述统计”，打开“描述统计”对话框，如图3-22所示。

（2）在“输入区域”框中输入要分析的数据区域“＄B＄1:＄C＄20”。

（3）在“分组方式”中选择“逐列”单选按钮。如果数据是按行分组，则选择“逐行”单选按钮。

（4）勾选“标志位于第一行”复选框。当选择的数据区不含标志(数据名称)时，不勾选此项。

（5）选择“输出选项”。在“输出区域”框中输入“＄D＄1”。也可以根据需要将统计报表输出至“新工作表组”或“新工作簿”。

（6）选择描述统计特征或指标，至少要勾选其中一项。

① “汇总统计”主要有“平均”“标准误差”“中位数”“众数”“标准差”“方差”“峰度”“偏度”“区域(最大与最小之差)”等。

② 勾选“平均数置信度”复选框并选择或重新输入“置信水平(默认为95%)”，可返回指定置信水平下平均值的置信度。

③ 需要按数值大小选择其排位时可选择“第K大值”或“第K小值”并输入要显示的排位数(K)，然后单击“确定”按钮，如图3-22所示。

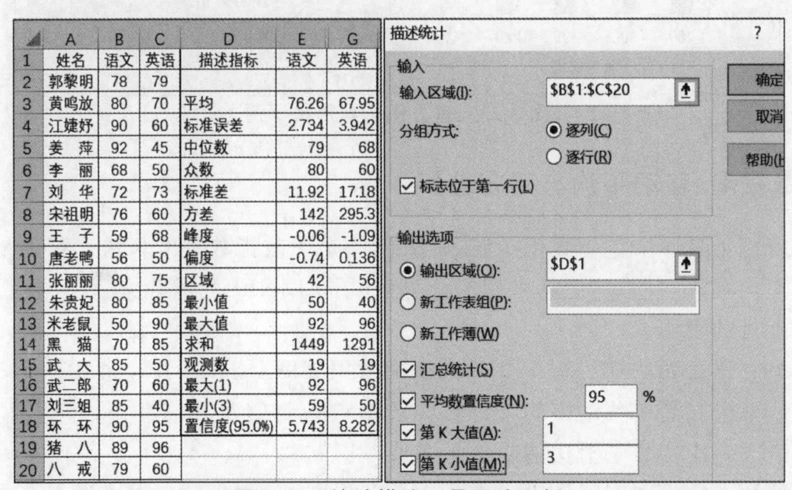

	A	B	C	D	E	G
1	姓名	语文	英语	描述指标	语文	英语
2	郭黎明	78	79			
3	黄鸣放	80	70	平均	76.26	67.95
4	江婕妤	90	60	标准误差	2.734	3.942
5	姜　萍	92	45	中位数	79	68
6	李　丽	68	50	众数	80	60
7	刘　华	72	73	标准差	11.92	17.18
8	宋祖明	76	60	方差	142	295.3
9	王　子	59	68	峰度	-0.06	-1.09
10	唐老鸭	56	50	偏度	-0.74	0.136
11	张丽丽	80	75	区域	42	56
12	朱贵妃	80	85	最小值	50	40
13	米老鼠	50	90	最大值	92	96
14	黑　猫	70	85	求和	1449	1291
15	武　大	85	50	观测数	19	19
16	武二郎	70	60	最大(1)	92	96
17	刘三姐	85	40	最小(3)	59	50
18	环　环	90	95	置信度(95.0%)	5.743	8.282
19	猪　八	89	96			
20	八　戒	79	60			

图3-22　统计描述工具用法示例

示例3-18　用“数据分析”工具库中的“直方图”工具分析示例2-7中学生英语成绩总分分布状况。

（1）单击“数据”→“数据分析”→“直方图”，打开“直方图”对话框，如图3-23所示。

（2）在“输入区域”框中输入学生英语成绩总分数据“＄G＄1:＄G＄12”。

（3）在“接收区域”框中输入要分析频数的总分区间“＄H＄3：＄H＄8”。

（4）在“输出区域”框中输入“＄J＄3”。也可以选择“新工作表组”或“新工作簿”作为输出区域。

（5）勾选“柏拉图”“累积百分率”或“图表输出”复选框。至少勾选一项，也可全部勾选。

（6）单击“确定”按钮，如图 3-23 所示。

提示

（1）“数据分析”工具库中的“相关系数”“协方差”工具可以计算多组数据并形成各组数据之间的相关系数或协方差矩阵表。如果只计算两组数据的相关系数或协方差，可以直接用相关系数 CORREL 函数或协方差 COVARIANCE 函数。

（2）帕累托图（Pareto Chart）是一种按重要程度或频率高低排列的柱形图，通常，最高的直方柱排在最左侧，然后由高至低依次往右排列其他直方柱。

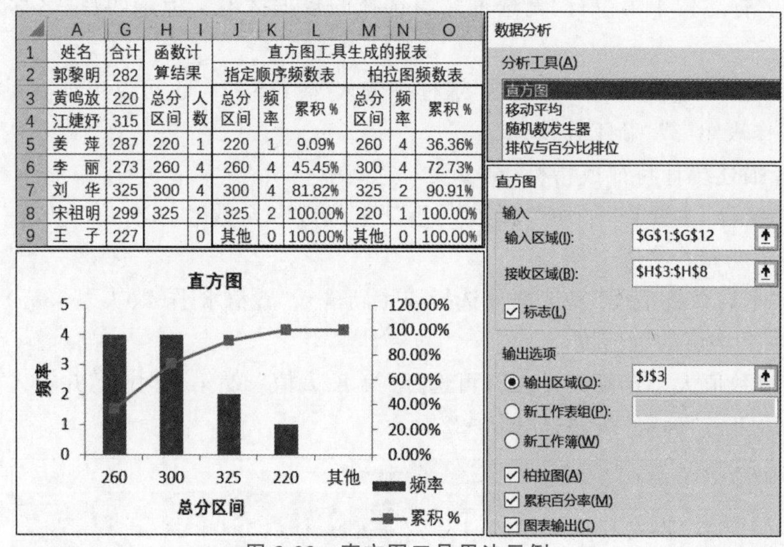

	A	G	H	I	J	K	L	M	N	O
1	姓名	合计	函数计算结果		直方图工具生成的报表					
2	郭黎明	282			指定顺序频数表			柏拉图频数表		
3	黄鸣放	220	总分区间	人数	总分区间	频率	累积%	总分区间	频率	累积%
4	江婕妤	315								
5	姜　萍	287	220	1	220	1	9.09%	260	4	36.36%
6	李　丽	273	260	4	260	4	45.45%	300	4	72.73%
7	刘　华	325	300	4	300	4	81.82%	325	2	90.91%
8	宋祖明	299	325	2	325	2	100.00%	220	1	100.00%
9	王　子	227		0	其他	0	100.00%	其他	0	100.00%

图 3-23　直方图工具用法示例

3.6.3　指数平滑、移动平均与回归分析

“数据分析”工具库中，“指数平滑”工具采用的是一次指数平滑算法，“移动平均”工具采用的是简单平均算法，“回归”工具采用的计算公式同 LINEST 函数。下面的示例讲解这三个数据分析工具的用法。

示例 3-19　某公司去年一至十二月销售额数据如图 3-24 中 A1：C13 单元格所示，请分别用一次指数平滑和简单移动平均法计算各数据点预测值及其标准差，并绘制实际值与预测值趋势图表。一次指数平滑法的阻尼系数取 0.9。

解　将数据点序号和实际值输入工作表后，可按如下方法和步骤操作。

（1）指数平滑法。

① 单击“数据”→“数据分析”→“指数平滑”，打开对话框。

② 在“指数平滑”对话框的“输入区域”中输入数据区域“＄C＄1：＄C＄13”。

③ 在“阻尼系数”框中输入“0.9”。

④ 如果输入的数据区域第一行为标题，须勾选“标志”复选框。

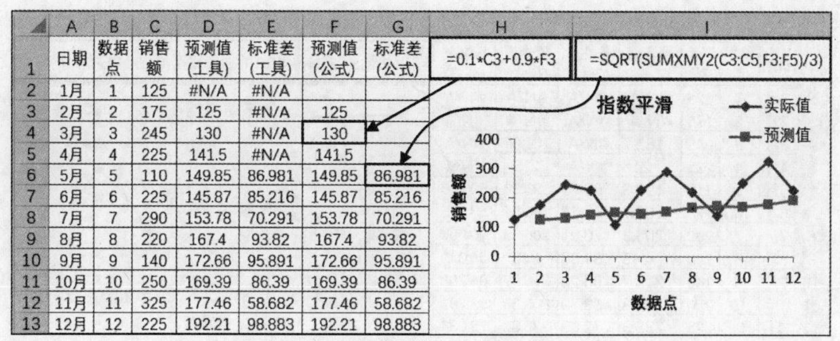

	A	B	C	D	E	F	G
1	日期	数据点	销售额	预测值(工具)	标准差(工具)	预测值(公式)	标准差(公式)
2	1月	1	125	#N/A	#N/A		
3	2月	2	175	125	#N/A	125	
4	3月	3	245	130	#N/A	130	
5	4月	4	225	141.5	#N/A	141.5	
6	5月	5	110	149.85	86.981	149.85	86.981
7	6月	6	225	145.87	85.216	145.87	85.216
8	7月	7	290	153.78	70.291	153.78	70.291
9	8月	8	220	167.4	93.82	167.4	93.82
10	9月	9	140	172.66	95.891	172.66	95.891
11	10月	10	250	169.39	86.39	169.39	86.39
12	11月	11	325	177.46	58.682	177.46	58.682
13	12月	12	225	192.21	98.883	192.21	98.883

图 3-24　指数平滑工具用法示例

⑤ 在“输出区域”框中输入“$D$2”。也可以选择输出至新工作表或工作簿。

⑥ 勾选“图表输出”和“标准误差”复选框，然后单击“确定”按钮，如图 3-25①所示。

⑦ 输出结果如图 3-24 所示。

(2) 移动平均法。

① 单击“数据”→“数据分析”→“移动平均”，打开对话框。

② 在“移动平均”对话框的“输入区域”中输入数据区域“$C$1:$C$13”。

③ 勾选“标志位于第一行”复选框，并在“间隔”框中输入“3”(移动平均的时期个数)。

④ 在“输出区域”框中输入“$D$2”。也可以选择输出至新工作表或工作簿。

⑤ 勾选“图表输出”和“标准误差”复选框，然后单击“确定”按钮，如图 3-25②所示。

⑥ 输出结果如图 3-26 所示。

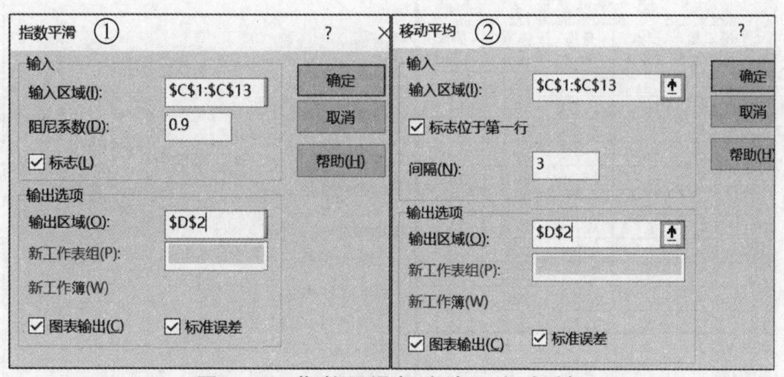

图 3-25　指数平滑与移动平均对话框

(3) 在工作表中直接用指数平滑法和移动平均法公式计算的预测值和标准差与上述工具计算的结果一致，具体方法如下。

① 指数平滑。

- 在 F3 单元格输入“=C2”，在 F4 单元格输入公式“=0.1*C3+0.9*F3”并将其复制到 F5:F13 单元格。
- 在 G6 单元格输入标准差公式“=SQRT(SUMXMY2(C3:C5,F3:F5)/3)”并将其复制到 G7:G13 单元格，如图 3-24 所示。

② 移动平均。

- 在 F4 单元格输入公式“=AVERAGE(C2:C4)”并将其复制到 F5:F13 单元格。
- 在 G6 单元格输入标准差公式“=SQRT(SUMXMY2(C4:C6,F4:F6)/3)”并将其复制到 G7:G13 单元格，如图 3-26 所示。

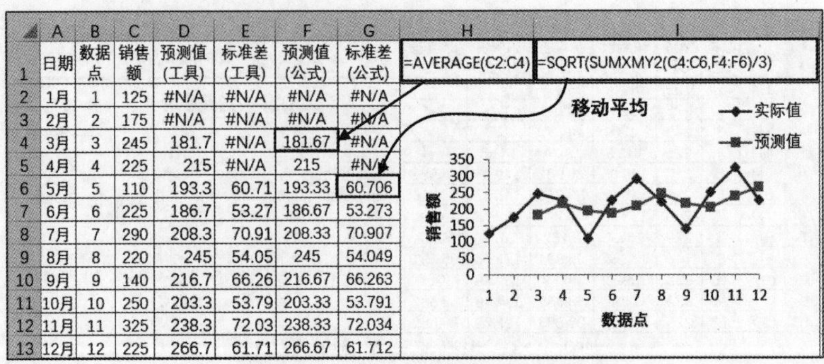

	A	B	C	D	E	F	G
1	日期	数据点	销售额	预测值(工具)	标准差(工具)	预测值(公式)	标准差(公式)
2	1月	1	125	#N/A	#N/A	#N/A	#N/A
3	2月	2	175	#N/A	#N/A	#N/A	#N/A
4	3月	3	245	181.7	#N/A	181.67	#N/A
5	4月	4	225	215	#N/A	215	#N/A
6	5月	5	110	193.3	60.71	193.33	60.706
7	6月	6	225	186.7	53.27	186.67	53.273
8	7月	7	290	208.3	70.91	208.33	70.907
9	8月	8	220	245	54.05	245	54.049
10	9月	9	140	216.7	66.26	216.67	66.263
11	10月	10	250	203.3	53.79	203.33	53.791
12	11月	11	325	238.3	72.03	238.33	72.034
13	12月	12	225	266.7	61.71	266.67	61.712

图 3-26　移动平均工具用法示例

示例 3-20　用“回归”工具分析示例 2-40 中青春期前男孩身高、体重、岁数、胸厚与最大摄氧量的关系。

(1) 单击“数据”→“数据分析”→“回归”，打开“回归”对话框。

(2) 在“Y 值输入区域”框中输入最大摄氧量数据“$A$2:$A$12”。

(3) 在“X 值输入区域”框中输入青春期生理数据“$B$2:$E$12”。

(4) 勾选“标志”复选框，勾选“置信度”复选框并在框中输入“95%”。如果回归方程不需要常数，可勾选“常数为零”复选框。在“输出选项”中选择“新工作表组”单选按钮。

(5) 需要输出残差时，勾选“残差”“标准残差”复选框；需要输出图表时，可勾选“残差图”“线性拟合图”“正态概率图”复选框，然后单击“确定”按钮，如图 3-27 所示。

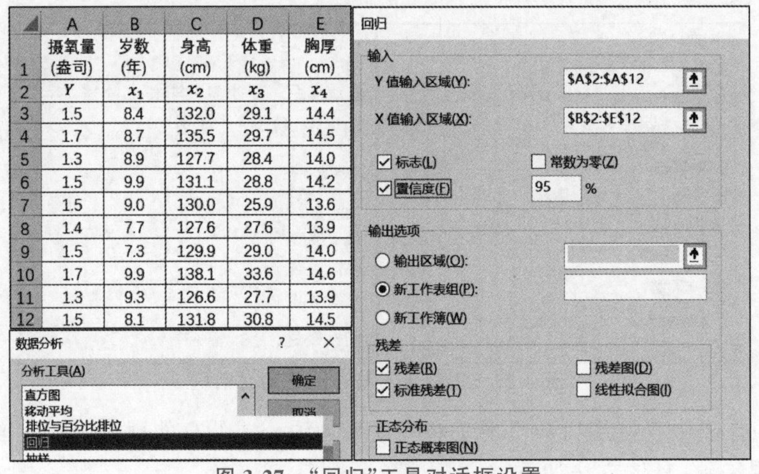

	A	B	C	D	E
1	摄氧量(盎司)	岁数(年)	身高(cm)	体重(kg)	胸厚(cm)
2	Y	x_1	x_2	x_3	x_4
3	1.5	8.4	132.0	29.1	14.4
4	1.7	8.7	135.5	29.7	14.5
5	1.3	8.9	127.7	28.4	14.0
6	1.5	9.9	131.1	28.8	14.2
7	1.5	9.0	130.0	25.9	13.6
8	1.4	7.7	127.6	27.6	13.9
9	1.5	7.3	129.9	29.0	14.0
10	1.7	9.9	138.1	33.6	14.6
11	1.3	9.3	126.6	27.7	13.9
12	1.5	8.1	131.8	30.8	14.5

图 3-27　“回归”工具对话框设置

(6) 输出报表如图 3-28 所示。根据输出的方程变量系数和常数写出回归方程如下。

$$y=0.034489x_4-0.023417x_3+0.051637x_2-0.035214x_1-4.774739$$

上述结果与 LINEST 函数计算结果相同。

提示

(1) “指数平滑”工具使用的公式为 $S_t=\alpha x_t+(1-\alpha)S_{t-1}$，式中，$S_t$ 表示时间 t 的平滑值；x_t 表示时间 t 的实际值；S_{t-1} 表示时间 $t-1$ 的平滑值，$S_1=x_1$；α 表示平滑系数，$(1-\alpha)$ 为阻尼系数。

(2) “移动平均”工具使用的公式为 $S_n=(A_1+A_2+\cdots+A_n)/n$，式中，$S_n$ 表示期数 n

	A	B	C	D	E	F	G	H	I	J
1	SUMMARY OUTPUT						RESIDUAL OUTPUT			
2	回归统计						观测值	预测 Y	残差	标准残差
3	Multiple R			0.983612			1	1.560697	-0.0207	-0.74625
4	R Square			0.967493			2	1.720259	0.019741	0.711792
5	Adjusted R Square			0.941488			3	1.323649	-0.00365	-0.13156
6	标准误差			0.037209			4	1.46153	0.03847	1.387095
7	观测值			10			5	1.483639	-0.02364	-0.85233
8	方差分析						6	1.376026	-0.02603	-0.93843
9		df	SS	MS	F	Significance F	7	1.479541	0.050459	1.81938
10	回归分析	4	0.206037	0.051509	37.203689	0.000651	8	1.72438	-0.01438	-0.51849
11	残差	5	0.006923	0.001385			9	1.265706	0.004294	0.154828
12	总计	9	0.21296				10	1.524573	-0.02457	-0.88603
13			Coefficients	标准误差	t Stat	P-value	Lower 95%	Upper 95%	下限 95.0%	上限 95.0%
14	Intercept		-4.774739	0.862818	-5.533890	0.002643	-6.992682	-2.556795	-6.992682	-2.556795
15	x1		-0.035214	0.015386	-2.288651	0.070769	-0.074766	0.004338	-0.074766	0.004338
16	x2		0.051637	0.006215	8.308090	0.000413	0.035660	0.067613	0.035660	0.067613
17	x3		-0.023417	0.013428	-1.743854	0.141640	-0.057936	0.011102	-0.057936	0.011102
18	x4		0.034489	0.085239	0.404613	0.702490	-0.184624	0.253602	-0.184624	0.253602

图 3-28　回归工具用法示例

的移动平均值；A_i 表示第 i 期实际值；n 表示期数。

3.6.4　傅里叶分析

傅里叶分析(Fourier Analysis)是 19 世纪法国著名数学家和物理学家 Baptiste Joseph Fourier 发明的一种数学分析方法，他在 1822 年出版了伟大的数学经典著作之一：《热的分析理论》。傅里叶分析可以将任何数学函数变换并分解成一系列正弦波和余弦波。通过这种变换，它可以将时间序列数据集分解为一系列三角或指数函数来简化复杂数据关系，删除混杂因素或噪声，从而识别问题的真实模式或趋势。今天，傅里叶分析已经深入到日常生活的许多方面：从语音识别、音频通信和图像处理，到我们的现代数字体验(如智能手机)，到股市预测、金融分析，再到地震学、海洋学和 X 射线晶体学等。

"数据分析"工具库中"傅里叶分析"是用于变换离散型时间序列数据的程序，使用的是快速傅里叶变换(Fast Fourier Transform，FFT)算法，并支持逆变换。FFT 是分析线性系统周期性数据的有效方法。下面的示例说明"傅里叶分析"工具的用法。

示例 3-21　某公司过去 12 期销售额数据如图 3-29 中 A1:B13 单元格所示，请分析其季节或重复模式长度。运用"傅里叶分析"工具分析的操作方法和步骤如下。

(1) 因 FFT 算法要求数据区间长度为 2^n 的倍数，不足需用 0 补齐，故在表尾部加 4 个 0。

(2) 单击"数据"→"数据分析"→"傅里叶分析"，打开"傅里叶分析"对话框。

(3) 在"输入区域"框中输入"＄B＄1:＄B＄17"，并勾选"标志位于第一行"复选框。

(4) 在"输出区域"框中输入"＄C＄2"并单击"确定"按钮。

(5) 在 E2 单元格输入复数模函数公式"＝IMABS(C2)"并将其复制到 E3:E17 单元格。

(6) 选定 D3:E17 单元格区域，然后单击"插入"→"图表"→"带平滑线和数据标记的散点图"。

(7) 从销售额周期性曲线可以看出，该公司销售额季节或重复模式长度为"4"，如图 3-29 所示。

提示

(1) 需要将傅里叶复数集变换为实数集时，应在"傅里叶分析"对话框中勾选"逆变换"

复选框，如图 3-29 所示。

(2) “傅里叶分析”工具 FFT 算法公式：

$$x_k=\sum_{m=0}^{\frac{N}{2}-1}x_{2m}\mathrm{e}^{-i2\pi km/\left(\frac{N}{2}\right)}+\mathrm{e}^{-i2\pi km/N}\sum_{m=0}^{\frac{N}{2}-1}x_{2m+1}\mathrm{e}^{-i2\pi km/\left(\frac{N}{2}\right)}$$

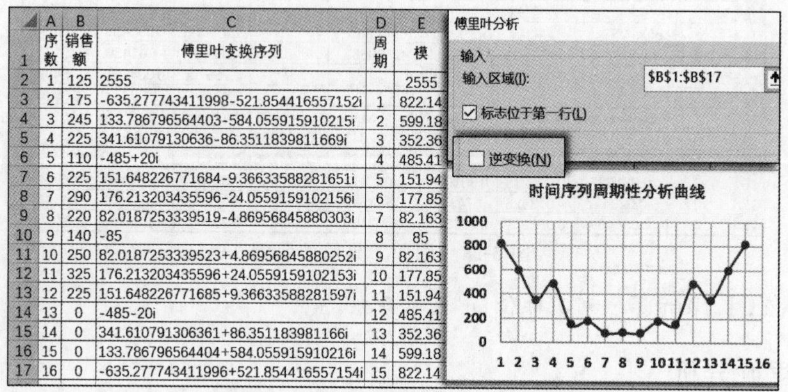

	A	B	C	D	E
1	序数	销售额	傅里叶变换序列	周期	模
2	1	125	2555		2555
3	2	175	-635.277743411998-521.854416557152i	1	822.14
4	3	245	133.786796564403-584.055915910215i	2	599.18
5	4	225	341.61079130636-86.3511839811669i	3	352.36
6	5	110	-485+20i	4	485.41
7	6	225	151.648226771684-9.36633588281651i	5	151.94
8	7	290	176.213203435596-24.0559159102156i	6	177.85
9	8	220	82.0187253339519-4.86956845880303i	7	82.163
10	9	140	-85	8	85
11	10	250	82.0187253339523+4.86956845880252i	9	82.163
12	11	325	176.213203435596+24.0559159102153i	10	177.85
13	12	225	151.648226771685+9.36633588281597i	11	151.94
14	13	0	-485-20i	12	485.41
15	14	0	341.610791306361+86.351183981166i	13	352.36
16	15	0	133.786796564404+584.055915910216i	14	599.18
17	16	0	-635.277743411996+521.854416557154i	15	822.14

图 3-29 傅里叶分析工具用法示例

3.6.5 抽样、随机数发生器与排位

本节举例介绍“抽样”“随机数发生器”“排位与百分比排位”工具的用法。

抽样分析工具是将数据源区域作为样本的总体，然后按用户指定的“周期”或“随机”方法及“样本数”抽取建立一个样本。当总体数源较大不易处理时，可以从中抽取具有代表性的样本进行分析或处理。

随机数发生器分析工具用于按某种概率分布产生一组随机数，可选择的概率分布包括“均匀”“正态”“伯努利”“二项式”“泊松”“模式”“离散”7 种。

排位与百分比排位分析工具用于分析数据集中各数值间的相对位置关系。该工具使用排位 RANK.EQ 函数与百分比排位 PERCENTRANK.INC 函数。

示例 3-22 从某班随机抽选三人参加年级会考，班级同学名单表如图 3-30 中 A1:B17 单元格所示。使用“抽样”工具的操作方法和步骤如下。

	A	B	C	D	E	F
1	学生ID	姓名	哲学	资本论	数学	英语
2	2022001	刘 华	53	92	74	67
3	2022002	张 明	68	79	95	81
4	2022003	王 军	79	83	91	93
5	2022004	郭黎明	80	73	72	71
6	2022005	王建国	75	79	77	79
7	2022006	黄鸣放	79	73	68	81
8	2022007	宋祖明	73	72	91	71
9	2022008	朱贵妃	80	73	80	84
10	2022009	米老鼠	79	82	99	70
11	2022010	黑 猫	78	76	85	79
12	2022011	武 大	75	70	79	74
13	2022012	武二郎	77	77	84	65
14	2022013	刘三姐	64	88	61	83
15	2022014	环 环	83	82	86	80
16	2022015	张 三	86	92	70	84
17	2022016	王 二	84	65	67	75

抽样
输入
输入区域(I): $A$1:$A$17
标志(L)
抽样方法
周期(E)
间隔:
随机(R)
样本数: 3
确定
取消
帮助(H)

随机抽取参加会考同学名单		
学号	姓名	由ID查找姓名公式
2022008	朱贵妃	=FORMULATEXT(I15,$A$2:$B$17,2,FALSE)
2022007	宋祖明	=FORMULATEXT(I16,$A$2:$B$17,2,FALSE)
2022003	王 军	=FORMULATEXT(I17,$A$2:$B$17,2,FALSE)

图 3-30 抽样分析工具用法示例

(1) 单击“数据”→“数据分析”→“抽样”，打开“抽样”对话框。

（2）在“输入区域”框中输入学生 ID 数据“＄A＄1：＄A＄17”，在“抽样方法”栏中选择“随机”抽样并在“样本数”框中输入“3”，在“输出区域”输入“H15”。然后单击“确定”按钮。

（3）用 VLOOKUP 函数填写随机抽选学号所对应的学生姓名。在 I15 单元格输入公式“= VLOOKUP(H15，＄A＄2：＄B＄17，2，FALSE)”并将其复制到 I16：I17 单元格，如图 3-30 中 H14：J17 单元格所示。

示例 3-23　某项试验需要产生一组符合正态分布的数据集，其变量个数为 3，每个变量的随机数为 16 个，均值为 80，标准差为 5，随机基数为 58。使用“随机数发生器”工具产生上述随机数据的操作方法和步骤如下。

（1）单击“数据”→“数据分析”→“随机数发生器”，打开“随机数发生器”对话框。

（2）选择分布类型。单击“分布”框右侧下拉箭头，选择“正态”。

① 在“变量个数”框中输入“3”。

② 在“随机数个数”框中输入“16”。

③ 在“平均值”框中输入“80”。

④ 在“标准偏差”框中输入“5”。

⑤ 在“随机数基数”框中输入“58”。

⑥ 在“输出区域”中输入“＄B＄2”。

（3）单击“确定”按钮，如图 3-31 所示。

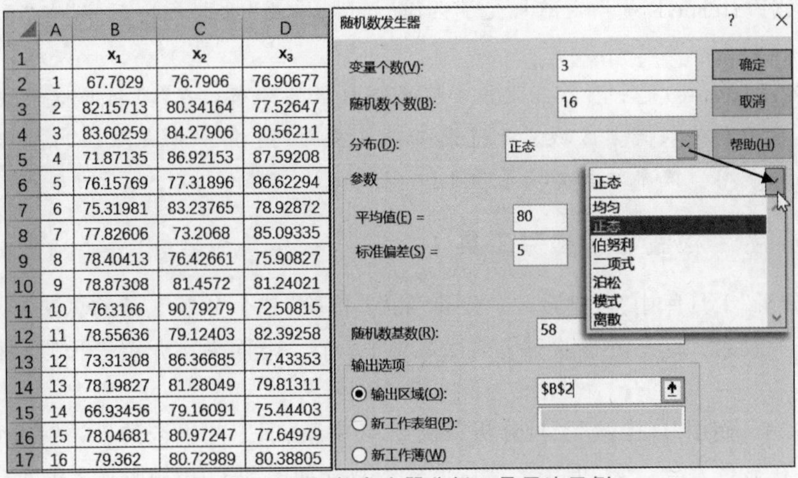

	A	B	C	D
1		x_1	x_2	x_3
2	1	67.7029	76.7906	76.90677
3	2	82.15713	80.34164	77.52647
4	3	83.60259	84.27906	80.56211
5	4	71.87135	86.92153	87.59208
6	5	76.15769	77.31896	86.62294
7	6	75.31981	83.23765	78.92872
8	7	77.82606	73.2068	85.09335
9	8	78.40413	76.42661	75.90827
10	9	78.87308	81.4572	81.24021
11	10	76.3166	90.79279	72.50815
12	11	78.55636	79.12403	82.39258
13	12	73.31308	86.36685	77.43353
14	13	78.19827	81.28049	79.81311
15	14	66.93456	79.16091	75.44403
16	15	78.04681	80.97247	77.64979
17	16	79.362	80.72989	80.38805

图 3-31　随机数发生器分析工具用法示例

示例 3-24　某市年度月平均气温如图 3-32 中 A1：B13 单元格所示，使用“排位与百分比排位”分析工具对月平均气温进行排位的操作方法和步骤如下。

（1）单击“数据”→“数据分析”→“排位与百分比排位”，打开对话框。

（2）在“输入区域”框中输入“＄B＄1：＄B＄13”，在“分组方式”栏选择“列”，并勾选“标志位于第一行”复选框。

（3）在“输出区域”输入“＄C＄1”，然后单击“确定”按钮，如图 3-32 所示。

提示

（1）“抽样”分析工具随机抽样的输出结果可能出现重复值。如果不希望随机抽样含有重复值，可以重抽，或者删除重复值补抽。

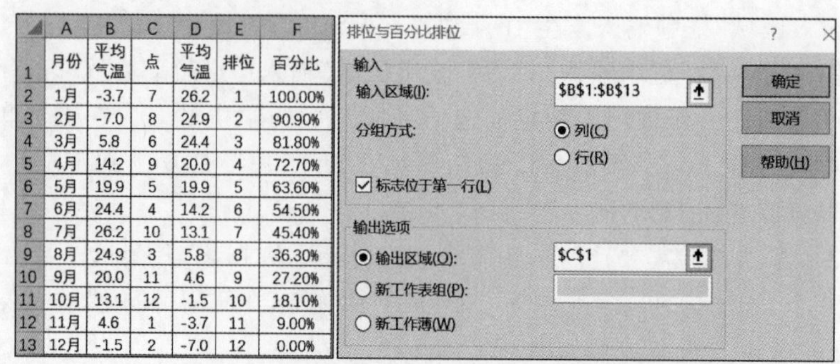

	A	B	C	D	E	F
1	月份	平均气温	点	平均气温	排位	百分比
2	1月	-3.7	7	26.2	1	100.00%
3	2月	-7.0	8	24.9	2	90.90%
4	3月	5.8	6	24.4	3	81.80%
5	4月	14.2	9	20.0	4	72.70%
6	5月	19.9	5	19.9	5	63.60%
7	6月	24.4	4	14.2	6	54.50%
8	7月	26.2	10	13.1	7	45.40%
9	8月	24.9	3	5.8	8	36.30%
10	9月	20.0	11	4.6	9	27.20%
11	10月	13.1	12	-1.5	10	18.10%
12	11月	4.6	1	-3.7	11	9.00%
13	12月	-1.5	2	-7.0	12	0.00%

图 3-32　排位与百分比排位分析工具用法示例

(2)“随机数发生器”分析工具采取的是马特多塞特旋转算法，该算法是 Makoto Matsumoto 和 Takuji Nishimura(West Village)在 1997 年发明的，其主要功能是快速生成伪随机数(Pseudo-Random Number)。马特多塞特旋转算法具有速度快、占用内存少、随机性好等优点，是目前普遍采用的算法。

(3) 关于随机数发生器中的 7 种概率分布简要说明如下。

① 均匀(Uniform)是具有下限 a 和上限 b 的平坦有界分布，生成的随机变量是介于下限和上限之间的任何值。

② 正态、伯努利、二项式、泊松分布可参阅 2.3 节和 2.4 节有关内容。

③ 模式(Patterned)是指定随机变量区间、间隔，以及“重复每一数字”与“重复序列”次数的一种分布模式。

④ 离散(Discrete)是一种按指定概率生成随机数的分布。在“数值与概率输入区域”框须输入指定数值和关联概率区域。此范围必须包含两列：第一列是数值，第二列是随机抽取对应数值的概率。概率之和必须等于 1。

3.6.6　F 检验、T 检验与 Z 检验工具

“数据分析”工具库中“F 检验”“T 检验”和“Z 检验”三个分析工具的算法与对应的假设检验函数是一致的。这三种检验对应的函数见 2.7 节。下面举例介绍三种假设检验分析工具的用法。

示例 3-25　使用“F 检验”工具分析示例 2-36 中新、旧工艺生产的不锈钢水管液压质量水平是否存在显著差异。新、旧工艺液压值样本数据如图 3-33 中 A1:B17 单元格所示。

(1) 单击“数据”→“数据分析”→“F 检验”，打开对话框。

(2) 在“变量 1 的区域”框中输入原工艺液压值数据区域“$A$2:$A$14”，在“变量 2 的区域”框中输入新工艺数据区域“$B$2:$B$17”，并勾选“标志”复选框。

(3) 在“α(A)”框中输入检验水准系数“0.05”。

(4) 在“输出区域”框中输入“$C$1”。

(5) 单击“确定”按钮，如图 3-33 中 C1:E9 单元格所示。

为便于对比分析，理解 F 检验工具的算法，可以直接输入函数公式计算。

(1) 计算原工艺均值、方差、自由度。

① 在 D11 单元格输入公式“AVERAGE(A3:A17)”。

② 在 D12 单元格输入公式“＝VAR.S(A3:A17)”。

③ 在 D13 单元格输入“＝COUNT(A3:A17)”(计算观测值个数)。

④ 在 D14 单元格输入“＝D13-1”。

(2) 计算新工艺均值、方差、自由度,将 D11:D14 单元格复制到 E11:E14 单元格。

(3) 计算 F、P 值和临界值,如图 3-33 中 C15:E17 单元格所示,在其右侧 F15:F17 单元格显示了计算公式。

比较上述计算结果:$P=0.1393>0.05/2=0.025$,$F=2.5655>1.847$。表明两种工艺的方差在 5%的检验水准下无显著性差异。

	A	B	C	D	E	F	G
1	液压值/MPa		F-检验 双样本方差分析				
2	原工艺	新工艺		原工艺	新工艺		
3	4.7	3.7	平均	4.0667	4.38		
4	3.7	4.1	方差	0.7842	0.4246		
5	3.2	3.5	观测值	12	15		
6	3.1	5.5	df	11	14		
7	3.9	4.1	F	1.8471			
8	4.8	4.7	P(F<=f) 单尾	0.1393			
9	3.1	4.9	F 单尾临界	2.5655			
10	5.1	3.5	用函数及公式计算				
11	4.9	3.9	平均	4.0667	4.38		
12	5.3	3.7	方差	0.7842	0.4246		
13	2.8	4.8	观测值	12	15		
14	4.2	5	df	11	14		
15		5.3	F	1.8471		=D4/E4	=AVERAGE(A3:A17)
16		4.4	P(F<=f) 单尾	0.1393		=F.DIST.RT(D15,D14,E14)	=VAR.S(A3:A17)
17		4.6	F 单尾临界	2.5655		=F.INV.RT(0.05,D14,E14)	=COUNT(A3:A17)

F-检验 双样本方差
输入
变量 1 的区域(1): $A$2:$A$14
变量 2 的区域(2): $B$2:$B$17
☑ 标志(L)
α(A): 0.05
输出选项
◉ 输出区域(O): $C$1
○ 新工作表组(P):

图 3-33　F 检验双样本方差分析工具用法示例

示例 **3-26**(耿素云,《概率统计》第 2 版,习题 8.11 与习题 8.12,北京大学出版社)　①10 个失眠患者,服用甲、乙两种安眠药,延长睡眠时间如图 3-34 中 A1:C12 单元格所示(单位为 h)。可以认为服用每种安眠药后增加的睡眠时间都服从正态分布,问在显著水平 $\alpha=0.05$ 条件下,这两种安眠药的疗效有无显著差异?②为比较甲、乙两种安眠药的疗效,将 20 个患者分为两组,每组 10 人,甲组病人服用甲种安眠药,乙组病人服用乙种安眠药,设服用药后延长的睡眠时间分别近似服从正态分布,其数据与上题相同,如图 3-34 中 A1:C12 单元格所示,问两种安眠药的疗效有无显著差异($\alpha=0.05$)?

解　①题的试验是配对设计,可以用“T 检验:平均值的成对二样本分析”工具解答。

(1) 假设 H_0:$\mu=\mu_0$。

(2) 计算甲(X)、乙(Y)样本数据差 $X-Y$。在 D3 单元格输入“＝B3－C3”并将其复制到 D4:D12 单元格。

(3) 单击“数据”→“数据分析”→“T 检验:平均值的成对二样本分析”,打开对话框。

(4) 在“变量 1 的区域”框中输入“$B$2:$B$12”,在“变量 2 的区域”框中输入“$C$2:$C$12”,并勾选“标志”复选框。

(5) 在“$\alpha(A)$”框中输入检验水准系数“0.05”。

(6) 在“输出区域”框中输入“$E$1”后单击“确定”按钮,结果如图 3-34 中 E1:G13 单元格所示。

(7) 使用公式及函数计算检验参数,如图 3-34 中 H1:K13 单元格所示。

① 计算样本均值、方差及相关系数等。在 H3 单元格输入公式“＝AVERAGE(B3:B12)”并将其复制到 I3 单元格,在 H4 单元格输入公式“＝VAR.S(B3:B12)”并将其复制到 I4 单元格,在 H5 单元格输入数公式“＝COUNT(B3:B12)”并将其复制到 I5 单元格,在 H8

单元格输入公式“＝F5－1”。

② 计算 t 统计量。在 H9 单元格输入“＝J3＊SQRT(F5)/STDEV.S(D3:D12)”。

③ 计算 t 统计量的单尾和双尾概率。在 H10 单元格输入“＝T.DIST.RT(H9,F8)”，在 H12 单元格输入“＝T.DIST.2T(H9,F8)”。

④ 计算检验水平的单尾和双尾临界值。在 H11 单元格输入“＝T.INV(1－0.05,F8)”，在 H13 单元格输入“＝T.INV.2T(0.05,F8)”。

上述公式的返回值与“T 检验：平均值的成对二样本分析”工具输出表一致。

因为 $T=4.06213>2.26216$(双尾临界值)，故应拒绝原假设。认为甲、乙两种安眠药的疗效具有显著差异。

	A	B	C	D	E	F	G	H	I	J	K
1	患者	安眠药(h)		甲乙	T检验：成对双样本均值分析			公式及函数计算结果			
2	编号	甲	乙	差		甲	乙	甲	乙	甲乙差	
3	H01	1.9	0.7	1.2	平均	2.33	0.75	2.33	0.75	1.58	=AVERAGE(B3:B12)
4	H02	0.8	-1.6	2.4	方差	4.009	3.20056	4.009	3.201		=VAR.S(B3:B12)
5	H03	1.1	-0.2	1.3	观测值	10	10	10	10		=COUNT(B3:B12)
6	H04	0.1	-1.2	1.3	泊松相关系数	0.79517		0.79517	=PEARSON(B3:B12,C3:C12)		
7	H05	-0.1	-0.1	0	假设平均差	0					
8	H06	4.4	3.4	1	df	9		9	=F5-1		
9	H07	5.5	3.7	1.8	t Stat	4.06213		4.06213	=J3*SQRT(H5)/STDEV.S(D3:D12)		
10	H08	1.6	0.8	0.8	P(T<=t) 单尾	0.00142		0.00142	=T.DIST.RT(H9,F8)		
11	H09	4.6	0	4.6	t 单尾临界	1.83311		1.83311	=T.INV(1-0.05,F8)		
12	H10	3.4	2	1.4	P(T<=t) 双尾	0.00283		0.00283	=T.DIST.2T(H9,F8)		
13	成对二样本				t 双尾临界	2.26216		2.26216	=T.INV.2T(0.05,F8)		

图 3-34 T 检验：平均值的成对二样本分析工具用法示例

②题的试验是独立分组，可用“T 检验：双样本等方差假设”工具解答。

(1) 假设 $H_0:\mu_1=\mu_2$。

(2) 单击“数据”→“数据分析”→“T 检验：双样本等方差假设”，打开对话框。

(3) 在“变量 1 的区域”框中输入“$B$2:$B$12”，在“变量 2 的区域”框中输入“$C$2:$C$12”，并勾选“标志”复选框。然后在“α(A)”框中输入检验水准系数“0.05”。

(4) 在“输出区域”框输入“$D$1”。

(5) 单击“确定”按钮，结果如图 3-35 中 D1:F13 单元格所示。

(6) 用公式及函数计算。计算方法、公式与结果如图 3-35 中 G1:I13 单元格所示。

	A	B	C	D	E	F	G	H	I
1	序号	安眠药(h)		T检验：双样本等方差假设			公式及函数计算结果		
2		甲药组	乙药组		甲药组	乙药组	F检验	0.74272	=F.TEST(B3:B12,C3:C12)
3	1	1.9	0.7	平均	2.33	0.75	2.33	0.75	=AVERAGE(B3:B12)
4	2	0.8	-1.6	方差	4.009	3.20056	4.009	3.20056	=VAR.S(B3:B12)
5	3	1.1	-0.2	观测值	10	10	10	10	=COUNT(B3:B12)
6	4	0.1	-1.2	合并方差	3.60478		3.60478	=(VAR.S(B3:B12)+VAR.S(C3:C12))/2	
7	5	-0.1	-0.1	假设平均差	0				
8	6	4.4	3.4	df	18		18	=E5-1+F5-1	
9	7	5.5	3.7	t Stat	1.86081		1.86081	=(G3-H3)/SQRT(G4/G5+H4/H5)	
10	8	1.6	0.8	P(T<=t) 单尾	0.03959		0.03959	=T.DIST.RT(G9,G8)	
11	9	4.6	0	t 单尾临界	1.73406		1.73406	=T.INV(1-0.05,G8)	
12	10	3.4	2	P(T<=t) 双尾	0.07919		0.07919	=T.DIST.2T(G9,G8)	
13	两个独立样本			t 双尾临界	2.10092		2.10092	=T.INV.2T(0.05,G8)	

图 3-35 T 检验：双样本等方差假设分析工具用法示例

(7) 因为 $t=1.86018<2.1009$(双尾临界值)，故不能拒绝原假设。认为甲、乙两种安眠药的疗效无显著差异。

比较①和②题，同样的数据，不同的检验假设与算法，结论相反。表明配对试验数据，不能作为两独立样本，否则可能降低计算精度，出现误差。

示例 3-27　某校对两个实验班专业课学习成绩进行考核，考试成绩如图 3-36 中 A1：C11 单元格所示。问两个实验班专业课考试成绩有无显著差异($\alpha=0.05$)？

解　先对两组数据的方差进行 F 检验，然后对均值做 T 检验。

(1) 假设 H_0：$\sigma_1^2=\sigma_2^2$，运用 F 检验函数和 F 分布值函数计算 F 统计量和临界值，经比较 $F=0.3301>F_{0.05}=0.3146$，应否定方差相等假设，也就是说，方差存在显著差异，如图 3-36 中 A13：F14 单元格所示。

(2) 假设 H_0：$\mu_1=\mu_2$。

(3) 单击“数据”→“数据分析”→“T 检验：双样本异方差假设”，打开对话框。

① 在“变量 1 的区域”框中输入“\$B\$1：\$B\$11”，在“变量 2 的区域”框中输入“\$C\$1：\$C\$11”，并勾选“标志”复选框。

② 在“α(A)”框中输入检验水准系数“0.05”，在“输出区域”框中输入“\$D\$1”。

③ 单击“确定”按钮，结果如图 3-36 中 D1：F12 单元格所示。

(4) 用公式及函数计算。计算方法、公式与结果如图 3-36 中 G1：I14 单元格所示。

(5) 因为 $T=2.7831>2.1448$(双尾临界值)，故应拒绝原假设。认为两个班考试成绩有显著差异。从均值看，一班成绩好于二班，如图 3-36 所示。

	A	B	C	D	E	F	G	H	I
1	序号	一班	二班	T检验: 双样本异方差假设			公式及函数计算结果		
2	1	99	98		一班	二班	一班	二班	公式
3	2	93	66	平均	88.5	75.3	88.5	75.3	=AVERAGE(B2:B11)
4	3	81	86	方差	55.83333	169.1222	55.83333	169.12222	=VAR.S(B2:B11)
5	4	92	62	观测值	10	10	10	10	=COUNT(B2:B11)
6	5	89	78	假设平均差	0				=ROUND((G4/G5+H4/H5)^2
7	6	80	87	df	14		14		/(((G4/G5)^2)/(G5-1)+
8	7	88	77	t Stat	2.783079227		2.783079227		((H4/H5)^2)/(H5-1)),0)
9	8	81	60	P(T<=t) 单尾	0.007330171		0.5		=T.DIST.RT(H46,G7)
10	9	100	60	t 单尾临界	1.761310136		1.761310136		=T.INV(0.95,G7)
11	10	82	79	P(T<=t) 双尾	0.014660341		1		=T.DIST.2T(H46,G7)
12	F检验			t 双尾临界	2.144786688		2.144786688		=T.INV.2T(0.05,G7)
13	F单尾临界值		0.3146	=F.INV(0.05,9,9)			=(G3-H3)/SQRT(((G5-1)*G4+(H5-1)*H4)*(1/G5+		
14	F值		0.3301	=F.INV(F.TEST(B2:B11,C2:C11)/2,9,9)			1/H5)/(G5+H5-2))		

图 3-36　T 检验：双样本异方差假设分析工具用法示例

示例 3-28　某银行对某区域两个支行的业务经理进行专业知识考核，成绩如图 3-37 中 A1：B13 单元格所示。假设该银行业务经理专业知识水平符合 $\mu=100$，$\sigma=13$ 的正态分布，请问两个支行业务经理考核成绩有无显著差异($\alpha=0.05$)。

	A	B	C	D	E	F
1	支行1	支行2	Z检验: 双样本均值分析			公式计算
2	85	90		支行1	支行2	
3	89	91	平均	101.08	109.25	101.0833
4	91	95	已知协方差	169	169	169
5	92	99	观测值	12	12	12
6	94	108	假设平均差	0		
7	99	109	*z*	-1.5388		-1.53878
8	105	114	*P*(*Z*<=*z*) 单尾	0.0619		0.061929
9	109	115	*Z* 单尾临界	1.6449		1.644854
10	110	116	*P*(*Z*<=*z*) 双尾	0.1239		0.123858
11	112	117	*Z*双尾临界	1.96		$Z_{0.975}$
12	113	128	F7:F14中的计算公式			1.959964
13	114	129	=(D3-E3)/SQRT(D4/D5+E4/E5)			$Z_{0.025}$
14	总体正态分布		=NORM.S.DIST(F7,TRUE)			-1.95996
15	均值	100	=NORM.S.INV(0.95)			
16	标准差	13	=2*NORM.S.DIST(F7,TRUE)			
17	方差	169	=NORM.S.INV(0.975)		=NORM.S.INV(0.025)	

Z 检验: 双样本平均差检验
输入
变量 1 的区域(1): \$A\$1:\$A\$13
变量 2 的区域(2): \$B\$1:\$B\$13
假设平均差(P):
变量 1 的方差(已知)(V): 169
变量 2 的方差(已知)(R): 169
☑ 标志(L)
α(A): 0.05
输出选项
◉ 输出区域(O): \$C\$1
○ 新工作表组(P):

图 3-37　Z 检验：双样本平均差检验分析工具用法示例

解　此题为两个正态总体已知方差检验均值问题，求解步骤如下。

（1）假设 $H_0: \mu_1=\mu_2; H_1: \mu_1 \neq \mu_2$。

（2）单击“数据”→“数据分析”→“Z 检验：双样本平均差检验”，打开对话框。

① 在“变量 1 的区域”框中输入“$A$1:$A$13”，在“变量 2 的区域”框中输入“$B$1:$B$13”，并勾选“标志”复选框。

② 在“变量 1/变量 2 的方差(已知)”两个框中分别输入“169”($\sigma^2=13^2=169$)。

③ 确认 α(A)值为 0.05，并在“输出区域”中输入“$C$1”，然后单击“确定”按钮。

（3）因为 $|z|=1.539<Z_{0.975}=1.96$，所以没有理由否认假设 H_0，即两个支行业务经理考试成绩无显著差异，如图 3-37 所示。

提示

（1）两个样本 F 检验统计量公式：

$$F=\frac{S_1^2}{S_1^2}$$

式中，S_1^2 表示样本 1 的方差；S_2^2 表示样本 2 的方差。

（2）成对双样本 T 检验统计量公式：

$$t=\frac{\bar{d}}{\frac{s_d}{\sqrt{n}}}$$

式中，$\bar{d}$ 表示配对数据之差的均值；s_d 表示配对数据之差的标准差；n 表示配对样本数。

（3）双样本等方差 T 检验统计量公式：

$$t=\frac{\overline{X}_1-\overline{X}_2}{\sqrt{\frac{S_1^2}{n_1}+\frac{S_2^2}{n_2}}}$$

式中，$\overline{X}_1,\overline{X}_2$ 表示样本均值；n_1,n_2 表示样本数量。

“T 检验：双样本等方差假设”工具返回报表中“合并方差”的计算公式为

$$S^2=\frac{n_1S_1^2+n_2S_2^2}{n_1+n_2}$$

（4）双样本异方差 T 检验统计量与自由度公式分别为

$$t=\frac{\overline{X}_1-\overline{X}_2}{\sqrt{\frac{(n_1-1)S_1^2+(n_2-1)S_2^2}{n_1+n_2-2}\left(\frac{1}{n_1}+\frac{1}{n_2}\right)}};df=\frac{\left(\frac{S_1^2}{n_1}+\frac{S_2^2}{n_2}\right)^2}{\frac{\left(\frac{S_1^2}{n_1}\right)^2}{n_1-1}+\frac{\left(\frac{S_2^2}{n_1}\right)^2}{n_2-1}}$$

式中，df 表示自由度。在“T 检验：双样本异方差假设”分析工具计算中 df 值舍入为最接近整数，而在 T.TEST 函数中使用未舍入为整数的 df 值计算，故两者返回值略有差别。

（5）双样本 Z 检验统计量公式：

$$z=\frac{\overline{X}_1-\overline{X}_2}{\sqrt{\frac{S_1^2}{n_1}+\frac{S_2^2}{n_2}}}$$

式中，S_1^2,S_2^2 分别为已知的检验样本的总体方差。如果不知道检验样本的总体方差，可以用总体方差函数 VAR.P 计算的观测值总体方差作为已知方差的近似值。

第 4 章 规划建模与求解

本章结合管理科学及运筹学中的规划建模与求解问题，分为 7 节讲解了如何运用工作表中的计算功能、公式及函数解决线性、非线性及动态规划建模与求解问题。4.1 节介绍工作表中“规划求解”工具的用法，4.2 节讲解图解法与单纯形法，4.3～4.7 节讨论运输问题、目标规划、整数规划、非线性规划和动态规划的建模与求解。

4.1 规划求解工具

规划求解（Solver）集成了“单纯线性规划”“非线性 GRG”“演化”等求解规划问题的算法，是一个非常实用的求解工具。

4.1.1 加载规划求解工具

规划求解是 Excel 加载项程序。如果在“数据”选项卡上没有找到“规划求解”工具或命令，就需要打开“Excel 选项”加载此工具，具体步骤如下。

（1）单击“文件”→“选项”→“加载项”，然后在对话框底部“管理”框中选择“Excel 加载项”并单击“转到”按钮，打开“加载项”对话框。

（2）在“可用加载宏”列表中选择“规划求解加载项”复选框并单击“确定”按钮。如果在列表中没有看到此名称，可单击“浏览”按钮查找并加载 Solver.xlam 文件。

（3）加载后，在“数据”选项卡“分析”组中可以看到“规划求解”工具，如图 4-1 所示。

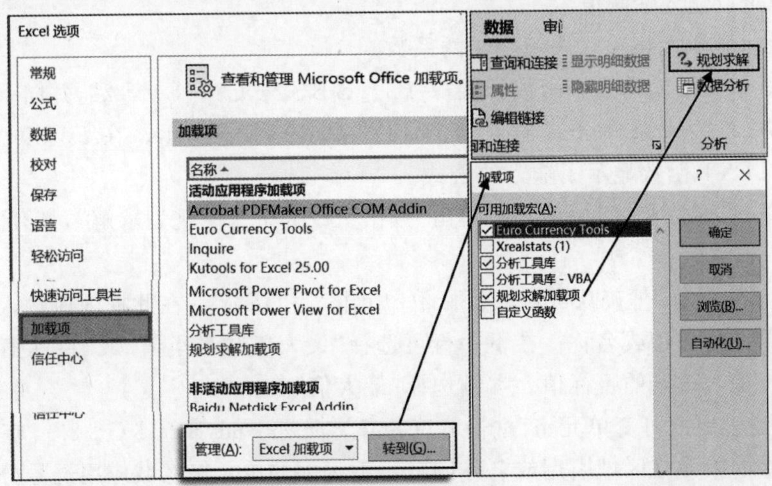

图 4-1 加载“规划求解”

4.1.2 规划求解工具用法示例及参数说明

本节通过一个实际线性规划问题来说明使用“规划求解”工具的操作步骤和相关参数的选择或输入方法。

示例4-1 Wyndor Glass公司有三个工厂生产玻璃门窗，各工厂的产品、产能、单位产品工时及利润等数据如表4-1所示。

表4-1 Wyndor Glass公司产品组合问题数据

工 厂	单位产品工时/h		每周可用工时/h
	门	窗	
铝框和五金厂	1	0	4
木框厂	0	2	12
玻璃和组装门窗厂	3	2	18
单位利润/元	300	500	

问该公司如何安排三个工厂的生产计划，才能获得最大利润？

解 设x_1，x_2分别为门、窗的产量，Z为每周总利润。于是，可建立该组合生产门窗的线性规划模型

$$\max Z = 300x_1 + 500x_2$$

$$\text{s.t.}\begin{cases} x_1 \leqslant 4 \\ 2x_2 \leqslant 12 \\ 3x_1 + 2x_2 \leqslant 18 \\ x_1, x_2 \geqslant 0 \end{cases}$$

在工作表中求解上述模型的操作方法、步骤和参数说明如下。

(1) 将规划模型公式中输入工作表，如图4-2①所示。

① 在B1、C1单元格分别输入变量名称“x_1”“x_2”，对应的B2、C2单元格作为变量值，暂时为空值，也可以输入估测值。

② 在B3:C6单元格输入决策变量的系数。

③ 在D3单元格输入目标函数公式“=B3*$B$2+C3*$C$2”，并向下拖曳填充柄至D6单元格，将约束条件公式输入到D4:D6，如图4-2②所示。在E3:E6单元格中用FORMULATEXT函数显示了输入的公式。

(2) 选择D3单元格(目标值)后，单击“数据”→“分析”→“规划求解”，打开“规划求解参数”对话框。

(3) 在“设置目标”框确认或输入目标值单元格“$D$3”。在此框内应输入包含计算目标值公式的单元格引用或名称。在下一行可选择“最大值”“最小值”或“目标值”。选择“目标值”时，需要输入设定的目标值。本例选择“最大值”。

(4) 在“通过更改可变单元格”框输入变量值单元格“$B$2:$C$2”。在此框内输入含有决策变量的单元格区域引用或名称，其中，不相邻的单元格区域应用逗号分隔。所有可变单元格必须直接或间接与目标单元格相关联。最多可指定200个可变单元格。

(5) 在“遵守约束”栏单击“添加”按钮，打开“添加约束”对话框，如图4-2③所示。

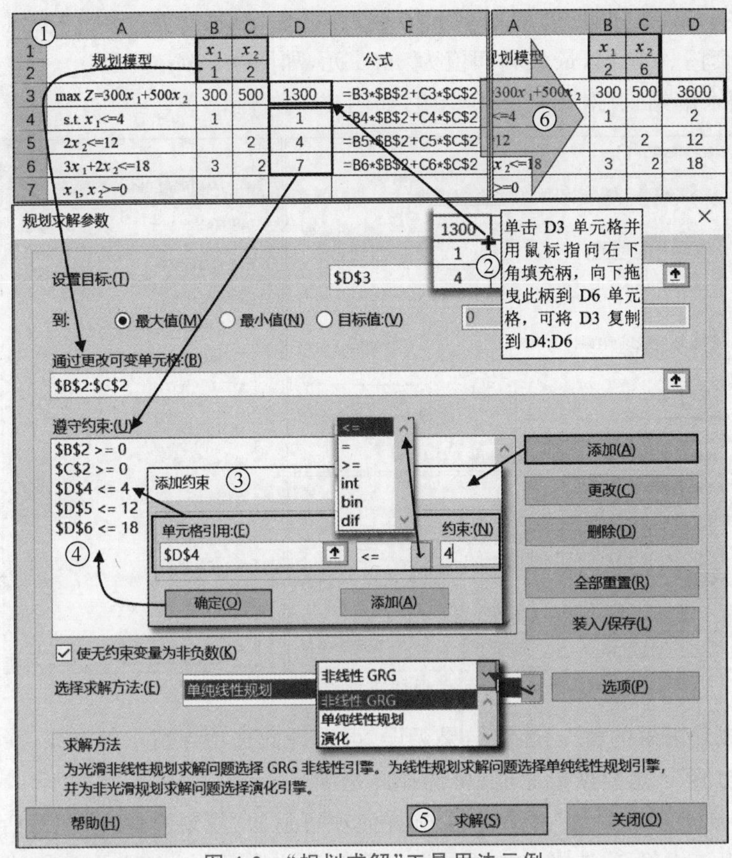

图 4-2 “规划求解”工具用法示例

① 在“单元格引用”框输入“$D$4”。此框内应输入含有约束公式的引用或名称。

② 单击“单元格引用”与“约束”之间的运算符框下拉箭头，然后从运算符列表中选择“<=”。列表中 int、bin、dif 的含义如下。

- “int”为整数约束，也就是可变单元格在解处必须为整数。
- “bin”是二进制约束，相当于 0 或 1，也就是要么为 0，要么为 1，故可用于表示“是/否”的约束。
- “dif”指的是 alldifferent 约束，意思是全部不同或各异，此约束要求决策变量为 1～N 的整数，且每个变量在解处异同，常用于排序问题。

③ 如果在上一步骤选择的是“<=”“=”或“>=”，在“约束”框内可输入数字、公式、单元格引用或名称。本例输入“4”。

④ 单击“添加”按钮继续将“$B$2>=0”“$C$2>=0”“$D$5<=12”“$D$6<=18”约束添加至“遵守约束”框，如图 4-2④所示。

⑤ 输入完成所有约束条件后，可单击“确定”按钮，返回“规划求解参数”对话框。

⑥ 需要更改某个约束条件时，可选择该约束，然后单击“更改”按钮，打开“改变约束”对话框并进行更改操作。

⑦ 需要删除某个约束条件时，可选择该约束，然后单击“删除”按钮。

⑧ 要清除所有约束，可单击“全部重置”按钮，然后重新输入。

(6) 要定义无约束变量为大于零的正数，可勾选“使无约束变量为非负数”复选框。

(7) 单击“求解”按钮打开“规划求解结果”对话框，然后单击“确定”按钮。求得最优解为每周生产 2 套门、6 扇窗，最大利润值为 3600 元，如图 4-2⑤⑥所示。

(8)“规划求解结果”对话框选项说明，如图 4-3①所示。

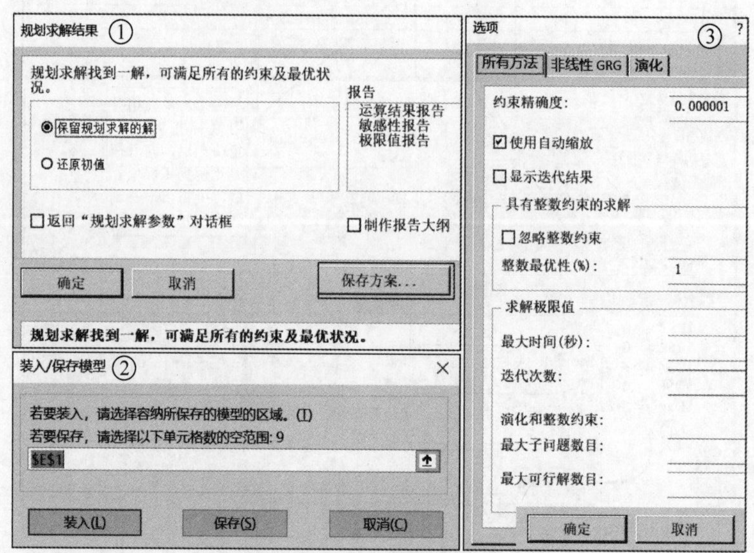

图 4-3 保存规划求解结果及算法选项

①“保留规划求解的解”：确认结果无误，可选择此选项保留求解结果。

②“还原初值”：想要恢复原值，可选择此选项。

③“返回‘规划求解参数’对话框”：选择此项可返回“规划求解参数”对话框。

④“制作报告大纲”：选择此选项可以创建解决方案的报告，且可以在“报告”框中选择报告类型：“运算结果报告”“敏感性报告”“极限值报告”。

⑤“保存方案”：要将决策变量单元格值保存为可以稍后显示的方案，可单击此按钮，然后在“保存方案”对话框中输入方案名称。

(9) 需要加载或合并新模型和保存当前模型时，可在“规划求解参数”对话框中单击“装入/保存”按钮，打开“装入/保存”模型对话框，如图 4-3②所示。

① 单击“装入”按钮，将显示“装入模型”对话框。选择“替换”，将会清除当前模型参数，显示空白“规划求解参数”对话框供输入新的模型参数；选择“合并”将打开含有当前模型参数的“规划求解参数”对话框，供添加新的参数。

② 单击“保存”按钮，求解信息将会保存在指定的单元格区域。如果仅指定一个单元格，求解信息将在指定单元格按列依次排列。

(10) 需要选择求解方法时，可在“规划求解参数”对话框中单击“选择求解方法”框右侧下拉箭头，从“非线性 GRG”“单纯线性规划”“演化”中选择一种方法。

(11) 需要显示迭代计算中间结果或更改算法精度、时间等参数时，可在“规划求解参数”对话框中单击“选项”按钮打开算法参数“选项”对话框。然后按对话框提示设置，如图 4-3③所示。

①“约束精确度”框：可在此框内设置约束公式精度，默认值为 0.000001。

②“显示迭代结果”复选框：勾选此框可查看每步迭代计算试解的结果。

③“整数最优性”框：整数最优性有时称为“MIP 差距”。如果在指定的最优解已知边

界百分比之内找到了一个整数解,允许停止求解运算。此框内默认值为1%。求解时,可以根据规划模型精度需要重新设定此参数。如想要一个经过验证的最佳解决方案,可将此选项设置为0,这也意味着需要更多的计算时间。

提示

(1) 单步试解。需要查看求解中间结果时,可以按如下方法操作。

① 定义了问题和打开"规划求解参数"对话框之后,单击"选项"并勾选"显示迭代结果"复选框。然后单击"确定"按钮,返回"规划求解参数"对话框。

② 单击"求解"按钮,打开"显示中间结果"对话框。

③ 在工作表中查看中间结果。

④ 在"显示中间结果"对话框中单击"继续"按钮可查看下一步迭代结果;单击"停止"按钮将停止运算并显示"规划求解结果"对话框;单击"保存方案"按钮,可保存显示的结果及方案。

⑤ 按Esc键可中断求解过程。

(2) "非线性GRG(Generalized Reduced Gradient Nonlinear Algorithm)"是Lasdon等人(1978)提出的解决非线性优化问题的算法。该方法把变量分为基本(因变量)和非基本(自变量)两组。然后,通过下降梯度计算,在搜索方向上找到最小值并重复这个过程,直到收敛。

(3) "单纯线性规划(Linear Programming Simplex)"是George Dantzig教授于1947年研究提出的线性规划求解方法。其基本思路是从问题的可行域中的某个基可行解开始,转换到另一个基可行解,直到目标函数达到最大值或最小值。

(4) "演化(Evolutionary)"是利用遗传和进化算法来寻求非光滑优化问题的"好"解。最基本的演化算法由J.Holland教授于1975年提出。它在一定程度上依赖于随机抽样,是一种非确定性方法,在不同的运行中可能产生不同的解决方案。

4.2 图解法与单纯形法

尽管在Excel中可以直接使用"规划求解(Solver)"工具分析各种线性规划问题,但是,要正确理解和创新运用规划运筹方法,还应当掌握规划求解的基本理论与方法。本节结合大学运筹学或管理科学课程的有关内容,运用工作表单元格的计算功能、函数及图形等功能,讨论了规划求解的图解法、单纯形法、大M及两段单纯形法、改进单纯形法、对偶单纯形法、灵敏度分析与影子价格、参数线性规划。

4.2.1 用散点图解线性规划(图解法)

当线性规划问题只有两个决策变量时,就可以用平面直角坐标来描述这两个变量的取值。于是,可以在平面直角坐标系中画出约束条件区域和目标函数线。这样,就很容易判断可行域和最优解。图解法提供了求解线性规划问题的直观视觉,清晰地展现了规划求解的基本原理。下面举例说明运用带平滑线的散点图求解二元线性规划问题的方法。

示例4-2　采用图解法求解示例4-1中Wyndor Glass公司产品组合问题。

(1) 将该产品组合问题的约束条件、目标函数及其散点图数据输入工作表。设x_1为横轴，x_2 为纵轴，可以按如下方法输入约束条件散点数据。

① 约束条件 $x_1 \leqslant 4$ 与 $x_2 \leqslant 6$，可以用直线 $x_1=4$ 和 $x_1=6$ 划界，其左侧至 0 点为满足条件区域。为便于画线，可在 x_1 列各单元格输入 4 或 6，在 x_2 列可输入大于零的序列数。约束条件方法同上，输入数据如图 4-4①中 A3:D9 单元格所示。

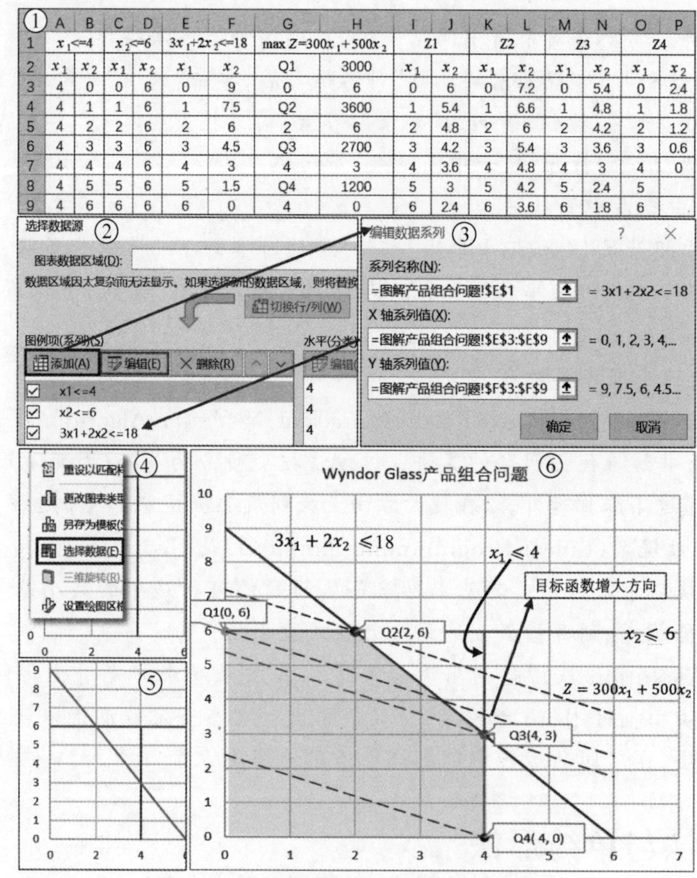

①	A	B	C	D	E	F	G	H	I	J	K	L	M	N	O	P
1	x_1<=4		x_2<=6		$3x_1+2x_2$<=18		max $Z=300x_1+500x_2$		Z1		Z2		Z3		Z4	
2	x_1	x_2	x_1	x_2	x_1	x_2	Q1	3000	x_1	x_2	x_1	x_2	x_1	x_2	x_1	x_2
3	4	0	0	6	0	9	0	6	0	6	0	7.2	0	5.4	0	2.4
4	4	1	1	6	1	7.5	Q2	3600	1	5.4	1	6.6	1	4.8	1	1.8
5	4	2	2	6	2	6	2	6	2	4.8	2	6	2	4.2	2	1.2
6	4	3	3	6	3	4.5	Q3	2700	3	4.2	3	5.4	3	3.6	3	0.6
7	4	4	4	6	4	3	4	3	4	3.6	4	4.8	4	3	4	0
8	4	5	5	6	5	1.5	Q4	1200	5	3	5	4.2	5	2.4	5	
9	4	6	6	6	6	0	4	0	6	2.4	6	3.6	6	1.8	6	

图 4-4 运用散点图解产品组合线性规划

② 约束条件 $3x_1+2x_2 \leqslant 18$，在 x_1 列 E3:E9 单元格中输入“0，1，2，…，6”或输入序列数公式“＝SEQUENCE(7,0,1)”，在 x_2 列 F3 单元格中输入公式“＝(18－3＊E3)/2”，然后将此公式复制到 F4:F9 单元格，如图 4-4①所示。

(2) 选定约束条件 $x_1 \leqslant 4$ 数据区域 A2:B9 单元格。

(3) 单击“插入”→“图表”→“散点图”→“带平滑线的散点图”，画出 $x_1=4$ 竖线，如图 4-4④所示。

(4) 单击“图表设计”→“选择数据”，或者右击绘图区从鼠标菜单中单击“选择数据”，打开“选择数据源”对话框。

(5) 在“选择数据源”对话框中单击“添加”按钮，打开“编辑数据系列”对话框，如图 4-4②③所示。

① 添加约束条件 $x_2 \leqslant 6$。选择“系列名称”框后单击 C1 单元格，或者直接输入“＝图解产品组合问题！＄C＄1”；单击“X 轴系列值”框，将光标置入此框后，移动鼠标选择 C3:C9 单元格区域，或者在此框直接输入“＝图解产品组合问题！＄C＄3:＄C＄9”；单击“Y 轴系

列值”框，删除框内的字符后，用鼠标选择 D3:D9 单元格区域，或者直接输入“＝图解产品组合问题！＄D＄3:＄D＄9”。完成上述输入后单击“确定”按钮，如图 4-4⑤所示。注意：上述数据中“图解产品组合问题”是表标签名称，用鼠标选择输入单元格或单元格区域时系统会自动添加数据所在的表标签名，并自动为选定的单元格或区域加上绝对引用符。

② 继续在“选择数据源”对话框中单击“添加”按钮，打开“编辑数据系列”对话框，然后按上述步骤添加约束条件 $3x_1+2x_2\leqslant 18$，如图 4-4③所示。

③ 完成添加约束条件后，单击“确定”按钮，如图 4-4⑤所示。

(6) 在图中分别列出约束条件交点 Q1、Q2、Q3 与 Q4。显然，这些交点与原点 0 所包含的闭合区域就是此规划问题的可行域，如图 4-4⑥所示。

(7) 求出交点坐标值和目标函数值，如图 4-4①中 G2:H9 单元格所示。

(8) 添加目标函数平行线。根据目标函数等式列出散点数据表，如图 4-4 中 I1:P9 单元格所示。

(9) 按上述添加图例项步骤，分别将目标函数直线 Z1、Z2、Z3 和 Z4 添加至图表，如图 4-4⑥所示。可以看出目标函数为一组斜率为(−3/5)的平行线。

(10) 确定最优解。通过图解分析，可以确定目标函数直线在增大方向与凸多边形可行域的切点 Q2($x_1=2$，$x_2=6$)就是问题的最优解，如图 4-4⑥所示。

示例 4-3(The Allocation of Resources by Linear Programming, Scientific American, by Bob Bland)　某小型啤酒厂酿造麦芽酒(Ale)和啤酒(Beer)，酿造原料及数量限制、两种酒的配方及利润如表 4-2 所示。

问该啤酒厂如何安排酿造才能获得最大利润？

表 4-2　组合酿造啤酒问题

项目名称	玉米/磅	啤酒花/盎司	大麦芽/磅	利润/$
可用原料数量	480	160	1190	
每桶麦芽酒配方	5	4	35	13
每桶啤酒配方	15	4	20	23

解　设 x_1 为麦芽酒产量(桶)，x_2 为啤酒产量(桶)，Z 为总利润。于是，可建立该厂组合酿造啤酒的线性规划模型

$$\max Z=13x_1+23x_2$$

$$\text{s.t.}\begin{cases}5x_1+15x_2\leqslant 480\\4x_1+4x_2\leqslant 160\\35x_1+20x_2\leqslant 1190\\x_1,x_2\geqslant 0\end{cases}$$

在工作表中使用图解法求解步骤如下。

(1) 输入约束条件散点数据。在工作表中运用序列数 SEQUENCE 函数和相对与绝对引用技巧，可以简洁、快速地输入约束条件散点数据。

① 将每桶麦芽酒和啤酒玉米用量输入 A2、B2 单元格，将玉米总量输入 C2 单元格。

② 在 A4 单元格输入 x_1 的序列数公式“＝SEQUENCE(9,1,0,(C2/A＄2)/8)”，式中起点 0 为玉米用量约束线与 x_2 轴的交点(0,480/15)，终点 C2/A＄2 是约束线与 x_1 轴的交

点(480/5,0),如图 4-5①中 A4:A12 单元格所示。

③ 在 B4 单元格输入公式“=(C＄2－A＄2＊A4)/B＄2”并将其复制到 B5:B12 单元格。要特别注意公式中的相对引用与绝对引用,如图 4-5①中 A1:C13 单元格所示。

④ 将每桶麦芽酒和啤酒的啤酒花用量分别输入 D2、E2 单元格,将啤酒花总量输入 F2 单元格;将每桶麦芽酒和啤酒大麦芽用量分别输入 G2、H2 单元格,将大麦芽总量输入 I2 单元格。

⑤ 将 A4:B12 中的公式复制到 D4:E12 和 G4:H12,完成约束条件散点数据的输入,如图 4-5①中 D4:I13 单元格所示。

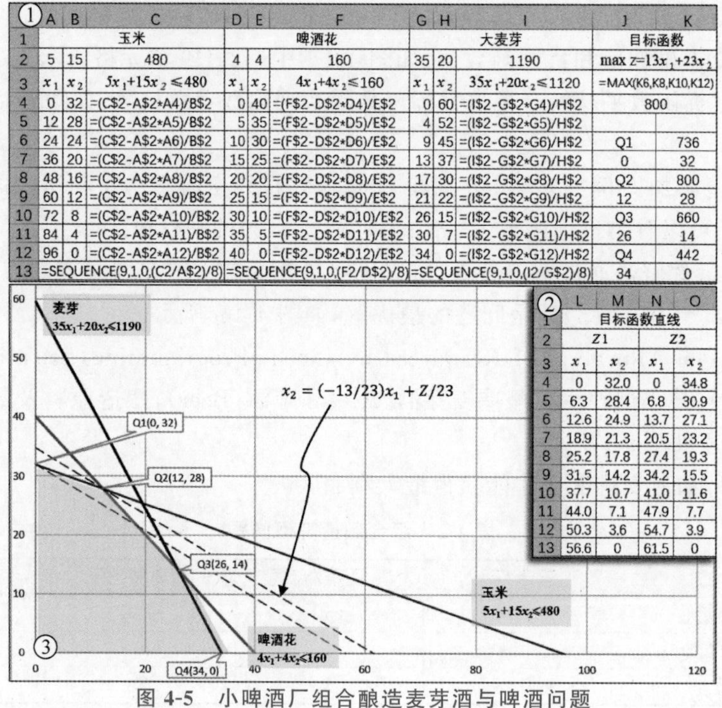

①	A	B	C	D	E	F	G	H	I	J	K
1	玉米			啤酒花			大麦芽			目标函数	
2	5	15	480	4	4	160	35	20	1190	max z=13x_1+23x_2	
3	x_1	x_2	5x_1+15x_2≤480	x_1	x_2	4x_1+4x_2≤160	x_1	x_2	35x_1+20x_2≤1120	=MAX(K6,K8,K10,K12)	
4	0	32	=(C$2-A$2*A4)/B$2	0	40	=(F$2-D$2*D4)/E$2	0	60	=(I$2-G$2*G4)/H$2	800	
5	12	28	=(C$2-A$2*A5)/B$2	5	35	=(F$2-D$2*D5)/E$2	4	52	=(I$2-G$2*G5)/H$2		
6	24	24	=(C$2-A$2*A6)/B$2	10	30	=(F$2-D$2*D6)/E$2	9	45	=(I$2-G$2*G6)/H$2	Q1	736
7	36	20	=(C$2-A$2*A7)/B$2	15	25	=(F$2-D$2*D7)/E$2	13	37	=(I$2-G$2*G7)/H$2	0	32
8	48	16	=(C$2-A$2*A8)/B$2	20	20	=(F$2-D$2*D8)/E$2	17	30	=(I$2-G$2*G8)/H$2	Q2	800
9	60	12	=(C$2-A$2*A9)/B$2	25	15	=(F$2-D$2*D9)/E$2	21	22	=(I$2-G$2*G9)/H$2	12	28
10	72	8	=(C$2-A$2*A10)/B$2	30	10	=(F$2-D$2*D10)/E$2	26	15	=(I$2-G$2*G10)/H$2	Q3	660
11	84	4	=(C$2-A$2*A11)/B$2	35	5	=(F$2-D$2*D11)/E$2	30	7	=(I$2-G$2*G11)/H$2	26	14
12	96	0	=(C$2-A$2*A12)/B$2	40	0	=(F$2-D$2*D12)/E$2	34	0	=(I$2-G$2*G12)/H$2	Q4	442
13	=SEQUENCE(9,1,0,(C2/A$2)/8)			=SEQUENCE(9,1,0,(F2/D$2)/8)			=SEQUENCE(9,1,0,(I2/G$2)/8)			34	0

②	L	M	N	O
1	目标函数直线			
2	Z1		Z2	
3	x_1	x_2	x_1	x_2
4	0	32.0	0	34.8
5	6.3	28.4	6.8	30.9
6	12.6	24.9	13.7	27.1
7	18.9	21.3	20.5	23.2
8	25.2	17.8	27.4	19.3
9	31.5	14.2	34.2	15.5
10	37.7	10.7	41.0	11.6
11	44.0	7.1	47.9	7.7
12	50.3	3.6	54.7	3.9
13	56.6	0	61.5	0

图 4-5　小啤酒厂组合酿造麦芽酒与啤酒问题

(2) 选定数据区域 A3:B12 后,单击“插入”→“图表”→“散点图”→“带平滑线的散点图”,画出玉米用量约束直线。

(3) 单击“图表设计”→“选择数据”,或者右击绘图区从鼠标菜单上单击“选择数据”,打开“选择数据源”对话框。

(4) 单击“添加”按钮,打开“编辑数据系列”对话框,分别将啤酒花和大麦芽用量约束添加至图表。

① 在“系列名称”框输入“＄F＄3”,在“X 轴系列值”框输入“＄D＄4:＄D＄12”,在“Y 轴系列值”框输入“＄E＄4:＄E＄12”,然后单击“确定”按钮。

② 在“系列名称”框输入“＄I＄3”,在“X 轴系列值”框输入“＄G＄4:＄G＄12”,在“Y 轴系列值”框输入“＄H＄4:＄H＄12”,然后单击“确定”按钮。

(5) 求 Q1、Q2、Q3 与 Q4 交点的坐标值和目标函数值,如图 4-5①中 J6:K13 单元格所示。

(6) 计算目标函数散点并添加函数直线,如图 4-5②所示。从目标函数直线可以看出,

Q2 为问题的最大值点。于是,从图中可以得到此问题的解酿造 12 桶麦芽酒、28 桶啤酒,最大利润值为＄800,如图 4-5③所示。

示例 4-4(胡运权主编《运筹学习题集》第 5 版 1.1 题,清华大学出版社)　用图解法求下列线性规划问题,并指出各问题是具有唯一最优解、无穷多最优解、无界解还是无可行解。

此示例可以帮助理解线性规划问题约束条件、目标函数与可行域、最优解的关系,求解计算原理与思路,以及解的各种情况。

(a) $\min Z=6x_1+4x_2$

$$\text{s.t.}\begin{cases}2x_1+x_2\geqslant 1\\3x_1+4x_2\geqslant 1.5\\x_1,x_2\geqslant 0\end{cases}$$

(b) $\max Z=4x_1+8x_2$

$$\text{s.t.}\begin{cases}2x_1+2x_2\leqslant 10\\-x_1+x_2\geqslant 8\\x_1,x_2\geqslant 0\end{cases}$$

(c) $\max Z=x_1+x_2$

$$\text{s.t.}\begin{cases}8x_1+6x_2\geqslant 24\\4x_1+6x_2\geqslant -12\\2x_2\geqslant 4\\x_1,x_2\geqslant 0\end{cases}$$

(d) $\max Z=3x_1+9x_2$

$$\text{s.t.}\begin{cases}x_1+3x_2\leqslant 22\\-x_1+x_2\leqslant 4\\x_2\leqslant 6\\2x_1-5x_2\leqslant 0\\x_1,x_2\geqslant 0\end{cases}$$

解　基本方法与思路是先使用序列数函数及公式生成约束条件散点数据,然后插入带平滑线的散点图,最后对可行域和最优解进行分析。也可以将示例 4-3 规划问题散点数据表作为模板快速生成约束条件散点数据。

(1) 将要求解题的约束条件系数输入工作表。在 A4、B4 和 B3 单元格分别输入题(a)约束条件 $2x_1+x_2\geqslant 1$ 的系数和常数,如图 4-6 中 A1:V5 单元格所示。

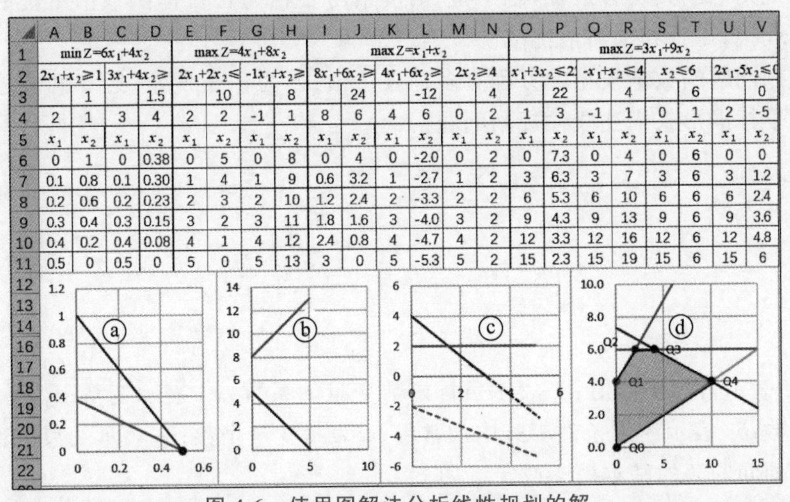

	A	B	C	D	E	F	G	H	I	J	K	L	M	N	O	P	Q	R	S	T	U	V
1	min Z=6x1+4x2				max Z=4x1+8x2				max Z=x1+x2						max Z=3x1+9x2							
2	2x1+x2≥1		3x1+4x2≥		2x1+2x2≤		-1x1+x2≥		8x1+6x2≥		4x1+6x2≥		2x2≥4		x1+3x2≤2		-x1+x2≤4		x2≤6		2x1-5x2≤0	
3		1		1.5		10		8		24		-12		4		22		4		6		0
4	2	1	3	4	2	2	-1	1	8	6	4	6	0	2	1	3	-1	1	0	1	2	-5
5	x1	x2	x1	x2	x1	x2	x1	x2	x1	x2	x1	x2	x1	x2	x1	x2	x1	x2	x1	x2	x1	x2
6	0	1	0	0.38	0	5	0	8	0	4	0	-2.0	0	2	0	7.3	0	4	0	6	0	0
7	0.1	0.8	0.1	0.30	1	4	1	9	0.6	3.2	1	-2.7	1	2	3	6.3	3	7	3	6	3	1.2
8	0.2	0.6	0.2	0.23	2	3	2	10	1.2	2.4	2	-3.3	2	2	6	5.3	6	10	6	6	6	2.4
9	0.3	0.4	0.3	0.15	3	2	3	11	1.8	1.6	3	-4.0	3	2	9	4.3	9	13	9	6	9	3.6
10	0.4	0.2	0.4	0.08	4	1	4	12	2.4	0.8	4	-4.7	4	2	12	3.3	12	16	12	6	12	4.8
11	0.5	0	0.5	0	5	0	5	13	3	0	5	-5.3	5	2	15	2.3	15	19	15	6	15	6

图 4-6　使用图解法分析线性规划的解

(2) 输入计算 x_1 散点值公式。在 A6 单元格中输入"=SEQUENCE(6,1,0,(B3/A＄4)/5)",然后将此公式复制到 C6、E6、G6、I6 单元格。因为 $x_1,x_2\geqslant 0$,所以规划问题的约束条件 $4x_1+6x_2\geqslant -12$ 和 $2x_2\geqslant 4$ 可直接使用大于零的序列数,即在 K6 和 M6 单元格中输入"=SEQUENCE(6,1,0,1)"。同理,题(d)所有约束条件 x_1 散点值也应使用大于零的序列数,且等差值可适当增加,以便显示可行域及交点,即在 O6、Q6、S6 和 U6 单元格输入

“＝SEQUENCE(6,1,0,3)”。

(3) 输入计算 x_2 散点值公式。在 B6 单元格中输入“＝(B＄3－A＄4＊A6)/B＄4”并将其公式复制到 B7:B11 单元格。然后将此公式复制到所有计算 x_2 散点值的单元格，即选定 B6:B11 并将其分别复制到 D6:D11、F6:F11、H6:H11、J6:J11、L6:L11、N6:N11、P6:P11、T6:T11 和 V6:V11，如图 4-6 中 A6:V11 单元格所示。注意在公式中要正确运用绝对引用与相对引用，否则，在复制公式时，将无法得到正确结果。

(4) 逐题画平滑散点图。选定区域 A5:B11 后，单击“插入”→“图表”→“散点图”→“带平滑线的散点图”，画出 $2x_1+x_2\geqslant 1$ 的约束线。然后单击“图表设计”→“选择数据”，或者右击绘图区从鼠标菜单中单击“选择数据”，打开“选择数据源”对话框并按示例 4-2 讲解的方法将题(a)规划问题的其他约束条件添加至图表。照此方法，分别绘制出其他各题约束条件图，如图 4-6 所示。

(5) 分析各规划问题的可行域和最优解。如存在最优解，计算其结果。从图 4-6 中可以看出，题(a)有唯一最优解($x_1=0.5,x_2=0,Z=3$)；题(b)无可行解；题(c)有可行解，但其最优解无界；题(d)可行域为 Q0、Q1、Q2、Q3、Q4 围合的凸形集(阴影部分)，Q3、Q4 连线上所有点均为最优解，故此规划问题有无穷多最优解。

4.2.2 单纯形法

求解线性规划的单纯形法(Simplex Method)是 1947 年 George B. Dantzig(1914—2005)在 California 大学读研究生时发明的。该方法被评为 20 世纪十大算法之一。单纯形法是一个迭代搜索最优解的过程，每次迭代搜索使目标函数值更优的可行解，直到找到目标值的最优解。从图解法的视角看，单纯形法求解的基本思路是：先找出可行域的一个顶点并按照一定规则判断其是否最优，若不是，则搜索与之相邻且目标函数值更优的另一顶点，如此反复迭代搜索，直到求出最优解。

线性规划问题的数学模型或方程有多种表达形式，为便于搜索、运算和表述，单纯形法要求采用如下标准形式描述线性规划问题。

$$\max Z=\sum_{j=1}^{n} c_j x_j$$

$$\text{s.t.}\begin{cases}\sum_{j=1}^{n} a_{ij}x_j=b_i & (i=1,2,\cdots,m)\\ x_j\geqslant 0 & (j=1,2,\cdots,n)\end{cases}$$

式中，Z 表示目标函数值；c_j 表示目标函数变量的系数；x_j 表示变量；a_{ij} 表示约束条件中变量的系数；b_j 表示约束条件等式中的常量；n 表示变量个数；m 表示约束方程个数。

标准规划问题解的基本概念或定义如下。

可行解(Feasible Solution)：满足约束条件的解 $\boldsymbol{X}=(x_1,x_2,\cdots,x_n)^{\mathrm{T}}$。

最优解(Optimal Solution)：满足约束条件且使目标函数达到最大值的可行解。

基(Basic)与基变量(Basic Variables)：约束方程组变量系数组成的 $m\times n(n>m)$ 阶矩阵中的一个满秩子矩阵被称为基，通常用 $\boldsymbol{B}$ 表示，其公式为

$$\boldsymbol{B}=\begin{pmatrix} a_{11} & \cdots & a_{1m} \\ \vdots & \ddots & \vdots \\ a_{m1} & \cdots & a_{mm} \end{pmatrix}=P_1,P_2,\cdots,P_m$$

式中每一个列向量称为基向量，与之相对应的变量称为基变量。

基解(Basic Solutions)：令约束方程中所有非基变量 $x_{m+1}=x_{m+2}=\cdots=x_n=0$，且有 $|\boldsymbol{B}|\neq 0$，按克莱姆规则(Cramer's Rule)解出的 m 个基变量唯一解 $X_B=(x_1,x_2,\cdots,x_m)^{\mathrm{T}}$ 与非基变量取 0 所构成的解 $\boldsymbol{X}=(x_1,\cdots,x_m,0,\cdots,0)^{\mathrm{T}}$ 称为线性规划基解。

基可行解(Basic Feasible Solutions)：满足所有变量大于或等于 0 约束的基解。

可行基(Basic Feasible)：指对应于基可行解的基。

松弛变量(Slack Variables)：将规划问题转换为标准形时，为平衡不等式左右之间差值添加的变量。

下面讨论在工作表中用单纯形法求解线性规划问题的方法及步骤，并介绍运用公式简化操作过程的技巧。

示例 4-5　用单纯形法求示例 4-1 中 Wyndor Glass 公司产品组合问题的最优解。

(1) 将规划问题写成标准形：

$$\max Z=300x_1+500x_2+0x_3+0x_4+0x_5$$

$$\text{s.t.}\begin{cases} x_1 \quad\quad\quad + x_3 \quad\quad\quad\quad = 4 \\ \quad\quad x_2 \quad\quad\quad + x_4 \quad\quad = 6 \\ 3x_1 + 2x_2 \quad\quad\quad\quad + x_5 = 18 \\ x_1,\ x_2,\ x_3,\ x_4,\ x_5 \geqslant 0 \end{cases}$$

式中，x_3,x_4,x_5 为松弛变量。

(2) 将上述标准形式规划问题的系数输入工作表，也就是建立初始单纯形表，如图 4-7 中 A1:I6 单元格所示。

① 第 1 行 D1:H1 为目标函数中各变量的系数 C_j。

② 第 2 行 A2:I2 是各列的名称：C_B 列是基变量的价值系数，也就是目标函数中基变量 x_3,x_4,x_5 的系数；基列指的是基变量；b 列为约束方程右侧常数，也是规划问题的初始可行解；x_j 列为约束方程中各变量的系数；θ 列为确定换出基变量的 θ 规则计算值，其公式为

$$\theta_k=\min_i\left\{\frac{b_i}{a_{ik}}\,\middle|\,a_{ik}>0\right\}=\frac{b_i}{a_{ik}}$$

③ 初始表的最后一行 A6:H6 为检验数行。当检验数 $\sigma_j>0$ 时，应当确定换入基的变量，其规则为

$$\sigma_k=\max_j\{\sigma_j=(C_j-Z_j)\mid\sigma_j>0\}=c_k-\sum_{i=1}^{m}c_k a_{kj}$$

(3) 进行第一步迭代计算。

① 在 D6 单元格中输入计算检验数的公式"=D$1-($A3*D3+$A4*D4+$A5*D5)"并往右拖曳该单元格填充柄，将此公式复制到 E6:H6。可得到最大检验数为 $\sigma_k=500$，对应的换入变量为 x_2。

② 在 I3 单元格输入计算 θ 值的公式"=IF(E3>0,C3/E3," ")"并往下拖曳该填充柄，将此公式复制到 I4:I5。从结果可看出，最小 $\theta_k=6$，因此，换出变量为 x_4。

③ 选定初始表 A3:I6 并将其复制并粘贴到 A8,即用初始运算表作为模板添加新运算表 A8:I11,然后将 B9 单元格中的 x_4 替换为 x_2,并将系数 500 输入 A9 单元格。

④ 在新表中用高斯法进行旋转运算(Pivot Operation),也就是将 $\boldsymbol{P}_2=(0,1,2)^{\mathrm{T}}$ 变换成单位向量 $\boldsymbol{P}_2=(0,1,0)^{\mathrm{T}}$。其中,第 1 和第 2 行不需变换,只需将第 3 行数字 2 变换为 0。按高斯法则,变换公式为:新第 3 行=旧第 3 行+新第 2 行×(−2)。即在 E10 单元格中输入公式“=E5+E9 *(−2)”并将其向左右拖曳复制到 C10:H10。

(4) 进行第二步迭代计算。

① 如果在初始运算表中输入的公式正确使用了绝对引用与相对引用,用初始表作模板添加新表时,检验数和 θ 值公式中绝对引用不会变化,相对引用则会按新表保持相对位置关系,因此,完成上述旋转运算后,新表中检验数和 θ 值会自动更新,如图中 D11:H11 和 I8:I10 单元格所示。最大检验数为 300,最小 θ 值为 2,对应的系数是 3,因此,换入变量为 x_1,换出变量为 x_5。

② 选定 A8:I11 并将其复制并粘贴到 A13,添加第 3 张运算表。然后将 B10 单元格中的 x_5 替换为 x_1,并将系数 300 输入 A15 单元格。

③ 在新表进行旋转运算。变换方法及公式:新第 3 行=旧第 3 行/3;新第 1 行=旧第 1 行+新第 3 行×(−1)。即先在 D15 单元格中输入公式“=D10/3”并往两侧拖曳复制至 C15:H15,然后在 D13 单元格中输入公式“=D8+D15 *(−1)”并往两侧拖曳复制至 C13:H13,如图 4-7 所示。

(5) 完成上述计算后,第 3 张表的所有检验数已经小于或等于零,这表示已经得到最优解 $\boldsymbol{X}=(2,6,2,0,0)^{\mathrm{T}}$。目标值为 $\max Z=300\times2+500\times6=3600$。

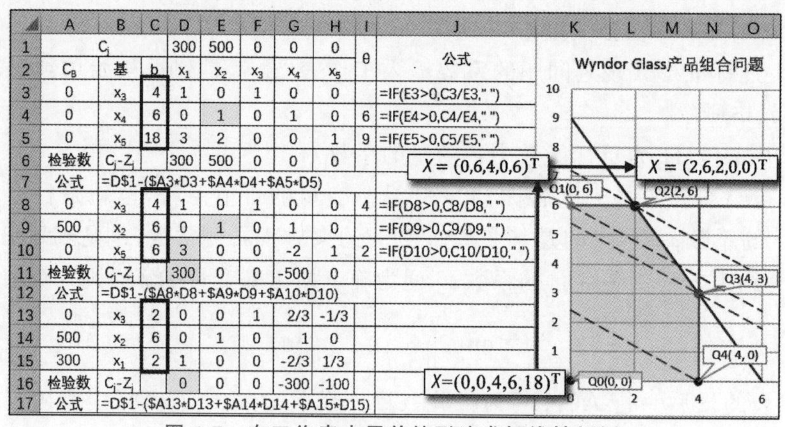

	A	B	C	D	E	F	G	H	I	J
1		Cj		300	500	0	0	0	θ	公式
2	CB	基	b	x1	x2	x3	x4	x5		
3	0	x3	4	1	0	1	0	0		=IF(E3>0,C3/E3," ")
4	0	x4	6	0	1	0	1	0	6	=IF(E4>0,C4/E4," ")
5	0	x5	18	3	2	0	0	1	9	=IF(E5>0,C5/E5," ")
6	检验数	Cj-Zj		300	500	0	0	0		
7	公式	=D$1-($A3*D3+$A4*D4+$A5*D5)								
8	0	x3	4	1	0	1	0	0	4	=IF(D8>0,C8/D8," ")
9	500	x2	6	0	1	0	1	0		=IF(D9>0,C9/D9," ")
10	0	x5	6	3	0	0	-2	1	2	=IF(D10>0,C10/D10," ")
11	检验数	Cj-Zj		300	0	0	-500	0		
12	公式	=D$1-($A8*D8+$A9*D9+$A10*D10)								
13	0	x3	2	0	0	1	2/3	-1/3		
14	500	x2	6	0	1	0	1	0		
15	300	x1	2	1	0	0	-2/3	1/3		
16	检验数	Cj-Zj		0	0	0	-300	-100		
17	公式	=D$1-($A13*D13+$A14*D14+$A15*D15)								

图 4-7 在工作表中用单纯形法求解线性规划

提示

(1) George B.Dantzig 于 1936 年在马里兰大学获得学士学位,1937 年在密歇根大学获得硕士学位,1946 年在加州大学伯克利分校完成博士学位。在伯克利分校读博期间,有一次该校教授 Jerzy Neyman 授课时,Dantzig 迟到了,没听到授课内容,只看到 Neyman 教授在黑板上写了未解的统计学问题。Dantzig 以为是教授布置的家庭作业。几天后,Dantzig 向 Neyman 道歉说:上次作业题似乎比平常要难一些,我现在才完成,您还需要看吗?Neyman 回答道:扔在我桌子上吧。Dantzig 当时感觉这次作业稿可能会石沉大海。6 周以后，Neyman 手里拿着这篇作业激动地对 Dantzig 说："我刚给你的论文写了引言，你先看看，我马上要把它寄出去发表。"Dantzig 直瞪瞪看着教授，完全不知道他在说什么，好一会儿才明白怎么回事。这就是单纯形法问世的过程。

(2) 单纯形法的一般解题步骤可归纳如下。

① 把线性规划问题写成标准形并给出基本可行解作为初始基本可行解。

② 列出初始单纯形计算表，计算检验数和 θ 值。当任一检验数列大于零时，用最大的检验数确定换入变量 x_k，用最小的 θ 值确定换出变量 x_l。

③ 添加新计算表并进行迭代运算。先用 x_k 及系数替换 x_l 及系数，然后通过旋转运算将列向量 $\boldsymbol{P}_k$ 变换为单位向量。

④ 计算和比较新的检验数和 θ 值。如果仍然存在大于零的检验数，继续添加运算表进行下一轮迭代运算。当检验数均小于或等于零时，计算完成得到最优解。

⑤ 单纯形法迭代运算中出现无界解、无可行解和无穷多最优解情况的判断。

- 对于任一检验数 $\sigma_j > 0$ 时，存在 $a_{ik} < 0$，则问题为无界解。
- 当所有 $\sigma_j \leqslant 0$ 时，基变量中含有非零的人工变量，问题无可行解；存在某非基变量检验数 $c_j - z_j = 0$，则问题有无穷多最优解。

(3) 对照图解法可以形象看出单纯形法解题思路，如图 4-7 所示。初始单纯形表从原点 $\boldsymbol{X} = (0,0,4,6,18)^{\mathrm{T}}$ 开始，第 1 次迭代运算后得到一个拐点可行解 $\boldsymbol{X} = (0,6,4,0,6)^{\mathrm{T}}$，第 2 次迭代后找到最优解 $\boldsymbol{X} = (2,6,2,0,0)^{\mathrm{T}}$。

(4) Gauss-Jordan 消元法或初等变换中两行互换位置的法则不适用于单纯形法中的旋转运算，也就是在进行变换单位向量运算时不能交换行。

4.2.3　大 M 及两段单纯形法

单纯形法的迭代计算需要从初始基可行解开始，这个初始基可行解与图解法中的原点类似。将规划问题标准化后，如果约束条件的系数中恰好含有单位矩阵，则可用该单位矩阵作初始基，建立含有初始基可行解的初始单纯形表。但是，很多情况下，将规划问题转换为标准形后，约束条件的系数矩阵中没有包含单位矩阵。这就需要添加人工变量，为该规划问题构建一个单位矩阵。由于人工变量是在规划问题标准化后添加的，也就是在约束条件转换为等式后添加的，因此，在最优解中人工变量必须等于零。为避免人工变量干扰或影响目标函数实现最优，在人工变量前面添加了一个足够大的负系数作为"罚因子"。这样，只要人工变量大于零，目标函数就不可能实现最优。这个系数就是大 M。

由于大 M 法中人工变量系数是一个代表任意大数字的字母，不便于用计算机求解。为解决这个问题，可以将添加人工变量后的线性规划问题分为两段来求解。第一段，求出规划问题的基可行解。用数字"1"代替人工变量系数大 M 并令目标函数中其他变量的系数均等于 0，然后求出这个只包含人工变量的线性规划极小值。如果求解结果是人工变量等于 0，目标函数值也为 0，便可得到原线性规划问题的一个基可行解。如果求解结果出现人工变量不等于 0 或目标函数不为 0，则表明原线性规划问题无可行解。第二段，在基可行解基础上继续求原规划问题的最优解。将第一段的人工变量去除并在其求解结果基础上，用原规划问题的目标函数继续求解。这样，便可以求得规划问题的最优解。

下面举例介绍在工作表中用大 M 及两段单纯形法求解的方法及步骤。

示例 4-6(2003 Brooks/Cole, a division of Thomson Learning, Inc.) 某橘子汽水用橙汁苏打与橘子汁勾兑生产,每瓶汽水为 10 盎司(OZ)。两种液体中,糖、维生素 C 含量及成本如表 4-3 所示。

表 4-3 橘子汽水最小成本问题

项目名称	糖/Dram·OZ^{-1}	VC/mg·OZ^{-1}	重量/OZ	单位成本/\$·OZ^{-1}
橙汁苏打	0.5	1	1	2
橘子汁	0.25	3	1	3
每瓶含量	4	20	10	

要求每瓶汽水含糖量不超过 4 打兰(Dram),维生素 C 含量不少于 20mg。问如何勾兑成本最小?

解 设 x_1 为每瓶汽水中橙汁苏打含量,x_2 为每瓶汽水中橘子汁含量,则该问题的规划方程为

$$\min Z = 2x_1 + 3x_2$$

$$\text{s.t.}\begin{cases} 0.5x_1 + 0.25x_2 \leqslant 4 \\ x_1 + 3x_2 \geqslant 20 \\ x_1 + x_2 = 10 \\ x_1, x_2 > 0 \end{cases}$$

用大 M 法(Big M Method)求解此规划问题的方法和步骤如下。

(1) 按大 M 法要求,将此规划问题写成标准形。先令 $z' = -z$,将目标函数转换为求极大值,然后写出此问题的大 M 法标准形:

$$\max Z' = -2x_1 - 3x_2 + 0x_3 + 0x_4 - Mx_5 - Mx_6$$

$$\text{s.t.}\begin{cases} 0.5x_1 + 0.25x_2 + x_3 = 4 \\ x_1 + 3x_2 - x_4 + x_5 = 20 \\ x_1 + x_2 + x_6 = 10 \\ x_1, x_2, x_3, x_4, x_5, x_6 \geqslant 0 \end{cases}$$

为构造一个单位矩阵,添加了两个人工变量 x_5、x_6,并令目标函数中人工变量的系数为 $-M$。式中单位向量 $\boldsymbol{P}_3$、$\boldsymbol{P}_5$、$\boldsymbol{P}_6$ 构成了一个单位矩阵。

(2) 将上述标准形式规划问题的系数输入工作表,也就是建立大 M 法初始单纯形表,如图 4-8 中 A1:P6 单元格所示。

(3) 进行第一步迭代计算。为便于计算等式中的大 M,可以假设 M 是一个大整数单位(如千万)并将相应单元格格式设置为以 M 为单位的格式"##"M"",然后用两个单元格运算涉及大 M 的求和,一个单元格合计大 M,另一个单元格求其他数,比较检验数时将这两个单元格返回值看成记录数据的公式。

① 计算检验数。在 E6 单元格输入含 M 项求和公式"=-(\$A4*E4+\$A5*E5)",在 F6 单元格中输入其他数字求和公式"=E\$1-\$A3*E3"。因为 x_1,x_2,x_3,x_4 检验数具有相同的计算规律,可以将 E6:F6 复制到 G6:H6、I6:J6 和 K6:M6 单元格。x_5,x_6 检验数大 M 项与前面不同,需另行输入公式。在 M6 单元格中输入公式"=M1-(\$A4*M4+\$A5*M5)",在 N6 单元格中输入公式"=A3*M3",然后将其复制到 O6:P6 单元格。比较所有检验数,最大值为"$4M-3$",所对应的换入变量为 x_2。

	A	B	C	D	E	F	G	H	I	J	K	L	M	N	O	P	Q	R	S
1	Cj→				-2		-3		0		0		-1M		-1M		Pivot Operation	θ	θ值公式
2	C_B	基	b		x_1		x_2		x_3		x_4		x_5		x_6		(旋转运算或初等变换公式)	b/x_k	
3	0	x_3	4		1/2		1/4		1		0		0		0		↓	16	=IF(G3=0," ",C3/G3)
4	-1M	x_5	20		1		3		0		-1		1		0			20/3	
5	'-1M	x_6	10		1		1		0		0		0		1			10	
6	检验数	Cj-Zj			2M	-2/1	4M	-3	0	0	-1M	0	M	0	M	0			
7	公式		=-($A4*E4+$A5*E5)				=G1-$A3*G3				=M1-($A4*M4+$A5*M5)				=C3*O3				
8	0	x_3	7/3		5/12		0		1		1/12		-1/12		0		=O3-O9*(1/4)	28/5	=IF(E8=0," ",C8/E8)
9	-3	x_2	20/3		1/3		1		0		-1/3		1/3		0		=O4/3	20	
10	-1M	x_6	10/3		2/3		0		0		1/3		-1/3		1		=O5-O9	5	
11	检验数	Cj-Zj			2/3M	-1	0	0	0	0	1/3	-1M	-1M	1	0	0			
12	公式		=-$A10*E10			=G$1-($A8*G8+$A9*G9)					=M1-$A10*M10			=-(C8*O8+C9*O9)					
13	0	x_3	1/4		0		0		1		-1/8		1/8		-5/8		=O8-O15*(5/12)	mix z=-z'	
14	-3	x_2	5		0		1		0		-1/2		1/2		-1/2		=O9-O15*(1/3)	25	
15	-2	x_1	5		1		0		0		1/2		-1/2		3/2		=O10/(2/3)	=-(A14*C14+A15*C15)	
16	检验数	Cj-Zj			0		0		0		-1/2		-1M	1/2	-1M	3/2			
17	公式		=E1-($A13*E13+$A14*E14+$A15*E15)										=M1		=-($A13*O13+$A14*O14+$A15*O15)				

图 4-8 大 M 单纯形法示例

② 计算 θ 值。在 R3 单元格输入的公式"＝IF(G3＝0," ",C3/G3)"并往下拖曳该填充柄，将此公式复制到 R4:R5 单元格。最小 $\theta_k=20/3$，对应的换出变量为 x_5。

③ 添加新表。在 A8:P10 单元格添加新计算表后，将 A3:C6 单元格复制到 A8:C11 单元格，并用－3、x_2 替换－1M、x_5。

④ 旋转运算(Pivot Operation)。在 G9 单元格中输入公式"＝G4/3"，在 G8 单元格输入公式"＝G3－G9＊(1/4)"，在 G10 单元格输入公式"＝G5－G9"。然后选定 G8:G10 单元格并往左右拖曳填充柄将其复制到 C8:E10、I8:O10 单元格。

(4) 进行第二步迭代计算。

① 计算检验数。在 E11 单元格输入含 M 项的求和公式"＝－＄A10＊E10"，在 F11 单元格中输入其他数字的求和公式"＝E＄1－(＄A8＊E8＋＄A9＊E9)"。将 E11:F11 单元格复制到 G11:H11、I11:J11 和 K11:M11 单元格。在 M11 单元格中输入公式"＝M1－＄A10＊M10"，在 N11 单元格中输入公式"＝－(A8＊M8＋A9＊M9)"，然后将其复制到 O11:P11 单元格。最大检验数为"$2/3M$"，对应换入变量为 x_1。

② 计算 θ 值。因与上轮迭代计算公式一致，故可将 R3 单元格复制到 G4:G5 单元格。最小 $\theta_k=5$，对应换出变量为 x_6。

③ 添加新表。在 A13:P16 单元格添加新表后，将 A8:C10 单元格复制到 A13:C16 单元格，并用－2、x_1 替换－1M、x_6。

④ 旋转运算。在 E15 单元格中输入公式"＝E10/(2/3)"，在 E13 单元格输入公式"＝E8－E15＊(5/12)"，在 E14 单元格输入公式"＝E9－E15＊(1/3)"。然后选定 E13:E15 单元格并将其复制到 C13:C15、G13:O15 单元格。

(5) 计算新一轮检验数。在 E16 单元格输入公式"＝E1－(＄A13＊E13＋＄A14＊E14＋＄A15＊E15)"并将其复制 G16:K16(没有大 M 时将计算检验数的单元格合并)。在 M16 单元格输入公式"＝M1"，在 N16 单元格输入公式"＝－(＄A13＊M13＋＄A14＊M14＋＄A15＊M15)"。

(6) 完成上述计算后，可以看到所有检验数已经小于或等于零，这表示已经得到最优解 $x_1=5$，$x_2=5$。在 R14 单元格输入目标值公式"－(A14＊C14＋A15＊C15)"，返回值为 25，如图 4-8 中 R13:S17 单元格所示。

用两段法(Two-Phase Method)求解此规划问题的方法和步骤如下。

(1) 令目标函数中变量 x_1,x_2,x_3,x_4,x_5 的系数为0,则目标函数只包含人工变量的标准规划问题为

$$\min Z=x_5+x_6$$

$$\text{s.t.}\begin{cases}0.5x_1+0.25x_2+x_3=4\\x_1+3x_2-x_4+x_5=20\\x_1+x_2+x_6=10\\x_1,\ x_2,\ x_3,\ x_4,\ x_5,\ x_6\geqslant 0\end{cases}$$

(2) 将上述方程的系数输入工作表,建立第一段初始单纯形表,如图4-9中A1:I6单元格所示。

(3) 进行迭代运算。

① 计算检验数。在D6单元格中输入公式"＝D＄1－(＄A3＊D3＋＄A4＊D4＋＄A5＊D5)"并将其复制到E6:I6。因为目标函数为极小值,故选择最小负检验数"－4",其对应换入变量为 x_2。

② 计算 θ 值。在K3单元格输入公式"＝IF(E3＝0," ",C3/E3)"并往下拖曳该填充柄,将此公式复制到K4:K5。最小 $\theta_k=20/3$,对应换出变量为 x_5。

③ 添加新表。将上述A3:K6表作为模板复制到A8:K11,然后用 x_2 替换 x_5,即将0和 x_2 分别输入A9、B9单元格。

④ 旋转运算。在E9单元格中输入公式"＝E4/3"并将其复制到C9:I9;在E8单元格输入公式"＝E3－(E9＊1/4)"并将其复制到C8:I8;在E10输入公式"＝E5－E9"并将其复制到C10:I10。

(4) 进行第二轮迭代运算。

① 检验数和 θ 值。由于在添加新表时,D11:I11和K8:K10中已经复制有检验数和 θ 值公式,因此,在旋转运算后,便可直接得到新的检验数和 θ 值。D11单元格含有小于零的最小检验数"－2/3",其对应换入变量为 x_1;K10单元格中为最小 θ 值"5",对应换出变量为 x_6。

② 添加新表。选定A8:K11将其复制到A13:K16,然后用 x_1 替换 x_6,即将0和 x_1 分别输入A15、B15单元格。

③ 旋转运算。在D15单元格中输入公式"＝D10/(2/3)"并将其复制到C15:I15;在D14输入公式"＝D9－D15＊(1/3)"并将其复制到C14:I14;在D13输入公式"＝D8－D15＊(5/12)"并将其复制到C13:I13。

(5) 完成上述运算后,D16:I16中的检验数均已大于或等于0,第一阶段结束。将人工变量去除,并将第一阶段结果表A13:G16复制到A19:G22,供第二阶段使用。

(6) 进行第二阶段求解。用第一阶段结果表继续求解。

① 将目标函数回归到 $\max Z'=-2x_1-3x_2+0x_3+0x_4$。然后,将此目标函数系数分别输入D18:G18单元格。

② 计算检验数。由于复制第一阶段结果表时,检验数公式已同步复制,故输入目标函数系数后,D22:G22中将自动返回新检验数。其结果均小于或等于0,已得到问题的最优

解，求解结束。

(7) 最后，用 $Z'=-Z$ 还原目标函数。结果见 J20:L22。该橘子汽水的最优勾兑方法是 5 盎司苏打橙汁加 5 盎司橘子汁，其最小成本为 25 美分，如图 4-9 所示。

	A	B	C	D	E	F	G	H	I	J	K	L
1	第一段Cj→			0	0	0	0	1	1	Pivot Operation	θ	θ值公式
2	C_B	基	b	x_1	x_2	x_3	x_4	x_5	x_6	(旋转运算或初等变换公式)	b/x_k	
3	0	x_3	4	1/2	1/4	1	0	0	0		16	=IF(E3=0," ",C3/E3)
4	1	x_5	20	1	3	0	-1	1	0		20/3	=IF(E4=0," ",C4/E4)
5	1	x_6	10	1	1	0	0	0	1		10	=IF(E5=0," ",C5/E5)
6	检验数	C_j-Z_j		-2	-4	0	1	0	0	↓		
7	检验数公式			=D$1-($A3*D3+$A4*D4+$A5*D5)								
8	0	x_3	7/3	5/12	0	1	1/12	-1/12	0	=I3-(I9*1/4)	28/5	=IF(D8=0, " ",C8/D8)
9	0	x_2	20/3	1/3	1	0	-1/3	1/3	0	=I4/3	20	=IF(D9=0," ",C9/D9)
10	1	x_6	10/3	2/3	0	0	1/3	-1/3	1	=I5-I9	5	=IF(D10=0," ",C10/D10)
11	检验数	C_j-Z_j		-2/3	0	0	-1/3	4/3	0			
12	检验数公式			=D$1-($A8*D8+$A9*D9+$A10*D10)								
13	0	x_3	1/4	0	0	1	-1/8	1/8	-5/8	=I8-I15*(5/12)		
14	0	x_2	5	0	1	0	-1/2	1/2	-1/2	=I9-I15*(1/3)		
15	0	x_1	5	1	0	0	1/2	-1/2	3/2	=I10/(2/3)		
16	检验数	C_j-Z_j		0	0	0	0	1	1			
17	检验数公式			=D$1-($A13*D13+$A14*D14+$A15*D15)								
18	第二段Cj→			-2	-3	0	0					
19	0	x_3	1/4	0	0	1	-1/8					
20	-3	x_2	5	0	1	0	-1/2			MIN Z		25
21	-2	x_1	5	1	0	0	1/2			x_1		5
22	检验数	C_j-Z_j		0	0	0	-1/2			x_2		5
23	检验数公式			=D18-($A19*D19+$A20*D20+$A21*D21)								

图 **4-9**　两阶段单纯形法示例

4.2.4　改进单纯形法

改进单纯形法(Revised Simplex Method)是 George B.Dantzig 于 1953 年提出的。其基本思路是每次迭代只跟踪当前基矩阵及相关信息，并使用矩阵公式进行必要的计算，修正了 Simplex 法中每次迭代都计算所有数据的算法，剔除或避免了一些不必要的运算。对于变量多、约束条件复杂的规划问题，运用 Revised Simplex 方法，可大大提高计算效率，缩短迭代搜索求解时间。

Revised Simplex 法求解线性规划问题步骤简述如下。

(1) 按构造初始基变量形式分析要求解的规划问题

$$\max \boldsymbol{z}=c\boldsymbol{x}$$

$$\text{s.t.}\begin{cases} A\boldsymbol{x}=b \\ \boldsymbol{x}\geqslant 0 \end{cases}$$

(2) 添加松弛变量或人工变量，写出规划问题的标准形式，并求出初始基和初始解。

$$\begin{bmatrix} 1 & -c \\ 0 & A \end{bmatrix}\begin{bmatrix} \boldsymbol{z} \\ \boldsymbol{x} \end{bmatrix}=[0\quad b];\boldsymbol{x}\geqslant 0$$

(3) 计算非基变量检验数 $\sigma_N=C_N-C_B\boldsymbol{B}^{-1}N$。若存在 $\max(\sigma_j)=\sigma_k(j\in N,\sigma_k>0)$，则确定对应的 x_k 为换入变量，进行下一步计算。当出现 $\sigma_N\leqslant 0$，表明已得到最优解，终止计算。目标函数为求最小值时，令 $\boldsymbol{z}'=-\boldsymbol{z}$，求 $\max \boldsymbol{z}'$。

(4) 计算 θ 值：$\theta_l=\min\{(\boldsymbol{B}^{-1}b)_i/(\boldsymbol{B}^{-1}P_k)_i\}(\boldsymbol{B}^{-1}P_k>0)$。确定 θ_l 对应的 x_l 为换出变量。

(5) 进行旋转运算，用换入变量代替换出变量，得到新的基本变量 $\boldsymbol{X_B}$ 及价值系数 $\boldsymbol{C_B}$，并更新基矩阵 $\boldsymbol{B}^{-1}$。

(6) 重复上述(2)～(4)步，直到出现 $\sigma_N \leqslant 0$，得到问题的最优解。

下面用示例说明改进单纯形法求解过程。

示例 4-7(胡运权主编《运筹学习题集》第 5 版 2.8 题，清华大学出版社) 用改进单纯形法求解线性规划问题。

(a) $\max z=5x_1+8x_2+7x_3+4x_4+6x_5$ (b) $\min z=-x_1-2x_2+x_3-x_4-4x_5+2x_6$

$$\text{s.t.}\begin{cases}2x_1+3x_2+3x_3+2x_4+2x_5\leqslant 0\\3x_1+5x_2+4x_3+2x_4+4x_5\leqslant 0\\x_j\geqslant 0(j=1,\cdots,5)\end{cases}\qquad \text{s.t.}\begin{cases}x_1+x_2+x_3+x_4+x_5+x_6\leqslant 6\\2x_1+x_2-2x_3+x_4\leqslant 4\\x_3+x_4+2x_5+x_6\leqslant 4\\x_j\geqslant 0\quad(j=1,\cdots,6)\end{cases}$$

解 (a) 将问题写成标准形

$$\begin{aligned}z-5x_1-8x_2-7x_3-4x_4-6x_5&=0\\2x_1+3x_2+3x_3+2x_4+2x_5+x_6&=20\\3x_1+5x_2+4x_3+2x_4+4x_5+x_7&=30\end{aligned}$$

其矩阵公式为

$$\begin{bmatrix}1&-5&-8&-7&-4&-6&0&0\\0&2&3&3&2&2&1&0\\0&3&5&4&2&4&0&1\end{bmatrix}\begin{bmatrix}z\\x_1\\\vdots\\x_7\end{bmatrix}=\begin{bmatrix}0\\20\\30\end{bmatrix}(j=1,2,\cdots,7)$$

将上述矩阵数据输入工作表，初始基变量矩阵和右侧常数 b 位于运算表左侧，右侧为非基变量系数，如图 4-10 中 A1:E4、H1:L4 单元格所示，并按如下方法和步骤进行运算求解。

	A	B	C	D	E	F	G	H	I	J	K	L	M	N	O	P	Q	R	S	T
1	B	XB	z	x_6	x_7	y_2	θ	x_1	x_2	x_3	x_4	x_5	检验数	σ1	8	=MAX(MMULT(-(C2:E2),H2:L4))				
2	z'	0	1	0	0	-8		-5	-8	-7	-4	-6	换入x_k	k	2	=MATCH(O1,MMULT(-(C2:E2),H2:L4),0)				
3	x_6	20	0	1	0	3	20/3	2	3	3	2	2	θ规则	θ	6	=MIN(G3:G4)				
4	x_7	30	0	0	1	5	6	3	5	4	2	4	换出x_l	l	7	=MATCH(O3,G3:G4,0)+5				
5	B	XB	z	x_6	x_2	y_4	θ	x_1	x_7	x_3	x_4	x_5	检验数	σ1	4/5	=MAX(MMULT(-(C6:E6),H6:L8))				
6	z'	48	1	0	8/5	-4/5		-5	0	-7	-4	-6	换入x_k	k	4	=MATCH(O5,MMULT(-(C6:E6),H6:L8),0)				
7	x_6	2	0	1	-3/5	4/5	5/2	2	0	3	2	2	θ规则	θ	5/2	=MIN(G7:G8)				
8	x_2	6	0	0	1/5	2/5	15	3	1	4	2	4	换出x_l	l	6	=MATCH(O7,G7:G8,0)+5				
9	B	XB	z	x_4	x_2	y_4	θ	x_1	x_7	x_3	x_6	x_5	检验数	σ1	0	=MAX(MMULT(-(C10:E10),H10:L12))				
10	z'	50	1	1	1			-5	0	-7	0	-6	最优解		x_1	x_2	x_3	x_4	x_5	
11	x_4	5/2	0	5/4	-3/4			2	0	3	1	2			0	5	0	2.5	0	
12	x_2	5	0	-1	1/2			3	1	4	0	4	max z		50					

图 4-10 改进单纯形法示例 1

(1) 计算检验数。先在单元格 O1 中输入公式"＝MAX(MMULT(－(C2:E2)，H2:L4))"，返回值为 8。此公式与单纯形法中检验数公式是一致的，可写为

$$\sigma_k=c_k-z_k=\max\{(c_j-z_j)>0;j=1,2\}$$

$$=\max\left\{-\begin{bmatrix}1&0&0\end{bmatrix}\begin{bmatrix}-5&-8&-7&-4&-6\\2&3&3&2&2\\3&5&4&2&4\end{bmatrix}\right\}$$

然后在 O2 单元格中输入公式"＝MATCH(O1，MMULT(－(C2:E2)，H2:L4)，0)"，

返回值为 2，即最大检验数的换入变量为 x_2。

(2) 计算 θ 值。将当前基矩阵的逆阵乘以换入变量 x_2 的系数，即 $\boldsymbol{y}_2=\boldsymbol{B}_1^{-1}a_2$。然后用公式 $\theta=\min\{x_{Bi}/y_{ik},y_{ik}>0\}$ 计算。

① 在 F2 单元格中输入公式"＝MMULT(C2:E4,I2:I4)"，返回值为 $(-8\quad 3\quad 5)^{\mathrm{T}}$。

② 在 G3 单元格输入公式"＝IF(F3＜＝0,"－－",B3/F3)"并往下拖曳复制至 G4 单元格。

③ 在 O3 单元格中输入公式"＝MIN(G3:G4)"，返回值为 6。

④ 在 O4 单元格中输入公式"＝MATCH(O3,G3:G4,0)＋5"，返回值为 7，即换出变量为 x_7。

(3) 添加新表。选定 A1:O4 单元格区域作为模板，将其复制到 A5:O8。注意，复制表的数据和公式有部分可用，还有一些不能直接用，需要重新输入数据或公式。然后将换入变量 x_2 输入 A8 和 E5 单元格；将换出变量 x_7 输入 I5 单元格并将 $\boldsymbol{P}_7=(0\quad 0\quad 1)^{\mathrm{T}}$ 输入 I6:I8 单元格。

(4) 进行旋转运算。用旧表中 $\boldsymbol{y}_2=(-8\quad 3\quad 5)^{\mathrm{T}}$ 对基变量矩阵进行初等变换。

① 在 E8 单元格中输入公式"＝E4/5"，并将其复制到 B8:D8 单元格。

② 在 E7 单元格中输入公式"＝E3＋E8＊(－3)"，并将其复制到 B7:D7 单元格。

③ 在 E6 单元格中输入公式"＝E2＋E8＊8"，并将其复制到 B6:D6 单元格。

(5) 计算新一轮检验数。由于检验数及匹配位置公式在添加新表时已复制到 O5 和 O6 单元格，其返回值分别为 0.8 和 4，因此，可确定换入变量为 x_4。

(6) 计算新一轮 θ 值。在 F5 输入 $\boldsymbol{y}_4$，在 F6 输入公式"＝MMULT(C6:E8,K6:K8)"，返回值为 $\boldsymbol{y}_4=(-4/5\quad 4/5\quad 2/5)^{\mathrm{T}}$。然后在 G7 单元格输入"＝IF(F7＜＝0,"－－",B7/F7)"并将其复制到 G8 单元格。此时，在 O7、O8 单元格中返回值为 5/2 和 6。据此，可确定换出变量为 x_6。

(7) 添加新表。选定 A5:O8 单元格，将其复制到 A9:O12。然后将换入变量 x_4 输入 A11 和 D9 单元格，将换出变量 x_6 输入 K9 单元格并将 $\boldsymbol{P}_6=(0\quad 1\quad 0)^{\mathrm{T}}$ 输入 K10:K12 单元格。

(8) 进行新一轮旋转运算。用旧表中 $\boldsymbol{y}_4$ 对基变量矩阵进行初等变换。

① 在新表 D11 单元格中输入公式"＝D7/(4/5)"，并将其复制到 B11:E11。

② 在新表 D10 单元格中输入公式"＝D6＋D11＊(4/5)"，并将其复制到 B10:E10。

③ 在新表 D12 单元格中输入公式"＝E8－E11＊(2/5)"，并将其复制到 B12:E12。

此时，O9 单元格中检验数公式的返回值为 0，因此，已经得到最优解，如图 4-10 所示。最优解和目标值为 $x_1=0,x_2=5,x_3=0,x_4=2.5,x_5=0$；$\max z=50$。

解　(b) 令 $z'=-z$，则有 $\max z=x_1+2x_2-x_3+x_4+4x_5-2x_6$，其矩阵公式为

$$\begin{bmatrix}1&-1&-2&1&-1&-4&2&0&0&0\\0&1&1&1&1&1&1&1&0&0\\0&2&1&-2&1&0&0&0&1&0\\0&0&0&1&1&2&1&0&0&1\end{bmatrix}\begin{bmatrix}z\\x_1\\\vdots\\x_9\end{bmatrix}=\begin{bmatrix}0\\6\\4\\4\end{bmatrix}\quad(j=1,2,\cdots,9)$$

将上述矩阵数据输入工作表，如图 4-11 中 A1:F5、I1:N5 单元格所示。

(1) 计算检验数。先在 Q1 单元格中输入公式"＝MAX(MMULT(－(C2:F2),I2:N5))"，返回值为 4。然后在 Q2 单元格中输入公式"＝MATCH(Q1,MMULT(－(C2:

F2),I2:N5),0)”,返回值为 5,确定换入变量为 x_5。

(2) 计算 θ 值。在 G1 单元格中输入“y_5”并在 G2 单元格中输入公式“＝MMULT(C2:F5,M2:M5)”,之后,在 H3 单元格中输入公式“＝IF(G3＜＝0,"－－",B3/G3)”,并将其复制至 H5 单元格。然后在 Q3 单元格中输入公式“＝MIN(H3:H5)”,在 Q4 单元格中输入公式“＝MATCH(Q3,H3:H5,0)＋6”,得到返回值为 2 和 9,确定换出变量为 x_9。

(3) 添加新表。选定 A1:Q5 单元格区域并将其复制到 A6:Q10 单元格。然后将换入变量 x_5 输入 A10 和 F6 单元格;将换出变量 x_9 输入 M6 单元格并将 $\boldsymbol{P}_9=(0\quad 0\quad 0\quad 1)^{\mathrm{T}}$ 输入 M7:M10 单元格。

(4) 进行旋转运算。用旧表中 y_5 列对基变量矩阵进行初等变换。

① 在 F10 单元格中输入公式“＝F5/2”,并将其复制到 B10:E10 单元格。

② 在 F9 中输入公式“＝F4”,并将其复制到 B9:E9 单元格。

③ 在 F8 中输入公式“＝F3－F10”,并将其复制到 B8:E8 单元格。

④ 在 F7 中输入公式“＝F2＋F10 * 4”,并将其复制到 B7:E7 单元格。

(5) 计算新一轮检验数。添加新表时检验数及匹配位置公式已复制到 Q2 和 Q6 单元格,其返回值分别为 2 和 2,据此,确定换入变量为 x_2。

(6) 计算新一轮 θ 值。在 G6 单元格输入 y_2,在 G7 单元格输入公式“＝MMULT(C7:F10,J7:J10)”。此时,在 Q8、Q9 单元格得到 θ 值及位置数为 4 和 7。故换出变量为 x_7。

(7) 添加新表。选定 A6:Q10 单元格区域,将其复制到 A11:Q15。然后将换入变量 x_2 输入 A13 和 D11 单元格;将换出变量 x_7 输入 J11 单元格并将 $\boldsymbol{P}_7=(0\quad 1\quad 0\quad 0)^{\mathrm{T}}$ 输入 J12:J15 单元格。

(8) 进行新一轮旋转运算。用旧表中 y_2 对基变量矩阵进行初等变换。

① 在 D13 单元格中输入公式“＝D8”,并将其复制到 B13:F13 单元格。

② 在 D12 单元格中输入公式“＝D7＋D13 * 2”,并将其复制到 B12:F12 单元格。

③ 在 D14 单元格中输入公式“＝D9－D13”,并将其复制到 B14:F14 单元格。

④ 在 D15 单元格中输入公式“＝D10”,并将其复制到 B15:F15 单元格。

(9) 完成上述迭代计算后,Q11 单元格中检验数公式的返回值已小于 0,因此,已经得到最优解及目标值,可终止运算,如图 4-11 所示。

$$x_1=0,x_2=4,x_3=0,x_4=0,x_5=2,x_6=0;\min z=-16$$

	A	B	C	D	E	F	G	H	I	J	K	L	M	N	O	P	Q	R	S	T	U	V	W	X	Y	Z
1	B	XB	z	x_7	x_8	x_9	y_5	θ	x_1	x_2	x_3	x_4	x_5	x_6	检验数	σ1	4	=MAX(MMULT(-(C2:F2),I2:N5))								
2	$\dot{z}$	0	1	0	0	0	-4		-1	-2	1	-1	-4	2	换入x_k	k	5	=MATCH(Q1,MMULT(-(C2:F2),I2:N5),0)								
3	x_7	6	0	1	0	0	1	6	1	1	1	1	1	1	θ规则	θ	2	=MIN(H3:H5)								
4	x_8	4	0	0	1	0	0	--	2	1	-2	1	0	0	换出x_l	l	9	=MATCH(Q3,H3:H5,0)+6								
5	x_9	4	0	0	0	1	2	2	0	0	1	1	2	1	y_5公式			=MMULT(C2:F5,M2:M5)								
6	B	XB	z	x_7	x_8	x_5	y_2	θ	x_1	x_2	x_3	x_4	x_9	x_6	检验数	σ1	2	=MAX(MMULT(-(C7:F7),I7:N10))								
7	$\dot{z}$	8	1	0	0	2	-2		-1	-2	1	-1	0	2	换入x_k	k	2	=MATCH(Q6,MMULT(-(C7:F7),I7:N10),0)								
8	x_7	4	0	1	0	-1	1	4	1	1	1	1	0	1	θ规则	θ	4	=MIN(H8:H10)								
9	x_8	4	0	0	1	0	1	4	2	1	-2	1	0	0	换出x_l	l	7	=MATCH(Q8,H8:H10,0)+6								
10	x_5	2	0	0	0	0.5	0	--	0	0	1	1	1	1	y_2公式			=MMULT(C7:F10,J7:J10)								
11	B	XB	z	x_2	x_8	x_5	y	θ	x_1	x_7	x_3	x_4	x_9	x_6	检验数	σ1	-1	=MAX(MMULT(-(C12:F12),I12:N15))								
12	$\dot{z}$	16	1	2	0	1			-1	0	1	-1	0	2	最优解			x_1	x_2	x_3	x_4	x_5	x_6	x_7	x_8	x_9
13	x_2	4	0	1	0	-1			1	1	1	1	0	1				0	4	0	0	2	0	0	0	0
14	x_8	0	0	-1	1	0.5			2	0	-2	1	0	0	min z			-16								
15	x_5	2	0	0	0	0.5			0	0	1	1	1	1												

图 4-11　改进单纯形法示例 2

提示

(1) 对于添加人工变量的标准规划问题，可以用改进单纯形法和两段法求解。

(2) 在图4-10中P1:P9单元格给出了计算检验数、θ值等公式，其中，MAX为最大值函数，MMULT为矩阵乘法函数，MATCH为匹配并返回数字相对位置函数。

4.2.5　对偶单纯形法

1954年，数学家Carlton Edward Lemke在单纯形法和改进单纯形法基础上发明了对偶单纯形法(Dual Simplex Method)。Dual的意思是双重的、两部分的、对偶或成对的，对偶单纯形法可看作单纯形法的一个镜像。下面通过一个规划问题来描述这种方法。

以示例4-1中Wyndor公司组合生产门窗规划问题为例。假设某建材集团扩大规模想要收购Wyndor公司门窗生产线，那么，从集团的角度考虑，希望花最少的钱把该生产线收购过来。但是，Wyndor公司愿意出让的报价是不低于自己组织生产获得的最大利润。设y_1, y_2, y_3分别为出让工厂1、工厂2和工厂3的单位时间报价，其中，工厂1生产1h门和工厂3加工3h门可获利300元；工厂2生产窗框2h和工厂3加工组装窗2h可获利500元。因此，建材集团收购该门窗生产线的规划问题可描述为

$$\min z_y = 4y_1 + 12y_2 + 18y_3$$
$$\text{s.t.}\begin{cases} y_1 + 3y_3 \geqslant 300 \\ 2y_2 + 2y_3 \geqslant 500 \\ y_1, y_2, y_3 \geqslant 0 \end{cases}$$

这个规划方程就是Wyndor公司组合生产门窗规划的对偶问题。每个线性规划都可以写成对称的两个问题：原问题和对偶问题。

$$\max \boldsymbol{z} = \mathrm{c}\boldsymbol{x} \qquad\qquad \min \boldsymbol{z}_y = \mathrm{c}\boldsymbol{y}$$
$$\text{s.t.}\begin{cases} \boldsymbol{Ax} \leqslant b \\ \boldsymbol{x} \geqslant 0 \end{cases} \qquad\qquad \text{s.t.}\begin{cases} \boldsymbol{A}^{\mathrm{T}}\boldsymbol{y} \geqslant \mathbf{c}^{\mathrm{T}} \\ \boldsymbol{y} \geqslant 0 \end{cases}$$

求解对偶问题需要使用对偶单纯形法，其方法和步骤如下。

(1) 将对偶规划问题写成标准形。

① 令$\boldsymbol{z}' = -\boldsymbol{z}$，求$\max \boldsymbol{z}'$。

② 将约束方程两边同乘-1，变$\geqslant$为$\leqslant$。

③ 添加松弛变量或人工变量，构造初始基。加人工变量的，需使用两段法求解。

(2) 确定换出变量。按$\min\{((\boldsymbol{B}^{-1}b)_i \mid (\boldsymbol{B}^{-1}b)_i < 0)\} = (\boldsymbol{B}^{-1}b)_l$规则，确定$x_l$为换出变量。当$b_i$均小于0时，表示已得到最优解，停止计算。

(3) 确定换入变量。计算$\theta = \min\limits_j\{(c_j - z_j)/a_{lj} \mid a_{lj} < 0\} = (c_k - z_k)/a_{lk}$，并按$\theta$规则确定$x_k$为换入变量。

(4) 以a_{lk}为主元素进行迭代或旋转运算，得到新的可行基。然后重复上述步骤，进行下一步迭代运算，直到求出最优解。

示例**4-8**(胡运权主编《运筹学习题集》第5版2.34题，清华大学出版社)　考虑线性规划问题：

$$\max z = 2x_1 + 4x_2 + 3x_3$$

$$
\text{s.t.}\begin{cases}3x_1+4x_2+2x_3\leqslant 60\\2x_1+x_2+2x_3\leqslant 40\\x_1+3x_2+2x_3\leqslant 80\\x_1,x_2,x_3\geqslant 0\end{cases}
$$

(a) 写出其对偶问题。

(b) 用单纯形法求解原问题，列出每步迭代计算得到的原问题的解与互补对偶问题的解。

(c) 用对偶单纯形法求解其对偶问题，并列出每步迭代计算得到的对偶问题解及原问题的解。

(d) 比较(b)(c)的计算结果。

解 (a)题，根据对偶规划问题与原问题的对应关系，在工作表中使用转置函数 TRANSPOSE 可以很快写出该规划问题的对偶问题，如图 4-12 所示。

	A	B	C	D	E	F	G	H	I	J	K	L	M
1		x_1	x_2	x_3				y_1	y_2	y_3			=TRANSPOSE(F3:F5)
2	max z	2	4	3			min z_y	60	40	80			
3		3	4	2	<=	60		3	2	1	>=	2	=TRANSPOSE(B3:B5)
4		2	1	2	<=	40		4	1	3	>=	4	
5		1	3	2	<=	80		2	2	2	>=	3	=TRANSPOSE(B2:D2)

图 4-12 根据对应关系写出原问题的对偶问题

F3:F5 单元格中是原问题约束条件右侧常数项 b_i，在 H2 单元格输入公式“＝TRANSPOSE(F3:F5)”，便可写出对偶问题目标函数系数 c_j。

B3:D5 单元格中是原问题约束条件变量系数 a_{ij}，在 H3 单元格输入公式“＝TRANSPOSE(B3:D5)”，便可写出对偶问题约束条件变量系数 a_{ij}。

B2:D2 单元格中是原问题目标函数系数 c_j，在 L3 单元格输入公式“＝TRANSPOSE(B2:D2)”，便可写出对偶问题约束条件右侧常数项 b_i。写出对偶问题时，应添加 $y_i\geqslant 0$。

(b)(c)题，为便于比较，下面用单纯形法及对偶单纯形法同步求解原问题与对偶问题。

(1) 将原问题和对偶问题写成标准形。

① 将原问题写成标准形后，建立单纯形表，如图 4-13 中 A1:J6 单元格所示。

	A	B	C	D	E	F	G	H	I	J	K	L	M	N	O	P	Q	R	S
1		C_j		2	4	3	0	0	0	θ		C_j		-60	-40	-80	0	0	0
2	C_B	基	b	x_1	x_2	x_3	x_4	x_5	x_6		C_B	基	b	y_1	y_2	y_3	y_4	y_5	y_6
3	0	x_4	60	3	4	2	1	0	0	15	0	y_4	-2	-3	-2	-1	1	0	0
4	0	x_5	40	2	1	2	0	1	0	40	0	y_5	-4	-4	-1	-3	0	1	0
5	0	x_6	80	1	3	2	0	0	1	80/3	0	y_6	-3	-2	-2	-2	0	0	1
6	σ_j	C_j-Z_j		2	4	3	0	0	0		σ_j	C_j-Z_j		-60	-40	-80	0	0	0
7											θ	σ_j/a_{ik}		15	40	80/3		0	
8	4	x_2	15	3/4	1	1/2	1/4	0	0	30	0	y_4	1	0	-5/4	5/4	1	-3/4	0
9	0	x_5	25	5/4	0	3/2	-1/4	1	0	50/3	-60	y_1	1	1	1/4	3/4	0	-1/4	0
10	0	x_6	35	-5/4	0	1/2	-3/4	0	1	70	0	y_6	-1	0	-3/2	-1/2	0	-1/2	1
11	σ_j	C_j-Z_j		-1	0	1	-1	0	0		σ_j	C_j-Z_j		0	-25	-35	0	-15	0
12											θ	σ_j/a_{ik}			50/3	70		30	0
13	4	x_2	20/3	1/3	1	0	1/3	-1/3	0		0	y_4	11/6	0	0/1	5/3	1	-1/3	-5/6
14	3	x_3	50/3	5/6	0	1	-1/6	2/3	0		-60	y_1	5/6	1	0	2/3	0	-1/3	1/6
15	0	x_6	80/3	-5/3	0	0	-2/3	-1/3	1		-40	y_2	2/3	0	1	1/3	0	1/3	-2/3
16	σ_j	C_j-Z_j		-11/6	0	0	-5/6	-2/3	0		σ_j	C_j-Z_j		0	0	-80/3	0	-20/3	-50/3
17		max z		=A13*C13+A14*C14					230/3		min z_y=min(-z'_y)		=-(K14*M14+K15*M15)						230/3

图 4-13 规划问题单纯形法与对偶单纯形法

② 将对偶原问题写成标准形。令 $z'_y=-z_y$，并将约束方程两边同乘－1。

$$\max z'_y=-60y_1-40y_2-80y_3$$

$$\text{s.t.}\begin{cases}-3y_1-2y_2-y_3+y_4=-2\\-4y_1-y_2-3y_3+y_5=-4\\-2y_1-2y_2-2y_3+y_6=-3\\y_1,y_2,y_3\geqslant 0\end{cases}$$

然后建立对偶原问题单纯形表,如图 4-13 中 K1:S7 单元格所示。

(2) 进行第一次迭代运算。

① 确定原问题的换入、换出变量。在 D6 单元格输入公式“=D$1-($A3*D3+$A4*D4+$A5*D5)”,并将其复制到 E6:I6 单元格,可得到最大检验数为 $\sigma_k=4$,对应的换入变量为 x_2。在 J3 单元格中输入公式“=IF(E3<=0,"-",C3/E3)”并复制到 J4:J5 单元格,得到最小 θ 值为 15,对应换出变量为 x_4。

② 确定对偶问题的换入、换出变量。b 列最小值为-4,确定对应的基变量 y_5 为换出变量。在 N6 单元格输入公式“=N$1-($K3*N3+$K4*N4+$K5*N5)”,在 N7 单元格输入公式“=IF(N4=0,"",N6/N4)”并选定 N6:N7 将其复制到 O6:S7。得到 θ 值为 15,对应的换入变量为 y_1。

③ 添加新表。选定 A3:S7 单元格区域,将其复制到 A8,得到新表,然后在 B8 单元格用 x_2 替换 x_4 并在 A8 单元格中输入对应系数“4”;在 L9 单元格用 y_1 替换 y_5 并在 K9 单元格输入对应的系数“-60”。

④ 进行旋转运算。

原问题:在 E8 单元格输入公式“=E3/4”并将其复制到 C8:I8 单元格;在 E9 单元格输入公式“=E4-E8”,并将其复制到 C9:I9 单元格;在 E10 输入公式“=E5-E8*3”,并将其复制到 C10:I10 单元格。

对偶问题:在 N9 单元格输入公式“=E3/4”并将其复制到 M9:S9 单元格;在 N8 单元格输入公式“=N3+N9*3”并将其复制到 M8:S8 单元格;在 N10 单元格输入公式“=N5+N9*2”并将其复制到 M10:S10 单元格。

(3) 进行第二次迭代运算。

① 确定原问题的换入、换出变量。在上述添加新表操作时,新表的 D11:I11 单元格中计算检验数公式已复制到位,故可直接得到最大检验数为 $\sigma_k=1$,对应的换入变量为 x_3。θ 值公式的引用位置有变化,需要重新输入公式。在 J8 单元格中输入公式“=IF(F8<=0,"-",C8/F8)”并向下复制到 J9:J10 单元格,得到最小 θ 值为 50/3,对应换出变量为 x_5。

② 确定对偶问题的换入、换出变量。b 列最小值为-1,确定对应的基变量 y_6 为换出变量;添加新表时,N11:R11 单元格中已复制的 c_j-z_j 公式可直接使用,在 N12 单元格输入 θ 值公式“=IF(O10=0,"",O11/O10)”,并将其复制到 O12:S12 单元格,得到最小 θ 值为 50/3,对应的换入变量为 y_2。

③ 添加新表。选定 A8:S12 单元格区域,将其复制到 A13 单元格,得到新表后,在 B14 单元格用 x_3 替换 x_5 并在 A14 单元格中输入其系数“3”;在 L15 单元格用 y_2 替换 y_6,并在 K15 单元格输入其系数“-40”。

④ 进行旋转运算。

原问题:在 F14 单元格输入公式“=F9/(3/2)”并将其复制到 C14:I14 单元格;在 F13

单元格输入公式“＝F8－F14＊(1/2)”，并将其复制到 C13：I13 单元格；在 F15 单元格输入公式“＝F10－F14＊(1/2)”，并将其复制到 C15：I15 单元格。

对偶问题：在 O15 单元格输入公式“＝O10/(－3/2)”并将其复制到 M15：S15 单元格；在 O14 单元格输入公式“＝O9－O15＊(1/4)”并将其复制到 M14：S14 单元格；在 O13 单元格输入公式“＝O8＋O15＊(5/4)”并将其复制到 M13：S13 单元格。

(4) 核对检验数，求最优解。

原问题检验数已全部小于零，已得到最优解：

$$x_1=0, x_2=20/3, x_3=50/3, x_4=0, x_5=0, x_6=80/3;\ \max z=230/3$$

对偶问题 b 列已全部为正数，也已得到最优解：

$$y_1=5/6, y_2=2/3, y_3=0, y_4=11/6, y_5=0, y_6=0;\ \min z_y=230/3$$

(5) (d)题，分析图 4-13 中原问题计算表 A1：J17 与对偶问题计算表 K1：S17，可以清楚地看出此规划问题的对偶关系：①原问题与对偶问题具有相同的目标函数值，原问题目标为最大值，对偶问题则是最小值；②原问题的检验数是对偶问题的可行解，符号相反；③原问题的变量与对偶问题的剩余变量相对应；④原问题的松弛变量与对偶问题的变量相对应；⑤原问题的最优解是对偶问题满足最优解条件的检验数，符号相反。

4.2.6 灵敏度分析与影子价格

线性规划问题源自于实际生产经营和经济管理活动，因此，规划中的每个参数都具有经济意义。这些参数及其约束决定了规划问题的解。然而，在实际经济活动中，这些参数不是固定值，会受市场环境、生产设备及技术等影响出现波动。并且，设计规划模型时，对技术、资源和价值(a_{ij}, b_i, c_j)等参数及相关约束的估计也会存在误差。检查和计算规划模型中各种参数变化对最优解或最优基的影响程度就是灵敏度或敏感性分析要解决的问题。换句话说，灵敏度分析就是用来定量揭示特定规划问题中一组自变量参数对因变量或决策变量的影响情况。线性规划问题敏感性分析基本内容与思路如下。

目标函数中价值系数或变量系数 c_j 增减变化区间可以通过检验数公式求出。

$$\sigma'_j=(c_j+\Delta c_j)-z_j=c_j+\Delta c_j-C_B\boldsymbol{B}^{-1}P_j\leqslant 0$$

约束条件右端资源数量 b_i 的变化范围可以由最优解公式求出。

$$X'_B=\boldsymbol{B}^{-1}(b+\Delta b)\geqslant 0$$

约束条件中技术或变量系数 a_{ij} 的变化范围分为两种情况计算。一是非基变量系数变化或添加一个变量。先计算 $\sigma'_j=c'_j-C_B\boldsymbol{B}^{-1}P'_j$，若 $\sigma'_j\leqslant 0$，原最优解不变，将 P'_j, σ'_j 直接写入最终单纯形表。二是基变量系数发生变化，则可能引起原问题与对偶问题出现非可行解情况。这时，需要引进人工变量将原问题的解转换为可行解，再用单纯形法继续求解。

影子价格指的是线性规划约束的右端常数或资源数量每增加一个单位时目标函数最优值的增量，也就是对资源的估价。从对偶问题看，决策变量 y_i 的值就是影子价格。

示例 4-9(https://ocw.mit.edu/courses/sloan-school-of-management) MIT 计算机公司(mc²)计划生产新研制的三种平板电脑和两种电子阅读器产品，其芯片、磁盘驱动器供给或产能，以及产品需求、单价如表 4-4 所示。

(a) 写出规划模型并用单纯形法求出最终计算表、各产品产量和目标值。

(b) 分析各产品单价(价值系数)和产能(资源数量)变化范围。

(c) 将高端平板单价由 1.2 千元调整至 1.0 千元，求目标值变化量；假设将高端平板单价提高至 11.2 千元，其目标值将增加多少？

(d) 新磁盘驱动器产能由 20 千件缩减至 15 千件后目标值是多少？

(e) 将高端平板调减 1 千台，将手写平板调增 0.5 千台，求目标值变化数。

(f) 将高端平板需求提高至 18.5 千台和 20 千台，求目标值变化结果。

(g) 将高端阅读器需求约束调整为大于或等于 1，求目标值变化数。

(h) 假设增加新型式阅读器(单价 0.65 千元)，需要普通芯片 2 千件，新磁盘驱动器 0.5 千件，阅读器总需求仍然为 32 千台。问增加新阅读器是否营利？并求出目标值。

表 4-4　mc² 新产品数据(每 1000s)

产品名称	A 高端平板	B 中端平板	C 手写平板	D 高端阅读器	E 阅读器	部件供给或产能/千件
单价/千元	1.2	0.8	0.6	0.6	0.3	
高性能芯片	2	0	0	0	0	40
普通芯片	0	2	2	2	1	240
新磁盘驱动器	0.2	1	0	0.5	0	20
产品需求	18		3			
/千台	38			32		

解　按上述问题编号(a)～(h)逐项解答如下。

(a) 写出规划模型并用单纯形法求出最终计算表、各产品产量和目标值。

(1) 根据 mc² 新产品数据表及约束条件，设高端平板、中端平板、手写平板、高端阅读器和阅读器产量分别为 x_1, x_2, x_3, x_4, x_5，则可写出 mc² 新产品规划模型

$$\max z = 1.2x_1 + 0.8x_2 + 0.6x_3 + 0.6x_4 + 0.3x_5$$

$$\text{s.t.}\begin{cases} 2x_1 \quad + \quad + \quad + \quad + \quad \leqslant 40 \\ \quad + 2x_2 + 2x_3 + 2x_4 + x_5 \leqslant 240 \\ 0.2x_1 + x_2 + \quad + 0.5x_4 + \leqslant 20 \\ x_1 + \quad + \quad + \quad + \quad \leqslant 18 \\ \quad + \quad + x_3 + \quad + \quad \leqslant 3 \\ x_1 + x_2 + x_3 + \quad + \quad \leqslant 38 \\ \quad + \quad + \quad + x_4 + x_5 \leqslant 32 \\ x_1, x_2, x_3, x_4, x_5 \geqslant 0 \end{cases}$$

(2) 将上述规划问题写成标准形并输入单纯形表，用单纯形法进行迭代计算，得到最优解、目标值和最终单纯形表，如图 4-14 所示。

	A	B	C	D	E	F	G	H	I	J	K	L	M	N	O	P	Q
1		C_j		1.2	0.8	0.6	0.6	0.3	0	0	0	0	0	0	0		
2	C_B	基	b	x_1	x_2	x_3	x_4	x_5	x_6	x_7	x_8	x_9	x_{10}	x_{11}	x_{12}	Mix z	46.12
3	0	x_6	4	0	0	0	0	0	1	0	0	-2	0	0	0	x_1	18
4	0	x_7	169.2	0	0	0	0	0	0	1	-2	0.4	-2	0	-1	x_2	16.4
5	0.8	x_2	16.4	0	1	0	0.5	0	0	0	1	-0.2	0	0	0	x_3	3
6	1.2	x_1	18	1	0	0	0	0	0	0	0	1	0	0	0	x_4	0
7	0.6	x_3	3	0	0	1	0	0	0	0	0	0	1	0	0	x_5	32
8	0	x_{11}	0.6	0	0	0	-0.5	0	0	0	-1	-0.8	-1	1	0		
9	0.3	x_5	32	0	0	0	1	1	0	0	0	0	0	0	1		
10		C_j-Z_j		0	0	0	-0.1	0	0	0	-0.8	-1.04	-0.6	0	-0.3		

图 4-14　mc² 新产品规划问题最优解、目标值和最终单纯形表

(b) 分析各产品单价(价值系数)和产能(资源数量)变化范围。

(1) 产品单价(价值系数)的变化范围 Δc_j。

① 在检验数行查找含有 c_1 的公式。可用“公式”选项卡下“追踪引用单元格”工具查找。本例查找到 L10 单元格公式“＝L＄1－(＄A5＊L5＋＄A6＊L6)”中含有 c_1,如图 4-15 中 L10、A6 单元格所示。

② 在 R2 单元格输入公式“＝L＄1/L6－＄A5＊L5/L6－A6”,返回值－1.04 确定了价值系数的变化范围,即 $\Delta c_1 \geqslant -1.04$,如图 4-15 中 P2:T2 单元格所示。

	A	B	C	D	E	F	G	H	I	J	K	L	M	N	O	P	Q	R	S	T
1	C_j			1.2	0.8	0.6	0.6	0.3	0	0	0	0	0	0	0	Δc_j		z_j-c_j	可增	可减
2	C_B	基	b	x_1	x_2	x_3	x_4	x_5	x_6	x_7	x_8	x_9	x_{10}	x_{11}	x_{12}	Δc_1	≥	-1.04	+∽	1.04
3	0	x_6	4	0	0	0	0	0	1	0	0	-2	0	0	0	Δc_2	≥	-0.2	5.2	0.2
4	0	x_7	169.2	0	0	0	0	0	0	1	-2	0.4	-2	0	-1		≤	5.2		
5	0.8	x_2	16.4	0	1	0	0.5	0	0	0	1	-0.2	0	0	0	Δc_3	≥	0	+∽	0.6
6	1.2	x_1	18	1	0	0	0	0	0	0	0	1	0	0	0	Δc_4	≤	0.1	0.1	-∽
7	0.6	x_3	3	0	0	1	0	0	0	0	0	0	1	0	0	Δc_5	≥	-0.1	+∽	0.1
8	0	x_{11}	0.6	0	0	0	-0.5	0	0	0	-1	-0.8	-1	1	0	Δc_1	=L$1/L6-$A5*L5/L6-A6			
9	0.3	x_5	32	0	0	0	1	1	0	0	0	0	0	0	1	Δc_2	=G1/G5-A9*G9/G5-A5			
10	C_j-Z_j			0	0	0	-0.1	0	0	0	-0.8	-1.04	-0.6	0	-0.3		=L1/L5-A6*L6/L5-A5			
11	max z		46.12	=SUMPRODUCT(A3:A9,C3:C9)							Δc_5	=G1/G9-A5*G5/G9-A9				Δc_4	=$A5*G5+$A9*G9-G1			

图 4-15 mc² 新产品价值系数灵敏度分析

③ 按上述方法,在 R3:R7 单元格分别输入计算 $\Delta c_2,\cdots,\Delta c_5$ 的公式并按返回值确定各价值系数允许增、减量,如图 4-15 中 P3:T11、K11:L11 单元格所示。

(2) 主要部件产能或供给量(资源数量)变化范围 Δb_i。为更好地理解敏感性分析原理,可以将矩阵公式展开,逐项计算 Δb_i,如图 4-16 所示。

①

	A	B	C	I	J	K	L	M	N	O	P	Q	R	S	T	U	V	W
1	C_j			0	0	0	0	0	0	0			b_1允许增		+∞	b_2允许增		+∞
2	C_B	基	b	x_6	x_7	x_8	x_9	x_{10}	x_{11}	x_{12}	b_i	b'_i	b_i+Δbi	RHS	Δb_1	b_i+Δbi	RHS	Δb_2
3	0	x_6	4	1	0	0	-2	0	0	0	40	4	40	36	-4	0		
4	0	x_7	169.2	0	1	-2	0.4	-2	0	-1	240	169.2	0			240	70.8	-169.2
5	0.8	x_2	16.4	0	0	1	-0.2	0	0	0	20	16.4	0			0		
6	1.2	x_1	18	0	0	0	1	0	0	0	18	18	0			0		
7	0.6	x_3	3	0	0	0	0	1	0	0	3	3	0			0		
8	0	x_{11}	0.6	0	0	-1	-0.8	-1	1	0	38	0.6	0			0		
9	0.3	x_5	32	0	0	0	0	0	0	1	32	32	0			0		
10	C_j-Z_j			0	0	-0.8	-1.04	-0.6	0	-0.3			b_1允许减		-4	b_2允许减		-169.2

X	Y	Z	AA	AB	AC	AD	AE	AF	AG	AH	AI	AJ	AK	AL
b_3允许增		0.6	b_4允许增		0.75	b_5允许增		0.6	b_6允许增		+∞	b_7允许增		169.2
b_i+Δbi	RHS	Δb_3	b_i+Δbi	RHS	Δb_4	b_i+Δbi	RHS	Δb_5	b_i+Δbi	RHS	Δb_6	b_i+Δbi	RHS	Δb_7
0			-36	-40	2	0			0			0		
-40	-209	84.6	7.2	-162	-423	-6	-175.2	84.6	0			-32	-201.2	169.2
20	3.6	-16.4	-3.6	-20	82	0			0			0		
0			18	0	-18	0			0			0		
0			0			3	0	-3	0			0		
-20	-20.6	0.6	-14.4	-15	0.75	-3	-3.6	0.6	38	37.4	-0.6	0		
0			0			0			0			32	0	-32
b_3允许减		-16.4	b_4允许减		-18	b_5允许减		-3	b_6允许减		-0.6	b_7允许减		-32

②

	A	B	C	I	J	K	L	M	N	O	U	V	W	X	Y
1	C_j			0	0	0	0	0	0	0		=MMULT(I3:O9,V3:V9)			
2	C_B	基	b	x_6	x_7	x_8	x_9	x_{10}	x_{11}	x_{12}		b_i+Δbi	b_i	Δb_i	b'_i
3	0	x_6	4	1	0	0	-2	0	0	0		40	40	0	4
4	0	x_7	169.2	0	1	-2	0.4	-2	0	-1		240	240	0	169.2
5	0.8	x_2	16.4	0	0	1	-0.2	0	0	0		20	20	0	16.4
6	1.2	x_1	18	0	0	0	1	0	0	0		18	18	0	18
7	0.6	x_3	3	0	0	0	0	1	0	0		3	3	0	3
8	0	x_{11}	0.6	0	0	-1	-0.8	-1	1	0		38	38	0	0.6
9	0.3	x_5	32	0	0	0	0	0	0	1		32	32	0	32

单变量求解 ?
目标单元格(E): Y3
目标值(V): 0
可变单元格(C): $X$3
确定

图 4-16 mc² 新产品资源系数允许增减区间分析

① 在 Q3 单元格输入“＝I3＊＄P＄3＋J3＊＄P＄4＋K3＊＄P＄5＋L3＊＄P＄6＋M3

* $P$7+N3 * $P$8+O3 * $P$9"并将其复制到 Q4:Q9 单元格。

② 在 Q3 单元格的公式中将 $a_{11}b_1$ 对应的计算项"=I3 * $P$3"剪切、粘贴到 R3 单元格，并将其复制到 R4:R9 单元格；将剩余计算项作为右边项复制到 S3 单元格。然后在 T3 单元格输入计算 Δb_1 的公式"=(S3-R3)/I3"，返回值为-4。因 R4:R9 单元格中数据均为 0，无须计算其他项，故可得到 $\Delta b_1 \geqslant -4$。

③ 按上述方法将 Q4 单元格中的公式也分为两部分，将"=J4 * $P$4"剪切至 U4 单元格并复制到 U3 单元格及 U5:U9 单元格，将公式"-(I4 * $P$3+K4 * $P$5+L4 * $P$6+M4 * $P$7+N4 * $P$8+O4 * $P$9)"输入 V4 单元格，然后在 W4 单元格输入(Δb_2)公式"=(V4-U4)/J4"，返回值为-169.2。

④ 按上述方法逐项计算 $\Delta b_3, \cdots, \Delta b_7$。当左边项 $b_i + \Delta b_i$ 出现两个或多个不为零数据时，可直接将本列右边项复制作为对应的右边项并计算 Δb_i，如图 4-16①所示。

也可以使用"单变量求解"工具计算 Δb_1，如图 4-16②所示。

- 在 V3 单元格输入($b_1 + \Delta b_1$)的公式"=W3+X3"。
- 根据 $\boldsymbol{B}^{-1}(b+\Delta b) \geqslant 0$，在 Y3 单元格输入公式"=MMULT(I3:O9,V3:V9)"。
- 单击"数据"→"预测"→"模拟分析"→"单变量求解"，然后求解 Δb_1。按此法可以逐项求出 Δb_i 值。

(c) 高端平板单价和目标值变化分析。

根据上述(b)，高端平板价格变化范围为 $1.2-1.04 \leqslant c_1 \leqslant +\infty$，即 c_1 在此区间内问题的最优解不变，可直接代入计算目标值。故单价 $c_1=1.0$(千元)时，目标值 $z=42.52$(百万)；单价 $c_1=11.2$(千元)时，目标值 $z=226.12$(百万)。这个结果也反映出模型中对高端平板需求的假设存在的偏差，即没有将售价与需求挂钩。

(d) 新磁盘驱动器产能或供给由 20 千件缩减至 15 千件后目标值是多少?

根据上述(b)，新磁盘驱动器产能变化范围为 $20-14.6 \leqslant b_3 \leqslant 20+0.6$ 时，最优基不变。$\Delta b_3=-5$，其影子价格为 0.8，因此，新磁盘驱动器减少 5 千后的目标值为 $z'=z-0.8 \times 5=42.12$(百万)。

(e) 将高端平板调减 1 千台，将手写平板调增 0.5 千台，求目标值变化数。

(1) 将高端平板、影子价格和允许增减量及调整增减量数据输入工作表，然后计算调整增减与总允许增减比值 $\lambda_k=(7/9) \leqslant 1$。

(2) 根据 100%规则(100 percent rule)，用影子价格计算增减量。结果为目标值减少 0.74(百万)，如图 4-17 所示。

	A	B	C	D	E	F	G	H	I
1	约束项	RHS	影子价格	允许增量	允许减量	计划增减	计划/允许	目标值增减	
2	A高端平板	18	1.04	0.75	18	-1	-1/18	-1.04	
3	C手写平板	3	0.6	0.6	3	0.5	5/6	0.3	
4	合计						7/9	-0.74	

图 4-17　利用 100%规则和影子价格计算资源及目标值增减

(f) 将高端平板需求提高至 18.5 千台和 20 千台，求目标值变化结果。

(1) 因 $b_4'=18.5<18+0.75$(允许增量)，所以可直接计算最优解和目标值。

① 将 b'输入最终表右侧 P3:P9 单元格。

② 在 Q3 单元格输入公式"=MMULT(I3:O9,P3:P9)"。

③ 在 S4 单元格输入目标值公式"=SUMPRODUCT(A3:A9,Q3:Q9)"，返回值为 46.64

(百万)，如图 4-18 中 P3:Q9、S4 单元格所示。

(2) 因 $b_4'=20>18+0.75$ 超出了允许增量范围，最优基将会发生变化，需要重新计算最优基。

① 将 b' 输入 P13:P18 单元格。

② 在 Q13 单元格输入公式“＝MMULT(I3:O9,P13:P19)”。

③ 将 $b_4'=20$ 的基本解代入单纯形最终表 b 列。在 C3 单元格输入“＝Q13”并向下拖曳复制至 C4:C9 单元格。

④ 在 D10 单元格输入计算检验数公式“＝D＄1－(＄A3＊D3＋＄A4＊D4＋＄A5＊D5＋＄A6＊D6＋＄A7＊D7＋＄A8＊D8＋＄A9＊D9)”并将其复制至 O10 单元格。

⑤ 因 b 列中存在负值($b_6=-1$)且检验数均小于零，需采用对偶单纯形法计算。

⑥ 将－1 对应的 x_{11} 确定为换出变量。在 D11 单元格输入 θ 值公式“＝IF(D8＝0,"",D10/D8)”并将其复制至 O11 单元格，得到最小 θ 值为 0.2，对应的变量 x_4 确定为换入变量。

⑦ 以 G8 单元格为主元进行旋转运算。然后再计算检验数。此时，检验数全部小于零，b 列全部大于零，故已得到最优解。

$$x_1=20, x_2=15, x_3=3, x_4=2, x_5=30$$

⑧ 在 S10 单元格输入目标函数公式“＝SUMPRODUCT(A12:A18,C12:C18)”，返回值为 48(百万)，如图 4-18 所示。

	A	B	C	D	E	F	G	H	I	J	K	L	M	N	O	P	Q	R	S
1		C_j		1.2	0.8	0.6	0.6	0.3	0	0	0	0	0	0	0	b_4=18.5		b_4	max z
2	C_B	基	b	x_1	x_2	x_3	x_4	x_5	x_6	x_7	x_8	x_9	x_{10}	x_{11}	x_{12}	b'	$B^{-1}b'$	18	46.12
3	0	x_6	0	0	0	0	0	0	1	0	0	-2	0	0	0	40	3	18.25	46.38
4	0	x_7	170	0	0	0	0	0	0	1	-2	0.4	-2	0	-1	240	169	18.5	46.64
5	0.8	x_2	16	0	1	0	0.5	0	0	0	1	-0.2	0	0	0	20	16.3	18.75	46.90
6	1.2	x_1	20	1	0	0	0	0	0	0	0	1	0	0	0	18.5	18.5	19	47.12
7	0.6	x_3	3	0	0	1	0	0	0	0	0	0	1	0	0	3	3	19.25	47.34
8	0	x_{11}	-1	0	0	0	-0.5	0	0	0	-1	-0.8	-1	1	0	38	0.2	19.5	47.56
9	0.3	x_5	32	0	0	0	1	1	0	0	0	0	0	0	1	32	32	19.75	47.78
10		C_j-Z_j		0	0	0	-0.1	0	0	0	-0.8	-1.04	-0.6	0	-0.3			20	48
11		θ					0.2				0.8	1.3	0.6	0		b_4=20		20.25	48
12	0	x_6	0	0	0	0	0	0	1	0	0	-2	0	0	0	b'	$B^{-1}b'$	20.5	48
13	0	x_7	170	0	0	0	0	0	0	1	-2	0.4	-2	0	-1	40	0	20.75	48
14	0.8	x_2	15	0	1	0	0	0	0	0	0	-1	-1	1	0	240	170	21	48
15	1.2	x_1	20	1	0	0	0	0	0	0	0	1	0	0	0	20	16	21.25	48
16	0.6	x_3	3	0	0	1	0	0	0	0	0	0	1	0	0	20	20		
17	0.6	x_4	2	0	0	0	1	0	0	0	2	1.6	2	-2	0	3	3		
18	0.3	x_5	30	0	0	0	0	1	0	0	-2	-1.6	-2	2	1	38	-1		
19		C_j-Z_j		0	0	0	0	0	0	0	-0.6	-0.88	-0.4	-0.2	-0.3	32	32		

图 4-18　高端平板需求变化的计算与分析

(3) 为便于理解资源约束变化与影子价格及目标值的关系，在 R2:S15 单元格给出了高端平板需求与目标值的数据表，并用图表工具绘制了“带平滑线和数据标记的散点图”，如图 4-18 中 R1:S15、A20:S32 单元格区域所示。

(g) 将高端阅读器需求约束调整为大于或等于 1，求目标值变化数。

由上述(a)及图 4-14 可知，高端阅读器的递减成本为 0.1，也就是说，每增加 1 千台高端阅读器产量，目标值将会减少 0.1 百万，因此，高端阅读器需求调整为大于或等于 1 后，目标值等于 46.12－0.1＝46.02。可以用增加高端阅读器需求约束和大 M 法验证此结果。

(1) 写出约束不等式：

$$0x_1+\cdots+x_4+\cdots+(-M)x_{13}\geqslant 1$$

(2) 将上述约束添加至最终单纯形表末行，如图 4-19 中 A10:P10 单元格所示。

(3) 按大 M 法求解。

① 计算检验数和 θ 值。最大检验数 $M-0.1$ 对应的换入变量为 x_4，最小 θ 值 1 对应的换出变量为 x_{13}。

② 添加新表，再次迭代运算，检验数已满足最优解要求，结果如图 4-19 所示。

	A	B	C	D	E	F	G	H	I	J	K	L	M	N	O	P
1		C_j		1.2	0.8	0.6	0.6	0.3	0	0	0	0	0	0	0	-M
2	C_B	基	b	x_1	x_2	x_3	x_4	x_5	x_6	x_7	x_8	x_9	x_{10}	x_{11}	x_{12}	x_{13}
3	0	x_6	4	0	0	0	0	0	1	0	0	-2	0	0	0	0
4	0	x_7	169.2	0	0	0	0	0	0	1	-2	0.4	-2	0	-1	0
5	0.8	x_2	16.4	0	1	0	0.5	0	0	0	1	-0.2	0	0	0	0
6	1.2	x_1	18	1	0	0	0	0	0	0	0	1	0	0	0	0
7	0.6	x_3	3	0	0	1	0	0	0	0	0	0	1	0	0	0
8	0	x_{11}	0.6	0	0	0	-0.5	0	0	0	-1	-0.8	-1	1	0	0
9	0.3	x_5	32	0	0	0	1	1	0	0	0	0	0	0	1	0
10	-M	x_{13}	1	0	0	0	1	0	0	0	0	0	0	0	0	1
11 12		C_j-Z_j		0	0	0	-0.1 M	0	0	0	-0.8	-1.04	-0.6	0	-0.3	0
13	0	x_6	4	0	0	0	0	0	1	0	0	-2	0	0	0	0
14	0	x_7	169.2	0	0	0	0	0	0	1	-2	0.4	-2	0	-1	0
15	0.8	x_2	15.9	0	1	0	0	0	0	0	1	-0.2	0	0	0	-0.5
16	1.2	x_1	18	1	0	0	0	0	0	0	0	1	0	0	0	0
17	0.6	x_3	3	0	0	1	0	0	0	0	0	0	1	0	0	0
18	0	x_{11}	1.1	0	0	0	0	0	0	0	-1	-0.8	-1	1	0	0.5
19	0.3	x_5	31	0	0	0	0	1	0	0	0	0	0	0	1	-1
20	0.6	x_4	1	0	0	0	1	0	0	0	0	0	0	0	0	1
21		C_j-Z_j		0	0	0	0	0	0	0	-0.8	-1.04	-0.6	0	-0.3	0.1 -M
22		max z		46.02	=SUMPRODUCT(A13:A20,C13:C20)											

图 4-19　用大 M 法验算递减成本分析

(h) 增加新型阅读器营利分析和求目标值。

(1) 用标价法计算新变量递减成本。

① 将新变量技术系数 a'_{i6} 输入单纯形最终表右侧，如图 4-20 中 R3:R9 单元格所示。然后在 S3 中输入公式“＝TRANSPOSE(I10:O10)”，将影子价格与新变量资源约束对应。

② 在 S10 单元格输入公式“＝SUMPRODUCT(R3:R9,S3:S9)”，返回值－0.62 为新变量递减成本，小于新变量单价 0.65。因此，生产新型阅读器可营利。

(2) 在 P3 单元格输入公式“＝MMULT(I3:O9,R3:R9)”，将 $\boldsymbol{B}^{-1}P'_6$ 添加到最终表右侧，如图 4-20 中 P3:P9 单元格所示。

(3) 计算检验数和 θ 值，确定换入变量为 x'_6，换出变量为 x_5。

(4) 添加新表进行变量替换和迭代计算，如图 4-20 中 A11:S19 所示。经计算检验数已全部小于零，且 b 列全部大于零，故得到最优解

$$x_1=18, x_2=3.6, x_3=3, x_4=0, x_5=0, x'_6=32; \max z=47.08$$

	A	B	C	D	E	F	G	H	I	J	K	L	M	N	O	P	Q	R	S
1		C_j		1.2	0.8	0.6	0.6	0.3	0	0	0	0	0	0	0	0.65	θ	x'_6	影子价格
2	C_B	基	b	x_1	x_2	x_3	x_4	x_5	x_6	x_7	x_8	x_9	x_{10}	x_{11}	x_{12}	x'_6			
3	0	x_6	4	0	0	0	0	0	1	0	0	-2	0	0	0	0		0	0
4	0	x_7	169.2	0	0	0	0	0	0	1	-2	0.4	-2	0	-1	0.2	846	2	0
5	0.8	x_2	16.4	0	1	0	0.5	0	0	0	1	-0.2	0	0	0	0.4	41	0.4	-0.8
6	1.2	x_1	18	1	0	0	0	0	0	0	0	1	0	0	0	0		0	-1.04
7	0.6	x_3	3	0	0	1	0	0	0	0	0	0	1	0	0	0		0	-0.6
8	0	x_{11}	0.6	0	0	0	-0.5	0	0	0	-1	-0.8	-1	1	0	-0.4		0	0
9	0.3	x_5	32	0	0	0	1	1	0	0	0	0	0	0	1	1	32	1	-0.3
10		C_j-Z_j		0	0	0	-0.1	0	0	0	-0.8	-1.04	-0.6	0	-0.3	0.03	递减成本(Reduced cost)		-0.62
11	0	x_6	4	0	0	0	0	0	1	0	0	-2	0	0	0	0			
12	0	x_7	162.8	0	0	0	-0.2	-0.2	0	1	-2	0.4	-2	0	-1.2	0			
13	0.8	x_2	3.6	0	1	0	0.1	-0.4	0	0	1	-0.2	0	0	-0.4	0			
14	1.2	x_1	18	1	0	0	0	0	0	0	0	1	0	0	0	0			
15	0.6	x_3	3	0	0	1	0	0	0	0	0	0	1	0	0	0	=SUMPRODUCT(R3:R9,S3:S9)		
16	0	x_{11}	13.4	0	0	0	-0.1	0.4	0	0	-1	-0.8	-1	1	0.4	0			
17	0.65	x'_6	32	0	0	0	1	1	0	0	0	0	0	0	1	1			
18		C_j-Z_j		0	0	0	-0.13	-0.03	0	0	-0.8	-1.04	-0.6	0	-0.33	0			
19	max z		47.08	=SUMPRODUCT(A11:A17,C11:C17)													c_6'	>	0.62

图 4-20 用影子价格分析新添加产品成本并计算新的最优解

最后，用“规划求解”工具求解本题，将返回的“灵敏度分析报告”与上述分析、计算和解答比较，结果一致，如图 4-21 所示。

	A	B	C	D	E	F	G	H	I	J	K	L	M	N	O
1	工作表: [灵敏度分析.xlsm]灵敏度分析0								约束						
2	报告的建立: 3/26/2022 8:17:11 AM										终值	阴影价格	约束限制值	允许的增量	允许的减量
3	可变单元格								单元格	名称					
4	单元格	名称	终值	递减成本	目标式系数	允许的增量	允许的减量		$Z$6	高性能芯片	36	0	40	1E+30	4
5									$Z$7	普通芯片	70.8	0	240	1E+30	169.2
6	$U$3	A高端平板	18	0	1.2	1E+30	1.04		$Z$8	新磁盘驱动	20	0.8	20	0.6	16.4
7	$V$3	B中端平板	16.4	0	0.8	5.2	0.2		$Z$9	高端平板	18	1.04	18	0.75	18
8	$W$3	C手写平板	3	0	0.6	1E+30	0.6		$Z$10	手写平板	3	0.6	3	0.6	3
9	$X$3	D高端阅读器	0	-0.1	0.6	0.1	1E+30		$Z$11	平板	37.4	0	38	1E+30	0.6
10	$Y$3	E阅读器	32	0	0.3	1E+30	0.1		$Z$12	阅读器	32	0.3	32	169.2	32

图 4-21 mc^2 新产品规划问题敏感性报告

示例 4-10(胡运权主编《运筹学习题集》第 5 版 2.35 题，清华大学出版社) 已知线性规划问题：

$$\max z = 10x_1 + 5x_2$$

$$\text{s.t.}\begin{cases} 3x_1 + 4x_2 \leqslant 9 \\ 5x_1 + 2x_2 \leqslant 8 \\ x_1, x_2 \geqslant 0 \end{cases}$$

用单纯形法求得最终表如图 4-22 中 A1:G4 单元格。试用灵敏度分析的方法分别判断：

(a) 目标函数系数 c_1、c_2 分别在什么范围内变动，上述最优解不变？

(b) 当约束条件右端项 b_1、b_2 中一个保持不变时，另一个在什么范围内变化，上述最优解保持不变？

(c) 问题的目标函数变为 $\max z=12x_1+4x_2$ 时上述最优解的变化。

(d) 约束条件右端项由 $(9,8)^T$ 变为 $(11,19)^T$ 时上述最优解的变化。

解 按题意用灵敏度分析方法依次解答如下。

(1) 在 D5 单元格输入检验数公式“＝D＄1－＄A3＊D3－＄A4＊D4”并将其复制到 E5:G5 单元格。

(2) 问题(a)(b)。按检验数 $c_j - z_j \leqslant 0$ 最优解不变规则，在 I1 单元格输入 c_1 下限公式

“＝－＄A3＊G3/G4”，在 L1 单元格输入 c_1 上限公式“＝－＄A3＊F3/F4”；在 I3 单元格输入 c_2 下限公式“＝－＄A4＊F4/F3”，在 L3 单元格输入 c_2 上限公式“＝－＄A4＊G4/G3”。然后在 M1、P1、M3、P3 单元格分别输入 b_1、b_2 上下限公式。c_j、b_i 变化范围如图 4-22 中 I1：P4 单元格所示。

(3) 问题(c)。虽然 $c_1'=12$ 与 $c_2'=4$ 分别在最优解不变的变化范围内，但是按照 100% 规则计算：

$$\frac{12-10}{12.5-10}+\frac{4-5}{4-5}>1$$

故最优解将发生变化，需要重新计算。在最终表中用新的 c_1'、c_2' 替换原值后，计算检验数和 θ 值，确定换入、换出变量，然后进行迭代运算，可得到新的最优解 $x_1=8/5$，$x_2=0$，$x_3=21/5$，$x_4=0$，如图 4-22 中 A6：G13 单元格所示。

(4) 问题(d)。$b_2'=19$ 已超出最优解不变范围，故需要重新迭代计算。用 $\boldsymbol{B}^{-1}b_i'$ 替换原先的 b_i，检查 b 列存在负数，确定用对偶单纯形法求解。然后计算检验数和 θ 值，确定换入、换出变量并进行迭代运算便可得到新的最优解 $x_1=11/3$，$x_2=0$，$x_3=0$，$x_4=2/3$，如图 4-22 中 I6：P13 单元格所示。

	A	B	C	D	E	F	G	H	I	J	K	L	M	N	O	P
1	C_j			10	5	0	0		15/4	≤c_1+Δc_1≤		25/2	24/5	≤b_1+Δb_1≤		16
2	C_B	基	b	x_1	x_2	x_3	x_4	b_i	=-$A3*G3/G4		=-$A3*F3/F4		=-G3*$H$4/F3		=-G4*H4/F4	
3	5	x_2	3/2	0	1	5/14	-3/14	9	4	≤c_2+Δc_2≤		40/3	9/2	≤b_2+Δb_2≤		15
4	10	x_1	1	1	0	-1/7	2/7	8	=-$A4*F4/F3		=-$A4*G4/G3		=-F4*H3/G4		=-F3*H3/G3	
5	C_j-Z_j			0	0	-5/14	-25/14		C_j			10	5	0	0	
6	C_j			12	4	0	0	θ	C_B	基	b	x_1	x_2	x_3	x_4	b_i
7	C_B	基	b	x_1	x_2	x_3	x_4	4	5	x_2	-1/7	0	1	5/14	-3/14	11
8	4	x_2	3/2	0	1	5/14	-3/14		10	x_1	27/7	1	0	-1/7	2/7	19
9	12	x_1	1	1	0	-1/7	2/7		Cj-Zj			0	0	-5/14	-25/14	
10	C_j-Z_j			-12	0	2/7	-2.57		θ						25/3	
11	0	x_3	21/5	0	14/5	1	-3/5		0	x_4	2/3	0	-14/3	-5/3	1	
12	12	x_1	8/5	1	2/5	0	1/5		10	x_1	11/3	1	4/3	1/3	0	
13	C_j-Z_j			-12	-24/5	0	-12/5		Cj-Zj				-25/3	-10/3		

图 4-22　灵敏度分析示例

提示

(1) 影子价格是目标函数对资源变量的偏导数：$\frac{\partial z}{\partial b_i}=y_i$，它是根据 LP 的数学公式定义的，在 b_i 的一个变化区间内有效。

(2) 绑定约束与非绑定约束。当资源终值与约束限制值相等时，称该约束为绑定约束。在线性规划方程中，绑定约束的变化会导致最优解变化，换句话说，规划问题的最优方案中绑定约束相当于签订了具有约束力的合同，约束的任何改变都会导致解决方案的更改。非绑定约束的变换对最优解没有影响，其影子价格通常为零。

(3) 递减成本指的是与每个变量非负约束相关的影子价格，该变量成本的降低，会使目标函数值增加。最终计算表中基变量对应的检验数为影子价格，而非基变量对应的检验数则是递减成本。

(4) 100%规则。对于每个变更的约束右端值 Δb_k 与允许变更量 $\Delta b_k^{\max}$ 的比值之和小于或等于 1，即

$$\sum_k^m \frac{\Delta b_k}{\Delta b_k^{\max}}\leqslant 1$$

则影子价格有效。

(5) 标价。在规划问题中要添加一个变量或产品，可用影子价格标出其递减成本，如果该变量价值系数或定价大于标出的递减成本，则表示添加该变量可增加目标值，或者说添加该产品有利可图。

4.2.7 参数线性规划

参数线性规划是在价值系数 c_j 或资源数量 b_i 中设置一个参数变量 λ，使其按 $C+\lambda C^*$ 或 $b+\lambda b^*$ 连续变化，目标 $z(\lambda)$ 则是 λ 的线性函数：

$$\max z(\lambda)=(C+\lambda C^*)X$$

$$\text{s.t.}\begin{cases}AX\leqslant b+\lambda b\\X\geqslant 0\end{cases}$$

通常，用单纯形法求解参数线性规划问题可以按如下步骤进行。

(1) 令 $\lambda=0$，并将规划问题写成标准形。

(2) 求解出规划问题的单纯形最终表。

(3) 用 λC^* 或 λb^* 替换最终表中的 C 或 b，然后计算检验数，分析 λ 的变动范围。

(4) 用单纯形法或对偶单纯形法求最优解及参数 λ。

在工作表中可以运用单元格的计算功能、公式及函数，简化步骤，同步求解参数线性规划问题。

示例 4-11(胡运权主编《运筹学习题集》第 5 版 2.40 题，清华大学出版社) 下列参数规划问题中，分析 $\theta\geqslant0$ 时最优解的变化，并以 θ 为横坐标，$z(\theta)$ 为纵坐标作图表示。

(a) $\max z(\theta)=(1+\theta)x_1+3x_2$

$$\text{s.t.}\begin{cases}x_1+x_2+x_3 & =8+\theta\\-x_1+x_2+\quad+x_4 & =4\\x_1 \qquad\qquad +x_5 & =6\\x_j\geqslant0(j=1,\cdots,5)\end{cases}$$

(b) $\max z(\theta)=(2+\theta)x_1+(1+2\theta)x_2$

$$\text{s.t.}\begin{cases}5x_2\leqslant15\\6x_1+2x_2\leqslant24+\theta\\x_1+x_2\leqslant5+\theta\\x_1,x_2\geqslant0\end{cases}$$

解 (a)题已经是标准形式，可以直接建立初始单纯形表并将数据填入表格。为便于一并计算 θ 参数，可以为含有 θ 的 c_j 和 b_i 安排两个单元格，一个用于计算含有 θ 的式子，另一个用于计算不含 θ 的数据。同时，在相应的检验数等位置均设分别计算 θ 和数据的单元格，如图 4-23①所示。

为避免混淆，可将用于计算 θ 的单元格设置为一种颜色，并将格式定义为"＃＃.00"θ""。然后按如下步骤计算。

(1) 确定 θ 变动范围 1 并求解。

① 将检验数公式分为含 θ 参数项和数字项两部分，在 F7 单元格输入含 θ 参数项公式

“＝F＄1”，在 F8 单元格输入数字项公式“＝F＄2－＄B4＊F4－＄B5＊F5－＄B6＊F6”，并将其复制到 G8:J8 单元格。

② 比较检验数 $\theta+1$ 与 3，取 $\theta+1\leqslant 3$，确定 θ 范围 1 为 $0\leqslant\theta\leqslant 2$，故确定换入变量为 x_2。

③ 在 K4 单元格输入公式“＝IF(G4＜＝0," ",D4/G4)”并将其复制到 K5:K6 单元格。由 $\theta^*_{\min}=4$，确定换出变量为 x_4。

④ 确定主元 G5(a_{22})，进行初等变换。

⑤ 重复上述①～③步，直到获得最优解，如图 4-23①所示。

$$x_1=2+\frac{\theta}{2}, x_2=6+\frac{\theta}{2};\ \max z_1=20+4\theta+\frac{\theta^2}{2}$$

①

	A	B	C	D	E	F	G	H	I	J	K	L
1	Cj(0≤θ≤2)					1θ						
2						1	3	0	0	0		
3	C_B		基	b		x1	x2	x3	x4	x5	θ*min值	
4	0	0	x3	1θ	8	1	1	1	0	0	1θ	8
5	0	0	x4		4	-1	1	0	1	0		4
6	0	0	x5		6	1	0	0	0	1		
7			Cj-Zj			1θ						
8						1	3	0	0	0		
9	0	0	x3	1θ	4	2	0	1	-1	0	1/2θ	2
10	0	3	x2		4	-1	1	0	1	0		
11	0	0	x5		6	1	0	0	0	1		6
12			Cj-Zj			1θ						
13						4	0	0	-3	0		
14	1θ	1	x1	1/2θ	2	1	0	1/2	-1/2	0		
15	0	3	x2	1/2θ	6	0	1	1/2	1/2	0		
16	0	0	x5		4	0	0	-1/2	1/2	1		
17			Cj-Zj					-1/2θ	1/2θ			
18						0	0	-2	-1	0		

③

	A	B	C	D	E	F	G	H	I	J	K	L
1	Cj(θ≥8)					1θ						
2						1	3	0	0	0		
3	C_B		基	b		x1	x2	x3	x4	x5		
4	0	0	x3	1θ	8	1	1	1	0	0	1θ	8
5	0	0	x4		4	-1	1	0	1	0		
6	0	0	x5		6	1	0	0	0	1		6
7			Cj-Zj			1θ						
8						1	3	0	0	0		
9	0	0	x3	1θ	2	0	1	1	0	-1	1θ	2
10	0	0	x4		10	0	1	0	1	1		10
11	1θ	1	x1		6	1	0	0	0	1		
12			Cj-Zj							-1θ		
13						0	3	0	0	-1		
14	0	0	x3	1θ	-8	0	0	1	-1	-2		
15	0	3	x2	0	10	0	1	0	1	1		
16	1θ	1	x1	0	6	1	0	0	0	1		
17										-1θ		
18						0	0	0	-3	-4		

②

	A	B	C	D	E	F	G	H	I	J	K	L
1	Cj(2≤θ≤8)					1θ						
2						1	3	0	0	0		
3	C_B		基	b		x1	x2	x3	x4	x5	θ*min值	
4	0	0	x3	1θ	8	1	1	1	0	0	1θ	8
5	0	0	x4		4	-1	1	0	1	0		
6	0	0	x5		6	1	0	0	0	1		6
7			Cj-Zj			1θ						
8						1	3	0	0	0		
9	0	0	x3	1θ	2	0	1	1	0	-1	1θ	2
10	0	0	x4		10	0	1	0	1	1		10
11	1θ	1	x1		6	1	0	0	0	1		
12			Cj-Zj									
13						0	3	0	0	-1		
14	0	3	x2	1θ	2	0	1	1	0	-1		
15	0	0	x4	-1θ	8	0	0	-1	1	2		
16	1θ	1	x1		6	1	0	0	0	1		
17			Cj-Zj							-1θ		
18						0	0	-3	0	2		

④

	N	O
1	θ	max z
2	0	20
3	0.67	22.89
4	1.33	26.22
5	2	30
6	2.5	34.5
7	3.29	41.57
8	4.07	48.64
9	4.86	55.71
10	5.64	62.79
11	6.43	69.86
12	7.21	76.93
13	8	84
14	9	90
15	10	96
16	11	102
17	12	108
18	13	114

图 4-23　参数线性规划单纯形法示例 1

(2) 确定 θ 变动范围 2 并求解。

① 在上述步骤中取 $\theta+1\geqslant 3$，确定换入变量为 x_1，换出变量为 x_4，并进行迭代计算。

② 在新一轮迭代中，计算最大检验数为 3，确定换入变量为 x_2。

③ 在 K9 单元格输入公式“＝IF(G9＜＝0," ",D9/G9)”并将其复制到 K10:K11 单元格。

④ 比较 $\theta^*_{\min}$ 值 $\theta+2$ 与 10，取 $\theta+2\leqslant 10$，确定 θ 范围 2 为 $2\leqslant\theta\leqslant 8$，确定换出变量为 x_3。

⑤ 用 x_2 替换 x_3 后进行初等变换，得到最优解，如图 4-23②所示。

$$x_1=6; x_2=2+\theta;\ \max z_2=12+9\theta$$

(3) 确定 θ 变动范围 3 并求解。

① 在上述(2)第③步，取 $\theta+2\geqslant 10$，即 θ 范围 3 为 $\theta\geqslant 8$。此时，$\theta^*_{\min}=10$，换出变量为 x_4。

② 用 x_2 替换 x_4 后进行初等变换，得到最优解，如图 4-23③所示。

$$x_1=6; x_2=10;\ \max z_3=36+6\theta$$

（4）绘制 $z(\theta)$曲线图。

① 按参数 θ 值范围计算目标函数值，并建立表格，如图 4-23④中 N1：O18 单元格所示。

② 选定 N1：O18 单元格。

③ 单击“插入”→“图表”→“插入散点图”→“带平滑线和数据标记的散点图”。绘制的 $z(\theta)$曲线如图 4-23④所示。

④ 分析 θ 值变动范围与规划问题目标函数值的关系。

(b)题，求解方法和步骤与(a)基本相同，几点提示如下。

（1）通过添加松弛变量 x_3，x_4，x_5 将规划问题写成标准形。

（2）建立初始单纯形表。如图 4-24①中 A1:J6 单元格所示。

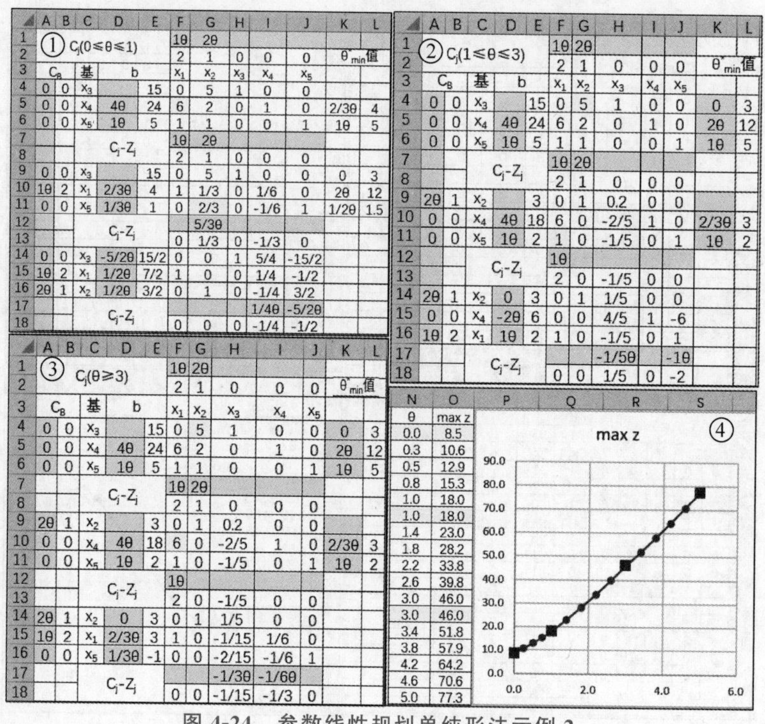

	A	B	C	D	E	F	G	H	I	J	K	L
1	① $C_j(0\leqslant\theta\leqslant1)$					1θ	2θ					
2						2	1	0	0	0	θ^*_{min}值	
3	C_B		基	b		x_1	x_2	x_3	x_4	x_5		
4	0	0	x_3		15	0	5	1	0	0		
5	0	0	x_4	4θ	24	6	2	0	1	0	2/3θ	4
6	0	0	x_5	1θ	5	1	1	0	0	1	1θ	5
7			C_j-Z_j			1θ	2θ					
8						2	1	0	0	0		
9	0	0	x_3		15	0	5	1	0	0	0	3
10	1θ	2	x_1	2/3θ	4	1	1/3	0	1/6	0	2θ	12
11	0	0	x_5	1/3θ	1	0	2/3	0	-1/6	1	1/2θ	1.5
12			C_j-Z_j				5/3θ					
13						0	1/3	0	-1/3	0		
14	0	0	x_3	-5/2θ	15/2	0	0	1	5/4	-15/2		
15	1θ	2	x_1	1/2θ	7/2	1	0	0	1/4	-1/2		
16	2θ	1	x_2	1/2θ	3/2	0	1	0	-1/4	3/2		
17			C_j-Z_j						1/4θ	-5/2θ		
18						0	0	0	-1/4	-1/2		

	A	B	C	D	E	F	G	H	I	J	K	L
1	② $C_j(1\leqslant\theta\leqslant3)$					1θ	2θ					
2						2	1	0	0	0	θ^*_{min}值	
3	C_B		基	b		x_1	x_2	x_3	x_4	x_5		
4	0	0	x_3		15	0	5	1	0	0	0	3
5	0	0	x_4	4θ	24	6	2	0	1	0	2θ	12
6	0	0	x_5	1θ	5	1	1	0	0	1	1θ	5
7			C_j-Z_j			1θ	2θ					
8						2	1	0	0	0		
9	2θ	1	x_2		3	0	1	0.2	0	0		
10	0	0	x_4	4θ	18	6	0	-2/5	1	0	2/3θ	3
11	0	0	x_5	1θ	2	1	0	-1/5	0	1	1θ	2
12			C_j-Z_j			1θ						
13						2	0	-1/5	0	0		
14	2θ	1	x_2	0	3	0	1	1/5	0	0		
15	0	0	x_4	-2θ	6	0	0	4/5	1	-6		
16	1θ	2	x_1	1θ	2	1	0	-1/5	0	1		
17			C_j-Z_j					-1/5θ		-1θ		
18						0	0	1/5	0	-2		

	A	B	C	D	E	F	G	H	I	J	K	L
1	③ $C_j(\theta\geqslant3)$					1θ	2θ					
2						2	1	0	0	0	θ^*_{min}值	
3	C_B		基	b		x_1	x_2	x_3	x_4	x_5		
4	0	0	x_3		15	0	5	1	0	0	0	3
5	0	0	x_4	4θ	24	6	2	0	1	0	2θ	12
6	0	0	x_5	1θ	5	1	1	0	0	1	1θ	5
7			C_j-Z_j			1θ	2θ					
8						2	1	0	0	0		
9	2θ	1	x_2		3	0	1	0.2	0	0		
10	0	0	x_4	4θ	18	6	0	-2/5	1	0	2/3θ	3
11	0	0	x_5	1θ	2	1	0	-1/5	0	1	1θ	2
12			C_j-Z_j			1θ						
13						2	0	-1/5	0	0		
14	2θ	1	x_2	0	3	0	1	1/5	0	0		
15	1θ	2	x_1	2/3θ	3	1	0	-1/15	1/6	0		
16	0	0	x_5	1/3θ	-1	0	0	-2/15	-1/6	1		
17			C_j-Z_j					-1/3θ	-1/6θ			
18						0	0	-1/15	-1/3	0		

θ	max z
0.0	8.5
0.3	10.6
0.5	12.9
0.8	15.3
1.0	18.0
1.0	18.0
1.4	23.0
1.8	28.2
2.2	33.8
2.6	39.8
3.0	46.0
3.0	46.0
3.4	51.8
3.8	57.9
4.2	64.2
4.6	70.6
5.0	77.3

图 4-24　参数线性规划单纯形法示例 2

（3）迭代计算时，将最大检验数或最小 $\theta^*_{\min}$ 值作为临界点，计算并确定 θ 取值范围，然后分别求解，如图 4-24②所示。

（4）计算检验数和 $\theta^*_{\min}$ 值时，可将含 θ 值项和不含 θ 值项分别计算，如图 2-24③中 F7：J8、K4：L6 单元格所示。

（5）经分别迭代计算求解，得到答案如下。

$$0\leqslant\theta\leqslant1：x_1=\frac{7}{2}+\frac{1}{2}\theta；x_2=\frac{3}{2}+\frac{\theta}{2}；\max z_1=\frac{17}{2}+8\theta+\frac{3\theta^2}{2}$$

$$1\leqslant\theta\leqslant3：x_1=2+\theta；x_2=3；\max z_2=7+10\theta+\theta^2$$

$$\theta\geqslant3：x_1=3+\frac{2}{3}\theta；x_2=3；\max z_3=9+\frac{31}{3}\theta+\frac{2\theta^2}{3}$$

（6）绘制此参数规划问题曲线图。绘图时可用序列函数，生成 θ 区间值，例如，N2 单元格中公式为“＝SEQUENCE(5,1,0,1/4)”。由于每个区间目标值函数相同，所以只需输入一次，然后可复制使用，如图 4-24④所示。

4.3 运输问题

运输问题是一种特殊类型的线性规划问题。1941年，数学家Frank L. Hitchcock首次提出了将多个来源地的产品分销到多个地方，其运输成本最低的线性规划数学模型。1947年经济学家T.C.Koopmans也独立地论述了该问题。因此，运输线性规划问题也常常被称为Hitchcock-Koopmans问题。典型的运输模型包含两个要点：一是产品或货物以尽可能低的成本从多个来源运输到多个目的地；二是每个生产或来源地能够供应固定数量的产品或货物，同时，每个目的地对产品或货物有固定的需求。

设某种产品有$A_1,A_2,\cdots,A_m$个产地，其产量分别为$a_1,a_2,\cdots,a_m$；这些产品要运往的销地为$B_1,B_2,\cdots,B_n$，各销地的需求量分别为$b_1,b_2,\cdots,b_m$；从产地A_i至销地B_j的运费为c_{ij}；总运费为z。则该运输问题数学模型可以表示为

$$\min z=\sum_{i=1}^{m}\sum_{j=1}^{n}c_{ij}x_{ij}$$

$$\text{s.t.}\begin{cases}\sum_{j=1}^{n}x_{ij}=a_i(i=1,2,\cdots,m)\\ \sum_{i=1}^{m}x_{ij}=b_j(j=1,2,\cdots,n)\\ x_{ij}\geqslant 0(i=1,2,\cdots,m;j=1,2,\cdots,n)\end{cases}$$

从产销调度上看，运输问题大体可分为两类：一是产销平衡，也就是供应与需求相等。二是产销不平衡，也就是供应与需求不相等。当出现供大于求或供不应求的运输问题时，可以根据情况添加虚拟产地或销地，使其产销平衡，然后按平衡问题去解决它。

通常，求解运输问题分为三步：第一，计算找到初始可行解；第二，对初始解进行最优性检验判断；第三，如检验发现不是最优解，则对其进行改进，直到求得最优解。当然，也可以将运输问题模型或方程输入工作表，用“规划求解”工具直接求解。不过，在学习期间，应当按步骤练习，以弄清求解问题的理论方法，提高能力。

4.3.1 求初始解

为便于分析、计算和求解，可以列出产品或货物运量、运费计算表，如表4-5所示。然后用表上作业法计算初始解。常用表上作业法有三种：西北角法、最小元素法和沃格尔法。

表4-5　运输问题作业表

销地 产地	B_1	B_2	…	B_n	产量
A_1	c_{11} x_{11}	c_{12} x_{12}		c_{1n} x_{1n}	a_1
A_2	c_{21} x_{21}	c_{22} x_{22}		c_{2n} x_{2n}	a_2
⋮	⋮	⋮	⋮	⋮	⋮
A_m	c_{m1} x_{m1}	c_{m2} x_{m2}		c_{mn} x_{mn}	a_m
销量	b_1	b_2	…	b_n	

西北角法(North-West Corner Method，NWCM)。按照地图“上北下南、左西右东”方位，西北角也就是运输问题作业表的左上角。此方法规则是从供求表左上角空格安排运量，满足需求或供应后划去相应列或行，然后，继续从未划去的作业表左上角安排，直到完成。

最小元素法(Minimum Matrix Method，MMM)。其基本规则是，每次找到最小运价安排运量，满足需求或供应后划去相应列或行，直到完成。

沃格尔法(Vogel's Approximation Method，VAM)。其基本规则是，计算每一行和每一列最小和次小运价之差作为罚数，并在最大罚数列或行找出最小运价分配最大运量，满足需求或供应后划去本列或行。然后继续计算罚数和分配运量，直到完成。当出现两个或多个罚数相同的情况时，选择最左列或最上行的罚数。

示例 4-12(胡运权主编《运筹学习题集》第 5 版 3.7 题，清华大学出版社)　已知某运输问题的产销平衡表与单位运价表如表 4-6 所示。

表 4-6　某运输问题的产销平衡表与单位运价表

产地＼销地	A	B	C	D	E	产量
Ⅰ	10	15	20	20	40	50
Ⅱ	20	40	15	30	30	100
Ⅲ	30	35	40	55	25	150
销量	25	115	60	30	70	

要求：(a)求最优调拨方案；(b)如产地Ⅲ的产量变为 130，又 B 地区需要的 115 单位必须满足，试重新确定最优调拨方案。

解　先在工作表中创建运输问题作业表并将此题数据输入表格，如图 4-25①所示。然后按照求初始解、检验初始解、改进初始解或求最优解的步骤解答。下面用西北角法、最小元素法和沃格尔法求(a)题的初始解。

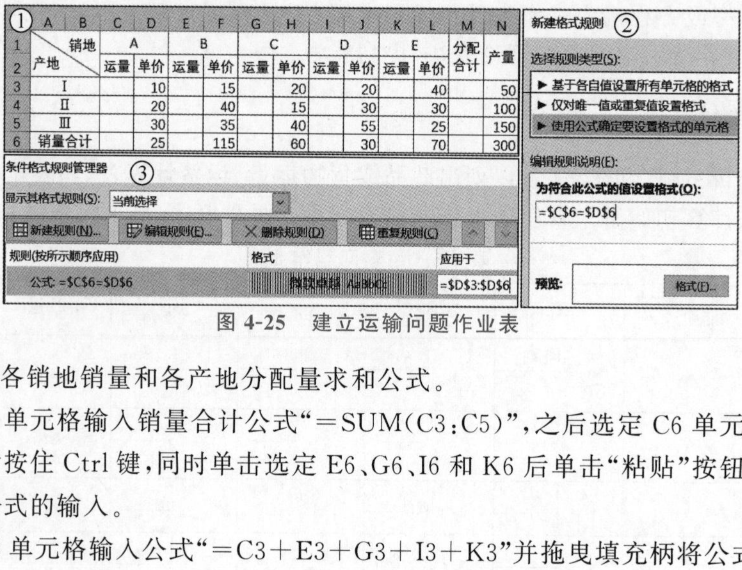

①

	A	B	C	D	E	F	G	H	I	J	K	L	M	N
1		销地	A		B		C		D		E		分配合计	产量
2	产地		运量	单价	运量	单价	运量	单价	运量	单价	运量	单价		
3	Ⅰ			10		15		20		20		40		50
4	Ⅱ			20		40		15		30		30		100
5	Ⅲ			30		35		40		55		25		150
6	销量合计			25		115		60		30		70		300

图 4-25　建立运输问题作业表

(1) 输入各销地销量和各产地分配量求和公式。

① 在 C6 单元格输入销量合计公式“＝SUM(C3:C5)”，之后选定 C6 单元格并单击“复制”按钮，然后按住 Ctrl 键，同时单击选定 E6、G6、I6 和 K6 后单击“粘贴”按钮，完成所有销地销量求和公式的输入。

② 在 M3 单元格输入公式“＝C3＋E3＋G3＋I3＋K3”并拖曳填充柄将公式复制至 M4:M5 单元格。

(2) 设置“划去”格式。在稿纸上作业时，可以将完成某销地或产地数量安排的列或行划去。在工作表中可以用格式区分已满足和尚需安排项，即设置自动“划去”已满足的列或行格式，具体方法如下。

① 选定某销地单价列，例如，选定D3:D6单元格。

② 单击“开始”→“条件格式”→“新建规则”，打开“新建格式规则”对话框。

③ 在“选择规则类型”框单击“使用公式确定要设置格式的单元格”并在“为符合此公式的值设置格式”框内输入公式“=$C$6=$D$6”(也可以用鼠标单击选择引用的单元格，系统会自动添加引用地址及相关符号)。此公式表示当A地销量合计与其需求量相等时，为本列设置“划去”格式，如图4-25②所示。

④ 单击“格式”按钮，打开“设置单元格格式”对话框并选择需要设置的“填充”“字体”等格式，然后单击“确定”按钮。本列选择浅绿色加竖线条。

⑤ 要修改或删除发现设置条件格式，可单击“开始”→“条件格式”→“管理规则”，打开“条件格式规则管理器”对话框，按提示操作，如图4-25③所示。

⑥ 按上述方法，将销量需求列和产量供给行均设置为两单元格相等的条件格式。

(3) 西北角法。从作业表的西北角(左上角)开始安排。

① 选择C3单元格，比较A地销量25需求与Ⅰ产地产量50，然后将量小的销地需求全部安排。如果产量较小，则将产量全部安排。即在C3单元格输入“25”。此时，A地运量合计与需求相等，其单价列将自动填充为浅绿色加竖线条格式，表示被划去。

② 继续在作业表左上角(尚未“划去”区域)选择E3单元格，然后比较对应的B地需求115与Ⅰ产地剩余产量25，应全部安排产量，即在E3单元格输入“25”。此时，Ⅰ产地产量25与分配量合计相等，本行被划去(条件格式自动生效)。

③ 继续在尚未划去区域左上角选择E4单元格，并比较销地B剩余90与产地Ⅱ产量100，然后在单元格E4输入较小数“90”。此时，B地已满足，被划去。

④ 继续在尚未划去区域左上角选择G4单元格并输入“10”(Ⅱ产地剩余产量10小于C地需求数)。此时，产地Ⅱ满足被划去。

⑤ 在尚未安排的最后一行，按剩余销地需求输入运量，即在G5、D5和K5单元格分别输入“50”“30”“70”，如图4-26①所示。

(4) 最小元素法。从最小单价开始安排。

① 为最小单价设置特殊格式，以便作业。选定任一单价(例如D3单元格)并单击“开始”→“条件格式”→“新建规则”，然后在“新建格式规则”对话框中选择“使用公式确定要设置的单元格”并在“为符合此公式的值设置格式”框中输入公式“=MIN($D$2:$D$4,$F$2:$F$4,$H$2:$H$4,$J$2:$J$4,$L$2:$L$4)=D3”。之后，单击“格式”按钮，为最小单价单元格设置一种格式，例如，浅黄填充加红字。注意此公式中D3单元格是相对引用，因此，可以使用“格式刷”将此格式复制到含有单价的单元格，如图4-26②所示。

② 按单价最小格式提示，Ⅰ产地至A销地运价最小，且销地需求25小于产量，故先满足A销地需求，即在C3单元格输入25并划去本列(设置的条件格式生效)。Ⅰ产地还剩余25，安排本列其他销地中运价最低的B销地，即在E3单元格输入“25”。至此，Ⅰ产地产量已安排完，被自动划去。然后分别将已划去列和行中单价转为文本字符(双击后加英文单引号“'”)。这样，最小单价条件格式便只计算剩余尚未安排单价的最小值。需要将文本单价

转换为数字时，可右击该单价并选择“转换为数字”指令，如图 4-26③所示。

③ 按上述方法，继续从新的最小单价逐项安排：在 G4 单元格输入“60”，在 I4 单元格输入“30”，在 K4 单元格输入“10”，在 K5 单元格输入“60”，在 E5 单元格输入“90”，如图 4-26④所示。

①

	A	B	C	D	E	F	G	H	I	J	K	L	M	N
1	销地		A		B		C		D		E		分配合计	产量
2	产地		运量	单价	运量	单价	运量	单价	运量	单价	运量	单价		
3	Ⅰ		25	10	25	15		20		20		40	50	50
4	Ⅱ			20	90	40	10	15		30		30	100	100
5	Ⅲ			30		35	50	40	30	55	70	25	150	150
6	销量合计		25	25	115	115	60	60	30	30	70	70		300
7	z		250		3975		2150		1650		1750		9775	

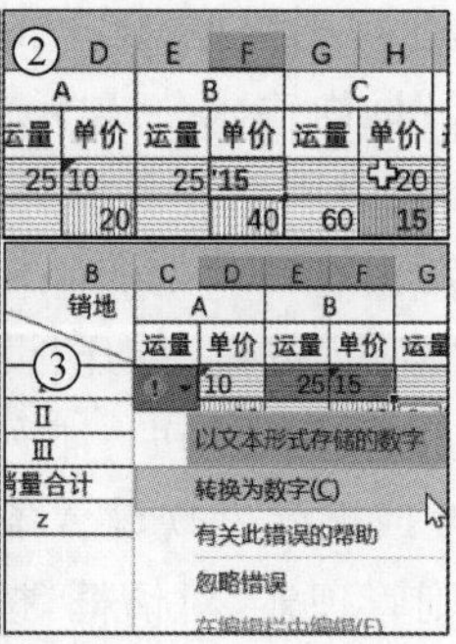

②

	D	E	F	G	H
A		B		C	
运量	单价	运量	单价	运量	单价
25	10	25	'15		20
	20		40	60	15

③

B	C	D	E	F	G
销地	A		B		
	运量	单价	运量	单价	运量
	!	10	25	15	
Ⅱ					
Ⅲ					
销量合计					
z					

以文本形式存储的数字
转换为数字(C)
有关此错误的帮助
忽略错误
在编辑栏中编辑(F)

④

	A	B	C	D	E	F	G	H	I	J	K	L	M	N
1	销地		A		B		C		D		E		分配合计	产量
2	产地		运量	单价	运量	单价	运量	单价	运量	单价	运量	单价		
3	Ⅰ		25	10	25	15		20		20		40	50	50
4	Ⅱ			20		40	60	15	30	30	10	30	100	100
5	Ⅲ			30	90	35		40		55	60	25	150	150
6	销量合计		25	25	115	115	60	60	30	30	70	70		300
7	z		250		3525		900		900		1800		7375	

图 4-26　西北角法与最小元素法

(5) 沃格尔法。比较各行或列次小与最小单价之差(罚数)，从最大差值行或列中最小单价开始安排。

① 建立计算罚数的公式。在作业表 D7 单元格(A 销地)输入计算本列次小与最小单价之差公式“=IFERROR((SMALL(D3:D5,2)-SMALL(D3:D5,1)),"满足")”，并将其复制到 F7、H7、J7 和 L7 单元格。在 O3 单元格输入计算Ⅰ产地行次小与最小单价之差的公式“=IFERROR((SMALL(D3:L3,2)-SMALL(D3:L3,1)),"满足")”，并拖曳填充柄向下复制到 O4:O5 单元格，如图 4-27①所示。

①

	A	B	C	D	E	F	G	H	I	J	K	L	M	N	O
1	销地		A		B		C		D		E		分配合计	产量	行罚数
2	产地		运量	单价	运量	单价	运量	单价	运量	单价	运量	单价			
3	Ⅰ			10		15		20		20		40		50	5
4	Ⅱ			20		40		15		30		30		100	5
5	Ⅲ			30		35		40		55		25		150	5
6	销量合计			25		115		60		30		70		300	
7	列罚数			10		20		5		10		5			

②

	A	B	C	D	E	F	G	H	I	J	K	L	M	N	O
1	销地		A		B		C		D		E		分配合计	产量	行罚数
2	产地		运量	单价	运量	单价	运量	单价	运量	单价	运量	单价			
3	Ⅰ			10	50	15		20		20		40	50	50	满足
4	Ⅱ			20		40		15		30		30		100	5
5	Ⅲ			30		35		40		55		25		150	5
6	销量合计			25	50	115		60		30		70		300	
7	列罚数			10		5		25		25		5			

③

	A	B	C	D	E	F	G	H	I	J	K	L	M	N	O
1	销地		A		B		C		D		E		分配合计	产量	行罚数
2	产地		运量	单价	运量	单价	运量	单价	运量	单价	运量	单价			
3	Ⅰ			10	50	15		20		20		40	50	50	满足
4	Ⅱ			20		40	60	15		30		30	60	100	10
5	Ⅲ			30		35		40		55		25		150	5
6	销量合计			25	50	115	60	60		30		70		300	
7	列罚数			10		5		满足		25		5			

④

	A	B	C	D	E	F	G	H	I	J	K	L	M	N	O
1	销地		A		B		C		D		E		分配合计	产量	行罚数
2	产地		运量	单价	运量	单价	运量	单价	运量	单价	运量	单价			
3	Ⅰ			10	50	15		20		20		40	50	50	满足
4	Ⅱ		10	20		40	60	15	30	30		30	100	100	满足
5	Ⅲ		15	30	65	35		40		55	70	25	150	150	满足
6	销量合计		25	25	115	115	60	60	30	30	70	70		300	
7	列罚数			满足		满足		满足		满足		满足			
8	z		650		3025		900		900		1750		7225		

图 4-27　沃格尔法(VAM)

② 比较所有罚数，从最大罚数对应的列或行中找到最小单价开始安排。B 销地列罚数

最大,本列最小单价为 15(Ⅰ产地至 B 销地运价),Ⅰ产地全部产量为 50,B 销地需求为 115,故在 E3 单元格中输入“’50”(为保证罚数公式正确计算后续罚数,需用文本方式输入),即将Ⅰ产地全部产量安排给 B 产地。此时,Ⅰ产地已足额分配,设置的格式将会划去此行。因为使用了 SMALL 函数计算罚数,所以需要将已划去的单价前添加英文单引号,将其更改为文本字符,不再计入下一轮罚数计算范围,如图 4-27②所示。

③ 此时,表格下部和右侧罚数单元格返回值是第二轮罚数,其中有 H7、J7 单元格中均为最大值。出现两个或多个相等最大罚数时,可选最左列或最上行。故选择 C 销地列最小单价 15(Ⅱ产地至 B 销地运价)。因为Ⅱ产地产量 100 大于 B 销地需求 60,因此,在 G4 单元格输入“60”。此时,B 销地需求已满足,被划去,同时,将本列单价更改为文本字符,如图 4-27③所示。

④ 至此,罚数单元格返回值为第三轮罚数。重复上述③继续安排,直到全部满足需求,如图 4-27④所示。

比较西北角法、最小元素法和沃格尔法的计算结果,可以看出沃格尔法安排的运输调拨方案成本最低,最小元素法次之,西北角法成本最高。这表明沃格尔法最接近最优解。

提示

在数学和统计函数中,如果出现文本值,通常被忽略不计。沃格尔法行列次小与最小单价之差公式利用这个特性,简化了计算过程。

4.3.2　检验初始解

通过表上作业找到运输问题的初始可行解后,下一步就是检验其最优性,其基本准则是没有其他可分配的运输路线可以进一步降低总运输成本。检验运输问题初始解或可行解的主要方法有闭回路和对偶变量法。

闭回路法又称为踏脚石法,是 1954 年由 Charnes 和 Cooper 首次提出的。闭回路法是通过计算各非基变量的检验数来判定可行解的最优性。若检验数为负值,则表明用该非基变量替换某个基变量可降低运输成本,则当前解不是最优解。闭回路法的基本内容如下。

(1) 闭回路。在作业表中基变量对应的是已安排运量的单元格,非基变量对应的是未安排运量的空格。从任一个非基变量空格开始,向水平或垂直方向跟踪基变量或初始解,遇到顶点基变量单元格转折,经过三个或多个转折可返回出发空格。用水平和垂直线将转折点连接起来可形成一个封闭多边形回路,也就是通常所说的闭回路。可以证明,每个非基变量空格都存在唯一的闭回路。

(2) 踏脚石。路径上每个转折处基变量单元格被称为踏脚石。

(3) 检验数。在闭回路上调整 1 个运量给始发空白单元格,在该点就需要增加 1 个单位运费,为平衡运量,下一个顶点需要减 1 个单位运量及运费,再下一顶点则需要加 1 个单位。依次将每个顶点添上加减号,然后求和所得到的净值便是闭回路上的机会成本,也就是检验数。如果闭回路上机会成本为负值,表示存在进一步降低运费的方案。

对偶变量法又称为位势法、MODI 法类似踏脚石法,是对踏脚石法的改进。对偶变量法的基本内容如下。

(1) 对偶变量。引入与供、需约束对应的变量 u_i,v_j,其中,u_i 为行位势,v_j 为列位势。

(2) 对偶关系。u_i，v_j 存在供需对偶关系：$u_i+v_j=c_{ij}(i=1,2,\cdots,m;j=1,2,\cdots,n)$。

(3) 通过运输问题对偶变量关系式，可以计算非基变量或空格处运量的机会成本，也就是检验数，其结果与踏脚石法一致。

运输问题可行解最优性检验结果归纳如下。

(1) 如果所有检验数 $\sigma_{ij}\geqslant 0$，表明该可行解是最优解。

(2) 如果所有检验数 $\sigma_{ij}\geqslant 0$，且其中有任意 $\sigma'_{ij}=0$，则该运输问题存在多个最优解。

(3) 如果存在任何检验数 $\sigma_{ij}\leqslant 0$，则该可行解不是最优解，需要进一步优化。

下面继续解答示例 4-12(a)题，用闭回路法和对偶变量法检验最小元素法求出的初始可行解。

(1) 闭回路法。分析各非基变量空格的闭回路，然后输入检验数公式。在 C3 单元格输入计算Ⅱ产地至 A 销地检验数 σ_{21} 的公式"＝D3－D2＋F2－F4＋L4－L3"，其回路如图 4-28①中虚线所示，图中 A6:G6 和 O1:O6 单元格显示了各非基变量检验数公式。

(2) 对偶变量法。先令 $u_2=0$，计算出行、列上的所有 u_i，v_j 变量，然后在各空格输入计算检验数公式，如图 4-28②所示，图中 C6:K6、N2:N4 单元格给出了计算 $\boldsymbol{u}_i$，$\boldsymbol{v}_j$ 公式，其计算顺序为 M3→H5→J5→L5→M4→F5→M2→D5。在 N5:N6 和 P1:P6 单元格给出了各非基变量检验数公式。

两种方法计算结果一致。经检查，有非基变量检验数 $\sigma_{21}=-15<0$，故此可行解不是最优解，需要改进。

①	A	B	C	D	E	F	G	H	I	J	K	L	M	N	O
1	产地＼销地		A		B		C		D		E		产量	σ22	=F3-F4+L4-L3
2	Ⅰ		25	10	25	15	30	20	15	20	35	40	50	σ13	=H2-H3+L3-L4+F4-F2
3	Ⅱ		-15	20	0	40	60	15	30	30	10	30	100	σ33	=H4-H3+L3-L4
4	Ⅲ		0	30	90	35	30	40	30	55	60	25	150	σ14	=J2-J3+L3-L4+F4-F2
5	销量			25		115		60		30		70		σ34	=J4-J3+L3-L4
6	σ21	=D3-D2+F2-F4+L4-L3					σ31	=D4-D2+F2-F4						σ15	=L2-L3+F3-F2

②	A	B	C	D	E	F	G	H	I	J	K	L	M	N	O	P
1	产地＼销地		A		B		C		D		E		u_i		σ22	=F3-F5-M3
2	Ⅰ		25	10	25	15	30	20	15	20	35	40	-25	=F2-F5	σ13	=H2-H5-M2
3	Ⅱ		-15	20	0	40	60	15	30	30	10	30	0	=0	σ33	=H4-H5-M4
4	Ⅲ		0	30	90	35	30	40	30	55	60	25	-5	=L4-L5	σ14	=J2-J5-M2
5	v_j			35		40		15		30		30	σ21	=D3-D5-M3	σ34	=J4-J5-M4
6			=D2-M2		=F4-M4		=H3-M3		=J3-M3		=L3-M3		σ31	=D4-D5-M4	σ15	=L2-L5-M2

图 4-28　闭回路和对偶变量法计算检验数

4.3.3　求最优解

当运输问题可行解某非基变量检验数为负值时，表明这个非基变量转换为基变量时可降低运输费用，也就是需要对检验的可行解进一步改进。改进可行解的方法是找出负检验数对应的闭回路，然后用负检验数非基变量替换闭回路上偶数顶点基变量，以得到更好的基可行解。

下面继续解答示例 4-12(a)题，通过改进基可行解，求最优调拨方案，如图 4-29 所示。

(1) 由检验数 $\sigma_{21}=-15$，确定换入非基变量为 x_{21}。

(2) 找出非基变量 x_{21} 的闭回路：$x_{21}\rightarrow x_{11}\rightarrow x_{12}\rightarrow x_{32}\rightarrow x_{35}\rightarrow x_{25}\rightarrow x_{21}$。

(3) 确定换出变量 $\min(x_{11},x_{32},x_{25})=x_{25}=10$(回路上偶数顶点基变量最小值)。

(4) 以 $x_{21}=10$ 为调整量，在所有奇数顶点基变量上加 10，所有偶数顶点基变量减 10，调整后，得到新的可行解。

（5）求出新的可行解后，再次计算检验数，所有 $\sigma_{ij} \geqslant 0$，故此问题最优解为

$$x_{11}=15, x_{21}=10, x_{12}=35, x_{32}=80, x_{23}=60, x_{24}=30, x_{35}=70; \min z=7225$$

	A–B	C	D	E	F	G	H	I	J	K	L	M	N
1	产地＼销地	A		B		C		D		E		u_i	
2	Ⅰ	15	10	35	15	15	20	0	20	35	40	-10	=D2-D5
3	Ⅱ	10	20	15	40	60	15	30	30	15	30	0	=0
4	Ⅲ	0	30	80	35	15	40	15	55	70	25	10	=F4-F5
5	v_j		20		25		15		30		15		
6		=D3-M3		=F2-M2		=H3-M3		=J3-M3		=L4-M4			
7	min z	350		3325		900		900		1750		7225	

图 4-29　求运输问题最优解

4.3.4　产销不平衡运输问题

运输问题作业表中总产量等于总销量，产销是平衡的。当总产量大于或小于总销量，产销不平衡时，就不能直接使用基于产销平衡假设的算法求解，而需要通过设置虚拟销地或产地将不平衡问题转换为平衡问题，然后，再用最小元素、沃格尔等方法求解。当产量大于销量时，可设置一个虚拟销地，多于产量相当于就地存储，其单位运价为零；当产量小于销量时，可设置一个虚拟产地，不足产量相当于销地缺额，实际并未运输，故运输单价也为零。

下面解答示例 4-12(b)题。

（1）产地Ⅲ的产量变为 130 后，需要设虚拟产地Ⅳ，并假设其产量为 20，将问题转换为产销平衡问题。然后，建立此运输问题作业表。

（2）按题意 B 地区 115 单位必须满足，不能安排虚拟产量，故在表中将虚拟产地Ⅳ至 B 销地运价设置为尽可能大的数 M，至其余销地运输单价为零。

（3）用沃格尔法计算初始可行解。可以直接复制沃格尔法计算表，在产地Ⅲ后面添加一行并将其纳入罚数公式，如图 4-30①所示。

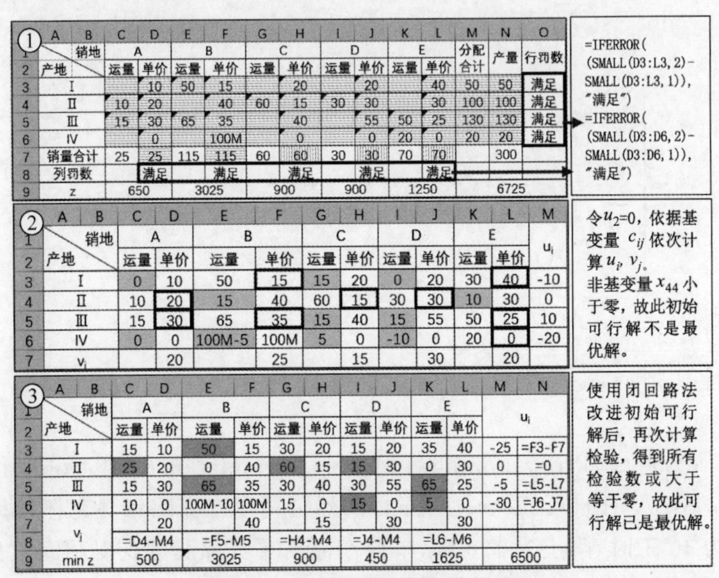

①

	A–B	C	D	E	F	G	H	I	J	K	L	M	N	O
1	销地	A		B		C		D		E		分配合计	产量	行罚数
2	产地	运量	单价	运量	单价	运量	单价	运量	单价	运量	单价			
3	Ⅰ		10	50	15		20		20		40	50	50	满足
4	Ⅱ	10	20		40	60	15	30	30		30	100	100	满足
5	Ⅲ	15	30	65	35		40		55	50	25	130	130	满足
6	Ⅳ		0		100M		0		0	20	0	20	20	满足
7	销量合计	25	25	115	115	60	60	30	30	70	70		300	
8	列罚数		满足		满足		满足		满足		满足			
9	z	650		3025		900		900		1250		6725		

②

	A–B	C	D	E	F	G	H	I	J	K	L	M
1	销地	A		B		C		D		E		u_i
2	产地	运量	单价	运量	单价	运量	单价	运量	单价	运量	单价	
3	Ⅰ	0	10	50	15	15	20	0	20	30	40	-10
4	Ⅱ	10	20	15	40	60	15	30	30	10	30	0
5	Ⅲ	15	30	65	35	15	40	15	55	50	25	10
6	Ⅳ	0	0	100M-5	100M	5	0	-10	0	20	0	-20
7	v_j		20		25		15		30		20	

③

	A–B	C	D	E	F	G	H	I	J	K	L	M	N
1	销地	A		B		C		D		E		u_i	
2	产地	运量	单价	运量	单价	运量	单价	运量	单价	运量	单价		
3	Ⅰ	15	10	50	15	30	20	15	20	35	40	-25	=F3-F7
4	Ⅱ	25	20	0	40	60	15	15	30	0	30	0	=0
5	Ⅲ	15	30	65	35	30	40	30	55	65	25	-5	=L5-L7
6	Ⅳ	10	0	100M-10	100M	15	0	15	0	5	0	-30	=J6-J7
7	v_j		20		40		15		30		30		
8		=D4-M4		=F5-M5		=H4-M4		=J4-M4		=L6-M6			
9	min z	500		3025		900		450		1625		6500	

图 4-30　产销不平衡运输问题

（4）用对偶变量(MODI)法计算非基变量检验数。非基变量 x_{44} 的检验数为负值，故此

可行解不是最优解，需要改进并确定 x_{44} 为换入变量，如图 4-30②所示。

(5) 找出 I6 单元格中检验数−10 的闭回路：$x_{44} \to x_{24} \to x_{21} \to x_{31} \to x_{35} \to x_{45} \to x_{44}$，并找出换出变量 $x_{31}=\min(x_{24}, x_{31}, x_{45})=\min(30,15,20)=15$。然后将闭回路经上所有奇数顶点基变量加 15，所有偶数顶点基变量减 15，得到改进解。

(6) 计算改进后非基变量检验数，其结果均大于或等于零。故得到变更后最优调拨方案：$x_{21}=25, x_{12}=50, x_{32}=65, x_{23}=60, x_{24}=15, x_{44}=15, x_{35}=65, x_{45}=5$；变更后最小运输费用为 $\min z=6500$，如图 4-30③所示。

4.4 目标规划

在现实社会中，管理者往往会面临复杂的多目标问题，而不仅仅是成本最小或利润最大的单一问题。为了能够正确优化和选择多个目标，20 世纪 60 年代 Charnes 和 Cooper 对线性规划问题进行了拓展，研究提出了目标规划(Goal Programming, GP)技术。几十年来，目标规划技术已广泛应用于大规模多准则决策问题。

目标规划数学模型与一般线性规划问题有所不同，其目标函数不是直接求成本最小或利润最大，而是寻求尽可能达到或接近各预期目标值的满意方案。例如，某种生产资源控制目标、产品比例控制目标、生产设备利用目标和最低利润控制目标等。也就是说，要使受各种条件约束的目标值与预期目标值之间的偏差最小。

设 x_j 为产量或决策变量，g_k 为第 k 个预期目标值，d_k^- 为决策值未达到目标值的差额或负偏差，d_k^+ 为决策值超过目标值的数额或正偏差，$P_i(P_i \gg P_{i+1})$为优先因子，W_{lk}^-，W_k^+ 权重决策值未达到目标值的差额或偏差，c_{kj}，a_{ij} 为系数常量，则可以写出目标规划的一般形式：

$$\min\left\{P_i\left(\sum_{k=1}^{k}(W_{lk}^-) + W_{lk}^+ d_k^+\right), l=1,2,\cdots,L\right\}$$

$$\text{s.t.}\begin{cases}\sum\limits_{j=1}^{n} c_{kj}x_{ij} + d_k^- - d_k^+ = g_k(k=1,2,\cdots,K)\\ \sum\limits_{j=1}^{n} a_{ij}x_j \leqslant (=, \geqslant) b_i(i=1,2,\cdots,m)\\ x_j \geqslant 0(j=1,2,\cdots,n); d_k^-, d_k^+ \geqslant 0(k=1,2,\cdots,K)\end{cases}$$

4.4.1 图解法

与一般线性规划问题一样，当目标规划问题只有两个决策变量时，可以用图解法求解。

示例 **4-13**(Linear Programming: Model Formulation and Solution, Strathmore Business School MBA 8104) Beaver Creek 陶器公司生产瓷碗和马克杯，每天可用于生产的人工及设备为 40 工时，陶土为 120 磅，单位产品需要资源及可获得利润数如表 4-7 所示。目标要求：①充分利用劳动工时；②计划利润不少于 1600 美元；③陶土资源有限，避免过量消耗；④尽量减少加班。

表 4-7　瓷碗和马克杯的生产资源与利润表(每天)

产品	劳动/h	陶土/磅	利润/$
碗	1	4	40
马克杯	2	3	50

解　先设 x_1, x_2 分别为每天碗、马克杯的产量。然后按目标要求设目标约束的偏差变量：设 d_1^- 为劳动工时负偏差(不足目标值的部分)，d_1^+ 为劳动工时正偏差(超过目标值的部分，相当于加班)；d_2^- 为利润负偏差，d_2^+ 为利润正偏差；d_3^- 为陶土用量负偏差，d_3^+ 为陶土用量正偏差。于是，可以写出此问题的目标规划模型：

$$\min P_1 d_1^-, P_2 d_2^-, P_3 d_3^+, P_4 d_1^+$$

$$\text{s.t.}\begin{cases} x_1 + 2x_2 + d_1^- - d_1^+ = 40 \\ 40x_1 + 50x_2 + d_2^- - d_2^+ = 1600 \\ 4x_1 + 3x_2 + d_3^- - d_3^+ = 120 \\ x_1, x_2, d_1^-, d_1^+, d_2^-, d_2^+, d_2^-, d_2^+ \geqslant 0 \end{cases}$$

在工作表中用图解法求解此目标规划的方法和步骤如下。

(1) 输入约束方程散点数据(不含偏差变量)。在 A3 单元格输入约束方程 1 的 x_1 序列数公式“=SEQUENCE(9,1,0,40/8)”。公式中参数含义为 9 行、1 列，起始值为 0，终值为 40($x_2=0$)，序列数间隔为 40/8。然后在 B3 单元格输入计算 x_2 的公式“=(40-A3)/2”并将其复制到 B4:B11 单元格。按上述方式，在 C3:D11 和 E3:F11 单元格分别输入约束方程 2、3 的散点数据。

(2) 选定 A3:B11 单元格(约束方程 1)后，单击“插入”→“插入散点图”→“带平滑线的散点图”，插入含约束方程 1 的平滑线散点图表。

(3) 选择插入的约束方程 1 图表后，单击“图表设计”→“选择数据”，或者右击图表，从鼠标快捷菜单中单击“选择数据”。

(4) 在“选择数据源”对话框中单击“添加”按钮，打开“编辑数据系列”对话框，然后将约束方程 2 系列名称和数据范围分别输入“系列名称”框、“X 轴系列值”及“Y 轴系列值”框。按此方法，将约束方程 3 系列数添加至图表。

(5) 在约束方程线上标注正负偏差方向并分析可行域范围。不难看出，ABC 三角形区域可满足前三个目标。因为，要依次优先满足 d_1^-, d_2^-, d_3^+ 目标，所以，第 4 目标 $P_4 d_1^+$ 只能在其约束线上方选择最小值，也就是需要适当加班。于是，可确定约束方程 2、3 的交点 C 为满意解。即 $x_1=15, x_2=20, d_1^+=15+2\times20-40=15$(h)。$d_1^-, d_2^-, d_3^+$ 均为零，如图 4-31 所示，其中，A12:F17 单元格给出了计算约束方程散点数据和目标值的公式。

示例 4-14(胡运权主编《运筹学习题集》第 5 版 4.1、4.2 题，清华大学出版社)　用图解法找出下列目标规划问题的满意解。

(a) $\min z = P_1 d_1^+ + P_2 d_3^+ + P_3 d_2^+$

$$\text{s.t.}\begin{cases} -x_1 + 2x_2 + d_1^- - d_1^+ = 4 \\ x_1 - 2x_2 + d_2^- - d_2^+ = 4 \\ x_1 + 2x_2 + d_3^- - d_3^+ = 8 \\ x_1, x_2 \geqslant 0; d_i^-, d_i^+ \geqslant 0 (i=1,2,3) \end{cases}$$

(b) $\min z = P_1 d_3^+ + P_2 d_2^- + P_3 (d_1^- + d_1^+)$

$$\text{s.t.}\begin{cases} 6x_1 + 2x_2 + d_1^- - d_1^+ = 24 \\ x_1 + x_2 + d_2^- - d_2^+ = 5 \\ 5x_2 + d_3^- - d_3^+ = 8 \\ x_1, x_2 \geqslant 0; d_i^-, d_i^+ \geqslant 0 (i=1,2,3) \end{cases}$$

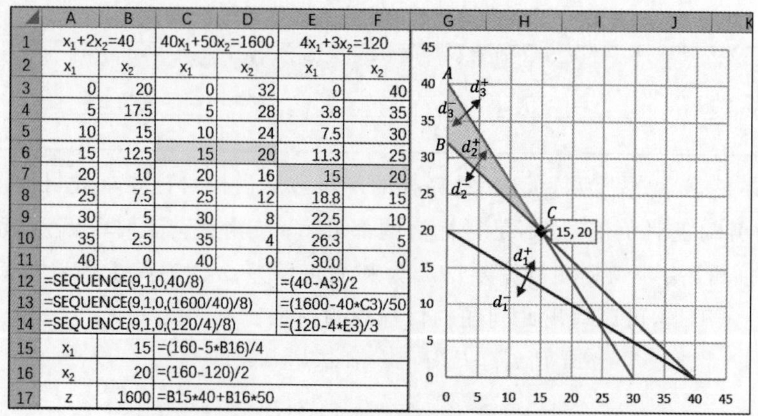

	A	B	C	D	E	F
1	$x_1+2x_2=40$		$40x_1+50x_2=1600$		$4x_1+3x_2=120$	
2	x_1	x_2	x_1	x_2	x_1	x_2
3	0	20	0	32	0	40
4	5	17.5	5	28	3.8	35
5	10	15	10	24	7.5	30
6	15	12.5	15	20	11.3	25
7	20	10	20	16	15	20
8	25	7.5	25	12	18.8	15
9	30	5	30	8	22.5	10
10	35	2.5	35	4	26.3	5
11	40	0	40	0	30.0	0
12	=SEQUENCE(9,1,0,40/8)				=(40-A3)/2	
13	=SEQUENCE(9,1,0,(1600/40)/8)				=(1600-40*C3)/50	
14	=SEQUENCE(9,1,0,(120/4)/8)				=(120-4*E3)/3	
15	x_1	15	=(160-5*B16)/4			
16	x_2	20	=(160-120)/2			
17	z	1600	=B15*40+B16*50			

图 4-31 目标规划图解法示例 1

(c) $\min z=P_1(d_1^-+d_1^+)+P_2(d_2^-+d_2^+)$

$$
\text{s.t.}\begin{cases}x_1+x_2\leqslant 4\\ x_1+2x_2\leqslant 6\\ 2x_1+3x_2+d_1^--d_1^+=18\\ 3x_1+2x_2+d_2^--d_2^+=18\\ x_1,x_2\geqslant 0;d_i^-,d_i^+\geqslant 0(i=1,2,3)\end{cases}
$$

(d) $\min z_1=P_1(d_1^-+d_1^++d_2^-+d_2^+)$

$\min z_2=2P_1(d_1^-+d_1^+)+P_2(d_2^-+d_2^+)$

$\min z_3=P_1(d_1^-+d_1^+)+2P_2(d_2^-+d_2^+)$

$\min z_4=P_1(d_1^-+d_1^+)+P_2(d_2^-+d_2^+)$

$$
\text{s.t.}\begin{cases}2x_1+x_2+d_1^--d_1^+=2\\ 2x_1-3x_2+d_2^--d_2^+=6\\ x_1\leqslant 6\\ x_1,x_2\geqslant 0;d_i^-,d_i^+\geqslant 0(i=1,2,3)\end{cases}
$$

解　在工作表中,先画出约束方程直线,然后标注偏差箭头并分析目标的满意解。

(1) 创建公式计算约束方程 x_1,x_2 系列数据,然后用“插入散点图”工具绘制约束方程直线图,如图 4-32①②③④所示。

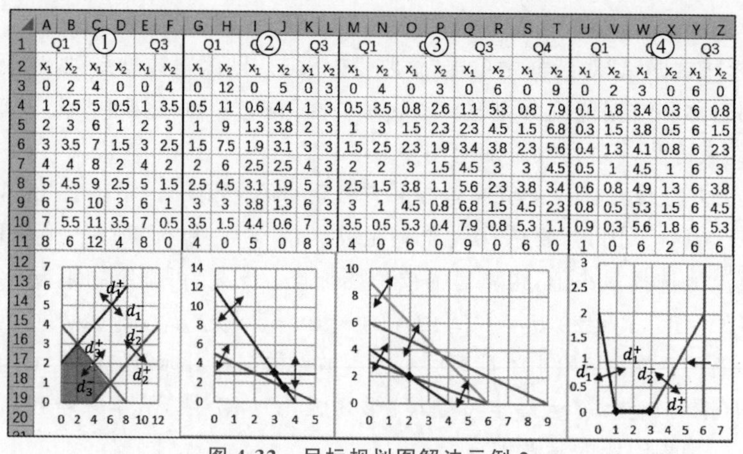

	A	B	C	D	E	F	G	H	I	J	K	L	M	N	O	P	Q	R	S	T	U	V	W	X	Y	Z
1	Q1		①		Q3		Q1		②		Q3		Q1		③		Q3		Q4		Q1		④		Q3	
2	x_1	x_2	x_1	x_2	x_1	x_2	x_1	x_2	x_1	x_2	x_1	x_2	x_1	x_2	x_1	x_2	x_1	x_2	x_1	x_2	x_1	x_2	x_1	x_2	x_1	x_2
3	0	2	4	0	0	4	0	12	0	5	0	3	0	4	0	3	0	6	0	9	0	2	3	0	6	0
4	1	2.5	5	0.5	1	3.5	0.5	11	0.6	4.4	1	3	0.5	3.5	0.8	2.6	1.1	5.3	0.8	7.9	0.1	1.8	3.4	0.3	6	0.8
5	2	3	6	1	2	3	1	9	1.3	3.8	2	3	1	3	1.5	2.3	2.3	4.5	1.5	6.8	0.3	1.5	3.8	0.5	6	1.5
6	3	3.5	7	1.5	3	2.5	1.5	7.5	1.9	3.1	3	3	1.5	2.5	2.3	1.9	3.4	3.8	2.3	5.6	0.4	1.3	4.1	0.8	6	2.3
7	4	4	8	2	4	2	2	6	2.5	2.5	4	3	2	2	3	1.5	4.5	3	3	4.5	0.5	1	4.5	1	6	3
8	5	4.5	9	2.5	5	1.5	2.5	4.5	3.1	1.9	5	3	2.5	1.5	3.8	1.1	5.6	2.3	3.8	3.4	0.6	0.8	4.9	1.3	6	3.8
9	6	5	10	3	6	1	3	3	3.8	1.3	6	3	3	1	4.5	0.8	6.8	1.5	4.5	2.3	0.8	0.5	5.3	1.5	6	4.5
10	7	5.5	11	3.5	7	0.5	3.5	1.5	4.4	0.6	7	3	3.5	0.5	5.3	0.4	7.9	0.8	5.3	1.1	0.9	0.3	5.6	1.8	6	5.3
11	8	6	12	4	8	0	4	0	5	0	8	3	4	0	6	0	9	0	6	0	1	0	6	2	6	6

图 4-32 目标规划图解法示例 2

(2) 依据优先因子标注并分析约束偏差,确定满意解。

① 满意解为多边形顶点(0,0),(0,2),(2,3),(6,1),(4,0)围合范围,如图 4-32①所示。

② 满意解为点(3,3)至点(3.5,1.5)相连的线段,如图 4-32②所示。

③ 满意解为点(2,2),如图 4-32③所示。

④ $\min z_1$ 满意解为点(1,0)至(3,0)线段;$\min z_2$ 满意解为(1,0);$\min z_3$ 满意解为(3,

0)；min z_4 满意解为(3,0)，如图4-32所示。

4.4.2 单纯形法

目标规划属于求最小值线性规划问题。根据目标规划模型的特点，在用单纯形法求解时，需要按优先因子分级计算检验数并以非负为最优准则。此外，目标规划是寻求尽可能达到或接近各预期目标值的满意方案，有时并不能满足所有优先因子的目标，也就是说，可能存在次要目标优先因子检验数小于零的情况。

示例4-15(胡运权主编《运筹学习题集》第5版4.3题，清华大学出版社) 用单纯形法求下列目标规划问题的满意解。

(a) $\min z=P_1d_1^-+P_2d_2^++P_3(d_3^-+d_3^+)$

$$\text{s.t.}\begin{cases}3x_1+x_2+x_3+d_1^--d_1^+=60\\x_1-x_2+2x_3+d_2^--d_2^+=10\\x_1+x_2-x_3+d_3^--d_3^+=20\\x_i\geqslant 0;d_i^-,d_i^+\geqslant 0(i=1,2,3)\end{cases}$$

(b) $\min z=P_1d_1^-+P_2d_4^++5P_3d_2^-+3P_3d_3^-+P_4d_1^+$

$$\text{s.t.}\begin{cases}x_1+x_2+d_1^--d_1^+=80\\x_1\qquad+d_2^--d_2^+=60\\x_2+d_3^--d_3^+=45\\x_1+x_2+d_4^--d_4^+=90\\x_1,x_2\geqslant 0;d_i^-,d_i^+\geqslant 0(i=1,2,3,4)\end{cases}$$

解 (a)题，先建立目标规划问题初始单纯形表，如图4-33中A1:L5单元格所示，其中，第1行为目标优先因子系数(价值系数)，第2行为决策及偏差变量符，第1、2列为基变量(d_1^-,d_2^-,d_3^-)及其优先因子系数。然后按如下步骤求解。

(1) 设置优先因子系数单元格格式。为便于用公式计算，可将优先因子系数单元格格式设置为“#"P1"”。这样，输入系数后单元格中可显示P1、P2、…类似“单位”符号，而不需要输入文本字符。

(2) 计算检验数并确定换入换出变量。

① 按目标函数中优先级因子依次分行，即在C6:C8单元格中分别输入“P1”“P2”“P3”。然后按分行计算检验数 $\sigma_j=c_j-z_j$ 中各优先因子的系数。

② 计算 P_1 的系数。在D6单元格中输入公式“=-$A3*D3”并将其复制到E6:L6单元格。由于G1单元格中系数为 $1P_1$，所以应将G6单元格中的公式更改为“=G1-$A3*G3”。

③ 计算 P_2 的系数。因为只有J1单元格中含有 P_2，故该系数只出现在J7单元格中，公式为“=J$1”。

④ 计算 P_3 的系数。在D8单元格中输入公式“=-$A5*D5”并将其复制到E8:L8单元格。然后再将K8单元格中的公式更改为“=K$1-$A5*K5”并将其复制到L8单元格。

⑤ 确定换入换出变量。因为非基变量 x_1 的检验数 $\sigma_1=-3P_1-1P_3$ 最小，故确定换

入变量为 x_1。然后在 M3 单元格输入计算 θ 值公式“＝IF(D3<＝0,"",C3/D3)”并将其复制到 M4:M5 单元格，确定其中最小值对应的基变量 d_2^- 为换出变量。

(3) 进行迭代计算。

① 添加新表。将 A3:C8 单元格复制到 A9:C14 单元格，并用 x_1 替换 d_2^-。

② 以 D4(a_{21})单元格为主元素进行旋转计算或初等变换。在 D10 单元格中输入公式“＝D4”并将其复制到 C10:L10 单元格；在 D9 单元格中输入公式“＝D3－D10＊3”并将其复制到 C9:L9 单元格；在 D11 单元格中输入公式“＝D5－D10”并将其复制到 C11:L11 单元格。

(4) 计算新一轮检验数并确定第 2 个换入与换出变量。由于优先因子的位子尚未变动，故可以直接将 D6:L8 单元格复制到 D12:L14 单元格，得到新的非基变量检验数，其中，最小检验数为 $\sigma_2=-4P_1-2P_3$，故确定 x_2 为换入变量。然后计算 θ 值，确定换出变量为 d_3^-。

(5) 进行第二轮迭代计算。先按上述步骤(3)添加新表并用 x_2 替换 d_3^-，注意要同时替换其价值系数，即用 0 替换 1P3。然后以 E11(a_{32})单元格为主元进行旋转计算。

(6) 计算检验数，确定换入变量 d_3^+，换出变量为 d_1^-。

(7) 进行第三轮迭代计算。按步骤(3)添加新表并以 L15(a_{19})单元格为主元进行旋转计算。

(8) 计算检验数，确定换入变量为 x_3 换出变量为 d_3^+。

(9) 进行第四轮迭代计算。按步骤添加新表，并以 F21(a_{13})单元格为主元进行旋转计算。

(10) 计算检验数，得到所有检验数均已非负，故此目标规划问题满意解为

$$x_1=10, x_2=20, x_3=10$$

上述过程如图 4-33 所示，图中 N3:O32 单元格给出了检验数与 θ 值的计算公式。

	A	B	C	D	E	F	G	H	I	J	K	L	M	N	O
1	C_j			0	0	0	1P1	0	0	1P2	1P3	1P3	θ	公式	
2	C_B	基	b	x_1	x_2	x_3	d_1^-	d_1^+	d_2^-	d_2^+	d_3^-	d_3^+			
3	1P1	d_1^-	60	3	1	1	1	-1	0	0	0	0	20	=IF(D3<=0,"",C3/D3)	
4	0	d_2^-	10	1	-1	2	0	0	1	-1	0	0	10	=IF(D4<=0,"",C4/D4)	
5	1P3	d_3^-	20	1	1	-1	0	0	0	0	1	-1	20	=IF(D5<=0,"",C5/D5)	
6	c_j-z_j		P1	-3	-1	-1	0	1	0	0	0	0		=-$A3*D3	=G$1-$A3*G3
7			P2							1				=J$1	
8			P3	-1	-1	1	0	0	0	0	0	2		=-$A5*D5	=K$1-$A5*K5
9	1P1	d_1^-	30	0	4	-5	1	-1	-3	3	0	0	15/2	=IF(E9<=0,"",C9/E9)	
10	0	x_1	10	1	-1	2	0	0	1	-1	0	0		=IF(E10<=0,"",C10/E10)	
11	1P3	d_3^-	10	0	2	-3	0	0	-1	1	1	-1	5	=IF(E11<=0,"",C11/E11)	
12	c_j-z_j		P1	0	-4	5	0	1	3	-3	0	0		=-$A9*D9	=G$1-$A9*G9
13			P2							1				=J$1	
14			P3	0	-2	3	0	0	1	-1	0	2		=-$A11*D11	=K$1-$A11*K11
15	1P1	d_1^-	10	0	0	1	1	-1	-1	1	-2	2	5	=IF(L15<=0,"",C15/L15)	
16	0	x_1	15	1	0	1/2	0	0	1/2	-1/2	1/2	-1/2		=IF(L16<=0,"",C16/L16)	
17	0	x_2	5	0	1	-3/2	0	0	-1/2	1/2	1/2	-1/2		=IF(L17<=0,"",C17/L17)	
18	c_j-z_j		P1	0	0	-1	0	1	1	-1	2	-2		=-$A15*D15	=G$1-$A15*G15
19			P2							1				=J$1	
20			P3								1	1		=K$1	=L$1
21	1P3	d_3^+	5	0	0	1/2	1/2	-1/2	-1/2	1/2	-1	1	10	=IF(F21<=0,"",C21/F21)	
22	0	x_1	35/2	1	0	3/4	1/4	-1/4	1/4	-1/4	0	0	23	=IF(F22<=0,"",C22/F22)	
23	0	x_2	15/2	0	1	-5/4	1/4	-1/4	-3/4	3/4	0	0		=IF(F23<=0,"",C23/F23)	
24	c_j-z_j		P1				1							=G$1	
25			P2							1				=J$1	
26			P3	0	0	-1/2	-1/2	1/2	1/2	-1/2	2	0		=-$A21*D21	=K1-$A21*K21
27	0	x_3	10	0	0	1	1	-1	-1	1	-2	2			
28	0	x_1	10	1	0	0	-1/2	1/2	1	-1	3/2	-3/2			
29	0	x_2	20	0	1	0	3/2	-3/2	-2	2	-5/2	5/2			
30	c_j-z_j		P1				1							=G$1	
31			P2							1				=J$1	
32			P3								1	1		=K$1	=L$1

图 4-33　目标规划单纯形法示例 1

(b)题,求解方法与步骤同(a)。此目标规划问题的初始单纯形表、检验数及 θ 值计算公式和迭代求解过程如图 4-34 所示。

	A	B	C	D	E	F	G	H	I	J	K	L	M	N	O	P
1	C_j			0	0	1P1	1P4	5P3	0	3P3	0	0	1P2	θ	公式	
2	C_B	基	b	x_1	x_2	d_1^-	d_1^+	d_2^-	d_2^+	d_3^-	d_3^+	d_4^-	d_4^+			
3	1P1	d_1^-	80	1	1	1	-1	0	0	0	0	0	0	80	=IF(D3<=0,"",C3/D3)	
4	5P3	d_2^-	60	1	0	0	0	1	-1	0	0	0	0	60	=IF(D4<=0,"",C4/D4)	
5	3P3	d_3^-	45	0	1	0	0	0	0	1	-1	0	0		=IF(D5<=0,"",C5/D5)	
6	0	d_4^-	90	1	1	0	0	0	0	0	0	1	-1	90	=IF(D6<=0,"",C6/D6)	
7	c_j-z_j		P1	-1	-1	0	1	0	0	0	0	0	0		=-$A3*D3	=F$1-$A3*F3
8			P2										1		=M1	
9			P3	-5	-3	0	0	0	5	0	3	0	0		=-$A4*D4-$A5*D5	
10			P4				1								=G1	
11	1P1	d_1^-	20	0	1	1	-1	-1	1	0	0	0	0	20	=IF(E11<=0,"",C11/E11)	
12	0	x_1	60	1	0	0	0	1	-1	0	0	0	0		=IF(E12<=0,"",C12/E12)	
13	3P3	d_3^-	45	0	1	0	0	0	0	1	-1	0	0	45	=IF(E13<=0,"",C13/E13)	
14	0	d_4^-	30	0	1	0	0	-1	1	0	0	1	-1	30	=IF(E14<=0,"",C14/E14)	
15	c_j-z_j		P1	0	-1	0	1	1	-1	0	0	0	0		=-$A11*D11	=-$A11*G11
16			P2										1		=M1	
17			P3	0	-3	0	0	5	0	0	3	0	0		=E$1-$A13*E	=-$A13*F13
18			P4				1								=G1	
19	0	x_2	20	0	1	1	-1	-1	1	0	0	0	0		=IF(G19<=0,"",C19/G19)	
20	0	x_1	60	1	0	0	0	1	-1	0	0	0	0		=IF(G20<=0,"",C20/G20)	
21	3P3	d_3^-	25	0	0	-1	1	1	-1	1	-1	0	0	25	=IF(G21<=0,"",C21/G21)	
22	0	d_4^-	10	0	0	-1	1	0	0	0	0	1	-1	10	=IF(G22<=0,"",C22/G22)	
23	c_j-z_j		P1			1									=F1	
24			P2										1		=M1	
25			P3	0	0	3	-3	2	3	0	3	0	0		=H1-$A21*H21	
26			P4				1								=G1	
27	0	x_2	30	0	1	0	0	-1	1	0	0	1	-1			
28	0	x_1	60	1	0	0	0	1	-1	0	0	0	0			
29	3P3	d_3^-	15	0	0	0	0	1	-1	1	-1	-1	1			
30	1P4	d_1^+	10	0	0	-1	1	0	0	0	0	1	-1			
31	c_j-z_j		P1			1									=F1	
32			P2										1		=M1	
33			P3	0	0	0	0	2	3	0	3	3	-3		=-$A29*E29	=-$A29*F29
34			P4	0	0	1	0	0	0	0	0	-1	1		=-$A30*D30	=G1-$A30*G30

图 4-34　目标规划单纯形法示例 2

经过三次迭代计算后,所有非基变量检验数已非负,得到满意解 $x_1=60,x_2=30$。

在最终单纯形表检验数中,主要优先因子 P_1、P_2 的系数已非负,所对应的目标均已满足。但是,P_3、P_4 的系数还存在负数,对应的 $d_3^-\to 0,d_1^+\to 0$ 的目标未实现,得到的满意值为

$$d_1^+=10,d_3^-=15$$

提示

(1) 将单元格格式自定义为显示"单位"字符的方法:按 Ctrl+! 组合键打开"设置单元格格式"对话框并选择"自定义",然后在"类型"框中输入"#"P1"",其中,#号表示数字,P1为要显示的字符,注意字符需用英文双引号括起来。

(2) 使用"规划求解"工具求解目标规划问题时,可以采取按优先级分层优化的方法分步求解。如例题(a),第一步,先用模型求 $\min d_1^-$;第二步,将求得的 $d_1^-=0$ 作为约束加到优化模型中,求 $\min d_2^+$;第三步,将求得的 $d_2^+=0$ 添加到上一步优化模型中,然后求出满意解。

4.4.3　灵敏度分析

在目标规划问题中,优先因子与权重的确定往往带有经验性和主观性,因此,应用目标规划进行决策分析时,需要研究优先因子与权重对最终解的影响情况,也就是需要对目标规划进行灵敏度分析。

目标规划灵敏度分析方法与线性规划相似,也是分析在最优基不变的情况下,决策变量

系数的变化范围，同时，还要分析优先因子的变化问题。下面举例介绍目标规划问题的灵敏度分析方法。

示例 4-16（胡运权主编《运筹学习题集》第 5 版 4.5 题，清华大学出版社）　考虑下列目标规划问题：

$$\min z = P_1(d_1^- + d_2^+) + 2P_2 d_4^- + P_2 d_3^- + P_3 d_1^-$$

$$\text{s.t.}\begin{cases} x_1 \qquad\qquad + d_1^- - d_1^+ = 20 \\ \qquad\quad x_2 \quad + d_2^- - d_2^+ = 35 \\ -5x_1 + 3x_2 + d_3^- - d_3^+ = 220 \\ x_1 - x_2 \qquad + d_4^- - d_4^+ = 60 \\ x_1, x_2 \geqslant 0; d_i^-, d_i^+ \geqslant 0 (i = 1,2,3,4) \end{cases}$$

(a) 求满意解。

(b) 当第二个约束右端项由 35 改为 75 时，求解的变化。

(c) 若增加一个新的目标约束 $-4x_1 + x_2 + d_5^- - d_5^+ = 8$，其要求为尽量达到目标值，并列为第一优先级考虑，求解的变化。

(d) 若增加一个新变量 x_3，其系数列向量为 $(0,1,1,-1)^{\mathrm{T}}$，满意解如何变化？

解　(a) 求满意解。

(1) 建立初始单纯形表并将规划模型变量及相关数据填入表格，如图 4-35 中 A1:M6 单元格所示。

(2) 输入公式计算检验数和 θ 值，确定换入变量为 x_2，换入变量为 d_2^-。

(3) 将 A3:C9 单元格复制到 A10:C16 单元格并用 x_2 替换 d_2^- 后，在 E11 单元格输入"＝E4"，在 E10 输入"＝E3"，在 E12 输入"＝E5－E11＊3"，在 E13 输入"＝E6＋E11"，然后选定 E10:E13 单元格将其拖曳复制到 C10:M13 单元格，完成旋转运算。

(4) 再次计算检验数，已满足非负规则，如图 4-35 所示。为便于分析理解，图中给出了图解法结果。得到满意解为 $x_1 = 0, x_2 = 35; d_1^- = 20, d_3^- = 115, d_4^- = 95$。

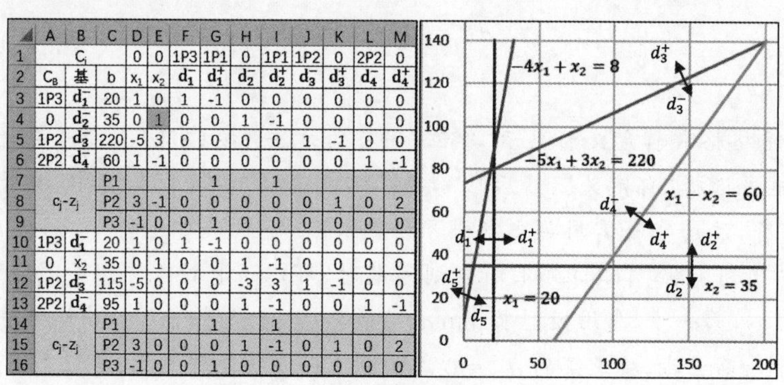

	A	B	C	D	E	F	G	H	I	J	K	L	M
1		C_j		0	0	1P3	1P1	0	1P1	1P2	0	2P2	0
2	C_B	基	b	x_1	x_2	d_1^-	d_1^+	d_2^-	d_2^+	d_3^-	d_3^+	d_4^-	d_4^+
3	1P3	d_1^-	20	1	0	1	-1	0	0	0	0	0	0
4	0	d_2^-	35	0	1	0	0	1	-1	0	0	0	0
5	1P2	d_3^-	220	-5	3	0	0	0	0	1	-1	0	0
6	2P2	d_4^-	60	1	-1	0	0	0	0	0	0	1	-1
7	c_j-z_j		P1				1		1				
8			P2	3	-1	0	0	0	0	0	1	0	2
9			P3	-1	0	0	1	0	0	0	0	0	0
10	1P3	d_1^-	20	1	0	1	-1	0	0	0	0	0	0
11	0	x_2	35	0	1	0	0	1	-1	0	0	0	0
12	1P2	d_3^-	115	-5	0	0	0	-3	3	1	-1	0	0
13	2P2	d_4^-	95	1	0	0	0	1	-1	0	0	1	-1
14	c_j-z_j		P1				1		1				
15			P2	3	0	0	0	1	-1	0	1	0	2
16			P3	-1	0	0	1	0	0	0	0	0	0

图 4-35　目标规划灵敏度分析 1

(b) 右端项改变的求解步骤如下。

(1) 找出 $\boldsymbol{B}^{-1}$，即最终单纯形表中松弛变量对应的列向量矩阵，如图 4-36 中 N10:Q13 单元格所示。

(2) 将第二约束右端更改为 75 得到 b'，如图 4-36 中 R10:R13 单元格所示。依据 $\boldsymbol{B}^{-1} \times b'$，在 S10 单元格中输入公式"＝MMULT(N10:Q13,R10:R13)"，得到新的 b 列并将其

代入最终单纯形表。因为 b_3 小于零,故需用对偶单纯形法进行迭代计算。

(3) 计算检验数和 θ 值,并按法则确定换出变量为 d_3^-,换入变量 d_2^-。

(4) 进行旋转运算后,b 列均已非负,得到新的可行解。经计算检验数均已非负,得到新的满意解 $x_1=0, x_2=200/3; d_1^-=20, d_2^-=5/3, d_4^-=400/3$。其他偏差均满足最小值为零,如图 4-36 所示,其中,N14:N24 单元格列出运算公式。

	A	B	C	D	E	F	G	H	I	J	K	L	M	N	O	P	Q	R	S
1	C_j			0	0	1P3	1P1	0	1P1	1P2	0	2P2	0	B^{-1}				b'	b
2	C_B	基	b	x_1	x_2	d_1^-	d_1^+	d_2^-	d_2^+	d_3^-	d_3^+	d_4^-	d_4^+						
10	1P3	d_1^-	20	1	0	1	-1	0	0	0	0	0	0	1	0	0	0	20	20
11	0	x_2	75	0	1	0	0	1	-1	0	0	0	0	0	1	0	0	75	75
12	1P2	d_3^-	-5	-5	0	0	0	-3	3	1	-1	0	0	0	-3	1	0	220	-5
13	2P2	d_4^-	135	1	0	0	0	1	-1	0	0	1	-1	0	1	0	1	60	135
14	c_j-z_j		P1				1		1					=MMULT(N10:Q13,R10:R13)					
15			P2	3	0	0	0	1	-1	0	1	0	2	=-$A12*D12-$A13*D13					
16			P3	-1	0	0	1	0	0	0	0	0	0	=-$A10*D10					
17	θ			3/5				1/3			1			=IF(H12=0,"",ABS(H15/H12))					
18	1P3	d_1^-	20	1	0	1	-1	0	0	0	0	0	0	=H10					
19	0	x_2	220/3	-2	1	0	0	0	0	0.3	-1/3	0	0	=H11-H20					
20	0	d_2^-	5/3	5/3	0	0	0	1	-1	-1/3	1/3	0	0	=H12/-3					
21	2P2	d_4^-	400/3	-1	0	0	0	0	0	1/3	-1/3	1	-1	=H13-H20					
22	c_j-z_j		P1				1		1					=G$1					
23			P2	4/3	0	0	0	0	0	1/3	2/3	0	2	=J1-$A21*J21					
24			P3	-1	0	0	1	0	0	0	0	0	0	=F1-$A18*F18					

图 4-36　目标规划灵敏度分析 2

(c) 增加新目标约束的求解步骤如下。

(1) 输入新约束数据。将新目标约束系数及右端项添加在上述单纯形最终表下方和右侧,按题意其优先级为 $P_1(d_5^-+d_5^+)$,如图 4-37 中 A14:O14 和 N1:O13 单元格所示。

(2) 将新约束 x_2 的系数添加至基变量系数矩阵。由于 x_2 是基变量,因此,新约束 x_2 的系数不能直接添加至基矩阵,需要用旋转运算将其变换后再添加。

① 将 A10:B14 单元格复制到 A16:A19 单元格后,在 C16 单元格输入"=C10"并将其复制到 C16:O19 单元格。

② 在 E20 单元格输入"=E11－E14"并将其复制到 C20:O20 单元格。

(3) 用对偶单纯形法进行迭代优化。新加入的右端项 b_5 为负数,需进行优化计算。

① 计算检验数。P1 行:在 C21 单元格输入公式"=－$A20*D20"并将其复制到 D21:O21 单元格,然后将 G21 单元格中公式更改为"=G$1－$A20*G20",并将其复制到 I21、N21 和 O21 单元格。P2 与 P3 行输入公式方法与 P1 行基本相同,如图 4-37 中 P21:P24 单元格所示。

② 计算 θ 值。在 D24 单元格输入公式"=IF(D20=0,"",ABS(D21/D20))"并将其复制到 E24:O24 单元格。

③ 确定 b_5 对应的 d_5^- 为换出变量,最小 θ 值对应的 x_1 为换入变量。

④ 添加新表后以 a_{51} 为主元进行旋转运算,如图 4-37 中 A25:P29 单元格所示,其中 b 列均已非负。

(4) 检验优化结果。经计算检验数也已非负。故得到增加新目标约束的满意解

$$x_1=27/4, x_2=35, d_1^-=53/4, d_3^-=595/4, d_4^-=353/4;\text{其余 } d_i^-, d_i^+=0。$$

以上计算过程及结果如图 4-37 所示,图中右上角给出了此问题的图解法。

(d) 增加新变量的求解步骤如下。

(1) 找出 $\boldsymbol{B}^{-1}$,即最终单纯形表中松弛变量对应的列向量矩阵,如图 4-38 中 O10:R13 单元格所示。

	A	B	C	D	E	F	G	H	I	J	K	L	M	N	O	P
1		C_j		0	0	1P3	1P1	0	1P1	1P2	0	2P2	0	1P1	1P1	
2	C_B	基	b	x_1	x_2	d_1^-	d_1^+	d_2^-	d_2^+	d_3^-	d_3^+	d_4^-	d_4^+	d5	d5+	
10	1P3	d_1^-	20	1	0	1	-1	0	0	0	0	0	0	0	0	
11	0	x_2	35	0	1	0	0	1	-1	0	0	0	0	0	0	
12	1P2	d_3^-	115	-5	0	0	0	-3	3	1	-1	0	0	0	0	
13	2P2	d_4^-	95	1	0	0	0	1	-1	0	0	1	-1	0	0	
14	1P1	d_5^-	8	-4	1	0	0	0	0	0	0	0	0	1	-1	
16	1P3	d_1^-	20	1	0	1	-1	0	0	0	0	0	0	0	0	=E10
17	0	x_2	35	0	1	0	0	1	-1	0	0	0	0	0	0	=E11
18	1P2	d_3^-	115	-5	0	0	0	-3	3	1	-1	0	0	0	0	=E12
19	2P2	d_4^-	95	1	0	0	0	1	-1	0	0	1	-1	0	0	=E13
20	1P1	d_5^-	-27	-4	0	0	0	-1	1	0	0	0	0	1	-1	=E11-E14
21	c_j-z_j		P1	4	0	0	0	1	0	0	0	0	0	0	2	=-$A20*D20
22			P2	3	0	0	0	1	-1	0	1	0	2	0	0	=-$A18*D18-$A19*D19
23			P3	-1	0	0	1	0	0	0	0	0	0	0	0	=-$A16*D16
24	θ			1				1							2	=IF(D20=0,"",ABS(D21/D20))
25	1P3	d_1^-	53/4	0	0	1	-1	-1/4	1/4	0	0	0	0	1/4	-1/4	=D16-D29
26	0	x_2	35	0	1	0	0	1	-1	0	0	0	0	0	0	=D17
27	1P2	d_3^-	595/4	0	0	0	0	-7/4	7/4	1	-1	0	0	-5/4	5/4	=D18+D29*5
28	2P2	d_4^-	353/4	0	0	0	0	3/4	-1	0	0	1	-1	1/4	-1/4	=D19-D29
29	0	x_1	27/4	1	0	0	0	1/4	-1/4	0	0	0	0	-1/4	1/4	=D20/-4
30	c_j-z_j		P1				1		1					1	1	=G1
31			P2	0	0	0	0	1/4	-1/4	0	1	0	2	3/4	-3/4	=-$A27*H27-$A28*H28
32			P3	0	0	-1	1	1/4	-1/4	0	0	0	0	-1/4	1/4	=-$A25*F25

图 4-37　目标规划灵敏度分析 3

	A	B	C	D	E	F	G	H	I	J	K	L	M	N	O	P	Q	R	S	T
1		C_j		0	0	0	1P3	1P1	0	1P1	1P2	0	2P2	0						
2	C_B	基	b	x_1	x_2	x_3	d_1^-	d_1^+	d_2^-	d_2^+	d_3^-	d_3^+	d_4^-	d_4^+	B^{-1}				x'_3	x_3
10	1P3	d_1^-	20	1	0	0	1	-1	0	0	0	0	0	0	1	0	0	0	0	0
11	0	x_2	35	0	1	1	0	0	1	-1	0	0	0	0	0	1	0	0	1	1
12	1P2	d_3^-	115	-5	0	-2	0	0	-3	3	1	-1	0	0	0	-3	1	0	1	-2
13	2P2	d_4^-	95	1	0	0	0	0	1	-1	0	0	1	-1	0	1	0	1	-1	0
14	c_j-z_j		P1					1		1										
15			P2	3	0	2	0	0	1	-1	0	1	0	2	=MMULT(O10:R13,S10:S13)					
16			P3	-1	0	0	0	1	0	0	0	0	0	0						

图 4-38　目标规划灵敏度分析 4

（2）根据 $\boldsymbol{B}^{-1}P'_3$，在 T10 输入"＝MMULT(O10:R13,S10:S13)"计算新变量 x_3 的列向量。

（3）将 x_3 的列向量插入最终单纯形表。

（4）计算检验数，均为非负，故满意解不变，如图 4-38 所示。

4.5 整数规划

在现实社会中，有些规划问题决策变量的解必须是整数。例如，人力资源数、设备台数和集装箱个数等。这种要求决策变量必须取整数的规划问题被称为整数规划问题（Integer-programming Problem）。如果只要求部分决策变量取整数，则可称为混合整数规划问题（Mixed Integer-programming Problem）。求解整数线性规划问题有割平面和分支定界等特定方法，不能直接将带有分数或小数的解舍入化整作为整数规划问题的解，这是因为含有小数的解化整后往往不是整数规划问题的可行解或最优解。整数规划最优决策问题一般形式为

$$\max z = \sum_{j=1}^{n} c_j x_j$$

$$\text{s.t.}\begin{cases} \sum_{j=1}^{n} a_{ij} x_j = b_i \ (i=1,2,\cdots,m) \\ x_j \geqslant 0 \ (j=1,2,\cdots,n) \\ x_j \ \text{integer} \ (\text{for some or all } j=1,2,\cdots,n) \end{cases}$$

4.5.1 割平面法

割平面法(Cutting Planes Method)是 20 世纪 50 年代由 Ralph Gomory 提出的求解整数和混合整数线性规划问题的方法,所以也称为 Gomory 割平面法。该方法的基本思路是,在规划问题的可行域中切割掉不能满足整数约束的分数或小数部分,并在切割后的可行域中搜索极点,经过多次切割、搜索最终求出问题的最优解。

示例 4-17(胡运权主编《运筹学习题集》第 5 版 5.8 题,清华大学出版社)　用割平面法求解下列规划问题:

(a) $\max z = 7x_1 + 9x_2$

$$\text{s.t.}\begin{cases}-x_1 + 3x_2 \leqslant 6\\ 7x_1 + x_2 \leqslant 35\\ x_1, x_2 \geqslant 0 \text{ 且为整数}\end{cases}$$

(b) $\min z = 4x_1 + 5x_2$

$$\text{s.t.}\begin{cases}3x_1 + 2x_2 \geqslant 7\\ x_1 + 4x_2 \geqslant 5\\ 3x_1 + x_2 \geqslant 2\\ x_1, x_2 \geqslant 0 \text{ 且为整数}\end{cases}$$

解　(a) 题,先不考虑整数约束,用单纯形法求解。然后,在最终单纯形表中构建切割小数或分数的方程并将其列为约束条件进行迭代运算,将非整数部分切割掉,从而得到满足整数约束要求的最优解,具体步骤如下。

(1) 将规划问题写成标准形,然后建立初始单纯形表并进行迭代计算得到最终单纯形表。

(2) 比较 b 列,选择含有最大的分数或小数的 b_i。本例选择最终表第一行$\left(x_2 = 3\frac{1}{2}\right)$,将此行关系式各项分数"切割"下来,组成割平面约束:$-\frac{7}{22}x_3 - \frac{1}{22}x_4 \leqslant -\frac{1}{2}$。

(3) 将割平面约束添加至最终单纯形表(松弛变量为 x_5)。此时,b 列出现负值,用对偶单纯形法迭代计算,得到新的可行基。

(4) b 列中仍然有分数,按最大分数法则选第二行构造割平面约束:$-\frac{1}{7}x_4 - \frac{6}{7}x_5 \leqslant -\frac{4}{7}$。

构建割平面约束时,应将 b_i 和 a_{ik} 分解成整数与非负真分数,然后留下整数并用"割下"的分数构建割平面约束。当表中出现负分数时,可将其分离为负整数与非负真分数 $-N+f$。例如,$a_{25} = -\frac{1}{7}$ 可以分解为 $-1+\frac{6}{7}$。

(5) 再次用对偶单纯形法进行迭代计算后,决策变量的解已满足整数要求。经计算检验数已全部小于零,故得到最优解 $x_1=4, x_2=3$;$\max z=55$,如图 4-39 所示。为便于理解,图中右上角给出了此整数规划问题的图解分析。

(b) 题,先将规划问题写成标准形,并用大 M 单纯形法求解,然后用割平面法求解整数。

(1) 令 $z' = -z$ 并添加松弛变量和人工变量,将规划问题写成标准形:

$$\max z' = -4x_1 - 5x_2 - Mx_6 - Mx_7 - Mx_8$$

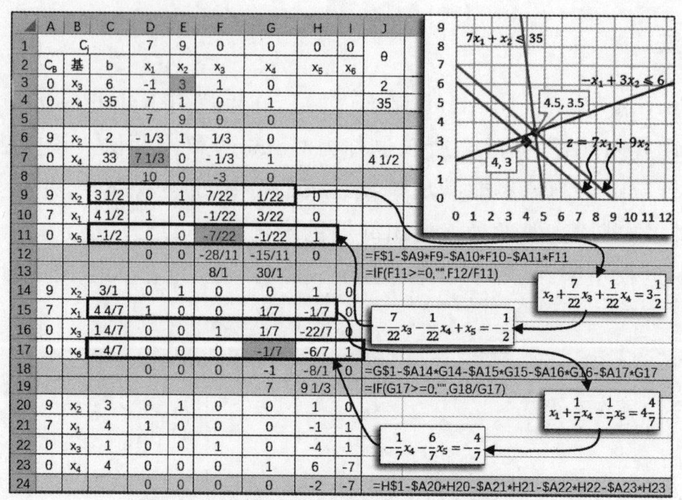

	A	B	C	D	E	F	G	H	I	J
1		C_j		7	9	0	0	0	0	θ
2	C_B	基	b	x_1	x_2	x_3	x_4	x_5	x_6	
3	0	x_3	6	-1	3	1	0			2
4	0	x_4	35	7	1	0	1			35
5				7	9	0	0			
6	9	x_2	2	- 1/3	1	1/3	0			
7	0	x_4	33	7 1/3	0	- 1/3	1			4 1/2
8				10	0	-3	0			
9	9	x_2	3 1/2	0	1	7/22	1/22	0		
10	7	x_1	4 1/2	1	0	-1/22	3/22	0		
11	0	x_5	-1/2	0	0	-7/22	-1/22	1		
12				0	0	-28/11	-15/11	0		=F$1-$A9*F9-$A10*F10-$A11*F11
13						8/1	30/1			=IF(F11>=0,"",F12/F11)
14	9	x_2	3/1	0	1	0	0	1	0	
15	7	x_1	4 4/7	1	0	0	1/7	-1/7	0	
16	0	x_3	1 4/7	0	0	1	1/7	-22/7	0	
17	0	x_6	- 4/7	0	0	0	-1/7	-6/7	1	
18				0	0	0	-1	-8/1	0	=G$1-$A14*G14-$A15*G15-$A16*G16-$A17*G17
19							7	9 1/3		=IF(G17>=0,"",G18/G17)
20	9	x_2	3	0	1	0	0	1	0	
21	7	x_1	4	1	0	0	0	-1	1	
22	0	x_3	1	0	0	1	0	-4	1	
23	0	x_4	4	0	0	0	1	6	-7	
24				0	0	0	0	-2	-7	=H$1-$A20*H20-$A21*H21-$A22*H22-$A23*H23

图 4-39 割平面法求解整数规划示例 1

$$\text{s.t.}\begin{cases}3x_1+2x_2-x_3+x_6=7\\ x_1+4x_2-x_4+x_7=5\\ 3x_1+x_2-x_5+x_8=2\\ x_1,x_2\geqslant 0\end{cases}$$

(2) 建立初始单纯形表(大 M 法),如图 4-40 中 A1:K5 单元格所示。

(3) 用大 M 法求解。注意分两行计算检验数,一行不含大 M,另一行则是大 M 的系数(可将含大 M 单元格的格式自定义为“##0.00"M"”)。

① 在 D6 单元格中输入公式“D$1”并将其复制到 E6:H6 单元格。

② 在 D7 单元格输入公式“=-$A3*D3-$A4*D4-$A5*D5”并将其复制到 E7:I7 单元格。

③ 将 I7 单元格中的公式更改为“=I$1-$A3*I3-$A4*I4-$A5*I5”,并将其复制到 J7:K7 单元格。

④ 求得的最终单纯形表如图 4-40 所示,图中右侧给出了计算检验数和 θ 值的公式。

	A	B	C	D	E	F	G	H	I	J	K	L	M	N	O
1		C_j		-4	-5	0	0	0	-1M	-1M	-1M	0	0	θ	公式
2	C_B	基	b	x_1	x_2	x_3	x_4	x_5	x_6	x_7	x_8	x_9	x_{10}		
3	-1M	x_6	7	3	2	-1	0	0	1	0	0			7/3	=IF(D3<=0,"",C3/D3)
4	-1M	x_7	5	1	4	0	-1	0	0	1	0			5	=IF(D4<=0,"",C4/D4)
5	-1M	x_8	2	3	1	0	0	-1	0	0	1			2/3	=IF(D5<=0,"",C5/D5)
6		c_j-z_j		-4	-5	0	0	0						=D$1	
7				7M	7M	-1M	-1M	-1M	0	0	0			=-$A3*D3-$A4*D4-$A5*D5	
18	0	x_5	21/5	0	0	-11/10	3/10	1	11/10	-3/10	-1	0			
19	-5	x_2	4/5	0	1	1/10	-3/10	0	-1/10	3/10	0	0			
20	-4	x_1	9/5	1	0	-2/5	1/5	0	2/5	-1/5	0	0			

图 4-40 割平面法求解整数规划示例 2:用大 M 法求最终单纯形表

(4) 用割平面法求该问题的整数解,如图 4-41 所示。

① 用上述最终表第三行等式的分数项构建割平面约束,增设松弛变量 x_9 后将其添加至最终表,如图 4-41 中 A20:M21 单元格所示。

② 用对偶单纯形法进行迭代计算,“割去”此约束划定的分数或小数部分,如图 4-41 中 A22:M23 单元格所示,在 N18:N21 显示了输入的计算公式。

(5) 检查 b 列,仍然存在分数时,继续构建割平面约束并用对偶单纯形法“割去”分数,如图 4-41 中 A25:M32 单元格所示。

(6) 当决策变量的解全为整数时,得到此整数规划问题的解,如图 4-41 中 B33:C37 单元格所示:$x_1=2, x_2=1$;$\min z=13$。

	A	B	C	D	E	F	G	H	I	J	K	L	M	N	O
1		C_j		-4	-5	0	0	0	-1M	-1M	-1M	0	0	公式	
2	C_B	基	b	x_1	x_2	x_3	x_4	x_5	x_6	x_7	x_8	x_9	x_{10}		
18	0	x_6	21/5	0	0	-11/10	3/10	1	11/10	-3/10	-1	0		=D$1-$A18*D18-	
19	-5	x_2	4/5	0	1	1/10	-3/10	0	-1/10	3/10	0	0		$A19*D19-$A20*D20-	
20	-4	x_1	9/5	1	0	-2/5	1/5	0	2/5	-1/5	0	0		$A21*D21	
21	0	x_9	-4/5	0	0	-3/5	-1/5	0	-2/5	-4/5	0	1		=IF(F21>=0,"",F22/F21)	
22	c_j-z_j			0	0	-11/10	-7/10	0	11/10	7/10	0	0			
23									-1M	-1M	-1M	0			
24	θ					11/6	7/2								
25	0	x_5	17/3	0	0	0	2/3	1	11/6	7/6	-1	-11/6	0	=F18+F28*(11/10)	
26	-5	x_2	2/3	0	1	0	-1/3	0	-1/6	1/6	0	1/6	0	=F19-F28*(1/10)	
27	-4	x_1	7/3	1	0	0	1/3	0	2/3	1/3	0	-2/3	0	=F20+F28*(2/5)	
28	0	x_3	4/3	0	0	1	1/3	0	2/3	4/3	0	-5/3	0	=F21/(-3/5)	
29	0	x_{10}	-2/3	0	0	0	-2/3		-5/6	-1/6		-1/6	1		
30	c_j-z_j			0	0	0	-1/3	0	5/6	7/6	-1	-11/6	0		
31									-1M	-1M	-1M				
32	θ						1/2					11			
33	0	x_5	5	0	0	0	0	1	1	1/1	-1	-2	1	=G25-G37*(2/3)	
34	-5	x_2	1	0	1	0	0	0	1/4	1/4	0	1/4	-1/2	=G26+G37*(1/3)	
35	-4	x_2	2	1	0	0	0	0	1/4	1/4	0	-3/4	1/2	=G27-G37*(1/3)	
36	0	x_3	1	0	0	1	0	0	1/4	5/4	0	-7/4	1/2	=G28-G37*(1/3)	
37	0	x_4	1	0	0	0	1	0	5/4	1/4	0	1/4	-3/2	=G29/(-2/3)	

图 **4-41**　割平面法求解整数规划示例 2

4.5.2　分支定界法

分支定界法(Branch and Bound Method)是 A.H.Land 与 A.G.Doig 在 1960 年为求解离散型规划问题首次提出的一种算法。其基本思路是采用添加约束的办法将解空间分支为更小的子集,然后在子集中搜索可行解并确定目标值的上界和下界,直到找到最优解。分支定界法是一种求解规划问题的算法,可以应用于许多不同类型的优化问题。分支定界法应用于整数规划问题时,其原理与割平面法类似,也是先求原松弛问题的最优解并识别出分数或小数解,然后,用约束方程将此解空间的小数部分"切割"掉,并将此解空间分支为两个整数为节点的子空间,之后,搜索计算各子空间的最优解并确定目标值的上下界,直到求解出整数规划问题的最优解。

示例 **4-18**(胡运权主编《运筹学习题集》第 5 版 5.7 题,清华大学出版社)　用分支定界法求解下列规划问题。

(a) $\max z=x_1+x_2$

$$\text{s.t.}\begin{cases} x_1+\dfrac{9}{14}x_2\leqslant\dfrac{51}{14} \\ -2x_1+x_2\leqslant\dfrac{1}{3} \\ x_1,x_2\geqslant 0 \text{ 且为整数} \end{cases}$$

(b) $\max z=2x_1+3x_2$

$$\text{s.t.}\begin{cases} 5x_1+7x_2\leqslant 35 \\ 4x_1+9x_2\leqslant 36 \\ x_1,x_2\geqslant 0 \text{ 且为整数} \end{cases}$$

解　(a) 题,先不考虑变量为整数的约束,用图解法求解出此规划问题的最优解。然后用分支定界法求解符合整数约束的最优解。

(1) 在 A1:B11 单元格输入约束一的散点数据。在 A3 单元格输入公式"=SEQUENCE(9,1,0,(51/14)/8)",然后在 B3 单元格输入"=((51/14)-A3)*(14/9)",并将其复制到 B4:B11 单元格。

(2) 在 C1:D11 单元格输入约束二的散点数据。

(3) 选定 A2:B11 单元格后,单击“插入”→“散点图”→“带平滑线的散点图”。

(4) 右击插入的约束一直线图表并单击快捷菜单中的“选择数据”,打开“选择数据源”对话框。

(5) 单击“添加”按钮,打开“编辑数据源”对话框。

(6) 在“系列名称”框中输入或选择“$C$1”,或直接输入名称“Q2”,在“X 轴系列值”框中输入“$C$3:$C$11”,在“Y 轴系列值”框中输入“$B$3:$B$11”。

(7) 单击“确定”按钮,返回“编辑数据源”对话框。

(8) 需要继续添加散点数据线条时,可继续单击“添加”按钮。如暂时不需要添加或编辑,可单击“确定”按钮。

(9) 求出松弛问题的最优解为 $x_1=1.5$,$x_2=3.33$,$\max z=4.83$。

(10) 将小数解 $x_1=1.5$ 分支为 $x_1\leqslant1$ 和 $x_1\geqslant2$,并将其作为新约束添加至规划问题分别求最优解,如图 4-42 所示。因为 $z_2=4.56>z_1=3.33$,故继续沿 $x_1\geqslant2$ 分支求解。

(11) 将 N19 单元格中小数解 $x_2=2.56$ 分支为 $x_2\leqslant2$ 和 $x_2\geqslant3$。显然,$x_2\geqslant3$ 区域无可行解。此时,求得的可行解为 $x_1=2.36$,$x_2=2$;$\max z=4.36$。

(12) 将小数解 $x_1=2.36$ 分支为 $x_1\leqslant2$ 和 $x_1\geqslant3$,并将其作为新约束求得此规划问题的两个最优解 $x_1=2$,$x_2=2$,$\max z=4$ 和 $x_1=3$,$x_2=1$,$\max z=4$,如图 4-42 所示。

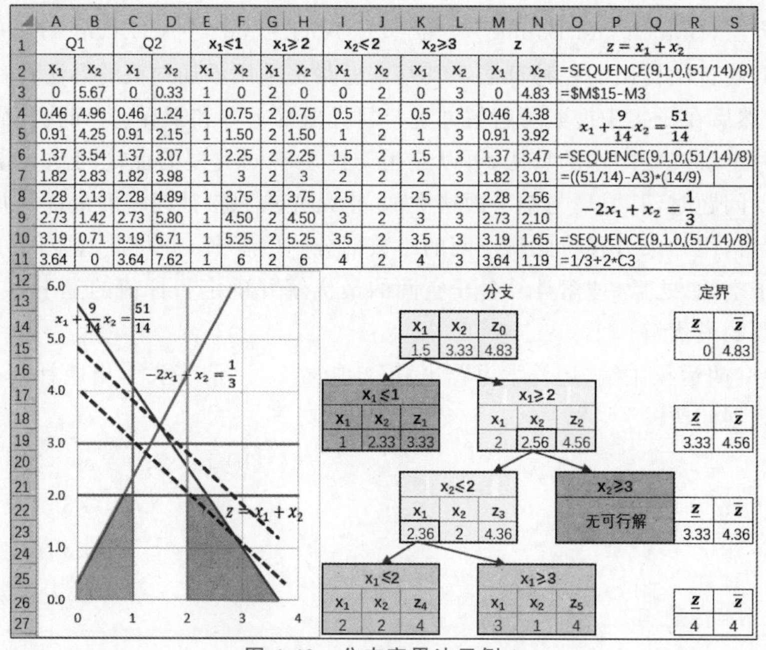

	Q1		Q2		$x_1\leqslant1$		$x_1\geqslant2$		$x_2\leqslant2$		$x_2\geqslant3$		z		$z=x_1+x_2$
2	x_1	x_2	x_1	x_2	x_1	x_2	x_1	x_2	x_1	x_2	x_1	x_2	x_1	x_2	=SEQUENCE(9,1,0,(51/14)/8)
3	0	5.67	0	0.33	1	0	2	0	0	2	0	3	0	4.83	=$M$15-M3
4	0.46	4.96	0.46	1.24	1	0.75	2	0.75	0.5	2	0.5	3	0.46	4.38	$x_1+\frac{9}{14}x_2=\frac{51}{14}$
5	0.91	4.25	0.91	2.15	1	1.50	2	1.50	1	2	1	3	0.91	3.92	
6	1.37	3.54	1.37	3.07	1	2.25	2	2.25	1.5	2	1.5	3	1.37	3.47	=SEQUENCE(9,1,0,(51/14)/8)
7	1.82	2.83	1.82	3.98	1	3	2	3	2	2	2	3	1.82	3.01	=((51/14)-A3)*(14/9)
8	2.28	2.13	2.28	4.89	1	3.75	2	3.75	2.5	2	2.5	3	2.28	2.56	$-2x_1+x_2=\frac{1}{3}$
9	2.73	1.42	2.73	5.80	1	4.50	2	4.50	3	2	3	3	2.73	2.10	
10	3.19	0.71	3.19	6.71	1	5.25	2	5.25	3.5	2	3.5	3	3.19	1.65	=SEQUENCE(9,1,0,(51/14)/8)
11	3.64	0	3.64	7.62	1	6	2	6	4	2	4	3	3.64	1.19	=1/3+2*C3

图 4-42　分支定界法示例 1

(b) 题,求解方法与(a)相同,具体步骤如下。

(1) 输入约束方程散点数据并使用“散点图”工具绘制约束直线,如图 4-43 所示。

(2) 求出松弛问题的最优解为 $x_1=3.71$,$x_2=2.35$;$\max z=14.47$。

(3) 将小数解 $x_1=3.71$ 分支为 $x_1\leqslant3$ 和 $x_1\geqslant4$,并将其作为新约束添加至规划问题分别求最优解。因为 $z_2=14.43>z_1=14$,故继续沿 $x_1\geqslant4$ 分支求解,如图 4-44 所示。

① 将 L6 单元格中小数解 $x_2=2.14$ 分支为 $x_2\leqslant2$ 和 $x_2\geqslant3$。显然,$x_2\geqslant3$ 区域无可行

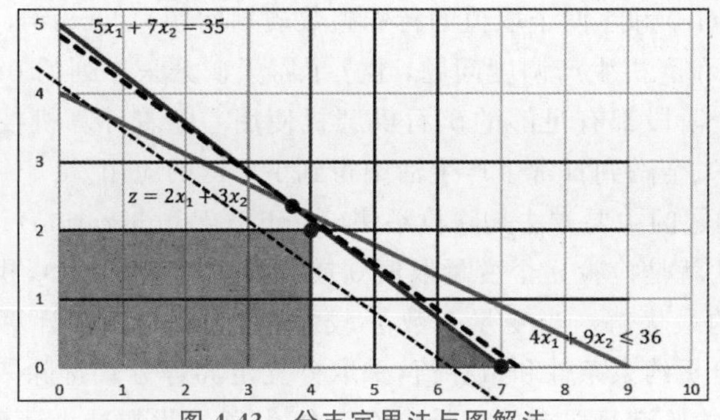

图 4-43　分支定界法与图解法

解;在 $x_2 \leqslant 2$ 区域求得可行解为 $x_1=4.2, x_2=2, \max z=14.4$。

② 将小数解 $x_1=4.2$ 分支为 $x_1 \leqslant 4$ 和 $x_1 \geqslant 5$,并将其作为新约束添加至规划问题求解。在 $x_1 \leqslant 4$ 区域求得本问题整数解最优解为 $x_1=4, x_2=2$;$\max z_6=14$。在 $x_1 \geqslant 5$ 区域求得最优解为 $x_1=5, x_2=1.43, \max z=14.29$。

③ 将小数解 $x_2=1.43$ 分支为 $x_2 \leqslant 1$ 和 $x_2 \geqslant 2$。其中,$x_2 \geqslant 2$ 无可行解。在 $x_1 \leqslant 4$ 区域求得最优解为 $x_1=5.6, x_2=1$;$\max z=14.2$。

④ 将小数解 $x_1=5.6$ 分支为 $x_1 \leqslant 5$ 和 $x_1 \geqslant 6$。在 $x_1 \leqslant 5$ 求得区域最优解目标值为 13 小于 z_6,可舍去。

⑤ 在 $x_1 \geqslant 6$ 区域对 $x_2=0.71$ 继续分支为 $x_2=0$ 和 $x_2 \geqslant 1$。在 $x_2=0$ 处求得本问题另一整数最优解为 $x_1=7, x_2=0, \max z_{11}=14$。

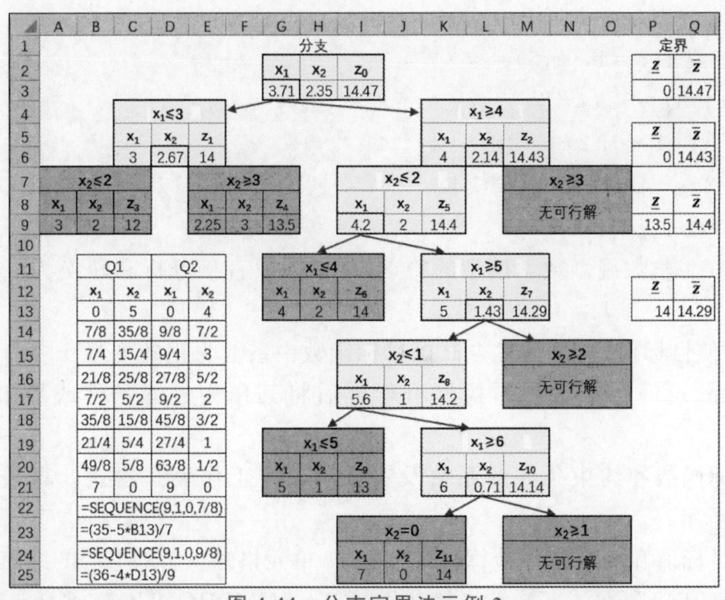

图 4-44　分支定界法示例 2

4.5.3　0-1 型整数规划

在现实社会中,人们常常会面临两个互斥选项问题。例如,销售门店选址、运输方式、工序安排等。0-1 型整数线性规划是使用一组二进制变量(Binary Variable)来解决互斥选项规划问题，也就是只有 0 和 1 两个取值的特殊整数规划问题。2008 年，J.Gholamnejad 等针对露天矿装载、运输和磨机生产调度问题，建立了露天矿开采序列的 0-1 整数规划模型，保证了采矿生产的每个阶段都有足够的矿石供磨机使用。随着计算机技术的发展，0-1 整数规划方法在科学技术、金融到日常生产生活中得到了广泛的应用。

求解 0-1 规划问题的主要方法是隐枚举法(Implicit Enumeration)。隐枚举法是一种优化的穷举法。穷举法就是检验 n 个变量取值 0 或 1 的所有组合(2^n)，找出满足约束条件且目标值最大或最小的最优解。当变量个数 n 较大时，使用穷举法计算量过大，缺乏效率。隐枚举法则是通过分析约束条件和目标值，采取分支定界等方式排除一些不符合约束和目标最优要求的组合，检验满足要求的变量取值组合，从而在大幅减少计算量的情况下搜索出最优解。分支定界法也是一种隐枚举法。下面用示例说明 0-1 规划问题的求解方法。

示例 4-19(胡运权主编《运筹学习题集》第 5 版 5.9 题，清华大学出版社)　用隐枚举法求解下列 0-1 规划问题。

(a) $\max z=3x_1+2x_2-5x_3-2x_4+3x_5$

$$\text{s.t.}\begin{cases}x_1+x_2+x_3+2x_4+x_5\leqslant 4\\7x_1+3x_3-4x_4+3x_5\leqslant 8\\11x_1-6x_2+3x_4-3x_5\geqslant 2\\x_j=0\text{ 或 }1(j=1,\cdots,5)\end{cases}$$

(b) $\max z=2x_1-x_2+5x_3-3x_4+4x_5$

$$\text{s.t.}\begin{cases}3x_1-2x_2+7x_3-5x_4+4x_5\leqslant 6\\x_1-x_2+2x_3-4x_4+2x_5\leqslant 0\\x_j=0\text{ 或 }1(j=1,\cdots,5)\end{cases}$$

(c) $\max z=8x_1+2x_2-4x_3-7x_4-5x_5$

$$\text{s.t.}\begin{cases}3x_1+3x_2+x_3+2x_4+3x_5\leqslant 4\\5x_1+3x_2-2x_3-x_4+x_5\leqslant 4\\x_j=0\text{ 或 }1(j=1,\cdots,5)\end{cases}$$

解　根据 0-1 整数规划数学模型的特点，可以采取直接分析和转换为标准形的隐枚举方法求解。

(a) 题，要使目标值最大，可优先试探目标函数中系数为正的变量 x_1,x_2,x_5 取值为 1，系数为负的变量 x_3,x_4 取值为 0，找出可行解后将其作为过滤条件或界限，以减少运算次数。

(1) 将目标函数和约束条件的系数及右端项输入工作表并建立计算表，如图 4-45 中 A1:J8 单元格所示。

(2) 输入目标值和约束条件计算公式。在 I1 单元格输入公式"＝SUMPRODUCT($B$7:$F$7,B1:F1)"；在 G3 单元格输入公式"＝SUMPRODUCT($B$7:$F$7,B3:F3)"并将其复制到 G4:G5 单元格；在 J3 单元格输入判断是否满足约束条件公式"＝IF(G3<＝I3,"√","×")"并将其复制到 J4:J5 单元格。然后，将 J5 单元格中不等式符号改为">＝"。

(3) 分支枚举计算。以(0,0,0,00)为起始点，分为 $x_1=1$ 与 $x_1=0$ 两支往下逐点进行计算。

① 在变量取值 B7:F7 单元格输入 $x_1=1$ 分支点的变量取值(1,0,0,00)，此时目标函数

中返回值为 $z=3$，查看 J3:J5 单元格显示为满足约束条件符。

② 在 M1:M3 单元格输入节点数据后，继续计算下一分支点 $x_2=1$，即(1,1,0,0,0)，得到返回值为 $z=5$，在 J3:J5 单元格显示为满足约束条件，并将此点设为上界。

③ 继续计算其他分支，会发现满足约束的目标值均未达到或超过(1,1,0,0,0)点。故此题最优解和目标值为 $x_1=1,x_2=1,x_3,x_4,x_5=0,z=5$，如图 4-45 所示。

	A	B	C	D	E	F	G	H	I	J
1	max z	3	2	-5	-2	3		=	5	
2		x1	x2	x3	x4	x5				
3	s.t	1	1	1	2	1	2	<=	4	√
4		7		3	-4	3	7	<=	8	√
5		11	-6		3	-3	5	>=	3	√
6	可行解	x1	x2	x3	x4	x5	z			
7		1	1	0	0	0	5			
8		1	0	0	0	0	3			
9	公式提示	z	=SUMPRODUCT($B$7:$F$7,B1:F1)							
10		s.t1	=SUMPRODUCT($B$7:$F$7,B3:F3)				=IF(G3<=I3,"√","×")			
11		s.t2	=SUMPRODUCT($B$7:$F$7,B4:F4)				=IF(G4<=I4,"√","×")			
12		s.t3	=SUMPRODUCT($B$7:$F$7,B5:F5)				=IF(G5>=I5,"√","×")			

图 4-45 0-1 型整数规划求解示例 1

(b) 题，先将模型转换为最大值标准形，然后进行分支枚举计算。具体操作步骤如下。

(1) 将规划问题转换为最大值标准形。

① 令 $x_2'=1-x_2, x_4'=1-x_4$ 并按系数大小重排目标函数：

$\max z'=x_2'+2x_1+3x_4'+4x_5+5x_3-4$

② 将 $x_2'=1-x_2, x_4'=1-x_4$ 代入约束方程并按目标函数变量次序写出约束：

$$\text{s.t.}\begin{cases}2x_2'+3x_1+5x_4'+4x_5+7x_3\leqslant 13\\ x_2'+x_1+4x_4'+2x_5+2x_3\leqslant 5\\ x_j, x_j'=0\text{ 或 }1(j=1,\cdots,5)\end{cases}$$

(2) 建立计算表并输入目标函数及约束方程变量系数，如图 4-46 中 A1:I6 单元格所示。

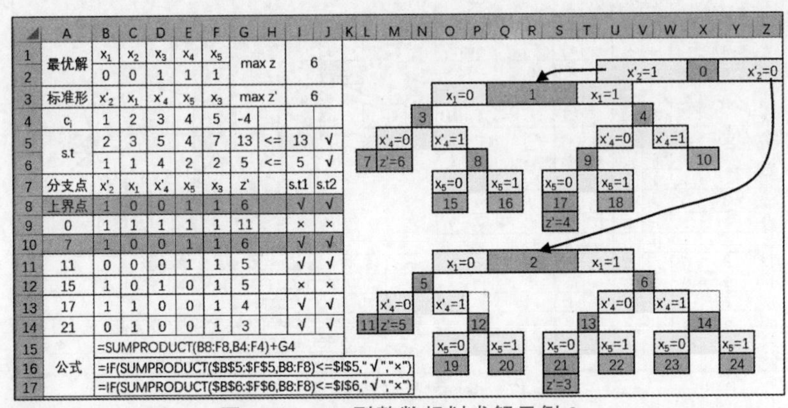

	A	B	C	D	E	F	G	H	I	J
1	最优解	x1	x2	x3	x4	x5	max z		6	
2		0	0	1	1	1				
3	标准形	x'2	x1	x'4	x5	x3	max z'		6	
4	ci	1	2	3	4	5	-4			
5	s.t	2	3	5	4	7	13	<=	13	√
6		1	1	4	2	2	5	<=	5	√
7	分支点	x'2	x1	x'4	x5	x3	z'		s.t1	s.t2
8	上界点	1	0	0	1	1	6		√	√
9	0	1	1	1	1	1	11		×	×
10	7	1	0	0	1	1	6		√	√
11	11	0	0	0	1	1	5		√	√
12	15	1	0	1	0	1	5		×	×
13	17	1	1	0	0	1	4		√	√
14	21	0	1	0	0	1	3		√	√
15	公式	=SUMPRODUCT(B8:F8,B4:F4)+G4								
16		=IF(SUMPRODUCT($B$5:$F$5,B8:F8)<=$I$5,"√","×")								
17		=IF(SUMPRODUCT($B$6:$F$6,B8:F8)<=$I$6,"√","×")								

图 4-46 0-1 型整数规划求解示例 2

(3) 输入计算公式。在 I3 单元格输入目标值公式"=SUMPRODUCT(B8:F8,B4:F4)+G4"；在 G5 单元格输入约束公式"=SUMPRODUCT($B$8:$F$8,B5:F5)"，在 J5 单元格输入判断约束是否满足的公式"=IF(G5<=I5,"√","×")"，并将 G5、J5 单元格复制到 G6、J6 单元格；在 G8 单元格输入节点变量目标值公式"=SUMPRODUCT(B8:F8,$B$4:$F$4)+$G$4"并将其复制到 G9:G14 单元格；在 I8 单元格输入约束 1 判断公式

“=IF(SUMPRODUCT($B$5:$F$5,B8:F8)<=$I$5,"√","×")”,在 J8 单元格输入约束 2 判断公式“=IF(SUMPRODUCT($B$6:$F$6,B8:F8)<=$I$6,"√","×")”,然后将 I8:J8 单元格复制到 I9:J14 单元格。

(4) 在右侧输入枚举点分支编号、分析变量取值并将变量值输入左侧计算表。可用不同颜色标识可行解和无解(不符合约束)或小于分支目标值的节点。

(5) 经分析不存在超过上界目标值的分支点后,确定最终上界点为最优解。本题最优解及其目标值为 $x_1=0,x_2=0;x_3,x_4,x_5=1;z=6$。

(c) 题,先将模型转换为最小值标准形,然后进行分支枚举计算,如图 4-47 所示。

(1) 将规划问题转换为最小值标准形。

① 令 $z'=-z,x_1'=1-x_1,x_2'=1-x_2$,将目标函数转换为求最小值,并按变量系数大小排序: $\min z'=2x_2'+4x_3+5x_5+7x_4+8x_1'-10$。

② 将 $x_1'=1-x_1,x_2'=1-x_2$ 代入约束方程并将方程两边同乘以 -1,写成如下形式。

$$\text{s.t.}\begin{cases}3x'_2-x_3-3x_5-2x_4+3x'_1\geqslant 2\\3x'_2+2x_3-x_5+x_4+5x'_1\geqslant 4\\x_j,x'_j=0\text{ 或 }1(j=1,\cdots,5)\end{cases}$$

(2) 建立计算表并输入目标函数及约束方程变量的系数及右端项,如图 4-47 中 A1:I6 单元格所示。

(3) 输入计算公式。方法同上述(b),如图 4-47 中 K13:M18 单元格所示。

(4) 在右侧输入枚举点分支编号、分析变量取值并将变量值输入左侧计算表,可用不同颜色标识可行解和无解(不符合约束)或小于分支目标值的节点。

(5) 经分析不存在超过上界目标值的分支点后,确定最终上界点为最优解。将 z',x_1', x_2'还原为z,x_1,x_2。最优解为 $x_1=1,x_2=0,x_3=1,x_4,x_5=0$, $\max z=4$。

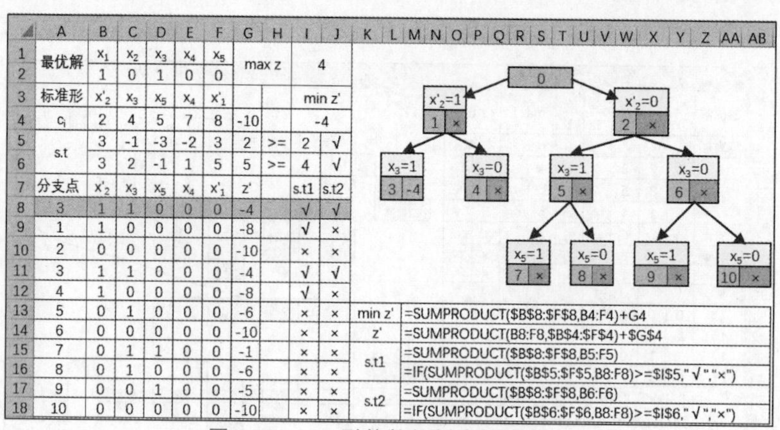

	A	B	C	D	E	F	G	H	I	J
1	最优解	x1	x2	x3	x4	x5	max z		4	
2		1	0	1	0	0				
3	标准形	x'2	x3	x5	x4	x'1			min z'	
4	ci	2	4	5	7	8	-10		-4	
5	s.t	3	-1	-3	-2	3	2	>=	2	√
6		3	2	-1	1	5	5	>=	4	√
7	分支点	x'2	x3	x5	x4	x'1	z'		s.t1	s.t2
8	3	1	1	0	0	0	-4		√	√
9	1	1	0	0	0	0	-8		√	×
10	2	0	0	0	0	0	-10		×	×
11	3	1	1	0	0	0	-4		√	√
12	4	1	0	0	0	0	-8		√	×
13	5	0	1	0	0	0	-6		×	×
14	6	0	0	0	0	0	-10		×	×
15	7	0	1	1	0	0	-1		×	×
16	8	0	1	0	0	0	-6		×	×
17	9	0	0	1	0	0	-5		×	×
18	10	0	0	0	0	0	-10		×	×

	K	L
13	min z'	=SUMPRODUCT($B$8:$F$8,B4:F4)+G4
14	z'	=SUMPRODUCT(B8:F8,$B$4:$F$4)+$G$4
15	s.t1	=SUMPRODUCT($B$8:$F$8,B5:F5)
16		=IF(SUMPRODUCT($B$5:$F$5,B8:F8)>=$I$5," √ ","×")
17	s.t2	=SUMPRODUCT($B$8:$F$8,B6:F6)
18		=IF(SUMPRODUCT($B$6:$F$6,B8:F8)>=$I$6," √ ","×")

图 4-47 0-1 型整数规划求解示例 3

4.5.4 指派问题

指派问题(Assignment Problem)是一种特殊的 0-1 整数规划问题。现实工作中,指派人员去完成各项任务、安排运动员参加比赛、为若干工程项目选择承包商等均可归纳为指派问题。此类问题的基本要求是满足特定约束条件下,使指派或安排的方案能够获得最佳效果。

通常,可以用下列数学模型描述标准形式指派问题。

$$\min z=\sum_{i=1}^{n}\sum_{j=1}^{n}c_{ij}x_{ij}$$

$$\text{s.t.}\begin{cases}\sum_{i=1}^{n}x_{ij}=1(j=1,2,\cdots,n)\\ \sum_{j=1}^{n}x_{ij}=1(i=1,2,\cdots,n)\\ x_{ij}=0\text{ 或 }1(i,j=1,2,\cdots,n)\end{cases}$$

式中,z 表示成本、费用或时间等;n 表示人和事件数;i 表示人数;j 表示事件数;c_{ij} 表示第 i 人做第 j 件事的费用或时间;x_{ij} 表示 0-1 变量,安排第 i 人做第 j 件事取 1,不指派第 i 人做第 j 件事为 0。

指派问题也是一种特殊的运输问题,其求解方法与运输问题最小元素法类似,也是通过系数矩阵的变换,求解出费用最小的任务分配方案。1950 年和 1953 年,匈牙利数学家 Dénes Kőnig 和 Jenő Egerváry 研究提出了多项任务指派的算法。1955 年,Princeton 大学数学和经济学教授引用和改进了 Kőnig 和 Egerváry 的研究,发表了著名的论文“指派问题的匈牙利法”。用匈牙利法求解指派问题可按如下步骤进行。

(1) 将指派规划问题变量的系数写成效率矩阵(n 行 n 列)。当人与事的数量不相等时,可设虚拟人或事并设其效率系数为 0。

(2) 将每行元素减去本行最小值。

(3) 将每列元素减去本列最小值。

(4) 检查每行每列找出独立的 0 元素。如果找到了 n 个独立的 0 元素,则已经得到最优解。如果 0 元素个数小于 n,则需要通过矩阵变换添加 0 元素,直到满足 n 个独立 0 元素的要求。添加 0 元素有两种方法:一是圈 0、打勾、画线法;二是划 0 行(列)法。

(5) 将独立 0 元素写为 1,其他元素均写成 0,得到解矩阵。

下面用示例讲解指派问题的求解方法及步骤。

示例 4-20(胡运权主编《运筹学习题集》第 5 版 5.10 题,清华大学出版社)　用匈牙利法求解下述指派问题,已知效率矩阵分别如下。

$$\text{(a)}\begin{bmatrix}7&9&10&12\\13&12&16&17\\15&16&14&15\\11&12&15&16\end{bmatrix}\qquad \text{(b)}\begin{bmatrix}3&8&2&10&3\\8&7&2&9&7\\6&4&2&7&5\\8&4&2&3&5\\9&10&6&9&10\end{bmatrix}$$

解　在用匈牙利法求解过程中,可以利用单元格颜色格式作圈 0、打勾、画线等标记,如圈 0 用绿色、划去 0 用粉色、打勾用黄色、画线用灰色。

(a) 题,用圈 0、打勾、画线法,求解方法和步骤如下。

(1) 将矩阵输入工作表。如图 4-48①所示。

(2) 每行元素减去本行最小值。在 G2 单元格输入公式“=B2:E2-MIN(B2:E2)”并将其复制到 G3:G5 单元格。这样,在每行至少可以得到一个 0 元素,如图 4-48②所示。

(3) 每列元素减去本列最小值。在 L2 单元格输入公式“=G2:G5-MIN(G2:G5)”并将其复制到 L3:L5 单元格。同样,在每列至少得到一个 0 元素。然后,标记独立 0 元素并划去所在列(行)的其他 0 元素。第 1 行只有一个 0 元素(L2),故将此单元格标记为绿色(加圈),并将所在列的 0(L5)标记为粉色(划去);将第 2 行为 0 的 M3 单元格标记为绿色;将第 3 列的 0 元素 N4 单元格标记为绿色,并划去所在行的 0 元素 O4,如图 4-48③所示。

(4) 将还没有独立 0 元素的第 4 行填充为黄色(打勾),将本行划去的 0 元素列也填充为黄色(打勾)并将此列中加圈 0 元素行也填充为黄色(打勾),如图 4-48④所示。

(5) 将非黄色行(没有打勾的)和黄色列(打勾的)填充为灰色(画线),如图 4-48⑤所示。

(6) 在未用灰色(画线)覆盖的元素中求出最小元素,并将打勾行元素减去最小元素,将打勾列元素加最小元素。经圈 0、划 0 后,发现第 4 行仍缺独立 0 元素,需按上述(4)、(5)步骤继续打勾、画线,添加 0 元素,如图 4-48⑥所示。

(7) 找出新一轮未用灰色(画线)覆盖的最小元素,并将打勾行元素减去最小元素,将打勾列元素加最小元素。经再次圈 0、划 0 后,得到 4($n=4$)个独立 0 元素,已满足最优解要求,如图 4-48⑦所示。

(8) 将独立 0 元素改为 1,其他元素改为 0,得到解矩阵:$x_{13}=x_{22}=x_{34}=x_{41}=1$。在 U7 单元格输入最优值公式"＝SUMPRODUCT(B2:E5,Q7:T10)",返回值为 48,如图 4-48 所示。

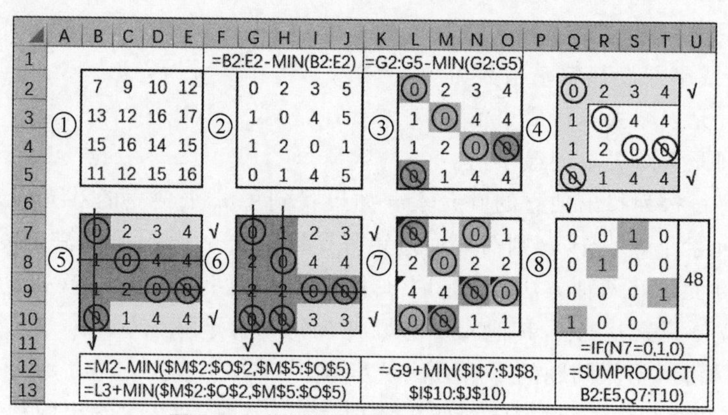

图 4-48 指派问题匈牙利法示例 1(a)

(b) 题,划 0 行(列)法,求解方法和步骤如下。

(1) 将矩阵输入工作表,如图 4-49①所示。

(2) 每行元素减去本行最小值。在 H2 单元格输入公式"＝B2－MIN($B2:$F2)"并将其复制到 H2:L6 单元格,如图 4-49②所示。

(3) 每列元素减去本列最小值。在 N2 单元格输入公式"＝H2－MIN(H$2:H$6)"并将其复制到 N2:R6 单元格,如图 4-49③所示。

(4) 用最少的线条将含有 0 元素的行(列)画线覆盖,如图 4-49④所示。

(5) 从未覆盖的元素中找出最小元素。在 V7 单元格输入公式"＝MIN(T3:U3,W3:X3,T6:U6,W6:X6)",然后将未覆盖元素减去这个最小元素,将行、列覆盖线(或色带)交点处的元素加这个最小元素,如图 4-49⑤所示。

(6) 逐行(列)标记独立 0 元素(绿色)并划去所在列(行)的其他 0 元素(粉色,改为文本值)。经检查独立 0 元素的数目 m 已达到矩阵的阶数 n,即 $m=n=5$,已满足最优解要求。

然后在 B8 单元格输入"＝IF(T8＝0,1,0)"并将其复制到 B8:F12 单元格，得到最优解矩阵：$x_{15}=x_{23}=x_{32}=x_{44}=x_{51}=1$，最优值为 21，如图 4-49⑥所示。

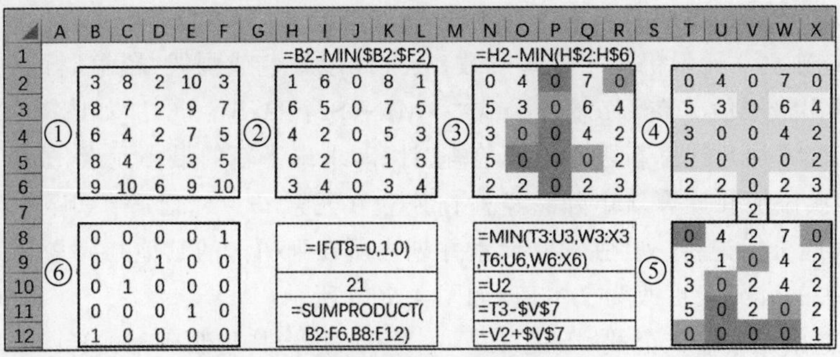

	A	B	C	D	E	F	G	H	I	J	K	L	M	N	O	P	Q	R	S	T	U	V	W	X
1								=B2-MIN($B2:$F2)						=H2-MIN(H$2:H$6)										
2		3	8	2	10	3		1	6	0	8	1		0	4	0	7	0		0	4	0	7	0
3		8	7	2	9	7		6	5	0	7	5		5	3	0	6	4		5	3	0	6	4
4	①	6	4	2	7	5	②	4	2	0	5	3	③	3	0	0	4	2	④	3	0	0	4	2
5		8	4	2	3	5		6	2	0	1	3		5	0	0	0	2		5	0	0	0	2
6		9	10	6	9	10		3	4	0	3	4		2	2	0	2	3		2	2	0	2	3
7																						2		
8		0	0	0	0	1		=IF(T8=0,1,0)						=MIN(T3:U3,W3:X3,T6:U6,W6:X6)						0	4	2	7	0
9	⑥	0	0	1	0	0														3	1	0	4	2
10		0	1	0	0	0		21						=U2					⑤	3	0	2	4	2
11		0	0	0	1	0		=SUMPRODUCT(B2:F6,B8:F12)						=T3-$V$7						5	0	2	0	2
12		1	0	0	0	0								=V2+$V$7						0	0	0	0	1

图 4-49　指派问题匈牙利法示例 1(b)

示例 4-21(胡运权主编《运筹学习题集》第 5 版 5.11 题，清华大学出版社)　已知下列 5 名运动员各种姿势的游泳成绩(各为 50m)如表 4-8 所示。试问：如何从中选拔一个参加 200m 混合泳的接力队，使预期比赛成绩为最好？

表 4-8　运动员游泳成绩表

游泳姿势	赵	钱	张	王	周
仰泳	37.7	32.9	33.8	37.0	35.4
蛙泳	43.4	33.1	42.2	34.7	41.8
蝶泳	33.3	28.5	38.9	30.4	33.6
自由泳	29.2	26.4	29.6	28.5	31.1

解　此问题属于人员数多于任务数的指派问题。可增设虚拟任务项"潜泳"并设其运动员成绩为 0s，然后用匈牙利法求解。

(1) 将矩阵输入工作表，如图 4-50①所示。

(2) 先将行(列)元素减去本行(列)最小值：在 G2 单元格中输入公式"＝B2-MIN(B$2:B$6)"并将其复制到 H2:K2、G3:K6 单元格(因虚设任务列为 0，每行减 0 无须计算)。然后将含有 0 元素的行、列单元格用颜色"覆盖"(或画线)，并在 K7 单元格输入公式"＝MIN(G2:J2,G4:J6)"，从未覆盖元素中求出最小值，如图 4-50②所示。

(3) 计算并添加新矩阵。

① 将未覆盖元素减去求出的最小值。在 L2 单元格输入公式"＝G2-$K$7"并将其复制到 M2:O2、L4:O6 单元格。

② 将"覆盖"行列交叉点加最小值。在 P3 单元格输入公式"＝K3＋K7"。

③ 其余元素不动，直接引入新矩阵。在 L3 单元格输入"＝G3"并将其复制到 M3:O3、P2 和 P4:P6 单元格。

④ 因新矩阵行、列独立 0 元素小于矩阵阶数，故继续用颜色或画线"覆盖"行(列)0 元素并从未覆盖元素中求出最小值。在 P7 单元格输入公式"＝MIN(M2:O2, M4:O6)"，如图 4-50③所示。

(4) 再次计算并添加新矩阵。

① 将未覆盖元素减去求出的最小值。在 R2 单元格输入公式"＝M2-$P$7"并将其复制到 S2:T2、S4:T6 单元格。

② 将“覆盖”交叉点加最小值。在 Q3 单元格输入公式“＝L3＋＄P＄7”并将其复制到 U3 单元格。

③ 其余元素不动，直接引入新矩阵。

④ 经检查独立 0 元素仍小于矩阵阶数，故继续用颜色或画线“覆盖”行（列）0 元素并从未覆盖元素求出最小值。在 U7 输入公式“＝MIN(S2：T2，S4：T6)”，如图 4-50④所示。

(5) 第三次添加并计算新矩阵。经检查、计算，求出了新的最小元素，如图 4-50⑤所示。

(6) 第四次添加并计算新矩阵。经检查独立 0 元素 $m=5$，已等于矩阵阶数 n，满足最优解要求。故逐个标记行（列）独立 0 元素并划去所在列（行）的其他 0 元素。为便于计算解矩阵，可将划去的 0 元素更改为文本值，如图 4-50⑥所示。

(7) 在 G9 单元格输入公式“＝IF(L9＝0，1，0)”并将其复制到 G9：K13 单元格，得到解矩阵，即最优选拔方案为：张仰泳、王蛙泳、钱蝶泳、赵自由泳，预期比赛成绩为 126.2s，如图 4-50⑦⑧所示。

	A	B	C ①	D	E	F	G	H	I ②	J	K	L	M	N	O	P	Q	R	S	T	U
1	泳员	仰泳	蛙泳	蝶泳	自泳	潜泳	=B2-MIN(B$2:B$6)					=G2-$K$7		③	=K3+K7				④		
2	赵	37.7	43.4	33.3	29.2	0	4.8	10	4.8	2.8	0	3.9	9.4	3.9	1.9	0	3.9	8.7	3.2	1.2	0
3	钱	32.9	33.1	28.5	26.4	0	0	0	0	0	0	0	0	0	0	0.9	0.7	0	0	0	1.6
4	张	33.8	42.2	38.9	29.6	0	0.9	9.1	10	3.2	0	0	8.2	9.5	2.3	0	0	7.5	8.8	1.6	0
5	王	37	34.7	30.4	28.5	0	4.1	1.6	1.9	2.1	0	3.2	0.7	1	1.2	0	3.2	0	0.3	0.5	0
6	周	35.4	41.8	33.6	31.1	0	2.5	8.7	5.1	4.7	0	1.6	7.8	4.2	3.8	0	1.6	7.1	3.5	3.1	0
7			⑧				=MIN(G2:J2,G4:J6)				0.9	=MIN(M2:O2,M4:O6)				0.7	=MIN(S2:T2,S4:T6)				0.3
8	泳员	仰泳	蛙泳	蝶泳	自泳	潜泳			⑦					⑥					⑤		
9	赵				29.2		0	0	0	1	0	3.9	7.8	2	0	0	3.9	8.7	2.9	0.9	0
10	钱			28.5			0	0	1	0	0	1.9	0.3	0	0	2.8	1	0.3	0	0	1.9
11	张	33.8					1	0	0	0	0	0	6.6	7.6	0.4	0	0	7.5	8.5	1.3	0
12	王		34.7				0	1	0	0	0	4.1	0	0	0.2	0.9	3.2	0	0	0.2	0
13	周					0	0	0	0	0	1	1.6	6.2	2.3	1.9	0	1.6	7.1	3.2	2.8	0
14	126.2		=SUMPRODUCT(B2:F6,G9:K13)						=IF(L9=0,1,0)			=MIN(R9:T9,R11:T11,R13:T13)									0.9

图 4-50　指派问题匈牙利法示例 2

4.6 非线性规划

非线性规划(Nonlinear Programming)指的是目标函数或约束条件中含有非线性函数的规划问题。非线性规划问题的求解方法比较复杂，运算量大。随着计算机技术的发展，非线性规划在金融、医学、管理科学和系统控制等许多领域得到了广泛应用。非线性规划的数学模型的一般形式为

$$\begin{cases}\min f(X) \\ g_j(X) \geqslant 0 \ (j=1,2,\cdots,l)\end{cases}$$

式中，$f(X)$为目标函数；$X=(x_1,x_2,\cdots,x_n)^{\mathrm{T}}$ 是 n 维欧氏空间的点向量，为决策变量；$g_j(X)$为约束条件。

4.6.1 非线性规划问题的图解分析

对于只有两个变量的非线性规划问题，可以借助图解法分析最优解。假设示例 4-1 中 Wyndor Glass 公司组合生产门窗的约束条件和目标函数有如下 4 种方案（利润单位为百元）。

(1) 把原模型二、三约束调整为 $9x_1^2+5x_2^2 \leqslant 216$，其余不变。

(2) 把原模型二、三约束调整为 $8x_1-x_1^2+14x_2-x_2^2 \leqslant 49$，其余不变。

(3) 将原模型的目标函数调整为 $\max Z=126x_1-9x_1^2+182x_2-13x_2^2$,其余不变。

(4) 将原模型的目标函数调整为 $\max Z=54x_1-9x_1^2+78x_2-13x_2^2$,其余不变。

在工作表中使用散点图工具图解如下。

(1) 方案一图解结果如图4-51①所示,其最优解(2,6)位于可行域边界弧线上,为目标函数等值线与可行域的相切点。显然,该点不是一个顶点。

(2) 方案二图解结果如图4-51②所示,其可行域有两个极值点(0,7)与(4,3),其中,(0,7)是全局极大值,(4,3)是一个局部极值点。

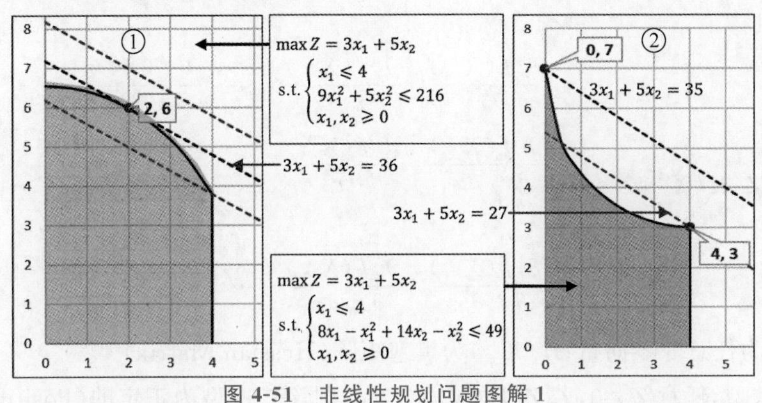

图4-51　非线性规划问题图解1

(3) 方案三图解结果如图4-52①所示,其最优解(8/3,5)位于可行域边界斜线上,为目标函数曲线与可行域的相切点,最大目标值为857。从图解可以看出,任何比该目标值大的等值曲线均不在可行域内。

(4) 方案四图解结果如图4-52②所示,其最优解(3,3)不在可行域边界上,而是在边界之内。

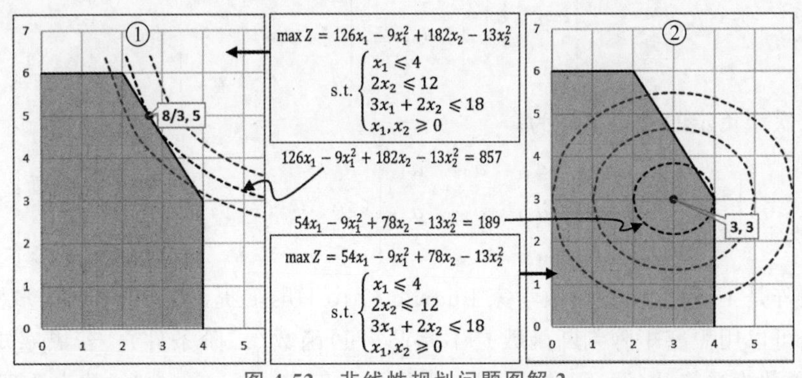

图4-52　非线性规划问题图解2

从上述图解分析看,求解非线性规划问题比较复杂,解线性规划的搜索可行顶点及单纯形法不能用于解非线性规划问题。目前,非线性规划问题还没有一种适合各种问题的一般算法,每个问题都需要具体分析。

非线性规划问题可分为无约束极值问题和约束极值问题。求解非线性规划问题需要运用微分及偏微分方程知识,分析目标函数及约束方程凸凹与极值性质,在可行域中查找极值点并比较或判断全局极值点区间,然后用一维搜索等方法求非线性规划问题的最优解。

4.6.2 极值条件、凸凹函数与凸规划

由高等数学可知，二阶可微的一元函数 $f(x)$ 存在极小点的必要和充分条件是 $f'(x)=0$ 且 $f''(x)>0$；存在极大点的必要和充分条件则是 $f'(x)=0$ 且 $f''(x)<0$。

多元函数 $f(X)$ 在 X^* 取得极值的必要条件是：

$$\frac{\partial f(X^*)}{\partial x_1}=\frac{\partial f(X^*)}{\partial x_2}=\cdots=\frac{\partial f(X^*)}{\partial x_n}=0$$

充分条件为

$$\boldsymbol{Z}^{\mathrm{T}}\boldsymbol{H}(X^*)\boldsymbol{Z}=\boldsymbol{Z}^{\mathrm{T}}\begin{bmatrix}\frac{\partial^2 f(X^*)}{\partial x_1^2} & \frac{\partial^2 f(X^*)}{\partial x_1\partial x_2} & \cdots & \frac{\partial^2 f(X^*)}{\partial x_1\partial x_n}\\ \frac{\partial^2 f(X^*)}{\partial x_2\partial x_1} & \frac{\partial^2 f(X^*)}{\partial x_2^2} & \cdots & \frac{\partial^2 f(X^*)}{\partial x_2\partial x_n}\\ \vdots & \vdots & \ddots & \vdots\\ \frac{\partial^2 f(X^*)}{\partial x_n\partial x_1} & \frac{\partial^2 f(X^*)}{\partial x_n\partial x_2} & \cdots & \frac{\partial^2 f(X^*)}{\partial x_n^2}\end{bmatrix}\boldsymbol{Z}>0$$

式中，$\boldsymbol{Z}$ 为任意非零向量；$\boldsymbol{H}(X^*)$ 为黑塞矩阵(Hessian Matrix)。

对于二次型，任意 $\boldsymbol{Z}\neq0$，若 $\boldsymbol{Z}^{\mathrm{T}}\boldsymbol{H}(X^*)\boldsymbol{Z}>0$，则该二次型为正定的(Positive Definite)；若 $\boldsymbol{Z}^{\mathrm{T}}\boldsymbol{H}(X^*)\boldsymbol{Z}\geqslant0$，则称其为半正定(Positive Semidefinite)；若 $\boldsymbol{Z}^{\mathrm{T}}\boldsymbol{H}(X^*)\boldsymbol{Z}<0$，则该二次型为负定的(Negative Definite)；若 $\boldsymbol{Z}^{\mathrm{T}}\boldsymbol{H}(X^*)\boldsymbol{Z}\geqslant0$，则称其为半正定(Negative Semidefinite)；若某些 $\boldsymbol{Z}\neq0$，$\boldsymbol{Z}^{\mathrm{T}}\boldsymbol{H}(X^*)\boldsymbol{Z}>0$，另一些 $\boldsymbol{Z}\neq0$，$\boldsymbol{Z}^{\mathrm{T}}\boldsymbol{H}(X^*)\boldsymbol{Z}<0$，则称其为不定的(Indefinite)。以 a_{ij} 为 $\boldsymbol{H}$ 的元素，上述二次型正定的充要条件为

$$a_{11}>0,\begin{vmatrix}a_{11} & a_{12}\\ a_{21} & a_{22}\end{vmatrix}>0,\cdots,\begin{vmatrix}a_{11} & \cdots & a_{1n}\\ \vdots & \vdots & \vdots\\ a_{n1} & \cdots & a_{nn}\end{vmatrix}>0$$

上述二次型负定的充要条件为

$$a_{11}<0,\begin{vmatrix}a_{11} & a_{12}\\ a_{21} & a_{22}\end{vmatrix}>0,\begin{vmatrix}a_{11} & a_{12} & a_{13}\\ a_{21} & a_{22} & a_{23}\\ a_{31} & a_{32} & a_{33}\end{vmatrix}<0,\cdots,(-1)^n\begin{vmatrix}a_{11} & \cdots & a_{1n}\\ \vdots & \vdots & \vdots\\ a_{n1} & \cdots & a_{nn}\end{vmatrix}>0$$

黑塞矩阵是 19 世纪由德国数学家 Ludwig Otto Hesse 提出的，它描述了多变量函数的局部曲率。可以用黑塞矩阵判断函数是不是凸(凹)函数(二阶条件)。若黑塞矩阵为正定(负定)，则函数为严格凸(凹)函数；若黑塞矩阵为半正定(半负定)，则函数为凸(凹)函数。

凸规划是 20 世纪 70 年代(R.Tyrrell Rockafellar)发展起来的非线性最优化理论，是数学规划的一个分支，是分析凸集约束下的凸函数最小化问题的理论和方法，具有很强的实用性。只要数学模型符合凸规划要求，就可以利用凸函数的一些重要和实用的性质快速搜索求出最优解。如果目标函数 $f(X)$ 为凸函数，约束条件为凸集，或者约束不等式 $g_j(X)(j=1,2,\cdots,l)$ 全是凹函数或者所有 $-g_j(X)$ 为凸函数，则称这种规划为凸规划。

示例 **4-22**(胡运权主编《运筹学习题集》第 5 版 6.4 题，清华大学出版社)　试确定以下矩阵为正定、负定、半正定或不定。

(a) $\boldsymbol{H}=\begin{bmatrix}2 & 1 & 2\\1 & 3 & 0\\2 & 0 & 5\end{bmatrix}$　(b) $\boldsymbol{H}=\begin{bmatrix}2 & 1 & 2\\1 & -3 & 0\\2 & 0 & -5\end{bmatrix}$　(c) $\boldsymbol{H}=\begin{bmatrix}1 & 1 & 0\\1 & 1 & 0\\0 & 0 & 1\end{bmatrix}$

解　根据二次型矩阵判定充要条件，在工作表中可按如下方法和步骤解答。

(1) 将矩阵数据输入工作表，如图 4-53 中 A1:C9 单元格所示。

(2) 在 D1、D2、D3 单元格中分别输入计算左上角各阶主子式公式，然后将其复制到 D4:D9 单元格。

(3) 在 F1 单元格中输入判定条件公式并将其复制到 F4、F7 单元格。输入的公式及判定结果如图 4-53 中 E1:G9 单元格所示。

	A	B	C	D	E	F	G
1	2	1	2	2	=A1	正定	=IFS(AND(D1>0,D2>0,D3>0),"正定",AND(D1<0,D2>0,D3<0),"负定",AND(D1>=0,D2>=0,D3>=0),"半正定",AND(D1<=0,D2<=0,D3<=0),"半负定",TRUE,"不定")
2	1	3	0	5	=MDETERM(A1:B2)		
3	2	0	5	13	=MDETERM(A1:C3)		
4	2	1	2	2	=A4	不定	=IFS(AND(D4>0,D5>0,D6>0),"正定",AND(D4<0,D5>0,D6<0),"负定",AND(D4>=0,D5>=0,D6>=0),"半正定",AND(D4<=0,D5<=0,D6<=0),"半负定",TRUE,"不定")
5	1	-3	0	-7	=MDETERM(A4:B5)		
6	2	0	-5	47	=MDETERM(A4:C6)		
7	1	1	0	1	=A7	半正定	=IFS(AND(D7>0,D8>0,D9>0),"正定",AND(D7<0,D8>0,D9<0),"负定",AND(D7>=0,D8>=0,D9>=0),"半正定",AND(D7<=0,D8<=0,D9<=0),"半负定",TRUE,"不定")
8	1	1	0	0	=MDETERM(A7:B8)		
9	0	0	1	0	=MDETERM(A7:C9)		

图 4-53　二次型矩阵正定、负定和不定等判断

示例 **4-23**(胡运权主编《运筹学习题集》第 5 版，6.9 题，《运筹学教程》第 5 版，习题 6.10，清华大学出版社)　试判定以下函数的凸凹性。

(a) $f(X)=(4-x)^3$，$(x<4)$　　(b) $f(X)=x_1^2+2x_1x_2+3x_2^2$

(c) $f(X)=1/x$，$(x<0)$　　(d) $f(X)=x_1x_2$

判定下述非线性规划是否为凸规划。

(e) $\max f(X)=x_1+2x_2$

$$\text{s.t.}\begin{cases}x_1^2+x_2^2\leqslant 9\\x_2\geqslant 0\end{cases}$$

(f) $\min f(X)=2x_1^2+x_2^2+x_3^2$

$$\text{s.t.}\begin{cases}x_1^2+x_2^2\leqslant 4\\5x_1+x_3=10\\x_1,x_2,x_3\geqslant 0\end{cases}$$

解　可以用海塞矩阵对上述函数或规划进行判断，具体方法和步骤如下。

(1) 将函数变量名称及系数输入工作表，如图 4-54 中 A1:AA2 单元格所示。

	A	B	C	D	E	F	G	H	I	J	K	L	M	N	O	P	Q	R	S	T	U	V	W	X	Y	Z	AA	AB
1	x'^3	x'^2	x'	x_1^2	x_1x_2	x_2^2				x^{-1}	x^{-2}	x^{-3}	x_1x_2	x_1	x_2		x_1^2	x_2^2	x_1	x_2		x_1^2	x_2^2	x_3^2	x_1	x_2	x_3	
2	1			1	2	3	x_1	x_2		1			1				1	1				2	1	1				
3		3					2	2	2		-1			0	1	0			2	0	2				4	0	0	4
4			6				2	6	8			2		1	0	-1			0	2	4				0	2	0	8
5		①				②					③			④					⑤				⑥		0	0	2	16
6	$x'=4-x>0$			=MDETERM(G3:H4)									=MDETERM(N3:O4)				=MDETERM(S3:T4)					=MDETERM(Y3:AA5)						
7																						=MDETERM(Y3:Z4)						

图 4-54　函数的凸凹性与凸规划

(2) 将一阶、二阶求导或偏导的系数输入对应的变量名下方并构建海塞矩阵，一维变量的二阶导数可以看作一维海塞矩阵，如图 4-54 中 A1:AA5 所示。

(3) 计算海塞矩阵左上角各阶主子式，并根据定义判断函数或规划凸凹性。

① $f''^{(X)}=6(4-x)>0$，为严格凸函数，如图 4-54①所示。

② 海塞矩阵正定，为严格凸函数，如图 4-54②所示。

③ $f''^{(X)}=2x^{-3}<0$，为严格凹函数，如图 4-54③所示。

④ 海塞矩阵不定，为非凸非凹函数，如图 4-54④所示。

⑤ 海塞矩阵正定，非线性规划为凸规划，如图 4-54⑤所示。

⑥ 海塞矩阵正定，非线性规划为凸规划，如图 4-54⑥所示。

示例 4-24(胡运权主编《运筹学习题集》第 5 版 6.11 题，清华大学出版社) 试求以下函数的驻点，并判定它们是极大点、极小点或鞍点。

(a) $f(X)=5x_1^2+12x_1x_2-16x_1x_3+10x_2^2-26x_2x_3+17x_3^2-2x_1-4x_2-6x_3$

(b) $f(X)=x_1^2-4x_1x_2+6x_1x_3+5x_2^2-10x_2x_3+8x_3^2$

解 (a)题，先求函数的偏导数，然后按极值点存在的必要条件求出稳定点，再用充分条件及黑塞矩阵进行检验。具体方法和步骤如下。

(1) 将函数变量名称及系数输入工作表，其中，c 为常数项，如图 4-55 中 A1:J2 单元格所示。

(2) 构造极值点必要条件方程：$\dfrac{\partial f(X)}{\partial x_i}=0(i=1,2,3)$。可直接在变量名称对应的单元格计算偏导式系数，如图 4-55 中 G3:J5 单元格所示。注意其中常数移至右端项需变正(负)号。

(3) 用克莱姆法则(Cramer's Rule)求解，如图 4-55 中 A3:F14 单元格所示，其中，E3:E14 单元格给出了计算公式。求出稳定点为 $\boldsymbol{X}=(x_1,x_2,x_3)^{\mathrm{T}}=(11,95,78)^{\mathrm{T}}$。

(4) 或者直接用初等变换求解。先将 x_1 的系数变换为单位向量：在 G6 单元格输入公式"＝G3/10"，在 G7 单元格输入公式"＝G4－G6＊12"，在 G8 单元格输入公式"＝G5＋G6＊16"并将 G6:G8 单元格复制到 H6:J8 单元格，然后按此方法将 x_2，x_3 的系数也变换为单位向量，如图 4-55 中 G6:J14 单元格所示。

(5) 求$\dfrac{\partial^2 f(X)}{\partial x_1^2}$，$\dfrac{\partial^2 f(X)}{\partial x_1 x_2}$，$\dfrac{\partial^2 f(X)}{\partial x_1 x_3}$，…构造海塞矩阵，判定结果。根据海塞矩阵判断，该点是严格极小点，如图 4-55 中 K3:L7 单元格所示。

	A	B	C	D	E	F	G	H	I	J	K	L
1	x_1^2	x_1x_2	x_1x_3	x_2^2	x_2x_3	x_3^2	x_1	x_2	x_3	c		公式
2	5	12	-16	10	-26	17	-2	-4	-6			
3	10	12	-16		公式		10	12	-16	2	10	=G3
4	12	20	-26	8	=MDETERM		12	20	-26	4	56	=MDETERM(G3:H4)
5	-16	-26	34		(A3:C5)		-16	-26	34	6	8	=MDETERM(G3:I5)
6	2	12	-16	88	=MDETERM		1	6/5	-8/5	1/5		正定
7	4	20	-26		(A6:C8)		0	28/5	-34/5	8/5		
8	6	-26	34	11	=D6/$D$3		0	-34/5	42/5	46/5		
9	10	2	-16	760	=MDETERM		1	0	-1/7	-1/7	=IFS(AND(K3>0,K4>0,K5>0),"正定",	
10	12	4	-26		(A9:C11)		0	1	-17/14	2/7	AND(K3<0,K4>0,K5<0),"负定",	
11	-16	6	34	95	=D9/$D$3		0	0	1/7	78/7	AND(K3>=0,K4>=0,K5>=0),"半正定",	
12	10	12	2	624	=MDETERM		1	0	0	11	AND(K3<=0,K4<=0,K5<=0), "半负定",	
13	12	20	4		(A12:C14)		0	1	0	95	TRUE,"不定")	
14	-16	-26	6	78	=D12/$D$3		0	0	1	78		

图 4-55 用海塞矩阵判断非线性函数极值点示例(a)

(b) 题，解题方法与(a)题基本一致。令一阶偏导为零的方程为齐次线性方程，且方程系数矩阵的秩与变量数相等，故有唯一零解 $\boldsymbol{X}=(x_1,x_2,x_3)^{\mathrm{T}}=(0,0,0)^{\mathrm{T}}$。求二阶偏导并构造海塞矩阵，按左上角各阶主子式计算结果，该矩阵为不定，故此零解点为鞍点，如图 4-56 所示。

	A	B	C	D	E	F	G	H	I	J	K	L	M
1	x_1^2	x_1x_2	x_1x_3	x_2^2	x_2x_3	x_3^2	x_1	x_2	x_3		公式		=IFS(AND(J3>0,J4>0,J5>0),"正定",
2	1	-4	6	5	-10	8							AND(J3<0,J4>0,J5<0),"负定",
3	x_1	0					2	-4	6	2	=G3		AND(J3>=0,J4>=0,J5>=0),"半正定",
4	x_2	0	鞍点				-4	10	-10	4	=MDETERM(G3:H4)	不定	AND(J3<=0,J4<=0,J5<=0), "半负定",
5	x_3	0					6	-10	16	-16	=MDETERM(G3:I5)		TRUE,"不定")

图 4-56 用海塞矩阵判断非线性函数极值点示例(b)

4.6.3 斐波那契法与 0.618 法

求非线性函数极值点时，常常要用到一维搜索方法。即已知某区间上的单峰函数，搜索计算该区间的峰值(极大或极小)。一维搜索算法有很多，斐波那契(Fibonacci)法与 0.618 法是两种比较常用的方法。

斐波那契数列是一个古老而神秘的数列，是 1202 年由意大利数学家在《计算之书》(*Liber Abaci*)中提出的非现实兔群增长数列问题：一对新诞生的雌雄兔子，满一个月可交配，第二个月末可产另一对雌雄小兔。假设每对兔子永不死，并且从出生后第二个月开始每月产一对雌雄小兔，这样循环往复，一年后兔群的数量是多少？这个数列的递归定义为

$$F_n = F_{n-1} + F_{n-2}, F_0 = F_1 = 1$$

0.618(Phi)法也叫黄金分割法。0.618 是一个古老的黄金分割数字，有人认为古埃及人在设计大金字塔时使用了 Pi 和 Phi 参数。也有人推测古希腊人根据这个分割比例设计了帕台农神庙(Parthenon)。1815 年，Martin Ohm 在《纯数学》中首次使用"黄金分割(Golden Schnitt)"术语。

1953 年，美国数学家基弗(J.C.Kiefer)首次提出了搜索一维函数区间峰值的斐波那契法和黄金分割搜索法。实际上，斐波那契法与 0.618 法比较近似。如果将斐波那契法搜索区间缩短率 F_{n-1}/F_n 构成数列，可以发现其奇数项与偶数项数列收敛于同一个极限 0.61803…。下面用示例来说明两种算法的操作方法和步骤。

示例 4-25(胡运权主编《运筹学习题集》第 5 版 6.14 题，清华大学出版社)　用斐波那契法求函数 $f(x) = -3x^2 + 21.6x + 1$ 在区间[0,25]上的极大点。要求缩短后的区间长度不大于原长度的 8%。

解　因为 $f''(x) = -6 < 0$，故 $f(x)$为严格凹函数。由 $\delta = 0.08, F_n \geqslant 1/\delta = 1/0.08 = 12.5$，得 $F_n = 13$。将习题和上述已知数据输入工作表，如图 4-57①所示，然后按如下步骤计算。

(1) 如果熟悉斐波那契数列，可以直接在 E2 单元格输入 13，在 E3 单元格输入 8，然后在 E4 单元格输入公式"=E2－E3"并将其复制到 E5:E7 单元格。如果对斐波那契数列不熟悉，可以在任意列(行)快速生成斐波那契数列，例如，在 A1、A2 单元格分别输入"1"，在 A3 单元格输入公式"=A1+A2"并将其拖曳复制到 A4:A20 单元格或需要的数列项位置。

(2) 在 A2:A7 单元格输入计算序号，在 D2:D7 单元格输入数列序号。

(3) 由 $t_k = b_{k-1} + \frac{F_{n-k}}{F_{n-k+1}}(a_{k-1} - b_{k-1})$，在 F3 单元格输入 t_1 公式"=C2+(E3/E2)*(B2－C2)"，在 G3 单元格输入 $f(t_1)$公式"=(－3*F3^2)+21.6*F3+1"。

(4) 由 $t'_k = a_{k-1} + \frac{F_{n-k}}{F_{n-k+1}}(b_{k-1} - a_{k-1})$，在 H3 单元格输入 t'_1公式"=B2+(E3/E2)*(C2－B2)"，在 I3 单元格输入 $f(t'_1)$公式"=(－3*H3^2)+21.6*H3+1"。

(5) 比较 $f(t_1)$与 $f(t'_1)$，当 $f(t_1) > f(t'_1)$时，表明搜索点在极大值点右侧，可固定 a_0 点，将 b_k 点往左缩短搜索区间：$a_1 = a_0, b_1 = t'_1, t'_2 = t_1, t_2 = b_1 + \frac{F_{n-2}}{F_{n-1}}(a_1 - b_1)$；当 $f(t_1) < f(t'_1)$时，表明搜索点在极大值点左侧，可固定 b_0 点，将 a_k 点往右缩短搜索区间：$a_1 = t_1$，$b_1 = b_0, t_2 = t'_1, t'_2 = a_1 + \frac{F_{n-2}}{F_{n-1}}(b_1 - a_1)$。于是，在 B3 单元格输入公式"IF(G3>I3,B2,

F3)”,在 C3 单元格输入公式“＝IF(G3＞I3,H3,C2)”。

(6) 将第 1 轮搜索的计算公式复制到第 2～4 轮,即将 B3:C3 单元格复制到 B4:C6 单元格,将 F3:I3 单元格复制到 F4:I6 单元格,如图 4-57①中 B3:I6 单元格所示。

①

	A	B	C	D	E	F	G	H	I
1	k	a_k	b_k	n	F_n	t_k	$f(t_k)$	t'_k	$f(t'_k)$
2	0	0	25	6	13				
3	1	0	15.3846	5	8	9.6154	-68.6746	15.3846	-376.7515
4	2	0	9.6154	4	5	5.7692	25.7633	9.6154	-68.6746
5	3	0	5.7692	3	3	3.8462	39.6982	5.7692	25.7633
6	4	1.9231	5.7692	2	2	1.9231	31.4438	3.8462	39.6982
7	5	3.8462	5.7692	1	1	3.8462	39.6982	3.8846	39.6370
8	a_k	=IF(G3>I3,B2,F3)		F_n		t_1	=C2+(E3/E2)*(B2-C2)		
9	b_k	=IF(G3>I3,H3,C2)		=E2-E3		t'_1	=B2+(E3/E2)*(C2-B2)		
10	t_{2-5}	=C3+(E4/E3)*(B3-C3)					t'_{2-5}	=B3+(E4/E3)*(C3-B3)	
11	$f(t_k)$	=(-3*F3^2)+21.6*F3+1				$f(t'_k)$	=(-3*H3^2)+21.6*H3+1		

② 3.8462, 39.6982

图 4-57 斐波那契法示例

(7) 计算最终区间。根据 $t_{n-1}=\dfrac{1}{2}(a_{n-2}+b_{n-2})$,$t'_{n-1}=a_{n-2}+\left(\dfrac{1}{2}+\varepsilon\right)(b_{n-2}-a_{n-2})$,在 F7 单元格输入公式“＝C6＋(E7/E6)＊(B6－C6)”,在 H7 单元格输入公式“＝B6＋(1/2＋0.01)＊(C6－B6)”。此时 $f(t_1)<f(t'_1)$,故取 $a_5=t_5=3.8462$,$b_5=b_3=5.7692$,如图 4-57①中 A6:I11 所示。

(8) 因 $f(t'_5)=39.637<f(t_3)=39.6982$,所以取 $t_3=3.8462$ 为近似最优点,如图 4-57②所示。

示例 **4-26**(胡运权主编《运筹学习题集》第 5 版 6.15 题,清华大学出版社) 用黄金分割法重新求解示例 4-25,并将计算结果同示例 4-25 进行比较。

解 黄金分割法是以 0.618 为缩短率对区间进行分割并搜索近似最优点,步骤如下。

(1) 在 A1:G2 单元格输入已知数据,并在 C2、E2 单元格输入 a_0,b_0 点函数值公式(便于后续公式引用)。

(2) 在 B3 单元格输入计算 x_{n-1} 的公式“＝IF(E2＞C2,F2＋0.618＊(G2－F2),G2＋0.382＊(F2－G2))”,在 C3 单元格输入计算 $f(x_{n-1})$ 的公式“＝(－3＊B3^2)＋21.6＊B3＋1”,在 D3、E3、F3 和 G3 单元格分别输入计算 x_n、$f(x_n)$、a_k 和 b_k 的公式,如图 4-58①中 I2:I7 单元格所示。

(3) 将 B3:G3 单元格复制到 B4:G8 单元格,完成计算,如图 4-58①中 B3:G8 单元格所示。

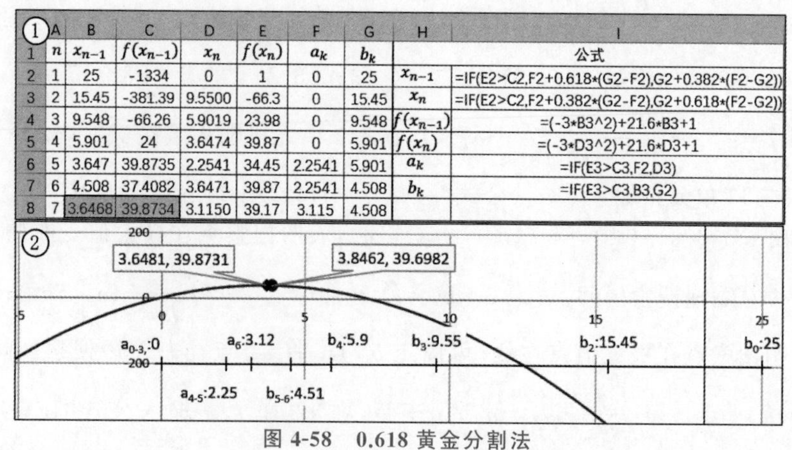

①

	A	B	C	D	E	F	G	H	I
1	n	x_{n-1}	$f(x_{n-1})$	x_n	$f(x_n)$	a_k	b_k		公式
2	1	25	-1334	0	1	0	25	x_{n-1}	=IF(E2>C2,F2+0.618*(G2-F2),G2+0.382*(F2-G2))
3	2	15.45	-381.39	9.5500	-66.3	0	15.45	x_n	=IF(E2>C2,F2+0.382*(G2-F2),G2+0.618*(F2-G2))
4	3	9.548	-66.26	5.9019	23.98	0	9.548	$f(x_{n-1})$	=(-3*B3^2)+21.6*B3+1
5	4	5.901	24	3.6474	39.87	0	5.901	$f(x_n)$	=(-3*D3^2)+21.6*D3+1
6	5	3.647	39.8735	2.2541	34.45	2.2541	5.901	a_k	=IF(E3>C3,F2,D3)
7	6	4.508	37.4082	3.6471	39.87	2.2541	4.508	b_k	=IF(E3>C3,B3,G2)
8	7	3.6468	39.8734	3.1150	39.17	3.115	4.508		

图 4-58 0.618 黄金分割法

(4) 计算的近似最优点为 $x=3.6474$，$f(x)=39.8734$，如图 4-58②所示。

比较斐波那契与黄金分割法，后者计算结果优于前者，并且计算方法比较简单、直观。

4.6.4　梯度法与共轭梯度法

梯度法(Gradient Method)或最速下降法(Steepest Descent Method)是一种古老而又非常重要的基础性搜索最优值方法。1847 年，法国数学和物理学家 Augustin-Louis Cauchy 在《科学学院年鉴》中首次提出了这种方法。至今，这种方法在运筹学、人工智能等领域仍然得到广泛应用。在向量微积分中，梯度就是一个曲面沿着给定方向的倾斜程度。对于单变量函数而言，梯度是一个导数，也就是曲线的斜率。梯度法就是利用曲面倾斜程度及其方向寻找最低点或最高点，就好比水总是流向最低点一样。梯度法求解公式为

$$\boldsymbol{X}=\boldsymbol{X}^{(k)}+\lambda_k\boldsymbol{P}^{(k)}\quad \lambda_k=\frac{\nabla f(\boldsymbol{X}^{(k)})\ \nabla f(\boldsymbol{X}^{(k)})^{\mathrm{T}}}{\nabla f(\boldsymbol{X}^{(k)})\ \boldsymbol{H}(\boldsymbol{X}^{(k)})\ \nabla f(\boldsymbol{X}^{(k)})^{\mathrm{T}}},P^{(k)}=-\nabla f(\boldsymbol{X}^{(k)})$$

对于二维正定二次函数来说，可以沿着二维变量关于正定阵 $\boldsymbol{A}$ 共轭的方向搜索极值点，也就是所谓的共轭梯度法。如果 $\boldsymbol{A}=\boldsymbol{I}$(单位阵)，则该向量满足正交条件。共轭梯度法求解公式为

$$\boldsymbol{X}^{(k+1)}=\boldsymbol{X}^{(k)}+\lambda_k\boldsymbol{P}^{(k)}\quad \begin{aligned}&\lambda_k=-\frac{\nabla f(\boldsymbol{X}^{(k)})\boldsymbol{P}(\boldsymbol{X}^{(k)})^{\mathrm{T}}}{\boldsymbol{P}(\boldsymbol{X}^{(k)})\boldsymbol{A}\boldsymbol{P}(\boldsymbol{X}^{(k)})^{\mathrm{T}}},\boldsymbol{P}^{(k+1)}=-\nabla f(\boldsymbol{X}^{(k+1)})+\beta_k\boldsymbol{P}^{(k)}\\&\beta_k=-\frac{\nabla f(\boldsymbol{X}^{(k+1)})\nabla f(\boldsymbol{X}^{(k+1)})^{\mathrm{T}}}{\nabla f(\boldsymbol{X}^{(k)})\nabla f(\boldsymbol{X}^{(k)})^{\mathrm{T}}},k=0,1,2,\cdots,n-1\end{aligned}$$

下面用示例来说明用梯度法和共轭梯度法求解极值点的方法。

示例 4-27(胡运权主编《运筹学习题集》第 5 版 6.16 题，清华大学出版社)　用最速下降法求下述函数的极大点，给定初始点 $\boldsymbol{X}^{(0)}=(0,0)^{\mathrm{T}}$，要求迭代 4 步。

$$f(\boldsymbol{X})=2x_1x_2+2x_2-x_1^2-2x_2^2$$

解　将方程变量名称及系数输入工作表并求出偏导、二阶偏导及海塞矩阵，然后确定使函数值上升(下降)最快的方向及步长，进行迭代计算，具体方法和步骤如下。

(1) 在 A1:E3 单元格输入变量名称及系数。然后求出偏导与二阶偏导，建立海塞矩阵并计算左上角各阶主子式，判断该函数为严格凹函数，存在极大值，如图 4-59 中 D4:G4 单元格所示。

	A	B	C	D	E	F	G	H	I	J	K	L	M	N	O	P
1	x_1^2	x_2^2	x_1x_2	x_1	x_2	c		k	λ_k	x_1	x_2	$\frac{\partial f}{\partial x_1}$	$\frac{\partial f}{\partial x_2}$	$f(X^{(k)})$		公式
2															$\frac{\partial f}{\partial x_1}$	=J3*$D$4+K3*$E$4
3	-1	-2	2	0	2			0	-1/4	0	0	0	2	0		
4				-2	2		-2	1	-1/2	0	1/2	1	0	1/2	$\frac{\partial f}{\partial x_2}$	=J3*$D$5+K3*$E$5+$F$5
5				2	-4	2	4	2	-1/4	1/2	1/2	0	1	3/4		
6								3	-1/2	1/2	3/4	1/2	0	7/8	$X^{(k)}$	=J3:K3-I3*(L3:M3)
7								4	-1/4	3/4	3/4	0	1/2	15/16	$f(X^{(k)})$	=2*J3*K3+2*K3-J3^2-2*K3^2
8	λ_k 公式			=MMULT(L3:M3,TRANSPOSE(L3:M3))/MMULT(MMULT(L3:M3,$D$4:$E$5),TRANSPOSE(L3:M3))												

图 4-59　梯度法(最速下降法)

(2) 建立梯度法计算表并输入要计算的变量、参数、函数值及初始点，如图 4-59 中 H1:N3 单元格所示。

(3) 在 L3 单元格输入 $\frac{\partial f}{\partial x_1}$ 值的公式“=J3 * $D$4+K3 * $E$4”，在 M3 单元格输入

$\dfrac{\partial f}{\partial x_2}$值的公式“=J3 * \$D\$5+K3 * \$E\$5+\$F\$5”。

(4) 在 N3 单元格输入计算函数值公式“=2 * J3 * K3+2 * K3-J3^2-2 * K3^2”。

(5) 在 I3 单元格输入计算步长 λ_0 的公式“=MMULT(L3:M3,TRANSPOSE(L3:M3))/MMULT(MMULT(L3:M3,\$D\$4:\$E\$5),TRANSPOSE(L3:M3))”。

(6) 在 J4 单元格输入计算迭代点(x_1,x_2)的数组公式“=J3:K3-I3 * (L3:M3)”。

(7) 将 L3:N3 单元格复制到 L4:N7 单元格,将 J4:K4 单元格复制到 J5:K7 单元格,将 I3 单元格复制到 I4:I7 单元格,得到计算结果为 $\boldsymbol{X}^{(4)}=\left(\dfrac{3}{4},\dfrac{3}{4}\right)^{\mathrm{T}}$;$f(\boldsymbol{X}^{(4)})=\dfrac{15}{16}$,如图 4-59 中 I3:N7 所示。

示例 4-28(胡运权主编《运筹学习题集》第 5 版 6.20 题,清华大学出版社) 试用共轭梯度法求如下二次函数的极小点。

$$f(\boldsymbol{X})=\frac{1}{2}\boldsymbol{X}^{\mathrm{T}}\boldsymbol{A}\boldsymbol{X},\quad \boldsymbol{A}=\begin{bmatrix}1 & 1\\ 1 & 2\end{bmatrix}$$

解 将函数矩阵形式转换为一般二次型函数,然后按共轭梯度法求解。

(1) 由 $\boldsymbol{X}^{\mathrm{T}}\boldsymbol{A}\boldsymbol{X}=\boldsymbol{X}^{\mathrm{T}}\begin{bmatrix}a & b\\ b & c\end{bmatrix}\boldsymbol{X}\Rightarrow ax_1^2+2bx_1x_2+cx_2^2$,可得:$f(X)=\dfrac{1}{2}x_1^2+x_1x_2+x_2^2$。

(2) 输入变量名称及系数,求出偏导与二阶偏导并建立海塞矩阵,如图 4-60 中 A1:F5 单元格所示。

(3) 设初始点为 $\boldsymbol{X}^{(0)}=(1,1)^{\mathrm{T}}$ 并计算 $\Delta f(\boldsymbol{X}^{(0)})$ 与 $-\Delta f(\boldsymbol{X}^{(0)})$。

① 在 I3 单元格输入计算$\dfrac{\partial f}{\partial x_1}$值的公式“=\$D\$4 * G3+\$E\$4 * H3”,在 J3 单元格输入计算$\dfrac{\partial f}{\partial x_2}$值的公式“=\$D\$5 * G3+\$E\$5 * H3”。

② 在 K3、L3 单元格分别输入“=-I3”“=-J3”。

(4) 计算步长 λ_0。在 F3 单元格输入公式“=-MMULT(I3:J3,TRANSPOSE(K3:L3))/MMULT(K3:L3,MMULT(\$D\$4:\$E\$5,TRANSPOSE(K3:L3)))”。

(5) 计算 $X^{(1)}$。在 G4 单元格输入公式“=G3:H3+F3 * K3:L3”。

(6) 计算 β_0,$p^{(1)}$,λ_1。分别在 F4、G5 和 F5 单元格输入公式计算 β_0,$p^{(1)}$,λ_1,如图 4-60 中 B7:C9 单元格所示。

	A	B	C	D	E	F	G	H	I	J	K	L	M
1 2	x_1^2	x_2^2	x_1x_2	x_1	x_2	$\lambda_0,\beta_0,\lambda_1$	x_1	x_2	$\dfrac{\partial f}{\partial x_1}$	$\dfrac{\partial f}{\partial x_2}$	$-\dfrac{\partial f}{\partial x_1}$	$-\dfrac{\partial f}{\partial x_2}$	$\dfrac{\partial f}{\partial x_k}$, x_k公式
3	1/2	1	1			13/34	1	1	2	3	-2	-3	=\$D\$4*G3+\$E\$4*H3
4				1	1	1/1156	4/17	-5/34	3/34	-1/17	-3/34	1/17	=\$D\$5*G3+\$E\$5*H3
5				1	2	34/13	-26/289	14/249	-25/741	13/578	25/741	-13/578	=G3:H3+F3*K3:L3
6							0	0	=G4:H4+F5*G5:H5				=-I4:J4+F4*(K3:L3)
7	公式	λ_0	=-MMULT(I3:J3,TRANSPOSE(K3:L3))/MMULT(K3:L3,MMULT(\$D\$4:\$E\$5,TRANSPOSE(K3:L3)))										
8		β_0	=MMULT(I4:J4,TRANSPOSE(I4:J4))/MMULT(I3:J3,TRANSPOSE(I3:J3))										
9		λ_1	=-MMULT(I4:J4,TRANSPOSE(G5:H5))/MMULT(G5:H5,MMULT(D4:E5,TRANSPOSE(G5:H5)))										

图 4-60 共轭梯度法

(7) 计算 $X^{(2)}$。在 G6 单元格输入计算公式后得到极小点:$\boldsymbol{X}^{(2)}=(0,0)^{\mathrm{T}}$。

4.6.5 牛顿-拉弗森法

牛顿(Isaac Newton)是 17 世纪著名的数学家、物理学家,是现代物理、数学的重要奠基人。求解非线性方程的牛顿法(Newton's Method),也称为牛顿-拉弗森法(Newton-Raphson Method)。事实上,数学家 Joseph Raphson 在牛顿的《流数法》之前就在《通用方程分析》中提出了该方法。牛顿-拉弗森法是运用导数、偏导数及泰勒级数搜索函数近似根的方法,所以也可称为切线法。设正定二次函数 $f(x)$ 的海塞矩阵为 H,则牛顿-拉弗森法求解公式为 $X^{*}=X^{(0)}-H^{-}\nabla fX^{(0)}$。下面通过示例来讲解用牛顿-拉弗森法求解方法。

示例 4-29(胡运权主编《运筹学教程》第 5 版 6.13 题,清华大学出版社) 以 $\boldsymbol{X}^{(0)}=(0,0)^{\mathrm{T}}$ 为初始点,分别用最速下降法(迭代三次)和牛顿法求解无约束问题。

$$\min f(\boldsymbol{X})=2x_1^2+x_2^2+2x_1x_2+x_1-x_2$$

解 先将函数的变量及系数输入表格并对其求偏导,如图 4-61 中 A1:F5 单元格所示,然后用最速下降法和牛顿法求解,具体方法及操作步骤如下。

(1) 最速下降法求解。在 I3、J4:K4、L3:N3 分别输入计算 λ_0、$\boldsymbol{X}^{(1)}$、$\nabla f(\boldsymbol{X}^{(0)})$、$f(\boldsymbol{X}^{(0)})$ 的公式,如图 4-61 中 A8、O2:P7 单元格所示。然后将这些公式向下复制便可得到每次迭代计算结果。迭代 4 次的结果为 $\boldsymbol{X}=\left(-\dfrac{24}{25},\dfrac{36}{25}\right)^{\mathrm{T}}$ $\min f(\boldsymbol{X})=-\dfrac{5}{4}$。

(2) 牛顿-拉弗森法。在 D9 单元格输入计算 $\boldsymbol{H}^{-}$ 的公式"=MINVERSE(D4:E5)",在 J10 单元格输入计算 $\boldsymbol{X}^{*}$ 的公式"=J3:K3-TRANSPOSE(MMULT(D9:E10,TRANSPOSE(L3:M3)))"。求解结果为 $\boldsymbol{X}=\left(-1,\dfrac{3}{2}\right)^{\mathrm{T}}$ $\min f(X)=-\dfrac{5}{4}$,如图 4-61 所示。

	A	B	C	D	E	F	G	H	I	J	K	L	M	N	O	P
1	x_1^2	x_2^2	x_1x_2	x_1	x_2	c	方法	k	λ_k	x_1	x_2	$\Delta f(X^{(k)})$		$f(X^{(k)})$	公式	
2															$\Delta f(X^{(k)})$	=J3*$D$4+K3*$E$4+$F$4
3	2	1	2	1	-1		最	0	1	0	0	1	-1	0		=J3*$D$5+K3*$E$5+$F$5
4			H	4	2	1	速	1	1/5	-1	1	-1	-1	-1	$X^{(k)}$	=J3:K3-I3*(L3:M3)
5				2	2	-1	下	2	1	-4/5	6/5	1/5	-1/5	-6/5		=$A$3*J3^2+$B$3*K3^2+
6							降	3	1/5	-1	7/5	-1/5	-1/5	-31/25	$f(X^{(k)})$	$C$3*J3*K3+$D$3*J3+
7							法	4	1	-24/25	36/25	1/25	-1/25	-5/4		$E$3*K3
8	λ_k 公式			=MMULT(L3:M3,TRANSPOSE(L3:M3))/MMULT(MMULT(L3:M3,$D$4:$E$5),TRANSPOSE(L3:M3))												
9			H^{-}	1/2	-1/2		牛	0		0	0	1	-1	0		
10				-1/2	1		顿	1		-1	3/2			-5/4		
11			=MINVERSE(D4:E5)				法		X^{*}	=J3:K3-TRANSPOSE(MMULT(D9:E10,TRANSPOSE(L3:M3)))						

图 4-61 牛顿-拉弗森法

4.6.6 变尺度法(拟牛顿法)

变尺度法(Variable Metric Method)是一种拟牛顿法(Quasi-Newton Methods),也就是构造一个近似牛顿法中海塞逆矩阵的尺度矩阵作为对称正定迭代矩阵的方法,是物理学家 W.C.Davidon 于 1950 年首先提出的。1963 年,R. Fletcher 和 M.J.D. Powell 对这种算法做了重要改进和证明,故此方法也称为 DFP 变尺度法。其求解公式归纳如下。

$$\boldsymbol{X}^{(1)}=\boldsymbol{X}^{(0)}+\lambda_0\boldsymbol{P}^{(0)}\quad \lambda_k=-\frac{\nabla f(\boldsymbol{X}^{(k)})\boldsymbol{P}(\boldsymbol{X}^{(k)})^{\mathrm{T}}}{\boldsymbol{P}(\boldsymbol{X}^{(k)})\boldsymbol{AP}(\boldsymbol{X}^{(k)})^{\mathrm{T}}},\boldsymbol{P}^{(k)}=-\overline{\boldsymbol{H}}^{(k)}\nabla f(\boldsymbol{X}^{(k)})$$

$$\boldsymbol{X}^{(2)}=\boldsymbol{X}^{(1)}+\lambda_1\boldsymbol{P}^{(1)}\quad \overline{\boldsymbol{H}}^{(k+1)}=\overline{\boldsymbol{H}}^{(k)}+\frac{(\nabla\boldsymbol{X}^{(k)})^{\mathrm{T}}\nabla\boldsymbol{X}^{(k)}}{\nabla\boldsymbol{G}^{(k)}(\Delta\boldsymbol{X}^{(k)})^{\mathrm{T}}}-\frac{\overline{\boldsymbol{H}}^{(k)}(\nabla\boldsymbol{G}^{(k)})^{\mathrm{T}}\nabla\boldsymbol{G}^{(k)}\overline{\boldsymbol{H}}^{(k)}}{\nabla\boldsymbol{G}^{(k)}\overline{\boldsymbol{H}}^{(k)}(\Delta\nabla\boldsymbol{G}^{(k)})^{\mathrm{T}}}$$

$$\overline{\boldsymbol{H}}^{(0)}=\boldsymbol{I},\nabla\boldsymbol{X}^{(k)}=\boldsymbol{X}^{(k+1)}-\boldsymbol{X}^{(k)},\nabla\boldsymbol{G}^{(k)}=\nabla f(\boldsymbol{X}^{(k+1)})-\nabla f(\boldsymbol{X}^{(k)})$$

示例 4-30(胡运权主编《运筹学习题集》第 5 版 6.21 题,清华大学出版社) 用变尺度法重做示例 4-28,并将计算结果和过程同示例 4-28 进行比较。

解 将变量名称、参数及系数输入表格,如图 4-62 中 A1:E2 单元格所示,然后按如下方法和步骤操作。

(1) 求出偏导并输入单位矩阵 $\overline{\boldsymbol{H}}^{(0)}$ 和 $\boldsymbol{X}^{(0)}$,如图 4-62 中 D3:E4、A5:C6、H1:I2 单元格所示。

(2) 计算$\nabla f(X^{(0)})$、$P^{(0)}$。在 L2、M2 单元格分别输入"=$D$3*H2+$E$3*I2""=$D$4*H2+$E$4*I2",在 N2 单元格输入公式"=TRANSPOSE(-MMULT(B5:C6,TRANSPOSE(L2:M2)))"。

(3) 计算 λ_0。在 G2 单元格输入计算公式"=-MMULT(L2:M2,TRANSPOSE(N2:O2))/MMULT(N2:O2,MMULT($D$3:$E$4,TRANSPOSE(N2:O2)))"。

(4) 计算$\nabla X^{(0)}$、$\nabla G^{(0)}$。在 J2、P2 单元格输入公式"=H3:I3-H2:I2""=L3:M3-L2:M2"。

(5) 计算 $\overline{\boldsymbol{H}}^{(1)}$。在 F5 单元格输入公式"=B5:C6+MMULT(TRANSPOSE(J2:K2),J2:K2)/MMULT(P2:Q2,TRANSPOSE(J2:K2))-MMULT(MMULT(B5:C6,TRANSPOSE(P2:Q2)),MMULT(P2:Q2,B5:C6))/MMULT(P2:Q2,MMULT(B5:C6,TRANSPOSE(P2:Q2)))"。

(6) 计算 $\boldsymbol{X}^{(1)}$、$\nabla f(\boldsymbol{X}^{(1)})$和 $\boldsymbol{P}^{(1)}$。在 H3 单元格输入公式"=H2:I2+G2*N2:O2",将 L2:M2 单元格复制到 L3:M3 单元格,在 N3 单元格输入公式"=TRANSPOSE(-MMULT(F5:G6, TRANSPOSE(L3:M3)))"。

(7) 计算 λ_1、$\boldsymbol{X}^{(2)}$。将 G2 单元格复制到 G3 单元格,将 H3 单元格复制到 H4 单元格。计算结果为 $\boldsymbol{X}^{(2)}=(0,0)^{\mathrm{T}}$,如图 4-62 所示。

从上述计算过程看,变尺度法与共轭梯度法比较,结果一致,迭代计算次数较少。

	A	B	C	D	E	F	G	H	I	J	K	L	M	N	O	P	Q
1	x_1^2	x_2^2	x_1x_2	x_1	x_2	k	λ_k	$X^{(k)}$		$\nabla X^{(0)}$		$\nabla f(X^{(k)})$		$p^{(k)}$		$\nabla G^{(0)}$	
2	1/2	1	1			0	13/34	1	1	-13/17	-39/34	2	3	-2	-3	-65/34	-52/17
3				1	1	1	89/34	4/17	-5/34			3/34	-1/17	-8/89	5/89	=L3:M3-L2:M2	
4				1	2	2		0	0	X_1	=H2:I2+G2*N2:O2			X_2	=H3:I3+G3*N3:O3		
5	$\overline{H}^{(0)}$	1	0	$\overline{H}^{(1)}$		1	-3/11	=B5:C6+MMULT(TRANSPOSE(J2:K2),J2:K2)/MMULT(P2:Q2,TRANSPOSE(J2:K2))-MMULT(MMULT(B5:C6,TRANSPOSE(P2:Q2)),MMULT(P2:Q2,B5:C6))/MMULT(P2:Q2,MMULT(B5:C6,TRANSPOSE(P2:Q2)))									
6		0	1			-3/11	6/11										
7	公式	λ_1	=-MMULT(L3:M3,TRANSPOSE(N3:O3))/MMULT(N3:O3,MMULT($D$3:$E$4,TRANSPOSE(N3:O3)))														
8		$p^{(0)}$	=TRANSPOSE(-MMULT(B5:C6,TRANSPOSE(L2:M2)))								$p^{(1)}$	=TRANSPOSE(-MMULT(F5:G6,TRANSPOSE(L3:M3)))					

图 **4-62** 变尺度法

4.6.7 库恩-塔克条件

在现实社会中,绝大部分非线性规划问题都会受到一定约束。求解这种带有约束条件的非线性规划的难点是如何判断和确定最优解。1951 年,数学家和经济学家库恩(Harold William Kuhn)和他的导师塔克(Albert Tucker)提出了约束极值问题的最优化条件,也就是库恩-塔克(Kuhn-Tucker Conditions)。多年之后,人们发现,早在 1939 年数学家和物理学家卡罗需(William Karush)在他的硕士学位论文中提出过同样的最优化条件。因此,库恩-塔克条件也称为卡罗需-库恩-塔克条件(Karush-Kuhn-Tucker Conditions, KKT)。KKT 条件是非线性规划领域最重要的理论基础,是求解非线性约束极值问题的规则条件。

考虑一般非线性规划问题

$$\min f(X)$$

$$\text{s.t.}\begin{cases} h_i(X)=0(h_i(X)\geqslant 0,-h_i(X)\geqslant 0) & i=1,2,\cdots,m \\ g_j(X)\geqslant 0 & j=1,2,\cdots,l \end{cases}$$

其中，$f(X)$、$h_i(X)$、$g_j(X)$连续可微，KKT 最优化条件为

$$\begin{cases} \nabla f(X^*)-\sum_{i=1}^{m}\lambda_i \Delta h_i(X^*)-\sum_{j=1}^{l}\gamma_j \Delta g_j(X^*)=0 \\ \gamma_j g_j(X^*)=0, \quad j=1,2,\cdots,l \\ \gamma_j \geqslant 0 \quad j=1,2,\cdots,l \end{cases}$$

式中，λ_i，γ_j 称为广义拉格朗日乘子(Lagrange multipliers)。

示例 4-31(胡运权主编《运筹学习题集》第 5 版 6.30 题，清华大学出版社)　分别写出下述非线性规划问题的库恩-塔克条件，并根据这些条件求解非线性规划问题。

(a) $\max f(X)=\ln(x_1+x_2)$

$$\text{s.t.}\begin{cases} x_1+2x_2\leqslant 5 \\ x_1\geqslant 0 \\ x_2\geqslant 0 \end{cases}$$

(b) $\min f(X)=x_1^2+x_2^2+x_3^2$

$$\text{s.t.}\begin{cases} 5-2x_1-x_2\geqslant 0 \\ 2-x_1-x_3\geqslant 0 \\ x_1-1\geqslant 0 \\ x_2-2\geqslant 0 \\ x_3\geqslant 0 \end{cases}$$

解　(a) 题，令 $f'(X)=-f(X)$ 并将 $x_1+2x_2\leqslant 5$ 写成 $5-x_1-2x_2\geqslant 0$ 后，解答如下。

(1) 对目标函数及约束方程求偏导，然后按照定义写出库恩-塔克条件。

$$\begin{cases} \dfrac{\partial f'(X)}{\partial x_1}-\sum_{j=1}^{m}\gamma_j \dfrac{\partial g_j(X)}{\partial x_1}=-\dfrac{1}{x_1+x_2}+\gamma_1-\gamma_2=0 \\ \dfrac{\partial f'(X)}{\partial x_2}-\sum_{j=1}^{m}\gamma_j \dfrac{\partial g_j(X)}{\partial x_2}=-\dfrac{1}{x_1+x_2}+2\gamma_1-\gamma_3=0 \\ \gamma_1(5-x_1-2x_2)=0 \\ \gamma_2 x_1=0 \\ \gamma_3 x_2=0 \\ \gamma_1,\gamma_2,\gamma_3\geqslant 0 \end{cases}$$

(2) 将变量、拉格朗日乘子、系数及约束条件公式输入表格，如图 4-63 中 A1:G7 所示。

① 在 A1:G1 单元格输入变量、拉格朗日乘子、常数和右端项(RHS)名称。

② A2:E2 作为求解 x_1，x_2，γ_1，γ_2，γ_3 的目标单元格，可输入暂估值 0 或 1。

③ 在 A3:E7 单元格输入约束条件变量和乘子的系数。

④ 在 G3 单元格输入公式"=IF(-(1/(A3 * $A$2+B3 * $B$2))+C3 * $C$2+D3 * $D$2+E3 * $E$2=0,,"不符")"并将其复制到 G4 单元格，在 G5:G7 单元格分别输入公式"=IF((C2 * (A5 * A2+B5 * B2+F5))=0,,"不符")""=IF(D6 * D2 * A6 * A2=0,,"不符")""=IF(E7 * E2 * B7 * B2=0,, "不符")"，如图 4-63 中 G3:G7 所示。

(3) 用枚举法对 γ_1，γ_2，γ_3 的取值进行分析，并将取值方案输入目标单元格，用输入束条件公式验证是否符合约束。

① 令 $\gamma_1=0$，则有 $\gamma_2=\gamma_3=-\dfrac{1}{x_1+x_2}<0$，不符合约束。

② 令 $\gamma_1 \neq 0, \gamma_2 = 0$，取 $\gamma_3 = 0$，则有 $\gamma_2 = -\frac{1}{5} < 0$，不符合约束。

③ 令 $\gamma_1 \neq 0, \gamma_2 = 0, \gamma_3 \neq 0$，解得 $x_1 = 5, x_2 = 0, \gamma_1 = \gamma_3 = \frac{1}{5}, \gamma_2 = 0$ 为问题的最优解，$\max f(X) = 1.6094$。

分析过程与结果如图 4-63 中 H1:P7 所示。

	A	B	C	D	E	F	G	H	I	J	K	L	M	N	O	P
1	x_1	x_2	γ_1	γ_2	γ_3	c	RHS	$\gamma_1=0$	$\gamma_2=\gamma_3=(-1/(x_1+x_2))<0$				不符			
2	5	0	1/5	0	1/5			$\gamma_1\neq 0$	$5-x_1-2x_2=0$							
3	1	1	1	-1			0		$\gamma_2=0$	$\gamma_1=1/(x_1+x_2)$		$\gamma_3\neq 0$	$x_2=0$	$x_1=5$	$\gamma_1=1/5$	$\gamma_3=1/5$
4	1	1	2		-1		0					$\gamma_3=0$	$\gamma_1=1/5$	$\gamma_2=-1/5<0$		不符
5	-1	2				5	0		$\gamma_2\neq 0$	$x_1=0$	$x_2=5/2$	$\gamma_3=0$	$\gamma_1=1/5$	同上		
6	1			1			0					$\gamma_3\neq 0$	$x_2=0$	出现分母为零		
7		1			1		0	$\max f(x)$				1.6094				

图 4-63 KKT 条件示例(a)

(b) 题，解答如下。

(1) 对目标函数及约束方程求偏导，然后按照定义写出库恩-塔克条件。

$$\begin{cases} 2x_1+2\gamma_1+\gamma_2-\gamma_3=0 & \gamma_1(5-2x_1-x_2)=0 & \gamma_4(x_2-2)=0 \\ 2x_2+\gamma_1-\gamma_4=0 & \gamma_2(2-x_1-x_3)=0 & \gamma_5 x_3=0 \\ 2x_3+\gamma_2-\gamma_5=0 & \gamma_3(x_1-1)=0 & \gamma_1,\gamma_2,\gamma_3,\gamma_4,\gamma_5 \geqslant 0 \end{cases}$$

(2) 将变量、拉格朗日乘子名称、系数及约束公式输入表格，如图 4-64 中 A1:J10 单元格所示。

	A	B	C	D	E	F	G	H	I	J	K	L	M	N	O	P	Q	R
1	x_1	x_2	x_3	γ_1	γ_2	γ_3	γ_4	γ_5	c	RHS	$\gamma_5 x_3$			$\gamma_4(x_2-2)$		$\gamma_3(x_1-1)$		
2	1	2	0	0	0	2	4	0			$\gamma_5=0$	$x_3=0$	$\gamma_2=0$	$\gamma_4\neq 0$	$x_2=2$	$\gamma_3\neq 0$	$x_1=1$	$\gamma_1=\gamma_2=0$
3	2			2	1	-1				0							$\gamma_3=2$	$\gamma_4=4$
4		2		1			-1			0						$\gamma_3=0$	$\gamma_1=-x_1$	不符
5			2		1			-1		0				$\gamma_4=0$	$\gamma_1=-2x_2$		不符	
6	-2	-1							5	0	$\gamma_5=0$	$x_3\neq 0$	$2x_3+\gamma_2>0$	不符				
7	-1		-1						2	0	$\gamma_5 x_3$					$\gamma_4(x_2-2)$		
8	1								-1	0	$\gamma_5\neq 0$	$x_3=0$	$\gamma_2=\gamma_5$	$x_1=2$	$\gamma_3=0$	$\gamma_4\neq 0$	$x_2=2$	
9		1							-2	0						$5-2x_1-x_2<0$		不符
10			1							0						$\gamma_4=0$	$\gamma_1=-2x_2$	不符
11	=IF((SUMPRODUCT(A3:H3,$A$2:$H$2)+I3)=0,,"No")										=IF((SUMPRODUCT(A6:H6,$A$2:$H$2)+I6)*D2=0,,"No")							

图 4-64 KKT 条件示例(b)

① 在 A1:J1 单元格输入变量、拉格朗日乘子、常数名称和 RHS。

② 将 A2:H2 单元格作为求解 $x_1, x_2, x_3, \gamma_1, \gamma_2, \gamma_3, \gamma_4, \gamma_5$ 的目标单元格。

③ 在 J3 单元格输入公式"=IF((SUMPRODUCT(A3:H3,$A$2:$H$2)+I3)=0,,"No")"并将其复制到 J4:J10 单元格。由于第 4～7 个约束条件方程都有 1 个不同乘数 γ_j，因此需要对 J6:J10 单元格中复制的公式进行适当修改。将 J6 单元格中的公式更改为"=IF((SUMPRODUCT(A6:H6,$A$2:$H$2)+I6)*D2=0,,"No")"，其中，"D2"是添加的乘数 γ_1。按此方法将 J7:J10 单元格中的聚合项分别均乘以 E2、F2、G2、H2($\gamma_2, \gamma_3, \gamma_4, \gamma_5$)，如图 4-64 中 J3:J10、A11:L11 单元格所示。

(3) 进行分析求解。利用输入的条件公式可以清晰和快捷地分析 γ_j 取值与解的关系。例如，在 F2 单元格(γ_1)输入"0"或其他值，与其有关的条件等式右边项(RHS)会返回相应的结果。本例最优解为：$x_1=1, x_2=2, x_3=0; \gamma_1, \gamma_2, \gamma_5=0, \gamma_3=2, \gamma_4=4, \min f(X)=5$。分析过程如图 4-64 中 K1:R10 单元格所示。

提示

当一般非线性规划问题的约束条件用 $g_j(X)\leqslant 0$ 表述时，KKT 条件拉格朗日函数的形式为

$$\nabla f(X^*)+\sum_{i=1}^{m}\lambda_i\nabla h_i(X^*)+\sum_{j=1}^{l}\gamma_j\nabla g_j(X^*)=0$$

4.6.8　二次规划

二次规划(Quadratic Programming)是指二次目标函数与线性约束构成的规划，是一般非线性规划问题的一种特例。二次规划问题在土木及环境工程、信息工程、金融投资等许多领域普遍存在。20 世纪 50 年代 Princeton 大学的 Wolfe and Frank 首次探讨了求解二次规划的理论方法：凸集上最小化光滑凸函数的一阶方法。近年来，二次规划问题引起了人们的极大兴趣，并被广泛应用于求解非线性约束优化问题。标准形二次规划问题模型可表述为

$$\min f(\boldsymbol{X})=\boldsymbol{q}^{\mathrm{T}}\boldsymbol{X}+\frac{1}{2}\boldsymbol{X}^{\mathrm{T}}\boldsymbol{Q}\boldsymbol{X}$$

$$\text{s.t.}\begin{cases}\boldsymbol{AX}=a\\ \boldsymbol{BX}\leqslant b\\ \boldsymbol{X}\geqslant 0\end{cases}$$

其中，$\frac{1}{2}\boldsymbol{X}^{\mathrm{T}}\boldsymbol{Q}\boldsymbol{X}$ 包含目标函数的所有二次项，$\boldsymbol{Q}$ 是函数的海塞矩阵(Hessian Matrix)，在二次项前面加上 1/2 是为了去掉二阶多项式求导的系数；$\boldsymbol{q}^{\mathrm{T}}\boldsymbol{X}$ 包含所有的线性项，$\boldsymbol{q}$ 则是函数的梯度(Gradient)；$\boldsymbol{AX}=a$ 表示所有线性等式约束，$\boldsymbol{BX}\leqslant b$ 表示所有线性不等式约束。

运用库恩-塔克条件可以将此类二次规划问题转换为线性规划，然后用单纯形法求解。下面举例介绍二次规划问题的求解方法。

示例 4-32(胡运权主编《运筹学习题集》第 5 版 6.32 题，清华大学出版社)　求二次规划：

$$\max f(X)=5x_1+x_2-(x_1-x_2)^2$$

$$\text{s.t.}\begin{cases}x_1+x_2\leqslant 2\\ x_1\geqslant 0,x_2\geqslant 0\end{cases}$$

解　先求出规划的库恩-塔克条件，将问题转换为线性规划，然后用单纯形法求解。

(1) 将二次规划问题整理成标准形。令 $f'(X)=-f(X)$，则有

$$\min f'(X)=-5x_1-x_2+(x_1-x_2)^2=-5x_1-x_2+\frac{1}{2}(2x_1^2-2x_1x_2-2x_2x_1+2x_2^2)$$

$$\text{s.t.}\begin{cases}2-x_1-x_2\geqslant 0\\ x_1\geqslant 0,x_2\geqslant 0\end{cases}$$

(2) 对目标函数及约束方程求偏导，并按照定义写出库恩-塔克条件(用 y_j 代替 γ_j)：

$$\begin{cases}-5+2x_1-2x_2+y_3-y_1=0 & y_3(2-x_1-x_2)=0\\ -1-2x_1+2x_2+y_3-y_2=0 & y_1x_1=0,y_2x_2=0\end{cases}$$

然后将变量和系数输入工作表，如图 4-65 所示。

（3）设 z_1,z_2,x_3 为人工变量，可写出该问题的线性规划方程

$$\min \varphi(z)=z_1+z_2+x_3$$

$$\text{s.t.}\begin{cases}2x_1-2x_2+y_3-y_1+z_1=5\\-2x_1+2x_2+y_3-y_2+z_2=1\\x_1+x_2+x_3=2\\x_1,x_2,x_3,y_1,y_2,y_3,z_1,z_2\geqslant 0\end{cases}$$

	A	B	C	D	E	F	G	H	I	J	K	L
1	x_1^2	x_2^2	x_1x_2	x_1	x_2	x_3	b	y_3	y_2	y_1	z_1	z_2
2	1	1	-2	-5	-1							
3				2	-2		-5	1		-1	1	
4				-2	2		-1	1	-1			1
5				1	1	1	-2					

$-5+2x_1-2x_2+y_3-y_1=0$

$-1-2x_1+2x_2+y_3-y_2=0$

$y_3(2-x_1-x_2)$

图 4-65　二次规划的 KKT 条件

（4）用单纯形法求解。为便于计算，在表中统一用 $x_4,x_5,\cdots,x_8$ 替换 y_3,y_2,y_1,z_1,z_2。

① 建立初始单纯形表，输入数据并找出基可行解，如图 4-66 中 A1:L5 单元格所示。其中，基可行解为$(x_7,x_8,x_3)^{\mathrm{T}}=(5,1,2)^{\mathrm{T}}$。

② 计算检验数和 θ 值并确定换出和换入变量。在 D6 单元格输入检验数公式“＝D$1－($A3*D3＋$A4*D4＋$A5*D5)”并将其复制到 E6:K6 单元格，确定换入变量为 x_4；在 L3 单元格输入 θ 值公式“＝IF(G3＞0,C3/G3,"")”并将其复制到 L4:L5 单元格，确定换出变量为 x_8。大多数情况下检验数公式只需输入一次，后续计算均可直接复制。

③ 添加新表并进行迭代计算。根据第 2 次迭代计算的检验数和 θ 值，确定换入变量为 x_1，换出变量为 x_7，输入的计算公式如图 4-66 中 M7:M10 单元格所示。

④ 重复上述②③，完成第 3 次迭代后便可得到最优解，如图 4-66 中 A6:L18 所示。最优解为：$x_1=\dfrac{3}{2},x_2=\dfrac{1}{2},y_3=3;x_3,y_1,y_2,z_1,z_2=0,\max f(\boldsymbol{X})=7$。

	A	B	C	D	E	F	G	H	I	J	K	L	M	N
1	C_j			0	0	1	0	0	0	1	1	θ	公式	
2	C_B	基	b	x_1	x_2	x_3	x_4	x_5	x_6	x_7	x_8			
3	1	x_7	5	2	-2	0	1	0	-1	1	0	5		
4	1	x_8	1	-2	2	0	1	-1	0	0	1	1	=IF(G4>0,C4/G4," ")	
5	1	x_3	2	1	1	1	0	0	0	0	0			
6	检验数	c_j-z_j		-1	-1	0	-2	1	1	0	0		=D$1-($A3*D3+$A4*D4+$A5*D5)	
7	1	x_7	4	4	-4	0	0	1	-1	1	-1	1	=G3-G8	
8	0	x_4	1	-2	2	0	1	-1	0	0	1		=G4	
9	1	x_3	2	1	1	1	0	0	0	0	0	2	=G5	
10	检验数	c_j-z_j		-5	3	0	0	-1	1	0	2		=D$1-($A7*D7+$A8*D8+$A9*D9)	
11	0	x_1	1	1	-1	0	0	1/4	-1/4	1/4	-1/4		=D7/4	
12	0	x_4	3	0	0	0	1	-1/2	-1/2	1/2	1/2		=D8+D11*2	
13	1	x_3	1	0	2	1	0	-1/4	1/4	-1/4	1/4	1/2	=D9-D11	
14	检验数	c_j-z_j		0	-2	0	0	1/4	-1/4	5/4	3/4		=D$1-($A11*D11+$A12*D12+$A13	
15	0	x_1	3/2	1	0	1/2	0	1/8	-1/8	1/8	-1/8		=E11+E17	
16	0	x_4	3	0	0	0	1	-1/2	-1/2	1/2	1/2		=E12	
17	0	x_2	1/2	0	1	1/2	0	-1/8	1/8	-1/8	1/8		=E13/2	
18	检验数			0	0	1	0	0	0	1	1	max $f(x)$	7	=5*C15+C17-(C15-C17)^2

图 4-66　用单纯形法求解二次规划

4.6.9　可行方向法

可行方向法(Feasible Directions Methods)是 1960 年 G.Zoutendijk 提出的求解约束非

线性规划问题的方法,因此,也称为 Zoutendijk Method。该方法在工程、金融等领域得到了广泛应用。FDM 方法的基本思路是从问题的一个可行基本向量开始,在可行域内沿目标函数单调下降方向搜索迭代点并更新可行向量,直到求得最优解。下面的示例将介绍此方法。

示例 4-33(胡运权主编《运筹学习题集》第 5 版 6.36 题,清华大学出版社)　用可行方向法求解非线性规划,以 $\boldsymbol{X}^{(0)}=(0,0.75)^{\mathrm{T}}$ 为初始点,迭代两步。

$$\min f(X)=2x_1^2+2x_2^2-2x_1x_2-4x_1-6x_2$$

$$\text{s.t.}\begin{cases}x_1+5x_2\leqslant 5\\2x_1^2-x_2\leqslant 0\\x_1\geqslant 0,x_2\geqslant 0\end{cases}$$

解　用 FDM 方法求解的步骤及说明如下。

(1) 对约束及目标函数进行分析,构建求解可行下降方向 $\boldsymbol{D}$ 向量的线性方程。

① 确定起作用的约束。将初始点 $\boldsymbol{X}^{(0)}=(0,0.75)^{\mathrm{T}}$ 代入约束方程,如果该点已经在某约束边界(等于约束值),表明该约束起作用。显然 $x_1\geqslant 0(g_3)$为起作用约束。

② 对目标函数及起作用约束求偏导,构建方程,求出搜索方向 $\boldsymbol{D}=(d_1,d_2)^{\mathrm{T}}$。首先将变量名称、系数及 $\boldsymbol{X}^{(0)}$ 点等数据输入表格,并填入求偏导后的变量系数。如图 4-67 中 A1:G9、H1:K2 所示。之后,计算 $\nabla f(\boldsymbol{X}^{(0)})$,$\nabla g_3(\boldsymbol{X}^{(0)})$。在 N2 单元格输入公式“＝＄E＄3＊J2＋＄F＄3＊K2＋＄G＄3”,在 O2 单元格输入公式“＝＄E＄4＊J2＋＄F＄4＊K2＋＄G＄4”,分别在 P2、Q2 单元格输入“－1”“0”,即 $\nabla g_3(\boldsymbol{X}^{(0)})=(-1,0)$,如图 4-67 中 N1:Q2 所示。

	A	B	C	D	E	F	G	H	I	J	K	L	M	N	O	P	Q
1	$f(X)$	x_1^2	x_2^2	x_1x_2	x_1	x_2	c	k	λ	$X^{(k)}$		$D^{(k)}$		$\nabla f(X^{(k)})$		$\nabla g_3(X^{(0)})$	
2		2	2	-2	-4	-6		0		0	0.75	d_1	d_2	-5.5	-3	-1	0
3	$\partial f/\partial x_1$				4	-2	-4	1	λ_1	λ_1	0.75-λ_1	1	-1	-4.25	-4.25	$f(X)$	
4	$\partial f/\partial x_2$				-2	4	-6		0.2083	0.2083	0.5417					-3.3750	
5							RHS	2	λ_2	0.2083+λ_2	0.5417+λ_2	1	1			-3.6354	
6	s.t1				1	5	5		0.3472	0.5555	0.8889					-6.3455	
7	s.t2	2				-1	0	λ_1^2	2	$\lambda_1\leq$	0.4114			$\lambda_2\leq$		0.3472	
8	s.t3				-1		0	λ_1	1	=(-I8+SQRT(I8^2-4*I7*I9))/(2*I7)			λ_2	6	=E6+F6	=N9/N8	
9	s.t4					-1	0	c	-0.75				c	2.0832	=G6-(E6*J4+F6*K4)		

图 4-67　可行方向法计算表

③ 构建可行方向线性规划问题。

$$\min \eta \qquad\qquad\qquad\qquad\qquad\qquad \min \eta$$

$$\text{s.t.}\begin{cases}\nabla f\ (\boldsymbol{X}^{(k)})^{\mathrm{T}}D\leqslant\eta, & \eta<0\\-\nabla g_j\ (\boldsymbol{X}^{(k)})^{\mathrm{T}}D\leqslant\eta, & j\in J(\boldsymbol{X}^{(k)})\\-1\leqslant d_i\leqslant 1, & i=1,2,\cdots,n\end{cases}\Rightarrow\quad\text{s.t.}\begin{cases}-5.5d_1-3d_2\leqslant\eta\\-d_1\leqslant\eta\\-1\leqslant d_1,d_2\leqslant 1\end{cases}$$

(2) 用单纯形法求解线性规划,确定搜索向量 $\boldsymbol{D}^{(1)}$。

① 将线性规划问题整理为标准形。令 $x_1=d_1+1,x_2=d_2+1,x_3=-\eta$ 并添加松弛变量 x_4,x_5,x_6,x_7 和人工变量 x_8,x_9,将此规划整理为(大 M 法)

$$\min -x_3+Mx_7+Mx_8$$

$$\text{s.t.}\begin{cases}5.5x_1+3x_2-x_3-x_4+x_8=8.5\\x_1-x_3-x_5+x_9=1\\x_1+x_6=2\\x_2+x_7=2\end{cases}$$

② 建立单纯形表并按大 M 法进行迭代计算后得到一组最优解 $x_1=2, x_2=0, x_3=1$。如图 4-68 所示。还原后得：$\boldsymbol{D}^{(1)}=(d_1, d_2)^{\mathrm{T}}=(1,-1)^{\mathrm{T}}, \eta=-1$。

	A	B	C	D	E	F	G	H	I	J	K	L	M
1		C_j		0	0	-1	0	0	0	0	1M	1M	θ
2	C_B	基	b	x_1	x_2	x_3	x_4	x_5	x_6	x_7	x_8	x_9	
3	1M	x_8	17/2	11/2	3	-1	-1	0	0	0	1	0	17/11
4	1M	x_9	1	1	0	-1	0	-1	0	0	0	1	1
5	0	x_6	2	1	0	0	0	0	1	0	0	0	2
6	0	x_7	2	0	1	0	0	0	0	1	0	0	
7	检验数	C_j-Z_j		0	0	-1	0	0	0	0	1	1	
8				-6.5M	-3M	2M	1M	1M	0	0	0	0	
27	-1	x_3	1	0	0	1	0	1	1	0	0	-1	
28	0	x_1	2	1	0	0	0	0	1	0	0	0	
29	0	x_4	3/2	0	-3	0	1	-1	9/2	0	-1	1	
30	0	x_7	2	0	1	0	0	0	0	1	0	0	2/1
31	检验数	C_j-Z_j		0	0	0	0	1	1	0	0	-1	
32											1M	1M	

图 4-68 用单纯形法求解可行向量 $\boldsymbol{D}^{(1)}$

(3) 计算搜索步长 λ，如图 4-67 中 H1:K9 所示。

① 将 $\boldsymbol{X}^{(1)}=\boldsymbol{X}^{(0)}+\lambda\boldsymbol{D}^{(1)}=\begin{pmatrix}0\\0.75\end{pmatrix}+\lambda\begin{pmatrix}1\\-1\end{pmatrix}=\begin{pmatrix}\lambda\\0.75-\lambda\end{pmatrix}$ 代入约束条件不等式，可知 λ 上界由约束 $2x_1^2-x_2=2\lambda^2-(0.75-\lambda)=2\lambda^2+\lambda-0.75\leqslant 0$ 确定。于是，在 K7 单元格输入该约束方程求根公式“=(-I8+SQRT(I8^2-4 * I7 * I9))/(2 * I7)”，可得 $0\leqslant\lambda\leqslant 0.4114$。

② 将 $\boldsymbol{X}^{(1)}$ 代入目标函数 $\min f(\boldsymbol{X})=2x_1^2+2x_2^2-2x_1x_2-4x_1-6x_2$ 可得：

$$
\begin{aligned}
f(\boldsymbol{X}^{(1)}) &= 2\lambda^2+2(0.75-\lambda)^2-2\lambda(0.75-\lambda)-4\lambda-6(0.75-\lambda) \\
&= 6\lambda^2-2.5\lambda-3.375
\end{aligned}
$$

令 $f'(\boldsymbol{X}^{(1)})=0$，解得 $\lambda=\dfrac{2.5}{12}=0.2083$。

(4) 计算 $\boldsymbol{X}^{(1)}$。在 J3 单元格输入公式“=J2:K2+I2 * L2:M2”，得到第一次迭代结果：

$$\boldsymbol{X}^{(1)}=(0.2083, 0.5417)^{\mathrm{T}}。$$

(5) 构建新一轮下降方向 $\boldsymbol{D}$ 向量的线性方程。

① 将 $\boldsymbol{X}^{(1)}$ 代入约束，经分析该点无有效约束。

② 计算 $\nabla f(\boldsymbol{X}^{(1)})$。将 N2:O2 单元格复制到 N3:O3 单元格便可得到 $\nabla f(\boldsymbol{X}^{(1)})$ 值。然后根据公式构建线性规划：

$$
\begin{aligned}
&\min \eta \\
&\text{s.t.}\begin{cases}-4.25d_1-4.25d_2\leqslant\eta \\ -1\leqslant d_1, d_2\leqslant 1\end{cases}
\end{aligned}
$$

(6) 用单纯形法求解线性规划，确定搜索向量 $\boldsymbol{D}^{(2)}$。

① 将线性规划问题整理为标准形。令 $x_1=d_1+1, x_2=d_2+1, x_3=-\eta$ 并添加松弛变量 x_4, x_5, x_6 和人工变量 x_7，将此规划整理为(大 M 法)

$$
\begin{aligned}
&\min -x_3+Mx_7 \\
&\text{s.t.}\begin{cases}4.25x_1+4.25x_2-x_3-x_4+x_7=8.5 \\ x_1+x_5=2 \\ x_2+x_6=2\end{cases}
\end{aligned}
$$

② 建立单纯形表并按大 M 法进行迭代计算后得到一组最优解，如图 4-69 所示。

$x_1=2, x_2=2, x_3=8.5$，还原后得：$\boldsymbol{D}^{(2)}=(d_1, d_2)^{\mathrm{T}}=(1,1)^{\mathrm{T}}, \eta=-8.5$。

（7）计算搜索步长 λ。

① 将 $\boldsymbol{X}^{(2)}=\boldsymbol{X}^{(1)}+\lambda\boldsymbol{D}^{(2)}=\begin{pmatrix}0.2083\\0.5417\end{pmatrix}+\lambda\begin{pmatrix}1\\1\end{pmatrix}=\begin{pmatrix}0.2083+\lambda\\0.5417+\lambda\end{pmatrix}$代入约束条件不等式，由约束 $x_1+5x_2=0.2083+\lambda+5(0.5417+\lambda)\leqslant 5$，可得 $0\leqslant\lambda\leqslant 0.3472$。

② 将 $\boldsymbol{X}^{(2)}$ 代入目标函数 $\min f(\boldsymbol{X})=2x_1^2+2x_2^2-2x_1x_2-4x_1-6x_2$ 可得：

$$f(\boldsymbol{X}^{(2)})=2\lambda^2-8.5\lambda-3.6354$$

令 $f'(\boldsymbol{X}^{(2)})=0$，解得 $\lambda=\dfrac{8.5}{4}=2.125>0.3472$，故取 $\lambda=0.3472$。

（8）将 J3 单元格复制到 J6 单元格便可得到第二次迭代结果：$\boldsymbol{X}^{(2)}=(0.5555, 0.8889)^{\mathrm{T}}$，如图 4-67 中 H5:K6 单元格所示。

	A	B	C	D	E	F	G	H	I	J	K
1		C_j		0	0	-1	0	0	0	1M	θ
2	C_B	基	b	x_1	x_2	x_3	x_4	x_5	x_6	x_7	
3	1M	x_5	17/2	17/4	17/4	-1	-1	0	0	1	2
4	0	x_6	2	1	0	0	0	1	0	0	2
5	0	x_7	2	0	1	0	0	0	1	0	
6	检验数	C_j-Z_j		0	0	-1	0	0	0	0	
7				-4.25M	-4.25M	1M	1M	0	0	0	
18	0	x_1	2	1	0	0	0	1	0	0	
19	-1	x_3	17/2	0	0	1	1	17/4	17/4	-1	
20	0	x_2	2	0	1	0	0	0	1	0	
21	检验数	C_j-Z_j		0	0	0	1	17/4	17/4	-1	
22				0	0	0	0	0	0	1M	

图 4-69　用单纯形法求解可行向量 $\boldsymbol{D}^{(2)}$

4.6.10　制约函数法

制约函数法也称为 SUMT（Sequential Unconstrained Minimization Technique）法，是一种求解约束非线性规划问题的方法，其基本思路是将约束条件设计为惩罚函数（Penalty Function），添加至规划目标，从而将求解约束问题转换为求解无约束问题。20 世纪 50 年代到 20 世纪 60 年代，Fiacco、McCormick 和 C.W.Carroll 研究提出了求解约束非线性规划问题的 SUMT 法。1967 年，W.I.Zangwill 对这种方法进行了改进，引入了增广拉格朗日法。1969 年，Powell 和 Hestenes 提出等式约束问题的拉格朗日乘子法。1973 年，Rock-fellar 推广提出了广义拉格朗日乘子法。制约或惩罚函数法可分为两类：一是外惩罚法（Exterior Penalty Methods）或外点法；二是内惩罚法（Interior Penalty Methods）或障碍函数法或内点法。

对于约束非线性规划问题：

$$\min f(X)$$
$$\text{s.t.}\begin{cases}g_i(X)\geqslant 0 & (i=1,2,\cdots,m)\\ h_j(x)=0 & (j=1,2,\cdots,l)\end{cases}$$

外点法或惩罚函数法的一般形式可描述为

$$P(X, M_k)=f(X)+M_k\sum_{i=1}^{m}[\min(0, g_i(X))]^2+\sum_{j=1}^{l}h_j{}^2(x)$$

式中，$P(X,M_k)$为惩罚函数；M_k 为惩罚因子；$M_k\sum_{i=1}^{m}g_i(X)^2$ 为惩罚项。

内点法或障碍函数法的一般形式可描述为

$$P(X,r_k)=f(X)+r_k\sum_{i=1}^{m}\frac{1}{g_i(X)}(r_k>0)$$

或

$$P(X,r_k)=f(X)-r_k\sum_{i=1}^{m}\log(g_i(X))(r_k>0)$$

式中，$P(X,r_k)$为障碍函数；r_k 为障碍因子；$r_k\sum_{i=1}^{m}\frac{1}{g_i(X)}$，$r_k\sum_{i=1}^{m}\log(g_i(X))$ 为障碍项。

示例 **4-34**（胡运权主编《运筹学习题集》第 5 版 6.38 题，清华大学出版社） 试用外点法求解非线性规划：

$$\max f(X)=4x_1-x_1^2+9x_2-x_2^2+10x_3-2x_3^2-\frac{1}{2}x_2x_3$$

$$\text{s.t.}\begin{cases}4x_1+2x_2+x_3\leqslant 10\\2x_1+4x_2+x_3\leqslant 20\\x_1\geqslant 0,x_2\geqslant 0,x_3\geqslant 0\end{cases}$$

解 先根据外点法的一般形式，将目标函数变换为求极小值并将约束条件均整理为大于或等于零，然后构造惩罚函数求解，具体方法和步骤如下。

(1) 令 $f'(X)=-f(X)$，则有 $\min f'(X)=-4x_1+x_1^2-9x_2+x_2^2-10x_3+2x_3^2+\frac{1}{2}x_2x_3$。

(2) 将约束 1、2 整理为 $10-4x_1-2x_2-x_3\geqslant 0$；$20-2x_1-4x_2-x_3\geqslant 0$。

(3) 构建惩罚函数：

$$\begin{aligned}P(X,M_k)&=f'(X)+M_k\sum_{i=1}^{m}[\min(0,g_i(X))]^2\\&=-4x_1+x_1^2-9x_2+x_2^2-10x_3+2x_3^2+\frac{1}{2}x_2x_3+M_k\{[\min(0,10-4x_1-2x_2-x_3)]^2\\&\quad+[\min(0,20-2x_1-4x_2-x_3)]^2+[\min(0,x_1)]^2+[\min(0,x_2)]^2+[\min(0,x_3)]^2\}\end{aligned}$$

$$\frac{\partial P}{\partial x_1}=2x_1-4+2M_k[\min(0,10-4x_1-2x_2-x_3)(-4)]+2M_k[\min(0,20-2x_1-4x_2-x_3)(-2)]+2M_k[\min(0,x_1)]$$

$$\frac{\partial P}{\partial x_2}=2x_2+0.5x_3-9+2M_k[\min(0,10-4x_1-2x_2-x_3)(-2)]+2M_k[\min(0,20-2x_1-4x_2-x_3)(-4)]+2M_k[\min(0,x_2)]$$

$$\frac{\partial P}{\partial x_3}=0.5x_2+4x_3-10+2M_k[\min(0,10-4x_1-2x_2-x_3)(-1)]+2M_k[\min(0,20-2x_1-4x_2-x_3)(-1)]+2M_k[\min(0,x_3)]$$

(4) 分析不满足约束条件的点 $\boldsymbol{X}=(x_1,x_2,x_3)^{\mathrm{T}}$，有 $10-4x_1-2x_2-x_3<0$。令：

$$\frac{\partial P}{\partial x_1}=\frac{\partial P}{\partial x_2}=\frac{\partial P}{\partial x_3}=0$$

求解 min $P(\boldsymbol{X},M_k)$。下面通过表上作业求解，如图 4-70 所示。

① 将目标函数和约束条件中的变量、常数符号 $x_1^2,x_2^2,x_3^2,x_2x_3,c,x_1,x_2,x_3$ 及其系数输入 A1:H2、E3:H7 单元格，然后在 I3 单元格输入判断不符合约束的公式“=--AND((E3+F3*$K$12+G3*$M$12+H3*$O$12)<0)”，并将其复制到 I4:I7 单元格，如图 4-70 中 A1:I7 所示。式中用 AND 函数判断约束条件，当出现小于 0 时返回 1，否则返回 0。

② 在 K1:R4 单元格分类输入 x_i,c,M_kx_i,M_kc 变量、常数及惩罚因子名称，并在其下方输入求偏导后的系数。

③ 在 A12:A16 单元格输入 M_k，然后按克莱姆法则构建线性方程矩阵并求解。在 C11:R11 单元格分别输入求解变量及函数名称，在 C11:R12 单元格输入对应的计算公式，并将其复制到 C13:R16 单元格。于是，在 K12:P16 单元格得到了历次迭代求解的结果，经第 5 次迭代后，max $f(\boldsymbol{X})$的解为

$$\boldsymbol{X}=(0.4103,3.2308,1.8974)^{\mathrm{T}},\max f(\boldsymbol{X})=28.8205$$

以上求解过程、计算公式及结果如图 4-70 中 A11:R19 单元格所示。

	A	B	C	D	E	F	G	H	I	J	K	L	M	N	O	P	Q	R
1	x_1^2	x_2^2	x_3^2	x_2x_3	c	x_1	x_2	x_3	T/F		x_1	x_2	x_3	c	M_kx_1	M_kx_2	M_kx_3	M_kc
2	1	1	2	0.5		-4	-9	-10			2	0	0	4	32	16	8	80
3	=--AND((E3+F3*$K$12+G3*$M$12+H3*$O$12)<0)				10	-4	-2	-1	1	D	0	2	0.5	9	16	8	4	40
4					20	-2	-4	-1	0		0	0.5	4	10	8	4	2	20
5						1			0	$x_1=\frac{D_1}{D}$		D_1	4	0	0	80	16	8
6							1		0				9	2	0.5	40	8	4
7								1	0				10	0.5	4	20	4	2
8	$x_2=\frac{D_2}{D}$		D_2	2	4	0	32	80	8	$x_3=\frac{D_3}{D}$		D_3	2	0	4	32	16	80
9				0	9	0.5	16	40	4				0	2	9	16	8	40
10				0	10	4	8	20	2				0	0.5	10	8	4	20
11	M_k		D_1		D_2		D_3		D		x_1		x_2		x_3	$f(X)$	$g(X)$	$P(X,M_k)$
12	1		159		1070		623		327.5		0.4855		3.2672		1.9023	29.1143	0.1434	29.2577
13	10		1311		10142		5951		3135.5		0.4181		3.2346		1.8979	28.8519	0.0156	28.8675
14	100		12831		100862		59231		31215.5		0.4110		3.2312		1.8975	28.8237	0.0016	28.8252
15	1000		128031		1008062		592031		312016		0.4103		3.2308		1.8974	28.8208	0.0002	28.8210
16	10000		1280031		10080062		5920031		3120016		0.4103		3.2308		1.8974	28.8205	0.0000	28.8206
17	D_1	=MDETERM($M$5:$O$7+A12*$P$5:$R$7)								x_1	=C12/$I12		$f(X)$	=-($A$2*K12^2+$B$2*M12^2+				
18	D_2	=MDETERM($D$8:$F$10+A12*$G$8:$I$10)								x_2	=E12/$I12			$C$2*O12^2+$D$2*M12*O12+				
19	D_3	=MDETERM($M$8:$O$10+A12*$P$8:$R$10)								x_3	=G12/$I12			$F$2*K12+$G$2*M12+$H$2*O12)				

图 4-70　SUMT 外点法或惩罚函数法

示例 4-35（胡运权主编《运筹学习题集》第 5 版 6.40 题，清华大学出版社）　试用内点法求解非线性规划：

$$\min f(X)=\frac{(x_1+1)^3}{3}+x_2$$

$$\text{s.t. } x_1\geqslant 1, x_2\geqslant 0$$

解　先按内点法的一般形式，将约束条件均整理为大于或等于零，然后构造惩罚函数求解。

(1) 将约束 1 整理为 $x_1-1\geqslant 0$，然后构造障碍函数：

$$P(X,r_k)=\frac{(x_1+1)^3}{3}+x_2+r_k\left(\frac{1}{x_1-1}\right)+r_k\left(\frac{1}{x_2}\right)$$

(2) 对障碍函数求偏导，得：

$$\frac{\partial P}{\partial x_1}=(x_1+1)^2+r_k\left(\frac{-1}{(x_1-1)^2}\right);\frac{\partial P}{\partial x_2}=1+r_k\left(\frac{-1}{x_2^2}\right)$$

令

$$\frac{\partial P}{\partial x_1}=\frac{\partial P}{\partial x_2}=0$$

解得：$x_1=\sqrt{\sqrt{r_k}+1}$，$x_2=\sqrt{r_k}$。

(3) 用 $r_1=1$ 为障碍因子，在表格中输入目标函数、约束条件、障碍函数与求解公式，分析求解过程。在 D3:D9 单元格输入序号；在 E3 单元格输入"1"，在 E4 单元格输入"＝E3/100"并拖曳填充柄至 E7 单元格，生成 r_k 序列；在 F3 单元格输入计算 x_1 值的公式"＝SQRT((SQRT(E3)＋1))"，在 G3 单元格输入计算 x_2 值的公式"＝SQRT(E3)"；在 H3 单元格输入目标值公式"＝(1/3) * (F3＋1)^3＋G3"。然后将 F3:H3 单元格复制到 F4:H9 单元格，完成 7 次迭代计算，如图 4-71 所示。

(4) 最优解为：$\boldsymbol{X}_{\min}=\lim\limits_{r\to 0}\left(\sqrt{\sqrt{r_k}+1},x_2=\sqrt{r_k}\right)^{\mathrm{T}}=(1,0)^{\mathrm{T}}$。

	A	B	C	D	E	F	G	H
1	求解过程与公式			迭代计算结果				
2	$f(X^{(1)})$	5.6904	=(1/3)*(F3+1)^3+G3	k	r_k	$x_1(r_k)$	$x_2(r_k)$	$f(X^{(k)})$
3	g(X)	0.4142	=F3-1	1	1	1.414214	1	5.6904
4		1	=G3	2	0.01	1.048809	0.1	2.9667
5	$P(X,r_1)$	9.1046	=(1/3)*(F3+1)^3+G3+E3*(1/(F3-1)+E3*(1/G3))	3	0.0001	1.004988	0.01	2.6967
6	$\partial f/\partial x_1$	0	=(F3+1)^2-E3/(F3-1)^2	4	0.000001	1.0005	0.001	2.6697
7	$\partial f/\partial x_2$	0.5	=1-E3/F3^2	5	1E-08	1.00005	0.0001	2.6670
8	$x_1(r_1)$	1.4142	=SQRT((SQRT(E3)+1))	6	1E-10	1.000005	0.00001	2.6667
9	$x_2(r_1)$	1	=SQRT(E3)	7	1E-12	1	0.000001	2.6667

图 4-71 SUMT 内点法或障碍函数法

4.7 动态规划

动态规划(Dynamic Programming)是一种将多阶段或多子结构的复杂问题分解成一系列较小问题进行求解的方法。20 世纪 50 年代，数学家 Richard Bellman 为兰德公司开发了这种方法，并于 1957 年发表了专著《动态规划》。半个多世纪以来，动态规划作为运筹学的分支，在生产经营、管理科学、经济学、计算机科学和生物信息学等领域中得到了广泛的应用。

通常可以按如下步骤来分析和求解动态规划问题。

(1) 划分阶段。按时间或空间等特征将问题分解成若干互相联系的阶段：$k=1,2,\cdots,n$。

(2) 确定状态变量。状态指的是各阶段开始的客观条件，是一个状态变量，可用 s_k 描述。

(3) 决策。根据本阶段和前阶段状态，确定本阶段的决策变量 $u_k(s_k)$。

(4) 构建递归或状态转移方程。动态规划中本阶段的状态是上一阶段的决策结果。其递归或转移方程可表示为 $s_{k+1}=T_k(s_k,u_k)$。

(5) 建立指标函数，求最优解 $f_k(s_k)$。

4.7.1 逆序算法与顺序算法

动态规划问题的两种基本求解方法是逆序与顺序算法，也可称为逆推与顺推算法。对于分解的多阶段计算最优值问题，如果从最后一段开始逐段往前计算各阶段最优值，直到求得全过程最优解，则该算法称为逆序算法。相反，如果从第一段开始往后逐段求解，则称为顺序算法。下面用示例讲解动态规划逆序与顺序算法求解方法。

示例 4-36（胡运权主编《运筹学教程》第 5 版 7.1 题，清华大学出版社）　现有天然气站 A，需敷设管道到用气单位 E，可以选择的设计路线如图 4-72 所示，$B_1,\cdots,D$ 各点是中间加压站，各线路的费用已标在线段旁（单位：万元）。试设计费用最低的线路。要求分别用动态规划的逆序法和顺序法求解。

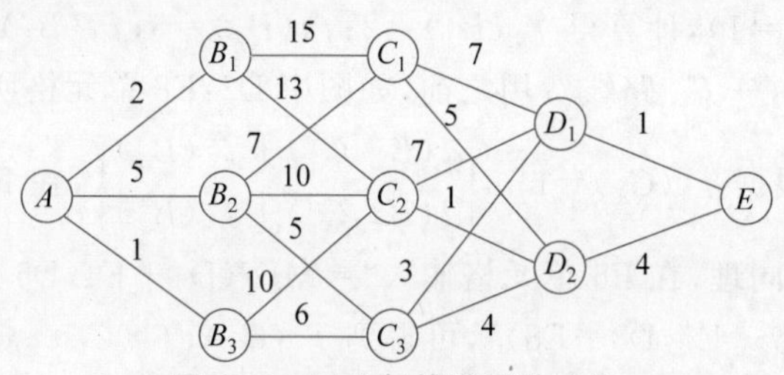

图 4-72　天然气管道设计路线

解　先将问题分解为 $A \sim E$ 5 个阶段并确定各阶段的状态变量，然后用逆序法或顺序法进行决策分析和求解。逆序算法具体方法和步骤如下。

(1) 将管道设计各阶段路线及费用填入表格，如图 4-73 中 A1:K6 单元格所示。

	A	B	C	D	E	F	G	H	I	J	K	L	M	N
1	f_5	$E \leftarrow D$	f_4		$D \leftarrow C$	f_3		$C \leftarrow B$	f_2		$B \leftarrow A$	f_1		
2				1	7	8	8	15	18				f_1	=MIN(I2+K4,I4+K5,I7+K6)
3				4	5		5	13					f_2	=MIN(G2+H2,G3+H3)
4	0	1	1	1	7	5	8	7	9	18	2	11		=MIN(G4+H4,G5+H5,G6+H6)
5	0	4	4	4	1		5	10		9	5			=MIN(G7+H7,G8+H8)
6				1	3	4	4	5		10	1		f_3	=MIN(D2+E2,D3+E3)
7				4	4		5	10	10					=MIN(D4+E4,D5+E5)
8							4	6						=MIN(D6+E6,D7+E7)
9	E		D1			C3			B3			A		
10	=IFS((D6+E6)=F6,"D1",(D7+E7)=F6,"D2")								=IFS((J4+K4)=L4,"B1",(J5+K5)=L4,"B2",(J6+K6)=L4,"B3")					

图 4-73　最短路径逆序算法

(2) 分析 $E \rightarrow D(k=4)$，计算得 $f_4(D_1)=1$；$f_4(D_2)=4$。然后按对应关系将此阶段指标填入 D_1，D_2 路线费用之前，如图 4-73 中 D2:D7 单元格所示。

(3) 分析 $D \rightarrow C$，根据 $f_3(C_1)=\min\begin{Bmatrix} d(C_1,D_1)+f_4(D_1) \\ d(C_1,D_2)+f_4(D_2) \end{Bmatrix}$，在 F2 单元格输入"＝MIN(D2＋E2,D3＋E3)"并将此公式复制到 F4、F6 单元格，可得到 $f_3(C_1)$、$f_3(C_2)$、$f_3(C_3)$ 的值。然后按对应关系将此阶段指标填入 C_1，C_2，C_3 路线费用之前，如图 4-73 中 F2:G8 单元格所示。

(4) 分析 $C \rightarrow B$，在 I2 单元格输入"＝MIN(G2＋H2,G3＋H3)"，在 I4 单元格输入"＝MIN(G4＋H4,G5＋H5,G6＋H6)"，在 I7 单元格输入"＝MIN(G7＋H7,G8＋H8)"，可得到 $f_2(B_1)$、$f_2(B_2)$、$f_2(B_3)$ 的值，然后按对应关系将此阶段指标填入 B_1，B_2，B_3 路线费用之前。

(5) 分析 $B \rightarrow A$，在 L4 单元格输入公式"＝MIN(I2＋K4,I4＋K5,I7＋K6)"便可得到最低设计费用值 $\min f(X)=11$。

(6) 用条件函数找出最优解（指标）的决策路径，如图 4-72 中 A9:N10 单元格所示。

① 分别在 C9、F9 单元格输入公式"＝IFS((D6＋E6)＝F6,"D1",(D7＋E7)＝F6,

"D2")""=IFS((G7+H7)=I7,"C2",(G8+H8)=I7,"C3")",返回值分别为 D1、C3。

② 在 I9 单元格输入公式"=IFS((J4+K4)= L4,"B1",(J5+K5)=L4,"B2",(J6+K6)=L4,"B3")",返回值为"B3"。

据此,可确定费用最低的决策路径为 $A \to B_3 \to C_3 \to D_1 \to E$。

顺序算法具体方法和步骤如下。

(1) 按顺序将各阶段各路线费用填入表格。如图 4-74 中 B4:B6、E2:E8、H2:H7 和 K4:K5 单元格所示。

(2) 分析 $A \to B(k=1)$,计算得 $f_1(B_1)=2$;$f_1(B_2)=5$;$f_1(B_3)=1$。然后按对应关系将此阶段指标填入 C_1, C_2, C_3 路线费用之前,如图中 D2:E8 单元格所示。

(3) 分析 $B \to C$,根据 $f_2(C_1)=\min\begin{Bmatrix} d(B_1,C_1)+f_1(B_1) \\ d(B_2,C_1)+f_1(B_2) \end{Bmatrix}$,在 F3 单元格输入"=MIN(D2+E2,D3+E3)"。同理,在 F5 单元格输入"=MIN(D4+E4,D5+E5,D6+E6)",在 F8 单元格输入"=MIN(D7+E7,D8+E8)",可得到 $f_2(C_1)$、$f_2(C_2)$、$f_2(C_3)$的值。在 F2、F4 和 F7 单元格输入相应的决策路径。之后按对应关系将此阶段指标填入 D_1, D_2, D_3 路线费用之前,如图 4-74 中 F2:G8 单元格所示。

(4) 分析 $C \to D$,在 I3 单元格输入"=MIN(G2+H2,G3+H3,G4+H4)",在 I6 单元格输入"=MIN(G5+H5,G6+H6,G7+H7)",可得到 $f_1(D_1)$、$f_2(D_2)$的值。然后在 I2、I4 单元格输入相应的决策路径。之后,按对应关系将此阶段指标填入 E 路线费用之前。

(5) 分析 $D \to E$,在 L4 单元格输入公式"=MIN(J4+K4,J5+K5)"便可得到最优解。然后根据最优解写出决策路径 $A \to B_3 \to C_3 \to D_1 \to E$,如图 4-74 中 K1:N8 单元格所示。

	A	B	C	D	E	F	G	H	I	J	K	L	M	N
1	f_0	$A \to B$	f_1		$B \to C$	f_2		$C \to D$	f_3		$D \to E$	f_4		
2				2	15	AB_2C_1	12	7	$AB_3C_3D_1$				f_1	=A4+B4
3				5	7	12	11	7	10			$AB_3C_3D_1E$	f_2	=MIN(D2+E2,D3+E3)
4	0	2	2	2	13	AB_3C_2	7	3		10	1	11		=MIN(D4+E4,D5+E5,D6+E6)
5	0	5	5	5	10	11	12	5	$AB_3C_3D_2$	11	4			=MIN(D7+E7,D8+E8)
6	0	1	1	1	10		11	1	11				f_3	=MIN(G2+H2,G3+H3,G4+H4)
7				5	5	AB_3C_3	7	4						=MIN(G5+H5,G6+H6,G7+H7)
8				1	6	7							f_4	=MIN(J4+K4,J5+K5)

图 4-74　最短路径顺序算法

4.7.2　资源分配问题

在生产或经济活动中,原材料、机器设备、资金、劳动力等资源是有限或紧缺的,充分利用有限资源获取最大利润或收益,就是资源分配问题。对于一些约束非线性规划问题,可以将资源约束设计为资源分配状态,并按分配对象划分阶段,从而用动态规划方法求解。

示例 4-37(胡运权主编《运筹学教程》第 5 版 7.9 题,清华大学出版社)　分别用动态规划的顺序和逆序解法求解下列非线性规划问题。

(a) $\max F = x_1 x_2^2 x_3$

$$\text{s.t.}\begin{cases} x_1+x_2+x_3=4 \\ x_1,x_2,x_3 \geqslant 0 \end{cases}$$

(b) $\min F = x_1^2+2x_2^2+x_3^2-2x_1-4x_2-2x_3$

$$\text{s.t.}\begin{cases} x_1+x_2+x_3=3 \\ x_1,x_2,x_3 \geqslant 0 \end{cases}$$

(c) $\max F = x_1 x_2 x_3$

$$\text{s.t.}\begin{cases} x_1 + 5x_2 + 2x_3 \leqslant 20 \\ x_1, x_2, x_3 \geqslant 0 \end{cases}$$

解 (a)题，把问题划分为三个决策阶段，将约束资源作为可分配的状态，然后按顺序和逆序算法分别求解。具体方法和操作步骤如下。

(1) 顺序解法。

① 设状态变量为 s_1, s_2, s_3, s_4。将约束 $x_1 + x_2 + x_3 = 4$ 作为待分配的资源及限制，根据状态转移方程 $s_k = s_{k+1} - x_k$，有

$$s_1 + x_1 = s_2; s_2 + x_2 = s_3; s_3 + x_3 = s_4 = 4$$

② 设递推方程为 $f_k(s_{k+1}) = \max\{s_k, x_k\} f_{k-1}(s_k)(k=1,2,3)$，并令 $f_0(s_1) = 1$。

③ 将状态转移方程和递推方程公式输入表格，其中，未知决策变量 x_2, x_3 待计算后再输入，如图 4-75 中 A1:L5 单元格所示。

④ 计算 $f_1(s_2) = \max\{s_1, x_1\} f_0(s_1) = s_2$。

⑤ 计算 $f_2(s_3) = \max\{x_2^2 f_1(s_2)\} = \max\{x_2^2(s_3 - x_2)\}$。令 $h_2(x_2) = x_2^2(s_3 - x_2)$，则 $h_2'(x_2) = 2s_3 x_2 - 3x_2^2 = 0$ 时，得极大值点 $x_2 = \dfrac{2}{3}s_3$；$f_2(s_3) = \dfrac{4}{27}s_3^3$。

⑥ 计算 $f_3(s_4) = \max\{x_3 f_2(s_3)\} = \max\left\{x_3 \dfrac{4}{27}(s_4 - x_3)^3\right\}$。令 $h_3 = \dfrac{4}{27}x_3(s_4 - x_3)^3$，则 $h_3'(x_3) = \dfrac{4}{27}[(s_4 - x_3)^3 - 3x_3(s_4 - x_3)^2] = 0$ 时，得极大值点 $x_3 = \dfrac{1}{4}s_4 = 1$，$f_3(s_4) = \dfrac{4}{27}x_3(s_4 - x_3)^3 = 4$。

⑦ 在 G2 单元格输入 x_2 计算公式"=(2/3) * F2"，在 K2 单元格输入 x_3 计算公式"=J2/4"。得到最优解为 $x_1 = 1, x_2 = 2, x_3 = 1$；$\max f = 4$，如图 4-75 中 C1:L2 所示。

(2) 逆序解法。

① 设状态变量为 s_1, s_2, s_3, s_4。将约束 $x_1 + x_2 + x_3 = 4$ 作为待分配的资源及限制，根据状态转移方程 $s_{k+1} = s_k - x_k$，有

$$s_3 = x_3; s_3 + x_2 = s_2; s_2 + x_1 = s_1 = 4$$

② 设递推方程为 $f_k(s_k) = \max\{s_k, x_k\} f_{k+1}(s_{k+1})(k=1,2,3)$，并令 $f_4(s_4) = 1$。

③ 将状态转移方程和递推方程公式输入表格，如图 4-75 中 N1:Y5 单元格所示。

④ 计算 $f_3(s_3) = \max\{s_3, x_3\} f_4(s_4) = s_3$。

⑤ 计算 $f_2(s_2) = \max\{x_2^2 f_3(s_3)\} = \max\{x_2^2(s_2 - x_2)\}$。令 $h_2(x_2) = x_2^2(s_2 - x_2)$，则 $h_2'(x_2) = 2s_2 x_2 - 3x_2^2 = 0$ 时，得极大值点 $x_2 = \dfrac{2}{3}s_2$；$f_2(s_2) = \dfrac{4}{27}s_2^3$。

⑥ 计算 $f_1(s_1) = \max\{x_1 f_2(s_2)\} = \max\left\{x_1 \dfrac{4}{27}(s_1 - x_1)^3\right\}$，令 $h_1 = \dfrac{4}{27}x_1(s_1 - x_1)^3$，则 $h_1'(x_1) = \dfrac{4}{27}[(s_1 - x_1)^3 - 3x_1(s_1 - x_1)^2] = 0$ 时，解得极大值点 $x_1 = \dfrac{1}{4}s_1 = 1$，$f_1(s_1) = \dfrac{1}{64}s_1^4 = 4$。

⑦ 在 T2 单元格输入 x_2 计算公式"=(2/3) * S2"，在 X2 单元格输入 x_1 计算公式"=W2/4"。得到最优解为 $x_1 = 1, x_2 = 2, x_3 = 1$；$\max f = 4$，如图 4-75 中 P1:Y2 单元格所示。

	A	B	C	D	E	F	G	H	I	J	K	L	M
1	k	s_2	x_1	f_1	k	s_3	x_2	f_2	k	s_4	x_3	f_3	
2	1	1	1	1	2	3	2	4	3	4	1	4	
3	s_2	=F2-G2			s_3	=J2-K2			s_4	=4			
4	x_1	=B2			x_2	=(2/3)*F2			x_3	=J2/4			
5	f_1	=MAX(C2)			f_2	=MAX((G2^2)*D2)			f_3	=K2*H2*D2			

	N	O	P	Q	R	S	T	U	V	W	X	Y
1	k	s_3	x_3	f_3	k	s_2	x_2	f_2	k	s_1	x_1	f_1
2	3	1	1	1	2	3	2	4	1	4	1	4
3	s_3	=S2-T2			s_2	=W2-X2			s_1	=4		
4	x_3	=O2			x_2	=(2/3)*S2			x_1	=W2/4		
5	f_3	=MAX(P2)			f_2	=MAX((T2^2)*Q2)			f_1	=MAX(X2*U2*Q2)		

图 4-75　动态规划求解非线性规划问题 1

(b) 题，把 $x_1^2-2x_1$、$2x_2^2-4x_2$、$x_3^2-2x_3$ 作为三个阶段的分配计算式，状态变量 s_k 为各阶段可分配资源的总量。然后用顺序和逆序法求解。

(1) 顺序解法。

① 设状态变量为 s_1,s_2,s_3,s_4。将约束 $x_1+x_2+x_3=3$ 作为待分配的资源及限制，根据状态转移方程 $s_k=s_{k+1}-x_k$，有

$$s_1+x_1=s_2;s_2+x_2=s_3;s_3+x_3=s_4=3$$

② 设递推方程为 $f_k(s_{k+1})=\min\{g_k(x_k)+f_{k-1}(s_k)\}(k=1,2,3)$，并令 $f_0(s_1)=0$。

③ 将状态转移方程和递推方程公式输入表格，如图 4-76 中 A1:M5 单元格所示。

④ 计算 $f_1(s_2)=\min\{g_1(x_1)+f_0(s_1)\}=\min(x_1^2-2x_1)=\begin{cases}-1,s_2\geqslant 1,x_1=1\\ 0,s_2\leqslant 1,x_1=0\end{cases}$。然后，计算 $f_2(s_3)=\min(2x_2^2-4x_2+f_1(s_2))$ 与 $f_3(s_4)=\min(x_3^2-2x_3+f_2(s_3))$，公式及结果如图 4-76 中 E1:M5 所示。其中各阶段递推方程最小值的解 x_k 采取求导计算。

⑤ 计算得到最优解为 $x_1=1,x_2=1,x_3=1$；$\min f=-4$，如图 4-76 中 C1:L2 单元格所示。

	A	B	C	D	E	F	G	H	I	J	K	L	M
1	k	s_2	x_1	f_1	k	s_3	x_2	f_2	k	s_4	x_3	f_3	
2	1	>=1	1	-1	2	>=2	1	-3	3	>=3	1	-4	f_3
3		<=1	0	0		>=1,<=2	1	-2		>=2,<=3	1	-3	=K2^2-2*K2+H2
4						<=1	0	0		>=1,<=2	1	-1	
5	f_1	=C2^2-2*C2			f_2	=2*G2^2-4*G2+D2				<=1	0	0	
7	k	s_3	x_3	f_3	k	s_2	x_2	f_2	k	s_1	x_1	f_1	
8	3	>=1	1	-1	2	>=2	1	-3	1	>=3	1	-4	f_1
9		<=1	0	0		>=1,<=2	1	-2		>=2,<=3	1	-3	=K8^2-2*K8+H8
10						<=1	0	0		>=1,<=2	1	-1	
11	f_3	=C8^2-2*C8			f_2	=2*G8^2-4*G8+D8				<=1	0	0	

图 4-76　动态规划求解非线性规划问题 2

(2) 逆序解法。

① 设状态变量为 s_1,s_2,s_3,s_4。根据状态转移方程 $s_{k+1}=s_k-x_k$，有

$$s_3=x_3;s_3+x_2=s_2;s_2+x_1=s_1=3$$

② 设递推方程为 $f_k(s_k)=\min\{g_k(x_k)+f_{k+1}(s_{k+1})\}(k=1,2,3)$ 并令 $f_4(s_4)=0$。

③ 将状态转移方程和递推方程公式输入表格，如图 4-76 中 A7:M11 单元格所示。

④ 分别计算 $f_3(s_3)=\min(x_3^2-2x_3)$、$f_2(s_2)=\min(2x_2^2-4x_2+f_3(s_3))$ 与 $f_1(s_1)=\min(x_1^2-2x_1+f_2(s_2))$，结果如图 4-76 中 C7:L8 单元格。

(c) 题，把决策变量作为各阶段分配资源数量，状态变量 s_k 为各阶段可分配资源的总量。然后，用顺序和逆序法求解。

(1) 顺序解法。

① 设状态变量为 s_1,s_2,s_3,s_4。将约束 $x_1+5x_2+2x_3\leqslant 20$ 作为待分配的资源及限制，根据 $s_k=s_{k+1}-x_k$，有 $s_2=x_1$；$s_2+5x_2=s_3$；$s_3+2x_3=s_4=20$。

② 设递推方程为 $f_k(s_{k+1})=\max\{s_k,x_k\}f_{k-1}(s_k)(k=1,2,3)$并令 $f_0(s_1)=1$。

③ 状态转移方程和递推方程公式输入表格，如图 4-77 中 A1:N5 单元格所示。

④ 计算 $f_1(s_2)=\max\{s_1,x_1\}f_0(s_1)=s_2$。

⑤ 计算 $f_2(s_3)=\max\{x_2f_1(s_2)\}=\max\{x_2(s_3-5x_2)\}$。令$h_2(x_2)=s_3x_2-5x_2^2$，则 $h_2'(x_2)=s_3-10x_2=0$ 时，得极大值点 $x_2=\frac{1}{10}s_3$；$f_2(s_3)=\frac{1}{20}s_3^2$。

⑥ 计算 $f_3(s_4)=\max\{x_3f_2(s_3)\}=\max\left\{x_3\frac{1}{20}(s_4-2x_3)^2\right\}$。令 $h_3=\frac{1}{20}x_3(s_4-2x_3)^2$，由 $h_3'(x_3)=\frac{1}{20}(12x_3^2-8s_4x_3+s_4^2)=0$；$\left(x_3-\frac{1}{6}s_4\right)\left(x_3-\frac{1}{2}s_4\right)=0$，求得极值点 $x_3=\frac{1}{2}s_4$，不符合约束，舍去，故 $x_3=\frac{1}{6}s_4$。$f_3(s_4)=\frac{1}{20}\left(\frac{1}{6}s_4\right)\left(\frac{2}{3}s_4\right)^2=\frac{1}{270}s_4$。

⑦ 将上述结果输入计算表，得到最优解为 $x_1=\frac{20}{3}$，$x_2=\frac{4}{3}$，$x_3=\frac{10}{3}$；$\max f=\frac{800}{27}$。

(2) 逆序解法。

① 设状态变量为 s_1,s_2,s_3,s_4。将约束 $x_1+5x_2+2x_3\leqslant 20$ 作为待分配的资源及限制，根据 $s_{k+1}=s_k-x_k$，有 $s_3=2x_3$；$s_3+5x_2=s_2$；$s_2+x_1=s_1=20$。

② 设递推方程为 $f_k(s_k)=\max\{s_k,x_k\}f_{k+1}(s_{k+1})(k=1,2,3)$并令 $f_4(s_4)=1$。

③ 将状态转移方程和递推方程公式输入表格，如图 4-77 中 A6:N9 单元格所示。

④ 计算 $f_3(s_3)=\max\{s_3,x_3\}f_4(s_4)=\frac{1}{2}s_3$。

⑤ 计算 $f_2(s_2)=\max\{x_2f_3(s_3)\}=\max\left\{\frac{1}{2}x_2(s_2-5x_2)\right\}$。令 $h_2(x_2)=\frac{1}{2}(s_2x_2-5x_2^2)$，则 $h_2'(x_2)=s_3-10x_2=0$ 时，得极大值点 $x_2=\frac{1}{10}s_2$；$f_2(s_2)=\frac{1}{40}s_2^2$。

	A	B	C	D	E	F	G	H	I	J	K	L	M	N
1	k	s_2	x_1	f_1	k	s_3	x_2	f_2	k	s_4	x_3	f_3		
2	1	20/3	20/3	20/3	2	40/3	4/3	80/9	3	20	10/3	800/27	f_1	=MAX(C2)
3	s_2	=F2-5*G2			s_3	=J2-2*K2			s_4	=20			f_2	=MAX(G2*D2)
4	x_1	=B2			x_2	=F2/10			x_3	=J2/6			f_3	=MAX(K2*H2)
6	k	s_3	x_3	f_3	k	s_2	x_2	f_2	k	s_1	x_1	f_1		
7	3	20/3	10/3	10/3	2	40/3	4/3	40/9	1	20	20/3	800/27	f_3	=MAX(C7)
8	s_3	=F7-5*G7			s_2	=J7-K7			s_1	=20			f_2	=MAX(G7*D7)
9	x_3	=B7/2			x_2	=F7/10			x_1	=J7/3			f_1	=MAX(K7*H7)

图 4-77 动态规划求解非线性规划问题 3

⑥ 计算 $f_1(s_1)=\max\{x_1f_2(s_2)\}=\max\left\{\frac{1}{40}x_1(s_1-x_1)^2\right\}$。令 $h_1=\frac{1}{40}x_1(s_1-x_1)^2$，则 $h_1'(x_1)=\frac{1}{40}(3x_1^2-4s_1x_1+s_1^2)=0$；$\left(x_1-\frac{1}{3}s_4\right)(x_1-s_1)=0$ 时，有最大值点 $x_1=s_4$，不符合约束，舍去，故 $x_1=\frac{1}{3}s_4$。$f_1(s_1)=\frac{1}{40}\left(\frac{1}{3}s_4\right)\left(\frac{2}{3}s_4\right)^2=\frac{1}{270}s_4$。

⑦ 将上述结果输入计算表，得到最优解为 $x_1=\frac{20}{3}$，$x_2=\frac{4}{3}$，$x_3=\frac{10}{3}$；$\max f=\frac{800}{27}$。

4.7.3 背包问题

背包问题(Knapsack Problem)是一个已经研究了一个多世纪的经典组合最优化问题。其名字源自于一个假设场景：旅行者可以挑选一些特定重量和价值的物品装入背包上山，在给定装入背包物品重量的约束下，该旅行者如何选择，才能使装入背包物品的价值最大？假设旅行者可挑选物品的编号为 i，总共有 $n(=1,2,\cdots,n)$ 种，第 i 种物品重量为 w_i、价值为 c_i，可装入物品重量限制为 a，旅行者选择第 i 种物品的件数为 x_i，则背包问题可描述为

$$\max f=\sum_{i=1}^{n}c_i(x_i)$$

$$\text{s.t.}\begin{cases}\sum\limits_{i=1}^{n}w_i(x_i)\leqslant a\\ x_i\geqslant 0\text{ 且为整数}(i=1,2,\cdots,n)\end{cases}$$

示例 4-38(胡运权主编《运筹学习题集》第 5 版 7.19 题，清华大学出版社)　某工厂生产三种产品，各种产品重量与利润关系如表 4-9 所示。现将此三种产品运往市场出售，运输能力总重量不超过 10t。问：如何安排运输使总利润最大？如果将产品种类 1 限制在 3 件以内，又应当如何安排使总利润最大？

表 4-9　某工厂各种产品重量与利润表

种　类	重量/吨·件$^{-1}$	利润/百元·件$^{-1}$
1	2	1
2	3	1.4
3	4	1.8

解　先按题意写出该背包问题的规划方程，然后用动态规划法求解，具体步骤如下。

(1) 设 1、2、3 类产品件数分别为 x_1,x_2,x_3，则该问题的模型为

$$\max f=x_1+1.4x_2+1.8x_3$$

$$\text{s.t.}\begin{cases}2x_1+3x_2+4x_3\leqslant 10\\ x_1,x_2,x_3\geqslant 0,x_1\leqslant 3,\text{且为整数}\end{cases}$$

(2) 将目标函数及约束公式及系数输入表格，然后在 B5:L5 单元格输入状态 $s_2=0,1,2,\cdots,10$，如图 4-78①中 A1:L10 单元格所示。

(3) 当阶段 $k=1$ 时，根据 $x_1=s_2/a_1=s_2/2$，在 B6 单元格输入计算 x_1 的公式"=INT(B5/$B$3)"并将其复制到 C6:L6 单元格。因 $f_0(s_1)=0$，$f_1(s_2)=\max\{1x_1+f_0(s_1)\}=1x_1$，故在 B7 单元格输入公式"=B6*$B$4"并将其复制到 C7:L7 单元格。

(4) 当 $k=2$ 时，可用穷举法将 s_3 列表。根据 $x_2=s_3/a_2=s_3/3$，当 $3\leqslant s_3\leqslant 5$ 时，可安排 0 件或 1 件产品 2；当 $6\leqslant s_3\leqslant 8$ 时，可安排 0 件、1 件或 2 件产品 2；当 $9\leqslant s_3\leqslant 10$ 时，可安排 0 件、1 件、2 件或 3 件产品 2。据此，可将 s_3 填入 B8:AA8 单元格。然后在 B9 单元格输入公式计算 x_2 的公式"=IFS(AND((B8/3)>=1,(B8/3)<2),{0,1},AND((B8/3)>=2,(B8/3)<3),{0,1,2},AND((B8/3)>=3,(B8/3)<4),{0,1,2,3},TRUE,0)"，先将其复制到 C9:D9 单元格，再单击 D9 单元格，单击"复制"按钮，按住 Ctrl 键，单击选择含有多方案的单元格 E9、G9、I9、K9、N9、Q9、T9、X9，然后单击"粘贴"按钮。

(5) 在 B10 单元格输入计算 $s_3-a_2x_2$ 的公式"=B8-$C$3*B9"并将其复制到 C10:

AA10 单元格，在 B11 单元格输入计算 $c_2(x_2)+f_2(s_3-a_2x_2)$ 的公式“＝＄C＄4＊B9＋＄B＄4＊INT(B10/＄B＄3)”并将其复制到 C11:AA11 单元格，然后输入计算 $f_2(s_3)$ 和 x_2^* 的公式，如图 4-78①中 A12:AA13 单元格所示。

(6) 当 $k=3$ 时，由 $s_4/a_3=s_4/4$ 可知，当$4\leqslant s_4\leqslant 7$ 时可安排 1 件产品 3，当$8\leqslant s_4\leqslant 10$ 时可安排 2 件产品 3。于是，可得到总利润最大的公式：

$$f_3(10)=\max\{1.8x_3+f_2(10-4x_3)\}=\max\{f_2(10),1.8+f_2(6),2\times 1.8+f_2(2)\}$$

在 AA14 单元格输入公式“＝MAX(X12,D4＋K12,2＊D4＋D12)”，返回最大利润为 500 元。最优解为 $x_1=5,x_2=0,x_3=0$，如图 4-87①中 B1:E2、T14:AA14 单元格所示。

(7) 当 $x_1\leqslant 3$ 时，可以将 B6 单元格的公式更改为“＝IF(INT(B6/＄B＄4)＞3,3,INT(B6/＄B＄4))”并将其复制到 C12:AA12 单元格，如图 4-78②所示。此时，最大利润值为 480 元，最优解为 $x_1=2,x_2=2,x_3=0$，或者是 $x_1=3,x_2=0,x_3=1$。

①

	A	B	C	D	E	F	G	H	I	J	K	L	M	N	O	P	Q	R	S	T	U	V	W	X	Y	Z	AA
1	产品	x_1	x_2	x_3	max f																						
2		5	0	0	5																						
3	重量	2	3	4	10	<=	10																				
4	利润	1	1.4	1.8																							
5	s_2	0	1	2	3	4	5	6	7	8	9	10															
6	x_1^*	0	0	1	1	2	2	3	3	4	4	5															
7	f_1	0	0	1	1	2	2	3	3	4	4	5															
8	s_3	0	1	2	3	3	4	4	5	5	6	6	6	7	7	7	8	8	8	9	9	9	9	10	10	10	10
9	x_2	0	0	0	0	1	0	1	0	1	0	1	2	0	1	2	0	1	2	0	1	2	3	0	1	2	3
10		0	1	2	3	0	4	1	5	2	6	3	0	7	4	1	8	5	2	9	6	3	0	10	7	4	1
11		0	0	1	1	1.4	2	1	2	2.4	3	2	2.8	3	3.4	2.8	4	3.4	3.8	4	4.4	3.8	4.2	5	4.4	4.8	4.2
12	f_2			1	1	1.4	2			2.4	3				3.4		4						4.4	5			
13	x_2^*			0	0	1	0			1	0				1		0						3	0			
14	$f_3(10)=\max\{1.8x_3+f_2(10-4x_3)\}=\max\{f_2(10),1.8+f_2(6),2\times 1.8+f_2(2)\}$																			=MAX(X12,D4+K12,2*D4+D12)							5

$s_3-a_2x_2$

$c_2(x_2)+f_2(s_3-a_2x_2)$

$f_2(s_3)=\max\{c_2(x_2)+f_2(s_3-a_2x_2)\}$

$\max f=x_1+1.4x_2+1.8x_3$

$$\text{s.t.}\begin{cases}2x_1+3x_2+4x_3\leqslant 10\\ x_1,x_2,x_3\geqslant 0,x_1\leqslant 3,\text{且为整数}\end{cases}$$

②

	A	B	C	D	E	F	G	H	I	J	K	L	M	N	O	P	Q
1		x_1	x_2	x_3	max f												
2	产品	2	2	0	4.8												
3		3	0	1	4.8												
4	重量	2	3	4	10	<=	10										
5	利润	1	1.4	1.8													
6	s_2	0	1	2	3	4	5	6	7	8	9	10					
7	x_1^*	0	0	1	1	2	2	3	3	3	3	3					
8	f_1	0	0	1	1	2	2	3	3	3	3	3					

`=IF(INT(B6/$B$4)>3,3,INT(B6/$B$4))`

				=D5+K13			4.8
9	9	9	9	10	10	10	10
0	1	2	3	0	1	2	3
9	6	3	0	10	7	4	1
3	4.4	3.8	4.2	3	4.4	4.8	4.2
	4.4					4.8	
	1					2	
=MAX(Z13,D5+K13,2*D5+D13)							4.8

图 4-78　背包问题

4.7.4　生产经营问题

生产经营问题也称为生产与存储问题，是指企业在满足市场需求的条件下组织生产，使生产、经营及存储费用之和最小的问题。下面用示例讲解此问题的解法。

示例 4-39(胡运权主编《运筹学教程》第 5 版 7.3 题，清华大学出版社)　某厂每月生产某种产品最多 600 件，当月生产的产品若未销出，就需要存储(当月入库的产品，该月不付存储费)。月初就已存储的产品需支付存储费，每 100 件每月 1 千元。已知每 100 件产品的生产费为 5 千元，在进行生产的月份工厂需要支出经营费 4 千元，市场需求表如图 4-79 中 A1:F2 单元格所示。假定 1 月初及 4 月底库存量为零，试问每月生产多少产品才能在满足需求的条件下，使总生产及存储费用之和最小？

解　将问题按生产周期(月)分为 4($k=1,2,3,4$)个阶段，并根据给定的已知数据和条件按顺序或逆序分析每个阶段存储产品(s_k)和生产产品(u_k)的条件及各种安排方案，包括存储产品结转(状态转移)和阶段成本递推情况，然后逐阶段计算不同方案或状态下生产和存储费用之和，直到求解出最佳产量及最小成本。具体方法和步骤如下(逆序算法)。

	A	B	C	D	E	F	G	H	I	J	K	L	M	N	O	P	Q	R	S	T	U	V	W
1	月份(k)		1	2	3	4		月生产件数				<=	6	百件		每100件存储费				=	1	千元	
2	需求(百件)		5	3	2	1		每100件生产费				=	5	千元		1月初库存				=	0	件	
3	最优解		5	6				生产月份经营费				=	4	千元/月		4月底库存				=	0	件	
4	s_4	0	1	$C+E+f_4$		=B8*$M$2+IF(B8=0,0,$M$3)+IF(B8+B7-$E$2=0,$B$6,$C$6)+IF(B7>0,B7*$U$1,0)																	
5	u_4	1	0	$C+E+f_3$		=B13*$M$2+$M$3+B12+IFS(B12+B13-3=0,$C$10,B12+B13-3=1,$E$10,B12+B13-3=2,$F$10,B12+B13-3=3,$H$10)																	
6	f_4	9	1																				
7	s_3	0	0	1	1	2	2	3		s_1		0	0	第一个月库存状态为零									
8	u_3	2	3	1	2	0	1	0		u_1		5	6	第一个月至少生产500件，最多不超600件									
9	$C+E+f_4$	23	20	19	16	11	12	4		$C+E+f_2$		67	68	=L8*$M$2+$M$3+IF(L8>5,$I$15,$E$15)									
10	f_3		20		16	11		4		$\min f_1$		67		=MIN(L9:M9)									
11	u_3^*		3		2	0		0		u_1^*		5		第一个月最优生产安排为500件									
12	s_2	0	0	0	0	1	1	1	1	2	2	2	2	3	3	3	3	4	4	4	5	5	6
13	u_2	3	4	5	6	2	3	4	5	1	2	3	4	0	1	2	3	0	1	2	0	1	0
14	$C+E+f_3$	39	40	40	38	35	36	36	34	31	32	32	30	23	28	28	26	20	24	22	16	18	10
15	f_2	=MIN(B14:E14)			38	=MIN(F14:I14)			34				30	23				20			16		10
16	u_2^*	=E13			6	=I13			5				4	0				0			0		0

图 4-79　生产经营问题

(1) 将计算中需要使用的数据或参数输入表格，如图 4-79 中 A1:W3 单元格所示。计算中，设 g_k 为月需求量，$C(u_k)$为生产成本，$E(s_k)$为存储成本，$f_k(s_k)$为状态 s_k 时总成本。

(2) 分析安排 4 月($k=4$)生产和存储产品方案。

① 因 4 月底库存要清零，故 4 月初库存状态只有两种情况：0 件与 100 件，即 $s_4=0,1$。对应的生产安排则为 100 件与 0 件，即 $u_4=1,0$。此时，$f_4(s_4)=\min\ (C(u_4)+E(s_4))$。

② 在 B6 单元格输入 f_4 公式“=B4*$U$1+B5*$M$2+IF(B5=0,0,$M$3)”并将其复制到 C6 单元格。

(3) 分析安排 3 月($k=3$)生产和存储产品方案。

① 本月库存最多不能超过本月与 4 月需求之和(2+1)，最少为 0；本月生产量最多为本月与下月需求之和，最少为 0 件。再由状态转移方程 $s_{k+1}=s_k+u_k-g_k$ 考虑 3 月份 s_4 状态转移至 4 月的情况，用枚举法将本月 s_3，u_3 的所有可行安排输入表格，如图 4-79 中 A7:H8 单元格所示。

② 由递推方程构建计算 $C(u_3)+E(s_3)+f_4(s_4)$的公式，如图 4-79 中 F4 单元格所示，其中条件语句用于不同取值。将此公式输入 B9 单元格并将其复制到 C9:H9 单元格，然后计算 f_3 与 u_3^*，如图 4-79 中 A10:H11 单元格所示。

(4) 分析安排 2 月($k=2$)生产和存储产品的方案。

① 本月库存最多不能超过 2～4 月需求之和(3+2+1)，最少为 0；本月生产量最多为本月与 3、4 月需求之和(600 件)，最少为 0 件。考虑状态转移情况，用枚举法将本月 s_2，u_2 的所有可行安排输入表格，如图 4-79 中 A12:W13 单元格所示。

② 将计算 $C(u_2)+E(s_2)+f_3(s_3)$的公式输入 C14 单元格，如图 4-79 中 F5 单元格所示，并将其复制到 C14:W14 单元格，然后计算 f_2 与 u_2^*，如图 4-79 中 A15:W16 单元格所示。

(5) 分析安排 1 月($k=1$)生产和存储产品的方案。

① 因第 1 月库存状态为 0，故本月生产量只有两种选择，一是按需求生产 500 件，二是按最大产量生产 600 件。

② 将 s_1，u_1 数据填入表格，并计算 $C+E+f_2$ 与 $\min\ f_1(s_1)$及 u_1^*，如图 4-79 中 J7:W11 单元格区域所示。

求解结果为 $\min f=67$ 千元，第 1 月生产 500 件、第 2 月 600 件，第 3、4 月不生产。

4.7.5　设备更新问题

土木工程、制造和交通运输等许多需要使用设备的企业，在经营中经常会遇到设备故障、维修和更新问题。通常,新设备故障少、维护成本低、效益或收入稳定,旧设备故障率高、维护成本高,效益或收入也会随设备役龄增加而下降,更新旧设备则需要投入较高的购置费。从设备购置、运行、维护和更新等规律入手,制定一个最佳或收益最高的策略就是设备更新规划问题。下面用示例来介绍此类问题的分析及求解方法与步骤。

示例 4-40(胡运权主编《运筹学教程》第 5 版 7.14 题,清华大学出版社)　某公司购买一辆某型号新汽车,该汽车年均利润函数 $r(t)$ 与年均维修费函数 $u(t)$ 如图 4-80 中 A1:F3 单元格所示。购买该型号新汽车每辆 20 万元。如果该公司将汽车卖出,不同役龄价格如图 4-80 中 A4:G5 单元格所示。试给出该公司 4 年营利最大的更新计划。

解　将问题按年限分为 4($k=1,2,3,4$)个阶段,并根据给定的已知数据分析每个阶段保留(K)与更新(R)设备两种策略的利润情况,逐段计算不同方案或状态最大利润,并求出最优策略。设 t 为役龄(购车当年为第 0 年),$r_k(t)$ 为年均利润,$u_k(t)$ 为年均维修费,$c_k(t)$ 为旧车处理价格,$f_k(t)$ 为年净利润,p 为新车价格,x_k 为决策变量(取值 K 或 R),然后按如下步骤求解。

(1) 建立计算表,如图 4-80 中 H1:N10 单元格所示。

(2) 计算 $k=4$ 时保留和更新车辆的阶段指标及最大净利润。

① 在 K2 单元格输入公式“=C2−C3”并将其复制到 L2:N2 单元格,在 K3 单元格输入公式“=$C$2−$C$3−$C$4+D5”并将其复制到 L3:N3 单元格。

② 在 K4 单元格输入公式“=MAX(K2:K3)”并将其复制到 L4:N4 单元格,如图 4-80 中 I2:N4 单元格所示。

(3) 计算 $k=3$ 时保留和更新车辆的阶段指标及最大净利润。

① 在 K5 单元格输入公式“=C2−C3+L4”并将其复制到 L5:M5 单元格,在 K6 单元格输入公式“=$C$2−$C$3−$C$4+D5+$L$4”并将其复制到 L6:N6 单元格。

② 在 K7 单元格输入公式“=MAX(L5:L6)”并将其复制到 L7:N7 单元格,如图 4-80 中 I5:N7 单元格所示。

	A	B	C	D	E	F	G	H	I	J	K	L	M	N
1	役龄	t	0	1	2	3	4	k	x_k	t	0	1	2	3
2	年均利润	$r(t)$	20	18	17.5	15			K	$r_3(t)-u_3(t)+f_4$	18	15.5	13.5	9
3	年均维修费	$u(t)$	2	2.5	4	6		3	R	$r_3(0)-u_3(0)-p+c_3(t)$	15	14	13.5	13
4	新车价格	p	20							$f_3(t)=\max(K,R)$	18	15.5	13.5	13
5	旧车处理价格	$c(t)$	—	17	16	15.5	15		K	$r_2(t)-u_2(t)+f_3(t+1)$	33.5	29	26.5	
6	=C2-C3	=C2-C3+L4			=C2-C3+L7			2	R	$r_2(0)-u_2(0)-(p-c_2(t))+f_3(1)$	30.5	29.5	29	28.5
7	=MAX(K2:K3)	=$C$2-$C$3-$C$4+D5								$f_2(t)=\max(K,R)$	33.5	29.5	29	28.5
8	=MAX(K5:K6)	=$C$2-$C$3-$C$4+D5+$L$4							K	$r_1(t)-u_1(t)+f_2(t+1)$	47.5	44.5	42	
9	=MAX(K8:K9)	=$C$2-$C$3-$C$4+D5+$L$7						1	R	$r_1(0)-u_1(0)-(p-c_2(t))+f_2(1)$	44.5	43.5	43	42.5
10	max f(含残值)	=K10+G5			62.5					$f_1(t)=\max(K,R)$	47.5	44.5	43	42.5

图 4-80　设备更新问题

(4) 计算 $k=2$ 时保留和更新车辆的阶段指标及最大净利润。

① 在 K8 单元格输入公式“= C2−C3+L7”并将其复制到 L8:M8 单元格,在 K9 单元格输入公式“=$C$2−$C$3−$C$4+D5+$L$7”并将其复制到 L9:N9 单元格。

② 在 K10 单元格输入公式“=MAX(K8:K9)”并将其复制到 L10:N10 单元格,如图 4-80 中 I8:N10 单元格所示。

(5) 计算 $k=1$ 时的最大利润。新车第 1 年的决策为保留运营,其役龄为 0 年,故最大利润为:$\max f=r_1(0)-u_1(0)+f_2(t+1)$,据此,在 K11 单元格输入公式:“=C3+L10”,返回值为 62.5。

保留与更新策略为 $x_0=K, x_1=K, x_2=R, x_3=K$。

4.7.6 货郎担问题

货郎担问题(Traveling Salesman Problem)是运筹学中著名的命题。1832 年,有一本旅行推销员手册(Manual for Traveling Salesman)叙述了这个问题并给出了德国 45 座城市间旅行问题的示例。20 世纪 30 年代,Karl Menger 等首次研究提出了货郎担问题。随着计算机技术的发展,货郎担问题在运输、机械加工和管道铺设等方面得到了广泛应用。货郎担问题描述的是一个最短路命题:一位货郎或推销员从一个城镇出发前往多个城镇,每个城镇去一次且只能去一次,然后回到出发城镇,求货郎总行程最短路线。下面用示例讲解动态规划求解货郎担问题的方法。

示例 **4-41**(胡运权主编《运筹学教程》第 5 版 7.15 题,清华大学出版社) 已知 4 个城市间距离如图 4-81 中 A1:E8 单元格所示。求从 v_1(城市 1)出发,经其余城市一次且仅一次最后返回 v_1 的最短路径与距离。要求用动态规划求解。

解 按要经过的城市数将问题分为 3 个阶段 $k=1,2,3$,然后定义状态变量 (i,S) 和最优值函数 $P_k(i,S)$ 并求解,如图 4-81 所示,其中,town1,town2,… 表示城市名称,t_i-t_j 表示路径。具体方法与步骤如下。

(1) 设 $f_0(i,\varnothing)=d_{1i}$ 为边界条件,并从城市间距离矩阵表中找到相应的数据,然后在 H2:M2 单元格中分别输入"＝C5""＝D5""＝D5""＝E5""＝C5""＝E5",如图 4-81 中 A1:E8、F1:M2 单元格区域所示。从城市间距离矩阵表看,每个城市之间均有两条路径,故将其对应列表排列出来,以便计算和分析。

(2) 当 $k=1$ 时,为计算 $f_1(i,\{j\})$,可将每城市间两条路径状态变量数据排列出来,然后在 H6 单元格输入求和公式"＝H2＋H4"并将其复制到 I6:M6 单元格。

(3) 当 $k=2$ 时,按上述方法排列路径并计算 $f_2(i,\{j\})=\min(f_1(i,\{j\})+d_{ij})$。在 H9 单元格输入公式"＝MIN(H6＋H8,I6＋I8)"并将其复制到 J9、L9 单元格。

(4) 当 $k=3$ 时,排列出返回 v_1 的路径并计算 $f_3(i,\{j\})=\min(f_2(i,\{j\})+d_{ij})$。在 L12 单元格输入公式"＝MIN(H9＋H11,J9＋J11,L9＋L11)"。

(5) 求出最短路径为 1→2→4→3→1,最短距离为 23,如图 4-81 中 L1:L12 单元格区域所示。

	A	B	C	D	E	F	G	H	I	J	K	L	M
1	城市间距离矩阵					k	路径	t1-t2	t1-t3	t1-t3	t1-t4	t1-t2	t1-t4
2						0	$f_0(i,\varnothing)$	6	7	7	9	6	9
3	i / j	town1	town2	town3	town4	1	路径	t2-t3	t3-t2	t3-t4	t4-t3	t2-t4	t4-t2
4								9	8	8	5	7	5
5	town1	0	6	7	9		路径	t1-t2-t3	t1-t3-t2	t1-t3-t4	t1-t4-t3	t1-t2-t4	t1-t4-t2
6	town2	8	0	9	7		$f_1(i,\{j\})$	15	15	15	14	13	14
7	town3	5	8	0	8	2	路径	t3-t4	t2-t4	t4-t2	t3-t2	t4-t3	t2-t3
8	town4	6	5	5	0			8	7	5	8	5	9
9	$f_1(i,\{j\})$		=H2+H4				$f_2(i,\{j\})$	22		20		18	
10						3	路径	t4-t1		t2-t1		t3-t1	
11	$f_2(i,\{j\})$		=MIN(H6+H8,I6+I8)					6		8		5	
12							$f_3(i,\{j\})$	=MIN(I9+I11,J9+J11,L9+L11)				23	

图 4-81 货郎担问题

第 5 章 决策分析

本章研究管理科学或运筹学中的决策分析问题，内容主要包括图与网络分析、网络计划、排队论、存储论、对策论和决策分析等。在工作表中运用公式及函数、图形等功能，可以分解、演算、可视化复杂的决策问题，既可以提高学习效率，又可以解决实际问题。

5.1 图与网络分析

图论(Graph Theory)是运筹学的重要分支，它起源于 18 世纪著名的 Königsberg 桥梁问题。Königsberg 是坐落在普雷格尔(Pregolya)河畔的一个小镇，由 4 个独立的社区组成，其中有两个社区位于河两岸，另两个社区位于河中小岛上，共有 7 座桥梁将这些社区相连。当时，人们企图破解沿一条线路穿过 7 座桥(每桥只能穿行一次)并返回原点问题。1936 年，欧拉(Euler)用数据图(Graphs)证明了人们关于一条线穿过 Königsberg 七桥问题是不可能的。因为 Königsberg 的 4 个社区由奇数座桥连接，所以不可能画出想要的路线。解答此问题的同时，欧拉开创了图论研究并奠定了理论基础。如今，图论被用于解决许多学科和领域的实际问题，如博弈论、人工智能、资源优化及分类、迷宫设计与求解等。

图论中常用的基本概念或定义简述如下。

图(Graphs)是端点和边的集合，通常记为 $G=(V,E)$，其中，V 是端点集合，E 是边集合。

端点或顶点(Vertices)是图中连线的端点或交点(Node)，常用于表示位置，如城市、行政区划、十字路口、车站、港口和机场等。

边(Edges)是两端点之间的连线，常用于表示端点间的通道或运输设施。带箭头的连线是有向边，没有箭头的连线则假定连接是双向的。

次(Degree)与奇、偶点(Odd and Even Vertex)：端点上边的数量称为次；次为奇数的端点称为奇点，反之称为偶点。

路径(Path)、回路(Cycles)与轨迹(Trail)：沿着边经过端点的“行程”称为路径；起点与终点相同的路径称为回路；端点之间的行程称为轨迹，返回起点的轨迹称为圈(Circuit)或圈形轨迹(Circular Trail)。

连通图(Connectedness)：端点之间存在连接边或路径的图称为连通图。在连通图中，与端点或边有关的数量指标称为权(Weight)，权可以表示距离、费用、容量等。这种带有数量指标的赋权连通图称为网络。

5.1.1 欧拉回路与中国邮递员问题

在连通图中，经过每边一次的道路或路径可称为欧拉道路或路径。从某端点出发穿过每条边一次返回端点的环形轨迹称为欧拉回路，具有欧拉回路的图称为欧拉图。根据欧拉定理，如果一个网络连通图中的奇点超过两个，则该图没有欧拉路径；如果连通图中正好有两个奇点，则该图的欧拉路径从一个奇点开始到另一个奇点结束；如果连通图中没有奇点，则该图至少有一条欧拉回路。

如果把邮递员每天沿街道投递的路线看作一个连通图，那么，邮递员从邮局出发去辖区内每条街投递后返回的轨迹就是一个回路。显然，邮递员希望找到最短回路。这个问题是山东师范大学管梅谷教授于1960年首先提出的并给出了"奇偶点图上作业"的解法，因此，国际上称之为中国邮递员问题(Chinese Postman Problem，CPP)。在图论中，连通的赋权欧拉回路被称为中国邮递员问题。下面用示例讲解中国邮递员问题奇偶点图上作业法。

示例 5-1(胡运权主编《运筹学教程》第5版8.4题，清华大学出版社)　求解如图5-1所示的中国邮递员问题，A点是邮局。

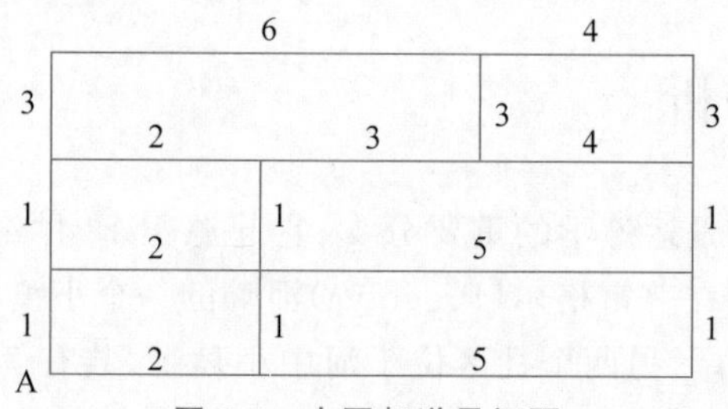

图 5-1　中国邮递员问题

解　先给连通图的端点编号并找出奇点，然后按最小总权原则添加重复边，使新图不再含奇点。具体方法和步骤如下。

(1) 将连通图输入表格，如图5-2中A1:E11单元格所示。作业时，可利用单元格边框作为连通图的边和端点。

(2) 找出所有奇点，并将找出的8个奇点分成4对：v_2, v_5；，v_3, v_7；v_8, v_9；v_{11}, v_{12}。

(3) 为每对奇点添加重复边。在 v_1, v_2, v_6, v_5 圈，有 v_1, v_2；v_1, v_5 或 v_5, v_6；v_1, v_6 两种添加重复边最佳方案，其他方案，要么不符合最小权原则，要么仍然出现奇点。在其他圈，首选是连接两个奇点：v_3, v_7；v_8, v_9；v_{11}, v_{12}。经验证，上述方案符合"每边最多有一条重复边"和"重复边总权不大于该圈总权的一半"的最优方案标准。

(4) 求解后可得到两个方案，如图5-2所示。在两个方案中，从邮局 A(v_1)出发经过所有街道及重复边一次返回邮局，便是邮递员投递的最短回路，经计算其距离或权值为57。欧拉回路及距离计算公式如图5-2中A12:J16单元格所示。

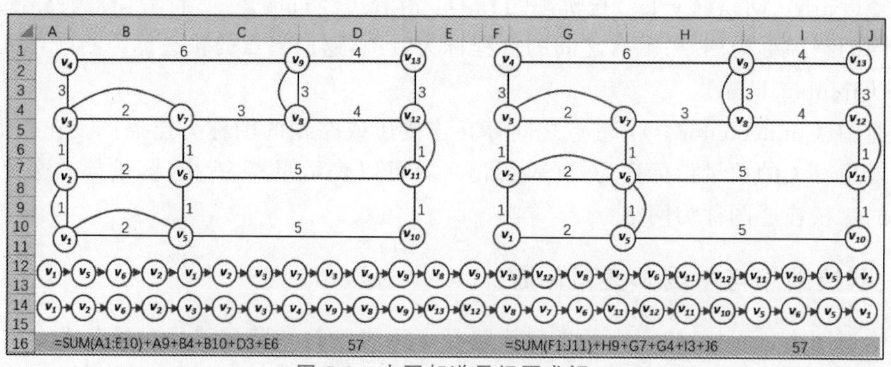

图 5-2　中国邮递员问题求解

5.1.2　生成树

在图论中,无圈的连通图称为树(Tree)。树状网络图类似多源头河流,其基本特性是:任意两个顶点之间有且仅有一条链,树的顶点数减 1 等于边数。生成树又名支撑树(Spanning Trees),是无向连通图的子图,它包括最少边连接的所有顶点。从已知连通图求解出生成树的方法可分为以下两种。

一是避圈法。有深探法和广探法两种避圈求解生成树的方法。深探法就是在连通图中任一点开始标号,并沿着该点的边对另一端点继续标号,每步选择要标号的边与已有标号的边不能构成圈,遇到已标号端点时退回并从其他边继续标号,直到所有端点均得到标号。广探法就是在连通图中任取一个边,并按不成圈的原则继续取与之相连的下一个边,重复这个步骤直到取得生成树。

二是破圈法。就是在连通图中任取一个圈并从圈中去掉一个边,重复这个步骤,直到剩下不含圈的支撑树。

示例 5-2(胡运权主编《运筹学教程》第 5 版 8.5 题,清华大学出版社)　分别用深探法、广探法、破圈法找出如图 5-3①所示网络图的一个生成树。

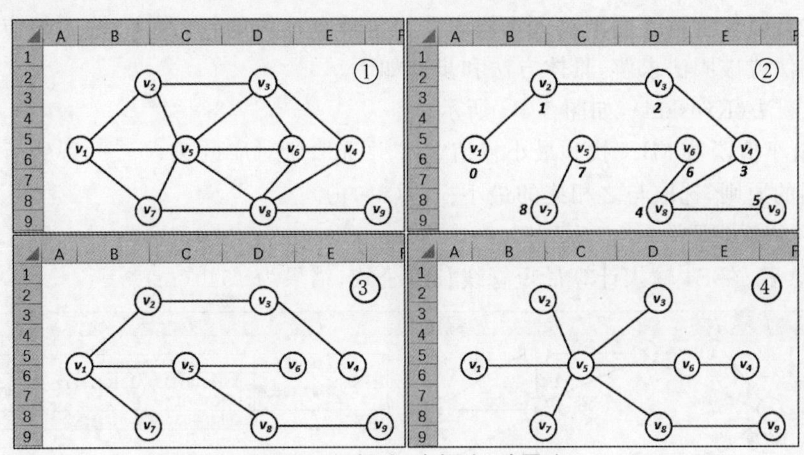

图 5-3　深探法、广探法、破圈法

解　在工作表中选择"插入"→"形状"绘制连通图,然后用深探法、广探法、破圈法求解出生成树,具体方法和步骤如下。

(1) 深探法,如图 5-3②所示。

① 以端点 v_1 为起点并编标号"0"。然后按照与已编号的端点不成圈或避圈的原则沿 v_1 的一个边往下一端点(v_2)给予标号"1"。

② 沿 v_3,v_4,v_8,v_9 点分别给予标号"2,3,4,5"。v_9 为悬挂点给予标号后返回上一端点 v_8,然后沿 v_6,v_5,v_7 继续标号,直到标完所有端点。

(2) 广探法,如图 5-3③所示。

① 取 $u_0=(v_1,v_2)$为生成树的一个边,然后按照与已取边不成圈或避圈的原则继续取相连的边 $u_2=(v_2,v_3)$,$u_3=(v_3,v_4)$。

② 继续取边 $u_4=(v_1,v_5)$,$u_5=(v_5,v_6)$,$u_6=(v_5,v_8)$,$u_7=(v_8,v_9)$,$u_8=(v_1,v_7)$。

(3) 破圈法，如图 5-3④所示。

① 取圈(v_1,v_2,v_5,v_1)，从中去掉边(v_1,v_2)，即破掉所取的圈。

② 按上述方法逐个破掉其他圈便得到生成树。

5.1.3 最小生成树

通常，在一个连通图可以找出多个不相同的生成树。对于赋权的连通图来说，其生成树所有边的权之和称为生成树的权。最小生成树就是赋权连通图中具有最小权的生成树，简称最小树。在许多网络优化问题中可以运用最小树方法，例如，道路、供电、供水、供气、通信等网络的建造、使用及维护。求解最小树的方法有避圈法和破圈法。

避圈法(Kruskal)：首先选取赋权图最小权的边，然后从相连且与已取边不构成圈的未选取边中选择一条权最小的边，直到取得生成树。

破圈法：从赋权图中任取一个圈并去掉其中权最大的边，然后重复取圈去其最大权边的操作，直到赋权图不含圈为止。

示例 5-3(胡运权主编《运筹学教程》第 5 版 8.6 题，清华大学出版社)　设计如图 5-4①所示的锅炉房到各座楼铺设暖气管道的路线，使管道总长度最小(单位：m)。

解　先将暖气管道连通图输入工作表并将各节点连线的权(距离)输入相应单元格，然后可用避圈法或破圈法求解，具体方法和步骤如下。

(1) 避圈法(Kruskal)，如图 5-4②所示。

① 用最小值函数 MIN 找到最小权值“90”并选取所对应的边(v_6,v_8)，然后，按与已选取边不成圈的原则，选取与之相连的最小权边(v_6,v_7)。

② 按此依次选取(v_0,v_6)，(v_0,v_1)，(v_1,v_2)，(v_2,v_3)，(v_3,v_4)，(v_4,v_9)，(v_9,v_{10})，(v_4,v_5)。然后，在 S4 输入计算最短管线长度公式，结果为 1540(m)。

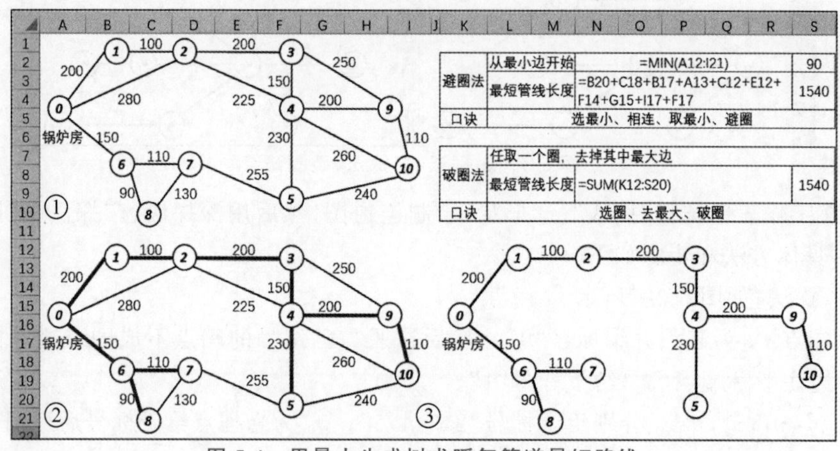

图 5-4　用最小生成树求暖气管道最短路线

(2) 破圈法，如图 5-4③所示。

① 选取圈(v_0,v_1,v_2,v_0)，去掉其中最大权边(v_0,v_2)。

② 重复取圈，依次去掉(v_2,v_4)，(v_3,v_9)，(v_4,v_{10})，(v_5,v_{10})，(v_5,v_7)，(v_7,v_8)。然后，在 S8 输入计算最短管线长度公式，结果为 1540(m)。

5.1.4　最短路问题及 Dijkstra、Floyd 算法

在图论中，最短路指的是两个端点或顶点之间路程（如距离、权等）最短。与最小树不同的是，最短路分析的是连通图中指定的两个端点之间的路程，而不需要经过所有端点。许多优化问题可以使用最短路网络模型，如设备更新、各种管网和建筑布局等。常用的求解最短路方法有 Dijkstra 与 Floyd 算法。

Dijkstra 算法是求解连通图端点间最短路径的方法。该算法是由荷兰阿姆斯特丹大学 Edsger W.Dijkstra 博士于 1959 年提出的。其基本思路是：从源点开始使用贪心方法（Greedy Approach）迭代寻找最短路，在每次更新时忽略较长的距离，最终得到问题的一个最优解。

Floyd 算法是用于求解加权连通图点与点之间最短路径的算法。1962 年，计算机科学家 Robert Floyd 和 Stephen Warshall 分别独立发表了该算法，而在 1959 年，Bernard Roy 曾提出过此算法，因此该算法也称为 Floyd-Warshall 算法、Roy-Warshall 算法、Roy-Floyd 算法或 WFI 算法。Floyd 算法通过比较连通图每对顶点之间所有可能的路径，并在逐步迭代计算中用更短的路径替代已比选的路径，直到求出最优解。

Dijkstra 算法可用于计算连通图中两点之间的最短路径，Floyd 算法则用于求解连通图中所有点之间的最短路径。下面用示例来讲解两种算法。

示例 5-4（胡运权主编《运筹学教程》第 5 版 8.10 题，清华大学出版社）　如图 5-5①所示，v_0 是一仓库，v_9 是商店，用 Dijkstra 算法求解一条从 v_0 到 v_9 的最短路。

解　在工作表中选择"插入"→"形状"绘制连通图，并将每条边的权（距离）输入相应单元格，然后建立计算表并按各端点与 v_0 的层次关系输入端点表头，如图 5-5②中 F1:R1 单元格所示。

(1) 令 $P(v_0)=0$，其余各点均标为未访问，即 $T(v_i)=\infty(i=1,2,\cdots,9)$。

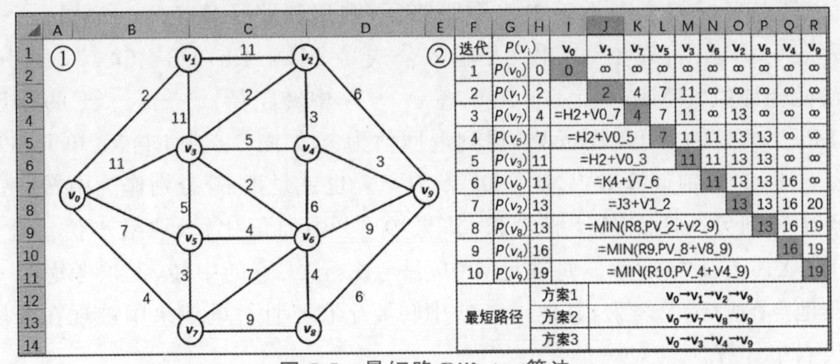

迭代	$P(v_i)$		v_0	v_1	v_7	v_5	v_3	v_6	v_2	v_8	v_4	v_9
1	$P(v_0)$	0	0	∞	∞	∞	∞	∞	∞	∞	∞	∞
2	$P(v_1)$	2		2	4	7	11	∞	∞	∞	∞	∞
3	$P(v_7)$	4	=H2+V0_7		4	7	11	∞	13	∞	∞	∞
4	$P(v_5)$	7	=H2+V0_5			7	11	11	13	13	∞	∞
5	$P(v_3)$	11	=H2+V0_3				11	11	13	13	∞	∞
6	$P(v_6)$	11	=K4+V7_6					11	13	13	16	∞
7	$P(v_2)$	13	=J3+V1_2						13	13	16	20
8	$P(v_8)$	13	=MIN(R8,PV_2+V2_9)							13	16	19
9	$P(v_4)$	16	=MIN(R9,PV_8+V8_9)								16	19
10	$P(v_9)$	19	=MIN(R10,PV_4+V4_9)									19
最短路径	方案1		$v_0→v_1→v_2→v_9$									
	方案2		$v_0→v_7→v_8→v_9$									
	方案3		$v_0→v_3→v_4→v_9$									

图 5-5　最短路 Dijkstra 算法

(2) 从 v_0 出发，访问与之相连的点，计算 $T(v_1)=\min[T(v_1),P(v_0)+u_{01}]=2$。式中，$u_{01}$ 为 v_0 至 v_1 的距离。同理得 $T(v_3)=11$，$T(v_5)=7$，$T(v_7)=4$。然后比较所有 $T(v_i)$ 找出最小值并赋予 P 标号，即 $P(v_1)=2$。

(3) 从新得到 P 标号的 v_1 出发，访问相连的点，计算 $T(v_2)=\min[(T(v_2),P(v_1)+u_{12})]=\min(\infty,2+11)=13$，$T(v_3)=\min[T(v_3),P(v_1)+u_{13}]=\min(11,2+11)=11$。再次比较所有 $T(v_i)$ 找出最小值并赋予 P 标号，得 $P(v_7)=4$。

(4) 重复上述步骤，直到计算出所有端点的 P 标号，如图 5-5②所示。计算得到三条最短路径：$v_0 \to v_1 \to v_2 \to v_9$；$v_0 \to v_7 \to v_8 \to v_9$；$v_0 \to v_3 \to v_4 \to v_9$。其最小值为 19。图中给出了各端点 P 标号计算公式。

示例 5-5(胡运权主编《运筹学教程》第 5 版 8.11 题，清华大学出版社)　用 Floyd 算法求图 5-6 中任意两点间的最短路。

路　　径

	v1	v2	v3	v4	v5
v1		132	13	14	135
v2	21		253	254	25
v3	31	32		34	325
v4	41	452/412	413		45
v5	531	52	53	54	

	v1	v2	v3	v4	v5		v1	v2	v3	v4	v5	
$D^{(0)}$	0	5	1	2	∞	$D^{(1)}$	0	5	1	2	∞	v1
	5	0	10	∞	2		5	0	6	7	2	v2
	2	3	0	2	8		2	3	0	2	8	v3
	2	∞	6	0	4		2	7	3	0	4	v4
	∞	2	4	4	0		∞	2	4	4	0	v5
$D^{(2)}$	0	5	1	2	7	$D^{(3)}$	0	4	1	2	6	v1
	5	0	10	∞	2		5	0	10	12	2	v2
	2	3	0	2	5		2	3	0	2	5	v3
	2	7	3	0	4		2	6	3	0	4	v4
	7	2	4	4	0		6	2	4	4	0	v5
$D^{(4)}$	0	4	1	2	6	$D^{(5)}$	0	4	1	2	6	v1
	5	0	10	12	2		5	0	6	6	2	v2
	2	3	0	2	5		2	3	0	2	5	v3
	2	6	3	0	4		2	6	3	0	4	v4
	6	2	4	4	0		6	2	4	4	0	v5

图 5-6　最短路 Floyd 算法

解　本题给出的是有向与无向混合的赋权(距离)连通图，其中，无向连接表示该路径为双向均连通。将各路径权值输入相关单元格后，按如下方法和步骤操作。

(1) 建立权矩阵计算表并输入初始矩阵。将连通图中两端点间可通行路径权值的引用输入矩阵 $\boldsymbol{D}^{(0)}$，并假设不直接相连的端点间路径尚未开通，暂赋值∞，如图 5-6 中 L1:Q6 单元格所示。

(2) 计算 $\boldsymbol{D}^{(1)}$。把 v_1 点看作中转站，其他所有点可以按连通路径到此点中转至另一端点，如果新中转路径赋权之和小于 $\boldsymbol{D}^{(0)}$ 中原路径，则用新路径替换之。例如，$v_2 \to v_3$ 从 v_1 中转路径为 $v_2 \to v_1 \to v_3$，故在 U3 单元格输入公式"＝MIN(O3,M3＋O2)"，返回值为从 v_1 中转的新路径合计值 6(MIN(10,5＋1))；将 $v_4 \to v_3$ 中转路径 $v_4 \to v_1 \to v_3$ 的计算公式"＝MIN(O5,M5＋O2)"输入 U5 单元格，得到返回值为 3，如图 5-6 中 S1:X6 单元格所示。

(3) 按上述(2)分别计算 $\boldsymbol{D}^{(2)}$，$\boldsymbol{D}^{(3)}$，$\boldsymbol{D}^{(4)}$，$\boldsymbol{D}^{(5)}$。也就是把 v_i 分别作为中转点，计算每个端点经该点中转到另一端点路径值之和，并与 $\boldsymbol{D}^{(i-1)}$ 中原值比较，取最小值。计算结果如图 5-6 中 L7:X16 单元格所示。每次计算中，只考虑经 v_i 点的中转，无须考虑经 v_i 点后再次中转或其他点的中转。因为，其他端点的中转要么在已计算的成果中被现在采用，要么将在后续迭代点中计算。

(4) 求路径矩阵。在计算 $\boldsymbol{D}^{(i)}$ 时，可以同步记录路径矩阵 $\boldsymbol{P}^{(i)}$。在工作表中可使用"公式审核"中"追踪引用单元格"功能追踪路径，如图 5-6 所示，图中折线为 $v_4 \to v_3$ 最短路径计算公式中引用单元格的追踪线。据此求得的最短路径矩阵如图 5-6 中 A10:K16 单元格所示。

5.1.5　最大流问题

网络或赋权连通图上的最大流量问题(Max.Flow Problem)是网络流最优规划问题。

在现实社会,此类问题普遍存在。例如,交通运输网、能源供应网、通信网和排污管网等。设网络 $G=(V,E,C)$ 的发点为 v_s,收点为 v_t,x_{ij} 与 c_{ij} 分别为 i 点到 j 点的流量和容量,P 为发点 v_s 至收点 v_t 的路径,则可将最大流问题写成线性规划形式:

$$\max f=\sum_{ij\in P} x_{ij}$$

$$\text{s.t.}\begin{cases} x_{ij}\leqslant c_{ij} \\ \sum_j x_{ij}=\sum_i x_{ji} \\ x_{ij}\geqslant 0 \end{cases}$$

1956 年,L.R.Ford Jr.与 D.R.Fulkerson 发表了网络最大流的标号算法,因此,也称为 Ford-Fulkerson 方法。其基本思路是通过对端点标号,分析路径的可行流,从而找到增广链(Augmenting Path),也就是找出还有通行余量的路径,然后利用增广链尽可能增加网络流量,从而求解出网络的最大流。

示例 **5-6**(胡运权主编《运筹学教程》第 5 版 8.15 题,清华大学出版社)　求如图 5-7①所示网络图中最大流,边上数为(c_{ij},f_{ij})。要求:①将最大流问题列出线性规划模型;②用标号算法求解。

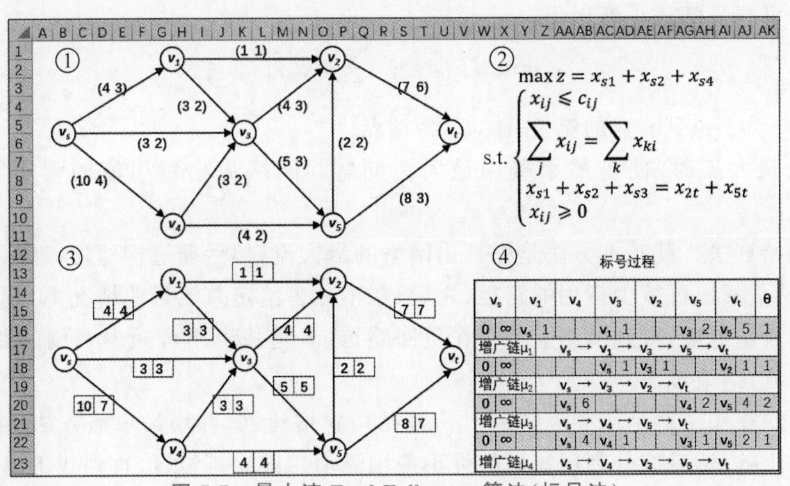

图 5-7　最大流 **Ford-Fulkerson** 算法(标号法)

解　先分析问题的目标和约束并按题目要求写出 LP 模型,然后用标号法(Ford-Fulkerson)求解,具体方法和步骤如下。

(1) 根据题意,该问题的目标函数为网络上的最大流量,其约束条件有:端点间(边)的流量小于或等于容量;中间点的输入量与输出量相等;发点与收点的流量相等;流量应大于或等于零。据此,可写出问题的线性规划模型,如图 5-7②所示。

$$\max z=x_{s1}+x_{s2}+x_{s3}$$

$$\text{s.t.}\begin{cases} x_{ij}\leqslant c_{ij} \\ \sum_j x_{ij}=\sum_k x_{ki} \\ x_{s1}+x_{s2}+x_{s3}=x_{2t}+x_{5t} \\ x_{ij}\geqslant 0 \end{cases}$$

式中，x_{ij}为i到j的流量。

(2) 给v_s标号$(0,\infty)$，检查弧(v_s,v_1)，可为v_1点标号$(v_s,4-3)$。

(3) 检查(v_1,v_2)和(v_1,v_3)，前者已饱和，不能标号，v_3可标号$(v_1,3-2)$。

(4) 检查(v_3,v_2)和(v_3,v_5)均可标号，给v_5可标号$(v_3,5-3)$。

(5) 检查(v_5,v_t)，可为v_t标号$(v_5,8-3)$。

(6) 求出已标号点容量与流量之差的最小值$\theta=\min(1,1,2,5)=1$。这样，就得到一条增广链(v_s,v_1,v_3,v_5,v_t)，其可调增流量为1。

(7) 将求出的增广链上所有节点的流量加θ。

(8) 重复上述(2)，新找到3条增广链：(v_s,v_3,v_2,v_t)、(v_s,v_4,v_5,v_t)、(v_s,v_4,v_3,v_5,v_t)；重复上述(3)，分别为新增广链调增流量，如图5-7③④所示。

(9) 最大流为$\max z=x_{s1}+x_{s2}+x_{s3}=4+3+7=14$。

5.1.6 最小费用流问题

最小费用流与最大流是密切相关的。在许多实际网络流量问题中，流是需要费用的，如交通物流、通信信息流等。如果一个网络包含单位流量费用d_{ij}，即$G=(V,E,C,d)$，则该网络上一个可行流的最小费用为

$$\min d(f)=\sum_{(v_i,v_j)\in E} d_{ij}f_{ij}$$

式中，f_{ij}为i点到j点的流量；v_i，v_j为端点。

当f为最大流时，便是最小费用最大流问题。网络最小费用流的常用算法有以下两种。

一是原始算法。其基本方法是先算出网络的最大流，然后通过构建增流网，找出费用的负回路，也就是找出可减少费用的路径，之后，在不减少给定总流量的情况下，调整优化网络负回路上的流量分配，直到网络上不存在负回路，或者是找不出可减少费用的路径，则已得到最小费用流，结束算法。

二是对偶算法。就是从零流$(f=\{0\})$开始构建增流网，并用最短路方法从中找出一条最小费用增广链，然后充分利用找出的最小费用流增广链安排流量，直到找不出最小费用流增广链或已满足流量需要时结束算法。

示例5-7(胡运权主编《运筹学教程》第5版8.20题，清华大学出版社)　如图5-8①所示网络中，有向边旁数字为(c_{ij},d_{ij})，c_{ij}表示容量，d_{ij}表示单位流量费用，试求从v_s到v_t流值为6的最小费用流。

解　网络图中给出的是有向边的容量和单位流量费用，可用最小费用流对偶算法，具体方法和步骤如下。

(1) 令$f^{(0)}=\{0\}$，即将各边的初始流量均设为0。

(2) 用Dijkstra算法，求出单位流量费用d_{ij}的最短路(v_s,v_3,v_4,v_t)，如图5-8①②所示。将此路径作为最小费用流增广链，通过比较此链上各边的容量，求出其最大通行流量$\theta=3$，然后将此链上各边流量由0改为3，如图5-8③所示。

(3) 构造有向赋权图$f^{(1)}$。流量为0的均画前向弧；(v_s,v_3)为非饱和边，需添加前向弧和反向弧；(v_3,v_4)和(v_4,v_t)为饱和弧，均画为后向弧，如图5-8④所示。其中，前向弧表

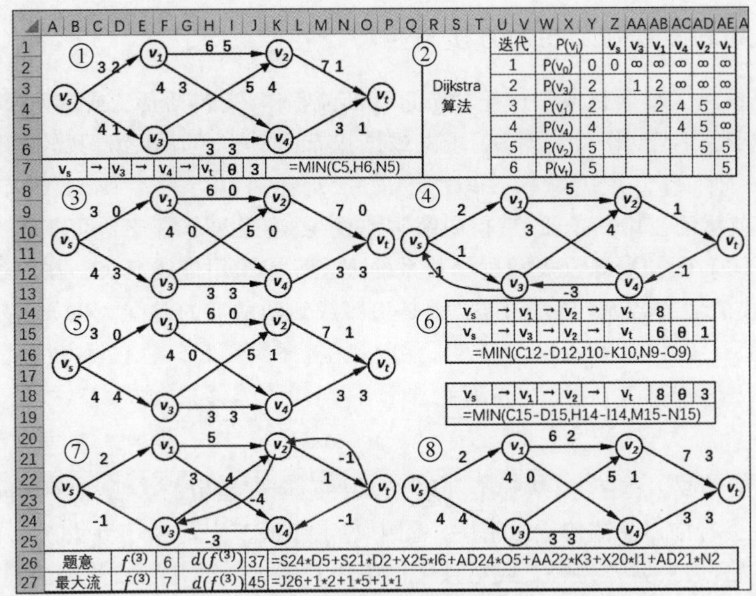

图 5-8　最小费用最大流

示可增加流量,后向弧表示可减少流量。

(4) 求出 $f^{(1)}$ 的最短路。由于网络剩下的可行流路径较少,可直接用枚举法找最短路。找出的最短路径为(v_s,v_3,v_2,v_t),其可调增流量受(v_s,v_3)容量限制,只能调增1个流量,如图5-8⑤⑥所示。

(5) 构造有向赋权图 $f^{(2)}$。(v_s,v_3),(v_3,v_4),(v_4,v_t)为饱和弧,均画为后向弧;(v_3,v_2)和(v_2,v_t)为非饱和弧,均画前向弧和反向弧;其余零流量边均画前向弧,如图5-8⑦所示。

(6) 求出 $f^{(2)}$ 的最短路。找出的最短路径为(v_s,v_1,v_2,v_t),其可调增流量为$\theta=3$。题目要求"从 v_s 到 v_t 流值为6的最小费用流",故可在此链上调增两个流量,如图5-8⑧所示。

(7) 经分析,已找不出最小费用增广链。因此,计算得流量值为6的最小费用流为37。网络的最大流为7,其最小费用为45。计算公式如图5-8中A26:A27单元格所示。

5.2 网络计划

网络计划(Network Planning Technology)指的是运用网络图的统筹分析和形象展示功能,编制大型工程或复杂工作进度计划的技术方法,也是计划管理的有效工具。早在1917年,Henry Laurence Gantt 统筹工序与持续时间,提出了横道图工程计划管理方法。1950年,计划评审技术(Program/Project Evaluation and Review Technique,PERT)在大型工程项目中开始得到应用。1956年,Du Pont Company 在建筑工程项目管理中运用网络计划技术提出了关键线路法(The Critical Path Method,CPM)。1966年,A.Pritsker 首次提出了基于网络技术的图解评审法(Graphical Evaluation and Review Technique)。至今,网络计划方法在工业、农业、国防和科研等领域得到了广泛应用。本节介绍了网络计划图规则及绘制方法与技巧,网络计划时间参数计算,概率型网络图时间参数计算,网络计划的优化和图解评审法等内容。

5.2.1 网络计划图规则及绘制方法与技巧

网络图是展示工程项目或工作任务全过程的流程图，它包括开工或起始节点、工序或阶段工作及节点、工序或工作持续时间、竣工或结束节点等。绘制网络图需要遵循如下基本规则。

(1) 工序或活动。用一条弧(带指向箭头的直线)连接两个编号节点表示一个完成的工序或活动。不占时间和资源仅表示逻辑关系的虚工序应采用虚线箭头。在弧线的下边(上边)注明工序或活动的名称，上边(下边)则是工序或活动所需的时间。例如，某工程中 A 工序可为

③ - - - → ④ —— 7 / A ——→ ⑤

(2) 整项工程或工作任务，从开工到竣工(结束)全过程中的各项工序要按先后顺序和逻辑关系由左至右排列并链接成网络图。图中各工序的节点应由小到大统一编号，最小编号为开工或开始，最大编号为竣工或结束。网络中只能有一个开工或开始的起点编号，一个竣工或结束的终点编号。任一工序首尾编号(i,j)应符合从小至大的原则，即 $j>i$。

(3) 网络为从起点至终点的有向图，不能有缺口和回路。

(4) 工序或活动首尾节点 i,j 之间不能有两项和两项以上工序。

(5) 一项工序的紧前工序与紧后工序必须符合逻辑关系。对于两项或多项紧前(紧后)工序，可以使用虚工序正确表示前、后工序关系。

在工作表中可以运用插图与绘图工具绘制网络计划节点图，具体操作方法和技巧如下。

(1) 插入节点圆圈并调整大小、添加数字或文本。

① 单击"插入"→"形状"→"椭圆"，如图 5-9①所示。

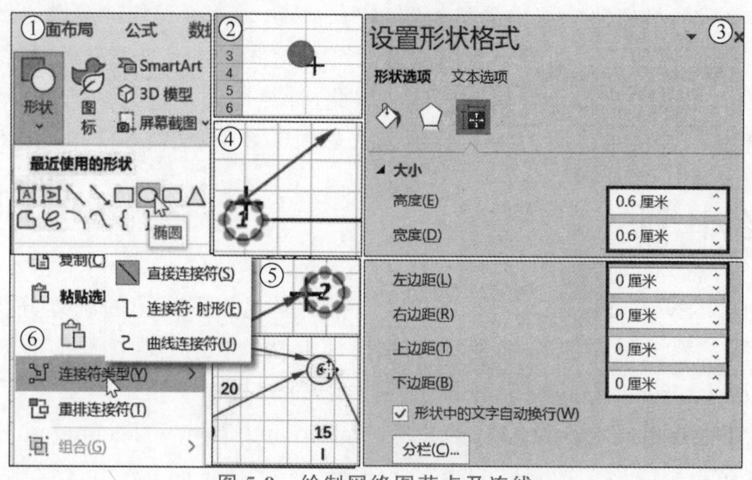

图 5-9 绘制网络图节点及连线

② 将鼠标移动要绘制节点的位置，按住鼠标左键并拖曳画适度大小圆圈后松开鼠标，如图 5-9②所示。

③ 用鼠标右击画好的圆圈，从鼠标快捷菜单中选择"大小和属性"，打开"设置形状格式"对话框"文本"选项卡。在"高度"与"宽度"框中输入圆圈直径，如 0.6(厘米)，并在"文本

框”设置圆圈中文字对齐方式和文字的左右上下边距。因圆圈较小，添加文字的边距应均设为 0，否则可能无法显示，如图 5-9③所示。

④ 继续在“设置形状格式”对话框单击“形状选项”标签，设置圆圈的轮廓线粗细、颜色和圆圈内的填充颜色。注意：填充圆圈的颜色与数字或文本颜色不能相同，否则无法显示数字或文本。

⑤ 选择圆圈后，单击“开始”→“字体”，设置圆圈内数字或文本字体的大小或颜色，然后输入数字。例如，单击字号下拉箭头并选择 10 号字，此时，圆圈内会显示文本光标，然后输入编号数字。

(2) 按需要复制画好的节点圆圈。选择画好的节点圆圈，单击“开始”→“复制”，然后移动鼠标单击要添加节点的位置后，再单击“粘贴”。

(3) 排列和对齐节点圆圈。单击“开始”→“查找和选择”→“选择对象”，并用鼠标框选要排列和对齐的节点圆圈后单击“形状格式”→“排列”，然后，根据需要对节点圆圈的图层位置、对齐方式及分布等进行设置。

(4) 画带箭头的工序连接线。单击“插入”→“形状”→“直线箭头”，然后移动鼠标指向左侧要连接的圆圈，此时圆圈周围会显示出灰色的连接点，单击要连接的点并按住鼠标左键向右侧要连接的圆圈拖曳，待要连接的圆圈周边显示出连接点后，按需要选择连接点并松开鼠标。一旦直线或其他连接符与节点圆圈连接后，连接符与节点将被锁定，当拖动节点时，连接线会随之拉伸。要解除锁定，可用鼠标选择连接符将其移开或删除，如图 5-9④⑤所示。

(5) 更改连接线的类型。右击连线，打开快捷菜单，指向“连接符类型”并从列表中选择要更改的类型“直接连接符”“连接符：肘形”或“曲线连接符”，如图 5-9⑥所示。

(6) 在绘制网络图时，注意安排好圆圈节点、工序连接箭头与单元格的位置关系，以便在工序弧的上下边单元格内输入工序名称和时间数据。

示例 5-8(胡运权主编《运筹学教程》第 5 版 9.2 题，清华大学出版社)　(a)、(b)两项工程计划如图 5-10 中表 1、表 2 所示，试画出(a)、(b)工程网络图，并为事项编号。

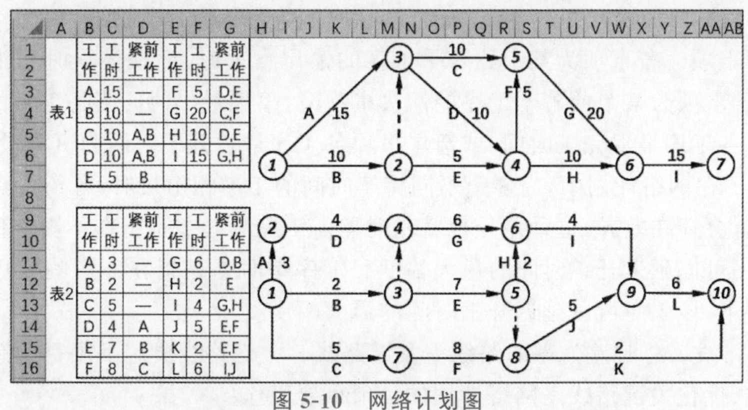

表1

工作	工时	紧前工作	工作	工时	紧前工作
A	15	—	F	5	D,E
B	10	—	G	20	C,F
C	10	A,B	H	10	D,E
D	10	A,B	I	15	G,H
E	5	B			

表2

工作	工时	紧前工作	工作	工时	紧前工作
A	3	—	G	6	D,B
B	2	—	H	2	E
C	5	—	I	4	G,H
D	4	A	J	5	E,F
E	7	B	K	2	E,F
F	8	C	L	6	I,J

图 5-10　网络计划图

解　(a)工程，先分析表格中各工序的关系，找出起始工序和结束工序，然后按如下方法和步骤绘制网络计划图。

(1) 绘制起始节点和工序。因工作 A、B 均为起始工序(无紧前工作)，故画一个起始节点圆圈①，A、B 两个完工节点圆圈②③，并用箭头线将节点连接起来，如图 5-10 中 H1∶N7 单元格所示。

(2) 绘制第 2 步工作节点和工序。从表 1 可知，紧接 A、B 的 C、D、E 三项工作尾部与后续工作 F、H 与 G 分别衔接，因此，绘制 C、D、E 尾部两个节点④⑤。然后用有向弧连接首尾并标注 C、D、E 工序，其中节点②至③为虚拟工序。

(3) 绘制第 3 步工作节点和工序。从表 1 分析，此步有 F、G、H 三项工作，其中，C、F 为 G 的紧前工作，G、H 为最后一步 I 的紧前工作，因此，画一个尾部节点⑥。然后用有向弧连接此步节点。

(4) 绘制完工节点⑦并标注每步工序和时间，如图 5-10 中 A1∶AB7 单元格所示。

(b)工程，方法和步骤与(a)相同，解题过程及结果如图 5-10 中 A9∶AB16 单元格所示。

5.2.2 网络计划时间参数计算

网络计划的核心是工作时间或工期的安排。一项工程从开工到竣工由许多工序构成，每道工序都需要一定时间，科学合理地安排工序，既可以防止发生窝工浪费，还可以缩短工期，提高效益。在网络计划中需要分析计算的时间参数主要有以下几个。

(1) 工序或工作持续时间。就是完成一道工序或事项所需要的作业时间。在工程建设中，计划工序时间大多依据预算定额计算确定。没有定额的，可根据同类工序或事项的经验数据或统计资料分析确定。

(2) 工序最早与最迟开工时间。每道工序能否开工取决于其紧前工序是否结束。例如，卫生间铺瓷砖必须等紧前的防水层、水电管线完工方可进行。紧前工序结束的时间点就是本工序的最早开工时间。如果紧后工序的开工时间已经计划好了，本工序就不能随意拖延，就必须在紧后工序开工前完成，否则会影响后续工序按时施工。不影响紧后工序按时开工的时间就是本工序的最迟开工时间。

(3) 工序最早与最迟完工时间。工序的最早开工时间加上作业时间就是该工序的最早完工时间；工序的最迟开工时间加上作业时间则是该工序的最迟完工时间。

(4) 事项最早与最迟时间。各工序的节点往往涉及多道工序的结束和开始，这种节点时间可以称为事项。若事项为某个或若干工序的箭尾事项时，事项最早时间为各工序的最早开工时间；若事项为某个或若干工序的箭头事项时，事项最早时间为各工序的最早完工时间。箭头事项各工序最迟完工时间，或箭尾事项各工序最迟开工时间为事项最迟时间。

(5) 时差。在网络计划中，当多个不同持续时间的工序相衔接时，各衔接点上工序的开工、完工时间就会存在差异，这种差异也就是时差。工序总时差是指在不影响任务总工期的条件下，某工序可以延迟开工时间的最大幅度。工序单时差是指在不影响紧后工序最早开工时间的条件下，该工序可以延迟开工时间的最大幅度。

(6) 关键路线。总时差为零的路线为关键路线。关键路线决定了项目的总工期，因此，找出关键路线、优化关键路线是网络计划的一项重要工作。

在网络计划图中，已知各工序作业时间或持续时间，可以采取图上计算法和表上计算法求出各工序的最早与最迟开工时间、最早与最迟完工时间、时差和关键路线。

示例 5-9(胡运权主编《运筹学教程》第 5 版 9.4 题，清华大学出版社)　绘制如表 1、表 2 所示的网络图，分别用图上计算法和表上计算法计算工作的各项时间参数，确定关键线路。

表 1 如图 5-11①所示，表 2 如图 5-12①所示。

① 工序数据表1

工作	工时	紧前工作	工作	工时	紧前工作
A	5	—	F	4	B,C
B	8	A,C	G	8	C
C	3	A	H	2	F,G
D	6	C	I	4	E,H
E	10	B,C	J	5	F,G

②

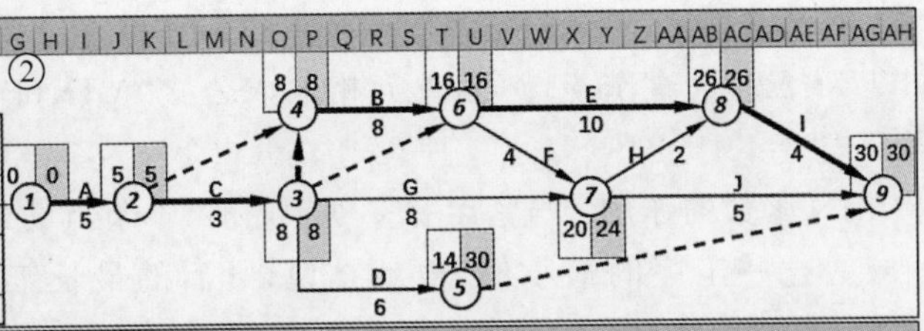

③

工作			工时(d)	最早开工	最早完工	最迟开工	最迟完工	总时差	单时差	关键工作		公式：最迟完工	公式：总时差	公式：单时差	公式：关键工作
A	①	②	5	0	5	0	5	0	0	①	②	=MIN(G4,G5)	=H3-F3	=E4-F3	=IF(I3=0,B3:C3," ")
C	②	③	3	5	8	5	8	0	0	②	③	=MIN(G6,G7,G8,G9)	=H4-F4	=E6-F4	=IF(I4=0,B4:C4," ")
—	②	④	0	5	5	8	8	3	3			=H6	=H5-F5	=E10-F5	=IF(I5=0,B5:C5," ")
—	③	④	0	8	8	8	8	0	0	③	④	=G10	=H6-F6	=E10-F6	=IF(I6=0,B6:C6," ")
D	③	⑤	6	8	14	24	30	16	0			=G11	=H7-F7	=E11-F7	=IF(I7=0,B7:C7," ")
—	③	⑥	0	8	8	16	16	8	8			=H10	=H8-F8	=E12-F8	=IF(I8=0,B8:C8," ")
G	③	⑦	8	8	16	16	24	8	4			=H12	=H9-F9	=E14-F9	=IF(I9=0,B9:C9," ")
B	④	⑥	8	8	16	8	16	0	0	④	⑥	=MIN(G12,G13)	=H10-F10	=E12-F10	=IF(I10=0,B10:C10," ")
—	⑤	⑨	0	14	14	30	30	16	16			=H16-D11	=H11-F11	=F16-F11	=IF(I11=0,B11:C11," ")
F	⑥	⑦	4	16	20	20	24	4	0			=MIN(G14,G15)	=H12-F12	=E14-F12	=IF(I12=0,B12:C12," ")
E	⑥	⑧	10	16	26	16	26	0	0	⑥	⑧	=H14	=H13-F13	=E16-F13	=IF(I13=0,B13:C13," ")
H	⑦	⑧	2	20	22	24	26	4	4			=H16-D16	=H14-F14	=E16-F14	=IF(I14=0,B14:C14," ")
J	⑦	⑨	5	20	25	25	30	5	1			=H16	=H15-F15	=E16-F15	=IF(I15=0,B15:C15," ")
I	⑧	⑨	4	26	30	26	30	0	0	⑧	⑨	=F16	=H16-F16	=G16-E16	=IF(I16=0,B16:C16," ")

图 5-11　网络计划图与时间参数计算 1

解　表 1，先按给出的工序数据绘制出网络计划表，然后分别用图上计算和表上计算法求出各项时间参数并确定关键线路，具体方法和步骤如下。

(1) 根据给定的工序数据表，绘制网络计划图。

① 以①为起点画工序 A 及其结束点②，再以②为起点画紧后工序 C 及其结束点③。

② 画工序 C 的紧后工序。C 的紧后工序有 B、D、G、E 和 F，而 B 的紧前还有 A，E 的紧前还有 B，因此，需要用虚工序理清其逻辑关系。B、E、F 需要用虚工序连接，且 A 与 B 也需用虚工序连接。据此，画工序 B、D、G、E、F 及其节点④、⑤、⑥、⑦、⑧，如图 5-11②所示。

③ 画 D、G、E、F 的紧后工序。在 G、F 紧后画 H、J 并连接节点⑧，添加节点⑨：在 D 紧后画虚工序连接完工点⑨。

④ 画 E、H 紧后工序。在 E、H 紧后画工序 I 并连接整项工作完工点⑨。

⑤ 检查并输入各工序工时数据。

(2) 图上法计算。

① 从开工点①至完工点⑨计算最早开工时间。

在节点①左侧 G4 单元格输入最早开工时间“0”，在节点②J4 单元格输入公式“＝G4＋I6”；在节点③O6 单元格输入“＝J4＋M6”；在节点④O1 单元格输入“＝MAX(J4，O6)”；在节点⑤T7 单元格输入“＝O6＋R9”；在节点⑥T1 单元格输入“＝MAX(O1＋R3，O6)”；在节点⑦X6 单元格输入“＝MAX(T1＋V4，O6＋S6)”；在节点⑧AB1 单元格输入“＝MAX(T1＋X3，X6＋AA4)”；在节点⑨AG4 单元格输入“＝MAX(AB1＋AE4，X6＋AC6)”。

公式中 MAX 函数的作用：当紧前有多项工序时，必须用其最长工序作为本节点的最早开工时间，也就是说，紧前工序中任何一项未完工，本节点将无法开工。

② 从完工点⑨至开工点①计算最迟开工时间。

在节点⑨AH4 单元格输入“＝AG4”(令最迟完工时间等于最早完工时间)；在节点⑧AC1 单元格输入“＝AH4－AE4”；在节点⑦Y6 单元格输入“＝MIN(AH4－AC6，AC1－

AA4)”;在节点⑥U1 单元格输入“＝MIN(AB1－X3,Y6－V4)”;在节点⑤U7 单元格输入“＝AH4－0”;在节点④P1 单元格输入“＝U1－R3”;在节点③P6 单元格输入“＝MIN(U1,P1,Y6－S6,U7－R9)”;在节点②K4 单元格输入公式“MIN(P1,P6－M6)”;在节点①H4 单元格输入公式“＝K4－I6”。

公式中 MIN 函数的作用:当紧后有多项工序时,本节点的最迟开工时间为紧后节点最迟开工时间减去这些工序的最小值,也就是说,紧后的最长工序决定了本节点最迟开工时间。

③ 确定关键线路。分析无时差节点,找出的关键线路为①→②→③→④→⑥→⑧→⑨,如图 5-11②所示。

(3) 表上法计算。将工序、工时和节点依次输入计算表,然后按照网络计划时间参数计算的基本规则,计算各工序最早开工/完工、最迟开工/完工和时差。计算方法、公式及结果如图 5-11③所示。

表 2 与表 1 的解法基本相同,就是比表 1 略微复杂一点。网络计划图、图上计算和表上计算方法、公式与结果如图 5-12②③所示。

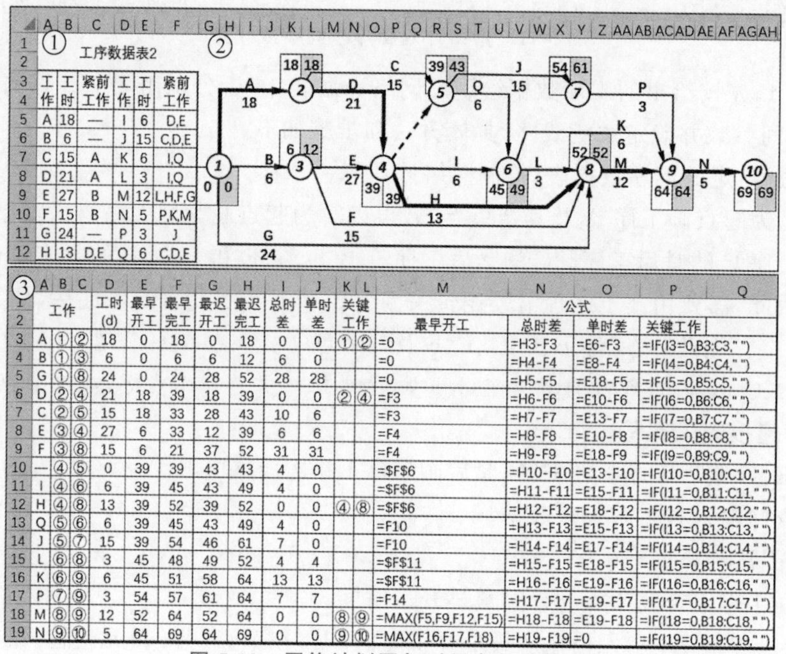

① 工序数据表2

工作	工时	紧前工作	工作	工时	紧前工作
A	18	—	I	6	D,E
B	6	—	J	15	C,D,E
C	15	A	K	6	I,Q
D	21	A	L	3	I,Q
E	27	B	M	12	L,H,F,G
F	15	B	N	5	P,K,M
G	24	—	P	3	J
H	13	D,E	Q	6	C,D,E

③

工作			工时(d)	最早开工	最早完工	最迟开工	最迟完工	总时差	单时差	关键工作		公式：最早开工	公式：总时差	公式：单时差	公式：关键工作
A	①	②	18	0	18	0	18	0	0	①	②	=0	=H3-F3	=E6-F3	=IF(I3=0,B3:C3," ")
B	①	③	6	0	6	6	12	6	0			=0	=H4-F4	=E8-F4	=IF(I4=0,B4:C4," ")
G	①	⑧	24	0	24	28	52	28	28			=0	=H5-F5	=E18-F5	=IF(I5=0,B5:C5," ")
D	②	④	21	18	39	18	39	0	0	②	④	=F3	=H6-F6	=E10-F6	=IF(I6=0,B6:C6," ")
C	②	⑤	15	18	33	28	43	10	6			=F3	=H7-F7	=E13-F7	=IF(I7=0,B7:C7," ")
E	③	④	27	6	33	12	39	6	6			=F4	=H8-F8	=E10-F8	=IF(I8=0,B8:C8," ")
F	③	⑧	15	6	21	37	52	31	31			=F4	=H9-F9	=E18-F9	=IF(I9=0,B9:C9," ")
—	④	⑤	0	39	39	43	43	4	0			=$F$6	=H10-F10	=E13-F10	=IF(I10=0,B10:C10," ")
I	④	⑥	6	39	45	43	49	4	0			=$F$6	=H11-F11	=E15-F11	=IF(I11=0,B11:C11," ")
H	④	⑧	13	39	52	39	52	0	0	④	⑧	=$F$6	=H12-F12	=E18-F12	=IF(I12=0,B12:C12," ")
Q	⑤	⑥	6	39	45	43	49	4	0			=F10	=H13-F13	=E15-F13	=IF(I13=0,B13:C13," ")
J	⑤	⑦	15	39	54	46	61	7	0			=F10	=H14-F14	=E17-F14	=IF(I14=0,B14:C14," ")
L	⑥	⑧	3	45	48	49	52	4	4			=$F$11	=H15-F15	=E18-F15	=IF(I15=0,B15:C15," ")
K	⑥	⑨	6	45	51	58	64	13	13			=$F$11	=H16-F16	=E19-F16	=IF(I16=0,B16:C16," ")
P	⑦	⑨	3	54	57	61	64	7	7			=F14	=H17-F17	=E19-F17	=IF(I17=0,B17:C17," ")
M	⑧	⑨	12	52	64	52	64	0	0	⑧	⑨	=MAX(F5,F9,F12,F15)	=H18-F18	=E19-F18	=IF(I18=0,B18:C18," ")
N	⑨	⑩	5	64	69	64	69	0	0	⑨	⑩	=MAX(F16,F17,F18)	=H19-F19	=0	=IF(I19=0,B19:C19," ")

图 5-12 网络计划图与时间参数计算 2

5.2.3 概率型网络图时间参数计算

在一些缺乏相关工序定额的工程项目网络计划中,各工序作业时间的估计就会存在不确定性。在这种情况下,就需要采取概率分析的方法计算网络计划时间参数。通常,可采取三点时间估计法计算作业时间的期望值和概率。三点时间估计法就是用每项工序的乐观、悲观和最可能时间三个值对网络计划时间参数进行估计。乐观时间指的是顺利情况下完成工序的时间 a(最短);最可能时间指的是正常情况下完成工序的时间 m(均值);悲观时间是指不顺利的情况下完成工序的时间 b(最长)。

一般情况下，概率型网络计划可以按下列公式计算作业的期望时间、方差：

$$t=\frac{a+4m+b}{6};\sigma^2=\left(\frac{b-a}{6}\right)^2$$

完工时间的概率可以按下列公式计算：

$$P(T\leqslant T_s)=\Phi\left[\frac{T_s-T_Z}{\sqrt{\sum\sigma^2}}\right]$$

式中，T_s 为要计算其概率的给定工期；T_Z 为关键线路的期望工期。

示例 5-10（胡运权主编《运筹学教程》第 5 版 9.5 题，清华大学出版社）　某工程资料如图 5-13①A1:E9 所示。要求：①画出网络图；②求出每件工作工时的期望和方差；③求出工程完工的期望和方差；④计算工程期望完工期提前 3 天的概率和推迟 5 天的概率。

解　题目给出的是概率型网络图工程资料，每段工序有乐观、最可能和悲观三个时间。先求出每段工序的期望时间，绘制网络计划图，然后计算时间参数和概率。

（1）计算每项作业时间的期望。在 G3 单元格中输入公式"=(C3+4*D3+E3)/6"并将其复制到 G4:G9 单元格，如图 5-13①中 G1:G9 所示。

（2）计算每项作业时间的方差。在 H3 单元格中输入公式"=((E3-C3)/6)^2"并将其复制到 H4:H9 单元格，如图 5-13①中 H1:H9 所示。

（3）绘制网络计划图并标注工序和期望时间，如图 5-13②所示。

（4）求工程完工的期望和方差。

① 用图上计算法求出关键线路为 A→B→D→E→G，工程完工的期望工期为 32 天。

② 期望工期的方差为关键线路各项作业时间方差之和，在 H10 单元格中输入公式"=H3+H4+H6+H7+H9"，返回值为 5，如图 5-13①中 A10:I11 所示。

（5）计算工程期望完工期提前 3 天的概率和推迟 5 天的概率。根据 $P(T\leqslant T_s)=\Phi\left[\frac{T_s-T_Z}{\sqrt{\sum\sigma^2}}\right]$ 公式，在 P10 单元格输入计算工程期望完工期提前 3 天概率的公式"=NORM.S.DIST(-3/SQRT(H10),TRUE)"，返回值为 0.0899；在 AD10 单元格输入推迟 5 天的概率公式"=NORM.S.DIST(5/SQRT(H10),TRUE)"，返回值为 0.9873，如图 5-13②中 J10:AF10 单元格所示。

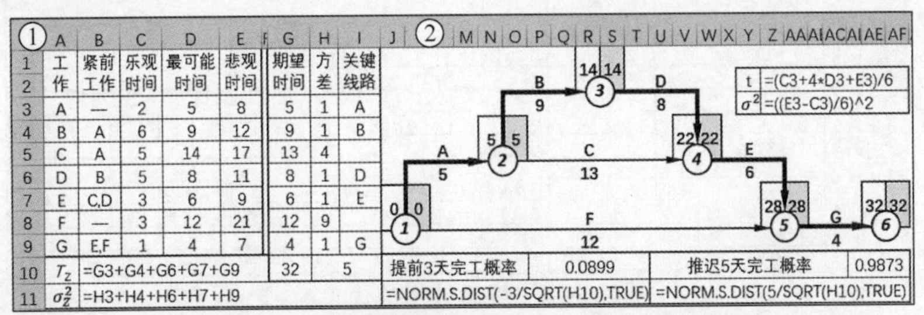

工作	紧前工作	乐观时间	最可能时间	悲观时间	期望时间	方差	关键线路
A	—	2	5	8	5	1	A
B	A	6	9	12	9	1	B
C	A	5	14	17	13	4	
D	B	5	8	11	8	1	D
E	C,D	3	6	9	6	1	E
F	—	3	12	21	12	9	
G	E,F	1	4	7	4	1	G
T_Z	=G3+G4+G6+G7+G9				32	5	
σ_Z^2	=H3+H4+H6+H7+H9						

图 5-13　概率型网络计划图与时间参数计算

5.2.4　网络计划的优化

一项工程或工作任务的网络计划方案编制好后，往往还需要综合考虑人工、物质、设备等资源的合理调配，以及缩短工期、降低成本等问题，进一步优化网络计划。一是优化工序安排，凡是不存在先后衔接关系的工序尽量避免串联安排，网络计划中存在不必要串联工序时应调整为平行或交叉方式；二是采取资源调配、技术创新等措施缩短关键工序时间；三是按最低成本费用优化工序安排或日程。

示例 5-11（胡运权主编《运筹学教程》第 5 版 9.8 题，清华大学出版社） 已知下列网络图有关数据表（如图 5-14①所示），设间接费用为 15 元/天，求最低成本日程。

解 先根据题目给出的工作代号和工时数据画出网络计划图，并计算求出工期和关键线路，然后通过分析缩短工时费用求出最低成本日程。

(1) 按给出的数据画出该项目的网络计划图并求出总工期，如图 5-14②所示。正常时间的总工期 27d，关键线路为①→②→③→④→⑥→⑧。

(2) 计算每项作业时间可缩短工时的天数。在 G4 单元格输入公式"＝C4－E4"并将其复制到 G5:G13 单元格。

(3) 计算每项作业时间缩短 1d 需增加的费用。在 H4 单元格输入公式"＝(F4－D4)/G4"并将其复制到 H5:H6、H8:H10 和 H12:H13 单元格，如图 5-14①中 G1:H13 单元格所示。

(4) 分析比较各工序缩短 1d 工时减少间接费与增加赶工费的情况。给出的间接费为 15 元/天，也就是说，工期缩短 1d 可减少 15 元。但缩短工期需增加赶工费用，因此，只要增加的赶工费小于降低的工期间接费就可以降低总成本。从网络计划图和计算表看，工序①→②最多可缩短工时 2 天，且其单位费用 10 元小于工期间接费 15 元，故可将此工序由 6d 缩短为 4d。

其他工序缩短 1d 的单位费用均大于工期间接费，因此，无法用于调整降低成本。虽然，工序③→⑤的缩短工时费用与工期间接费持平，但是，它不在关键线路，无法起到减少总工期的作用。

(5) 计算成本日程。在 Q11 单元格输入公式"＝SUM(D4:D13)"，在 Y11 单元格输入公式"＝27＊15"，在 AC11 单元格输入公式"＝Q11＋Y11"，求得正常时间总成本为 1715 元。在 Q13 单元格输入公式"＝Q11－D4＋F4"，在 Y13 单元格输入公式"＝25＊15"，在 AC13 单元格输入公式"＝Q13＋Y13"，求得最低成本为 1705 元，最低成本工期为 25(d)。

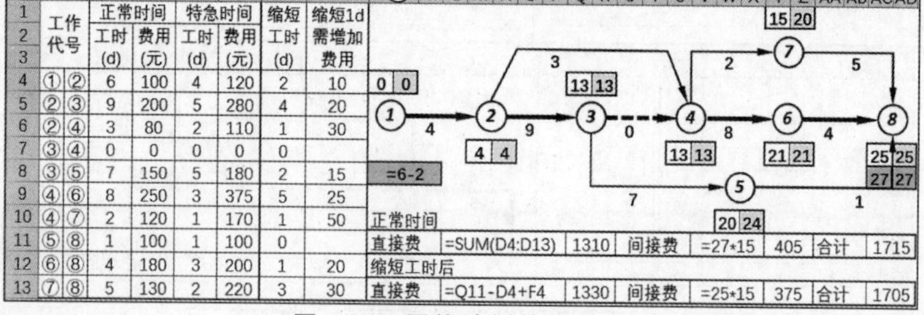

①

工作代号		正常时间		特急时间		缩短	缩短1d
		工时 (d)	费用 (元)	工时 (d)	费用 (元)	工时 (d)	需增加费用
①	②	6	100	4	120	2	10
②	③	9	200	5	280	4	20
②	④	3	80	2	110	1	30
③	④	0	0	0	0	0	
③	⑤	7	150	5	180	2	15
④	⑥	8	250	3	375	5	25
④	⑦	2	120	1	170	1	50
⑤	⑧	1	100	1	100	0	
⑥	⑧	4	180	3	200	1	20
⑦	⑧	5	130	2	220	3	30

②

=6-2

正常时间

直接费	=SUM(D4:D13)	1310	间接费	=27*15	405	合计	1715

缩短工时后

直接费	=Q11-D4+F4	1330	间接费	=25*15	375	合计	1705

图 5-14 网络计划的优化 1

示例 5-12（胡运权主编《运筹学习题集》第 5 版 9.8 题，清华大学出版社） 某工程项目的 PERT 网络图如图 5-15②所示，该项目各项作业正常进度与赶工进度的时间与费用如图 5-15①中 A1:F16 单元格所示。若项目必须在 38d 内完工，是否需采取措施以及采取什么措施使全部费用最低？

解 先根据给出的网络图和数据计算正常工期，然后按最低费用原则缩短工期。

（1）按给出网络计划图及数据计算总工期，如图 5-15②所示。项目关键线路为①→②→③→④→⑤→⑦→⑨→⑫→⑬，正常时间总工期为 44d。

（2）计算各工序采取赶工措施可缩短工时数及缩短 1d 所需的费用，如图 5-15①中 G1：H16 单元格所示。

（3）从关键线路中缩短 1d 工时费用最低工序开始调减工时。

① 工序⑦→⑨单位赶工费为 100，最多可减 2d，需增赶工费 200 元。在网络图中将该工序工时调减为 6，此时，总工期返回值为 42d。

② 工序⑫→⑬单位赶工费为 133，最多可减 3d，但从关键线路看，如果调减 3d，总工期调减数只有 2d。故先调减 2d，需增加费用 266.7 元。此时，总工期为 40d，并且增加了一条关键线路。

③ 工序②→③单位赶工费为 200。虽然，工序⑨→⑫更小一点，但是，由于还存在一条与⑨→⑫并行的关键线路，调减⑨→⑫工序需同时调减另一关键线路上的工序，因此，先调此工序。最多可减 1d，需费用 200 元。此时，总工期为 39d。

④ 工序⑨→⑫单位赶工费为 150，最多可减 2d。按规则在另一条关键线路上找出可调减且费用最小的工序⑧→⑩，其单位赶工费为 100，最多可减 4d。在工序⑨→⑫和⑧→⑩各调减 1d，需费用 250 元。此时，总工期为 38d，已符合要求。

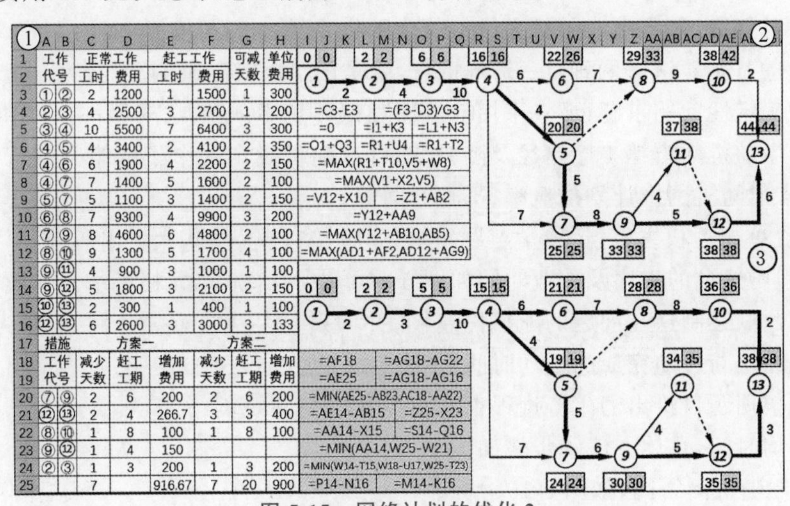

工作代号	正常工作 工时	正常工作 费用	赶工工作 工时	赶工工作 费用	可减天数	单位费用
①②	2	1200	1	1500	1	300
②③	4	2500	3	2700	1	200
③④	10	5500	7	6400	3	300
④⑤	4	3400	2	4100	2	350
④⑥	6	1900	4	2200	2	150
④⑦	7	1400	5	1600	2	100
⑤⑦	5	1100	3	1400	2	150
⑥⑧	7	9300	4	9900	3	200
⑦⑨	8	4600	6	4800	2	100
⑧⑩	9	1300	5	1700	4	100
⑨⑪	4	900	3	1000	1	100
⑨⑫	5	1800	3	2100	2	150
⑩⑬	2	300	1	400	1	100
⑫⑬	6	2600	3	3000	3	133

措施	方案一 减少天数	方案一 赶工工期	方案一 增加费用	方案二 减少天数	方案二 赶工工期	方案二 增加费用
⑦⑨	2	6	200	2	6	200
⑫⑬	2	4	266.7	3	3	400
⑧⑩	1	8	100	1	8	100
⑨⑫	1	4	150			
②③	1	3	200	1	3	200
	7		916.67	7	20	900

图 5-15　网络计划的优化 2

⑤ 在上述第②步，将工序⑫→⑬调减 3d，同时将新增关键线路上工序⑧→⑩调减 1d，也能满足 38d 工期要求，将此调减作为方案二，如图 5-15③所示。

⑥ 计算满足必须在 38d 要求的总费用。方案一需增加赶工费用 916.7 元，方案二需增加赶工费用 900 元。按方案二采取措施费用最低。如图 5-15①中 A17：H25 单元格所示。全部费用为正常工作工时费用加赶工费用：37800＋900＝38700 元。

5.2.5　图解评审法

在 PERT 和 CPM 中网络计划的事项、工序及工时之间相互关系基本上是确定的。如果需要研究制定事项、工序及工时之间存在不确定性的网络计划时，PERT 和 CPM 就不适用了。图解评审法（GERT）综合运用网络图、概率论、信流图及模拟技术构建随机网络计划图，为处理现实社会中存在的大量不确定性、随机性事项提供了建模和分析方法。

GERT 随机网络图由逻辑节点和弧组成。逻辑节点的输入侧有“异或型”“或型”“与型”三种逻辑关系，输出侧有“确定型”“概率型”两种逻辑关系，输入、输出组合，可得到 6 种不同的逻辑关系节点，如图 5-16①所示，其基本含义如下。

(1) 异或型(Exclusive Or)。异或运算，当所有条件参数测试出现任意真、假异同时，返回 TRUE；当所有条件参数测试均为真或均为假时，返回 FALSE。在随机网络中，表示引入该节点的弧为互斥型，即在给定时间内只能有一条弧实现。

(2) 或型(Inclusive Or)。或运算，当所有条件参数测试中有任意参数为真时，返回 TRUE；当所有条件参数测试均为假时，返回 FALSE。在随机网络中，表示引入该节点的任意弧实现该节点实现，其时间为所有输入弧中最先完成者的时间。

(3) 与型(And)。与运算，当所有测试结果为真时，返回 TRUE；只要有一个参数测试结果为假，即返回 FALSE。在随机网络中，表示引入该节点的全部弧均实现，该节点才能实现，其时间是所有输入弧中最晚实现弧的时间。

(4) 确定型。该节点输出的弧均实现，且实现概率均为 1。

(5) 概率型。该节点输出的弧只有一条实现，且全部输出弧的实现概率之和为 1。

通常，GERT 网络中每条弧有概率与时间两个参数(P,t)。P 为实现该工序的概率，t 为工序的工时，可以是常数或随机变量。若为随机变量，t 表示均值。

GERT 的基本算法有两种：一是解析法，就是用给出或分析测算的参数，把概率和随机问题转换为确定性问题求解，或者采用信流图理论，用等效函数法求得；二是模拟法，就是运用计算机产生随机数模拟工序路径及随机变量值，随机确定一个子网络并进行模拟运算和统计分析，求出随机网络计划的概率、平均时间等。

示例 5-13(胡运权主编《运筹学习题集》第 5 版 9.11 题，清华大学出版社) 生产某种产品，生产过程所经过的工序及作业时间如图 5-16②中 N1:S9 单元格所示。作业时间按常数和均值计算。试绘制这一问题的随机网络图，并假设产品生产经过工序 g 即为成品，试计算产品的成品率与产品完成的平均时间。

解 先根据题目给出的生产过程工序及参数绘制随机网络图，然后计算产品的成品率和完成的平均时间，具体方法和步骤如下。

(1) 绘制随机网络图，如图 5-16④所示。

① 工序 a。用确定型输出开工起点并编号为 1，工序 a 为该点的输出弧。将 a 的箭头端添加异或型输入节点并编号为 2。

② 工序 b,f。b,f 为 a 的紧后工序，由节点 2 输出，按给定参数为概率型。

③ 工序 c,d,e。从数据表看，c,d 为 b 的紧后工序，而 c 又是 e 的紧后，e 又是 d 的紧后，因此，d,e 为一个循环。按工序关系，在 b 的输入端选用或型节点并编号为 3，其输出端为概率型(c,d)；在 d 的输入端选用或型节点并编号为 4，其输出端为 e；e 的输入端为节点 3。

④ 工序为 g。在 c,f 箭头端选用与型节点并编号 5，其紧后为 g，经过该工序即为成品，故 g 的箭头端为完工点。

(2) 计算成品率和平均完成时间，如图 5-16③所示，图中 A11:A14、T11:T14 单元格给出了计算公式。

① 产品生产线路为 $a \to b \to c \to g$、$a \to b \to d \to e \to c \to g$ 或 $a \to f \to g$，分别计算其实现的概率，求和后得到该产品的成品率为 93.7%。

② 根据 $T_c = \frac{1}{P}\sum_i p_i t_i$，将各生产线路工时乘以其概率并求和，然后除以成品率即为平均完工时间，计算结果为 36.8(h)，如图 5-16③中 U1:Z9 所示。

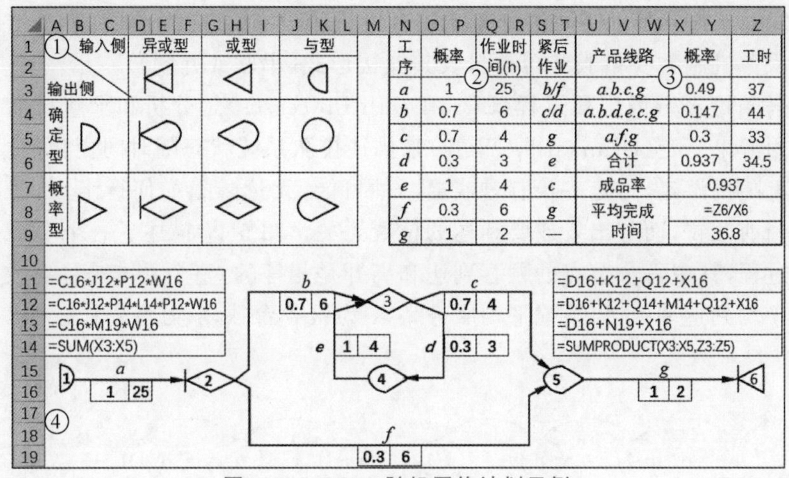

图 5-16　GERT 随机网络计划示例

5.3　排队论

排队论(Queueing Theory)起源于 20 世纪 10 年代有线电话服务器设备开发建设。1910 年，由于有线电话系统的通话量、通话时长变化大，难以预测，电话设施建造者面临着设备规模效益与通话服务质量的严峻挑战。丹麦数学家 Ågner Krarup Erlang 运用统计学解决了这个问题并创建了排队理论。Erlang 的排队论不仅解决了有线电话系统设备充分利用以及用最小投入满足用户需求问题，还可应用于任何工作可变数据流随机到达有限资源或服务系统的问题。

在日常生活中，人们会遇到各种各样的排队问题，如自驾、就医、乘车等。运用排队论可以更加高效和经济地解决这种问题。自 20 世纪 20 年代以来，排队理论已被广泛用于电话、电路设计、交通管理和其他系统的优化，大大提高了服务容量和可靠性。20 世纪 90 年代以来，排队论在精益制造(Lean Manufacturing)、敏捷软件(Agile Software)等研究或开发中也发挥了重要作用。

在排队理论中，用于描述和分类排队节点的标准符号系统是 D.G.Kendall 在 1953 年建立的。当时，他提出三个因素 X、Y、Z 来描述排队模型，其中，X 表示顾客先后依次到达间隔时间的分布，Y 表示服务时间的分布，Z 为并联服务台数量。1971 年，Kendall 符号被扩展到 X、Y、Z、A、B、C，其中，A 是系统容量，B 是顾客源数量，C 是服务规则(先到先服务 FCFS、后到先服务 LCFS 等)。当最后三个参数省略时(例如 M/M/1 模型)，则假设 $A=\infty$，$B=\infty$，$C=$FCFS。

通常，排队系统由三部分组成：到达过程、排队行为及规则和服务时间及机制。

到达过程：有限或无限顾客源随机或按计划时间到达，其时间间隔服从泊松(Poisson)

分布、爱尔朗(E_R)分布、任意(G)分布或定长(D)分布。

排队行为及规则：排队过程中，顾客可能存在止步、放弃、离去等行为。在无限排队系统中，顾客到达后均可进入系统排队或接受服务。在有限排队系统中则存在顾客或信息损失的情况，故有限排队系统有三种规则：等待、损失和混合制。例如，某些电话系统符合损失制规则；医院床位有限，住院申请超过队长的情况则适合混合制规则。

服务时间及机制：服务时间的分布主要有负指数分布、定长分布、k 阶爱尔朗分布和任意分布。该服务机制主要指服务台数量及其连接形式(串联或并联)。

著名的马尔可夫链或生死过程(Birth-Death Processes)是分析和求解排队模型的基本方法。有人用醉鬼行走(Drunkard's Walk)来描述排队系统状态随时间变化的生死过程，醉鬼在数字线上随机游走，每走一步有进或退两种可能，无论醉鬼如何行走，其位置转换的概率仅取决于当前位置，而与出发或要到达的位置无关。图 5-17 描述了一个多服务台排队系统状态转移过程，其中每个节点的顾客到达和离开是相等的，整个系统是稳态或平衡的。图中 λ 为顾客平均到达率，μ 为系统平均服务率，s 为服务台数，n 为系统状态，N 为系统最大容量。

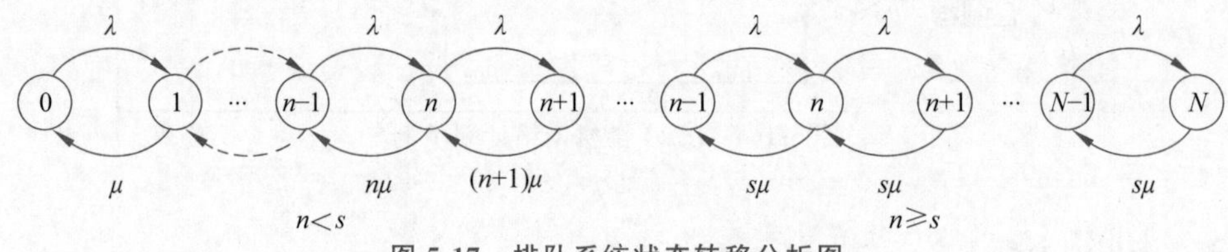

图 5-17 排队系统状态转移分析图

5.3.1 单服务台 M/M/1 模型

M/M/1 是最基本的单服务台排队模型，是扩展研究更复杂排队系统的基础。对应排队模型标准符号，该模型可写为 M/M/1/∞/∞/FCFSM。其中，M 表示马尔可夫过程(Markovian)，即顾客相继到达的间隔时间分布(泊松分布)与服务时间分布(负指数分布)均为马尔可夫过程，无后效性或无记忆性。该模型的主要指标公式如图 5-18①所示。

	A	B	C	D	E
1	① M/M/1 排队模型公式		② 求解	结果	公式
2	服务强度	$\rho=\lambda/\mu$	到达泊松流，均值 $\lambda=3$(人/小时)	3	=3
3	平稳状态概率	$P_0=(1-\rho)$; $P_n=\rho^n(1-\rho)$	服务负指数分布，均值 $\mu=6$(人/小时)	6	=60/10
4	平均队长/	$L=\dfrac{\lambda}{\mu-\lambda}=\dfrac{\rho}{1-\rho}$	服务强度	0.5	=D2/D3
5	顾客平均数		店内空闲的概率 P_0	0.5	=1-D4
6	平均排队长/	$L_q=\dfrac{\lambda^2}{\mu(\mu-\lambda)}=\dfrac{\rho^2}{1-\rho}$	有4位顾客的概率 P_4	0.031	=D4^4*(1-D4)
7	等待服务顾客平均数		至少有1位顾客的概率 $P(n\geqslant 1)$	0.5	=1-D5
8	平均逗留时间	$W=\dfrac{1}{\mu-\lambda}=\dfrac{1}{\mu(1-\rho)}$	店内顾客的平均数 L	1	=D4/(1-D4)
9			等待服务顾客的平均数 L_q	0.5	=D8-D4
10	平均等待服务时间	$W_q=\dfrac{\lambda}{\mu(\mu-\lambda)}=\dfrac{\rho}{\mu(1-\rho)}$	平均等待修理时间 W_q	0.167	=D9/D2
11			一位顾客在店内逗留时间超过15min(0.25h)的概率 $P(W>0.25)$	0.472	=EXP(-(D3-D2)*0.25)
12	$P\{W>t\}=e^{-(\mu-\lambda)t}$	$P\{W_q>t\}=\rho e^{-\mu(1-\rho)t}$			

图 5-18 M/M/1 排队模型示例 1

示例 5-14(胡运权主编《运筹学教程》第 5 版 10.1 题，清华大学出版社) 某店仅有一名修理工人，顾客达到过程为泊松流，平均 3 人/小时，修理时间服从负指数分布，平均需 10min。求：①店内空闲的概率；②有 4 位顾客的概率；③至少有 1 位顾客的概率；④店内顾客的平均数；⑤等待服务顾客的平均数；⑥平均等待修理时间；⑦一位顾客在店内逗留时间超过 15min 的概率。

解　此题为 M/M/1 排队问题,求解方法和步骤如下。

(1) 写出或计算已知参数。

① 顾客到达过程为泊松流,平均 3 人/小时,$\lambda=3$。

② 修理时间服从负指数分布,平均需 10min,$\mu=60/10=6$(人/小时)。

③ 服务强度 $\rho=\lambda/\mu=3/6$。

(2) 根据 M/M/1 模型有关公式逐问求解。计算结果及公式如图 5-18②所示。

示例 **5-15**(胡运权主编《运筹学教程》第 5 版 10.3 题,清华大学出版社)　汽车按平均 90 辆/小时的泊松流到达高速公路上的一个收费关卡,通过关卡的平均时间为 38s。由于驾驶人员反映等待时间太长,主管部门打算采用新装置,使汽车通过关卡的平均时间减少到平均 30s。但增加新装置只有在原系统中等待的汽车平均数超过 5 辆和新系统中关卡空闲时间不超过 30%时才合算。根据这一要求,分析采用新装置是否合算?

解　先计算原装置和新装置的车辆流及过关流有关参数,然后根据给定条件进行比较分析,求解方法和步骤如下。

(1) 计算现装置和新装置车辆流参数。现装置和新装置汽车到达为泊松流,平均 90 辆/小时。过关时间服从负指数分布,现装置平均为 38s,$\mu=94.74$(辆/小时);新装置平均为 30s,$\mu=120$(辆/小时)。服务强度,现装置 $\rho=0.95$,新装置 $\rho=0.75$。

(2) 计算现系统与新系统空闲概率、汽车平均数和等待通关的汽车平均数。计算公式与结果如图 5-19 所示。现系统等待通关的汽车平均数为 18.08,超过给定条件 5 辆,新系统中关卡空闲时间为 25%,不超过给定的 30%,因此,采用新装置合算。

提示

1954 年,MIT 大学教授 John Little 在排队理论中提出了平均队长与平均逗留时间关系的公式:$L=\lambda W$,并成功应用于商店排队系统。以后人们称为 Little 公式。简单地说,Little 公式就是系统中平均顾客数(L)等于顾客平均有效到达率(λ)与顾客在系统中平均逗留时间(W)的乘积。

	A	B	C	D	E	F
1	事项或内容	说明	旧装置参数	新装置参数	公式	采用新装置条件
2	汽车到达平均时间(辆/小时)	泊松分布期望或均值	90	90	=C2	
3	汽车通过关卡平均(辆/小时)	负指数分布期望或均值	94.74	120	=60*60/30	
4	服务强度	$\rho=\lambda/\mu$	0.95	0.75	=D2/D3	
5	系统空闲的概率	$P_0=1-\rho$	0.05	0.25	=1-D4	新系统空闲<30%
6	系统中汽车平均数	$L=\rho/(1-\rho)$	19	3	=D4/(1-D4)	旧系统等待通关车辆平均数>5
7	等待通关的汽车平均数	$L_q=L-\rho$	18.05	2.25	=D6-D4	

图 5-19　M/M/1 排队模型示例 2

5.3.2　单服务台 M/M/1/K 模型

M/M/1/K 指的是系统容量为 K 的单服务台排队模型。由于排队系统的总容量为 K,当 1 位顾客正在接受服务时,可提供给顾客等候的位置只有 $K-1$。客满后,再来的顾客将不能进行入系统排队等候,此时,排队规则便为损失制。其主要指标公式如图 5-20①所示。

示例 **5-16**(胡运权主编《运筹学教程》第 5 版 10.4 题,清华大学出版社)　某车间的工具仓库只有一个管理员,平均有 4 人/小时来领工具,到达过程为泊松流;领工具的时间服从负指数分布,平均为 6min。由于场地限制,仓库内领工具的人数最多不超过 3 人,求:①仓库内没有人领工具的概率；②仓库内领工具的工人的平均数；③排队等待领工具的工人的平均数；④工人在系统中的平均花费时间；⑤工人平均排队时间。

解　经分析，此题为单服务台和系统容量有限的 M/M/1/K 排队模型，求解步骤如下。

(1) 将要引用的 M/M/1/K 公式输入 A1:B11 单元格，如图 5-20①所示。

(2) 根据给出的数据计算 λ,μ,ρ，如图 5-20②中 C1:E4 单元格所示。

(3) 按题意分析，该问题为 M/M/1/K 混合制排队模型，可根据其指标公式求解。

① 在 D5 单元格输入公式"=(1−D4)/(1−D4^(3+1))"，得仓库内没有人领工具的概率为 0.6158。

② 在 D6:D11 单元格输入的公式如图 5-20 中 E6:E11 单元格所示，求得其他结果为：仓库内领工具的工人的平均数为 0.5616；排队等待领工具的工人的平均数为 0.1773；工人在系统中的平均花费时间为 0.1462；工人平均排队时间为 0.0462，如图 5-20②所示。

	① A	B	② C	D	E
1	M/M/1/K 排队模型主要指标公式		求解	结果	公式
2	服务强度	$\rho=\lambda/\mu \quad (\rho\neq 1)$	顾客到达平均	4	=4
3	平稳状态概率	$P_n=\frac{1-\rho}{1-\rho^{K+1}}\rho^n$	平均服务率	10	=60/6
4			服务强度	0.4	=D2/D3
5	平均队长/顾客平均数	$L=\frac{\rho}{1-\rho}-\frac{(K+1)\rho^{K+1}}{1-\rho^{K+1}}$	仓库内没有人领工具的概率	0.6158	=(1-D4)/(1-D4^(3+1))
6			仓库内领工具的工人平均数	0.5616	=D4/(1-D4)-((3+1)*D4^(3+1))/(1-D4^(3+1))
7	平均排队长/等待服务顾客平均数	$L_q=L-(1-P_0)$			
8					
9	平均逗留时间	$W=\frac{L}{\mu(1-P_0)}=\frac{L}{\lambda(1-P_3)}$	排队待领工具的工人平均数	0.1773	=D6-(1-D5)
10			工人在系统中平均花费时间	0.1462	=D6/(D3*(1-D5))
11	平均等待服务时间	$W_q=W-1/\mu$	工人平均排队时间	0.0462	=D10-1/D3

图 5-20　M/M/1/K 排队模型示例 1

示例 5-17(胡运权主编《运筹学教程》第 5 版 10.7 题，清华大学出版社)　有一 M/M/1/5 系统，平均服务率 $\mu=10$，就两种到达率 $\lambda=6,\lambda=15$ 已得到相应的概率 P_n，如图 5-21 中 A1:C10 所示，试就两种到达率分析：①有效到达率和系统的服务强度；②系统中顾客的平均数；③系统的满员率；④服务台应从哪些方面改进工作？理由是什么？

解　按照给出的排队模型 M/M/1/5 和数据计算相关参数，然后进行求解分析。

(1) 将系统容量、平均服务率和到达率等输入表格，如图 5-21 中 C8:C10、E2:F2 所示。

	A	B	C	D	E	F	G
1	顾客数 n	$(\lambda=6)p_n$	$(\lambda=15)p_n$	指标	排队1	排队2	公式
2	0	0.42	0.05	到达率 (λ)	6	15	=6
3	1	0.25	0.07	服务强度(ρ)	0.6	1.5	=E2/$C$10
4	2	0.15	0.11	有效到达率 (λ_e)	5.76	9.45	=E2*(1-B7)
5	3	0.09	0.16	系统的服务强度	0.576	0.945	=E3*(1-B7)
6	4	0.05	0.24	平均排队长(L_q)	0.627	2.7281	=(B2*(E3^$C$8)*E3/(FACT($C$8)*(1-E3)^2))*(1-E3^($C$9-$C$8)-($C$9-$C$8)*(E3^($C$9-$C$8))*(1-E3))
7	5	0.04	0.37				
8	服务台数(s)		1				
9	系统容量(K)		5	系统中顾客的平均数	1.203	3.6731	=F6+$C$8*F3*(1-C7)
10	平均服务率 (μ)		10	系统满员率	0.04	0.37	=C7
11	备注	$L_q=\frac{P_0\rho^s\rho_s}{s!(1-\rho_s)^2}[1-\rho_s^{K-s}-(K-s)\rho_s^{K-s}(1-\rho_s)]$; $\left(\rho_s=\frac{\lambda}{s\mu}\right)$; $L=L_q+s\rho(1-P_K)=L_q+\frac{\lambda_e}{\mu}$					
12							

图 5-21　M/M/1/K 排队模型示例 2

(2) 计算有效到达率和系统的服务强度。根据有效到达率公式 $\lambda_e=\lambda(1-P_k)$ 和系统服务强度公式 $\overline{C}=\rho(1-P_k)$，在 E4、E5 单元格输入计算公式并将其复制到 F4、F5 单元格，如图 5-21 中 E4:G5 单元格所示。

(3) 计算系统中顾客平均数。先计算平均排队长 L_q，然后计算两种排队顾客平均数，结果为 1.203 和 3.6731，如图 5-21 中 E6:G9、E11 单元格所示。

(4) 系统满员率。为 $K=5$ 时的概率，两种排队分别为 0.04 和 0.37。

(5) 到达率 $\lambda=6$ 的排队系统可通过调低平均服务率改进工作，提高效率。主要理由是系统空闲率较高、满员率过低和系统中顾客平均数较少，系统效率偏低。

(6) 到达率 $\lambda=15$ 的排队系统可通过提高平均服务率改进工作。主要理由是系统空闲率偏低、满员率过高和系统中顾客平均数较多，顾客等待时间较长，系统服务效率偏低，如图 5-21 中 F1:F10 单元格所示。

5.3.3 单服务台 M/M/1/∞/m 模型

M/M/1/∞/m 指的是顾客源有限的排队模型。其主要特点是顾客总数 m 有限，每个顾客来到系统接受服务后仍回到原处，且可能再来。此类排队模型的典型案例是机器看管问题。一位工人看管有限台机器 m，将机器故障可作为到达，将工人修理作为服务进行分析。类似情况，一台绘图机为多台计算机提供绘图"服务"等。该模型的主要指标公式如图 5-22 中A1:D4 单元格所示。

	A	B	C	D	E	F	G	H	I
1	$P_0=\left(\sum_{n=0}^{m}\frac{m!}{(m-n)!}\rho^n\right)^{-1}$ ；		$P_n=\frac{m!}{(m-n)!}\rho^n P_0$		机器 m	P_0	出故障机器的平均台数		
2							L	要求	
3			$L=m-\frac{\mu}{\lambda}(1-P_0)$		1	0.9091	0.091	0.125	√
4					2	0.8197	0.197	0.250	√
5	机器正常运转120min(2小时)后	λ	工人平均每小时可看管	μ	3	0.7321	0.321	0.375	√
6	可能出故障，平均每小时故障到	0.5	(台/小时)：=60/12	5	4	0.6467	0.467	0.500	√
7	达率(台或次/h)：=1/2		服务(看管)强度	0.1	5	0.5640	0.640	0.625	×
8	每台机器正常运转时间不少于87.5%(故障台数小于1-0.875)			0.125	每个工人最多能看管机器(台)				4
9	=1/((FACT(E7)/FACT(E7-0))*$D$7^0+((FACT(E7)/FACT(E7-1))*$D$7^1)+((FACT(E7)/FACT(E7-2))*$D$7^2)								
10	+(FACT(E7)/FACT(E7-3))*$D$7^3+(FACT(E7)/FACT(E7-4))*$D$7^4+(FACT(E7)/FACT(E7-5))*$D$7^5)								

图 5-22 M/M/1/∞/m 排队模型示例 1

示例 5-18(胡运权主编《运筹学教程》第 5 版 10.5 题，清华大学出版社) 某工厂买了许多同类型的自动化机器，现需要确定一个工人应看管几台机器。机器正常运转时不需要看管。已知每台机器正常运转时间服从平均数为 120min 的负指数分布，工人看管一台机器的时间服从平均数为 12min 的负指数分布，每个工人只能看管自己的机器。工厂要求每台机器正常运转时间不得少于 87.5%。问在这些条件下，每个工人最多能看管几台机器？

解 先判断给出的排队问题基本类型，然后直接套用相应的公式。如果没有现成的公式可套用，就需要用马尔可夫链或生死过程方法去分析计算。求解此题的方法和步骤如下。

(1) 计算和确定基本参数 λ,μ,ρ。

① 机器正常运转时间服从平均数为 120min，也就是说，该机器故障到达的时间间隔为 2h，故故障到达率为 2h1 次，即 1/2。

② 工人看管或修理 1 台机器的时间为 12min，平均每小时可看管 5 台，故修复或服务率为 5，如图 5-22 中 A5:D8 所示。

(2) 分别计算 1～m 台无故障概率 P_0 和出故障机器的队长 L。

① 在 F3:F7 单元格分别输入 m 为 1～5 的 P_0 公式，A9 单元格显示了 $m=5$ 时 P_0 的计算公式。

② 在 G3:G7 单元格输入计算队长 L 的公式，如图 5-22 中 E2:G7 单元格所示。

(3) 计算一位工人最多可看管机器数。根据每台机器发生故障率要小于 0.125 的要求，分别在 H3、I3 单元格输入公式"=E3*0.125""=IF(G3<H3,"√","×")"，并将其复制到 H4:I7。从返回值可以看出，当 $m\leqslant 4$ 时满足要求，当 $m=5$ 台时超出范围，故答案为 4 台，如图 5-22 中 E2:I8 单元格所示。

示例 5-19(胡运权主编《运筹学教程》第 5 版 10.16 题,清华大学出版社) 一名修理工负责 5 台机器维修,每台机器平均每 2h 损坏一次,修理工修理一台机器平均需时 18.75min,以上时间均服从负指数分布。试求:①所有机器均正常运转的概率;②等待维修机器的期望数;③假如希望做到一半时间所有机器都正常运转,则该修理工最多能看管多少台机器?

解 此题为 M/M/1/∞/5 排队模型,求解方法和步骤如下。

(1) 计算和确定基本参数 λ,μ,ρ。机器每 2h 损坏一次,平均每小时 0.5 次,即 $\lambda=0.5$;修理 1 台机器需 18.75min,则平均每小时可修理 $\mu=60/18.75=3.2$,如图 5-23 中 B1:B5 单元格所示。

(2) 计算所有机器均正常运转的概率。也就是 $m=5$ 时,单位时间内没有发生机器损坏的概率。计算结果为 $P_0=0.3874=38.7\%$,如图 5-23 中 D4、A8 单元格所示。

(3) 计算等待维修机器的期望数,也就是 $m=5$ 时的平均排队长度 L_q。在 F4 单元格输入公式"=E4-(1-D4)",返回值为 0.467 台。

(4) 计算一半时间所有机器都正常运转修理工可看管的机器数。一半时间所有机器都正常运转,也就是说,单位时间(1h)内机器平均停工时间 W 应小于 0.5h。经计算,发现当 $m\leqslant 4$ 时 $W<0.5$;当 $m=5$ 时 $W=0.551>0.5$。故修理工最多能看管 4 台机器,如图 5-23 所示,其中,A6:A8、C5、H2:H5 单元格给出了参数计算公式。

	A	B	C	D	E	F	G	H
1	$W=\dfrac{m}{\mu(1-P_0)}-\dfrac{1}{\lambda}$	λ	m	P_0	L	L_q	W	
2		0.5	3	0.6105	0.507	0.117	0.407	=C2/($B$4*(1-D2))-1/$B$2
3	$W_q=W-\dfrac{1}{\mu}$	μ	4	0.4941	0.762	0.256	0.471	=C3/($B$4*(1-D3))-1/$B$2
4		3.2	5	0.3874	1.080	0.467	0.551	=C4/($B$4*(1-D4))-1/$B$2
5	服务(修理)强度	0.16	=C2-($B$4/$B$2)*(1-D2)					=C3-($B$4/$B$2)*(1-D3)
6	=1/((FACT(C2)/FACT(C2-0))*$B$5^0+((FACT(C2)/FACT(C2-1))*$B$5^1)+((FACT(C2)/FACT(C2-2))*$B$5^2)+(FACT(C2)/FACT(C2-3))*$B$5^3)							
7	=1/((FACT(C3)/FACT(C3-0))*$B$5^0+((FACT(C3)/FACT(C3-1))*$B$5^1)+((FACT(C3)/FACT(C3-2))*$B$5^2)+(FACT(C3)/FACT(C3-3))*$B$5^3+(FACT(C3)/FACT(C3-4))*$B$5^4)							
8	=1/((FACT(C4)/FACT(C4-0))*$B$5^0+((FACT(C4)/FACT(C4-1))*$B$5^1)+((FACT(C4)/FACT(C4-2))*$B$5^2)+(FACT(C4)/FACT(C4-3))*$B$5^3+(FACT(C4)/FACT(C4-4))*$B$5^4+(FACT(C4)/FACT(C4-5))*$B$5^5)							

图 5-23 M/M/1/∞/m 排队模型示例 2

5.3.4 多服务台 M/M/s 模型

M/M/s 指的是 s 个多服务台排队模型。在多服务台系统中,每个服务台相互独立,其平均服务率 μ 相同且均服从负指数分布,整个系统的服务率为 $s\mu$,系统的服务强度为 $\rho_s=\lambda/s\mu$。其主要指标公式如图 5-24 中 A1:A14 单元格所示。

示例 5-20(courses.washington.edu/inde411/QueueingTheoryPart3.pdf) 某旅行社顾客平均到达率为每 10 分钟 1 人,服从 Poisson 分布。其服务时间为每 100 分钟 8 人,服从负指数分布。如果只设一个服务台($\lambda/\mu>1$),顾客将会在排长队中犹豫或放弃,系统永远达不到稳态,旅行社将会损失顾客、失去商机。因此,该社提出了设置 2、3、4 个服务台的方案,试计算各方案的空闲概率、顾客排队长度和等待服务时间,并为该社提出设置服务台数量的建议。

解 此题为多服务台等待制排队模型,具体求解方法和步骤如下。

(1) 计算或确定基本参数 λ,μ,ρ,ρ_s。$\lambda=1/10$,$\mu=8/100$,$\rho=0.1/0.08$。设置 2、3 或 4 个服务台方案的服务强度 ρ_s 的计算结果及公式,如图 5-24 中 B3:F3 单元格所示。

(2) 计算各方案系统稳态概率 $P_0,\cdots,P_4$。计算方法、公式与结果如图 5-24 中 C4:F8、

A15:B16 单元格所示。

(3) 计算各方案的顾客平均排队长 L_q 与平均队长 L。计算结果及公式如图 5-24 中 C9:F10 单元格所示。

(4) 计算各方案顾客平均排队时间 W_q 与平均逗留时间 W。计算结果及公式如图 5-24 中 C11:F12 单元格所示。

(5) 计算各方案顾客平均逗留时间与平均等待时间大于 1min 的概率。计算结果及公式如图 5-24 中 C13:E14、A17:A18 单元格所示。

(6) 比较各方案主要参数指标,建议该旅行社设置 3 个服务台。设 2 个服务台顾客排队及逗留时间偏长,可能造成顾客损失,影响效益;设 4 个服务台,顾客等待时间大于 1min 的概率小于 5%,服务速度最快,但是存在服务成本较高和服务台利用率偏低的问题。因此,设置 3 个服务台较为合适。

	A	B	C	D	E	F	G
1	M/M/s排队模型主要指标公式		$\lambda=0.1$	$\mu=0.08$	$\rho=1.25$		s=2主要指标计算公式
2	$P_0=\left[\sum_{n=0}^{s-1}\frac{\rho^n}{n!}+\frac{\rho^s}{s!(1-\rho_s)}\right]^{-1}$　$P_n=\frac{\rho^n}{n!}P_0\ (n=1,\cdots,s)$	n	s	2	3	4	
3			ρ_s	0.6250	0.4167	0.3125	=$E$1/D2
4		0	P_0	0.2308	0.2786	0.2853	见A15
5	$P_n=\frac{\rho^n}{s!s^{n-s}}P_0\quad(n\geqslant s)$　$L_q=\frac{P_0\rho^s\rho_s}{s!(1-\rho_s)^2}$	1	P_1	0.2885	0.3483	0.3567	=$E$1^$B5*D$4/FACT(B5)
6		2	P_2	0.1803	0.2177	0.2229	=$E$1^$B6*D$4/FACT($B6)
7	$L=L_q+\rho$　$W_q=\frac{L_q}{\lambda};\ W=W_q+\frac{1}{\mu}$	3	P_3	0.1127	0.0907	0.0929	见A16
8		4	P_4	0.0704	0.0378	0.0290	见B16
9	$P\{W>t\}=e^{-\mu t}\left[1+\frac{P_0\rho^s}{s!(1-\rho_s)}\left(\frac{1-e^{-\mu t(s-1-\rho)}}{s-1-\rho}\right)\right]$		L_q	0.8013	0.1111	0.0192	见D15
10			L	2.0513	1.3611	1.2692	=D9+$E$1
11			W_q	8.0128	1.1105	0.1919	=D9/$C$1
12	$P\{W_q>t\}=\left(1-\sum_{n=0}^{s-1}P_n\right)e^{-s\mu(1-\rho_s)t}$	t	W	20.5128	13.6105	12.6919	=D11+1/$D$1
13		1	$P\{W>t\}$	0.9590	0.9343	0.9260	见A17
14		1	$P\{W_q>t\}$	0.4528	0.1352	0.0339	见A18
15	P_0 =($E$1^$B$4/FACT($B4)+($E$1^$B$5)/FACT($B$5)+$E$1^D2/(FACT(D2)*(1-D3)))^-1				L_q=D3*D4*$E$1^D2/(FACT(D2)*(1-D3)^2)		
16	P_3 =$E$1^B7*$D$4/(FACT($D$2)*$D$2^(B7-$D$2))	P_4=$E$1^$B8*D$4/(FACT(D$2)*D$2^($B8-D$2))					
17	$P\{W>t\}$ =EXP(-$D$1*$B$13)*(1+(D4*$E$1^D2)/(FACT(D2)*(1-D3))*((1-EXP(-$D$1*$B$13*(D2-1-$E$1)))/(D2-1-$E$1)))						
18	$P\{W_q>t\}$ =(1-(D4+D5))*EXP(-D2*$D$1*(1-D3)*$B$14)						

图 5-24　M/M/s 排队模型示例

示例 **5-21**(胡运权主编《运筹学教程》第 5 版 10.6 题,清华大学出版社)　在示例 5-14 中,若顾客的平均到达率增加到 6 人/小时,服务时间不变,这时增加一个修理工人。①根据 λ/μ 说明增加工人的原因;②增加工人后店内空闲的概率;店内至少有两个或更多个顾客的概率;③求 L, L_q, W, W_q。

解　此题为 M/M/2 等待制排队模型,具体求解方法和步骤如下。

(1) 计算或确定基本参数 λ,μ,ρ,ρ_s,如图 5-25 中 A2:D5 单元格所示。

	A	B	C	D
1	事项或内容	说明	结果	公式
2	顾客到达平均6人/小时	泊松分布期望或均值(λ)	6	=6
3	修理服务平均10min(6人/小时)	负指数分布期望或均值(μ)	6	=60/10
4	服务强度	$\rho=\lambda/\mu$	1	=C2/C3
5		$\rho_s=\lambda/s\mu$	1/2	=C2/(2*C3)
6	根据λ/μ说明增加工人原因	因为ρ=λ/μ=1,系统无空闲时间，故需要增加修理工		
7	增加工人后店内空闲的概率(P_0)	$P_0=\left[\sum_{n=0}^{s-1}\frac{\rho^n}{n!}+\frac{\rho^s}{s!(1-\rho_s)}\right]^{-1}$	1/3	=((C4^0)+(C4^1)+(C4^2)/(2*(1-C5)))^(-1)
8	店内至少有两个或更多个顾客的概率	$P\{n\geqslant 2\}=1-P_0-P_1=1-P_0-\frac{1}{1!}\rho^1P_0$	1/3	=1-C7-C7
9	等待服务顾客的平均数(L_q)	$L_q=\frac{P_0\rho^s\rho_s}{s!(1-\rho_s)^2}$	1/3	=C7*(C4^2)*C5/(2*(1-C5)^2)
10	店内顾客的平均数(L)	$L=L_q+\rho$	4/3	=C9+C4
11	平均等待修理时间(W_q)	$W_q=L_q/\lambda$	1/18	=C9/C2
12	平均逗留时间(W)	$W=L/\lambda$	2/9	=C10/C2

图 5-25　M/M/2 排队模型示例

(2) 分析需增加工人的原因。由于 $\lambda/\mu=1$,系统无空闲时间,故需增加工人。

(3) 计算增加工人后店内空闲的概率和店内至少有两个或更多个顾客的概率。计算公式及结果如图 5-25 中 A7:D8 单元格所示。

(4) 计算 L, L_q, W, W_q。计算公式及结果如图 5-25 中 A9:D12 单元格所示。

5.3.5 多服务台 M/M/s/K 模型

M/M/s/K 指的是 s 个多服务台且系统容量为 K 的混合制排队模型。与单服务台 M/M/1/K 不同的是,此排队模型中服务台为多个(s),其服务时间服从参数为 μ 的负指数分布且相互独立。该模型的主要指标公式如图 5-26 中 A1:B11 单元格所示。

特别地,当系统容量与服务台数相等时($K=s$)时,计算顾客损失率的公式(P_K)就是在电话系统设计中广泛应用的爱尔朗呼唤损失公式,是 Å.K.Erlang 在 1917 年提出的,如图 5-26 中 A12 单元格所示。这种损失制模型常应用于电话干线及呼叫中心设计、不能排队的停车场管理等工作。

示例 5-22(百度文库) 某服务系统有两个服务员,顾客到达服从泊松分布,平均每小时到达 2 个。服务时间服从负指数分布,平均服务时间为 30min,又知系统内最多只能有 3 名顾客等待服务,当顾客到达时,若系统已满,则自动离开,不再进入系统。求:①系统空闲时间;②顾客损失率;③服务系统内等待服务的平均顾客数;④在服务系统内的平均顾客数;⑤顾客在系统内的平均逗留时间;⑥顾客在系统内的平均等待时间;⑦被占用的服务员的平均数。

解 此排队问题为 M/M/2/5 模型,可根据此类排队模型指标公式逐项求解。

(1) 计算或确定基本参数 $\lambda, \mu, \rho, s, \rho_s, K$,如图 5-26 中 C2:E7 单元格所示。

	A	B	C	D	E
1	M/M/s/K排队模型主要指标公式		主要参数与求解	结果	公式
2	$\rho=\lambda/\mu$ $\rho_s=\lambda/s\mu\ (\rho_s\neq 1)$	$\lambda_e=\lambda(1-P_K)$ $\bar{s}=L-L_q$	顾客平均到达率(λ=2人/小时)	2	=2
3	$P_0=\left(\sum_{n=0}^{s-1}\frac{\rho^n}{n!}+\frac{\rho^s(1-\rho_s^{K-s+1})}{s!(1-\rho_s)}\right)^{-1}$	$;P_n=\begin{cases}\frac{\rho^n}{n!}P_0 & (0\leqslant n<s)\\ \frac{\rho^n}{s!s^{n-s}}P_0 & (s\leqslant n\leqslant K)\end{cases}$	平均服务率(μ=0.5人/小时)	0.5	=30/60
4			一位服务员服务强度(ρ)	4	=D2/D3
5			服务台数(s)	2	=2
6			系统服务强度(ρ_s)	2	=D2/(D5*D3)
7	$L_q=\frac{P_0\rho^s\rho_s}{s!(1-\rho_s)^2}[1-\rho_s^{K-s+1}-(1-\rho_s)(K-s+1)\rho_s^{K-s}]$		系统容量(K)	5	=2+3
8			系统空闲概率(P_0)	0.008	见A17
9	$L=L_q+s+P_0\sum_{n=0}^{s-1}\frac{(n-s)\rho^n}{n!}=L_q+\rho(1-P_K);$	$W=L/\lambda_e$ $W_q=W-1/\mu$	顾客损失率(P_K)	0.512	见B16
10			有效到达率(λ_e)	0.976	=D2*(1-D9)
11			等待服务的平均顾客数(L_q)	2.176	见A16
12	$s=K:\begin{cases}P_0=\left(\sum_{n=0}^{s}\frac{\rho^n}{n!}\right)^{-1};\end{cases}$	$P_n=\frac{\rho^n}{n!}P_0$ $\bar{s}=\rho(1-P_K)$ $W=1/\mu$ $W_q=0$ $L=\bar{s}=\rho(1-P_K)$ $L_q=0$	系统内平均顾客数(L)	4.128	见A15
13			顾客平均逗留时间(W)	4.230	=D12/D10
14			顾客平均等待时间(W_q)	2.230	=D13-1/D3
15			被占用的服务员平均数($\bar{s}$)	1.952	=D12-D11
16	L =D11+D4*(1-D9)	P_K =(D4^D7)*D8/(FACT(D5)*D5^(D7-D5))			
17	P_0 =(D4^0/FACT(0)+D4^1/FACT(1)+(D4^D5)*(1-D6^(D7-D5+1))/FACT(D5)*(1-D6))^-1				
18	L_q =D8*(D4^D5)*D6*(1-D6^(D7-D5+1)-(1-D6)*(D7-D5+1)*D6^(D7-D5))/(FACT(D5*(1-D6)^2))				

图 5-26 M/M/s/K 排队模型示例

(2) 计算系统空闲时间。在 D8 单元格输入计算系统空闲概率公式,返回值为 0.008。

(3) 计算顾客损失率。计算方法、公式及结果如图 5-26 中 C9:D9、B16 单元格所示。

(4) 计算服务系统内等待服务的平均顾客数和服务系统内的平均顾客数。在 D11、D12 单元格输入公式,返回值分别为 2.176 和 4.128,如图 5-26 中 C11:E12 单元格所示。

(5) 计算顾客在系统内的平均逗留时间与顾客在系统内的平均等待时间。在 D13、D14 单元格输入公式,返回值分别为 4.23 和 2.23(h),如图 5-26 中 C13:E14 单元格所示。

(6) 计算被占用的服务员的平均数。也就是服务台被占用的平均数。在 D15 单元格输入公式，返回值为 1.952(个)，如图 5-26 中 C15:E15 单元格所示。

示例 5-23(https://rossetti.github.io/RossettiArenaBook/)　某大学工程学院对面有一排 10 车位计时停车场，高峰时段，学生到达停车场停车的平均速率为 40 人，其到达规律服从泊松分布。学生停车后平均占用车位 60min 且呈负指数分布。当所有车位被占用时，再来的学生不能等待，需到其他地方停车。如果计时收费为＄2/h，试问该停车场因车位有限会损失多少收入？

解　此题为 M/M/10/10 排队问题，可根据 Erlang 损失公式求解，如图 5-27 中 A13:C15 单元格所示。

	A	B	C	D	E	F
1	参数与求解	结果	公式	n	$\rho^n/n!$	公式
2	车辆平均到达率(λ=40次/小时)	40	=40	0	1	=(($B$4*$B$7)^D2)/FACT(D2)
3	车位平均服务率(μ=1次/小时)	1	=60/60	1	40	=(($B$4*$B$7)^D3)/FACT(D3)
4	可提供服务的车位(s)	10	=10	2	800	=(($B$4*$B$7)^D4)/FACT(D4)
5	系统最大容量(K)	10	=10	3	10666.6667	=(($B$4*$B$7)^D5)/FACT(D5)
6	$\rho=\lambda/\mu$	40	=B2/B3	4	106666.667	=(($B$4*$B$7)^D6)/FACT(D6)
7	$\rho_s=\lambda/s\mu$	4	=B6/B4	5	853333.333	=(($B$4*$B$7)^D7)/FACT(D7)
8	顾客损失率($P_{n=K=s=10}$)	0.75769	=B6^B5/FACT(B5)/E13	6	5688888.89	=(($B$4*$B$7)^D8)/FACT(D8)
9	有效到达率(λ_e)	9.69249	=B2*(1-B8)	7	32507936.5	=(($B$4*$B$7)^D9)/FACT(D9)
10	顾客损失数	30.30751	=B2*B8	8	162539683	=(($B$4*$B$7)^D10)/FACT(D10)
11	系统内平均顾客数	9.69249	=B6*(1-B8)	9	722398589	=(($B$4*$B$7)^D11)/FACT(D11)
12	按每车位$2/h计损失($/h)	60.615	=B10*2	10	2889594356	=(($B$4*$B$7)^D12)/FACT(D12)
13		$\lambda_e=\lambda(1-P_K)$				
14	$P_n=\frac{\rho^n}{n!}\left(\sum_{n=0}^{s}\frac{\rho^n}{n!}\right)^{-1}$			$\sum_{n=0}^{s}\frac{\rho^n}{n!}$	3813700961	=SUM(E2:E12)
15		$L=\bar{s}=\rho(1-P_K)$				

图 5-27　M/M/10/10 排队模型示例

(1) 计算或确定基本参数 $\lambda,\mu,\rho,s,\rho_s,K$，如图 5-27 中 A2:C7 单元格所示。

(2) 计算顾客损失率，也就是计算 P_{10}。由于求和公式较长，可以分解计算。

① 在 D2:D12 单元格输入序数 n，在 E2 单元格输入公式“=((＄B＄4 * ＄B＄7)^D2)/FACT(D2)”并将其复制到 E12 单元格，然后在 E13 单元格输入求和公式“=SUM(E2:E12)”，如图 5-27 中 D1:F15 单元格所示。

② 在 B8 单元格输入 Erlang 损失公式(P_{10})“=B6^B5/FACT(B5)/E13”。

(3) 计算有效到达率。在 B9 单元格输入公式“=B2 * (1−B8)”，返回值为 9.69249。

(4) 计算顾客平均损失数。在 B10 单元格输入“=B2 * B8”，返回值为 30.30751。

(5) 计算系统内平均顾客数。计算公式与结果如图 5-27 中 A11:C11 单元格所示。

(6) 按计时收费＄2/h 计算损失。在 B12 单元格输入公式“=B10 * 2”，返回值为＄60.615/h。

5.3.6　多服务台 M/M/s/∞/m 模型

M/M/s/∞/m 指的是 s 个多服务台和顾客源为有限数 m 的排队问题。其顾客源与单服务台相同，总数 m 有限，且每个顾客来到系统接受服务后仍回到原处，并可能再来。在工人看管机器问题中，就是 s 个工人看管 m 台机器。该模型的主要指标公式如图 5-28①所示。

示例 5-24　一个车间有 10 台相同的机器，每台机器运行时创造利润 40 元/小时，且平均损坏 1 次/小时。而一个修理工修复一台机器平均需 30min。以上时间均服从负指数分布。设一名修理工工资为 60 元/小时，试求：①该车间应设多少名修理工，使总费用为最小？②若要求不能运转的机器的期望数小于 4 台，则应设多少名修理工？③若要求损坏机器等待修理时间少于 1h，又应设多少名修理工？

解　此题为 M/M/s/∞/10 类型排队模型，其顾客源（机器）为 10，服务台（修理工）数 s 需要根据指标范围确定。具体求解方法和步骤如下。

（1）计算或确定基本参数 λ,μ,ρ,m。λ 等于每台机器平均每小时故障 1 次；μ 为一位修理工平均每小时可修复 2 台；ρ 为一位修理工的服务强度，等于 1/2；机器总数 m 等于 10，如图 5-28 中 A1:H1 单元格所示。

（2）计算设一名修理工（$s=1$）的总费用等参数，如图 5-28 中 A1:D20 单元格所示。

① 在 B4 单元格输入计算 $m!\rho^n/(m-n)!$ 的公式“=FACT($H$1)＊$F$1^A4/FACT($H$1−A4)”并将其复制到 B5:B14 单元格。

② 在 C4 单元格输入计算 P_0 的公式“=1/SUM(B4:B14)”，然后在 C5 单元格输入计算 P_1 的公式“=B5＊$C$4”并将其复制到 C6:C14 单元格。

③ 在 D5 单元格输入“=(A5−1)＊C5”并将其复制到 D6:D14 单元格，然后在 D15 单元格输入“=SUM(D5:D14)”，返回值待修理机器数（排队长）$L_q=7$。

④ 在 D16 单元格输入公式“=SUM(D5:D14)+1−C4”，返回值为平均故障数。

⑤ 在 D17 单元格输入公式“=40＊D16+60＊C2”，返回值为设一名修理工时总费用。

⑥ 计算 λ_e,W_q,W 等其他参数，如图 5-28 中 A15:F20 单元格所示。

（3）计算 $s=2$ 的参数。

① 在 E4 单元格输入“=IF($A4<E$2,$B4/FACT($A4),$B4/(FACT(E$2)＊E$2^($A4−E$2)))”并将其复制到 E5:E14 单元格。

② 将 C4:C14 单元格中的公式复制到 F4:F14 单元格，便可得到 P_n。

③ 在 G4 单元格输入公式“=IF($A4>=E$2,($A4−E$2)＊F4,"")”并将其复制到 G5:G14 单元格。

④ 计算其他参数，公式及结果如图 5-28 中 G15:I20 单元格所示。

	A	B	C	D	E	F	G	H	I	J	K	L	M
1		λ = 1		μ = 2		ρ = 0.5		m = 10					
2	n	$\frac{m!\rho^n}{(m-n)!}$	$s=1$		$s=2$			$s=3$			$s=4$		
3			P_n	L_{qn}	C_n	P_n	L_{qn}	C_n	P_n	L_{qn}	C_n	P_n	L_{qn}
4	0	1	4E-05		1	0.0027		1	0.0102		1	0.0152	
5	1	5	0.0002	0	5	0.0133		5	0.0509		5	0.0758	
6	2	22.5	0.0009	0.001	11.250	0.0299	0	11.25	0.1144		11.25	0.1706	
7	3	90	0.0034	0.007	22.500	0.0599	0.0599	15	0.1526	0	15	0.2275	
8	4	315	0.0120	0.036	39.375	0.1048	0.2095	17.5	0.1780	0.1780	13.125	0.1991	0
9	5	945	0.0361	0.144	59.063	0.1572	0.4715	17.5	0.1780	0.3560	9.8438	0.1493	0.1493
10	6	2362.5	0.0902	0.451	73.828	0.1964	0.7858	14.583	0.1483	0.4450	6.1523	0.0933	0.1866
11	7	4725	0.1804	1.083	73.828	0.1964	0.9822	9.722	0.0989	0.3956	3.0762	0.0467	0.1400
12	8	7087.5	0.2707	1.895	55.371	0.1473	0.8840	4.861	0.0494	0.2472	1.1536	0.0175	0.0700
13	9	7087.5	0.2707	2.165	27.686	0.0737	0.5157	1.620	0.0165	0.0989	0.2884	0.0044	0.0219
14	10	3543.75	0.1353	1.218	6.921	0.0184	0.1473	0.270	0.0027	0.0192	0.0360	0.0005	0.0033
15	等待修理数		L_q	7	=SUM(D5:D14)		4.0559	=SUM(G5:G14)		1.7400			0.5711
16	平均故障数		L	8	=SUM(D5:D14)+1-C4		6.0373			4.4934			3.7141
17	总费用		$4L+6x$	380	=40*D16+60*C2		361.49	=40*G16+60*E2		359.73			388.56
18	有效故障率		λ_e	2.0	=$B$1*($H$1-D16)		3.9627	=$B$1*($H$1-G16)		5.5066			6.2859
19	等待修理时间		W_q	3.5	=D15/D18		1.0235	=G15/G18		0.3160			0.0909
20	故障机器停工时间		W	4.0	=D16/D18		1.5235	=G16/G18		0.8160			0.5909
21	B4=FACT($H$1)*$F$1^A4/FACT($H$1-A4)					E4=IF($A4<E$2,$B4/FACT($A4),$B4/(FACT(E$2)*E$2^($A4-E$2)))							
22	C4 =1/SUM(B4:B14)		G6 =IF($A6>=E$2,($A6-E$2)*F6,"")				G16	=SUMPRODUCT(A4:A5,F4:F5)+G15+E2*(1-SUM(F4:F5))					

图 5-28　M/M/s/∞/m 排队模型示例

（4）计算 $s=3,4$ 的参数。将 E4:G14 单元格复制到 H4:J14、K4:M14 单元格，将 G15:G20 单元格复制到 J15:J20、M15:M20 单元格，便可得到 $s=3$ 和 $s=4$ 的各项参数计算结果，如图 5-28 中 H4:M20 单元格所示。

（5）结论，如图 5-28 中 A15:M20 单元格所示。

① 因为 $s=3$ 时，总费用 359.73（元）最小，故该车间设 3 名修理工可使总费用最小。

② 不能运转的机器的期望数，即平均故障数 L，当 $s=4$ 时，$L=3.71<4$（台），故要使不能运转的机器的期望数小于 4 台，至少应设 4 名修理工。

③ $s=2$ 时，等待修理时间 $W_q=1.0235$(h)；$s=3$ 时，等待修理时间 $W_q=0.316$(h)，故要求损坏机器等待修理时间少于 1h，至少应设 3 名修理工。

5.3.7　一般服务时间 M/G/1 模型

M/G/1 指的是顾客到达服从泊松流，服务时间为任意分布的排队模型。此类排队模型的服务时间分布不符合马尔可夫过程，无法用系统当前状态推断未来状态，属于非生死过程排队模型。因此，不能用生死过程推导系统稳态概率及指标公式，需要运用其他方法求解。1930 年，Felix Pollaczek 首次提出了 M/G/1 模型队列长度与服务时间分布的 Laplace 变换公式，两年后，Aleksandr Khinchin 用概率论术语重铸该公式。因此，人们称之为 P-K 公式：

$$L_q=\frac{\lambda^2\sigma^2+\rho^2}{2(1-\rho)}=\frac{\lambda^2\left(\frac{1}{\mu}\right)^2+\rho^2}{2(1-\rho)};L=\rho+L_q$$

式中，L_q 为排队长；L 为队长；λ 为顾客到达率，到达过程服从泊松流；σ 为服务时间分布的标准差，等于服务时间的均值或期望 $1/\mu$；μ 为服务率，时间间隔为任意分布；ρ 为服务强度。

定长服务时间 M/D/1 模型可以看作标准差为零的一般服务时间模型。

Erlang 服务时间 $M/E_k/1$ 模型：当服务过程有 k 道工序或程序，且每道工序的时间 T_i 服从 k 阶 Erlang 分布，则该排队问题属于 $M/E_k/1$ 类型。k 阶 Erlang 分布密度函数为

$$a(t)=\frac{\mu k\,(\mu kt)^{k-1}}{(k-1)!}\mathrm{e}^{-\mu kt},\quad t\geqslant 0$$

将均值为 $1/\mu$、方差为 $1/k\mu^2$ 代入 P-K 公式，便可以得到 $M/E_k/1$ 模型的排队长计算公式。

示例 5-25（Frederick Hillier, Mark Hillier, *Introduction to Management Science: A Modeling and Case Studies Approach with Spreadsheets*）　某公司计划采用新式设备提高生产车间机器维修时效，以降低维修时间与波动。已知机器故障到达服从泊松分布，平均每天 3 次，现设备维修时间均值与标准差均为 1/4 天。经测试，新式设备维修时间的期望为 1/5 天，其标准差为 1/10 天。试问采用新设备能否降低故障机器等待维修时间？降低了多少？如维修服务标准为 $W_q\leqslant 0.25$ 天，使用新设备维修是否能满足要求？

解　根据题意和已知数据分析，该问题属于 M/G/1 排队模型，求解方法和步骤如下。

(1) 计算或确定基本参数 $\lambda,1/\mu,\sigma,\rho$。根据已知数据，分别将现设备维修和新式设备维修的基本参数输入计算表，如图 5-29 中 B1:D5 单元格所示。

(2) 根据 P—K 公式计算 P_0,L_q,L,W_q,W，如图 5-29 中 E2:I6 单元格所示，其中，I2:I6 给出了相应的计算公式。

(3) 比较现设备与新式设备维修系统中故障机器等待维修时间。现设备系统机器等待维修时间为 $W_q=0.75$ 天，新设备系统机器等待维修时间为 $W_q=0.188$ 天。采用新式设备可降低故障机器等待维修时间 0.56 天。

(4) 新式设备 $W_q=0.188<0.25$，说明采用新设备可满足维修标准要求，如图 5-29

所示。

	A	B	C	D	E	F	G	H	I
1	P-K公式	参数	现	新	指标	现	新	差	公式
2	$P_0 = 1-\rho$ $E(T) = 1/\mu$	λ	3	3	P_0	0.25	0.4	(0.15)	=1-D5
3	$L_q = \frac{\lambda^2\sigma^2+\rho^2}{2(1-\rho)}$; $L = \rho + L_q$	$1/\mu$	0.25	0.2	L_q	2.25	0.563	1.69	=(D2^2*D4^2+(D5)^2)/(2*(1-D5))
4		σ	0.25	0.1	L	3	1.163	1.84	=D5+G3
5	$W = \frac{L_q}{\lambda}$; $W = W_q + 1/\mu$	ρ	0.75	0.6	W_q	0.75	0.188	0.56	=G3/D2
6					W	1	0.388	0.61	=G5+D3

图 5-29 M/G/1 排队模型示例

示例 5-26(胡运权主编《运筹学教程》第 5 版 10.9 题,清华大学出版社) 某人核对申请书时,必须依次检查 8 张表格,每张表格的核对时间平均需要 1 min。申请书到达率平均为 6 份/小时,相继到达时间间隔为负指数分布;核对每张表格的时间服从负指数分布。求:①办事员空闲概率;②L,L_q,W,W_q。

解 根据"核对每张表格的时间 T_i 服从负指数分布",可知核对申请书的时间 $T = \sum_i^k T_i$ 服从 k 阶 Erlang 分布。故按 M/E_k/1 模型求解。

(1) 计算或确定基本参数 λ,$1/\mu$,σ^2,ρ,如图 5-30 中 B1:K3 单元格所示。申请书到达率为 $\lambda=6$;平均 1min 核对 1 张表,一份申请 8 张表共需 8min,则单位时间内核对申请书数为 $\mu=60/8=15/2$,故 $E(T)=1/\mu=2/15$;核对申请书时间的方差 $\sigma^2=1/k\mu^2=1/(8\times 7.5^2)=1/450$;服务强度 $\rho=\lambda/\mu=4/5$。分析清楚和计算这些基本参数是正确理解模型和求解的基础。

(2) 根据 P-K 公式或 M/E_k/1 模型公式计算 P_0,L_q,L,W_q,W,结果如下。

$P_0=0.2$,$L=2.6$;$L_q=1.8$;$W=0.433$;$W_q=0.3$,如图 5-30 中 B4:K7 单元格所示。

	A	B	C	D	E	F	G	H	I	J	K
1	M/E_k/1主要指标公式	申请书到达(份/小时)			λ	6	核对工序为检查8张表格			k	8
2	$P_0 = 1-\rho$ $E(E_k) = 1/\mu$	平均核对份数(服务率,份/h)			μ	7.5	核对1份申请需时间的期望(h)			$1/\mu$	2/15
3	$\mathrm{Var}(E_k) = \sigma^2 = 1/k\mu^2$	服务强度(λ/μ)	ρ	0.8	=F1*K2		方差 ($\sigma^2 = 1/k\mu^2$)	σ^2	1/450	=K2^2/K1	
4		办事员空闲概率	P_0	0.2	=1-D3						
5	$L_q = \frac{\lambda^2\sigma^2+\rho^2}{2(1-\rho)} = \frac{\rho^2(k+1)}{2k(1-\rho)}$	已送达待核对的申请书数			L_q	1.8	=(D3^2)*(K1+1)/(2*K1*(1-D3))				
6		系统中总申请书数			L	2.6	=F5+D3				
7	$W_q = L_q/\lambda$; $W = L/\lambda$	申请书排队时间	W_q	0.3	=F5/F1		申请书逗留时间	W	0.433	=F6/F1	

图 5-30 M/E_k/1 排队模型示例

5.3.8 排队系统的优化

排队系统与时间、成本和效益密切相关,因此,在实际工作中人们常常从系统设计和控制两方面去研究其最优化问题。本节介绍两种方法:一是 M/M/1 模型中的最优服务率;二是 M/M/s 模型中的最优服务台数。

M/M/1 模型中的最优服务率:在 M/M/1 排队系统中,当已知单位时间内顾客到达率 λ、服务费用 c_s 和顾客逗留费用 c_w 时,可以构建以服务率 μ 为变量的单位时间内总费用方程,然后通过求导、求最小值解出最优服务率 μ^*,如图 5-31 中 A1:A4 单元格所示。

M/M/s 模型中最优服务台数:在 s 个服务率和单位时间内费用 c_s' 均相同的标准服务台系统中,可以采取边际分析法求解最优服务台数 s^*。也就是,依次求服务台数 $s=1,2,\cdots,n$ 时平均队长 L,并计算相邻台数 L 的差值,当单位服务费用与逗留费用的比值 c_s'/c_w 落在两个平均队长 L 的差值之间,即下列不等式成立时,便可求得最优服务台数 s^*:

$$L(s^*)-L(s^*+1)\leqslant\frac{c_s'}{c_w}\leqslant L(s^*-1)-L(s^*)$$

示例 5-27 工件按泊松流到达某加工设备，$\lambda=20$(个/小时)，据测算该设备每多加工一个工件将增加收入 10 元，而由于工件多等待或滞留将增加支出 1 元/小时。试确定该设备最优的加工率 μ。

(1) 输入基本参数 λ, c_s, c_w。

(2) 直接套用 M/M/1 最优服务率公式求得结果为 $\mu^*=21.414$，如图 5-31 所示。

	A	B	C	D	E
1	M/M/1最优服务率公式	工件到达服从泊松流，均值(件/小时)	λ	20	
2	$\mu^*=\lambda+\sqrt{\frac{c_w}{c_s}\lambda}$	每多加工一个工件增加支出(元/件)	c_s	10	
3		每个工件等待或滞留费用(元/小时)	c_w	1	
4		设备最优加工率(件/小时)	μ^*	21.414	=D1+SQRT(D3*D1/D2)

图 5-31 M/M/1 最优服务率示例 2

示例 5-28(Giovanni Righini, Queuing theory exercises, 16.4-10 UNIVERSTA DEGLISTUDI DI MI-LANO, pril, 2022) 某仓库安排一个装卸班组为到达装卸平台的每辆货车提供装卸服务，装卸班组可由 1 至多名工人组成。已知货车按泊松流到达，平均每小时 1 辆；工人装、卸货车时间服从负指数分布，仅有 1 位工人的班组装或卸一辆货车的期望时间为 1h，在此基础上增加 1 名装卸工可按比例提高装卸工效，但需增加费用 \$20/h；货车占用装卸平台的成本为每小时 \$30。

求：(a)假设平均装卸服务率与装卸组工人数量成正比，要使每小时预期总成本最小，应安排多少名装卸工？(b)如果平均装卸服务率与装卸组工数量的平方根成正比，要使每小时预期总成本最小，应安排多少名装卸工？

解 此题可用 M/M/1 最优服务率方法求解。

(1) 计算或确定基本参数 λ, μ_1, c_s, c_w。根据已知数据，分别将货车到达率 1 辆/小时、1 位工人组装卸率 1 辆/小时、增加装卸工费用 \$20 和货车滞留成本 \$30 等基本参数输入计算表，如图 5-32 中 A1:C4 单元格所示。

(2) 计算最优服务率 μ^*。在 C5 单元格输入公式"=C1+SQRT(C4 * C1/C3)"，返回值为 2.22。

	A	B	C	D	E	F
1	货车按泊松流到达(辆/小时)	λ	1	装卸组服务率与工人数成正比时		
2	1位工人小组服务效率(辆/小时)	μ_1	1	2工人组总成本	50	=$C$3*(C6-1)+$C$4*($C$1/(C6-$C$1))
3	增加装卸工费用	c_s	20	3工人组总成本	55	=$C$3*(C7-1)+$C$4*($C$1/(C7-$C$1))
4	货车滞留成本	c_w	30	装卸组服务率与工人数平方根成正比时		
5	最优服务率	μ^*	2.22	2工人组总成本	92.43	=$C$3*(C6-1)+$C$4*($C$1/(SQRT(C6)-$C$1))
6	2工人组	μ_2	2	3工人组总成本	80.98	=$C$3*(C7-1)+$C$4*($C$1/(SQRT(C7)-$C$1))
7	3工人组	μ_3	3	4工人组总成本	90	=$C$3*(C8-1)+$C$4*($C$1/(SQRT(C8)-$C$1))
8	4工人组	μ_4	4		μ^*	=C1+SQRT(C4*C1/C3)

图 5-32 M/M/1 最优服务率示例 1

(3) 计算和回答(a)问。因为装卸班组工人为整数，所以需要将最优服务率 $\mu^*=2.22$ 取整。比较 2 与 3 工人组总成本，结果为 2 人组较低，故应安排 2 名装卸工。

(4) 计算和回答(b)问。将装卸工数量的平方根代入总成本公式，分别计算 2、3、4 人组总成本，比较发现 3 人组为最小成本顶点，故应安排 3 名装卸工，如图 5-32 所示。

示例 5-29(胡运权主编《运筹学教程》第 5 版 10.18 题，清华大学出版社) 某无线电修理商店保证每件送来的电器在 1h 内修完取货，如超过 1h 则分文不收。已知该店每修一件平均收费 10 元，其成本平均每件 5.5 元，即平均修一件赢利 4.5 元。已知送修电器按泊

松分布到达，平均 6 件/小时，每维修一件的时间为平均 7.5min 的负指数分布。试回答：①该商店在此条件下能否赢利；②当每小时送修电器为多少件时，该商店经营处于盈亏平衡点。

解　此题可用 M/M/1 最优服务率方法求解。

(1) 计算或确定基本参数 $\lambda, \mu, \rho, c_s, c_w, I_s$，如图 5-33 中 A1:C6 单元格所示。

(2) 计算 $\lambda=6$ 时每件送修电器平均逗留时间 W。在 E2 单元格输入公式“1/($C$2−C1)”，返回值为 0.5(h)，也就是说，送修电器在店内平均逗留时间小于“超过 1h 分文不取”的承诺，故此条件下该店可盈利。因为维修电器服从负指数分布，所以可以计算逗留时间大于 1h 的概率 $P(W \geqslant 1)$的概率，由此可以计算出单位时间内系统中逗留时间超过 1h 的送修电器数，如图 5-33 中 E3:E8 单元格所示。

(3) 计算盈亏平衡点。从题目给出的收益与成本费用看，如不考虑“超过 1h 分文不取”，其净收入为 $4.5\mu=4.5\times 8=36$ 元。当送修电器在店内逗留时间超过 1h，需要支付成本 5.5 元/件修好且不能收费，因此，滞留电器达到 36/5.5 件为该点的盈亏平衡点。由此可以构建该店关于送修电器速率 λ 的盈亏平衡方程，如图 5-33 中 A7:A9 单元格所示。求解可得盈亏平衡的送修速率 $\lambda^*=7.388$(件/小时)。按此速率计算的送修电器平均逗留时间 W，平均逗留电器数 L，逗留时间大于 1h 的电器数及该店净收入等参数及公式如图 5-33 中 F1:G8 单元格所示，图中给出了盈亏平衡点分析曲线。

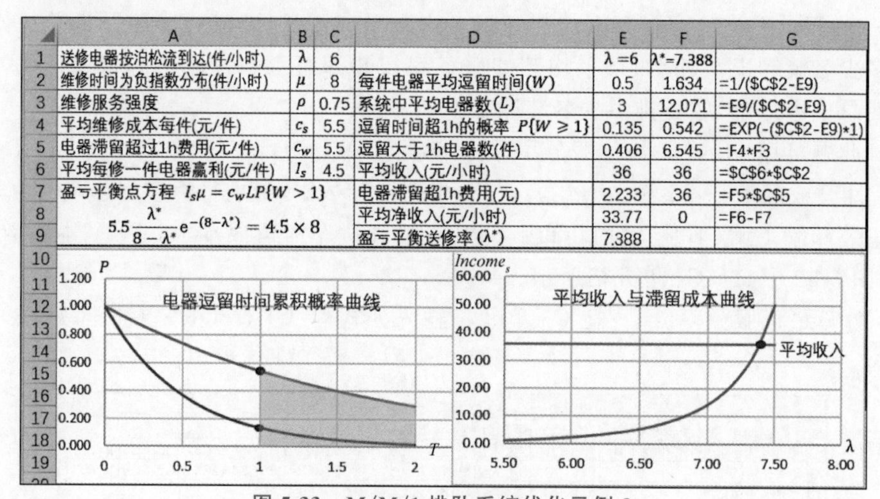

	A	B	C	D	E	F	G
1	送修电器按泊松流到达(件/小时)	λ	6		λ=6	λ*=7.388	
2	维修时间为负指数分布(件/小时)	μ	8	每件电器平均逗留时间(W)	0.5	1.634	=1/($C$2-E9)
3	维修服务强度	ρ	0.75	系统中平均电器数(L)	3	12.071	=E9/($C$2-E9)
4	平均维修成本每件(元/件)	c_s	5.5	逗留时间超1h的概率 $P\{W\geq 1\}$	0.135	0.542	=EXP(-($C$2-E9)*1)
5	电器滞留超过1h费用(元/件)	c_w	5.5	逗留大于1h电器数(件)	0.406	6.545	=F4*F3
6	平均每修一件电器赢利(元/件)	I_s	4.5	平均收入(元/小时)	36	36	=$C$6*$C$2
7	盈亏平衡点方程 $I_s\mu=c_wLP\{W>1\}$			电器滞留超1h费用(元)	2.233	36	=F5*$C$5
8	$5.5\frac{\lambda^*}{8-\lambda^*}e^{-(8-\lambda^*)}=4.5\times 8$			平均净收入(元/小时)	33.77	0	=F6-F7
9				盈亏平衡送修率(λ*)	7.388		

图 5-33　M/M/1 排队系统优化示例 3

示例 5-30(胡运权主编《运筹学教程》第 5 版 10.17 题，清华大学出版社)　在示例 5-19 中，假如维修工工资为 8 元/小时，机器不能正常运转时的损失为 40 元/小时，该维修工看管多少台机器较为经济合理？

解　此题为 $M/M/1/\infty/m$ 排队模型最优化问题，求解方法和步骤如下。

(1) 计算或确定基本参数 $\lambda, \mu, \rho, c_s, c_w$，如图 5-34 中 A1:B5 单元格所示。

(2) 分别计算 $m=1,\cdots,5$ 时的 P_0 与 L，同示例 5-19。

(3) 根据 $z=c_s\mu+c_wL$ 分别计算 $m=1,\cdots,5$ 时的平均每台维修及停工的成本。在 F2 单元格输入公式“=(8+E2*40)/C2”并将其复制到 F3:F6 单元格。然后比较不同看管台数方案，找出最小成本方案。计算结果及公式如图 5-34 所示。结论是该维修工看管 3 台机器较为经济合理。

	A	B	C	D	E	F	G	H	I
1	λ	0.5	m	P_0	L	$z=(c_s\mu+c_wL)/m$	m^*	F列公式	G列公式
2	μ	3.2	1	0.8649	0.135	13.4054		=(8+E2*40)/C2	=IF(F2=MIN($F$2:$F$6)," √ ","")
3	ρ	0.16	2	0.7346	0.301	10.0258		=(8+E3*40)/C3	=IF(F3=MIN($F$2:$F$6)," √ ","")
4	c_s	8	3	0.6105	0.507	9.4255	√	=(8+E4*40)/C4	=IF(F4=MIN($F$2:$F$6)," √ ","")
5	c_w	40	4	0.4941	0.762	9.6233		=(8+E5*40)/C5	=IF(F5=MIN($F$2:$F$6)," √ ","")
6			5	0.3874	1.080	10.2364		=(8+E6*40)/C6	=IF(F6=MIN($F$2:$F$6)," √ ","")

图 5-34　M/M/1 排队系统优化示例 4

示例 5-31　某质检室负责本企业施工材料检验工作,各工地平均每小时送检材料样本 5 件,送达过程服从泊松流;质检室检验材料时间服从负指数分布,平均每位质检员每小时可检验 3 件。质检室安排一位质检员的费用为 60 元/小时,送检材料逗留的综合成本为 80 元/小时。问:为使期望总费用最小,质检室应安排几位质检员?

解　这是一道求最优服务台数的题目,具体求解方法与步骤如下。

(1) 计算或确定基本参数 $\lambda,\mu,\rho,c_s',c_w$,如图 5-35 中 A1:B6 单元格所示。

(2) 计算服务台数为 $s=1,\cdots,5$ 时的 P_0、L 和总成本 z。计算结果及公式如图 5-35 中 C1:I6、A7:M8 单元格所示。

(3) 计算 $L(s^*)-L(s^*+1)$ 与 $L(s^*-1)-L(s^*)$,以及 c_s'/c_w,如图 5-35 中 J2:L6 单元格所示。

(4) 求 s^*。在 M3 单元格输入公式"=IF(AND(L3>=J3,L3<=K3),D3,"")"并将其复制到 M4:M6 单元格。此条件函数公式用于分析 c_s'/c_w 值位于相邻队长差的区间。求解结果:安排 3 名质检员,系统期望总费用最小,如图 5-35 所示。

	A	B	C	D	E	F	G	H	I	J	K	L	M
1			n	s	ρ_s	P_0	L_q	L	z	=IF(AND(L4>=J4,L4<=K4),D4,"")			
2	λ	5	0	1	1.667			∞		$L(s)-L(s+1)$	$L(s-1)-L(s)$	c_s'/c_w	s^*
3	μ	3	1	2	0.833	0.091	3.79	5.45	556	3.41			
4	ρ	1.67	2	3	0.556	0.173	0.375	2.041	343	0.30	3.41	0.75	3
5	c_s'	60	3	4	0.417	0.186	0.073	1.740	379	0.06	0.302	0.75	
6	c_w	80	4	5	0.333	0.200	0.016	1.683	435	=H5-H6	=H4-H5	=B5/B6	
7	=($B$4^$C$2/FACT($C2)+($B$4^$C$3)/FACT($C$3)+($B$4^$C4)/FACT($C4)+$B$4^D4/(FACT(D4)*(1-E4)))^-1												
8	=E4*F4*$B$4^D4/(FACT(D4)*(1-E4)^2)							=G4+$B$4		=$B$5*D4+$B$6*H4			

图 5-35　M/M/s 排队系统优化示例

5.4 存储论

存储或库存(Inventories)是指企业在生产经营中储备原材料、在制品和成品的经济活动,库存物资是企业的重要流动资产。为保证企业正常运转和高效经营,企业应当按照生产经营需要安排库存。然而,库存会占用大量资金,还会产生借贷、保管及场所租金等费用,影响投资回报。因此,人们一直在研究生产经营中的最优存储策略。1913 年,Ford Whitman Harris 在 *Factory, the magazine of management* 中首次提出了经济订购批量(Economic Order Quantity, EOQ)模型。之后,EOQ 模型在企业生产经营中得到了广泛的应用。近 30 年来,旨在降低库存标准、提高车间效率的生产系统受到重视和欢迎,例如,精益制造、柔性制造、即时制造、看板(Kanban)系统和拉动式生产控制系统(Conwip)等。

最优存储策略研究的是库存成本与订货量的关系,建立满足需求的订货数学模型,求解总费用最低的订货量及补充时间。在实际存储问题中,订货需求存在确定性和随机性两种情况，因此，其费用分析模型分为确定型和随机型两类。

5.4.1 确定型存储模型

根据是否允许缺货、补充时间长短和是否按订货量折扣等假设条件，确定型模型（The Deterministic Model）大体上可分为如下 5 种情况。

（1）不允许缺货，补充时间极短。

（2）允许缺货，补充时间较长。

（3）不允许缺货，补充时间较长。

（4）允许缺货，补充时间极短。

（5）不允许缺货，补充时间极短并按订货量实行价格折扣优惠。

建立上述 5 种存储问题模型的基本思路是：先分析系统的单位时间的总费用，包括存储费、订货费、缺货费、生产成本等，并构建单位时间的总费用公式或方程。然后，用求导方法求出单位时间总费用最小的极值条件方程，并推导出满足总费用最小的经济订购批量或经济生产批量等模型。

示例 5-32（胡运权主编《运筹学教程》第 5 版 11.1 题，清华大学出版社） 某建筑工地每月需用水泥 800 吨，每吨定价 2000 元，不可缺货。设每吨每月保管费率 0.2%，每次订购费为 300 元，求最佳订购批量。

解 根据已知条件和要求分析，此题属于“不允许缺货，补充时间极短”存储问题，故可直接套用 EOQ 公式。计算结果及公式如图 5-36 所示，最佳订购批量为 346.41(t)。

	A	B	C	D	E	F	G
1	不允许缺货，补充时间极短模型	符号定义			数据		公式
2		$C(t)$	单位总成本				
3	$C(t)=\frac{C_3}{t}+\frac{1}{2}C_1Dt$; $t^*=\sqrt{\frac{2C_3}{DR}}$	C_1	单位存储费	订购水泥	C_1	4	=F5*0.002
4		C_3	订货费		C_3	300	
5		K	订货单价		K	2000	
6	$C^*=\sqrt{2C_1C_3D}$; $Q^*=\sqrt{\frac{2C_3D}{C_1}}$	t	补充间隔时间		D	800	
7		Q	订货量		Q^*	346.41	=SQRT(2*F6*F4/F3)
8		D	单位时间需求量				

图 5-36 不允许缺货，补充时间极短存储问题示例

示例 5-33（胡运权主编《运筹学习题集》第 5 版 11.10 题，清华大学出版社） 对某产品的需求量为 350 件/年（设一年以 300 工作日计），已知每次订购费为 50 元，该产品的存储费为 13.75 元/(件·年)，缺货时的损失费为 25 元/(件·年)，订货提前期为 5 天。该种产品由于结构特殊，需采用专门车辆运送，在向订货单位发货期间，每天发货量为 10 件。试求：①经济订货批量及最大缺货量；②年最小费用。

解 按题意和已知条件分析，此题为“允许缺货，补充时间较长”的存储问题，求解方法和步骤如下。

（1）分析和理解“允许缺货，补充时间较长”存储问题模型，如图 5-37 中 A1:D14 单元格所示。

（2）输入已知数据，如图 5-37 中 E2:L3 单元格所示。

（3）求解答案。计算结果及公式如图 5-37 中 E4:L14 单元格所示。

① 经济订货批量为 66.83 件。

② 年最小费用为 523.7 元。

最后，讨论一下关于订货提前期为 5 天的问题。本题为允许缺货，存储周期 t 等于

57.28 天，在周期结束前 5 天，即第 52.28 天为订货点，此时存货还有 5.83 件，可满足 5 天需求。收到提前期为 5 天的订单需求后，为避免增加存储费，新 1 轮存储周期应从订货后 5 天，即存货为零时开始。

	A	B	C	D	E	F	G	H	I	J	K	L
1	$C(t)$		总成本	允许缺货，补充时间较长模型	示例							
2	C_1		存储费		D	1.167	C_1	0.0458	C_2	0.08	C_3	50
3	C_2		缺货费	$C(t)=\frac{1}{2}C_1(P-D)(t_3-t_2)+\frac{1}{2}C_2Dt_1t_2+C_3$	P	10			订货提前期			5
4	C_3		订货费		t^*	57.28	=SQRT(2*L2/(H2*F2))*SQRT((H2+J2)/J2)*SQRT(F3/(F3-F2))					
5	P		产量	$t^*=\sqrt{\frac{2C_3}{C_1D}}\sqrt{\frac{C_1+C_2}{C_2}}\sqrt{\frac{P}{P-D}}$; $t_2^*=\frac{C_1}{C_1+C_2}t^*$								
6	D		需求量		t_1	17.96	=(F3-F2)*F7/F3					
7	Q		订货量		t_2^*	20.33	=H2*F4/(H2+J2)					
8	A		最大存储量	$t_1^*=\frac{P-D}{P}t_2^*$;　$t_3^*=\frac{D}{P}t^*+\left(1-\frac{D}{P}\right)t_2^*$	t_3	24.64	=F2*(F4-F7)/F3+F7					
9	B		最大缺货量		Q^*	66.83	=F2*F4					
10		0	存储周期开始	$A^*=D(t^*-t_3^*)$;　$B^*=Dt_1^*$;　$C^*=\frac{2C_3}{t^*}$								
11	0	t_1	开始生产时间									
12	↓	t_2	补足缺货时间	$Q^*=Dt^*=\sqrt{\frac{2C_3D}{C_1}}\sqrt{\frac{C_1+C_2}{C_2}}\sqrt{\frac{P}{P-D}}$	最大缺货量 B^*			20.948	=F2*F6			
13	t	t_3	结束生产时间									
14		t	存储周期结束		年最小费用 $C(t^*)$			523.70	=(2*L2/F4)*300			

图 5-37　允许缺货，补充时间较长存储问题示例

示例 **5-34**（胡运权主编《运筹学习题集》第 5 版 11.4 题，清华大学出版社）　某产品每月需求量为 8 件，生产准备费用为 100 元，存储费为 5 元（件・月）。在不允许缺货条件下，比较生产速度分别为每月 20 件和 40 件两种情况下的经济生产批量和最小费用。

解　按题意和已知条件分析，此题为"不允许缺货，补充时间较长"的存储问题，可套用此类存储问题模型求解。

(1) 输入已知数据，如图 5-37 中 D3:F6 单元格所示。

(2) 根据存储模型，在 E7 单元格输入最优存储周期(t^*)公式"＝SQRT(2 * E6/(E5 * E4)) * SQRT(E3/(E3－E4))"，并将其复制到 F7 单元格。在 E9 单元格输入结束生产时间公式"＝E4 * E7/E3"，并将其复制到 F9 单元格。

(3) 在 E10 单元格输入经济生产批量公式"＝SQRT(2 * E6 * E4/E5) * SQRT(E3/(E3－E4))"，并将其复制到 F10 单元格，在 E12 单元格输入平均总费用公式"＝2 * E6/E7"，并将其复制到 F12 单元格。结果为：月生产 20 件时，经济生产批量为 23 件，最小费用为 69.3 元；月生产 40 件时，经济生产批量为 20 件，最小费用为 80 元，如图 5-38 所示。

	A	B	C	D	E	F	G
1	符号含义		不允许缺货，补充时间较长模型	示例			
2							
3	$C(t)$	总成本	$C(t)=\frac{1}{2}C_1(P-D)(t_3-t_2)+C_3$	P	20	40	
4	C_1	存储费		D	8	8	
5	C_3	订货费		C_1	5	5	
6	P	产量	$t^*=\sqrt{\frac{2C_3}{C_1D}}\sqrt{\frac{P}{P-D}}$;　$t_3^*=\frac{D}{P}t^*$	C_3	100	100	
7	D	需求量		t^*	2.89	2.5	
8	Q	订货量		=SQRT(2*E6/(E5*E4))*SQRT(E3/(E3-E4))			
9	A	最大存储量	$Q^*=Dt^*=\sqrt{\frac{2C_3D}{C_1}}\sqrt{\frac{P}{P-D}}$; $C^*=\frac{2C_3}{t^*}$	t_3	1.15	0.5	=E4*E7/E3
10	0	存储及生产开始		Q^*	23.09	20	
11	t_3	结束生产时间		=SQRT(2*E6*E4/E5)*SQRT(E3/(E3-E4))			
12	t	存储周期结束	$A^*=D(t^*-t_3^*)=\frac{D(P-D)}{P}t^*$	$C(t^*)$	69.3	80	=2*E6/E7

图 5-38　不允许缺货，补充时间较长存储问题示例

示例 **5-35**（胡运权主编《运筹学教程》第 5 版 11.5 题，清华大学出版社）　对某电子元件月需求量为 4000 件，每件成本为 150 元，每年的存储费为成本的 10%，每次订购费为 500 元。求：①不允许缺货条件下的最优存储策略；②允许缺货（缺货费为 100 元/(件・年)）条件下的最优存储策略。

解　按题意和已知条件分析，此题第一问为"不允许缺货，补充时间极短"存储问题，第二问为"允许缺货，补充时间极短"存储问题，可分别按此两类存储问题模型求解，计算结果

及公式如图 5-39 所示。最优存储策略：①不允许缺货，经济订购批量为 1789 件、最优存储周期 13.6 天(0.037 年)、平均总费用为 26 833 元；②允许缺货，经济订购批量为 1918 件、最优存储周期 14.6 天(0.04 年)、平均总费用为 25 022 元。

	A	B	C	D	E	F	G
1–2	符号含义		允许缺货，补充时间极短模型	参数名称	不允许缺货	允许缺货	公式
3	$C(t)$	总成本		D	48000	48000	=4000*12
4	C_1	存储费	$t^*=\sqrt{\frac{2C_3}{C_1D}}\sqrt{\frac{C_1+C_2}{C_2}};\quad t_p^*=t_1=t_2=t_3=\frac{C_1}{C_1+C_2}t^*$	C_1	15	15	=150*10%
5	C_2	缺货费		C_2		100	=100
6	C_3	订货费		C_3	500	500	=500
7	P	产量	$Q^*=Dt^*=\sqrt{\frac{2C_3D}{C_1}}\sqrt{\frac{C_1+C_2}{C_2}};\ C^*=\frac{2C_3}{t^*}$	Q^*	1789	1918	
8	D	需求量		=SQRT(2*E3*E6/E4)			
9	Q	订货量		=SQRT(2*F3*F6/F4)*SQRT((F4+F5)/F5)			
10	A	最大存储量		t^*	0.037	0.04	=F7/F3
11	B	最大缺货量	$A^*=\frac{C_2Dt^*}{C_1+C_2}=\sqrt{\frac{2C_2C_3D}{C_1(C_1+C_2)}};\ B^*=\frac{C_1Dt^*}{C_1+C_2}=\sqrt{\frac{2C_1C_3D}{C_2(C_1+C_2)}}$	$C(t^*)$	26833	25022	
12	t	存储周期		=SQRT(2*E3*E4*E6)			
13	t_p^*	生产时间		=SQRT(2*F3*F4*F6)*SQRT(F5/(F4+F5))			

图 5-39 允许缺货，补充时间极短存储问题示例

示例 **5-36**(胡运权主编《运筹学教程》第 5 版 11.7 题，清华大学出版社) 某公司每年需电容器 15 000 个，每次订购费 80 元，保管费 1 元/(个·年)，不允许缺货。若采购少于 1000 时每个单价为 5 元，当一次采购 1000 个以上时每个单价降为 4.9 元。求该公司的最优采购策略。

解 根据题意和已知数据分析，此题属于“价格与订货批量有关”的存储问题。可先阅读理解此种情况的存储模型，然后套用公式求解。

(1) 分析理解“价格与订货批量有关的存储模型”。此类问题属于“不允许缺货，补充时间极短”存储模型的特殊情况，也就是订货批量大，可享受价格折扣。因此，需要对不同订货价格及批量的单位总成本进行比选，其模型公式如图 5-40 中 A1:C11 单元格所示。

(2) 输入已知数据和计算公式。求解结果为：最优订货批量为 1549 个，最小费用为 75 049 元，补充时间间隔约 38 天(0.1033 年)，如图 5-40 所示。

	A	B	C	D	E	F	G	H
1	价格优惠折扣订货批量模型	符号含义		订购电容器	C_1	1	$\tilde{Q}$	1549
2					C_3	80	$\tilde{C}=C^2$	75049
3	$C(t)=\frac{1}{2}C_1Dt+\frac{C_3}{t}+DK(Q)$	$C(t)$	单位总成本		K_1	5	C^1	76700
4		C_1	单位存储费		K_2	4.9	C^*	75049
5	$\tilde{Q}=\sqrt{\frac{2C_3D}{C_1}}$; 若$Q_{j-1}\leqslant\tilde{Q}\leqslant Q_j$	C_3	订货费		D	15000	$Q^*=\tilde{Q}$	1549
6	$\tilde{C}=\sqrt{2C_1C_3D}+DK$	K	订货单价		Q_1	1000	t^*	0.1033
7		K_i	折扣单价		=SQRT(2*F2*F5/F1)			
8	$C^i=\frac{1}{2}C_1Q_i+\frac{C_3D}{Q_i}+DK_i;(i=j,j+1,\cdots,n)$	t	补充间隔时间		=SQRT(2*F1*F2*F5)+F5*F4			
9		Q	订货量		=F1*F6/2+F2*F5/F6+F5*F3			
10	$C^*=\min\{\tilde{C},C^{(j)},C^{(j+1)},\cdots,C^{(n)}\};\ t^*=\frac{Q^*}{D}$	Q_i	价格折扣分界		=MIN(H2:H3)		=H1	
11		D	单位时间需求量		=H5/F5			

图 5-40 价格与订货批量有关的存储问题示例

5.4.2 随机型存储模型

现实社会中，许多存储问题具有不确定性。例如，零售商希望库存足够的商品来满足客户的需求，但是，如果订购或存储过多商品，不仅会增加成本，而且可能发生过时、过保质期、变质等损失风险。再如，水库储水量设定过高不利防洪，设定过低不利抗旱。对于这种不确定性存储问题，需要建立随机性存储模型来求解。

报童问题(Newsvendor Problem)是一个经典的随机型存储问题，其数学模型分析可追溯到 1888 年，当时 Francis Ysidro Edgeworth 运用中心极限定理提出了满足各种提款需求的最佳现金储备模型。1951 年，Morse and Kimball 首次使用“报童(Newsboy)”来描述这

个特别的存储问题。1955年，T.M Whitin综合成本最小化和利润最大化分析，提出了具有价格效应的报童模型。

按照货物需求的随机特性，随机型存储模型可分为两类：一类是离散型随机存储模型；另一类是连续型随机存储模型。建立随机型存储问题模型的基本思路是：先分析存储货物的单位成本、进价、售价、存储费、缺货费、订购费等基本数据，以及需求（随机变量）的概率分布。然后，构建系统的损失期望值或获利期望值公式，运用概率统计、边际分析和微积分等方法，求解满足最小损失期望或最大获利期望条件的最佳订货量及存储策略。下面通过示例分别介绍需求是离散型和连续型随机变量模型及用法。

示例5-37（胡运权主编《运筹学教程》第5版11.11题，清华大学出版社） 某时装屋在某年春季欲销售某种流行时装。该时装可能的销售量如图5-41中D1:I2单元格所示。该款式时装每套进价180元，售价200元。因隔季会过时，故在季末需低价抛售完，较有把握的抛售价为每套120元。问该时装屋在季度初时一次性进货多少为宜？

解 此题属于离散型随机变量存储问题，可用此类问题模型求解，如图5-41中A1:C5单元格所示。

（1）分析、理解题意并输入已知数据。

（2）根据需求是离散的随机变量存储问题模型求解。结果及公式如图5-41所示。

	A	B	C	D	E	F	G	H	I	J	K	L
1	r	销售量	需求是离散随机变量存储模型	概率 $P(r)$	0.05	0.1	0.5	0.3	0.05	时装进货		公式
2	$P(r)$	销售量概率		销售量 r(套)	150	160	170	180	190	k	20	=200-180
3	k	单位净收入	$\sum_{r=0}^{Q-1} P(r) < \frac{k}{k+h} \leq \sum_{r=0}^{Q} P(r)$	$\sum_{r=150}^{160} P(r) = 0.15 < N = 0.25 \leq \sum_{r=150}^{170} P(r) = 0.65$						h	60	=180-120
4	h	单位净亏损								N	0.25	=K2/(K2+K3)
5	Q	订购量								Q^*	170	=G2

图5-41 时装屋最佳进货批量

示例5-38（胡运权主编《运筹学习题集》第5版11.24题，清华大学出版社） 某商店存有某种商品10件，每件进价为3元，存储费为1元，缺货费为16元。已知对该种商品的需求量服从$\mu=20$，$\sigma=5$的正态分布。试求商店对该种商品的最佳订货量。

解 分析题意和已知条件，可根据需求是连续随机变量存储问题的模型求解。经计算得最佳订货量Q处的累积分布概率为$P(r \leqslant Q)=0.7647$，用正态分布概率函数的反函数可求得所对应的随机变量为$Q=23.61$，取整为24件，已有10件，因此，对该商品的最佳订货量为14件。计算参数、公式及结果如图5-42中D1:L4单元格所示。

示例5-39（胡运权主编《运筹学习题集》第5版11.22题，清华大学出版社） 对某产品的需求服从正态分布，已知$\mu=150$，$\sigma=25$。又知每个产品的进价为8元，售价为15元，如售不完按每个5元退回原单位。试问该产品的订货量应为多少个时预期的利润为最大？

解 此题与报童问题相同，故可用报童问题模型求解。

（1）输入已知参数，如图5-42中E5:I6单元格所示。

	A	B	C	D	E	F	G	H	I	J	K	L
1	符号含义		需求是连续随机变量的存储模型	示例2	k	C_1	C_2	μ	σ	Q_0	$F(Q)$	Q^*
2	r	货物需求	$F(Q)=\int_0^Q \Phi(r)\,\mathrm{d}r=\frac{p-k}{p+C_1}=\frac{C_2-k}{C_2+C_1}$		3	1	16	20	5	10	0.7647	14
3	$F(Q)$	分布函数			=(G2-E2)/(G2+F2)							
4	$\Phi(r)$	密度函数			=ROUND(NORM.INV(K2,H2,I2),0)-J2							
5	k	单位货物进价	报童问题	示例3	p	k	p_b	μ	σ	$P(r \leq Q)$		Q^*
6	p	售价	$\frac{\int_0^Q \Phi(r)\,\mathrm{d}r}{\int_Q^\infty \Phi(r)\,\mathrm{d}r}=\frac{P(r \leq Q)}{1-P(r \leq Q)}=\frac{p-k}{k-p_b}$		15	8	5	150	25	0.70		163
7	Q	订购量			=((E6-F6)/(F6-G6))/(1+(E6-F6)/(F6-G6))							
8	C_1	存储费或滞销损失			=INT(NORM.INV(J6,H6,I6))							
9	C_2	缺货费	$\frac{P}{1-P}=\frac{15-8}{8-5}=\frac{7}{3};P=\frac{7/3}{1+7/3}=0.7$		用z分数计算		z	0.524		=NORM.S.INV(J6)		
10	p_b	未售出报纸回收价					Q^*	163		=INT(H9*I6+H6)		

图5-42 需求为连续随机变量的存储问题

（2）计算损益转折概率。在 J6 单元格输入公式“＝((E6－F6)/(F6－G6))/(1＋(E6－F6)/(F6－G6))”，得 $P(r\leqslant Q)=0.7$。

（3）计算最佳订货量。在 L6 单元格输入公式“＝INT(NORM.INV(J6，H6，I6))”，返回值为 163 个，如图 5-42 所示，其中，E7:J10、C9:C10 单元格给出了公式及用 z 分数的计算方法。

示例 5-40(http://faculty.citadel.edu/silver/ba410_newsboy.pdf)　报童每日卖报，卖出一份收 30 分，其批发成本为 10 分。①假设卖报区域对该报的需求符合均值为 5 百份，标准差为 1 百份的正态分布，求报童的最佳订报份数。②如果报纸批发商以每份 5 分回收未卖出的报纸，报童最佳订报份数又是多少？

解　按题意，可使用需求是连续随机变量的报童问题模型求解。

（1）输入参数，如图 5-43 中 D1:I7 单元格所示。

（2）求解问题①。在 E8 单元格输入公式“＝((E3－E4)/(E4－E5))/(1＋(E3－E4)/(E4－E5))”，返回值为 $P=2/3$。然后在 E9 单元格输入公式“＝NORM.INV(E8，E6，E7)”，返回值为最佳订报数量 543 份。

（3）求解问题②。将 E8:E9 单元格复制到 F8:F9 单元格，求得批发商用 5 分回收未售出报纸时，报童最佳订报批量为 584 份，如图 5-43 中 D8:F9 单元格所示。

	A	B	C	D	E	F	G	H	I
1	符号含义		报童问题模型	解法1			解法2		
2				参数	Nboy1	Nboy2	参数	Nboy1	Nboy2
3	r	售出份数	$\frac{\int_0^Q \Phi(r)\,dr}{\int_Q^\infty \Phi(r)\,dr}=\frac{P(r\leqslant Q)}{1-P(r\leqslant Q)}=\frac{p-k}{k-p_b}$	p	30	30	p	30	30
4	p	售价		k	10	10	k	10	10
5	k	进价		p_b	0	5	p_b	0	5
6	p_b	回收价		μ	5	5	μ	5	5
7	$\Phi(r)$	密度函数		σ	1	1	σ	1	1
8	$P(r)$	份数概率		$P(r\leqslant Q)$	0.667	0.8	$P^*(r\geqslant Q)$	0.333	0.2
9	Q	日订购报纸量		Q^*	5.43	5.84	Q^*	5.43	5.84
10	$P(r\leqslant Q)$	=((E3-E4)/(E4-E5))/(1+(E3-E4)/(E4-E5))			$P^*(r\geqslant Q)$ =(H4-H5)/(H3-H4+H4-H5)				
11	Q^*	=NORM.INV(E8,E6,E7)			Q^* =NORM.S.INV(1-H8)*H7+H6				

图 5-43　报童问题

提示

（1）NORM.INV 为正态累积分布函数的反函数，INT 为取整函数。

（2）在示例 5-40 中，也可以通过建立报童营利期望公式求解。如求解问题②：可设“可售出概率”为 P^*，则报童获利的期望为 $E(\text{Profit})=(30-10)P^*-(10-5)(1-P^*)$。显然，$E(\text{Profit})=0$ 为盈亏平衡点。由此，可解得该点 $P^*(r\geqslant Q^*)=1/5$。然后，求出 P^* 所对应的随机变量值 $Q^*=5.84$（百份）。或者求出 P^* 所对应的标准正态分布 z 分数(z-score)，再由 $Q^*=z\sigma+\mu=0.84\times1+5=5.84$ 得到最佳订报批量，如图 5-43 解法 2 和图 5-44 所示。

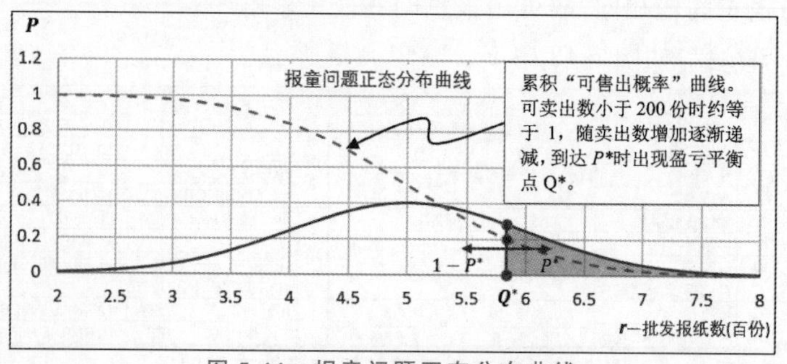

图 5-44　报童问题正态分布曲线

5.4.3　(s,S)最优性存储策略

(s,S)最优性存储策略(The Optimality of (s,S) Policies)是一种解决动态存储问题最优化的方法。1960 年,Yale 大学 Herbert E.Scarf 首次建立并提出了(s,S)存储模型及策略。简单地说,(s,S)策略是一种最小/最大库存策略,即当现有库存低于最小值 s 时,将请求补货,将现有库存恢复到最大库存 S。其模型如图 5-45①所示。

示例 **5-41**(胡运权主编《运筹学习题集》第 5 版 11.29 题,清华大学出版社)　已知某产品的单位成本 $k=3.0$,单位存储费 $C_1=1.0$,单位缺货费 $C_2=5.0$,每次订购费 $C_3=5.0$。需求量 x 的概率密度函数为

$$f(x)=\begin{cases}1/5, & \text{当 } 5\leqslant x\leqslant 10\\ 0, & x \text{ 为其他值}\end{cases}$$

设期初库存为零,试依据(s,S)型存储策略的模型确定 s 和 S 的值。

解　此题需求随机变量为连续型,要求依据(s,S)型存储策略的模型确定 s 和 S 的值。具体方法和步骤如下。

(1) 分析理解连续随机变量(s,S)存储模型并输入已知参数,如图 5-45②中 A1:B5 单元格所示。

(2) 计算大 S^* 的累积概率临界点 N。在 B7 单元格输入公式"=(B4-B2)/(B4+B3)",返回值为 $N=1/3$。

(3) 求解大 S^* 值。根据需求量概率密度函数和临界点 N,求得 $S^*=20/3$。计算公式及过程如图 5-45②中 A10:D11 单元格所示。

①	A	B	C	D	E
1	符号含义				$0<N=\int_0^S \Phi(r)\,\mathrm{d}r=\frac{C_2-k}{C_2+C_1}<1$
2	r	需求量	s	订货点	
3	k	单位成本	S	最大存储量	$ks+C_1\int_0^s (s-r)\Phi(r)\,\mathrm{d}r+C_2\int_s^{\infty}(r-s)\Phi(r)\,\mathrm{d}r$
4	C_1	存储费	$\Phi(r)$	概率密度函数	
5	C_2	缺货费	I	期初存货	$\leq C_3+kS^*+C_1\int_0^{S^*}(S^*-r)\Phi(r)\,\mathrm{d}r+C_2\int_{S^*}^{\infty}(r-S^*)\Phi(r)\,\mathrm{d}r$
6	C_3	订货费	N	大S的概率临界点	

②	A	B	C	D	E	F	G	H	I
1	参数		模型公式及计算过程		s^2	s	b	计算公式	
2	k	3	$3s+\int_5^s (s-x)\frac{1}{5}\,\mathrm{d}x=3s+\frac{1}{5}s[x]_5^s-\frac{1}{5}\times\frac{1}{2}[x^2]_5^s$		1/10	2	5/2	=1/5-(1/5)*(1/2)	
3	C_1	1						=3-1	=(1/5)*(1/2)*5^2
4	C_2	5	$5\int_s^{10}(x-s)\frac{1}{5}\,\mathrm{d}x=\frac{1}{2}[x^2]_s^{10}-s[x]_s^{10}$		1/2	-10	50	=-(1/2)+1	
5	C_3	5						=-10	=(1/2)*10^2
6	策略		$5+3\times\frac{20}{3}+\int_5^{20/3}\left(\frac{20}{3}-x\right)\frac{1}{5}\,\mathrm{d}x=25+\frac{4}{3}[x]_5^{20/3}-\frac{1}{5}\times\frac{1}{2}[x^2]_5^{20/3}$				25.3	=25+(4/3)*(20/3-5)-(1/5)*(1/2)*((20/3)^2-5^2)	
7	N	1/3							
8	S^*	20/3	$5\int_{20/3}^{10}(x-\frac{20}{3})\frac{1}{5}\,\mathrm{d}x=\frac{1}{2}[x^2]_{20/3}^{10}-\frac{20}{3}[x]_{20/3}^{10}$				5.56	=(1/2)*(10^2-(20/3)^2)-(20/3)*(10-20/3)	
9	s	3.78							
10	S^*=B7*5+5		$N=\int_5^{S^*}\frac{1}{5}\,\mathrm{d}x=\frac{1}{3};\ \frac{1}{5}[x]_5^{S^*}=\frac{1}{3};\ \frac{1}{5}(S^*-5)=\frac{1}{3};\ S^*=\frac{20}{3}$		0.60	-8	21.67	=G2+G4-G6-G8	
11					求解小s的方程:			$0.6s^2-8s+21.67\leq 0$	
12	N =(B4-B2)/(B4+B3)			s =(-F10-SQRT(F10^2-4*E10*G10))/(2*E10)					

图 **5-45**　(s,S)最优性存储策略

(4) 求解小 s。

① 建立本问题的(s,S)最优性存储模型。

② 将已知参数和需求概率分布函数代入模型。

③ 以小 s 为未知变量整理模型并建立求解方程。为便于计算和整理,可将方程中变量小 s 的系数和常量分类计算,然后汇总并建立方程。如图 5-45②中 C1:D9、E1:I11 单元格所示。

④ 解方程得 $s=3.78$。另一个根超出合理范围舍去。

(5) 本存储问题最优控制策略 $S^*=6.67$, $s=3.78$。因期初库存为零($I=0$),所以本期订购量为 $S^*=6.67$。后续,当出现库存 $I<s$ 时,则订货 Q 并使 $I+Q=S^*$。

示例 **5-42**(胡运权主编《运筹学教程》第 5 版 11.14 题,清华大学出版社) 某企业对某种材料的需求如图 5-46 中 F1:M2 单元格所示。每次订购费 500 元,材料进价 400 元/吨、存储费 50 元、缺货费 600 元,求(s,S)存储策略。

解 此题属于需求随机变量为离散型的(s,S)存储策略问题,其存储模型如图 5-46 中 A1:E6 单元格所示,求解具体方法和步骤如下。

(1) 分析理解离散随机变量(s,S)存储模型并输入已知参数。

(2) 计算损益转折概率和大 S。计算结果为 $N=0.308$, $S^*=40$,输入的公式如图 5-46 中 H3:M6 单元格所示。

(3) 求解小 s。按照模型关系不等式计算得 $s^*=30$,公式及结果如图 5-46 中 A7:M9 单元格所示。该企业(s,S)存储策略为($s^*=30$, $S^*=40$)。

	A	B	C	D	E	F	G	H	I	J	K	L	M
1	符号含义				$\sum_{r\le S_{i-1}'} P(r) < N = \frac{C_2-k}{C_2+C_1} \le \sum_{r\le S_i'} P(r)$	需求量r(吨)			20	30	40	50	60
2	r	需求量	s	订货量		概率			0.1	0.2	0.3	0.3	0.1
3	k	单位成本	S	最大存储量	$ks+\sum_{r\le s} C_1(s-r)P(r)+\sum_{r>s} C_2(r-s)P(r)$	C_1	50	N	0.308	=(G4-G6)/(G4+G3)			
4	C_1	存储费	$P(r)$	概率		C_2	600	$P(r\le 30)$		0.3		=I2+J2	
5	C_2	缺货费	I	期初存货	$\le C_3+kS^*+\sum_{r\le S^*} C_1(S^*-r)P(r)+\sum_{r>S} C_2(r-S^*)P(r)$	C_3	500	$P(r\le 40)$		0.6		=J4+K2	
6	C_3	订货费	N	损益转折概率		k	400	S^*		40		=K1	
7	$C_3+L(S^*)$		=G5+G6*J6+G3*((J6-I1)*I2+(J6-J1)*J2)+G4*((L1-J6)*L2+(M1-J6)*M2)					19700					s^*
8	$L(s=20)$		=G6*I1+G4*((J1-I1)*J2+(K1-I1)*K2+(L1-I1)*L2+(M1-I1)*I2)					20600		=MIN(H8:I9)			30
9	$L(s=30)$		=G6*J1+G3*(J1-I1)*I2+G4*((K1-J1)*K2+(L1-J1)*L2+(M1-J1)*I2)					19250		19250			

图 **5-46** (s,S)最优性存储策略

5.5 对策论

对策论(Game Theory)也称为博弈论,是分析博弈局势、局中人相互依赖关系,研究最佳决策方案的理论方法,是现代应用数学的分支,也是运筹学的重要内容。首部关于对策论的著作《博弈论与经济行为》是由数学家 John von Neumann 与经济学家 Oskar Morgenstern 于 1944 年发表的。70 多年来,对策论在政治经济、企业管理、军事斗争等领域得到了广泛的应用和发展。

运用数学方法研究博弈策略或行为就需要对策略或行为进行量化描述、分析,并通过建立矩阵对策模型求解最佳策略。通常,对策行为及模型包括三个基本要素:局中人(Players)、策略集(Strategies)和赢得(支付)函数(Payoff function)。以"齐王赛马"为例,局中人是齐王和田忌,即指对局或博弈各方;策略集是"上马、中马、下马"依次参赛的方案集,齐王和田忌各自的策略集包括"上中下、上下中……"6 个方案;赢得(支付)函数是一种量化分析对局赢输的方法。本节主要讨论矩阵对策纯策略和混合策略的基本解法。

5.5.1 矩阵对策及最优纯策略

在博弈论中,最经典的博弈模型是"二人有限零和博弈(Finite Two Person Zero-sum Game)"。该模型的基本假设是两个高度理智的对局人,各自准备了有限个对局策略,在每次对局中,双方均能够在分析对手的策略基础上选择行动方案,且一人的所得值恰好等于另一人的所失值(两人"赢得"之和为零)。"齐王赛马""石头剪刀布""二指莫拉游戏"等都是人

们熟知的二人有限零和博弈。

设局中人Ⅰ有 α_m 个纯策略，其集合为 $S_1=\{\alpha_1,\cdots,\alpha_m\}$；局中人Ⅱ有 β_n 个纯策略，其集合为 $S_2=\{\beta_1,\cdots,\beta_n\}$。在对局中Ⅰ选择纯策略 α_i 与Ⅱ选择纯策略 β_j，便形成了纯局势 (α_i,β_j)，双方博弈共有 $m\times n$ 个纯局势。对任一纯局势 (α_i,β_j)，记局中人的赢得值为 a_{ij}，则局中人Ⅰ的赢得矩阵为 $\boldsymbol{A}=(x_{ij})_{m\times n}$，其矩阵对策为 $G=(S_1,S_2;\boldsymbol{A})$，如图 5-46 中 A1:M6 单元格所示。如果局中人Ⅰ在最不利的情形中可找到最优纯策略 α_{i^*}，且存在

$$V_G=\max_i\min_j a_{ij}=\min_j\max_i a_{ij}=a_{i^*j^*}$$

则对局双方的纯策略构成了鞍点(Saddle Point)：$(\alpha_{i^*},\beta_{j^*})$。即出现了双方均满意的平衡局势。在平衡局势中 β_{j^*} 为局中人Ⅱ的最优策略，V_G 为矩阵对策 G 的解。

示例 5-43(胡运权主编《运筹学教程》第 5 版 12.4 题，清华大学出版社)　甲、乙两个企业生产同一种电子产品，两个企业都想通过改革管理获取更多的市场份额。甲企业的策略措施有：①降低产品价格；②提高产品质量，延长保修年限；③推出新产品。乙企业考虑的措施有：①增加广告费用；②增设维修网店，扩大维修服务；③改进产品性能。假定市场份额一定，由于各自采取的策略措施不同，通过预测可知，今后两个企业的市场占有份额变动情况如图 5-47 中 O1:R5 单元格所示，其中，正值为甲企业增加的市场占有份额，负值为减少的市场占有份额。试通过对策分析，确定两个企业各自的最优策略。

解　此题适合“二人有限零和博弈”模型，求解方法和步骤如下。

(1) 求甲企业每列的最大赢得值。在 P6 单元格输入公式“=MAX(P3:P5)”并将其复制到 Q6:S6 单元格，如图 5-47 中 O6:T6 单元格所示。

(2) 求乙企业每行的最小支付值。在 S3 单元格输入公式“=MIN(P3:R3)”并将其复制到 S4:S5 单元格，如图 5-47 中 S1:S6 单元格所示。如果将 S3 单元格也复制到 S6 单元格，会出现 MIN(P6:R6)=MAX(S3:S5)的状况，也就是两个企业各自的最优策略。

(3) 甲乙两企业最优策略为 $a_{ij}=a_{33}=5$，如图 5-47 所示。

	A	B–C	D	E	F	G	H–M
1	Ⅰ赢得矩阵	Ⅱ(S_2) \ Ⅰ(S_1)	β_1	β_2	…	β_n	$G=(S_1,S_2;A)$
2							
3		a_1	a_{11}	a_{12}	…	a_{1n}	$a_{11}\ a_{12}\ \cdots\ a_{1n}$
4		a_2	a_{21}	a_{22}	…	a_{2n}	$A=$ $a_{21}\ a_{22}\ \cdots\ a_{2n}$
5		…	…	…	…	…	$\cdots\ \cdots\ \cdots\ \cdots$
6		a_m	a_{m1}	a_{m2}	…	a_{mn}	$a_{m1}\ a_{m2}\ \cdots\ a_{mn}$

	O	P	Q	R	S	T
1	甲企业	乙企业			$\max_i\min_j\{a_{ij}\}=\min_j\max_i\{a_{ij}\}=a_{i^*j^*}=5$	
2		1	2	3		
3	1	10	-1	3	-1	=MIN(P3:R3)
4	2	12	10	-5	-5	=MIN(P4:R4)
5	3	6	8	5	5	=MIN(P5:R5)
6	=MAX(P3:P5)	12	10	5	5	=MAX(S3:S5)

图 5-47　二人有限零和博弈最优策略

示例 5-44(胡运权主编《运筹学教程》第 5 版 12.1 题，清华大学出版社)　甲、乙两个儿童玩游戏，双方可分别出拳头(代表石头)、手掌(代表布)、两个手指(代表剪刀)，规则是：剪刀赢布，布赢石头，石头赢剪刀，赢者得 1 分。若双方所出相同算和局，均不得分。试列出儿童甲的赢得矩阵。

解　先按矩阵对策纯策略形式绘制甲儿童赢得矩阵表，并将甲、乙儿童的策略集(石头、布、剪刀)输入行、列表头，然后按对局或局势填入甲儿童的赢得值，如图 5-48①所示。

示例 5-45(胡运权主编《运筹学教程》第 5 版 12.2 题，清华大学出版社)　“二指莫拉问题”。甲、乙两人游戏，每人出一个或两个手指，同时又把猜测对方所出的指数叫出来。如果只有一个人猜测正确，则他所赢得的数目为二人所出手指之和，否则重新开始，写出该对策中各局中人的策略集及甲的赢得矩阵，并回答局中人是否存在某种出法比其他出法更为

有利。

解 先按矩阵对策纯策略形式制作甲的赢得矩阵表，然后按如下方法和步骤求解。

(1) 将甲、乙的策略集分别填入行、列表头，如图 5-48②中 D1:G2、B3:C6 单元格所示。例如，在 C3 单元格输入策略 α_1“1,1”，即出 1 个手指并喊 1(猜对方手指数)。

(2) 按对局或局势及游戏规则填入甲的赢得值，如图 5-48②中 D3:G6 单元格所示。

(3) 求甲的最优策略。在 D7 单元格输入公式“＝MAX(D3:D6)”并将其复制到 E7:G7 单元格；在 H3 单元格输入公式“＝MIN(D3:G3)”并将其复制到 H4:H6 单元格。然后在 I3 单元格输入“＝MAX(H3:H6)”，在 I7 单元格输入“＝MIN(D7:G7)”返回值为分别为“－2、2”，可知 $\max\limits_{i}\min\limits_{j} a_{ij} \neq \min\limits_{j}\max\limits_{i} a_{ij}$，故局中人不存在某种出法比其他出法更为有利，如图 5-48②所示。

①

	A	B	C	D	E
1	甲赢得矩阵				
2	乙		β_1	β_2	β_3
3	甲		石头	布	剪刀
4	α_1	石头	0	-1	1
5	α_2	布	1	0	-1
6	α_3	剪刀	-1	1	0
7					

②

	A	B	C	D	E	F	G	H	I
1		乙		β_1	β_2	β_3	β_4	=MIN(D3:G3)	$\max\limits_{i}\min\limits_{j} a_{ij}$
2		甲		1,1	1,2	2,1	2,2		
3	甲赢得矩阵	α_1	1,1	0	2	-3	0	-3	-2
4		α_2	1,2	-2	0	0	3	-2	=MAX(H3:H6)
5		α_3	2,1	3	0	0	-4	-4	$\min\limits_{j}\max\limits_{i} a_{ij}$
6		α_4	2,2	0	-3	4	0	-3	
7	=MAX(D3:D6)			3	2	4	3	=MIN(D7:G7)	2

图 5-48 石头剪刀布与莫拉游戏的赢得矩阵

提示

(1) 莫拉手指游戏(Hand Game of Morra)起源于几千年前的古希腊和罗马时代。16 世纪由 Morra 从土耳其带到意大利并在意大利社会广泛流传。19 世纪末至 20 世纪初，意大利移民将此游戏带到了美国。莫拉游戏最基本的形式是每个玩家同时出 0～5 个手指中的任意个手指，并猜手指总和，猜对玩家赢得游戏。

(2) 在现实博弈问题中，很多矩阵对策找不到最优纯策略，或者说不存在纯策略意义下的解。在这种情况下，局中人会依据选择不同策略的概率分布，以不同的概率选择纯策略。这就是矩阵对策的混合策略。求解矩阵对策混合策略的主要方法有图解法、方程或公式法、线性规划法。

5.5.2 矩阵对策图解法

与线性规划类似，当局中人Ⅰ或Ⅱ的决策变量(策略)只有两个，也就是赢得矩阵为 $2\times n$ 或 $m\times 2$ 阶时，可以采用图解法求解矩阵对策的最优混合策略。

示例 5-46(胡运权主编《运筹学教程》第 5 版 12.5 题，清华大学出版社) 用图解法求解下列矩阵对策，其中赢得矩阵 **A** 为

$$
\text{(a)}\begin{bmatrix} 2 & 4 \\ 2 & 3 \\ 3 & 2 \\ -2 & 6 \end{bmatrix} \qquad \text{(b)}\begin{bmatrix} 1 & 3 & 11 \\ 8 & 5 & 2 \end{bmatrix}
$$

解 可用“插入”图表工具求解，具体方法和步骤如下。

第(a)题，因局中人Ⅱ的策略为 2 个，故设其混合策略为 $(y,1-y)^{\mathrm{T}}$ 并以 y 为横坐标制图。

(1) 在横轴(y)上以 0 和 1 为横坐标插入两条垂线。在 A1:B8 单元格输入坐标值和赢

得值等散点数据，然后选定数据区域 A1:B8 单元格，单击“插入”→“散点图”→“带平滑线的散点图”，如图 5-49①②所示。

(2) 添加局中人Ⅰ策略直线 $\alpha_1, \alpha_2, \alpha_3, \alpha_4$（也可按优超规则划去第二行 α_2）。

① 使用两点直线公式计算各策略直线散点数据。用 α_1 的两点(4,0)，(2,1)建立直线 $y_1=-\frac{1}{2}V_1+2$，或者 $V_1=2y_1+4$。然后在 D3 单元格输入 y 值序列数公式“=SEQUENCE(8,1,2,(4−2)/7)”，在 C3 单元格输入计算 y_1 值公式“=(−1/2) * D3+2”并将其复制到 C4:C10 单元格。

② 添加策略直线 α_1。右击已画垂线图表打开鼠标快捷菜单，单击“选择数据”→“选择数据源”→“添加”，打开“编辑数据系列”对话框并按提示将系列名称、X 轴与 Y 轴系列值(区域)添加至对话框。

③ 按此方法将 α_3, α_4 添加至图表，如图 5-49①②所示。

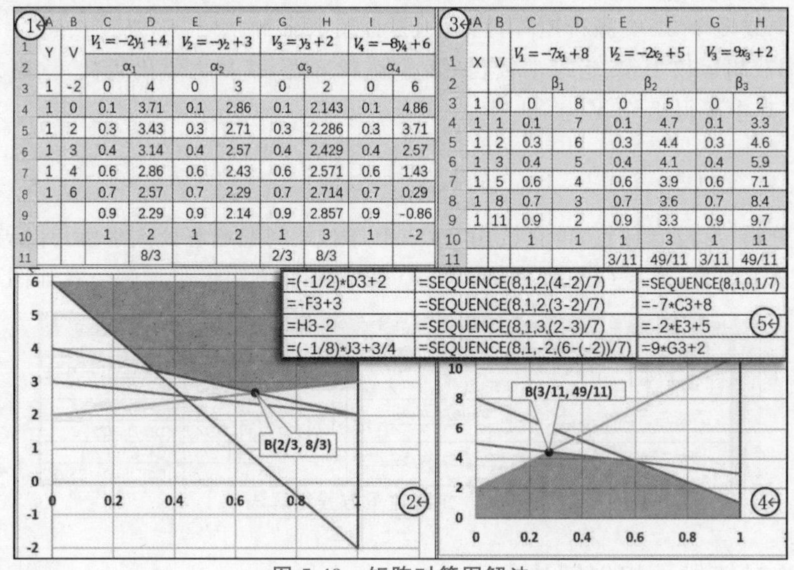

①	A	B	C	D	E	F	G	H	I	J
1	Y	V	$V_1=-2y_1+4$		$V_2=-y_2+3$		$V_3=y_3+2$		$V_4=-8y_4+6$	
2			α_1		α_2		α_3		α_4	
3	1	-2	0	4	0	3	0	2	0	6
4	1	0	0.1	3.71	0.1	2.86	0.1	2.143	0.1	4.86
5	1	2	0.3	3.43	0.3	2.71	0.3	2.286	0.3	3.71
6	1	3	0.4	3.14	0.4	2.57	0.4	2.429	0.4	2.57
7	1	4	0.6	2.86	0.6	2.43	0.6	2.571	0.6	1.43
8	1	6	0.7	2.57	0.7	2.29	0.7	2.714	0.7	0.29
9			0.9	2.29	0.9	2.14	0.9	2.857	0.9	-0.86
10			1	2	1	2	1	3	1	-2
11				8/3			2/3	8/3		

③	A	B	C	D	E	F	G	H
1	X	V	$V_1=-7x_1+8$		$V_2=-2x_2+5$		$V_3=9x_3+2$	
2			β_1		β_2		β_3	
3	1	0	0	8	0	5	0	2
4	1	1	0.1	7	0.1	4.7	0.1	3.3
5	1	2	0.3	6	0.3	4.4	0.3	4.6
6	1	3	0.4	5	0.4	4.1	0.4	5.9
7	1	5	0.6	4	0.6	3.9	0.6	7.1
8	1	8	0.7	3	0.7	3.6	0.7	8.4
9	1	11	0.9	2	0.9	3.3	0.9	9.7
10			1	1	1	3	1	11
11					3/11	49/11	3/11	49/11

		⑤
=(-1/2)*D3+2	=SEQUENCE(8,1,2,(4-2)/7)	=SEQUENCE(8,1,0,1/7)
=-F3+3	=SEQUENCE(8,1,2,(3-2)/7)	=-7*C3+8
=H3-2	=SEQUENCE(8,1,3,(2-3)/7)	=-2*E3+5
=(-1/8)*J3+3/4	=SEQUENCE(8,1,-2,(6-(-2))/7)	=9*G3+2

图 5-49　矩阵对策图解法

(3) 求可行域最小点值。从图中可以看出，最小值交点位于直线 α_1 与 α_3。联立两直线方程，解得 $y_1=2/3, V_1=V_3=V_G=8/3$。局中人Ⅱ最优混合策略为 $y^*=(2/3,1/3)^{\mathrm{T}}$。

(4) 求局中人Ⅰ最优混合策略。从图中可知 $x_2^*=x_4^*=0$。由联立方程

$$\begin{cases}2x_1+3x_3=8/3\\4x_1+2x_3=8/3\\x_1+\ x_3=1\end{cases}$$

解得：$x_1^*=1/3, x_3^*=2/3$。故局中人Ⅰ最优混合策略为 $x^*=(1/3,0,2/3,0)^{\mathrm{T}}$。

第(b)题，局中人Ⅰ的策略为 2 个，故设其混合策略为 $(x,1-x)^{\mathrm{T}}$ 并以 x 为横坐标制图。

(1) 画 0、1 坐标垂线。先输入垂线散点数据，如图 5-49③中 A1:B9 单元格所示，然后用“插入”图表工具生成图表并插入垂线，如图 5-49④所示。

(2) 添加局中人Ⅱ策略直线 $\beta_1, \beta_2, \beta_3$，如图 5-49③④所示。

(3) 求可行域最大值点。联立直线方程 β_2, β_3，解得 $x_2=3/11, V_2=V_3=V_G=49/11$。

局中人Ⅰ最优混合策略为$x^*=(3/11,8/11)^T$。

(4) 求局中人Ⅱ最优混合策略。由联立方程

$$\begin{cases}3y_2+11y_3=49/11\\5y_2+2y_3=49/11\\y_2+y_3=1\end{cases}$$

解得：$y_2^*=9/11$，$y_3^*=2/11$。故局中人Ⅱ最优混合策略为$y^*=(0,9/11,2/11)^T$。以上生成散点数据的序列数函数和直线方程公式如图5-49⑤所示。

5.5.3 矩阵对策方程组解法

方程组法指的是将矩阵对策问题转换为线性方程求最优混合策略解的方法。对于2×2矩阵对策问题，如果没有鞍点，可直接使用方程组的求解公式求赢得矩阵的最优混合策略，如图5-50中A1:A7单元格所示。当赢得矩阵为$m\times n$时，可以运用优超原则将赢得矩阵简化为一个或多个2×2赢得矩阵，然后用方程组法求解。

示例 **5-47**(胡运权主编《运筹学教程》第5版12.6题，清华大学出版社) 用方程组法求解矩阵对策，其中赢得矩阵$\boldsymbol{A}$为

$$\boldsymbol{A}=\begin{bmatrix}1&3\\4&2\end{bmatrix}$$

解 经分析，$\boldsymbol{A}$没有鞍点，可直接用2×2矩阵对策问题通解公式求解，计算得到最优解为$x^*=(1/2,1/2)^T$，$y^*=(1/4,3/4)^T$，$v^*=V_G=5/2$。方程组与求解公式如图5-50所示。

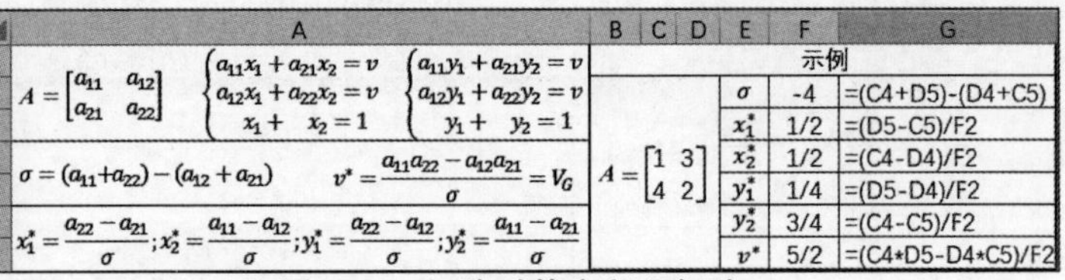

	A	B	C	D	E	F	G
1	$A=\begin{bmatrix}a_{11}&a_{12}\\a_{21}&a_{22}\end{bmatrix}$ $\begin{cases}a_{11}x_1+a_{21}x_2=v\\a_{12}x_1+a_{22}x_2=v\\x_1+x_2=1\end{cases}$ $\begin{cases}a_{11}y_1+a_{21}y_2=v\\a_{12}y_1+a_{22}y_2=v\\y_1+y_2=1\end{cases}$	示例					
2		$A=\begin{bmatrix}1&3\\4&2\end{bmatrix}$			σ	-4	=(C4+D5)-(D4+C5)
3					x_1^*	1/2	=(D5-C5)/F2
4	$\sigma=(a_{11}+a_{22})-(a_{12}+a_{21})$ $v^*=\dfrac{a_{11}a_{22}-a_{12}a_{21}}{\sigma}=V_G$				x_2^*	1/2	=(C4-D4)/F2
5					y_1^*	1/4	=(D5-D4)/F2
6	$x_1^*=\dfrac{a_{22}-a_{21}}{\sigma};x_2^*=\dfrac{a_{11}-a_{12}}{\sigma};y_1^*=\dfrac{a_{22}-a_{12}}{\sigma};y_2^*=\dfrac{a_{11}-a_{21}}{\sigma}$				y_2^*	3/4	=(C4-C5)/F2
7					v^*	5/2	=(C4*D5-D4*C5)/F2

图 5-50 矩阵对策方程组解法

5.5.4 矩阵对策线性规划解法

用线性规划求解矩阵对策问题的方法是一个绝妙的发现。1951年，G.Dantzig在《生产与分配活动分析》中证明了线性规划问题与二人零和博弈的等价性。之后，线性规划方法在实际博弈问题分析中得到广泛应用。

运用线性规划理论可以求解任一矩阵对策问题。具体方法是将矩阵对策$G=\{S_1,S_2;\boldsymbol{A}\}$等价转换为互为对偶的线性规划模型，然后通过求解线性规划问题找到原矩阵对策的最优解和对策值。下面通过示例介绍矩阵对策问题的线性规划解法。

示例 **5-48**(胡运权主编《运筹学教程》第5版12.7题，清华大学出版社) 用线性规划方法求解矩阵对策，其中赢得矩阵$\boldsymbol{A}$为

$$\text{(a)}\begin{bmatrix}8&2&4\\2&6&6\\6&4&4\end{bmatrix}\qquad\text{(b)}\begin{bmatrix}2&0&2\\0&3&1\\1&2&1\end{bmatrix}$$

解 先将矩阵对策转换为线性规划模型，然后用单纯形法求得线性规划模型的解，最后

按变换关系求出原对策问题的解。具体方法和步骤如下。

（1）根据优超原则简化赢得矩阵。(a)题赢得矩阵第 2 列所有赢得值均小于或等于第 3 列，表明第 2 列优超于第 3 列，故可划去第 3 列；同样，(b)题第 1 列优超于第 3 列，可划去第 3 列。简化后的赢得矩阵为

$$\text{(a)}\begin{bmatrix}8 & 2\\2 & 6\\6 & 4\end{bmatrix}\qquad \text{(b)}\begin{bmatrix}2 & 0\\0 & 3\\1 & 2\end{bmatrix}$$

（2）写出求解问题的线性规划模型。根据赢得矩阵转换为线性规划问题的公式，可写出原问题的两个互为对偶的线性规划模型，如图 5-51①所示。通常，只需写出其中一个，便可用单纯形法求解。本例两题的线性规划模型如图 5-51②所示。

①	A	B	② C	D
1			(1)	(2)
2	$\min\sum_i x_i';\ x_i'=\frac{x_i}{\omega}\ (i=1,2,\cdots,m)$	$\max\sum_j y_j';\ y_j'=\frac{y_j}{v}(j=1,2,\cdots,n)$		
3			$\max\omega=y_1+y_2$	$\max\omega=y_1+y_2$
4				
5	$\text{s.t.}\begin{cases}\sum_i a_{ij}x_i'\geqslant 1\ (j=1,2,\cdots,n)\\ x_i'\geqslant 0\quad (i=1,2,\cdots,m)\end{cases}$	$\text{s.t.}\begin{cases}\sum_j a_{ij}y_j'\geqslant 1\ (i=1,2,\cdots,m)\\ y_j'\geqslant 0\quad (j=1,2,\cdots,n)\end{cases}$	$\text{s.t.}\begin{cases}8y_1+2y_2\leqslant 1\\2y_1+6y_2\leqslant 1\\6y_1+4y_2\leqslant 1\\y_1,y_2\geqslant 0\end{cases}$	$\text{s.t.}\begin{cases}2y_1\leqslant 1\\3y_2\leqslant 1\\y_1+2y_2\leqslant 1\\y_1,y_2\geqslant 0\end{cases}$
6				
7				

③	A	B	C	D	E	F	G	H	I
1		C_j		1	1	0	0	0	θ
2	C_B	基	b	y_1	y_2	y_3	y_4	y_5	
3	0	y_3	1	8	2	1	0	0	1/8
4	0	y_4	1	2	6	0	1	0	1/2
5	0	y_5	1	6	4	0	0	1	1/6
6	σ_j	C_j-Z_j		1	1	0	0	0	
7	1	y_1	1/8	1	1/4	1/8	0	0	1/2
8	0	y_4	3/4	0	11/2	-1/4	1	0	3/22
9	0	y_5	1/4	0	5/2	-3/4	0	1	1/10
10	σ_j	C_j-Z_j		0	3/4	-1/8	0	0	
11	1	y_1	1/10	1	0	1/5	0	-1/10	1/2
12	0	y_4	1/5	0	0	7/5	1	-11/5	1/7
13	1	y_2	1/10	0	1	-3/10	0	2/5	-
14	σ_j	C_j-Z_j		0	0	1/10	0	-3/10	
15	1	y_1	1/14	1	0	0	-1/7	3/14	
16	0	y_3	1/7	0	0	1	5/7	-11/7	
17	1	y_2	1/7	0	1	0	3/14	-1/14	
18	σ_j	C_j-Z_j		0	0	0	-1/14	-1/7	

④	A	B	C	D	E	F	G	H	I
1		C_j		1	1	0	0	0	θ
2	C_B	基	b	y_1	y_2	y_3	y_4	y_5	
3	0	y_3	1	2	0	1	0	0	1/2
4	0	y_4	1	0	3	0	1	0	-
5	0	y_5	1	1	2	0	0	1	1
6	σ_j	C_j-Z_j		1	1	0	0	0	
7	1	y_1	1/2	1	0	1	0	0	-
8	0	y_4	1/1	0	3	0	1	0	1/3
9	0	y_5	1/2	0	2	-1/2	0	1	1/4
10	σ_j	C_j-Z_j		0	1	-1/2	0	0	
11	1	y_1	1/2	1	0	1	0	0	
12	0	y_4	1/4	0	0	1	1	-3/2	
13	1	y_2	1/4	0	1	-1/4	0	1	
14	σ_j	C_j-Z_j		0	0	-1/4	0	-1/2	

⑤			
15	(1)	C_j-Z_j	=D$1-($A3*D3+$A4*D4+$A5*D5)
16		θ	=IF(D3<=0,"-",C3/D3)
17	(2)	C_j-Z_j	=D$1-($A3*D3+$A4*D4+$A5*D5)
18		θ	=IF(D3<=0,"-",C3/D3)

图 5-51　矩阵对策线性规划解法

（3）用单纯形法求解。

① 先添加松弛变量，将规划问题写成标准形。

② 建立初始单纯形表。

③ 进行迭代运算，求得问题的最优解，如图 5-51③④所示，求解答案如下。

(a) $y=(1/14,1/7)^{\mathrm{T}},\omega=1/14+1/7=3/14$

$x=(0,1/14,1/7)^{\mathrm{T}},z=0+1/14+1/7=3/14$

(b) $y=(1/2,1/4)^{\mathrm{T}},\omega=1/2+1/4=3/4$

$x=(1/4,0,1/2)^{\mathrm{T}},z=1/4+0+1/2=3/4$

单纯形法检验数和 θ 值的计算公式如图 5-51⑤所示。

（4）计算对策值和最优解。按照变换等式，矩阵对策值和混合策略最优解为

(a) $V_G=1/\omega=1/z=14/4;x^*=(14/3)(0,1/14,1/7)^{\mathrm{T}}=(0,1/3,2/3)^{\mathrm{T}}$

$y^*=(14/3)(1/14,1/7,0)^{\mathrm{T}}=(1/3,2/3,0)^{\mathrm{T}}$

(b) $V_G=1/\omega=1/z=4/3;x^*=(4/3)(1/4,0,1/2)^{\mathrm{T}}=(1/3,0,2/3)^{\mathrm{T}}$

$y^*=(4/3)(1/2,1/4,0)^{\mathrm{T}}=(2/3,1/3,0)^{\mathrm{T}}$

5.6 决策分析

决策分析(Decision Analysis,DA)是一种系统、定量和可视化评估决策问题所有方面的方法。斯坦福大学教授 Ronald A.Howard 于 1964 年首次将决策分析定义为一种专业。在随后的几十年中,Howard 教授指导了许多关于该主题的博士论文,包括核废料处理、投资计划、飓风催化和策略研究等。随着社会发展,决策分析在政治经济、生产经营、科技教育和文化体育等领域得到广泛应用和发展。

本节讨论的决策分析方法主要有风险型与不确定型决策方法、效用函数法、层次分析法,以及多目标问题决策方法。

5.6.1 风险型期望值、后验概率和决策树法

通常,风险指的是选择或行为可能导致失败概率。风险决策是指决策者通过概率分析获得要决策问题收益或损失的期望值,并依据最大期望收益和最小机会损失为准则进行决策的过程。显然,要决策事件可能发生的概率是一个关系决策成败的关键参数。决策者往往会采取调查研究、历史经验或数据分析、科学估计等方法获得这些参数。本节将结合示例介绍常用的几种风险型决策方法：期望值法、后验概率法和决策树法。

示例 5-49(胡运权主编《运筹学教程》第 5 版 13.1 题,清华大学出版社)　某企业准备生产甲、乙两种产品,根据对市场需求的调查,可知不同需求状态出现的概率及相应的获利(单位：万元)情况,如图 5-52 中 C3:F7 单元格所示。试根据期望值最大的原则进行决策分析,并进行灵敏度分析和算出转折概率。

解　先计算甲、乙两种方案的期望收益,然后进行决策分析,以及转折概率计算。

(1) 根据期望收益值计算公式计算最大期望收益,如图 5-52 中 A1:B9、C1:F9 单元格所示,计算结果表明,乙产品期望收益最大,按原则应选择生产乙产品。

(2) 进行灵敏度分析。经分析可以看出,当市场高需求量与低需求量的概率大幅变化,即高需求量概率降幅达 0.45 以上时,甲乙方案期望值大小将会颠倒而导致决策改变。

(3) 计算转折概率。设高需求转折概率为 a,低需求转折概率则为 $1-a$。令 $E(A_1)=E(A_2)$,可建立转折概率方程 $4a+3(1-a)=7a+2(1-a)$,解得 $a^*=0.25$;$1-a^*=0.75$。即当高需求概率大于 0.25 或低需求概率小于 0.75 时应选择乙产品,反之应选择甲产品,如图 5-52 所示。

	A	B	C	D	E	F	G	H	I	J	K	L
1	期望收益最大决策模型		示例：某产品风险型决策表									
2	$A_i(i=1,2,\cdots,m)$	方案	方案	期望收益最大原则			灵敏度分析			转折概率		
3	$S_j(j=1,2,\cdots,n)$	状态		高需求量	低需求量	期望收益	高需求量	低需求量	期望收益	高需求量	低需求量	期望收益
4	$P_j(j=1,2,\cdots,n)$	状态的概率										
5	$a_{ij}=u(A_i,S_j)$	损益值或效用值		P_1 0.7	P_2 0.3		P_1 0.2	P_2 0.8		$P_1$0.25	$P_2$0.75	
6	$E(A_i)=\sum_{j=1}^{n}P_ja_{ij}\ (i=1,2,\cdots,m)$		甲产品	4	3	3.7	4	3	3.2	4	3	3.25
7			乙产品	7	2	5.5	7	2	3	7	2	3.25
8			$E(A_i^*)$	=MAX(F6:F7)		5.5	=MAX(I6:I7)		3.2	=MAX(L6:L7)		3.25
9	$E(A_i^*)=\max E(A_i)$		公式	=D6*D$5+E6*E$5			=G6*G$5+H6*H$5			=J6*J$5+K6*K$5		

图 5-52　风险型决策期望值法

示例 5-50(胡运权主编《运筹学教程》第 5 版 13.5 题,清华大学出版社)　某石油公司考虑在某地钻井,结果可能出现 3 种情况：无油(S_1)、油少(S_2)、油多(S_3)。公司估计 3 种状

态出现的可能性是 $P(S_1)=0.5$，$P(S_2)=0.3$，$P(S_3)=0.2$。已知钻井费用为 7 万元。如果油少，可收入 12 万元；如果油多，可收入 27 万元。为进一步了解地质构造情况，可先进行勘探。勘探的结果可能是构造较差(I_1)、构造一般(I_2)、构造较好(I_3)。根据过去的经验，地质构造与出油的关系如图 5-53 中 A1:D6 单元格所示。

假定勘探费用为 1 万元，求：①应先进行勘探，还是不进行勘探直接钻井？②如何根据勘探结果决策是否钻井？

解　此题需要运用后验概率或修正概率方法进行决策分析。可先计算各种勘探结果的概率，再根据贝叶斯公式计算后验概率，然后依据后验概率进行决策分析。

(1) 计算勘探结果概率。按题意，勘探的结果可能是构造较差(I_1)、构造一般(I_2)、构造较好(I_3)，由出油状态概率 $P(S_i)$、地质构造与出油关系概率 $P(I_j|S_i)$ 可计算出勘探的结果概率：$P(I_j)=\sum_i P(S_i)P(I_j \mid S_i)$。在 H2 单元格输入公式“=SUMPRODUCT($E$4:$E$6,B4:B6)”并将其复制到 I2:J2 单元格，返回值分别为三种地质构造的出油概率 $P(I_1)=0.41$，$P(I_2)=0.35$，$P(I_3)=0.24$，如图 5-53 所示。

(2) 计算后验或修正概率。根据贝叶斯公式

$$P(S_i \mid I_j)=\frac{P(S_i)P(I_j \mid S_i)}{P(I_j)}$$

在 H5 单元格输入公式“=$E4*B4/H$2”并将其复制到 H5:J7 单元格，便可得到后验概率表，如图 5-53 中 G3:K8 单元格所示。

(3) 按后验概率计算期望收益。在 H8 单元格输入公式“=SUMPRODUCT($F$4:$F$6,H5:H7)”并将其复制到 I8:J8 单元格，返回值为 3 种地质构造的期望收益。在 F8 单元格输入按后验概率计算的项目期望收益公式“=SUMPRODUCT(H2:J2,H8:J8)”，得 $E=2$。

(4) 计算不勘探直接钻井的期望收益。在 F7 单元格输入公式“=SUMPRODUCT(E4:E6,F4:F6)”，得 $E'=2$。

(5) 解答问题。①由 $E-E'<1$，可知先勘探再钻井增加的收益小于勘探费用，因此，应不进行勘探直接钻井。②根据后验概率，如果勘探结果为构造较差，其无油的概率 $P(I_1|S_1)=73.17\%$，故决策为不钻井；如果勘探结果为构造一般或较好时，其无油的概率分别为 $P(I_2|S_1)=42.86\%<50\%$，$P(I_3|S_1)=20.83\%<50\%$，表明油少或油多的概率大于 50%，且可获得大于 3.28 万元的期望收益，故决策为钻井。

	A	B	C	D	E	F	G	H	I	J	K
1	地质构造与出油关系概率表				状态概率 (S_i)	3种状态净收益	估计勘探结果(概率)				公式
2	$P(I_j\|S_i)$	构造较差 (I_1)	构造一般 (I_2)	构造较好 (I_3)			$P(I_j)$	0.41	0.35	0.24	=SUMPRODUCT($E$4:$E$6,B4:B6)
3							后验概率表				
4	无油 (S_1)	0.6	0.3	0.1	0.5	-7	$P(S_i\|I_j)$	(I_1)	(I_2)	(I_3)	
5	油少 (S_2)	0.3	0.4	0.3	0.3	5	(S_1)	0.7317	0.4286	0.2083	=$E4*B4/H$2
6	油多 (S_3)	0.1	0.4	0.5	0.2	20	(S_2)	0.2195	0.3429	0.3750	=$E5*B5/H$2
7	E'	=SUMPRODUCT(E4:E6,F4:F6)				2	(S_3)	0.0488	0.2286	0.4167	=SUMPRODUCT($F$4:$F$6,H5:H7)
8	E	=SUMPRODUCT(H2:J2,H8:J8)				2.00	$E(A_j)$	-3.0488	3.2857	8.750	

图 5-53　风险型决策后验概率法

提示

贝叶斯条件概率公式是 18 世纪 40 年代数学家、牧师 Thomas Bayes 发现的。但是，Bayes 一直没有发表它，直到 1761 年 Bayes 去世后，他的朋友 Richard Price 在他的笔记中

发现了它，并做了编辑和发表。1774 年，Pierre-Simon Laplace 也曾独立研究发现并发表了贝叶斯机制。条件概率是基于先前在类似情况下发生的结果，事件发生的可能性。贝叶斯公式的数学描述：设试验 E 的样本空间为 Ω，A 为事件，$B_1,B_2,\cdots,B_n$ 为 Ω 的一个划分，且 $P(A)>0, P(B_i)>0(i=1,2,\cdots,n)$，则

$$P(B_i \mid A)=\frac{P(B_i)P(A \mid B_i)}{\sum_i P(B_i)P(A \mid B_i)}$$

示例 **5-51**（胡运权主编《运筹学教程》第 5 版 13.4 题，清华大学出版社） 某食品公司考虑是否参加为某运动会服务的投标，以取得饮料或面包两者之一的供应特许权。两者中任何一项投标被接受的概率为 40%。公司获利情况取决于天气，若获得的是饮料供应特许权，则当晴天时可获利 2000 元，雨天则要损失 2000 元。若获得的是面包供应特许权，则不论天气如何，都可获利 1000 元。已知天气晴好的可能性为 70%。问：①公司是否可参加投标？若参加应为哪一项投标？(2)若再假定当饮料投标未中时，公司可选择供应冷饮或咖啡。如果供应冷饮，则晴天可获利 2000 元，雨天损失 2000 元；如果供应咖啡，则雨天可获利 2000 元，晴天可获利 1000 元。公司是否应参加投标？应为哪一项投标？若当投标不中后，应采取什么决策？

解 本题可采用决策树分析方法。

(1) 画决策树。将方案的决策点 A 与状态点 Ⓑ 或 ⊙ 用树干和树枝连接起来，形成树状图。

(2) 将已知损益值、概率等数据标注结果点、树枝线或状态点。

(3) 计算状态点、决策点的期望收益。从末梢开始计算每个状态点的期望收益，然后按最大期望收益原则，在决策点标注最大收益值，并从末端向前“剪枝”，保留最大收益枝干。决策树分析过程、计算公式与结果如图 5-54 所示。

(4) 解答问题。①公司投标面包的期望收益为 400 元，投标饮料的期望收益为 320 元，故，公司应参加投标，且应投标面包。②公司投标饮料未中时，选择供应冷饮可获利 800 元，选择供应咖啡可获利 1300 元。因此，公司应参加投标，且应投标饮料，当投标不中后，应选择供应咖啡。

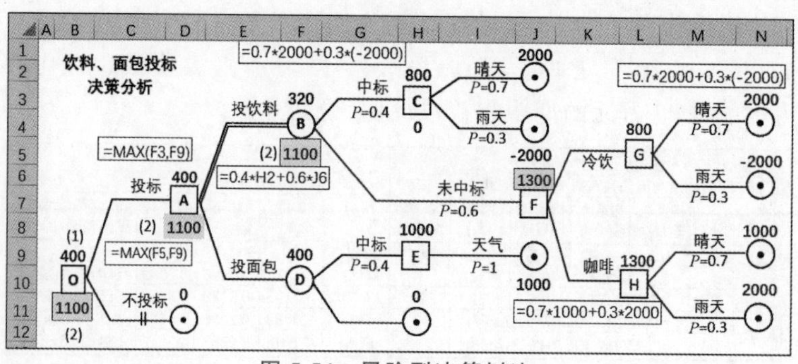

图 5-54 风险型决策树法

5.6.2 不确定型决策方法

不确定型问题主要是指无法知道哪种自然状态将出现，而且对各种状态的概率也不清

楚的决策问题。对于不确定型问题的决策主要取决于决策者自身判断、要求和准则。面对各种情况的不确定型问题，可以采取不同的准则进行分析和决策。常用不确定型问题决策准则有悲观、乐观、折中、等可能性和遗憾 5 种。

悲观(max-min)准则是一种谨慎或保守的选择，其算法是在最小收益方案集中选择最大方案。设 S_i 为方案、E_j 为状态、a_{ij} 为收益或损失值，则最优方案 S_k^* 应满足

$$u(S_k^*)=\max_j\min_i a_{ij}\ (i=1,2,\cdots,m;j=1,2,\cdots,n)$$

乐观(max-max)准则是一种大胆或乐观的选择，其算法是在最大收益方案集中选择最大方案。即 S_k^* 应满足

$$u(S_k^*)=\max_j\max_i a_{ij}\ (i=1,2,\cdots,m;j=1,2,\cdots,n)$$

折中(max-min)准则是一种避免极端，兼顾悲观和乐观准则的选择，其算法是给定乐观系数 $\alpha(0<\alpha\leqslant 1)$，使最优方案满足

$$u(S_k^*)=\max_i[\alpha\max_j a_{ij}+(1-\alpha)\min_j a_{ij}]\ (i=1,2,\cdots,m;j=1,2,\cdots,n)$$

等可能性(Laplace)准则是一种平均或机会均等的选择，其算法是在均值方案集中选择最大方案。即

$$u(S_k^*)=\max_i\{E(S_i)\}\ (i=1,2,\cdots,m)$$

遗憾(min-max)准则也称为最小机会损失或 Savage 准则，是一种尽量不后悔的选择，其算法是先构建后悔值 b_{ij} 矩阵，然后，求最优方案 S_k^*：

$$u(S_k^*)=\min_i\max_j b_{ij};b_{ij}=\max_i a_{ij}-a_{ij}\ (i=1,2,\cdots,m;j=1,2,\cdots,n)$$

示例 5-52(胡运权主编《运筹学习题集》第 5 版 13.4 题，清华大学出版社)　某非确定型决策问题的决策矩阵如图 5-55 中 A1:E6 单元格所示。

(a) 若乐观系数 $\alpha=0.4$，矩阵中的数字是利润，请用非确定型决策的各种准则分别确定出相应的最优方案。

(b) 若表中的数字为成本，问对应于上述各决策准则所选择的方案有何变化?

解　此题为不确定型各种决策准则计算题，具体方法和步骤如下。

(1) 悲观决策准则。在 F3 单元格输入公式“＝MIN($B3:$E3)”并将其复制到 F4:F6 单元格，在 F7 单元格输入公式“＝MAX(F3:F6)”。然后在 F8 单元格输入公式“＝XLOOKUP(F7,F3:F6,$A3:$A6)”得到悲观准则最优方案为 S_3，最优解为 13，如图 5-55 所示。

(2) 乐观决策准则。在 G3 单元格输入公式“＝MAX($B3:$E3)”并将其复制到 G4:G6 单元格，在 G7 单元格输入公式“＝MAX(G3:G6)”。然后将 F8 单元格复制到 G8 单元格，得到最优方案为 S_3，最优解为 19。

(3) 折中决策准则。在 H3 单元格输入“＝0.4 * MAX($B3:$E3)＋0.6 * MIN($B3:$E3)”并将其复制到 H4:H6 单元格，在 H7 单元格输入“＝MAX(H3:H6)”，将 G8 单元格复制到 H8 单元格，得最优方案 S_3，最优解为 15.4。

(4) 等可能决策准则。在 I3 单元格输入“＝AVERAGE($B3:$E3)”并将其复制到 I4:I6 单元格，在 I7 单元格输入“＝MAX(I3:I6)”，将 H8 单元格复制到 I8 单元格，得到最优方案为 S_3，最优解为 15.25。

(5) 遗憾或最小机会损失决策准则。先计算后悔矩阵：在 J3 单元格输入“＝MAX(B

＄3:B＄6)－B3”并将其复制到 J3:M6 单元格。然后在 N3 单元格输入公式“＝MAX(＄J3:＄M3)”并将其复制到 N4:N6 单元格，在 N7 单元格输入公式“＝MIN(N3:N6)”，并将 I8 单元格复制到 N8 单元格，得到最优方案为 S_3，最优解为 4。

(6) 若表中的数字为成本，则需按成本最小原则修改各方案公式。

① 先分别将 F3:I3、N3 单元格复制到 O3:R3、S3 单元格，并将 O3 单元格中的公式修改为“＝MAX(＄B3:＄E3)”，将 P3、Q3、R3 单元格中的公式分别修改为“＝MIN(＄B3:＄E3)”“＝0.4＊MIN(＄B3:＄E3)＋0.6＊MAX(＄B3:＄E3)”“＝AVERAGE(＄B3:＄E3)”，将 S3 单元格中的公式修改为“＝MIN(＄J3:＄M3)”。

② 将 O3:S3 单元格向下复制到 O4:S6 单元格，并在 O7:S7 单元格输入或复制后修改相应准则计算公式“＝MIN(O3:O6)”“＝MIN(P3:P6)”“＝MIN(Q3:Q6)”“＝MIN(R3:R6)”“＝MAX(S3:S6)”。

③ 完成上述修改后便可以得到(b)题的答案：悲观准则为 S_2，其他准则均为 S_1，如图 5-55 所示。

	A	B	C	D	E	F	G	H	I	J	K	L	M	N	O	P	Q	R	S
1	事件 方案	E_1	E_2	E_3	E_4	(a) $\alpha=0.4$									(b) $\alpha=0.4$				
2						悲观	乐观	折中	等可能	E_1	E_2	E_3	E_4	遗憾	悲观	乐观	折中	等可能	遗憾
3	S_1	4	16	8	1	1	16	7	7.25	11	3	6	16	16	16	1	10	7.25	3
4	S_2	4	5	12	14	4	14	8	8.75	11	14	2	3	14	14	4	10	8.75	2
5	S_3	15	19	14	13	13	19	15.4	15.25	0	0	0	4	4	19	13	16.6	15.25	0
6	S_4	2	17	8	17	2	17	8	11	13	2	6	0	13	17	2	11	11	0
7	最优解					13	19	15.4	15.25	4					14	1	10	7.25	3
8	最优方案S*					S3	S3	S3	S3	S3					S2	S1	S1	S1	S1
9	主要公式	悲观		=MIN($B3:$E3)				=MAX(F3:F6)		乐观		=MAX($B3:$E3)				=MAX(G3:G6)			
10		折中		=0.4*MAX($B3:$E3)+0.6*MIN($B3:$E3)							=MAX(H3:H6)			等可能		=AVERAGE($B3:$E3)			
11		=MAX(I3:I6)			遗憾		=MAX(B$3:B$6)-B3				=MAX($J3:$M3)				=MIN(N3:N6)				

图 5-55 不确定型决策方法

5.6.3 效用函数方法

效用(Utility)是决策人对行动方案及后果偏好程度的一种度量。通俗地说，就是用数学方法来定量决策人对方案及后果偏好的主观尺度。效用理论是 1938 年 Daniel Bernoulli 在《关于风险度量的新理论》中提出的。在此之前，Nicolas Bernoulli 与 Gabriel Cramer 也曾分别提出了货币的预期效用理论问题。D.Bernoulli 认为应当用非线性函数替代对效用结果预期值的描述。随着效用理论的发展，经济管理学家常常用效用指标来量化决策者对等风险的态度。在效用函数中效用值是一个无量纲的指标，可以规定最偏好的效用值为 1，最不偏好的效用值为 0，区间[0,1]就是决策者的偏好范围，也可以用[0,100]等其他数字范围来定义决策者的效用值范围。

通常，可以按照决策者对待风险的不同态度将效用函数分为三种类型：保守型、中间型和冒险型。为量化分析决策者的效用值，常用问答式测得决策者对风险的主观判断及效用值数据，然后对数据散点进行曲线拟合。一般情况下，可以用对数函数拟合保守型效用值数据，用斜线拟合中间型效用值数据，用指数函数拟合冒险型效用值数据。

示例 5-53(胡运权主编《运筹学教程》第 5 版 13.6 题，清华大学出版社)　有一投资者，面临一个带有风险的投资问题。在可供选择的投资方案中，可能出现的最大收益为 20 万元，可能出现的最小收益为－10 万元。为了确定该投资者在某次决策问题上的效用函数，对投资者进行了以下一系列询问，现将询问结果归纳如下。

(1) 投资者认为“以50%的机会得20万元,50%的机会失去10万元”和“稳获0元”二者对他来说没有差别。

(2) 投资者认为“以50%的机会得20万元,50%的机会得0元”和“稳获8元”二者对他来说没有差别。

(3) 投资者认为“以50%的机会得0元,50%的机会失去10万元”和“肯定失去6万元”二者对他来说没有差别。

要求:①根据上述询问结果,计算该投资者关于20万元、8万元、0元、−6万元和−10万元的效用值;②画出该投资者的效用曲线,并说明该投资者是回避风险还是追逐风险的。

解 先根据问答分析投资者对待风险的态度,并通过建立效用等式求出对应收益值 x_i 的效用值 $U(x_i)$,然后确定效用值区间、取值点和曲线。

(1) 确定投资者收益及效用值区间。由给出的最大和最小收益值可知所有可能收益区间 $x_i \in [-10,20]$,其对应的效用值区间为 $U(x_i) \in [0,1]$,即 $U(-10)=0$,$U(20)=1$。

(2) 根据问答,建立投资者等价或无差别观点表,如图5-56中A1:H5单元格所示。设投资者面临两种可能:A_1 无任何风险,可稳获收益 x_2;A_2 为存在风险,可能以概率 p 获得收益 x_1,也可能以 $1-p$ 的概率损失 x_3。决策者关于 A_1、A_2 无差别回答可表示为 $pU(x_1)+(1-p)U(x_3)=U(x_2)$。

(3) 计算出收益为0、8和−6的效用值。在D3单元格输入公式“=$B$4*D4+$B$5*D5”并将其复制到F3、H3单元格,得 $U(0)=0.5$,$U(8)=0.75$,$U(-6)=0.25$。

(4) 画投资者效用曲线,如图5-56所示,图中给出了效用值、参数、散点数据等公式。

① 将5个样本点(−10,0),(−6,0.25),(0,0.5),(8,0.75),(20,1)数据输入表格并选定数据区I1:J6单元格,然后单击“插入”→“图表”→“散点图”→“带平滑线和数据标记的散点图”。

② 也可以建立效用函数 $U(x)=k+b\ln(x+c)$,用(−10,0),(0,0.5),(20,1)三个样本点求出参数,得到该决策者效用函数模型 $U(x)=-1.661+0.721\ln(x+20)$。然后生成该模型的散点数据并插入效用曲线图。此曲线与上述5点曲线吻合。

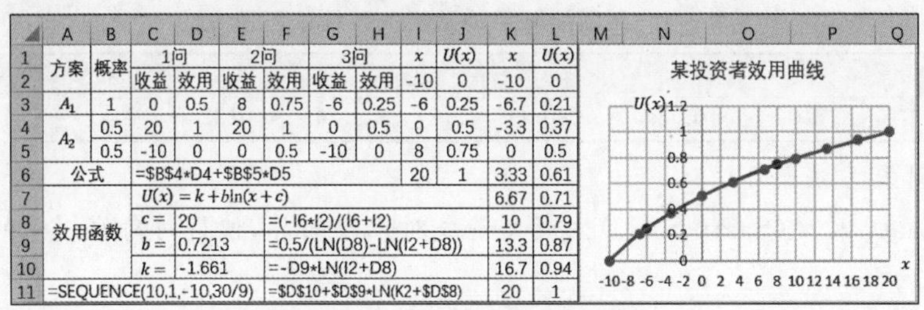

	A	B	C	D	E	F	G	H	I	J	K	L
1	方案	概率	1问		2问		3问		x	U(x)	x	U(x)
2			收益	效用	收益	效用	收益	效用	-10	0	-10	0
3	A1	1	0	0.5	8	0.75	-6	0.25	-6	0.25	-6.7	0.21
4	A2	0.5	20	1	20	1	0	0.5	0	0.5	-3.3	0.37
5		0.5	-10	0	0	0.5	-10	0	8	0.75	0	0.5
6	公式		=$B$4*D4+$B$5*D5						20	1	3.33	0.61
7	效用函数		U(x) = k + bln(x + c)								6.67	0.71
8			c =	20	=(-I6*I2)/(I6+I2)						10	0.79
9			b =	0.7213	=0.5/(LN(D8)-LN(I2+D8))						13.3	0.87
10			k =	-1.661	=-D9*LN(I2+D8)						16.7	0.94
11	=SEQUENCE(10,1,-10,30/9)				=$D$10+$D$9*LN(K2+$D$8)						20	1

图5-56 决策分析效用函数法

5.6.4 层次分析法

层次分析法(Analytic Hierarchy Process,AHP)是一种多标准问题决策方法,是管理及运筹学家Thomas L.Saaty Saaty在1977年提出的。AHP法适合于决策因素、层次结构、标准或准则多的复杂决策问题,它可以将复杂因素转换为两两比较的量化标度,并通过目标、标准、子标准和备选方案多级层次结构判断矩阵,分析备选方案权重及优劣次序。

通常,AHP法可以按如下步骤进行。

(1) 分析要决策的问题,明确决策目标。

(2) 按层分解问题并建立分析问题的层次结构。按照目标层、标准或准则层、子标准或准则层、方案层,正确划分各层因素,理清关系并绘制分层结构图。

(3) 分层建立评价因素量化判断矩阵。按照 1～9 标度方法对各因素进行两两比较,给出量化标度,并用方根法或和积法计算判断矩阵的特征向量或各因素的相对权重。

① 方根法。计算每行 n 个元素的几何平均数(n 元素乘积开 n 次方)并归一化,即

$$\bar{w}_i=\sqrt[n]{\prod_{j=1}^{n}a_{ij}};\quad w_i=\frac{\bar{w}_i}{\sum_{i=1}^{n}\bar{w}_i}$$

② 和积法。先按列归一化,然后按行求和并归一化,即

$$\bar{b}_{ij}=\frac{a_{ij}}{\sum_{i=1}^{n}a_{ij}};\quad \bar{w}_i=\sum_{j=1}^{n}\bar{b}_{ij};\quad w_i=\frac{\bar{w}_i}{\sum_{i=1}^{n}\bar{w}_i}$$

(4) 计算组合权重。记 $\boldsymbol{B}_k$ 为第 k 层因素对上一层因素的权向量矩阵,则组合权向量为

$$\boldsymbol{W}^k=\boldsymbol{B}_k\boldsymbol{B}_{k-1}\cdots\boldsymbol{B}_2\boldsymbol{B}_1$$

其中,$\boldsymbol{B}_1=1$。

(5) 一致性检验。先计算判断矩阵的最大特征值 $\lambda_{\max}$,然后计算一致性指标 CI 及比率 CR。

$$\lambda_{\max}=\sum_{i=1}^{n}\frac{(Aw)_i}{nw_i};\quad \mathrm{CI}=\frac{\lambda_{\max}-n}{n-1};\quad \mathrm{CR}=\frac{\mathrm{CI}}{\mathrm{RI}}$$

式中,A 为比较矩阵,RI 为判断矩阵平均随机一致性指标或修正值,可以从 Saaty's RI 表查得。

提示

判断矩阵平均随机一致性修正值 RI(Random Index)是 Saaty 在 1980 年提出的,1～10 阶判断矩阵 RI 值如表 5-1 所示。

表 5-1 判断矩阵平均随机一致性修正值 RI

n	1	2	3	4	5	6	7	8	9	10
RI	0	0	0.58	0.90	1.12	1.24	1.32	1.41	1.45	1.51

RI 值的计算方法如下。

(1) 按 Saaty 尺度(Saaty Scale)生成大量成对比较矩阵,使得对角线以上的每个条目都是独立且均匀。

(2) 计算每个随机两两比较矩阵的一致性指数 CI。

(3) 计算上述一致性指数的平均值。

示例 5-54(胡运权主编《运筹学习题集》第 5 版 13.24 题,清华大学出版社) 某企业计划开发 4 种产品,但因力量有限,只能分轻重缓急逐步开发。该企业考虑开发产品的准则为:①投产后带来的经济效益;②满足开发所需资金的可能性;③产业政策是否符合。为用层次分析法确定这 4 种产品开发的重要程度,构造了层次结构图,如图 5-57 所示。

经企业决策层讨论及专家咨询论证,得出如下判断矩阵,如图 5-57 中 A1:D4、A5:M9 单元格所示。试依据上述数据对各产品的重要性进行排序,并进行一致性检验。

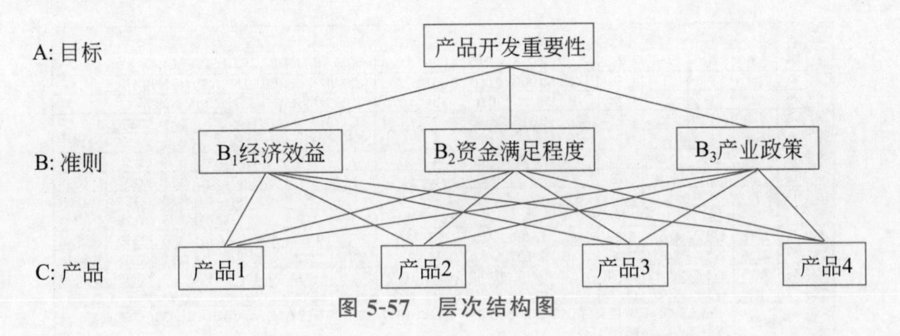

图 5-57 层次结构图

解 先计算各层判断矩阵的特征向量，并求出分层权向量矩阵，然后求出产品重要性权重，最后进行一致性检验。

(1) 计算判断矩阵 $\boldsymbol{A}$ 的特征向量。根据方根法在 E2 单元格输入公式"=((B2*C2*D2)^(1/3))/((B$2*C$2*D$2)^(1/3)+(B$3*C$3*D$3)^(1/3)+(B$4*C$4*D$4)^(1/3))"并将其向下复制到 E3:E4，便可得到 $B_2=(0.55,0.24,0.21)^{\mathrm{T}}$。

(2) 计算判断矩阵 $\boldsymbol{B}_1,\boldsymbol{B}_2,\boldsymbol{B}_3$ 的特征向量。

① 方根法。在 N6 单元格输入公式"=(B6*C6*D6*E6)^(1/4)/((B$6*C$6*D$6*E$6)^(1/4)+(B$7*C$7*D$7*E$7)^(1/4)+(B$8*C$8*D$8*E$8)^(1/4)+(B$9*C$9*D$9*E$9)^(1/4))"并将其向下复制到 N7:N9 单元格，便可得到 $\boldsymbol{B}_1$ 的特征向量。复制该公式至 O6、P6 单元格并将公式中的引用分别修改为 $\boldsymbol{B}_2,\boldsymbol{B}_3$ 的值区域，然后用同样方法便可得到 $\boldsymbol{B}_2,\boldsymbol{B}_3$ 特征向量，从而可得到权矩阵 $\boldsymbol{B}_3$。

② "和积法"。在 B10 输入公式"=B6/SUM(B$6:B$9)"并将其复制到 B10:L13 单元格（将矩阵中所有元素按列归一化）。然后在 N10 单元格输入"=SUM(B10:E10)/ SUM($B$10:$E$13)"，在 O10 单元格输入"=SUM(F10:I10)/SUM($F$10:$I$13)"，在 P10 单元格输入公式"=SUM(J10:M10)/SUM($J$10:$M$13)"，并将 N10:P10 单元格复制到 N11:P13 单元格，便可得到权矩阵 $\boldsymbol{B}_3$，如图 5-58 中 A5:P13 单元格所示，其中，C14:F16 单元格显示了计算公式。

(3) 计算组合权系数向量，对各产品的重要性进行排序。在 Q6 单元格输入组合权重计算公式"=MMULT(N6:P9，$E$2:$E$4)"，返回值为 $\boldsymbol{W}^3=(0.0731,0.1085,0.4253,0.3931)^{\mathrm{T}}$。故产品的重要性排序为产品 3、产品 4、产品 2、产品 1。

(4) 一致性检验。

① 计算各判断矩阵的 $\lambda_{\max}$。在 G1 单元格输入公式"=SUM(MMULT(B2:D4,E2:E4)/E2:E4)/3"，在 H1 单元格输入公式"=SUM(MMULT(B6:E9,N6:N9)/N6:N9)/4"，在 I1 单元格输入公式"=SUM(MMULT(F6:I9,O6:O9)/O6:O9)/4"，在 J1 单元格输入公式"=SUM(MMULT(J6:M9,P6:P9)/P6:P9)/4"。

② 计算一致性指标 CI。在 G2 单元格输入公式"=(G1-3)/2"，在 H2 单元格输入公式"=(H1-4)/3"并将其复制到 I2:J2 单元格。

③ 一致性比率 CR。将 3 阶、4 阶判断矩阵 RI 值（查表）0.58、0.9 输入 G3:J3 单元格，然后在 G4 单元格输入公式"=G2/G3"并将其复制到 H4:J4 单元格，返回值均小于 0.1，故可通过一致性检验，如图 5-58 所示。

	A	B	C	D	E	F	G	H	I	J	K	L	M	N	O	P	Q
1	A	B_1	B_2	B_3	B_2	λ_{max}	3.018	4.015	4.020	4.084	=SUM(MMULT(B2:D4,E2:E4)/E2:E4)/3						
2	B_1	1	2	3	0.55	CI	0.009	0.005	0.007	0.028	=SUM(MMULT(B6:E9,N6:N9)/N6:N9)/4						
3	B_2	1/2	1	1	0.24	RI	0.58	0.9	0.9	0.9	=SUM(MMULT(F6:I9,O6:O9)/O6:O9)/4						
4	B_3	1/3	1	1	0.21	CR	0.016	0.006	0.007	0.031	=(G1-3)/2		=(H1-4)/3			=G2/G3	
5	B	C_1	C_2	C_3	C_4	C_1	C_2	C_3	C_4	C_1	C_2	C_3	C_4	B_3			W^3
6	C_1	1	1/2	1/7	1/5	1	1/2	1/5	1/7	1	2	1/5	1/4	0.07	0.06	0.10	0.0731
7	C_2	2	1	1/4	1/3	2	1	1/3	1/5	1/2	1	1/7	1/3	0.12	0.11	0.07	0.1085
8	C_3	7	4	1	1	5	3	1	1/2	5	7	1	2	0.44	0.30	0.53	0.4253
9	C_4	5	3	1	1	7	5	2	1	4	3	1/2	1	0.37	0.53	0.29	0.3931
10	C_1	1/15	1/17	4/67	3/38	1/15	1/19	3/53	1/13	2/21	2/13	9/83	3/43	0.07	0.06	0.11	0.0740
11	C_2	2/15	2/17	7/67	5/38	2/15	2/19	5/53	9/83	1/21	1/13	1/13	4/43	0.12	0.11	0.07	0.1090
12	C_3	7/15	8/17	28/67	15/38	1/3	6/19	15/53	16/59	10/21	7/13	51/94	24/43	0.44	0.30	0.53	0.4238
13	C_4	1/3	6/17	28/67	15/38	7/15	10/19	30/53	51/94	8/21	3/13	16/59	12/43	0.37	0.53	0.29	0.3933
14	方根法		=(B6*C6*D6*E6)^(1/4)/((B$6*C$6*D$6*E$6)^(1/4)+(B$7*C$7*D$7*E$7)^(1/4)+(B$8*C$8*D$8*E$8)^(1/4)+(														
15			B$9*C$9*D$9*E$9)^(1/4))														
16	和积法		=B6/SUM(B$6:B$9)			=SUM(B10:E10)/SUM($B$10:$E$13)						W^3	=MMULT(N6:P9,$E$2:$E$4)				

图 5-58　层次分析法示例

5.6.5　多目标决策问题

在现实社会，组织或个人在社会经济活动中往往会面临多目标决策问题。例如，工厂选址需要考虑征地费、原材料供应价格、招工成本、环境费用、交通运输费等多种指标。再如，生产汽车的成本、质量和利润等也是多目标。在多目标问题中，决策者总是希望能够实现每个目标，也就是每个目标都尽可能最优，这就是多目标决策问题。

1881 年，经济学教授 F.Y.Edgeworth 首次提出了多标准经济决策最优解的定义。1906 年，Vilfredo Pareto 在经济学中引入了多目标问题的非劣等解或 Pareto 最优解的概念。1951 年，Kuhn 与 Tucker 提出非线性规划最优解条件时也曾提出多目标规划问题。1957 年，Churchman.C.Ackoff 和 Arnoff 用多属性决策方法建立了股票排序模型。20 世纪 70 年代以后，多目标最优化决策方法在工程、金融、交通、建筑等许多领域得到广泛应用和发展。

求解多目标规划问题大体上可分为两种方法：标量化方法(Scalarization Approaches)和帕累托方法(Pareto Approaches)。前者是将多目标问题转换为单目标标量问题来求解；后者是在整个优化过程中将劣解和非劣解区分开，直接求出决策者选择的非劣解。对于可行方案为有限个，评价准则或目标多于 1 个的多目标规划问题，可以采取简单线性加权法求解理想方案。

示例 5-55(胡运权主编《运筹学教程》第 5 版 13.7 题，清华大学出版社)　张老师欲购一套住房，经调查初步选定 A、B、C 三处作为备选方案，这三处住房各属性指标值及权重如图 5-59 中 A1:G5 单元格所示。要求：①先对表中数据进行规范化处理；②用简单线性加权法选定理想方案。

解　按题中要求先将方案表数据规范化，然后用简单线性加权法排序和选择方案。

(1) 将方案属性数据规范化。

① 购房价格和离单位路程属于成本型属性值，应越低越好，故用公式：

$$z_{ij}=\frac{y_j^{\max}-y_{ij}}{y_j^{\max}-y_j^{\min}}$$

而学校和环境属性应越大越好，故用公式：

$$z_{ij}=\frac{y_{ij}-y_j^{\min}}{y_j^{\max}-y_j^{\min}}$$

② 在 H2 单元格输入公式"=(MAX(B$2:B$4)-B2)/(MAX(B$2:B$4)-MIN(B$2:B$4))"并将其复制到 H2:I4 单元格，在 J2 单元格输入公式"=(E2-MIN(E$2:E

$4))/(MAX(E$2:E$4)−MIN(E$2:E$4))”并将其复制到 J3:J4 单元格，在 K2 单元格输入“=(G2−MIN(G$2:G$4))/(MAX(G$2:G$4)−MIN(G$2:G$4))”并将其复制到 K3:K4 单元格。

(2) 选择方案。根据

$$U(x_i)=\sum_{i=1}^{n}\lambda_j z_{ij}$$

在 L2 单元格输入公式“=SUMPRODUCT(H2:K2,H$5:K$5)”并将其复制到 L3:L4，得到 $U(A)=0.4$，$U(B)=0.64$，$U(C)=0.55$，故选择的理想方案为 B，如图 5-59 所示。

	A	B	C	D	E	F	G	H	I	J	K	L	M
1	方案	价格(万元)	离单位路程(km)	对口小学		环境		价格	区位	学校	环境	$U(x_i)$	公式
2	A	70	10	名校	9	较好	7	0	0	1	2/3	0.40	=SUMPRODUCT(H2:K2,$H$5:$K$5)
3	B	56	6	区重点	7	好	9	7/11	4/7	1/2	1	0.64	=SUMPRODUCT(H3:K3,$H$5:$K$5)
4	C	48	3	中等	5	较差	3	1	1	0	0	0.55	=SUMPRODUCT(H4:K4,$H$5:$K$5)
5	权重	0.4	0.15	0.3		0.15		0.4	0.15	0.3	0.15		
6	公式	=(MAX(B$2:B$4)-B2)/(MAX(B$2:B$4)-MIN(B$2:B$4))						=(E2-MIN(E$2:E$4))/(MAX(E$2:E$4)-MIN(E$2:E$4))					

图 5-59　多目标问题简单线性加权法示例

5.6.6　数据包络分析

数据包络分析(Data Envelopment Analysis, DEA)也被称为前沿分析(Frontier Analysis)，由 Charnes、Cooper 和 Rhodes 于 1978 年提出。它是一种绩效衡量技术，可以用于评估组织中决策单位的相对效率。DEA 是一种线性规划应用程序，它根据银行、医院、餐馆和学校等相同类型的服务单位的投入(资源)和产出对它们进行比较。模型解的结果表明，与其他单元相比，某个特定单元的生产率是否较低，或者效率是否较低。例如，对学校教育经费投入产生的绩效进行评价。

示例 5-56(https://flylib.com/books/en/3.287.1.55/1/)　某城镇有 4 所小学 A、B、C 和 D。镇政府及中小学校委会按统一标准组织对 4 所小学五年级学生的阅读、数学和历史课程进行了测试，取平均分数作为衡量教学绩效(产出)指标，并确定将师生比、生均补助教育资金和家长平均学历作为影响考查成绩的 3 个主要因素。家长平均学历按年限量化(如 12 为高中、16 为大学等)。4 所小学输入和输出数据见表 5-2。

表 5-2　各校投入与产出值

学校	输　入			输　出		
	师生比	生均补助资金	家长平均学历	阅读	数学	历史
School A	0.06	260	11.3	86	75	71
School B	0.05	320	10.5	82	72	67
School C	0.08	340	12	81	79	80
School D	0.06	460	13.1	81	73	69

州校委会采用 DEA 模型对 School D 的教育资源投入效果进行了评价。请问州校委会对学校 D 资源投入的评价结论是什么？

解　设 y_1, y_2, y_3 分别为师生比、生均补助资金和家长平均学历 3 项资源的单位投入价值；设 x_1, x_2, x_3 分别为阅读、数学和历史 3 门课程的单位产出价值。评价的目标是确定学校 D 资源投入是否有效。因此，在模型中可按比例简化投入资源价值，令每所学校单位投入总价值等于1。由于学校投入资源不可能达到100%以上的效率，即各校输出价值与输入价值之比小于或等于1。

于是，可以写出评价小学D资源利用有效性线性规划模型：

$$\max z = 81x_1 + 73x_2 + 69x_3$$

$$\text{s.t.}\begin{cases} 0.06y_1 + 460y_2 + 13.1y_3 = 1 \\ 86x_1 + 75x_2 + 71x_3 \leqslant 0.06y_1 + 260y_2 + 11.3y_3 \\ 82x_1 + 72x_2 + 67x_3 \leqslant 0.05y_1 + 320y_2 + 10.5y_3 \\ 81x_1 + 79x_2 + 80x_3 \leqslant 0.08y_1 + 340y_2 + 12y_3 \\ 81x_1 + 73x_2 + 69x_3 \leqslant 0.06y_1 + 460y_2 + 13.1y_3 \\ x_i, y_i \geqslant 0 \end{cases}$$

在工作表中使用“规划求解”工具求解上述模型的操作方法和步骤如下。

(1) 将线性规划模型变量及系数输入工作表，如图5-60①中A2:D10、J2:L10单元格所示。在变量下方应预留空白单元格，以便求解变量值。

(2) 输入目标函数。在H6单元格输入公式“=J10*J$6+K10*K$6+L10*L$6”。

(3) 输入约束条件项。在F7单元格输入公式“=B7*B$6+C7*C$6+D7*D$6”并将其复制到E8:E10单元格，在H7单元格输入公式“=J7*J$6+K7*K$6+L7*L$6”并将其复制到H8:H10单元格。

(4) 使用“规划求解”工具求解。单击“数据”→“分析”→“规划求解”，打开“规划求解参数”对话框，如图5-60②所示。

① 在“设置目标”框输入“$H$6”。

② 在“通过更改可变单元格”框输入“$B$6:$D$6,$J$6:$L$6”。

③ 单击“添加”按钮打开“添加约束”对话框，逐条添加约束条件，如图5-60③所示。

④ 在“选择求解方法”框选择“单纯线性规划”，然后单击“求解”按钮。

(5) 求解结果与评价结论。因为 $\max z = 0.8582 < 1$，所以小学D相对于其他小学绩效是偏低的。这意味着，一个高效的小学组合至少可以实现与小学D同等水平的产出，而投入的资源比小学D少。此模型也可用于评价另外几所小学的绩效。

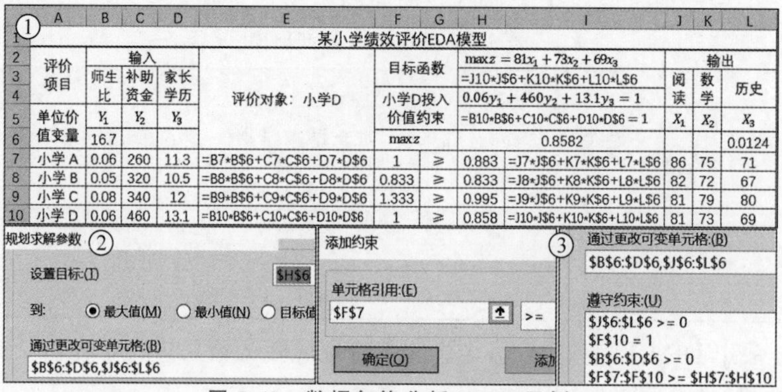

①

	A	B	C	D	E	F	G	H	I	J	K	L
1	某小学绩效评价EDA模型											
2	评价项目	输入			评价对象：小学D	目标函数		maxz = 81x1 + 73x2 + 69x3		输出		
3		师生比	补助资金	家长学历				=J10*J$6+K10*K$6+L10*L$6		阅读	数学	历史
4						小学D投入价值约束		0.06y1 + 460y2 + 13.1y3 = 1				
5	单位价值变量	Y1	Y2	Y3				=B10*B$6+C10*C$6+D10*D$6 = 1		X1	X2	X3
6		16.7				maxz		0.8582				0.0124
7	小学A	0.06	260	11.3	=B7*B$6+C7*C$6+D7*D$6	1	≥	0.883	=J7*J$6+K7*K$6+L7*L$6	86	75	71
8	小学B	0.05	320	10.5	=B8*B$6+C8*C$6+D8*D$6	0.833	≥	0.833	=J8*J$6+K8*K$6+L8*L$6	82	72	67
9	小学C	0.08	340	12	=B9*B$6+C9*C$6+D9*D$6	1.333	≥	0.995	=J9*J$6+K9*K$6+L9*L$6	81	79	80
10	小学D	0.06	460	13.1	=B10*B$6+C10*C$6+D10*D$6	1	≥	0.858	=J10*J$6+K10*K$6+L10*L$6	81	73	69

规划求解参数 ②
设置目标:(T) $H$6
到: ◉ 最大值(M) ○ 最小值(N) ○ 目标值
通过更改可变单元格:(B)
$B$6:$D$6,$J$6:$L$6

添加约束
单元格引用:(E)
$F$7 >=
确定(O) 添加

③ 通过更改可变单元格:(B)
$B$6:$D$6,$J$6:$L$6
遵守约束:(U)
$J$6:$L$6 >= 0
$F$10 = 1
$B$6:$D$6 >= 0
$F$7:$F$10 >= $H$7:$H$10

图5-60　数据包络分析(DEA)示例

第 6 章　Power BI Desktop

Power BI(Business Intelligence)是一个商业智能软件,其主要功能是通过交互式过程收集、分析各类数据,将相关或不相关的数据源转换为合乎逻辑的数据模型,快速提供多方位数字信息及可视化形象图表,并可通过网络共享信息、协同工作。Power BI 可以连接云数据、本地混合数据仓库、网络数据和 Excel 工作簿等各种数据源,并通过 Power Query 进行数据转换。在 Power BI 中集成了功能强大的商业智能决策分析工具,为企业生产经营量化决策提供了多方位的服务功能,如图 6-1 所示。

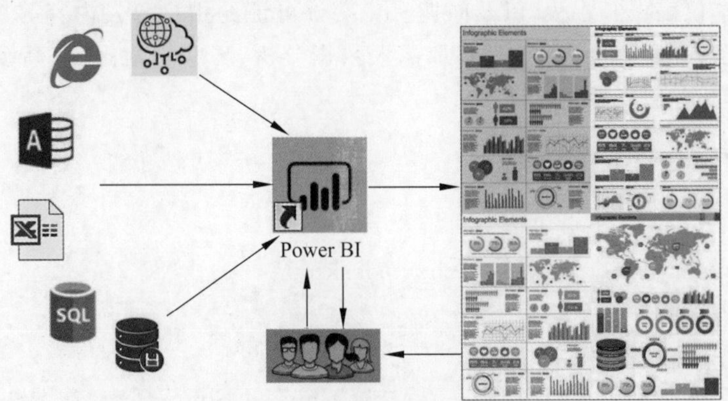

图 6-1　**Power BI 功能示意图**

在采集和分析现有数据源方面,Power BI 是 Excel 的一个很好的补充。它有点像 Excel 表格(Table)、数据透视表(Pivot Table)、超级视图(Power View)的整合,但其功能强大得多,是微软推出的集桌面应用、软件服务和连接器为一体的自助式商业智能工具。Power BI 顺应智能手机、iPad、笔记本电脑及无线通信技术的飞速发展,开发了相应的移动应用功能,方便用户随时随地创建、使用和共享业务见解。

Power BI 可以通过以下三个基本元素协同工作。

(1) 桌面应用程序(Power BI Desktop)。集成查询引擎、数据建模和可视化技术,为用户提供数据连接及查询、建模和可视化报表等功能,并可轻松地与他人共享。

(2) 软件服务(Software-as-a-Service)。为用户提供 21 世纪兴起的互联网软件服务,用户可以直接在线使用 Power BI 模块,并通过组合 Power BI 桌面应用和软件服务,动态、协同分析数据,交流、更新见解,共享和扩展量化决策信息。在线服务(app.powerbi.com)是 Power BI 软件服务(SaaS)组成部分。在线服务中的仪表板和报表可以连接本地数据集,用户可以动态汇集、分析和分享可视化数据报表。

(3) 移动应用(Power BI Mobile Apps)。Power BI 为 iOS、Android 和 Windows 10 移动设备提供了一组移动应用程序。用户可以通过移动应用连接到云和本地数据,在 Power

BI 报表服务(https://powerbi.com)中查看仪表板和报表，并可进行互动。

Power BI 中也嵌入了 Power Query 编辑器，对源数据的筛选、合并等转换均通过 Power Query 完成。

本章分为 9 节讲解 Power BI Desktop 的功能及其用法。6.1 节介绍安装和运行 Power BI，6.2 节讲解导入和转换数据，6.3 节讲解创建报表，6.4 节讨论钻取、交互与插入元素，6.5 节介绍视图功能，6.6 节研究 AI 视觉对象，6.7 节和 6.8 节分别讲解 R 和 Python 脚本视觉对象，6.9 节讨论分页报表。

6.1 安装和运行 Power BI

Power BI 有三种版本：免费版、专业版和高级版。Power BI Desktop(免费版)具有连接数据、转换数据并实现数据的可视化效果等功能，并可访问、使用和共享 Power BI 报表服务“我的工作区”内容。Power BI Pro(专业版)在免费版基础上，扩展了发布内容到其他工作区，订阅、共享仪表板和报表，以及向拥有免费许可证的用户分发内容等功能。Power BI Premium(高级版)属于企业级 BI，添加了大数据分析、云和本地报表、高级管理和部署控制、专用云计算和存储资源等功能。

6.1.1 下载 Power BI Desktop

登录微软 Power BI 下载页面：

https://powerbi.microsoft.com/zh-cn/desktop/

按如下步骤下载。

(1) 单击“免费下载”。

(2) 在 Select Language(选择语言)框选择 Chinese(Simplified)，如图 6-2 所示。

(3) 选择安装文件类型 PBIDesktopSetup_x64.exe 或 PBIDesktopSetup.exe。

(4) 单击“下载”按钮(此时网页自动转换为中文页面)。

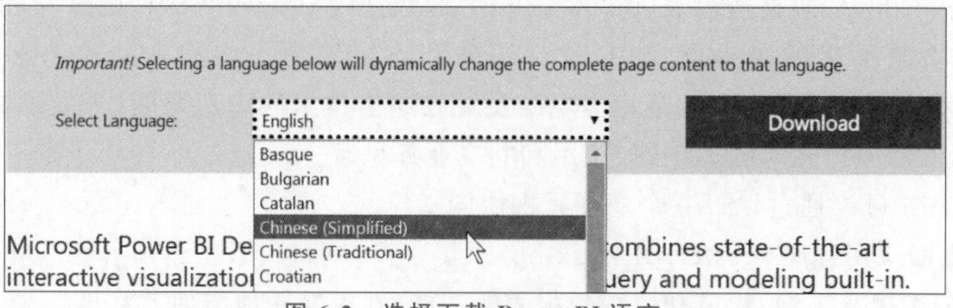

图 6-2 选择下载 Power BI 语言

提示

(1) 如果用户使用的是 Windows 64 位操作系统，应勾选下载 PBIDesktopSetup_x64.exe；如果是 Windows 32 位操作系统，可勾选下载 PBIDesktopSetup.exe。

(2) 如果用户不知道或忘记自己的计算机是多少位系统，可以打开计算机“控制面板”，然后按“系统和安全”→“系统”→“查看该计算机的名称”次序打开本计算机基本信息表查知。

6.1.2　安装、启动与注册

Power BI Desktop 支持 32 位(x86)和 64 位(x64)平台，安装前需要进一步核对计算机的操作系统和浏览器版本。Power BI 对操作系统和浏览器的要求如下。

(1) 操作系统：Windows 10、Windows Server 2012 R2、Windows Server 2008 R2、Windows Server 2012、Windows 7、Windows 8、Windows 8.1、Windows Server 2016 和 Windows Server 2019。

(2) 浏览器：Internet Explorer 10 或更高版本。

双击下载的 PBIDesktopSetup_x64 或 PBIDesktopSetup 程序，便可开始安装。Power BI Desktop(x64)需要 Microsoft.NET Framework 的支持。如果系统中没有该程序，安装程序会提示用户先安装.NET Framework，如图 6-3 所示。

图 6-3　安装 Power BI

成功安装 Power BI Desktop 以后，可以按如下步骤启动、注册和使用。

(1) 准备一个符合注册要求的电子邮箱。Power BI 要求使用工作或学校电子邮件地址注册，不支持使用其他电子邮件地址进行注册。所谓工作或学校邮箱指的是向有电子邮件系统的企业或学校申请并注册的邮箱，这种邮箱地址的后缀是企业或学校域名。

(2) 从 Windows"开始"菜单中选择 Power BI Desktop 程序，或者双击屏幕快捷方式图标，或者单击任务栏中的快捷启动图标，启动 Power BI Desktop。

(3) 在注册之前 Power BI 会出现"开始使用"页面，如图 6-4 所示。需要试用时，可单击"取消"按钮，直接进入 Power BI 页面试用。

(4) 单击"开始使用"按钮，系统会弹出"输入你的电子邮件地址"对话框。

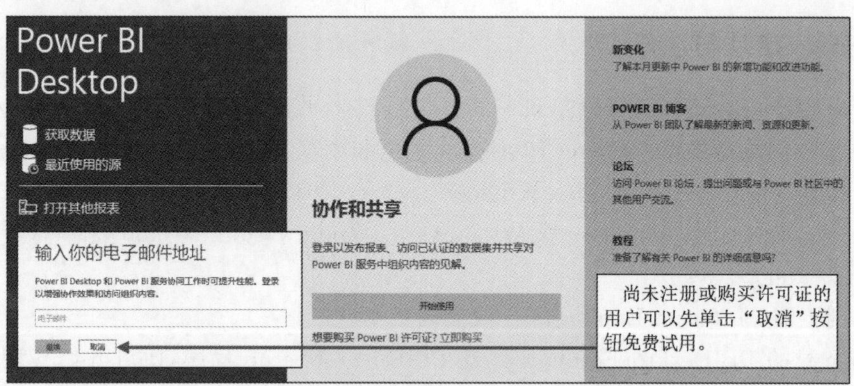

图 6-4　启动和试用 Power BI Desktop

（5）按对话框提示输入电子邮件地址，然后按注册向导提示完成注册，如图 6-5 所示。

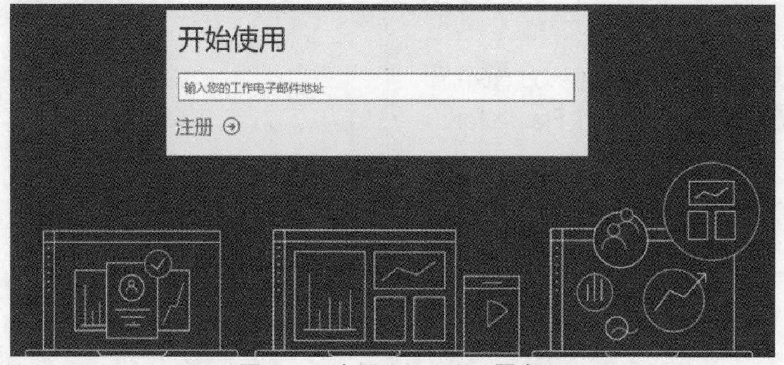

图 6-5　注册 Power BI 服务

（6）或者，登录 Power BI 网页 https://powerbi.microsoft.com/zh-cn/get-started，注册并免费试用。

尚没有工作或学校电子邮件账户的用户，可以先注册 Microsoft 365 试用版并创建工作账户。然后，用此工作账户注册 Power BI 服务。Microsoft 365 试用版到期后，该注册仍然有效。

注册后，启动 Power BI 时会显示含有教程视频和示例等内容的屏幕，用户可以选择使用，如图 6-6 所示。

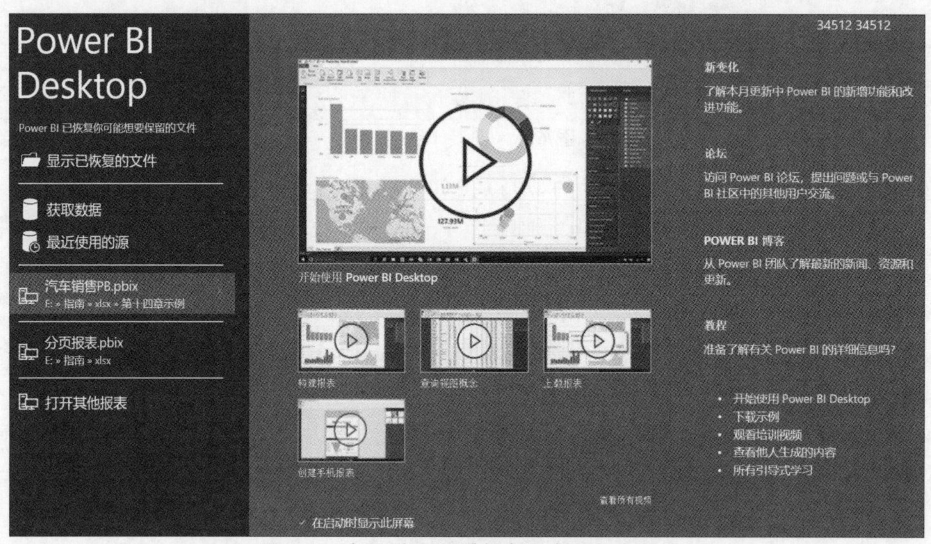

图 6-6　注册后可以看视频了解 Power BI

6.1.3　认识 Power BI 界面

启动进入 Power BI Desktop 后，用户看到的界面与 Excel 数据透视表比较相似，如图 6-7 所示，其界面布局、功能按图中位置标号分别介绍如下。

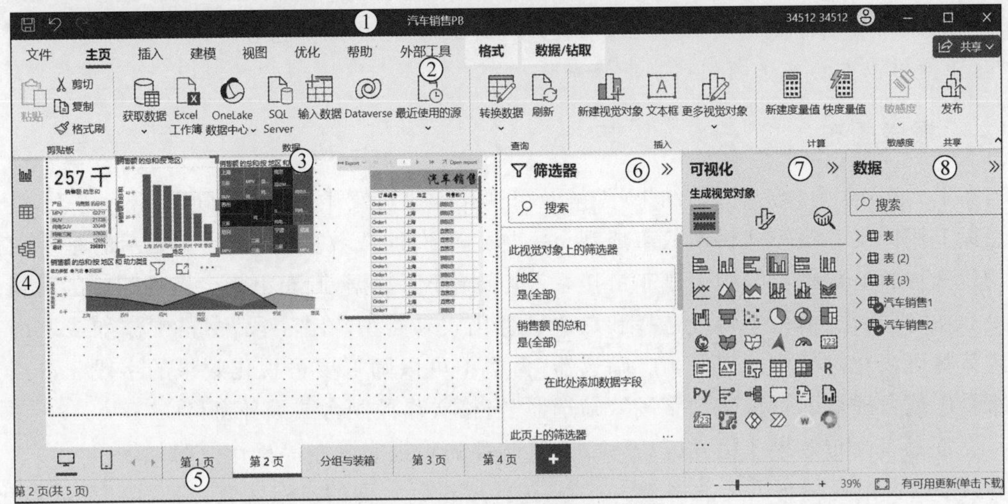

图 6-7　**Power BI Desktop 界面**

（1）标题栏。此栏左侧端头有“存盘”“取消”或“恢复”按钮，中间是文件名，右侧是用户登录名和窗口“最小化”“最大化”和“关闭”等按钮。

（2）功能区（The Ribbon）。此区域排列着“文件”“主页”“插入”“建模”“视图”和“帮助”6 个选项卡，每个选项卡上排列着相应的操作指令图标或按钮，并通过加亮或灰暗动态显示选项图标，提示哪些工具或指令选项可供使用。按 Alt＋Win 组合键可以进入键盘选择模式。

（3）报表画布（Report Canvas）。是布设可视化图表的“画布”。在此画布区域可创建和安排可视化图表，查看和编辑报表中的数据，检查和验证数据类型及各数据表之间的关系。

（4）导航栏（Navigation Bar）。此栏是上述报表画布的导航栏，其中依次排列着“报表视图”、“数据视图”和“模型视图”三个导航图标，单击导航图标可打开对应的视图。在“报表视图”中可执行创建图表对象操作；在“数据视图”中可查看数据模型的表格、度量值和其他数据，并可按建模要求进行数据转换；在“模型视图”中可查看和管理数据模型中表格之间的关系。

（5）页标签栏。此栏显示着报表画布的页码或标签。

（6）“筛选器”窗格（Filters Pane）。窗格显示着视觉对象与所有页面数据的筛选器，可以用它筛选报表页面和视觉对象元素，即时查看、设置和修改报表。在创建可视化图表效果时，图表中所有字段被自动添加至筛选器，需要添加其他字段时，可以直接从“字段”窗格中将要添加的字段拖曳至筛选器数据存储桶（Bucket）中。完成筛选操作后可以锁定或隐藏筛选器，其状态会随报表一并保存。

（7）“可视化”窗格（Visualizations Pane）。此窗格包括“生成视觉对象”、“设置视觉对象格式”和“分析”三部分内容。

(8)“数据”窗格(Data Pane)。此窗格中显示的是可用于创建可视化图表的数据，包括文件夹、表及字段。此窗格原为“字段”窗格，2023 年 10 月后更新为“数据”窗格。

提示

标题栏、功能区和“文件”菜单都具有易访问性辅助功能。即按 Ctrl＋F6 组合键可以将选择“光标”导航至标题栏及功能区选项区域。连续按 Ctrl＋F6 组合键或者使用 Tab 和“箭头”组合键可以在功能选项间移动选择光标。

6.1.4 报表画布

在 Power BI 中，数据分析结果、见解及可视化效果可集中展现在画布(Canvas)上，就像在黑板上用图文并茂方式讲解故事或观点一样。首次加载数据时，屏幕上显示的是空白画布，但是，加载的数据已与报表画布链接，一旦选择任何数据，画布上将会展现相应的可视化效果。在“可视化”窗格中可以选择和更改可视化效果类型，在“字段”窗格中添加或取消某个或某些可视化对象中的字段，在“筛选器”窗格中可以筛选要可视化效果的字段。可以把画布看作前台屏幕，“可视化”“字段”“筛选器”窗格看作控制台或编导窗格。

设置报表画布效果或格式，以及添加、复制和删除报表画布等操作说明如下。

(1) 设置报表画布页面的格式。首先，选择要设置页面的空白区域，然后单击“可视化”窗格中“设置报表页的格式”，打开“设置页面格式”栏，如图 6-8①所示。

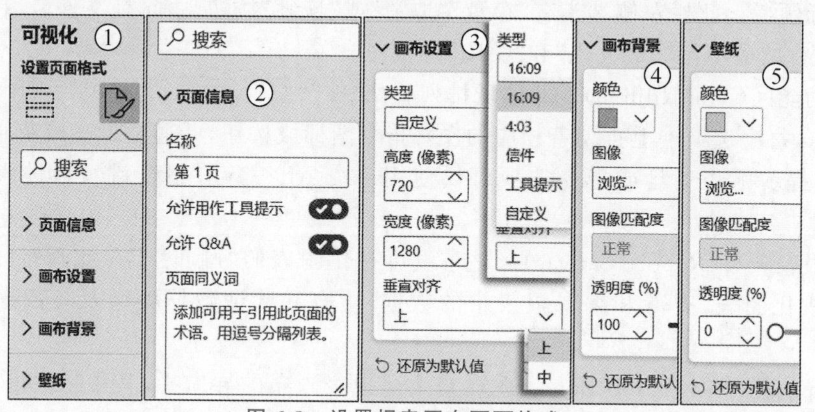

图 6-8 设置报表画布页面格式

① “页面信息”。单击展开箭头 >，打开页面信息设置栏选择如下设置。

- “名称”：默认为“第 1 页”，可根据需要重命名。
- “允许用作工具提示”：勾选，首页空白画布上的 4 个图标将缩小作为工具提示。
- “允许 Q&A”：勾选，将允许使用此页面同义词作为引用名称。也就是在“页面同义词”框中输入代表该页面的名称，以便后续引用该页面中的数据。例如，将页面命名为“汽车销售”，后续引用该页面中“销售额”字段时，可输入“汽车销售，销售额”，其中，分隔符应使用英文逗号，如图 6-8②所示。

② “画布设置”：可选择设置下列选项，如图 6-8③所示。

- “类型”：指屏幕画布区域显示类型。默认为 16:09，可选择 4:03、“信件”“工具提示”“自定义”等类型。其中，“工具提示”与上述“允许用作工具提示”相同；“自定义”则可以根据显示需要自行选择画布高度与宽度的像素。

• “垂直对齐”：可选择“上”“中”两种对齐方式。

③ “画布背景”。可选择设置下列选项，如图 6-8④所示。

• “颜色”：单击此选项下拉箭头打开颜色板，可为画布选择一种背景颜色。

• “图像”：单击此选项框中“浏览”可查找并打开一个图像作为画布背景。如果需要在报表中设计动态背景，可插入 GIF 格式图片作为背景。

• “透明度”：此选项用于设置画布背景颜色或图像的透明度（0～100%）。

④ “壁纸”：此选项设置方法与“画布背景”基本相同，如图 6-8⑤所示。

⑤ 要撤销上述某项设置，可单击其尾部“还原为默认值”。

（2）切换报表画布视图。单击报表画布左上侧导航窗格中的图标，可在“报表视图”“数据视图”“模型视图”之间切换，如图 6-9①②③所示。

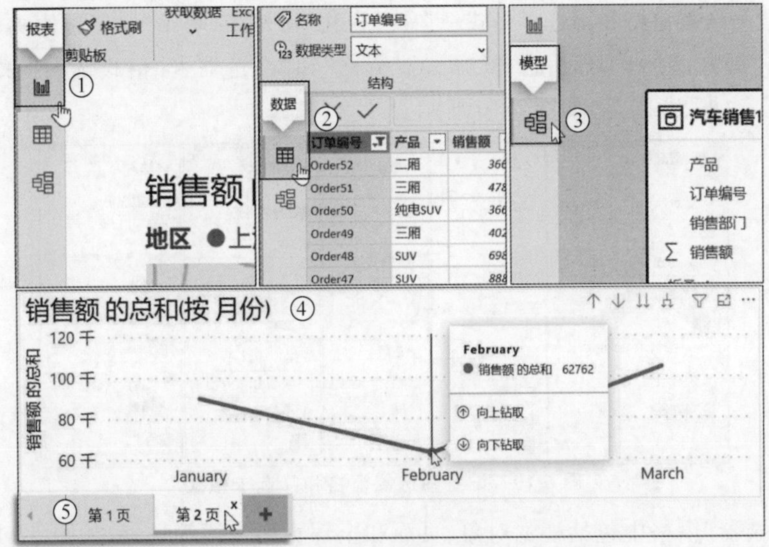

图 6-9　切换视图、添加视觉对象与添加页面

（3）插入或添加视觉对象（Visual）。将“字段”窗格中的相关字段拖曳至画布的空白区域，可以按选定的“可视化”类型插入视觉图表，也就是视觉对象。未选定类型时，系统按默认柱形插入视觉对象。

• 每个视觉对象图框上沿右侧或两侧显示有操作图标选项，不同“可视化”类型具有不同的图标。可以使用这些图标进行筛选、钻取、改变显示方式、导出数据和删除等操作。

• 右击视觉对象图表区或标题区可以打开相应的快捷菜单，进行钻取、展开、分析和复制等操作。

• 移动鼠标指向视觉对象边框线中部或角部加粗部位，鼠标会变成双向箭头，拖曳箭头可以改变图框大小；指向视觉对象标题或绘图区，鼠标变成箭头时，拖曳鼠标可移动视觉对象图框。

• 选定视觉对象后单击“主页”→“复制”或“剪切”，将视觉对象复制或剪切至剪贴板，然后可以将其粘贴至本画布或其他画布的空白区域。

• 在一页画布中可以根据情节需要布设或插入多个视觉对象，移动布设多个视觉对象时，系统会显示边框对齐虚线，以帮助用户排列画面。

- 移动鼠标指向视觉对象中的任意图形，将会显示该图形链接的字段及数据，单击该图形将动态显示链接字段可视化效果，如图 6-9④所示。

（4）添加、删除和命名报表画布页面。默认情况下，报表画布页标签为“第 1 页”，需要添加新页时可以单击右侧“新建页”图标＋。若要删除页面，可移动鼠标至该页面标签，待页标签名右侧显示出“×”按钮时单击之。双击页码或标签，可以重命名该标签，如图 6-9⑤所示。

6.1.5 筛选器窗格

“筛选器”窗格位于报表画布右侧，可以呈折叠或展开状态。当筛选器呈展开状态时，单击右上角双箭头»可将其折叠起来；当筛选器呈折叠状态时，单击其上部双箭头«或筛选器图标◁，可将筛选器展开。下面介绍设置筛选器外观格式，以及使用筛选器的基本用法。

（1）设置筛选器窗格和筛选卡格式。在“可视化”窗格中，单击“设置报表页的格式”→“筛选器窗格”展开箭头>，然后选择“筛选器窗格”和“筛选器卡”格式选项：文本、输入框、页眉、搜索框、边框、背景等，如图 6-10 所示。

图 6-10 设置筛选器窗格和筛选卡格式

（2）“筛选器”窗格中包括视觉对象、页面和全部页面三级筛选器，如图 6-11①所示。为便于操作，在其右上角设置了一些快速操作图标，其含义及用途如下。

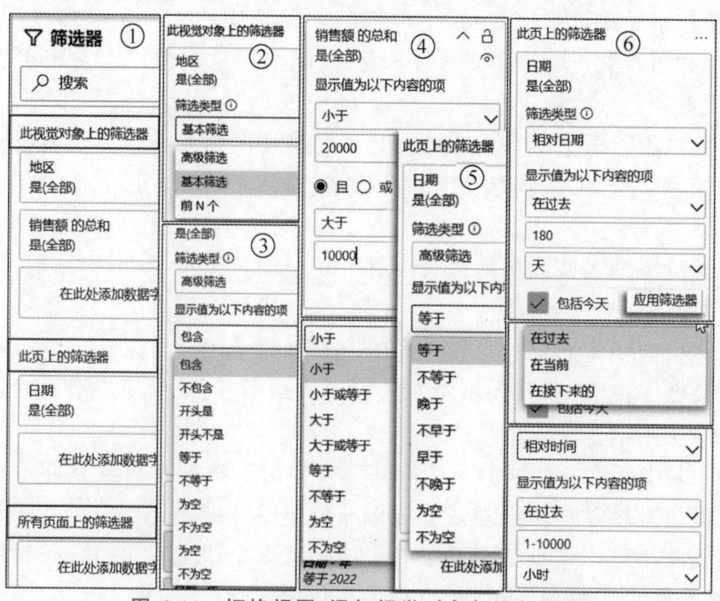

图 6-11 切换视图、添加视觉对象与添加页面

① 三级筛选器右上角的更多选项符“…”：单击此符号，可选择筛选器中要筛选的字段排序方式：“按 A-Z 排序”或“按 Z-A 排序”。

② 每个字段筛选器卡右上角共有 6 种图标，其含义及单击操作结果如下。

- “折叠”按钮 ∧ ：筛选器卡折叠为显示字段名及筛选状况两行。
- “展开”按钮 ∨ ：展开折叠的筛选器卡。
- “锁定”按钮：锁定筛选器状况。
- “删除”按钮 × ：删除筛选器卡。
- “显示”按钮：在网络共享模式下，向报表读取者隐藏筛选器卡。
- “隐藏”按钮：在网络共享模式下，向报表读取者显示筛选器卡。

③ 筛选器执行筛选后，该筛选器卡将呈阴影(Shaded)状显示，以提醒用户。

(3)“搜索”框：在筛选器首行的搜索框可用于搜索本筛选器中的字段。使用方法：输入字段名，然后单击按钮。

(4) 分级筛选器。

① 视觉对象筛选器。创建视觉对象或图表的同时，在筛选器窗格会自动生成相应的筛选器，用于筛选该视觉对象中的字段数据。

② 页面筛选器。打开或添加报表画布页面时，筛选器窗格内会同步加载空白页面筛选器，用户可以从“字段”窗格中将本页字段拖曳至筛选器的“在此处添加数据字段”框，然后使用筛选器筛选本页视觉对象的字段数据。

③ 全部页面筛选器。与页面筛选器相同，在打开或添加报表画布页面时，筛选器窗格内也会同步加载全部页面筛选器，用户可以从“字段”窗格中将要筛选的字段拖曳至该筛选器的“在此处添加数据字段”框，然后进行筛选操作。

(5) 筛选类型及选用。视觉对象、页面和全部页面三级筛选器要筛选的对象均是字段，只是筛选范围不同，因此，可以将三级筛选器中的“筛选类型”归纳如下。

① 基本筛选，如图 6-11②所示。就是在筛选框中排列要筛选字段值列表，从中直接勾选。

- 勾选“全部”，将显示所有值。
- 要显示多个指定值，可取消勾选“全部”，然后勾选指定值。
- 选择筛选框下沿“需要单选”，则一次只能选择列表中的一项。

② 高级筛选，分为文本值与数值高级筛选，如图 6-11③④⑤所示。

- 文本高级筛选。当字段为文本值时，从“筛选类型”中选择“高级筛选”，其选项与 Excel 中“文本筛选”基本相同，只是多了“开头不是”和两组“为空”“不为空”。前一组“为空”指的是“不存在值(null)”，后一组指的是“不包含任何内容”。
- 数字高级筛选。当字段为数字时，可从“显示值为以下内容的项”框中直接选择筛选项。然后在下面的数值框中输入阈值。此组选项中的“为空”“不为空”指的是“不存在值(null)”。数字高级筛选中可使用“且”“或”指定筛选数字的区域。

- 日期高级筛选。当字段为日期值时，从“筛选类型”框中选择“高级筛选”，可以筛选出指定日期或早于、晚于该日期的字段值。操作顺序为：首先，从“显示值为以下内容的项”列表中选择一个选项，如选择“等于”“早于”“晚于”；其次，在其下面一行输入或用鼠标选择一个日期节点；再次，如果有“且”“或”运算，可以输入第二个日期节点；最后，单击“应用筛选器”按钮。

③ 前 N 个。当字段为文本值时，从“筛选类型”框中选择“前 N 个”，可按指定数值字段筛选出“上(从大至小)”前 N 项或“下(从小至大)”，操作顺序如下。

- 选择“上”或“下”并在右侧框内输入 N，例如，输入“3”。
- 从字段表中将要依据的数值字段拖入“按值”框。
- 单击“应用筛选器”按钮。

④ 相对日期和时间筛选。当字段为日期值时，从“筛选类型”框中选择“相对日期”或“相对时间”，可以筛选“在过去”“在当前”或“在接下来的(未来)”日期或时间的字段值，操作顺序如下。

- 从“显示值为以下内容的项”框中选择“在过去”“在当前”或“在接下来的”，如选择“在过去”。
- 在其下面第二行选择日期或时间单位：天、周、月、年，或者分钟、小时。
- 勾选或不勾选“包括今天”复选框。
- 在上述日期或时间单位前面一行输入日期或时间数。例如，筛选过去 180 天的数据，可在日期单位框选择“天”，在日期数据框输入“180”。
- 单击“应用筛选器”按钮，如图 6-11⑥所示。

6.1.6 可视化窗格

“可视化”窗格位于“筛选器”右侧。运用此窗格中的选项或工具，可以添加或更改视觉对象类型，设置视觉对象、页面、筛选器等格式，向视觉对象添加进一步分析。

(1) “生成视觉对象”图标▤：单击此图标可进入生成视觉对象子窗格，其上部为效果类型图标，下部是选定类型的字段表，如图 6-12①所示。有关视觉对象选择及应用问题简要说明如下。

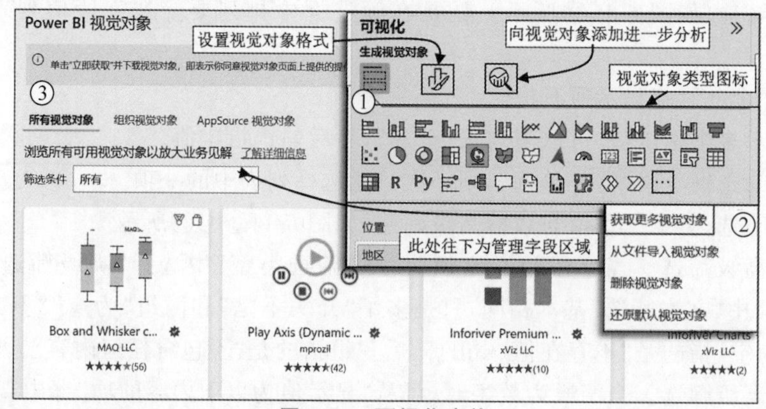

图 6-12 可视化窗格

- 条形图、柱形图、折线图、分区图(面积图)、组合图、瀑布图、漏斗图、散点图、饼图、圆环图、树状图、地图等。这些效果类型与 Excel 工作表中的图表类型基本一致。

- Azure 地图。用于创建地图可视化效果。Azure 地图使用字段存储桶(Bucket)中的纬度和经度检索地理坐标,显示位置信息,并可提供丰富的可视化图形。
- 丝带图。可用于直观显示一组时间序列数据排名变化,每个时间段内排名最高的始终在顶部,丝带图形可形象显示数据的波动。
- 仪表。可用于衡量某项具有目标值的工作进度。半圆弧仪表类似汽车油箱指示表,圆弧内指针表示目标值,其左端为最小值,右端为最大值。
- 卡片图。可用于显示或跟踪单个重要数字。
- 多行卡。可用于显示一行或多行数据点。
- KPI。可用于度量达成关键绩效指标(KPI)的进度。
- 切片器。相当于一个快捷筛选器,可用于筛选页面上视觉对象中的数据。依据类别、范围、日期等格式设置的切片器,可以筛选一个或多个指定值。
- 表。按逻辑序列关系及行、列数据形式显示指定字段数据,包括列头和合计行,可用于查看和比较关键数据。
- 矩阵。以矩阵形式显示指定字段数据,并自动聚合数据。如果字段数据具有层次结构,在矩阵表中可以向下钻取数据。表与矩阵略有区别,表是两个维度,而矩阵可以跨多个维度显示数据。
- R R 脚本。R 是统计学家、数据科学家和业务分析师广泛使用的一种编程语言,使用 R 脚本创建的视觉对象通常称为"R 视觉对象"。选择"R 脚本"视觉类型可以呈现高级数据整理和预测等分析。要创建"R 脚本"可视化效果,须在本地安装 R 语言及 corrplot 包。
- Py Python 脚本。Python 是一种多功能性通用编程语言,可在几乎所有系统架构上运行,可用于 Web 开发、机器学习等不同领域,其丰富的扩展库十分适合制作可视化图表。要使用 Python 视觉对象,需先安装 Python 编程语言及其 Pandas(软件库)与 Matplotlib(绘图库)。
- 关键影响者。可用于突出显示事物的关键指标,以分析主要影响因素。
- 分解树。通过分解树视觉对象,可以在多个维度之间实现数据的可视化,并可按任意顺序向下钻取到各个维度中,还可以自动聚合数据。
- 问答。借助"问答"视觉对象,可以使用自然语言提出和回答有关数据的问题。
- 智能叙述。采取向报表添加文本方式指出数据趋势、关键要点,并添加解释和上下文,以帮助用户了解数据,快速识别重要内容。
- 分页报表。此处"分页(Paginated)"特指设计生成的打印页面及分页。Power BI Desktop 中的图表视觉主要显示在屏幕上,若要打印,就需要使用 Power BI Report Builder 按打印格式对报表页面进行精准设计和布局,生成用于打印或共享的".rdl"报表文件,并发布至 Power BI 服务我的工作区。然后在 Power BI Desktop"可视化"窗格"生成视觉对象"中选用此图标连接并打开".rdl"分页报表。
- ArcGIS 地图。用于将 ArcGIS 地图与 Power BI 结合创建极具描述性的地图视觉对象。通过登录 ArcGIS 检索权威信息,对视觉对象中的数据进行深入分析。
- Power Apps for Power BI。可用于在将 Power App 作为视觉对象嵌入报表中,

以便通过 Power App 发表见解，与他人交互。

- Power Automate for Power BI。可用于将 Power Automate（自动化流）作为视觉对象添加至报表，以使最终用户能够将见解转换为操作。
- 获取更多视觉对象。单击此图标可打开选项列表，如图 6-12②③所示。
  - ◆“获取更多视觉对象”：选择此项，可打开 Power BI 视觉对象资源库，从中挑选要获取的对象。
  - ◆“从文件导入视觉对象”：Power BI 视觉对象（SDK），可基于 D3、jQuery 等热门 JavaScript 库，以及 R 语言脚本，自行创建。此选项可用于导入自定义视觉对象。
  - ◆“删除视觉对象”：此选项用于删除从资源库或文件导入的视觉对象。需要清除所有导入的视觉对象时，可以选择“还原默认视觉对象”。
- 管理字段。在上述视觉对象图标下部排列着选定类型的字段数据存储桶（Buckets）或存储井（Wells）。存储桶是指存储可视化图表数据字段的 X 轴、Y 轴、值等方框。例如，如果选择条形图，则会看到“轴”“图例”“值”等数据字段方框。当选择某个字段时，或将其拖到画布上时，Power BI 会自动将该字段添加到其中一个存储桶中。操作时，可以直接将“字段”列表中的字段拖曳至存储桶中。

（2）“设置视觉对象格式”。单击此图标可进入设置视觉对象格式子窗格，为页面、画布及图表进行多种多样的格式设置，包括标题和文本的字体、颜色、字号、对齐，以及可视化效果背景及图例等。视觉对象格式与页面格式。

（3）“向视觉对象添加进一步分析”。选择此图标可进入分析子窗格，对图表数据进行动态可视化分析，如添加最大值线、最小值线、平均值线、中值线、百分位线、恒线、趋势线等。可视化图表类型决定了动态数据分析的具体内容。例如，散点图有最值、均值、百分位等线段，而堆积面积图只有恒线。

6.1.7 数据窗格

“数据”窗格显示加载或转换至 Power BI 中的表、文件夹和字段数据，是创建可视化效果的数据源，如图 6-13 所示。在此窗格中选择字段数据拖曳至画布中的视觉对象，Power BI 会进行最佳推测并安排视觉中的数据，用户可以根据情况拖曳调整该数据在“可视化窗

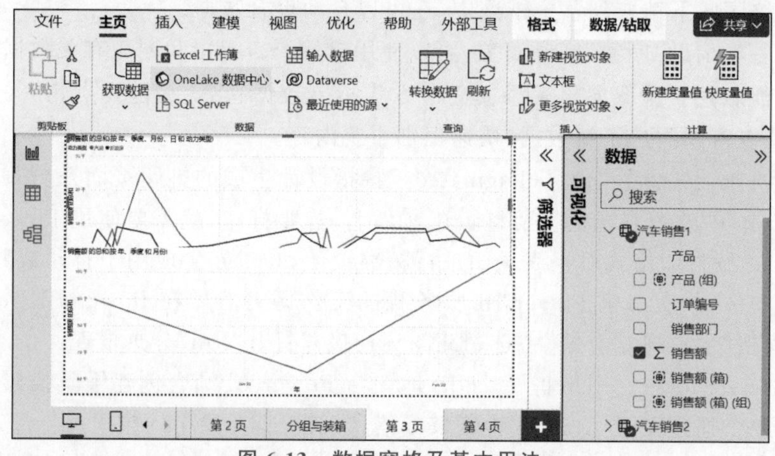

图 6-13　数据窗格及基本用法

格”视觉对象数据表中的位置，也就是将数据从一个存储桶移动到另一个存储桶。例如，可将字段在图例、轴或值等存储桶之间调整。

将数据拖曳到页面空白区域，可以启动一个新的可视化效果。将字段拖曳到现有视觉对象，可以添加可视化效果内容。无论哪种方式，每个所选的字段都会被添加到报表编辑器中的“可视化”窗格。在“字段”窗格中还可以进行显示/隐藏字段、添加计算等操作。

6.2 导入和转换数据

在 Power BI 中，可以获取和转换来自 Excel、SQL Server、Analysis Service、文本/CSV、Web、OData 等各种外部数据源。在 Power BI 中可以直接打开 Power Query 编辑器，搜索、导入和转换外部数据源。获取和转换的数据可保存为 Power BI 数据集。如果是公司或单位成员共享数据集，可存储在 Power BI 服务的共享云盘。通常，Power BI 服务的共享数据集容量大小限制为 1GB，如果需要更大的容量，需要使用 Power BI Premium 版。

6.2.1 获取数据

启动 Power BI Desktop 后，在空白画布中显示着 4 个图标：“向报表中添加数据”“从 Excel 导入数据”“从 SQL Server 导入数据”“将数据粘贴到空白表中”“尝试示例数据集”，如图 6-14 所示。

（1）“从 Excel 导入数据”：单击此图标，可以通过“打开”Excel 文件对话框导入数据。

（2）“从 SQL Server 导入数据”：单击此图标，可以从指定的服务器及 SQL Server 数据库导入数据。

（3）“将数据粘贴到空白表中”：选择此图标，系统将打开一个空白表，用户可以将其他系统或网页中的数据复制到剪贴板，然后再粘贴至该表。

（4）“尝试示例数据集”：单击此选项，将显示“使用示例数据的两种方法”对话框，可从中选择“联机学习教程”或“亲自动手试验”方法尝试示例数据集。

（5）单击底部“从另一个源获取数据”，系统将打开“获取数据”对话框。用户可以通过此对话框从各种资源中搜索、连接和导入数据。

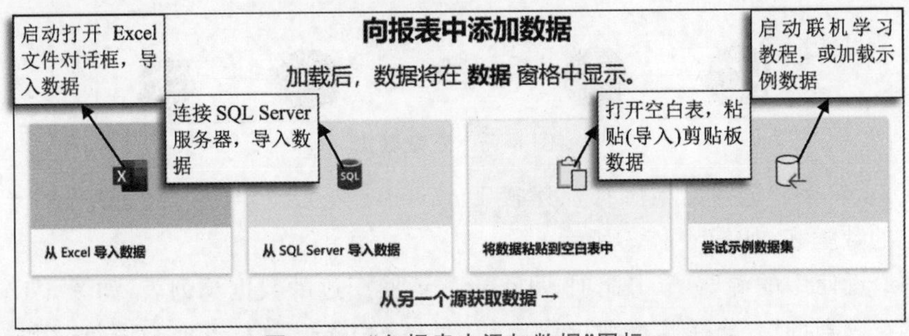

图 6-14　“向报表中添加数据”图标

在“主页”选项卡“数据”组排列获取数据、输入数据、打开最近使用的数据等选项，如图 6-15①所示，有关说明如下。

（1）单击“获取数据”下拉箭头可以打开“常用数据源”列表，如图 6-15②所示。

(2)“Excel 工作簿”、SQL Server 数据源选项与上述画布显示的图标选项相同。

(3)OneLake 数据中心。此选项下拉列表中有“Power BI 数据集”“数据市场”“湖屋”等选项,可用于打开 Power BI 在线服务中对应的数据区,从中搜索用户及组织存储的数据或文件,按需要选择和导入数据,如图 6-15 中的③所示。

(4)“数据流”:单击此选项可以打开连接 Microsoft 数据流的“导航器”,从数据流中筛选和导入需要的数据,如图 6-15④所示。

(5)“输入数据”:单击此选项可以打开空白数据表,用户可以直接输入或粘贴数据创建表。完成数据输入后,单击“加载”按钮,新创建的表将被加载至“字段”窗格;单击“编辑”将会打开 Power Query 编辑器,待编辑完成单击“关闭并应用”按钮,该表也将被添加至“字段”窗格。

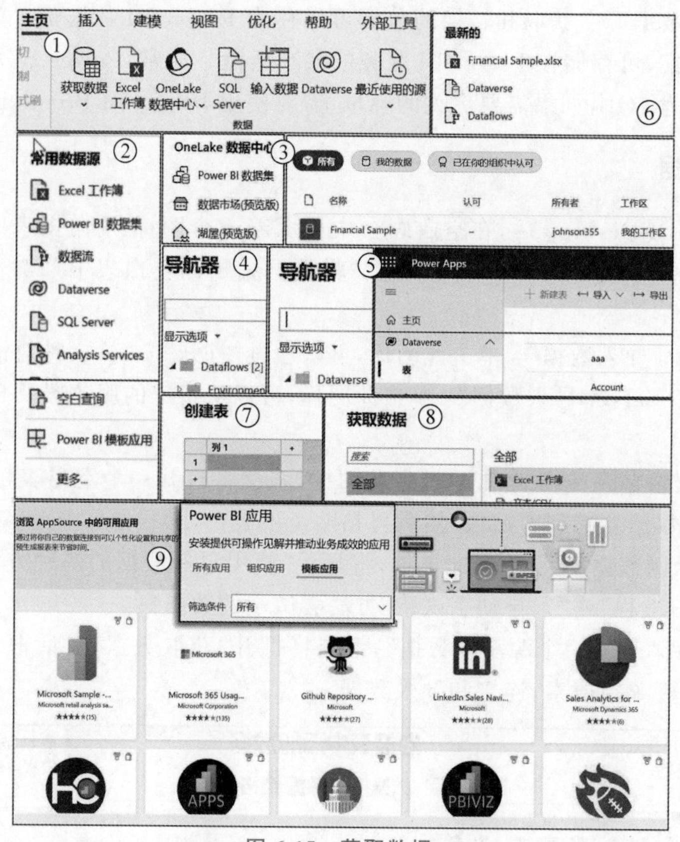

图 6-15 获取数据

(6)Dataverse:选择此项可打开连接 Dataverse 数据源“导航器”,筛选并导入存储在 Dataverse 的数据表,如图 6-15⑤所示。

(7)“最近使用的源”:单击此项,可查看最近使用过的数据源列表,如图 6-15⑥所示。

(8)“空白查询”:选择此选项可以启动 Power Query 并打开空白查询,用户可以输入数据表,或者使用 M 语言创建查询,然后将查询或数据表添加至“字段”窗格,如图 6-15⑦所示。

(9)其他数据源与 Excel 工作表中“获取数据”下拉列表中数据源选项基本相同。单击下拉列表最后一行中的“更多”,或者直接单击“获取数据”图标则可以打开“获取数据”对话框,其中含有全部数据源。系统将打开含有全部数据源列表的“获取数据”对话框，如图 6-15⑧所示。

(10) Power BI 模板应用。选择此项，系统将打开 Power BI 服务“我的工作区”并弹出“Power BI 应用”对话框，其中排列着各式各样的应用模板或示例，用户可以根据需要选择、获取和借鉴，如图 6-15⑨所示。

提示

(1) 数据流(Dataflows)是一种基于云的自助式数据准备技术。客户可用它从不同的数据源获取并转换数据，然后将数据引入和加载到 Dataverse 环境、Power BI 工作区或组织的 Azure Data Lake 存储账户中。

(2) Dataverse 是一个数据平台或数据空间，可用于存储、共享和管理应用程序使用的各种数据集或表。表中的每一列都设计为存储某种类型的数据，例如，姓名、年龄、薪资等。通常，由企业或组织创建、维护或管理 Dataverse 平台，使用企业或学校电子邮箱注册的用户可以登录 Power Apps 搜索或添加 Dataverse 平台数据。

6.2.2　转换与保存数据

从 Excel 工作簿、SQL Server、文本/CSV、Web、OData 等获取的数据不能直接满足创建可视化报表要求时，可以从“主页”选项卡上选择“转换数据”打开 Power Query 编辑器，然后对数据进行筛选、合并等转换操作，达到要求后可关闭编辑器并上载至 Power BI。

示例 6-1　将 Excel 工作簿数据转换为 Power BI 数据集。以“汽车销售 PB.xlsx”文件为例，在 Power BI 中转换与保存 Excel 工作簿数据的操作方法和步骤如下。

(1) 启动 Power BI。

(2) 单击“主页”→“Excel 工作簿”，或者单击“主页”→“转换数据”→“新建源”→“Excel 工作簿”。

(3) 在“打开”对话框中找到要导入的文件名“汽车销售 PB.xlsx”，然后单击“打开”按钮，如图 6-16①所示。

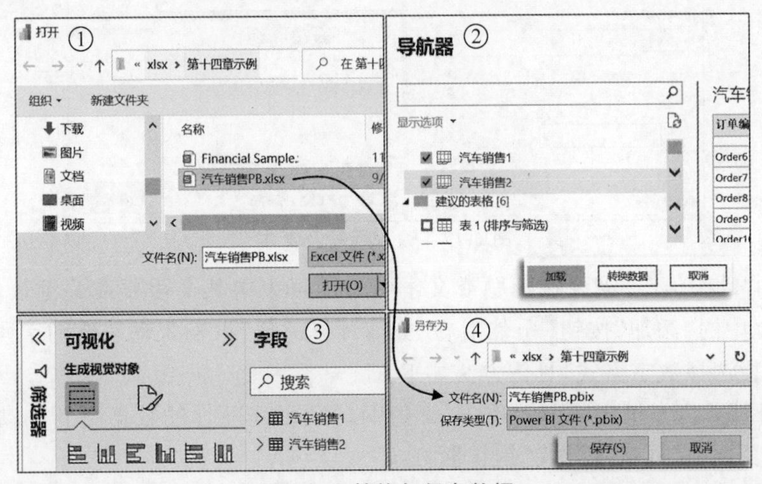

图 6-16　转换与保存数据

(4) 在“导航器”中选择要导入的数据表，然后单击“转换数据”按钮。如果不需要转换可以单击“加载”，直接将数据加载至“字段”窗格，如图 6-16②所示。

（5）在 Power Query 编辑器中进行筛选、合并等转换操作。

（6）完成转换操作后，单击“主页”→“关闭并应用”，将数据表应用于 Power BI。此时，在“字段”窗格可以看到这些被转换添加的表及字段，如图 6-16③所示。

（7）进行数据分析、制作可视化报表后，单击“文件”→“保存”。

（8）在“另存为”对话框中输入文件名并单击“保存”按钮，将文件保存为 Power BI 数据集，如图 6-16④所示。

6.3 创建报表

导入并转换数据后便可以创建可视化报表。本节重点介绍“插入”选项卡上创建报表工具的用法，并以示例 6-1 中“汽车销售 PB.pbix”数据集为例，讲解创建报表的方法。

6.3.1 标题及文本

示例 **6-2** 为报表添加标题或文本说明。从“插入”选项卡选择“文本框”可以为报表添加标题或文本说明，具体操作步骤如下。

（1）启动 Power BI，单击“文件”→“浏览报表”，打开“汽车销售 PB.pbix”。

（2）在“导航”栏单击“报表视图”图标。

（3）单击“插入”→“元素”→“文本框”。

（4）输入标题。在“文本框”中输入“汽车销售额”，然后在弹出的文本格式框中为输入的标题或文本设置格式。本例选择字体为 Arial Black，字号为 18，并选择左对齐格式，如图 6-17①所示。

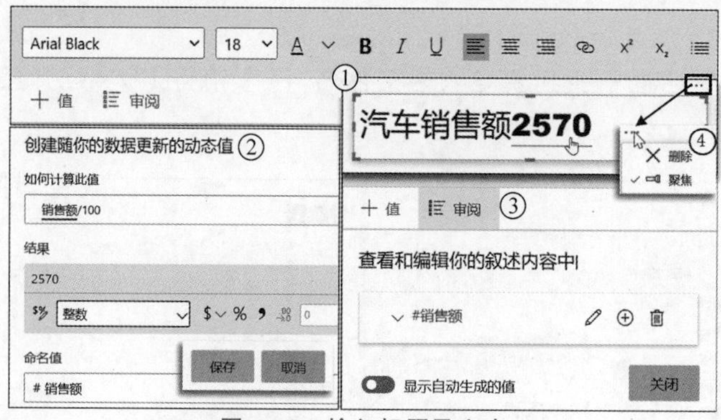

图 **6-17** 输入标题及文本

（5）添加“动态值”。需要在标题或文本中添加报表中某个重要或关键数值时，可以单击文本格式框中的“添加”按钮＋，然后在“如何计算此值”框输入动态值的字段名称或计算公式，在格式栏选择数字格式，具体方法如下。

① 输入标题“汽车销售额”后，单击“＋值”打开“创建随你的数据更新的动态值”框，然后在“如何计算此值”框输入公式“销售额/100”。

② 在格式框为动态值选择一种格式，本例选择“整数”格式，如图 6-17②所示。

③ 需要审查或编辑动态值时，可单击“审阅”，打开“查看和编辑你的叙述内容中的值”栏，然后单击“编辑值”按钮、“插入值”按钮或“删除值”按钮。

④ 根据需要选择或取消“显示自动生成的值”选项，如图 6-17③所示。

(6) 需要在标题或文本中插入链接时，可单击“插入链接”图标；要使用上下标字符时，可单击“上标”图标或“下标”图标；要为标题或文本添加序号时，可单击“项目符号列表”图标。

(7) 用鼠标调整标题及文本框的大小、位置及聚焦效果。

① 移动鼠标指向文本框角部或边框中部加粗线段，鼠标指针变成双向箭头时，按住鼠标可以调整文本框大小。

② 指向文本框内，鼠标指针变成箭头时，按住鼠标拖曳可以移动文本框。

③ 指向标题或文本，鼠标指针变成插入文本光标时，单击可以插入并编辑文本。

④ 指向动态值，鼠标变成手指图标时，单击可打开编辑动态值对话框。

⑤ 单击右上角“更多选项”图标，可打开“删除”或“聚焦”选项，操作时可按需要选择，如图 6-17④所示。

6.3.2　视觉一：用地图显示地点销售额

创建地图视觉对象，可以形象地分析与地理有关的信息。

示例 6-3　用地图显示“汽车销售”分布情况。在示例 6-2 插入的标题和文本下面用地图显示公司在各地区汽车销售额情况，具体操作步骤如下。

(1) 在“字段”窗格，勾选“汽车销售 1”表中的“∑销售额”和“汽车销售 2”中的“地区”。或者，直接将上述字段拖曳至画布的空白区域，如图 6-18①所示。

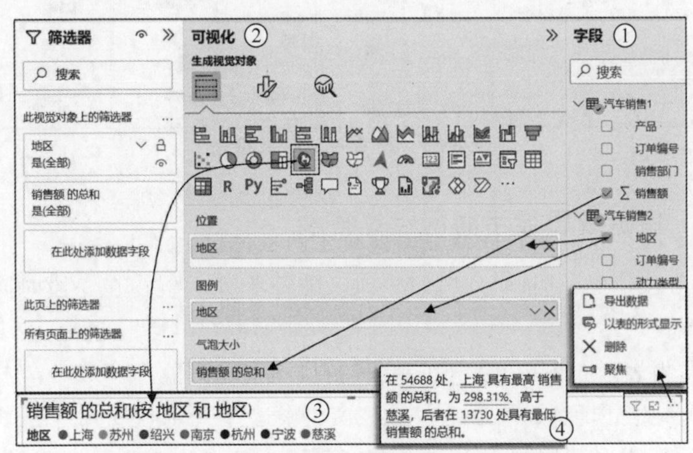

图 6-18　用地图及气泡图显示各地销售额

(2) 在“可视化”窗格中单击“地图”图标，然后将“地区”字段分别拖曳至“位置”框和“图例”框，将“∑销售额”拖曳至“气泡大小”框，如图 6-18②所示。

(3) 调整地图显示区域及画框大小。单击地图并按住鼠标左键可以上下左右移动地图；移动鼠标指向地图框角部或中部加粗框线，待鼠标变成双向箭头时按住鼠标可调整图框大小；单击“矩形选择”图标，可以用矩形框选定要显示的地图区域；单击⊕、⊖按钮，可以放大或缩小地图，如图 6-18③所示。

(4) 右上角图标菜单说明。

① 单击“视觉对象上的筛选器”按钮，可以打开“筛选器”，筛选视觉对象中的数据。

② 单击“焦点模式”图标[icon]，可以全屏聚焦显示此视觉对象。

③ 单击“更多选项”图标…，可以选择“导出数据”“以表的形式显示”“删除”或“聚焦”等操作。

(5) 右击地图，选择“汇总”，系统会自动分析比较各点销售额合计，并以文本框形式显示结果。单击此文本框，然后单击“文本”对话框上的“审阅”可以查看和编辑文本框显示的内容，如图 6-18④所示。

(6) 为地图设置格式。单击“可视化”窗格中的“设置视觉对象格式”选项[icon]，然后分别打开“视觉对象”和“常规”两个标签，为地图设置格式，如图 6-19 所示。

① “视觉对象”：此标签内是一组自动匹配视觉对象格式的设置选项。例如，“地图”视觉对象的格式设置选项为“地图设置”“图例”“气泡”“类别标签”4 部分。

② “常规”：此标签内是适合各种类型视觉对象的常规格式设置选项，主要内容有“属性”“标题”“效果”“标头图标”“工具提示”和“可选文字”。

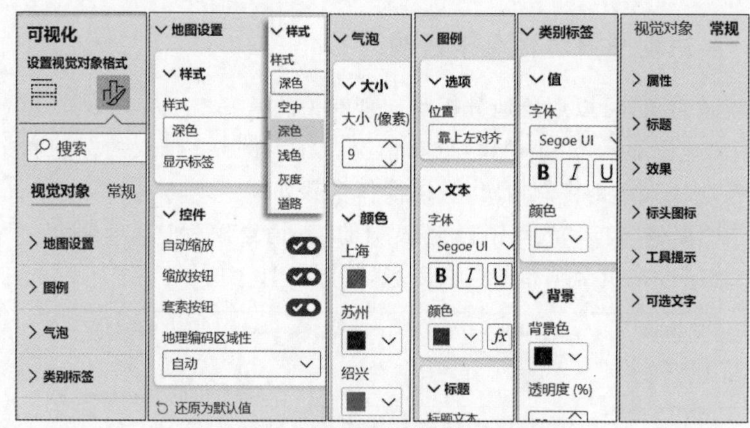

图 6-19 设置视觉对象格式

6.3.3 视觉二：用折线图显示时间点销售额

折线图可以形象地显示时间序列数据特征，常用于分析事物在一段时间内的波动情况及发展趋势。

示例 6-4 在报表画布上创建“汽车销售”折线图视觉对象。

(1) 单击“画布”空白区域，然后从“字段”窗格中选择 X 轴与 Y 轴字段。

① X 轴。通常，以时间序列为 X 轴。在“字段”窗格，单击“汽车销售 2”→“日期”→“日期层次结构”，勾选“年”“季度”“月份”和“日”。

② Y 轴。为与 X 轴相对应数值轴。在“汽车销售 1”表中勾选“∑销售额”。

③ 或者，直接将上述字段拖曳至空白区域。

(2) 单击“可视化”窗格中的“折线图”图标[icon]，如图 6-20①所示。

(3) 使用鼠标查看、分析各时间段折线图，按需要钻取数据和调整视觉。

① 移动鼠标至折线某个拐点，系统会动显示该点日期(X 值)、销售额(Y 值)及“向上钻取”或“向下钻取”选项，方便用户分析和选择，如图 6-20②所示。

② 在图表右上角排列着钻取或展开层次结构数据的图标选项，其中，↑为向上钻取，↓

为向下钻取，⇊为转至层次结构中的下一级别，⫛为展开层次结构中的所有下移级别，如图 6-20③所示。

③ 右击绘图区或标题区可以打开相应的快捷菜单。使用鼠标快捷菜单可以对图表数据进行“钻取”“包括”“排除”“分析”“分组”“汇总”等操作，还可以复制视觉对象，如图 6-20③所示。

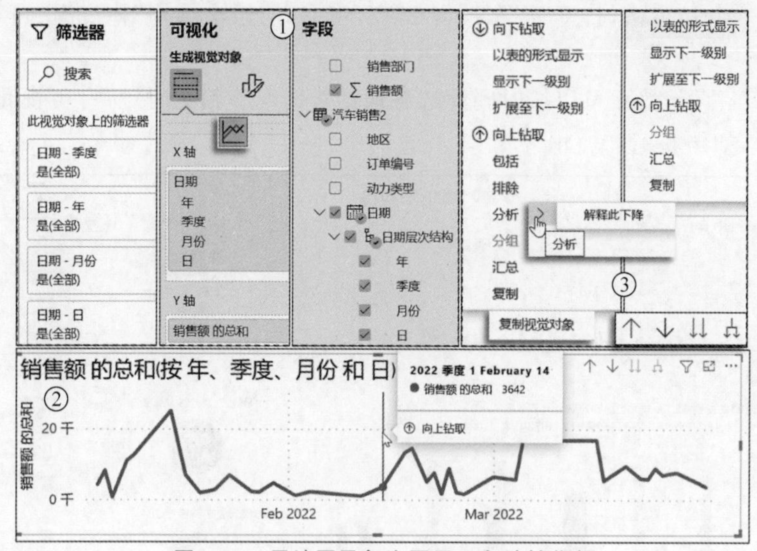

图 6-20　用地图及气泡图显示各地销售额

6.3.4　视觉三：用柱形图比较部门各地销售额

运用直方图可以直观地比较各部门销售额的差别。

示例 6-5　用柱形图比较“汽车销售”中各部门在各地区销售额数据。

(1) 单击“画布”空白区域，然后在“可视化”窗格中单击“簇状柱形图”图标。

(2) 在“字段”窗格，打开“汽车销售 1”表，将“销售部门”拖曳至“可视化”窗格中“图例”框，将“销售额”拖曳至“可视化”窗格 Y 轴框。

(3) 打开“汽车销售 2”表，将“地区”拖曳至“可视化”窗格 X 轴框，如图 6-21①所示。

6.3.5　视觉四：用饼图比较各部门销售额

饼图、环形图可以形象地显示部分与整体，以及部分之间的关系。

示例 6-6　用饼图分析“汽车销售”中各部门销售情况，用环形图分析各地区销售情况。

(1) 单击“画布”空白区域，然后在“可视化”窗格单击“饼图”图标。

(2) 进入“字段”窗格，打开“汽车销售 1”表，将“销售部门”拖曳至“可视化”窗格中“图例”框，将“销售额”拖曳至“可视化”窗格“值”框。

(3) 单击“画布”空白区域，然后在“可视化”窗格单击“环形图”图标。

(4) 进入“字段”窗格，打开“汽车销售 2”表，将“地区”拖曳至“可视化”窗格中“图例”框，然后将“销售额”拖曳至“可视化”窗格“值”框，如图 6-21②所示。

6.3.6 视觉五：建立切片器

切片器可用于筛选所有可视化效果中的数据并按筛选结果动态显示这些可视化效果。

示例 6-7 用切片器筛选、分析“汽车销售”情况。

(1) 单击“画布”空白区域，然后在“可视化”窗格单击切片器。

(2) 进入“字段”窗格，打开“汽车销售 2”表，将“日期层次结构”拖曳至“可视化”窗格中“字段”框。

(3) 选择切片器，然后可以按时间筛选各地销售情况。筛选时，所有可视化对象会同步显示筛选结果，如图 6-21③所示。

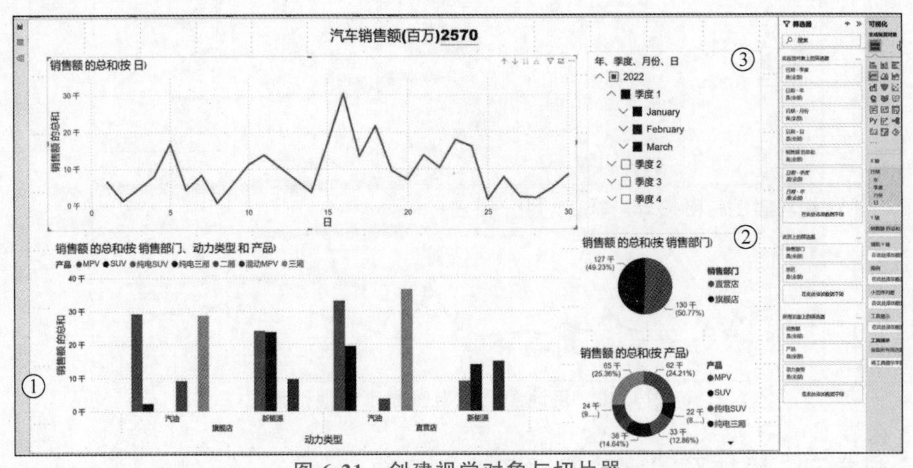

图 6-21 创建视觉对象与切片器

6.3.7 保存并发布报表

创建报表后可以将其保存为 Power BI 报表文件(.pbix)，并可以将其发布到 Power BI 服务“我的工作区”保存或与组织成员共享。

在 Power BI 中使用“汽车销售 PB”数据集创建包括各种视觉对象的报表后，可以按如下步骤保存和发布报表。

(1) 单击“文件”→“保存”，然后在“另存为”对话框中输入文件名“汽车销售 PB.pbix”并单击“保存”按钮。

(2) 单击“文件”→“发布”→“发布到 Power BI”。

(3) 选择发布目标(文件存放位置)后，单击“选择”按钮。

发布成功后系统会返回信息，如图 6-22 所示。尚未注册账户的，需要先登录 Power BI 服务注册，之后再进行发布操作。

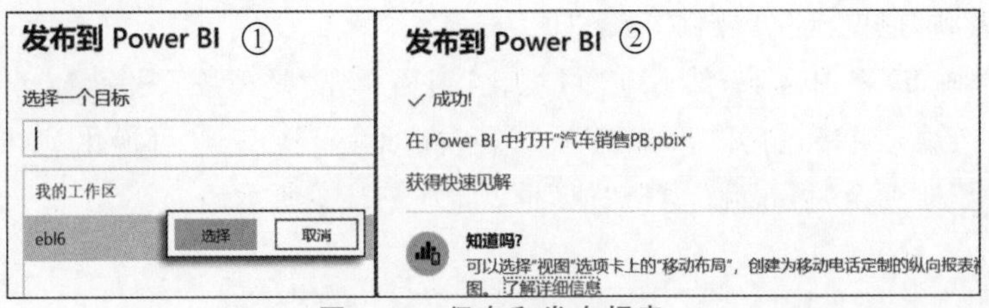

图 6-22 保存和发布报表

6.4 钻取、交互与插入元素

创建可视化报表后，在筛选、钻取数据时，报表中视觉对象将同步显示筛选、钻取的结果。使用数据集或模型建立多个视觉对象后，在其中一个视觉对象选择、筛选或钻取数据，会影响其他视觉对象可视化数据及效果。这种影响被称为交互（Interactions）。默认情况下，在视觉对象或报表页进行交叉选择、筛选或钻取，数据集或模型中其他视觉对象可视化效果会按选择、筛选或钻取结果同步变化。例如，在地图可视化组件上选择一个城市突出显示，柱形图、折线图也会同步显示该城市数据。本节介绍筛选、钻取和编辑交互的方法。

6.4.1 突出显示

在视觉对象中选择某个或某些数据图形时，被选择的数据图形将会突出显示，其他数据图形则会暗显，但保持可见。使用筛选器可以筛选出关注的数据及图形，而其他数据图形则不会显示。

示例 6-8　突出显示“汽车销售 PB.pbix”报表中重要或关注的数据。

(1) 启动 Power BI，打开“汽车销售 PB.pbix”。

(2) 突出显示上海市销售情况。在地图视觉对象中单击“上海”蓝色气泡图。此时，地图中显示上海市销售量的蓝色气泡被加亮，其他地区销售量气泡变为浅色暗显。

(3) 查看其他视觉对象，上海市销售额均呈突出显示状态，如图 6-23 所示。

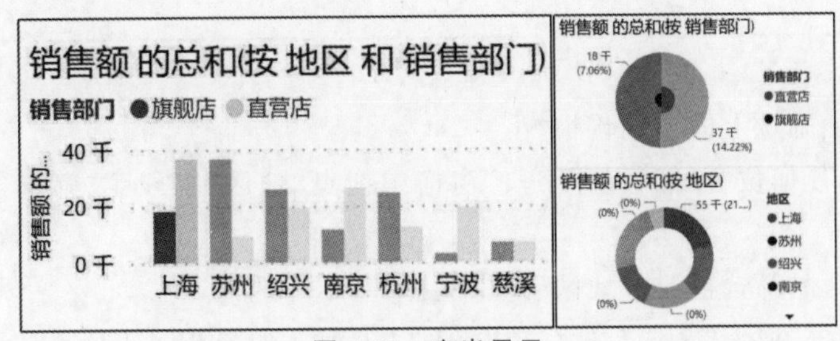

图 6-23　突出显示

(4) 取消突出显示。在地图视觉对象上，单击气泡之外的空白位置可取消突出显示。

(5) 突出显示多地区旗舰店销售情况。在簇状柱形图视觉对象上，单击上海旗舰店销售额柱状图，然后按住 Ctrl 键，单击绍兴、杭州和慈溪旗舰店销售额柱状图。此时，选定地区的旗舰店销售额柱状图被加亮突出显示，如图 6-24 所示。

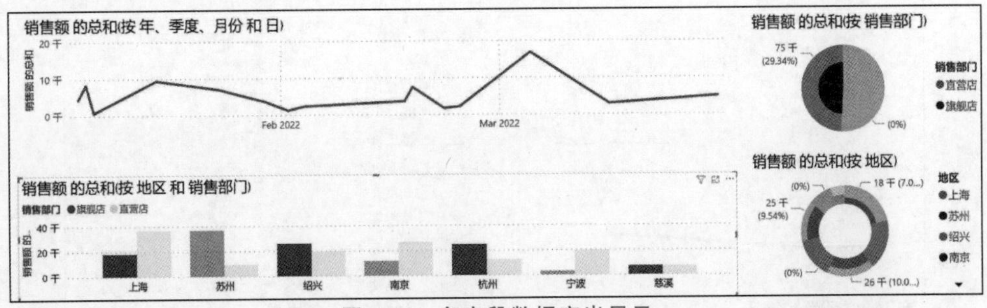

图 6-24　多字段数据突出显示

6.4.2 筛选

在 Power BI 桌面，可以在“筛选器”窗格中筛选报表数据，也可以选择创建切片器来筛选报表数据。

示例 6-9 在“汽车销售 PB.pbix”报表中使用筛选器或切片器筛选数据。

(1) 启动 Power BI，打开“汽车销售 PB.pbix”。

(2) 在地图视觉对象上筛选上海市销售情况。

① 单击选择地图视觉对象，然后在“筛选器”窗格“此视觉对象上的筛选器”的“筛选类型”框中选择“基本筛选”。

② 在“搜索”框中取消“全选”，然后单击勾选“上海”，如图 6-25 所示。

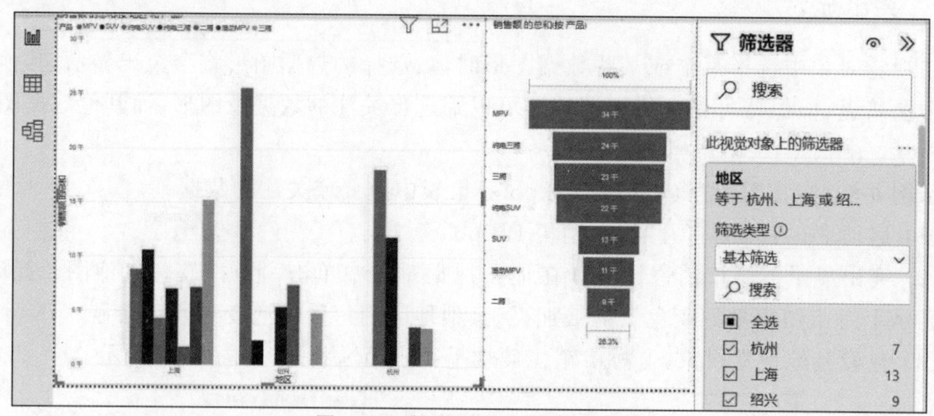

图 6-25 视觉对象上的筛选器

(3) 在此页面筛选上海市销售情况。

① 单击页面任何位置，然后从“字段”窗格中拖曳“地区”字段至“筛选器”窗格的“此页上的筛选器”上。

② 在“此页上的筛选器”栏“地区”框中选择“基本筛选”。

③ 在“搜索”框，取消“全选”，然后单击勾选“上海”，如图 6-26①所示。

(4) 用日期切片器筛选在上海地区 2022 年 1～2 月销售情况。

① 在上述页面筛选之后，单击日期切片器。

② 选择 2022 年季度 1“January”和“February”，如图 6-26②所示。

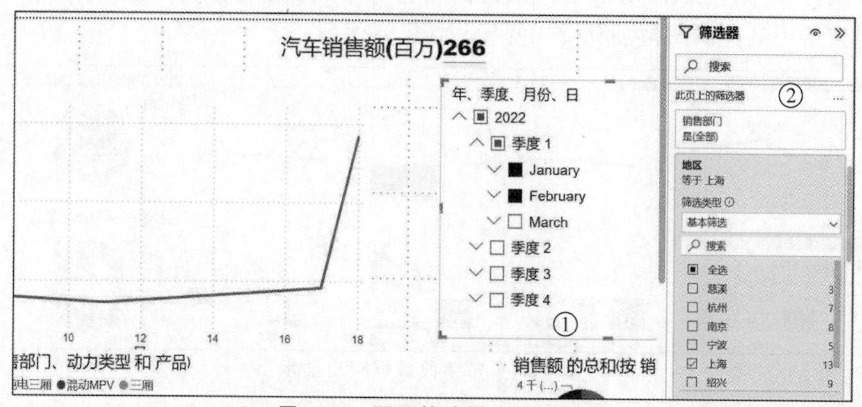

图 6-26 页面筛选器或切片器

(5) 在所有页面筛选销售额大于或等于 3000 万元的新能源产品,如图 6-27 所示。

① 在"筛选器"窗格,分别单击"此视觉对象上筛选器"和"此页上筛选器"的"清除筛选器"按钮,然后在日期切片器中单击"清除选项"按钮。

② 从"字段"窗格拖曳"销售额"和"动力类型"字段至"筛选器"窗格"所有页面上的筛选器"。

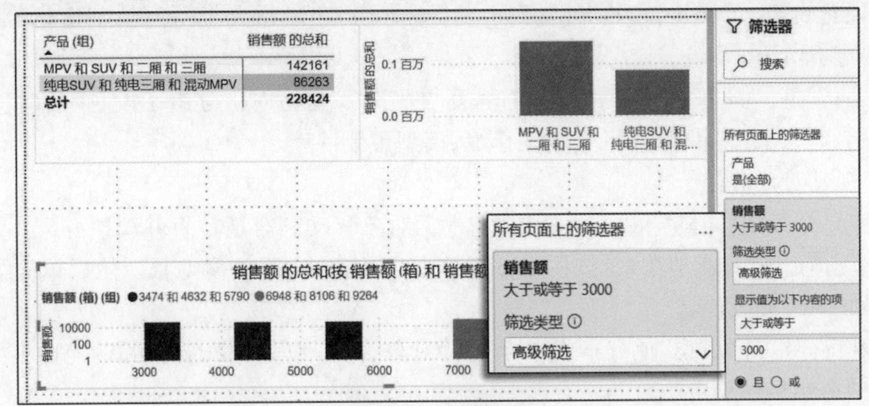

图 6-27 高级筛选

③ 在"所有页面上的筛选器"的"销售额"字段"筛选类型"框中选择"高级筛选",然后在"显示值为以下内容的项"框中选择"大于或等于"并在方框内输入 3000。之后,单击"应用筛选器"。

④ 在"动力类型"筛选栏"搜索"框中勾选"新能源",如图 6-27 所示。

6.4.3 分组与装箱

在创建或编辑报表时,可以采取分组方法来深入分析数据或简化操作。报表中的分组有两类:一类是数据分组,就是统计学中常用的分组分析数据方法,如产品种类、价格区间等;另一类是对象分组,是将两个或多个视觉对象组合成一组对象。装箱(Binning)是自动将列数据分段装箱并进行相关聚合计算(求和、平均等)生成"箱"列的方法。这种装箱与数据分组类似,装箱后,也可以对其中任意"箱"进行分组。

示例 6-10 用分组与装箱方法分析"汽车销售 PB.pbix"报表的数据。

(1) 启动 Power BI,打开"汽车销售 PB.pbix"。

(2) 单击导航栏"数据视图"图标,然后在"字段"窗格展开"汽车销售 1"字段,右击"产品"字段,从快捷菜单中选择"新建组"打开"组"对话框,如图 6-28①所示。

(3) 在"组"对话框"名称"框中可以重新输入组名称,然后按产品名称分组。

① 在"未分组值"表选择新能源产品。按住 Ctrl 键逐项单击"纯电 SUV""纯电三厢""混动 MPV",然后单击"分组"按钮。

② 再次按住 Ctrl 键逐项单击燃油产品 MPV、SUV、"二厢"、"三厢",之后单击"分组"按钮。

③ 在"组和成员"框检查分组列表,无误后,单击"确定"按钮,如图 6-28②所示。

④ 完成上述分组后,系统会自动在数据表中添加"产品(组)"列。

(4) 创建产品分组视觉对象。

① 单击导航栏"报表视图"图标后,在页标签中单击"新建页"按钮,然后双击"新建

页”标签并重命名为“分组与装箱”。

② 在“可视化”窗格中单击“矩阵”图标，然后将“字段”窗格中“产品(组)”字段拖曳至“可视化”窗格“行”框，将“销售额”字段拖曳至“可视化”窗格“值”框，如图 6-28③所示。

③ 单击画布空白处后，在“可视化”窗格单击“簇状柱形图”，然后将“字段”窗格中“产品(组)”字段拖曳至“可视化”窗格“X 轴”框，将“销售额”字段拖曳至“可视化”窗格“Y 轴”框，如图 6-28④所示。

(5) 编辑组。需要修改或编辑分组时，可在“字段”窗格右击分组字段“产品(组)”，然后选择“编辑组”。要删除分组，可直接选择“从模型中删除”。

(6) 视觉对象分组。

① 将要分组的“矩阵”和“簇状柱形图”视觉对象移动到合适位置并调整好大小。

② 单击“矩阵”视觉对象后，按住 Ctrl 键单击“簇状柱形图”视觉对象。然后单击“格式”→“分组”，如图 6-28⑤所示。

③ 要将分组对象与其他分组或单个视觉对象合并，应先选择要合并的对象，然后单击“格式”→“分组”→“合并”。

④ 取消视觉对象分组。先单击已分组的视觉对象，然后单击“格式”→“分组”→“取消分组”。

⑤ 隐藏或显示分组视觉对象。单击“视图”→“显示窗格”→“选择”，打开“选择”窗格，然后可选择展开分组和“隐藏此视觉对象”或“显示此视觉对象”。

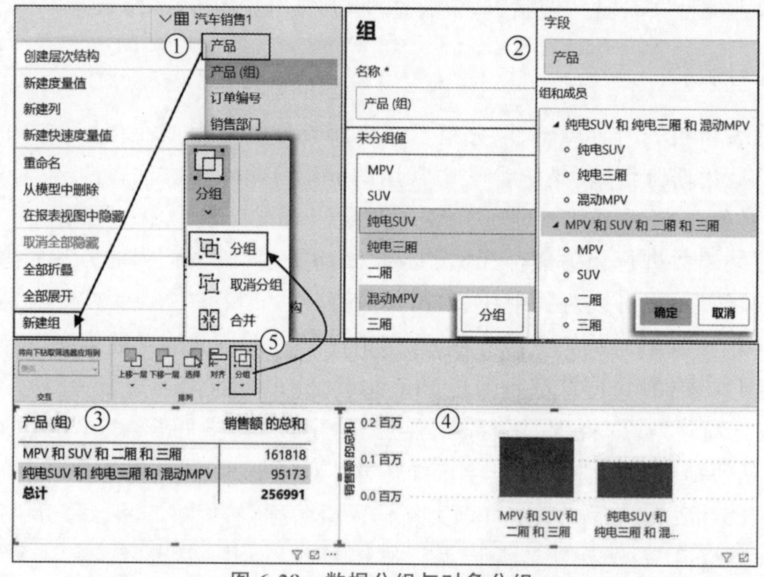

图 6-28　数据分组与对象分组

(7) 装箱。在报表或数据表中对于数字或时间列字段，可以按列设置装箱并生成分箱列。单击导航栏“数据”图标后，在“字段”窗格展开“汽车销售 1”，右击“销售额”字段，从快捷菜单中选择“新建组”打开“组”对话框，如图 6-29①所示。

① 在“组”对话框“名称”框中输入或确认组名称。

② 在“组类型”框选择“箱”，如图 6-29②所示。如选择“列表”则直接按数值分组。

③ “装箱类型”选择“装箱大小”或“箱数”，如图 6-29③所示。

④ 在“装箱大小”框确认或调整装箱大小“1158”。装箱大小计算公式为

=(最大值－最小值)/箱数=(9400－135)/8=1158.125(取整为 1158)

其中,箱数“8”为系统自动推荐箱数,用户也可以自定义箱数。

⑤ 完成上述设置后单击“确定”按钮,在数据表中将添加计算列“销售额(箱)”。

⑥ 如果在“装箱大小”框选择“箱数”,则会显示“装箱计数”和“装箱大小”两个选项框。此时,调整装箱计数,系统会自动计算装箱大小,如图 6-29④所示。需要默认设置时可单击“还原为默认值”按钮。

(8) 创建分箱视觉对象。

① 单击导航栏中的“报表”,并在画布上选择空白区域,然后在“可视化”窗格中单击“簇状柱形图”。

② 在“字段”窗格单击新添加的“销售额(箱)”字段并将其拖曳至“可视化”窗格“X 轴”;单击“销售额”字段并将其拖曳至“可视化”窗格“Y 轴”。

(9) 为分箱数据分组。创建数据分箱列后,可以继续按箱分组。

① 在分箱视觉对象中单击第 1 数据箱,然后按住 Ctrl 键单击第 2、3 数据箱。

② 单击功能区“数据/钻取”→“组”→“新建数据组”。

③ 按上述步骤,分别将 4、5、6 箱和 7、8、9 箱分组,如图 6-29⑤所示。

④ 编辑分箱数据组的步骤:选择要编辑的分箱数据组后,单击“数据/钻取”→“组”→“编辑数据组”。

⑤ 删除分箱数据组,在“字段”窗格中右击该组,并选择“从数据模型中删除”。

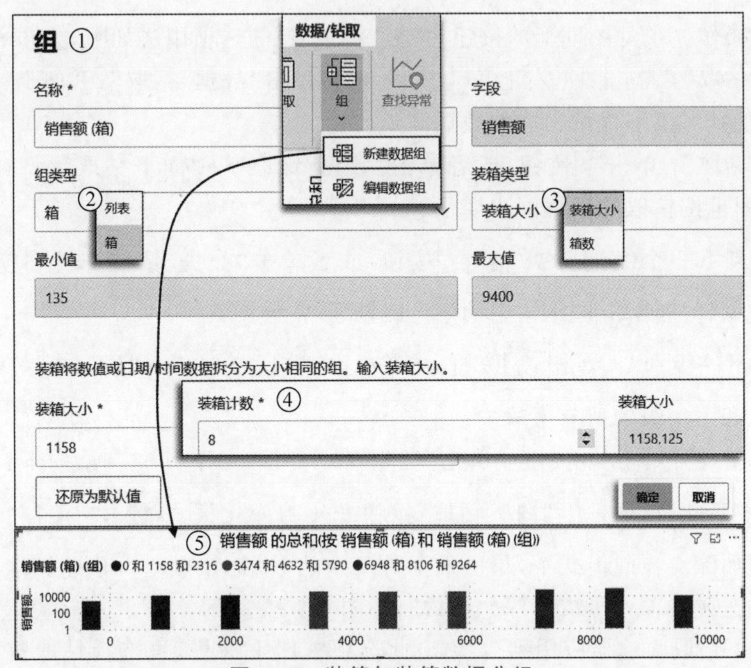

图 6-29　装箱与装箱数据分组

6.4.4　钻取与查看视觉对象、数据点表

在 Power BI Desktop 功能区“数据/钻取”选项卡上有“钻取操作”和“显示”两组选项。

创建和编辑报表时，运用“钻取操作”工具可以轻松、便捷地钻取关系数据表中层次结构的各层级数据，也可跨表钻取。使用“显示”工具可以查看视觉对象或数据点的数据表。

示例 6-11　钻取与查看“汽车销售 PB.pbix”报表中的视觉对象和数据点表。

(1) 启动 Power BI，打开“汽车销售 PB.pbix”，并单击导航栏中的“报表”图标。

(2) 创建视觉对象。在“可视化”窗格单击“簇状条形图”图标，然后将“字段”窗格中的“动力类型”“产品”“日期”字段依次拖曳至“可视化”窗格的“Y 轴”；将“销售额”字段拖曳至“可视化”窗格的“X 轴”；将“销售部门”字段拖曳至“可视化”窗格的“图例”，如图 6-30①所示。

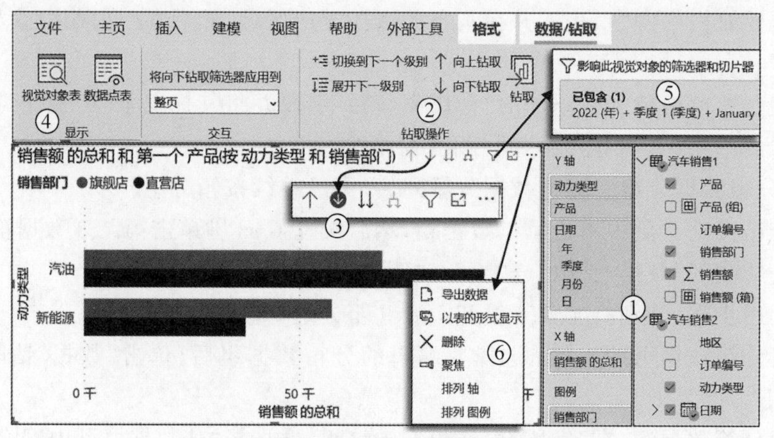

图 6-30　钻取与查看视觉对象、数据点表

(3) 钻取操作。视觉图框上的按钮和“数据/钻取”的选项用法如下，如图 6-30②所示。

① “向上钻取”：单击图框右上角按钮，或者单击“数据/钻取”→“向上钻取”，将钻取上一级数据，视觉对象图也按钻取的数据同步变化。

② “向下钻取”：单击按钮，或者单击“数据/钻取”→“向下钻取”，将钻取下一级数据，视觉对象图也按钻取的数据同步变化。

③ “切换到下一个级别”：单击按钮，或者单击“数据/钻取”→“切换到下一个级别”，视图及数据将“转至层次结构中的下一级别”。

④ “展开下一级别”：单击按钮，或者单击“数据/钻取”→“展开下一级别”，将展开层次结构本级和下一级的所有字段。

⑤ “深化模式”：单击按钮或单击“数据/钻取”→“向下钻取”时，向下钻取将自动转换为“深化模式”，此时，图框上“向下钻取”按钮变化为深化模式，功能区“向下钻取”选项框颜色也被加深。在此模式下，单击视觉对象中的数据图(点)，可快速钻取到下一级别；再次单击此按钮或选项，可取消“深化模式”，如图 6-30③所示。

⑥ “将向下钻取筛选器应用到”：单击此选项框向下箭头，可选择钻取应用范围为“整页”或“选定视觉对象”。

⑦ “钻取页面模式”：单击“数据/钻取”→“钻取”，将进入钻取页面模式。此时，单击数据图可打开钻取页面菜单。

(4) “显示”操作。在“数据/钻取”选项卡中“显示”组的选项用法如下。

① "视觉对象表"：选定视觉对象后，单击"数据/钻取"→"视觉对象表"，可查看该视觉对象的数据表。

② "数据点表"：在视觉对象中选择数据点后，单击"数据/钻取"→"数据点表"，可查看该点的数据表，如图 6-30④所示。

(5) 图框上"视觉对象上的筛选器""焦点模式"和"更多选项"选项的用法。

① "视觉对象上的筛选器"：如果在视觉对象中应用了筛选器或切片器，视觉对象显示的内容将是筛选或切片后的数据图表。单击⊽按钮，可查看筛选器或切片器对此对象的应用状况或影响，如图 6-30⑤所示。

② "焦点模式"：单击⊡按钮，可按"焦点模式(全屏)"视觉对象。

③ "更多选项"：单击⋯按钮，可打开"导出数据""以表的形式显示""删除""排列 轴""排列 图例"等选项列表，如图 6-30⑥所示。

(6) 为便于引用，双击"第 1 页"标签，将其更名为"汽车销售"，然后将文件另存为"汽车销售 PB 钻取.pbix"。

6.4.5 创建按钮与钻取页面

在功能区"插入"选项卡上选择"按钮"工具，可以为报表添加自动执行"程序"的按钮，并可通过鼠标悬停时的状态进一步交互操作选项。创建"按钮"的基本步骤如下。

(1) 单击"插入"→"元素"→"按钮"→图标类型，可选择图标类型有"左箭头""右箭头""重置""上一步""信息""帮助""问答""书签""空白""导航器"。

(2) 将插入的按钮图标拖曳至报表画布的合适位置。在"报表"中插入或选择"按钮"图标后，右侧会出现"格式"窗格，其中有"按钮"和"常规"两组设置选项。

(3) 设置"按钮"格式与操作，包括"形状""旋转""样式""操作"。

① "形状"：设置的选项有"状态""形状""圆角(像素)""角度"。

- "状态"：指按钮显示状态，可选择"默认值""悬停时""按下时"或"已禁用"状态。
- "形状"：指按钮外框形状，可选择"箭头""V 形箭头""爱心""六边形""椭圆""矩形"等 20 种形状，默认为"矩形"。这些外框形状的角部有圆角和尖角两种设置选项。
    - "圆角(像素)"：指形状角部圆滑程度，可选值为 0～100，值越大越圆滑。
    - "角度"：指箭头尖的角度，最平缓为 180°，最尖为 0°。

② "旋转"：可选择旋转按钮的旋转角度，包括"全部""形状""文本"。

③ "样式"。指按钮内部样式，包括应用"状态""文本"。

- "状态"：指样式应用的状态，选项同①。
- "文本"：可选择"字体""字体颜色""水平对齐""垂直对齐""填充(像素)"。
- "图标"：设有"图标类型""线条颜色""粗细""透明度""图标位置""对齐""填充""大小"等选项。
- "填充"：可选择填充"颜色或图像""图像匹配度""透明度"。
- "边框"：可选择"颜色""透明度"。
- "阴影"：可选择阴影"颜色""透明度""模糊(像素)""位置"。
- "发光"：可选择发光"颜色""透明度""模糊(像素)"。

④ "操作"：是最重要的设置选项，决定了按钮执行的链接及动作。有"类型""目标"操

作选项和“启用的文本”“禁用的文本”工具提示选项。

- “类型”：可选择的操作类型有“上一步”“书签”“钻取”“页导航”“问答”、Web URL。
- “目标”：为“按钮”连接的目标，也就是设置的钻取页面页码或页标签名。
- “启用的文本”与“禁用的文本”：从报表字段值中选择启用和禁用工具提示。

上述设置选项末尾均为“还原为默认值”，需还原时可单击此选项。

示例 6-12 在“汽车销售 PB 钻取.pbix”报表中创建钻取按钮和钻取页面。

(1) 启动 Power BI，打开“汽车销售 PB 钻取.pbix”，进入“汽车销售”页面。

(2) 创建钻取页面。可以在其他页面为要钻取的层级数据创建视觉对象，用可视化效果形象解释或分析该层数据。

① 单击“新建页”并将其命名为“动力类型 1”。然后从“可视化”窗格视觉对象，为“动力类型”字段和“产品”字段创建可视化效果。

② 按上述步骤为要钻取的层级数据创建“动力类型 2”“动力类型 3”页面。

(3) 创建钻取按钮。完成钻取页面设计或编辑后，返回“汽车销售”页面。然后按如下步骤创建钻取按钮。

① 单击“插入”→“元素”→“按钮”→“空白”，如图 6-31①所示。

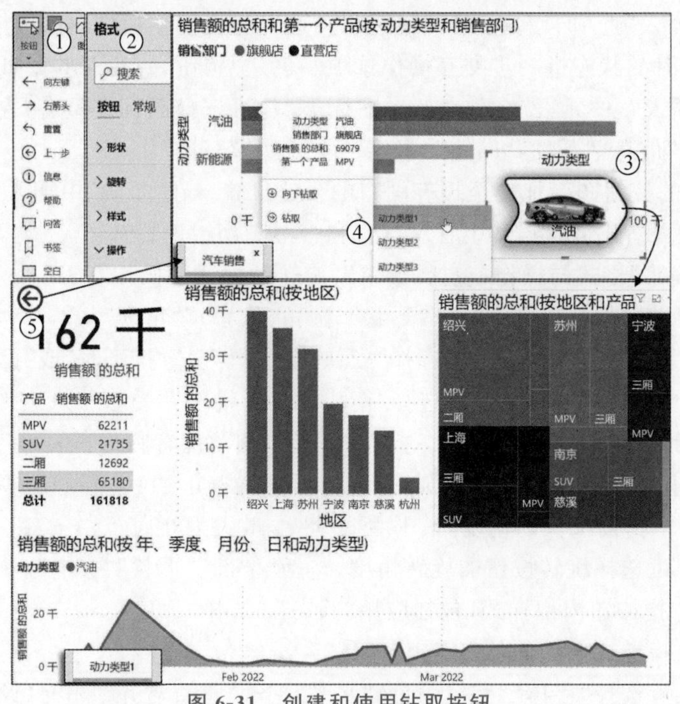

图 6-31 创建和使用钻取按钮

② 将插入“空白”按钮拖曳至本页视觉对象边框适当位置。此时，在画布右侧已插入此“按钮”的格式窗格，如图 6-31②所示。

③ 设置“形状”。在“状态”框选择“默认值”，在“形状”框选择“V 型箭头”，然后按偏好调整箭头的“圆角”和“角度”。

④ 设置“样式”。在“文本”栏选择字体、颜色、对齐方式，在“图标”栏插入时“空白”选择，在“填充”栏选择用汽车图像(car1.png)按“匹配度”填充，在“边框”栏选择深蓝色，在“阴

影”栏选择“左下方”,在“发光”栏勾选发光并选择蓝色。

⑤ 设置“操作”。在“类型”框选择“钻取”,在“目标”框选择“动力类型 1”。在“工具提示”栏单击“启用的文本”按钮,并在对话框“应将此基于哪个字段?”框中选择“动力类型”;单击“禁用的文本”按钮,并在对话框“应将此基于哪个字段?”框中选择“订单编号”,如图 6-31③所示。

(4) 设置返回按钮。为便于操作,在钻取页面可以设置返回按钮。

① 进入钻取页面“动力类型 1”,然后单击“插入”→“按钮”→“上一步”。

② 在“格式”窗格“操作”栏“类型”框选择“页导航”,然后在“目标”框选择返回页面“汽车销售”。

(5) 使用钻取和返回按钮。

① 在“汽车销售”页面单击要钻取的数据点,然后将鼠标悬停在该数据点选择“钻取”→“动力类型 1”,如图 6-31④所示。

② 或者,按住 Ctrl 键直接单击钻取按钮。

③ 在钻取页面“动力类型 1”,按住 Ctrl 键单击返回按钮,如图 6-31⑤所示。

提示

在插入按钮类型表中,选择“导航器”的子选项“页面导航器”或“书签导航器”后,当前页面将会建立类似目录的页面或书签导航按钮。使用按钮进行页面或书签导航时,需按住 Ctrl 键,然后单击导航按钮。

6.4.6　编辑交互

在报表页面中同一数据模型或关系数据表的所有视觉对象是互连的。在某个视觉对象上选择一个数据点,此页面上其他视觉对象包含的相同数据也会同步被选择。但是,许多情况下,需要在页面上用不同的视觉对象显示不同的数据效果,或者需要将某个视觉对象设置为独立显示,不受互连视觉对象的影响。在“格式”选项卡中选择“编辑交互”,可以控制互连视觉对象数据操作的相互影响。

示例 6-13　在“汽车销售 PB.pbix”报表中使用“编辑交互”选项控制两个或多个视觉对象之间的交互行为。

(1) 启动 Power BI,打开“汽车销售 PB.pbix”。

(2) 打开编辑交互模式。单击“格式”→“编辑交互”,此时,“编辑交互”图标被加亮,如图 6-32①所示。在此模式下选定某视觉对象后,其他视觉对象右上角会显示“筛选器”、“突出显示”、“无”等控制交互行为按钮。

(3) 使用控制交互行为按钮编辑交互。单击“地图”视觉对象,然后编辑确定其他视觉对象的交互行为。

① 按“无”方式控制互连可视化效果。单击“环形图”视觉对象右上角“无”按钮,设置为“无”后,将不受互连视觉对象操作的影响,如图 6-32②所示。

② 按“筛选器”方式控制互连可视化效果。单击“折线图”视觉对象右上角“筛选器”按钮,设置为“筛选器”后,此视觉对象将按互连对象可视化效果,筛选显示数据。即只显示选定或筛选数据,不显示其他数据,如图 6-32③所示。

③ 按“突出显示”方式控制互连可视化效果。单击“簇状柱形图”视觉对象右上角“突出

显示”按钮，将交互行为设置为“突出显示”后，此视觉对象将按互连视觉对象可视化效果，突出显示数据。即突出显示选定数据，保留并灰暗显示其他数据，如图 6-32④所示。

（4）演示。在“地图”视觉对象单击选择“上海”，此时，“环形图”视觉对象无变化，“地图”“簇状柱形图”视觉对象为突出显示可视化效果，“折线图”视觉对象为“筛选器”可视化效果，如图 6-32⑤所示。

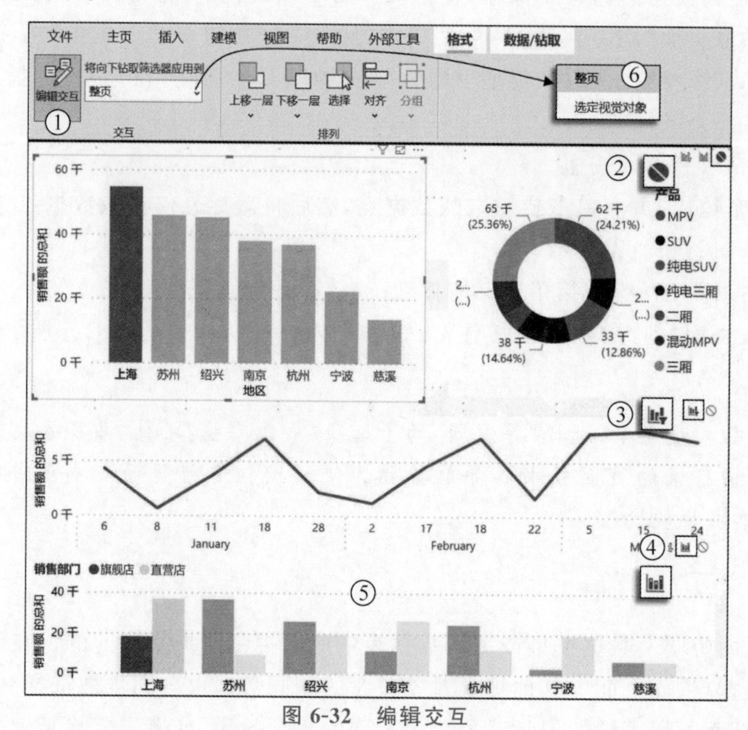

图 6-32 编辑交互

（5）关闭“编辑交互”。“编辑交互”图标为开关模式按钮，再次单击可关闭。

（6）设置钻取筛选器应用范围。需要控制钻取范围时，先选择有层次结构数据或有“钻取”按钮的视觉对象，然后可单击“格式”→“将向下钻取应用到”→“整页”或“选定视觉对象”，如图 6-32⑥所示。

提示

“格式”选项卡“排列”组中的排列对象的“上移一层”“下移一层”“对齐”等选项的操作方法同 Excel。

6.4.7 插入元素与迷你图

功能区“插入”选项卡“元素”组排列着“文本框”“按钮”“形状”“图像”和“添加迷你图”选项，如图 6-33①所示。插入形状、图像和迷你图的操作方法与 Excel 工作表中同类选项的操作基本相同。

示例 6-14 在“汽车销售 PB.pbix”报表中插入迷你图和形状、图像等元素。

（1）启动 Power BI，打开“汽车销售 PB.pbix”，并单击导航栏中的“报表视图”图标。

（2）单击“可视化”窗格“矩阵”图标，然后将“字段”窗格中“产品”字段拖曳至“可视化”窗格“行”框，将“销售额”字段拖曳至“值”框，如图 6-33②所示。

(3) 单击“插入”→“迷你图”→“添加迷你图”,打开对话框。

(4) 在“添加迷你图”对话框“Y 轴”框选择“销售额”字段,在“摘要”框选择“求和”,在“X 轴”框选择“日期”字段,然后单击“创建”按钮,如图 6-33③④所示。

(5) 在报表画布中需要插入形状时,可单击“插入”→“形状”,打开形状表,然后从中选择一种形状添加至报表任意位置,如图 6-33⑤所示。

(6) 需要插入图像时,可单击“插入”→“图像”,并通过“打开”对话框从本地浏览、选择图像插入报表。然后可以放大、缩小和移动图像,如图 6-33⑥所示。

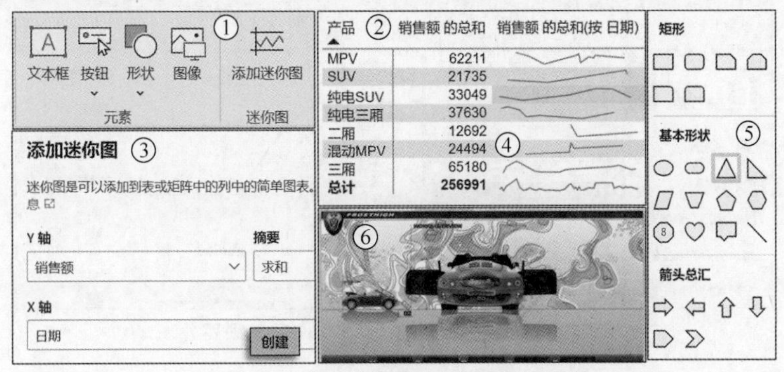

图 6-33 添加迷你图和插入形状、图像

6.5 视图

本节介绍功能区“视图”选项卡上“主题”“页面视图”“移动布局”“书签”“性能分析器”“同步切片器”等工具或选项的用法。

6.5.1 页面主题、大小、网格与锁定

在创建或编辑报表时,可以使用下列选项设置页面的主题(样式)、大小、网格和锁定对象模式。

(1) “主题”。页面主题指的是报表外观、样式及色调等设计,其内容包括背景、图形、图标配色方案,以及文本颜色、字体、字号格式设置等。在“视图”选项卡单击“主题”图标集右侧向下箭头,可以打开“主题”选项表,如图 6-34①所示。

- “内置报表主题”:有默认(Default)、开花(Bloom)、城市公园(City park)、经典(Classic)、教室(Classroom)、色盲友好(Color blind safe)等 19 个模板。
- “浏览主题”:用于浏览、加载保存在本地的主题模板文件。
- “主题库”:可从 Power BI 社区主题库中查找和下载主题模板,如图 6-34②所示。
- “自定义当前主题”:打开“自定义主题”对话框设置主题,如图 6-34③所示。
- “保存当前主题”:用于保存自定义或修改过的报表主题模板。
- “如何创建主题”:用于打开报表主题帮助网页。

(2) “调整大小”。单击“视图”→“页面视图”可打开页面大小选项表,如图 6-34④所示。

- “调整到页面大小”:按窗口大小放大或缩小页面,使之充满窗口。
- “适应宽度”:按窗口宽度放大或缩小页面,使之适应窗口宽度。

• “实际大小”：将页面调整至实际大小(100%)。

(3)“页面选项”，如图 6-34⑤所示。

• “网格线”：用于显示或隐藏页面网格线。

• “对齐网格”：用于显示或隐藏对齐网格。

• “锁定对象”：用于锁定或取消锁定视觉对象。

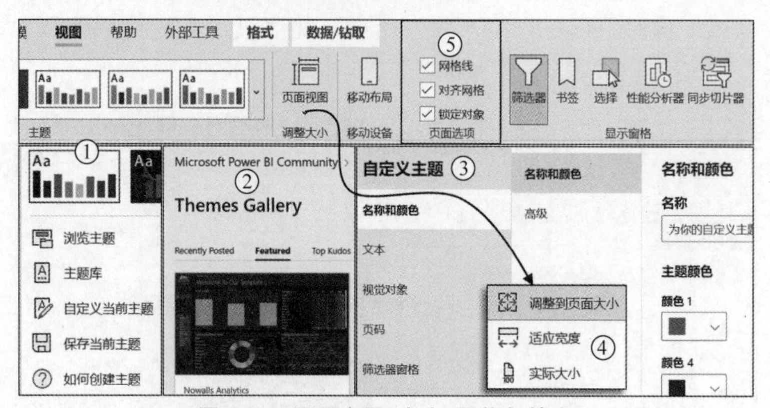

图 6-34　页面主题、大小、网格与锁定

提示

报表主题模板文件为 JSON 格式。可以直接使用 JSON(JavaScript Object Notation)文件创建自定义报表主题。JSON 是一种完全独立于语言的数据交换格式。可以使用 Sublime Text、Notepad 等文件编辑器打开和编辑 JSON 格式文件。

6.5.2　书签与选择窗格

在 Power BI 中可以打开“书签”窗格和“选择”窗格。“书签”窗格主要用于为报表页面或显示的视觉对象添加书签；“选择”窗格主要用于控制页面视觉对象的显示或隐藏。

“书签”窗格中“添加”和“视图”选项的用法如下，如图 6-35①所示。

(1)“添加书签”按钮。单击此按钮可为当前页面添加书签，默认书签名为“书签 1”。单击书签名右侧的“更多选项”，可打开书签选项表，如图 6-35②所示。

• “更新”：选择此项可更新书签页面或视觉对象内容。

• “重命名”：选择此项可重新为书签命名。

• “删除”：用于删除选定的书签。

• “分组”：单击此项，可以将选定书签分组，默认为“组 1”。需要将其他书签添加至“组 1”时，可以用鼠标拖曳该书签。

• “数据”:应用筛选器、钻取和排序状态。

• “显示”：应用视觉对象显示状态。

• “当前页”：切换到关联页。

• “所有视觉对象”：将更改应用于所有视觉对象。

• “所选的视觉对象”：仅将更改应用到在添加或更新书签时选中的视觉对象。

(2)调整书签排序。在添加书签模式下，可直接拖曳书签名调整书签排列顺序。

(3)“书签视图”按钮。单击此按钮将启动书签视图或幻灯模式，此时，可使用画布下沿显示的书签导航条控制显示顺序，如图 6-35③所示。

“选择”窗格中“分层顺序”和“Tab 键顺序”选项的用法如下，如图 6-35④所示。

（1）“分层顺序”：单击此标签，窗格内将显示调整图层、显示或隐藏选项或按钮。

- “上移一层”按钮或“下移一层”按钮：用于上移/下移（一层）选定视觉对象。
- “显示”/“隐藏”：单击此选项可显示/隐藏页面所有视觉对象。
- “隐藏此视觉对象”按钮/“显示此视觉对象”按钮：单击此按钮可切换该视觉对象的显示与隐藏。

（2）“Tab 键顺序”：单击此标签，窗格内将显示调整对象排序、Tab 键顺序选项或按钮。

- “上移”按钮或“下移”按钮：单击此按钮，可上/下移动视觉对象排序顺序。
- “全部展开”按钮/“全部折叠”按钮：此按钮用于展开或折叠分组视觉对象。
- “使 Tab 顺序与直观顺序匹配”按钮：此按钮用于将按 Tab 键选择视觉对象的顺序与直观顺序匹配，如图 6-35⑤所示。

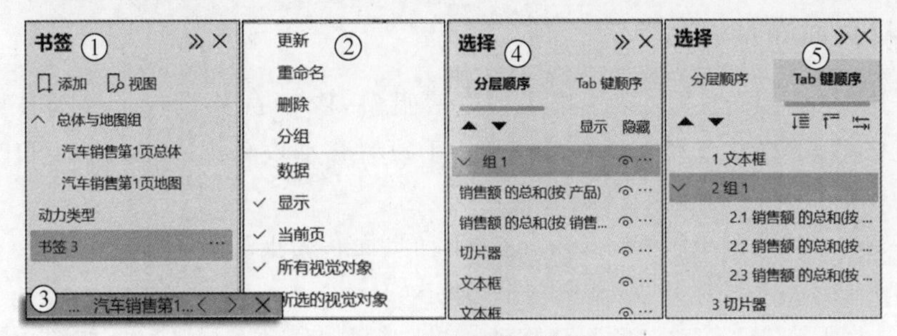

图 6-35　书签与选择窗格

6.5.3　同步切片器

在多页面报表中，可以通过“同步切片器”窗格，用任何页面上的切片器控制选定页面的可视化效果。例如，在“汽车销售 PB”报表第 1 页包含“日期”切片器，在第 2 页包含“动力类型”切片器，使用“同步切片器”可以将这两个页面切片器的可视化效果同步，也就是说，可以采取两个或多个切片器同步的方法，来控制页面可视化效果。

示例 6-15　在“汽车销售 PB.pbix”报表中使用同步切片器。

（1）启动 Power BI，打开“汽车销售 PB.pbix”，然后创建页面报表并添加切片器。

（2）单击“视图”→“显示窗格”→“同步切片器”。

（3）在第 1 页选择“日期切片器”视觉对象，然后在“同步切片器”窗格设置同步方案。窗格中选项、图标及高级选项的含义及设置方法如下。

①“添加并与所有页同步”：此选项用于将所有页面的切片器同步。

②“选择特定页”：根据需要逐页勾选同步切片器选项。

- 为同步图标，勾选此项将同步所选页面的切片器。
- 为显示图标，勾选此项将显示切片器，不勾选将隐藏切片器。

③“高级选项”：单击此选项可展开同步切片器“组名”框。在窗格内选定同步切片器方案后，可将此方案的名称输入“组名”框，以备调用。例如，在窗格内勾选第 1 页、第 2 页和分组与装箱页的同步图标，其中，第 1、2 页显示切片器，分组与装箱页隐藏切片器，如图 6-36 所示。

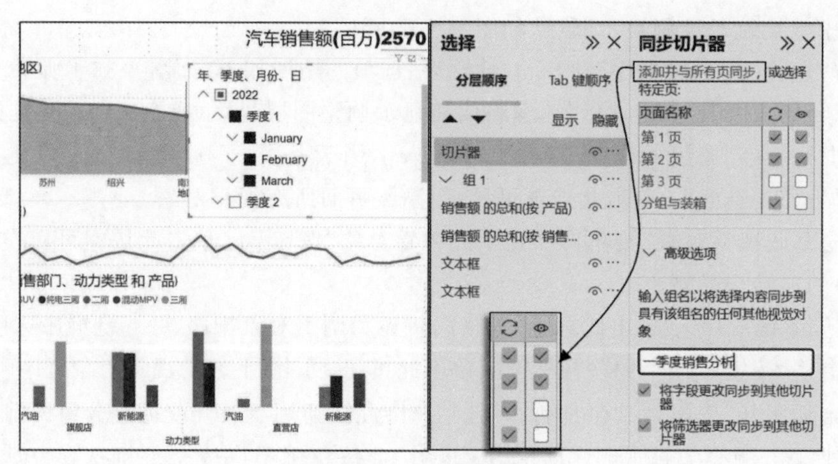

图 6-36　同步切片器

6.5.4　手机页面布局

为便于用手机查看、使用、共享报表或发表见解，Power BI 设计了移动布局功能。在“视图”功能区单击“移动布局”图标，可打开用于设置移动设备视图格式的窗口。设置适应手机的移动布局报表，不会影响桌面报表外观。

示例 6-16　为“汽车销售 PB.pbix”创建移动页面布局报表。

(1) 启动 Power BI，打开“汽车销售 PB.pbix”。

(2) 单击“视图”→“移动设备”→“移动布局”，打开“移动布局”窗口，如图 6-37 所示。

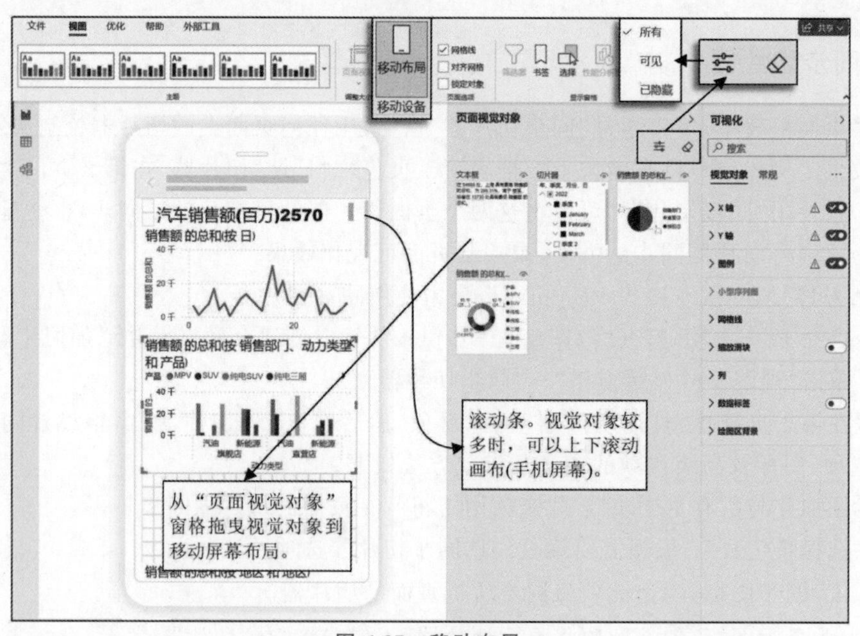

图 6-37　移动布局

① “移动报表画布”区：为用于布置视觉对象的“手机屏幕(可上下滚动)”。

② “页面视觉对象”窗格：其中排列着报表页面的所有视觉对象。

- “按外观筛选”按钮 ：单击此按钮可选择显示“所有”视觉对象、显示“可见”视觉对象或隐藏视觉对象。

- “删除所有可视化效果”按钮：用于删除移动布局中所有视觉对象。

③ “可视化”窗格：可用于设置移动布局中选定视觉对象的格式。

(3) 从“页面视觉对象”拖曳要布局的视觉对象至“手机屏幕”。然后在移动屏幕中拖曳调整视觉对象边框至合适大小。要删除移动屏幕内某个视觉对象，可先单击选择该视觉对象，再单击其右上角“删除”按钮，如图 6-37 所示。

(4) 完成移动布局设置后，再次单击“移动布局”图标，切换到桌面布局。设置的移动布局将会随报表文件一并保存和发布。

(5) 单击“文件”→“保存”，然后单击“主页”→“发布”。

(6) 使用手机登录 Power BI 服务查看此移动布局报表。

6.5.5 性能分析器

在 Power BI Desktop 中，可以了解视觉对象和 DAX 公式等报表元素的性能。使用性能分析器可以记录创建、编辑、筛选、运算、显示等过程及花费时间(ms)。这种记录日志可保存为 *.json 格式文件。用户可以查看、分析和衡量每个报表元素响应交互的能力，以及为提供这种能力所占用资源情况。使用“性能分析器”的操作方法和步骤如下。

(1) 在 Power BI 桌面，单击“视图”→“性能分析器”，如图 6-38①所示。

(2) 在“性能分析器”窗格，单击“开始记录”，如图 6-38②所示。

(3) 要刷新时，可单击“刷新视觉对象”按钮；要停止记录，可单击“停止”按钮。

(4) 单击“清除”按钮，可清除记录；单击“导出”按钮，可将记录导出至本地保存，其默认文件名为“PowerBIPerformanceData.json”，如图 6-38③所示。

(5) 使用“记录”选项或图标按钮复制查询程序代码和排序记录。

① 单击记录右侧按钮，可展开此记录。

② 单击“复制查询”，可将此查询的 DAX 程序代码复制到剪贴板，如图 6-38④所示。

③ 单击记录框“持续时间(毫秒)”右侧向下箭头，打开记录排序选项菜单，可选择记录排序方式，如图 6-38⑤所示。

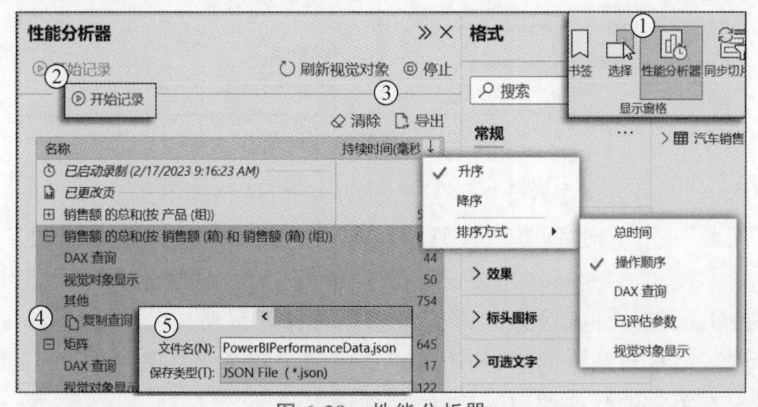

图 6-38 性能分析器

6.6 AI视觉对象

本节讲解“插入”选项卡上的智能问答与叙述、关键影响因素、智能树、Power 平台、元素和迷你图等选项的用法。

6.6.1 智能问答与叙述

在 Power BI 中可以打开智能“问答(Q&A)”对话框,用自然语言询问关注的数据分析问题,快速获得答案和创建新视觉对象。也可以使用“智能叙述”工具快速分析、汇总报表或视觉对象,叙述关键问题、趋势等摘要内容。

示例 6-17 使用智能“问答”工具分析“汽车销售 PB.pbix”报表。

(1) 启动 Power BI,打开“汽车销售 PB.pbix”,然后单击“新建页”。

(2) 单击“插入”→“AI 视觉对象”→“问答”,打开“问答”框,如图 6-39 所示。

(3) “问答设置”:单击“问答”框右上角“问答设置”按钮,打开“问答设置”对话框。

① “字段同义词”:此选项用于为数据中的字段或表添加同义词,以便在问答中可使用添加的同义词。

② “审阅问题”:在共享或网络模式下,可以登录查看用户或同事提出的问题并解决误解。

③ “教导 Q&A”:此选项用于教导“问答”系统理解用户使用的术语,也就是定义“问答”系统不理解或不包含的术语。例如,可教导“问答”系统识别属于“新能源”或“燃油”的产品,如图 6-39 所示。

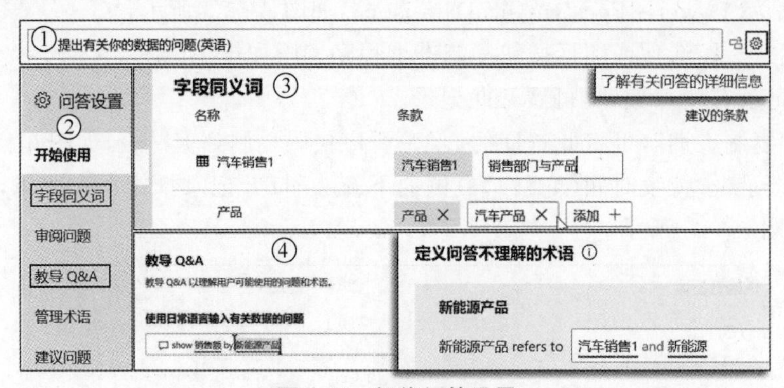

图 6-39 智能问答设置

④ “管理术语”:用于管理教导“问答”系统的术语,可删除不需要的术语。

⑤ “建议问题”:用于向“问答”系统提问,并可“对建议的问题重新排序”和“预览你的结果”。

⑥ “了解有关问答的详细信息”:单击此选项可打开帮助文件网页。

(4) 在“问答”框提出数据问题,并用返回结果创建新视觉对象,如图 6-40 所示。

① 在“提出有关你的数据的问题(英语)”框输入问题“销售额 by 新能源产品”。

② 单击按钮,将此问答结果转变为视觉对象,如图 6-41①所示。

或者,单击“问答”框“显示所有建议”按钮,然后按如下步骤采纳建议。

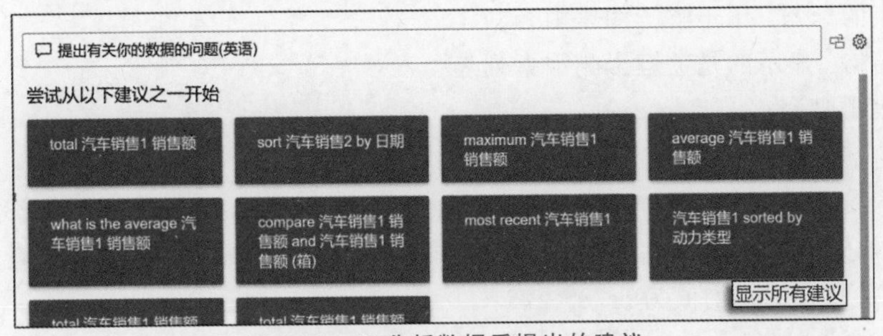

图 6-40　AI 分析数据后提出的建议

① 在“尝试从以下建议之一开始”表中，选择“total 汽车销售 1 销售额 by 动力类型”。

② 单击按钮，将此问答结果转变为视觉对象，如图 6-41②所示。

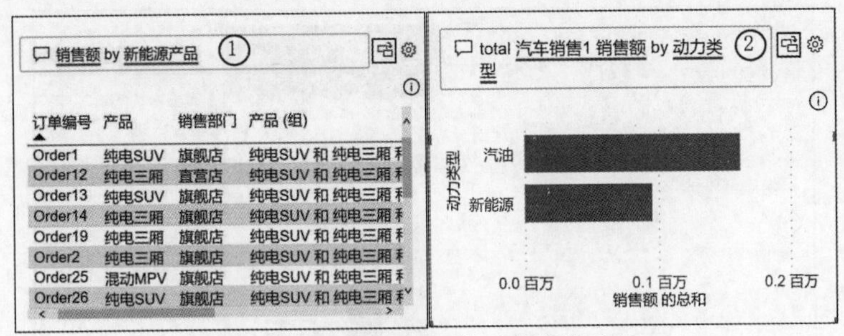

图 6-41　运用智能问答创建视觉对象

6.6.2　关键影响因素

在关系数据模型中，常常需要分析某个指标的关键影响因素。例如，要找出产品与服务评价较低因素，需要对客户、可用性、安全性等影响因素进行分析。再如，影响员工流动的关键因素：合同、薪金、工作时间等。在 Power BI 中使用“关键影响者(Key Influencers)”可视化工具可以形象分析影响业务绩效的关键因素。

示例 6-18　用“关键影响者(Key Influencers)”视觉对象分析报表。

(1) 下载示例文件。在 https://github.com/microsoft/powerbi-desktop-samples 下载 customerfeedback.pbix 文件。

(2) 启动 Power BI，打开 customerfeedback.pbix 文件。

(3) 单击“插入”→“AI 视觉对象”→“关键影响者”。或者，在“可视化”窗格单击“关键影响者”图标。然后从“字段”窗格选择数据拖曳至该视觉对象。

① 在 Customer Table 表选择 Rating 拖曳至“可视化”窗格“分析”框。

② 依次将 Company Size、Theme、Country-Region、Role in Org、Subscription Type 字段拖曳至“可视化”窗格“解释依据”框。

(4) 在“关键影响者”视觉对象，单击“什么影响 Rating 为 Low”框向下箭头，并选择 Low，查看排名靠后的分析图表，如图 6-42 所示。

① 标签(Tabs)：有“关键影响者”和“排名靠前的分段”两个分析选项标签，前者显示对所选指标值影响因素分析结果，后者显示对所选指标值影响靠前的区段。

② 下拉框：此框内为等级(Rating)选项：High(高)、Low(低)。

③ 图表的标题：用于解读图表内容。

④ 左窗格：显示的是关键影响因素列表。

⑤ 图表题要。

⑥ 右窗格：显示左窗格中选中的关键影响因素簇状柱形图。

⑦ 平均线(Average Line)：除选中影响因素(Theme is usability)外，计算了 Theme is security、Theme is navigation、Theme is speed 等其他影响因素的平均值，本例显示的是顾客对排名靠后影响的平均值为 5.78%。

⑧ 复选框为“仅显示是影响者的值”复选框。

⑨ “字段”窗格：可以从此窗格中选择要分析的字段和解释依据字段，分别拖曳至“可视化”窗格的“分析”框和“解释依据”框。

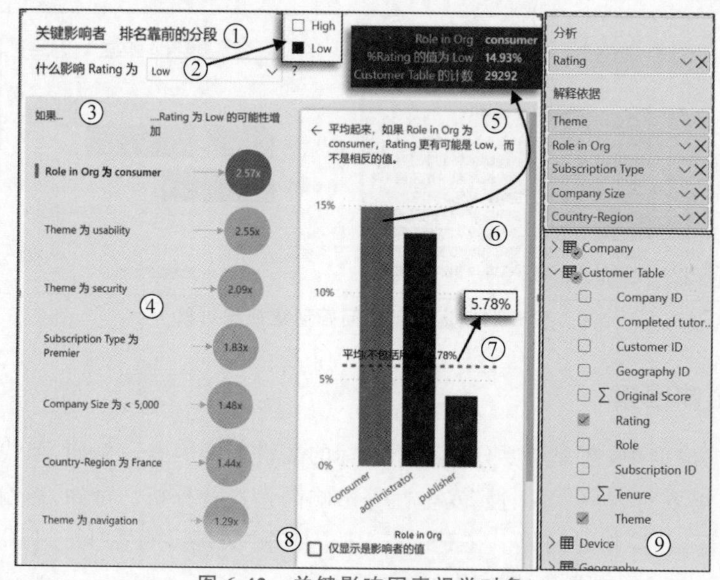

图 6-42 关键影响因素视觉对象

(5) 关键影响因素分析，如图 6-42④所示。从视觉对象图表看，导致低评级的影响因素排序为：组织中的消费者、主题为可用性、主题为安全性、订购类型为高级款和公司规模为小于 5000 等。单击数值气泡，可展开因素柱形图查看详细分析。

① 组织中消费者给出低分的可能性是其他角色的 2.57 倍。本例 Role(角色)表示 Role in Org(组织中的角色)列中有三种角色：Publisher(发行者)、Consumer(消费者)和 Administrator(管理者)。右窗格显示了评低分的情况：

- 14.93%的消费者给出了低分。
- 按平均分计算，发行者和管理者中有 5.78%的成员给出了低分。

② 产品可用性给出低分的可能性是其他主题的 2.55 倍。

③ 产品安全性给出低分的可能性是其他主题的 2.09 倍。

④ 订购(类型)高级款的消费者给出低分的可能性是其他消费者的 1.83 倍。

(6) 用切片器筛选分析关键影响者，如图 6-43①所示。

① 单击画布空白处，然后在“可视化”窗格单击“切片器”图标。

② 将“字段”窗格 Company 表中 Company Size 字段拖曳至切片器，或拖曳至“可视化”

窗格"字段"框。

③ 在 Company Size 切片器中选择"＞50,000"。此时，在"关键影响者"视觉对象中可以看到，低评级首要影响因素变化为主题中的安全性，如图 6-43②所示。从数字看，产品安全性给出低分的可能性是其他主题的 2.73 倍。

(7) 分析 Tenure(服务期)对低分的影响。选择"关键影响者"视觉对象后，将 Customer Table(客户)表中的 Tenure(服务期)字段拖曳至"可视化"窗格中"解释依据"框，这时候，Tenure 成为首要影响因素。从显示的数据看，Tenure 大于 38 年的消费者给出低分的可能性是其他消费者的 3.73 倍，如图 6-43③所示。

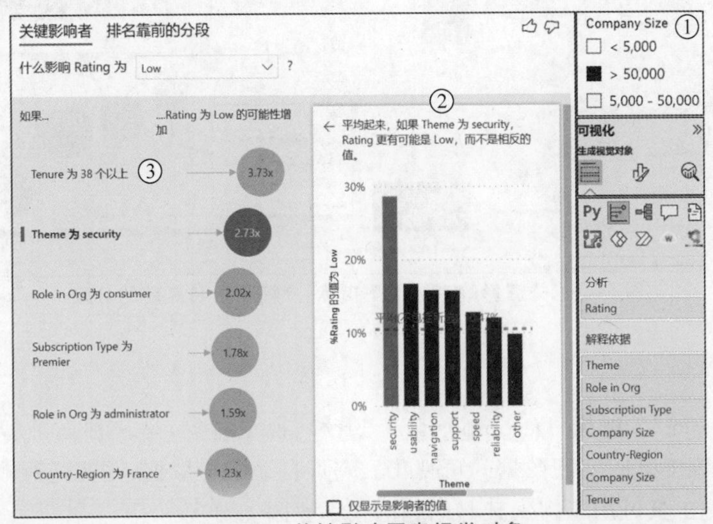

图 6-43　关键影响因素视觉对象

(8) 数值型指标。将原评分(Original Score)字段装箱后作为评价指标。

① 在"字段"窗格右击 Customer Table 表 Original Score 字段，并从菜单上选择"分组"，打开对话框。然后在"装箱类型"框选择"箱数"，在"装箱计数"框输入"2"。之后单击"确认"按钮。Original Score 范围为 1～10 分，其中，1～5 分被装入"1.0"箱，6～10 分被装入"5.5"箱，如图 6-44①所示。

② 单击"关键影响者"视觉对象后，将上述装箱分组字段 Original Score(箱)拖曳至"可视化"窗格中"分析"框，并在"设置视觉对象格式"栏"分析类型"框中选择"类别"。从装箱分组评分指标分析结果看，"1.0""5.5"分组与"Low""High"指标是一致的，如图 6-44②所示。

(9) 将客服与顾客交互情况列入解释因素。在"字段"窗格 Support Ticket 表中选择 Support Ticket ID 字段，并将其添加至"可视化"窗格"解释依据"框。从返回结果看，客服支持单增加 2.53 次，低评分可能性增加 4.08 倍，如图 6-44③所示。

(10) 分段查看低评分因素。单击"排名靠前的分段(Top segments)"，可以看到 7 个分段按给出低评分的百分比依次排列，气泡大小表示该分段的客户数多少。单击气泡可查看该分段给出低评分的详细分析数据及图表，如图 6-44④所示。

(11) 设置"关键影响者"视觉对象格式。选择视觉对象后，在"可视化"窗格"设置视觉对象格式"图标，打开设置格式窗格。然后可按需要选择或设置"分析类型""计数类型""气泡视觉对象颜色""数据颜色"等格式。

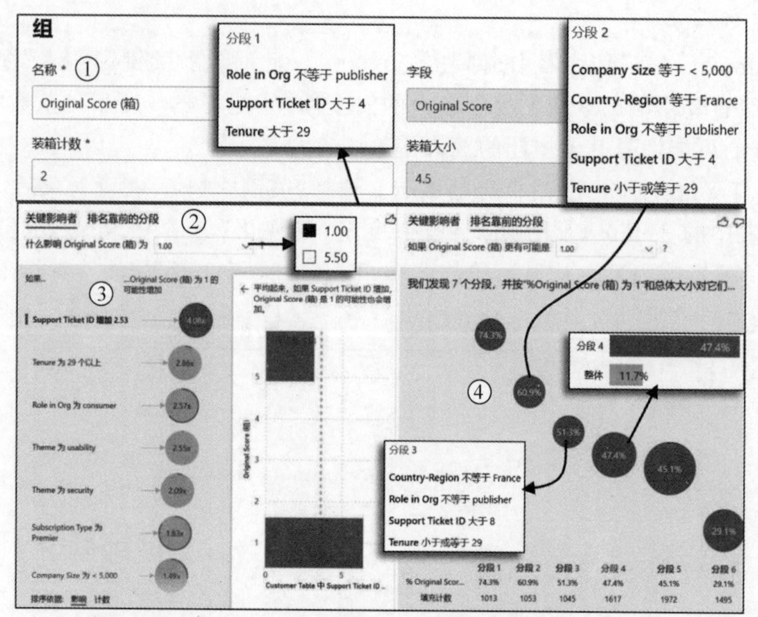

图 6-44　关键影响者数值型指标、分箱和排名靠前的分段

6.6.3　分解树

Power BI中的"分解树(Decomposition Tree)"视觉对象，是一种人工智能数据分析工具，可以在多个维度之间实现数据的可视化。它可自动聚合数据，并按任意顺序向下钻取到各个维度中。此工具可用于探索某些问题的根本原因。

示例 6-19　用"分解树(Decomposition Tree)"视觉对象分析报表。

(1) 下载示例文件。在 https://github.com/microsoft/powerbi-desktop-samples 下载 Supply Chain Sample.pbix 文件。

(2) 启动 Power BI，打开 Supply Chain Sample.pbix 文件。

(3) 单击导航栏"数据视图"图标，可查看示例数据，如图 6-45①所示。

(4) 单击导航栏"报表视图"图标，然后单击"插入"→"AI 视觉对象"→"分解树"。

(5) 在"字段"窗格中选择 Backorder Percentage(延期交货百分比)表。

① 将"% on backorder"字段拖曳至"可视化"窗格"分析"框。

② 将 Brand、Demand Type、Distribution Center、Forecast Bias、Forecast Accuracy、Plant、Product Type、Region、Shipment Destination、Shipment Type 字段拖曳至"可视化"窗格"解释依据"框，如图 6-45②③所示。

(6) 在"分解树"视觉对象中单击"% on backorder"条形图右侧[+]按钮，从菜单上选择 Forecast Bias(预测偏差)，如图 6-45④所示。也可选择"高值""低值"或其他字段。

(7) 单击 Forecast Bias(预测误差)栏 Accurate(精确，5% to －5%)条形图右侧加号并选择"高值"，然后在 Demand Type(需求类型)栏 Intermittent(间断)处继续选择"高值"。可以看出，在精确预测上，间断需求类型产品延迟交货百分比最高(6.25%)，其中，"患者监视器"占比最大，为 9.2%。

(8) 重复上述过程，直到最后一个级别。此时，选择最后级别数据，先前级别路径会按

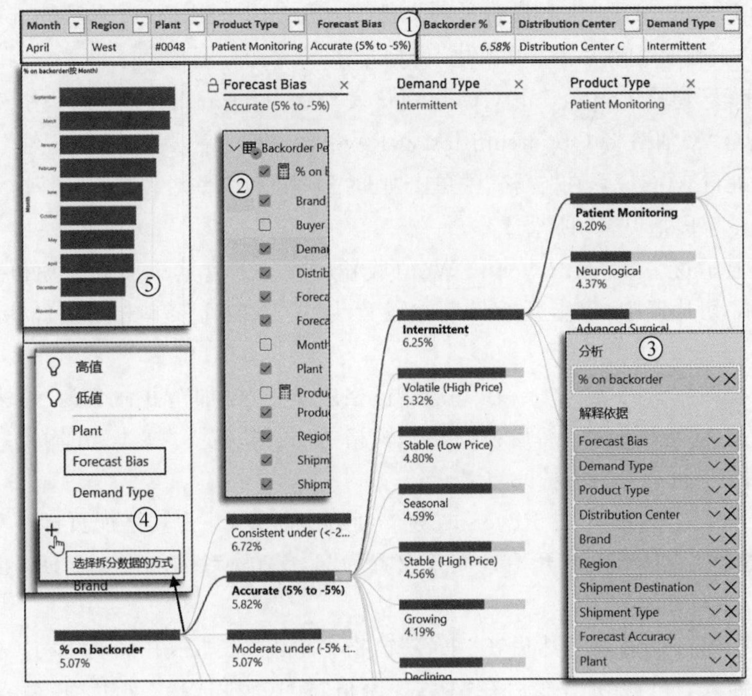

图 6-45 分解树

选择数据的路径动态更改。

(9) 创建其他视觉对象,交叉筛选"分解树",如图 6-45⑤所示。

① 单击画布空白处,然后在"可视化"窗格选择"簇状条形图"。

② 将"字段"窗格中"% on backorder"拖曳至"可视化"窗格"X 轴",将 Month 字段拖曳至"Y 轴"。

③ 通过月份"簇状条形图"分析发生脱销月份的供应链情况。

6.6.4 智能查找异常

在 Power BI 中可以使用"查找异常"工具自动检测时间序列数据中的异常值。该工具还可以模拟人工智能对异常值根本原因进行分析并提供说明。

示例 6-20 使用 AI"查找异常"工具分析报表。

(1) 下载示例文件。登录 Power BI 服务 https://app.powerbi.com。

① 在"主页"单击导航栏"了解"图标,然后双击"人工智能示例"。

② 在"我的工作区",单击"文件"→"下载此文件"→"下载",如图 6-46 所示。

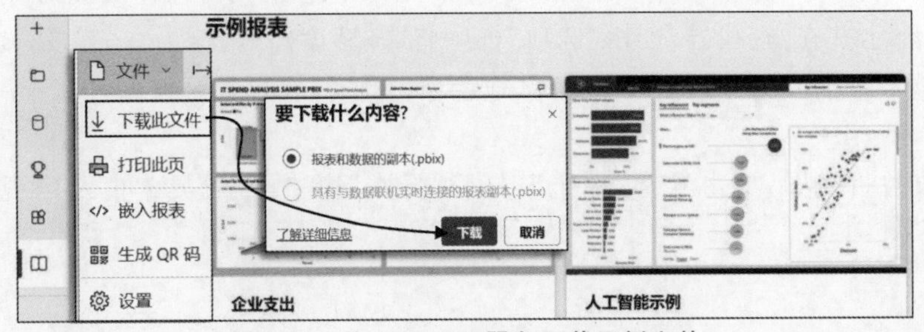

图 6-46 从 Power BI 服务下载示例文件

（2）启动 Power BI，打开下载的示例文件 Artificial Intelligence sample.pbix。

（3）单击“新建页”，然后在“可视化”窗格单击“折线图”图标。

（4）将“字段”窗格 Opportunity Calendar 表 Date Hierarchy 层次结构中 Year、Month、Day 字段拖曳至“X 轴”；将 Opportunities 表 Revenue Won 字段拖曳至“Y 轴”。

（5）单击画布空白处后，在“窗格”中单击“切片器”按钮。然后将“字段”窗格 Opportunity Calendar 表 Date 字段拖曳至切片器。

（6）筛选显示过去 90 天 Revenue Won（收益）曲线，并为其添加页标签和按钮。

① 在 Date 切片器中，单击开始日期并设置为“3/1/2021”；单击截止日期并设置为“5/31/2021”。

② 单击“视图”→“书签”，然后在“书签”窗格中单击“添加”，并命名为“过去 90 天”。

③ 单击“插入”→“按钮”，然后在“格式”窗格“样式”栏选择“文本”并输入“过去 90 天”；在“操作”栏“书签”框选择“过去 90 天”。

（7）筛选显示过去 12 个月 Revenue Won（收益）曲线，并为其添加页标签和按钮。

① 在 Date 切片器中，单击开始日期并设置为“6/1/2020”；单击截止日期并设置为“5/31/2021”。

② 单击“视图”→“书签”，然后在“书签”窗格中单击“添加”，并命名为“过去 12 个月”。

③ 单击“插入”→“按钮”，然后在“格式”窗格“样式”栏选择“文本”并输入“过去 12 个月”；在“操作”栏“书签”框选择“过去 12 个月”。

（8）使用 AI“查找异常”工具，如图 6-47①所示。

① 按住 Ctrl 键并单击“过去 90 天”按钮，选择 Revenue Won 折线图。

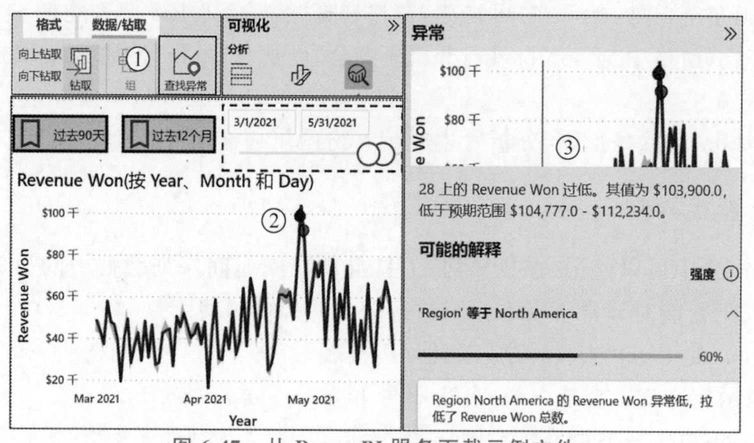

图 6-47 从 Power BI 服务下载示例文件

② 单击“数据/钻取”→AI→“查找异常”，然后单击“可视化”窗格“向视觉对象添加进一步分析”标签，并在“查找异常”栏“选项”框中将“敏感度%”调整为“90”。需要时，可继续设置“趋势线”“X 轴恒线”“Y 轴恒线”等其他选项。此时，在视觉对象可看见异常“标记”，如图 6-47②所示。

③ 在收益折线图，单击异常“标记”，打开“异常”窗格，查看异常值及可视化分析，如图 6-47③所示。

提示

2019 年 2 月,Power BI 新增了基于 ML.NET 平台的人工智能“关键影响者”等可视化效果,探索以自然语言方式处理数据和分析见解。ML.NET 是微软开发的一种跨平台开源机器学习框架软件。它可以将自定义的机器学习融入其应用程序中,无须拥有开发或调整机器学习模型方面的专业知识。ML.NET 的核心是机器学习模型,借助 ML.NET,可以通过指定算法来训练自定义模型。

6.7 R 脚本视觉对象

R 语言为用户提供了丰富的绘图选项和统计分析方法。在 Power BI 中可以创建 R 语言脚本视觉对象,用可视化方法分析统计数据特征,包括 P 值、置信区间、预测等。使用 R 语言进行数据统计及可视化分析时,需要安装常用的 R 包(R Package),主要有缺失值填补工具包、数据可视化包(Visdat、VIM)和相关性绘图包(Corrplot)等。

6.7.1 安装 R 与数据处理及绘图包

要创建 R 脚本视觉对象,必须先在本地计算机安装 R。可以登录微软 R 应用网址下载免费 R Open 4.0.2 安装程序。

https://mran.revolutionanalytics.com/download

下载后,双击运行下载的安装文件 microsoft-r-open-4.0.2.exe,并完成独立安装。成功安装后,Power BI Desktop 会自动检测、连接和启用 R。按如下步骤可以查验 R 是否已正确安装。

(1) 启动 Power BI。然后单击“文件”→“选项和设置”→“选项”。

(2) 在左侧“全局”栏中单击“R 脚本”,查看安装位置等信息,如图 6-48①所示。

(3) 安装 Corrplot(相关性绘图)、Mice(多重缺失值填补)、missForest(缺失值估测)、Visdat(数字可视化)、VIM(缺失值可视化)、Showtext(显示文本)等 R 包。

① 单击 Windows“开始”→Microsoft R Open 4.0.2,运行 R。

② 输入安装指令:

```
> install.packages('mice')
```

按此操作依次安装其他 R 包,如图 6-48②所示。

提示

(1) R 语言由新西兰奥克兰大学的 Ross Ihaka 和 Robert Gentleman 在 20 世纪 80 年代创建,由 R 开发核心团队开发,是统计学家、数据分析师广泛使用的编程语言。R 是基于函数和对象的程序语言,其函数、编码或样本数据包已到达 18 500 多个。

(2) Mice(Multivariate Imputation by Chained Equations)包实现了多变量缺失数据的填补,其计算方法主要有预测均值匹配法(Predictive Mean Matching,PMM)、逻辑回归法(Logistic Regression,logreg)、贝叶斯回归法(Bayesian Polytomous Regression,polyreg)等。missForest 包采用随机森林法(Random Forest),常用于补缺连续变量及分类变量的缺失值。

(3) Corrplot 包提供了两个以上变量的相关性分析图，该工具支持自动变量（Automatic Variable）重新排序，可检测变量之间的隐藏模式。Visdat、VIM 包可用于缺失数据的可视化分析。Showtext 包可用于创建文字可视化效果，如词云等。

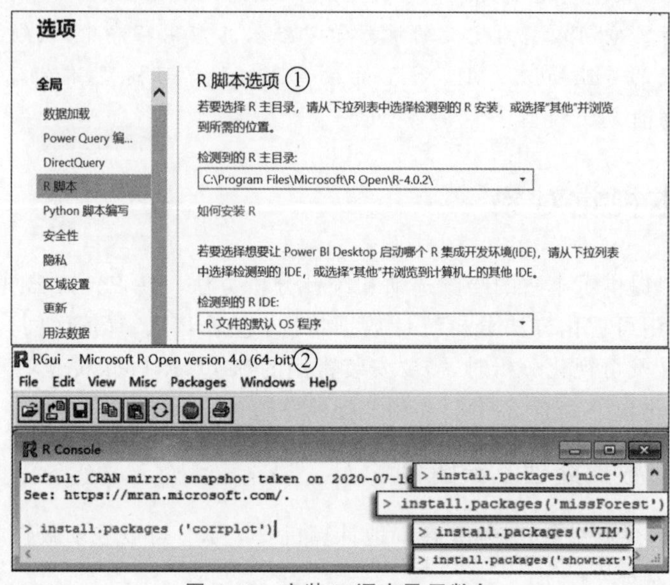

图 6-48　安装 R 语言及函数包

6.7.2　用 R 脚本输入数据

在 Power BI 中可以直接用 R 脚本输入数据，并将生成的数据集导入数据模型用于创建、发布和共享报表。

示例 6-21　用 R 脚本输入数据表。

(1) 启动 Power BI。单击"主页"→"获取数据"→"更多"，打开对话框。

(2) 在"获取数据"对话框，单击"其他"→"R 脚本"，如图 6-49①所示。

(3) 将编写的"R 脚本"输入或粘贴至"脚本"框，如图 6-49②所示。

```
library(mice)
num <- c(1:5)
name < -c("yang1", "yang2", "yang3", "yang4", "yang5")
sex < -c("female", "male", "female", "male", "female")
age <- c(12,17,13,16,12)
height <- c(130,160,140,170,150)
weight <- c(39,50,41,55,43)
studentsData <- data.fram(num,name,sex,age,height,weight);studentsData
```

输入脚本后单击"确定"按钮。

(4) 在"导航器"中预览数据表。单击"加载"按钮，可将数据加载至 Power BI 字段窗格；单击"转换数据"按钮，Power BI 将打开 Power Query 编辑器并将数据加载至编辑器。如图 6-49③所示。然后用输入的数据创建报表，如图 6-49④所示。

6.7.3　创建相关性视觉图

本节以 R-Corrplot 包自带的汽车品牌及车型与参数的数据集（mtcars）为例，讲解用 R

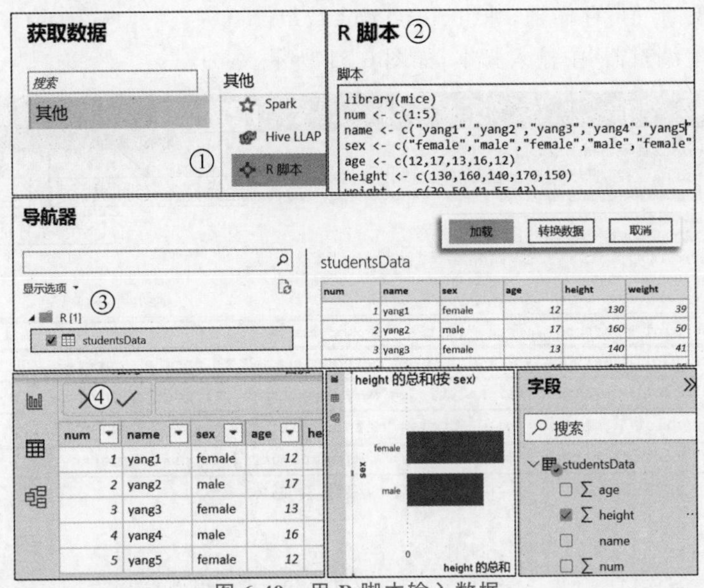

图 6-49　用 R 脚本输入数据

脚本创建相关系数视觉图的方法与步骤。

示例 6-22　用 R 脚本视觉对象分析不同汽车品牌、车型与技术参数统计数据的相关性。

(1) 从 R 中导出 mtcars.csv 数据集。单击 Windows"开始"→Microsoft R Open 4.0.2，运行 R，然后输入如下语句。

```
library(corrplot)
write.csv(mtcars, file = "E:/指南/Rmtcars.csv")
```

此时，Rmtcars.csv 数据文件已存入 R 的当前目录，输入"getwd()"可以查看保存该文件的路径。

(2) 启动 Power BI 后，单击"主页"→"获取数据"→"文本/CSV"，并通过"打开"对话框打开并加载 Rmtcars.csv，如图 6-50 所示。

Rmtcars.csv

文件原始格式：1252: 西欧(Windows)　分隔符：逗号　数据类型检测：基于前 200 行

	mpg	cyl	disp	hp	drat	wt	qsec	vs	am	gear	carb
Mazda RX4	21	6	160	110	3.9	2.62	16.46	0	1	4	4
Mazda RX4 Wag	21	6	160	110	3.9	2.875	17.02	0	1	4	4
Datsun 710	22.8	4	108	93	3.85	2.32	18.61	1	1	4	1
Hornet 4 Drive	21.4	6	258	110	3.08	3.215	19.44	1	0	3	1
Hornet Sportabout	18.7	8	360	175	3.15	3.44	17.02	0	0	3	2
Valiant	18.1	6	225	105	2.76	3.46	20.22	1	0	3	1
Duster 360	14.3	8	360	245	3.21	3.57	15.84	0	0	3	4
Merc 240D	24.4	4	146.7	62	3.69	3.19	20	1	0	4	2
Merc 230	22.8	4	140.8	95	3.92	3.15	22.9	1	0	4	2
Merc 280	19.2	6	167.6	123	3.92	3.44					

加载　转换数据　取消

图 6-50　加载.csv 数据

(3) 单击"主页"→"报表"→R，然后在"启用脚本"对话框中单击"启用"按钮。

(4) 在"字段"窗格，勾选 cyl、disp、hp、mpg、qsec、wt 字段。这些字段被加入"可视化"

窗格 R 视角对象的“值”存储桶，并组成 dataset 数组。

（5）在“脚本编辑器”中输入脚本，如图 6-51 所示。

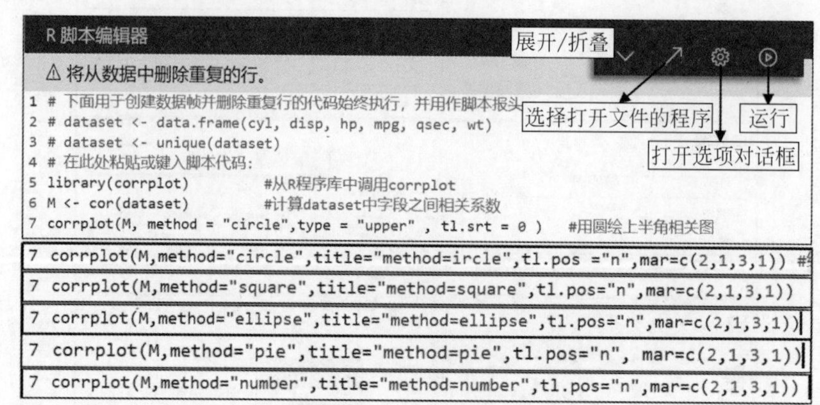

图 6-51　编辑 R 脚本

```
library(corrplot)            #调用 corrplot 包
M <- cor(dataset)            #用 cor()函数计算相关系数并赋值"M"
corrplot(M, method = "circle",type = "upper" , tl.srt = 0)
      #绘图参数:方法(method)为圆;类型(type)为上半角;对角线上标签角度(tl.srt)为 0
```

（6）单击“脚本编辑器”右侧“运行”按钮。

（7）绘制其他视觉效果矩阵图（如完整圆形、方形、椭圆、相关系数、饼图等）。

① 选择上述视觉对象后单击“主页”→“复制”→“粘贴”，此时，复制的视觉对象位于表面图层，可以用鼠标将其拖曳至其他位置。

② 移动鼠标指向复制的视觉对象边框处，待鼠标变成白色选择箭头，可按住复制的视觉对象将其拖曳至空白位置。

③ 在“脚本编辑器”中将绘图指令修改为

```
corrplot(M,method = "circle",title = "method = circle", tl.pos = "n",  mar = c
(2, 1, 3, 1))  #用圆形绘制完整相关矩阵图
```

④ 按上述①②，分别用 square、ellipse、number、pie 参数绘制相关系数可视化矩阵图。

```
corrplot(M,method = "square",title = "method = square", tl.pos = "n", mar = c(2,
1, 3, 1))       #用方形绘制完整相关矩阵图
corrplot(M,method = "ellipse",title = "method =ellipse", tl.pos = "n", mar = c
(2, 1, 3, 1))  #用椭圆绘制完整相关矩阵图
corrplot(M,method = "number",title = "method =number", tl.pos = "n", mar = c(2,
1, 3, 1))       #用方块绘制完整相关矩阵图
corrplot(M,method = "pie",title = "method = pie", tl.pos = "n", mar = c(2, 1, 3,
1))             #用饼图绘制完整相关矩阵图
```

单击“运行”按钮，结果如图 6-52①～⑥所示。

（8）单击“文件”→“保存”，将数据和图形保存为 Power BI 数据集文件。

提示

（1）Power BI 视觉对象学习网页的样本 RVisual_correlation_plot_sample SL.pbi 引用了 Corrplot 包的数据集 mcars。从如下网页可下载此样本文件：

https://learn.microsoft.com/zh-cn/power-bi/visuals/service-r-visuals

（2）Corrplot 的语法：

```
corrplot(corr,method = "…",title = "…", tl.pos = "…", mar=c(…))
```

主要参数：corr 表示相关系数；method 表示方法，指数字可视化形状，可选择圆形、方形、椭圆、相关系数、阴影、颜色和饼图等；title 表示标题；type 表示矩阵图类型，可选择完整（默认）、上三角和下三角；tl.pos 表示文本标签位置；mar 表示图形边距。

（3）Rmtcars.csv 文件数据来自 1974 年美国汽车趋势杂志，其中包括 32 辆不同汽车品牌和车型的油耗（mpg）、气缸数（cyl）、排量（disp）、马力（hp）、后轴比（drat）、重量（wt）、加速能力（qsec）、引擎类型（vs）、传动方式（am）、前齿轮数（gear）、化油器数（carb）等性能数据。

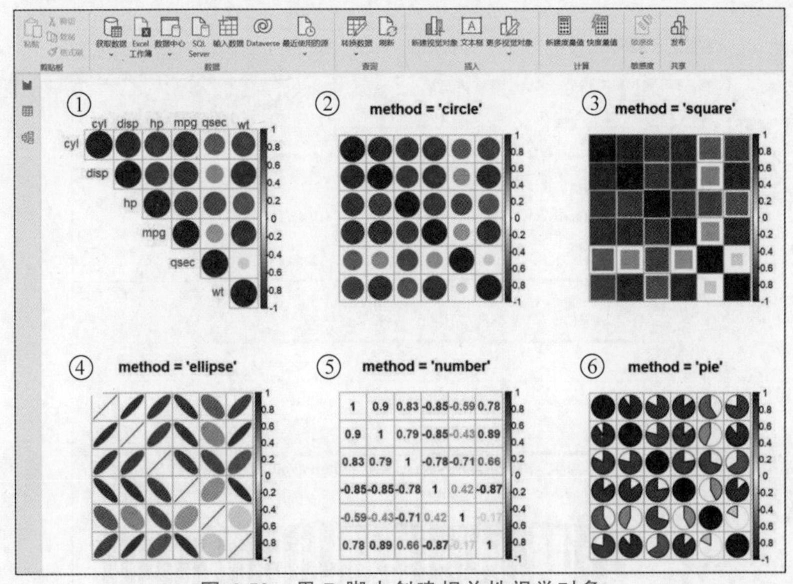

图 6-52　用 R 脚本创建相关性视觉对象

6.7.4　在 Query 编辑器中使用 R

在 Power BI 中，不仅可以使用 R 脚本创建视觉对象，而且可以在嵌入的 Power Query 编辑器中调用 R 转换数据。

示例 6-23　在 Power Query 编辑器中运用 R 脚本填补缺失并转换数据。

（1）从 https://download.microsoft.com/download/F/8/A/F8AA9DC9-8545-4AAE-9305-27AD1D01DC03/下载示例数据 EuStockMarkets_NA.csv。

（2）启动 Power BI 后，单击“主页”→“获取数据”→“文本/CSV”，并通过“打开”对话框打开 EuStockMarkets_NA.csv 预览框，然后单击“转换数据”，将数据加载至 Power Query 编辑器。

（3）在 Power Query 编辑器“查询”窗格单击 EuStockMarkets_NA 查看数据缺失情况。在“预览网格区”可以看到三列数据，其列标题为“Day”“SMI”“SMI missing values”。其中，“SMI”是用于对比的原数据列，“SMI missing values”是缺失数据列。可以使用列标题右侧“排序或筛选”箭头，筛选分析缺失数据情况。

(4) 单击“转换”→“脚本”→“运行 R 脚本”，打开“运行 R 脚本”编辑器窗口，将如下代码输入编辑器，如图 6-53①所示。

```
dataset<-read.csv(file="C:/Users/j…/Documents/EuStockMarkets_NA.csv",
                  header=TRUE, sep=",")          #读取数据
dataset1=(dataset[,-c(2)])                       #跳过第 2 列，读取 1、3 列
library(mice)                                    #加载 mice 包
tempData<-mice(dataset1,m=1,maxit=50,meth='pmm',seed=100)
                                                 #用 mice 包预测均值匹配法填补缺失值
completedData <- complete(tempData,1)            #完成填补数据并赋值
output <- dataset                                #输出原数据表
output$completedValues <- completedData$"SMI.missing.values"
                                                 #将补缺列添加至原数据表
```

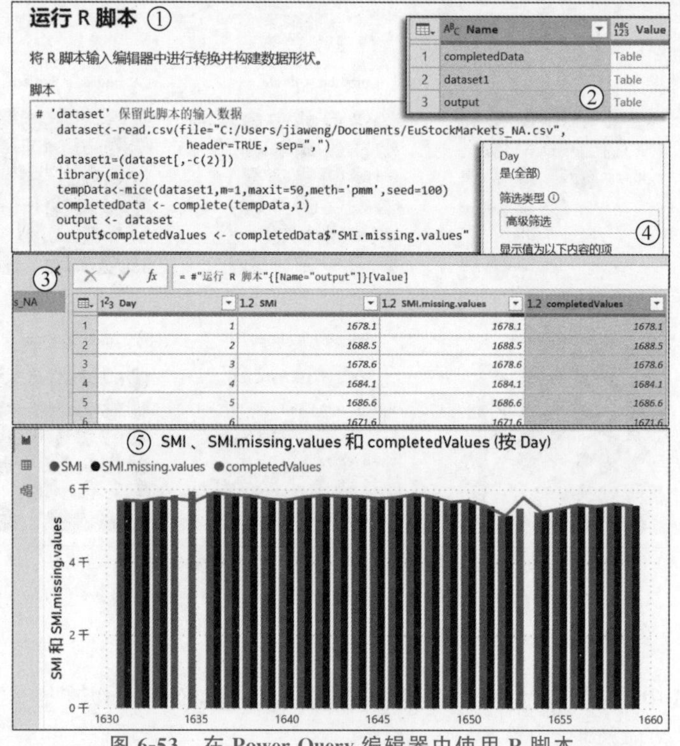

图 6-53 在 Power Query 编辑器中使用 R 脚本

(5) 单击“确定”按钮，运行 R 脚本。返回结果表后，单击 output 输出项的 Table 值，展开填补缺失数据后的查询表，如图 6-53②③所示。然后单击“主页”→“关闭并应用”，返回 Power BI 桌面。

(6) 创建可视化效果查看 mice 补缺数据情况。

① 在导航栏单击“报表”，然后在可视化窗格单击“折线和簇状柱形图”。

② 在“字段”窗格展开 EuStockMarkets_NA 表字段，然后将 Day 字段拖曳至可视化窗格的“X 轴”，将 SMI 和 SMI.missing.values 字段拖曳至“列 Y 轴”，将 completedValues 字段拖曳至“行 Y 轴”。

③ 在“筛选器”窗格 Day 字段“筛选类型”框选择“高级筛选”，然后设置为“大于”1630 且“小于”1660，如图 6-53④⑤所示。

(7) 单击“文件”→“保存”,将结果保存为 Power BI 数据集文件。

提示

(1) R 语言中,变量名字符间含有空格时函数会报错,故脚本中引用字段变量应将字符间将空格更改为“.”,即“SMI.missing.values”。

(2) 原数据 SMI 仅用于对比说明。如果将原数据“SMI”及其缺失数据“SMI missing values”同时加入 mice 包,该函数将无法正确计算,故读取数据时需要跳过 SMI 列数据。

(3) 关于 mice 包的用法及参数说明可登录 R 语言网站查阅:

https://www.rdocumentation.org/packages/mice/versions/3.15.0

6.7.5　对缺失数据进行可视化分析

在进行数据分析时,有时候会出现数据缺失的情况。R 语言中 mice 包是一个功能强大的缺失数据分析与填补工具。在 Power BI 中可以运用 R 脚本对缺失数据进行可视化分析,并在查询编辑器中用 R 脚本填补缺失数据。

示例 **6-24**　用 R 脚本对缺失数据进行可视化分析。

(1) 从 R 中导出 airquality.csv 数据集。启动 R,然后输入如下语句。

```
write.csv(airquality, file = "E:/指南/Rairquality.csv")
```

此时,airquality.csv 数据文件已存入指定目录。

(2) 启动 Power BI 后,单击“主页”→“获取数据”→“文本/CSV”,并通过“打开”对话框打开并加载 Rairquality.csv。

(3) 单击“主页”→“报表视图”后,在可视化窗格单击“R 脚本 Visual”,并在“启用脚本视觉对象”对话框单击“启用”按钮。

(4) 在“字段”窗格,依次将 Ozone(臭氧浓度)、Solar.R(太阳辐射量)、Wind(风)、Temp(气温)、Month(月)、Day(日)加入“可视化”窗格“值”框,如图 6-54①所示。

(5) 用 R 脚本生成缺失值分析图。

① 方块矩阵图。在“脚本编辑器”中输入如下脚本,如图 6-54②所示。

```
library(mice)                    #加载 mice 包
md.pattern(dataset)              #用 md.pattern()函数分析缺失值并绘制矩阵图
```

单击“运行”按钮,结果如图 6-54③所示。

图中蓝色表示有数据,粉色表示数据缺失。图形上边是字段或数据名称,左侧是记录数,右侧是记录缺失值个数,底部是列缺失值数。从图中可以看出,记录总数是 153 条,有 111 条无缺失值;35 条记录缺失 Ozone 值;5 条记录缺失 Solar.R 值;2 条记录缺失 Ozone 和 Solar.R 值;Ozone 缺失值为 37 个,Solar.R 缺失值为 7 个。

② 用直方图分析缺失数据比例。将上述视觉对象复制后,按如下代码更改脚本。

```
library(VIM)                      #加载 VIM 绘图包
mice_plot <- aggr ( dataset, col = c('navyblue', 'yellow'), numbers = TRUE,
sortVars = TRUE, labels = names(dataset), cex.axis = .7, gap= 3, ylab=c("Missing
data","Pattern"))                 #绘制缺失值及记录占比图
```

运行结果如图 6-54④所示。

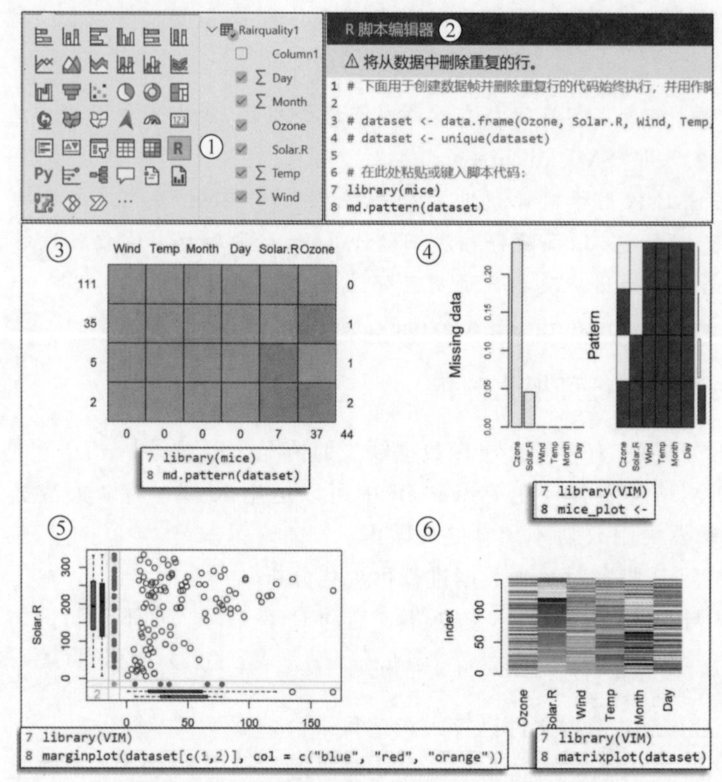

图 6-54　用 R 脚本对缺失数据进行可视化分析

左图显示了 Ozone 和 Solar.R 缺失值所占的比例；右图外侧用长条块显示了含有缺失值与无缺失值记录的比例，由上至下依次为：缺失 Ozone 和 Solar.R 值的记录占比、缺失 Solar.R 值的记录占比、缺失 Ozone 值的记录占比、无缺失的记录占比。

③ 用散点图显示缺失值在数据区间的分布情况。复制、粘贴上述视觉对象后，将其拖曳至空白处，然后输入如下代码更改脚本。

```
library(VIM)
marginplot(dataset[c(1,2)], col = c("blue", "red", "orange"))
```

结果如图 6-54⑤所示。

图中竖轴为 Solar.R 列，横轴为 Ozone 列，蓝色点为观测值，红点表示缺失 Solar.R 值或 Ozone 值的分布点，橙色表示缺失两种值的分布点。

④ 生成各列缺失数据分布矩阵图。将上述视觉对象复制后，更改脚本：

```
library(VIM)                  #加载 VIM 绘图包
matrixplot(dataset)           #绘制缺失数据分布条形矩阵图
```

运行结果如图 6-54⑥所示。

图中，红色表示缺失值；黑色→灰色→白色取值的分散与集中程度，过渡色越多表示数据取值越分散，过渡色越少表示数据取值越集中。例如，Month 列只有 5 个过渡色，表示只有 5 个取值。

（6）在 Power Query 编辑器用 R 填补缺失值。在补缺前，可先复制 Rairquality 表，然后填补数据。这样，可保留原数据表，以便对比分析。

① 单击“主页”→“查询”→“转换数据”，打开 Power Query 编辑器窗口。

② 在“查询”窗格右击 Rairquality 并选择“复制”，然后右击“查询”窗格空白处并选择“粘贴”。

③ 将复制的查询更名为“Rairquality1”。

④ 在“查询”窗格单击 Rairquality1，查看列标题与数据缺失值情况。

⑤ 右击 Rairquality1 并打开“高级编辑器”，然后将其中“更改的类型”变更为 dataset 后单击“完成”，以便后续引用，如图 6-55①所示。

⑥ 单击“转换”→“查询”→“运行 R 脚本”。

⑦ 输入如下脚本，如图 6-55②所示。

```
library(mice)                                    #加载 mice 包
imputed_Data<-mice(dataset,m=5,maxit=50,method='pmm',seed=500)
                                                 #用 mice 包预测均值匹配法填补缺失值
dataset<-complete(imputed_Data)                  #完成填补数据并赋值
output <- dataset                                #输出补缺后的数据表
```

单击“确定”按钮，查看补缺后的数据表，如图 6-55③所示。

⑧ 单击“主页”→“关闭”→“关闭并应用”。

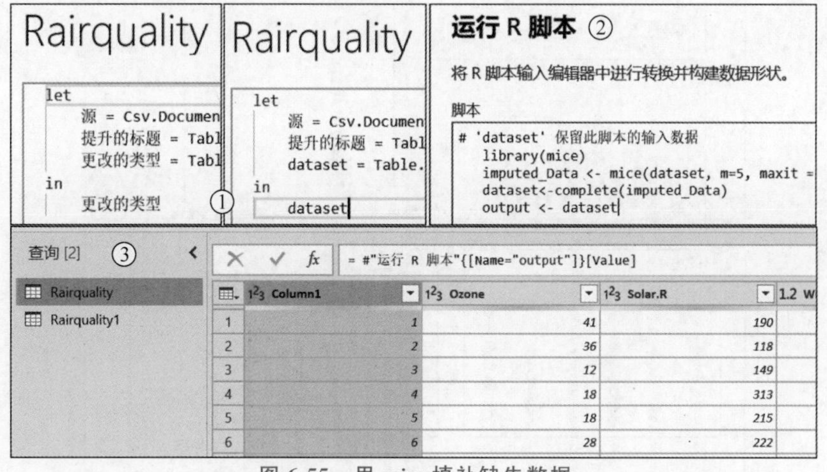

图 6-55 用 mice 填补缺失数据

(7) 用可视化数据图分析补缺数据。可先复制上述缺失值视觉对象，然后更改脚本。

① 按列字段显示分次填充数据散点图。将复制的缺失值视觉对象脚本更改为

```
library(mice)
imputed_Data<-mice(dataset,m=5,maxit=50,method= 'pmm',seed=500)
dataset<-complete(imputed_Data)
output <- dataset
stripplot(imputed_Data, col=c("grey",mdc(2)),pch=c(1,20))
```

运行结果如图 6-56①④所示，图中灰色点为观测数据分布，洋红色点为 5 次(m=5)计算填充的数据。

② 按缺失数据列 Ozone 与 Solar.R 组合显示填充数据散点图。复制上述视觉对象并更改脚本中的绘图表达式为

```
xyplot(imputed_Data, Ozone~Solar.R | .imp, pch=20,cex=1.2)
```

运行结果如图 6-56②所示，图中 X 轴为 Solar.R，Y 轴为 Ozone，蓝色散点为观测值，洋红色散点为补缺值。其中第 1 个散点图为观测值分布，其余是 5 次补缺填充值散点图。

③ 用散点图分析补缺值与观测值的匹配关系。按上述方法更改脚本中绘图表达式：

```
xyplot(imputed_Data,Ozone ~ Wind+Temp+Solar.R,pch=18,cex=1)
```

运行结果如图 6-56③所示，图中显示了 Ozone 与 Wind、Temp、Solar.R 散点分布关系，洋红色点为补缺填充值与蓝色点为观测值。

④ 用密度图分析插补数据的分布。按上述方法更改脚本中绘图表达式：

```
densityplot(imputed_Data)
```

运行结果如图 6-56④所示，图中洋红色点为补缺填充值，蓝色点为观测值。

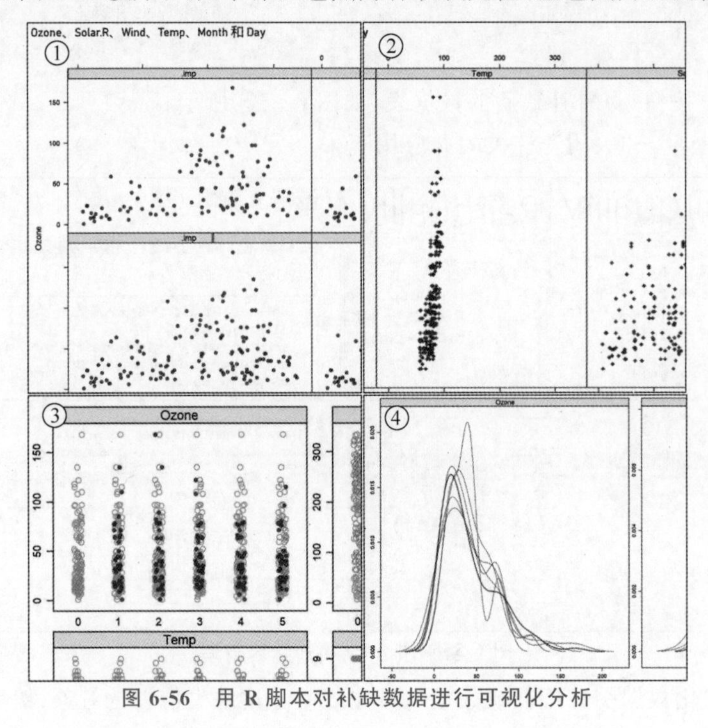

图 6-56 用 R 脚本对补缺数据进行可视化分析

6.7.6 加载 R 驱动视觉对象

在 Power BI AppSource 资源库中有许多用 R 驱动的视觉对象。用户可以从 AppSource 搜索下载需要的 R 视觉对象，然后将其添加至 Power BI 可视化窗格。这种视觉对象，无须任何脚本或编程，可直接添加字段进行可视化分析。

示例 6-25 搜索和加载 R 驱动词云（WordCloud）视觉对象。

（1）登录 Microsoft Appsource 搜索并下载 WordCloud 视觉对象（.pbiviz）。

https://appsource.microsoft.com/zh-cn/product/power-bi-visuals/

下载的文件为 WordCloud.WordCloud1447959067750.2.0.0.0.pbiviz。

（2）启动 Power BI。在“可视化”窗格单击“获取更多视觉对象”→“从文件导入视觉对象”，然后将下载的 WordCloud...pbiviz 文件导入 Power BI。也可以选择“获取更多视觉对象”，直接从“Power BI 视觉对象”中查找和导入此对象。

(3) 右击导入的视觉对象图标，并选择“固定到可视化效果窗格”，如图 6-57①②所示。

(4) 单击“主页”→“获取数据”，并按源文件数据类型加载词云文本或数据。本例加载文件为“水浒词云.xlsm”。

(5) 在“报表画布”区选择空白位置，然后在“可视化”窗格单击 WordCloud 图标。

(6) 在“字段”窗格选择要显示的内容，如图 6-57③所示。

① 将词字段“好汉姓名”拖曳至“可视化”窗格“类别”框。

② 将“值”字段(相当于字号)拖曳至“可视化”窗格“值”框。

(7) 在“可视化”窗格单击“设置视觉对象格式”→“视觉对象”，然后可以选择设置显示的字数、字号、字体颜色、旋转等格式，如图 6-57④所示。

(8) 如果有多个相关联的词字段，可以用编号将其链接，然后可以在“筛选器”用关联词进行筛选显示，如图 6-57⑤所示。

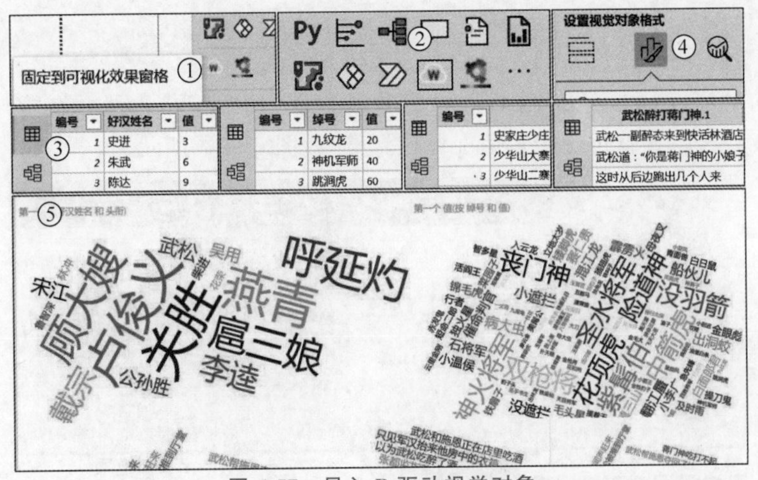

图 6-57　导入 R 驱动视觉对象

6.8 Python 脚本视觉对象

在 Power BI 中可以使用 Python 语言脚本创建视觉对象，也可以在嵌入的 Power Query 编辑器中运用 Python 转换数据，并可将其结果导入数据模型。Pandas 和 Matplotlib 是该语言中常用的软件包，前者是数据处理和分析工具，后者是图形库和绘图工具。

6.8.1　安装 Python

要运用 Python 脚本创建视觉对象或转换数据，需要在本地计算机安装 Python。可以从 Python 官方网站免费下载安装程序，具体步骤如下。

(1) 从 https://www.python.org/downloads/release/python-3111/下载 Python。然后双击安装文件 python-3.11.1-amd64.exe，完成独立安装，如图 6-58①所示。

(2) 安装数据处理 Pandas 和图形工具 Matplotlib 软件包。为扩展数理统计及可视化分析功能，可增加安装 NumPy 和 Seaborn 包，如图 6-58②所示。

① 复制 Python 包管理工具 pip.exe 的路径。通常，pip 被安装在如下路径：

```
C:\Users\...\AppData\Local\Programs\Python\Python311\Scripts\pip.exe
```

② 在 Windows 界面右击“开始”，选择“运行”，输入“CMD”后单击“确定”按钮。或者按 Win+R 组合键，打开“运行”框，输入“CMD”。

③ 在“C:\Users\...>”提示符下输入路径及安装“pandas”指令：

```
C:\Users\...\AppData\...\Python311\Scripts\pip install pandas
```

或者用“CD”命令将“pip.exe”路径更改为当前路径，然后再使用 pip 安装。

④ 按上述方法安装 Matplotlib 包：

```
C:\Users\...\AppData\...\Python311\Scripts\pip install matplotlib
```

⑤ 安装 Numpy 和 Seaborn 包：

```
C:\Users\...\AppData\...\Python311\Scripts\pip install numpy
C:\Users\...\AppData\...\Python311\Scripts\pip install seaborn
```

(3) 启动 Power BI。单击“文件”→“选项和设置”→“选项”。然后在“全局”栏中单击“Python 脚本编写”，查看正确安装情况及位置等，如图 6-58③所示。

图 6-58 安装 Python

提示

(1) Python 是一种通用高级编程语言，由 Guido van Rossum 设计，1991 年首次发布。其设计哲学是“优雅”“明确”和“简单”，旨在“用一种方法，最好是只有一种方法来做一件事”。在开发编程语言过程中，Rossum 受到 BBC 电视喜剧 *Monty Python's Flying Circus* 的启发，确定用 Python(蟒蛇)作为语言的名称。

(2) Python 语言的蛇形 Logo 由蒂姆·帕金(Tim Parkin)设计，自创建之日至今保持不变。Logo 描绘了一个基于古玛雅绘画的双色蛇形象，表现出活力和前进视觉。大头蟒蛇盘绕形成字母 P，其眼睛像冒号，寓意 Python 代码。并且蟒蛇慢慢爬行接近猎物，迅速咬住、缠绕的捕食过程，也体现出语言创作者的设计哲学。

(3) 根据 Python 程序包索引,世界上有超过 20 万个 PyPI 托管的程序包。对绝大多数用户而言,只需掌握 10 个左右常用程序包和一些本领域特定程序包。与 R 不同的是,Python 程序包需要在 Windows 的 DOS 下使用 pip 安装器。安装包指令为"pip install<package name>",删除包指令为"pip uninstall <package name>"。

6.8.2　用 Python 脚本输入数据集

在 Power BI 中可以直接使用 Python 脚本输入数据,并将生成的数据集导入数据模型用于创建、发布和共享报表。

示例 6-26　用 Python 脚本输入某校青春期前男孩的生理与最大摄氧量数据。

(1) 启动 Power BI。单击"主页"→"获取数据"→"更多",打开对话框。

(2) 在"获取数据"对话框,单击"其他"→"Python 脚本"→"连接",如图 6-59①所示。然后将编写的"Python 脚本"输入或粘贴至"脚本"框,如图 6-59②所示。

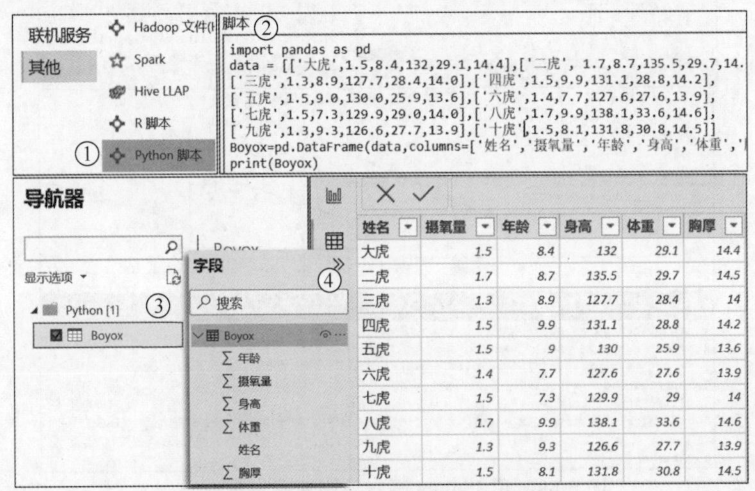

图 6-59　用 Python 脚本输入数据集

```
import pandas as pd
data = [['大虎',1.5,8.4,132,29.1,14.4],['二虎', 1.7,8.7,135.5,29.7,14.5],
['三虎',1.3,8.9,127.7,28.4,14.0],['四虎',1.5,9.9,131.1,28.8,14.2],
['五虎',1.5,9.0,130.0,25.9,13.6],['六虎',1.4,7.7,127.6,27.6,13.9],
['七虎',1.5,7.3,129.9,29.0,14.0],['八虎',1.7,9.9,138.1,33.6,14.6],
['九虎',1.3,9.3,126.6,27.7,13.9],['十虎',1.5,8.1,131.8,30.8,14.5]]
Boyox=pd.DataFrame(data,columns=['姓名','摄氧量','年龄','身高','体重','胸厚'],
dtype=float)
print(Boyox)
```

输入脚本后单击"确定"按钮。

(3) 在"导航器"中预览数据表,如图 6-59③所示,然后单击"加载"按钮,将数据加载至 Power BI 字段窗格,如图 6-59④所示。

(4) 单击"文件"→"保存",将其保存为 BoyoxPython.pbix 数据集文件。

6.8.3　创建数据分析视觉效果

运用 Python 脚本,可以创建生动、形象的数据可视化分析图。

示例 6-27　用 Python 脚本分析多变量相关性并创建相关系数可视化热图。

(1) 启动 Power BI。单击“任务”→“打开报表”→BoyoxPython.pbix。

(2) 单击“主页”→“报表”→Python，然后在“启用脚本”对话框中单击“启用”。

(3) 在“字段”窗格，依次将“摄氧量、年龄、身高、体重、胸厚”字段加入“可视化”窗格“值”框。组成的数据集命名为“dataset”，如图 6-60①所示。

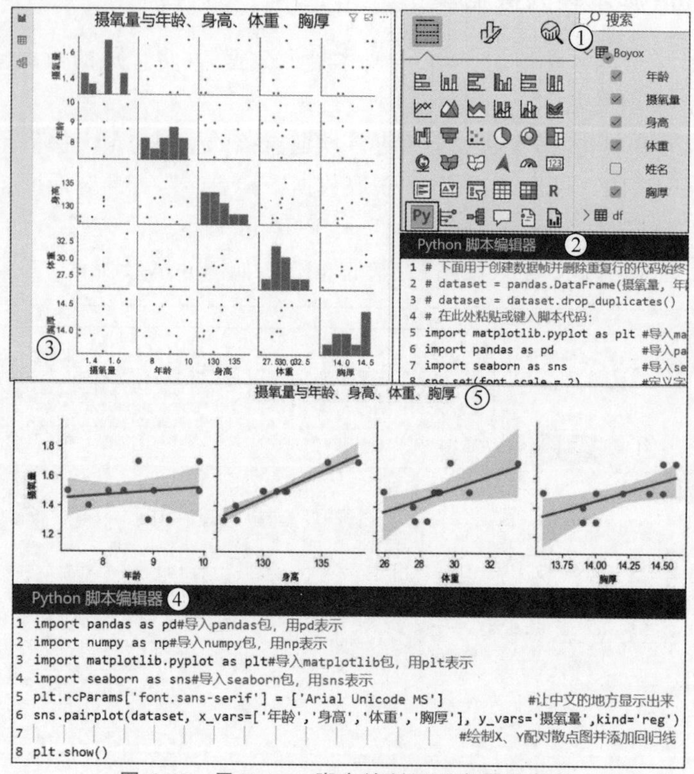

图 6-60　用 Python 脚本绘制两两变量散点图

(4) 绘制变量之间的散点图。

① 矩阵散点图。在“脚本编辑器”中输入脚本，如图 6-60②所示。

```
import matplotlib.pyplot as plt          #导入 Matplotlib 包,用 plt 表示
import pandas as pd                      #导入 Pandas 包,用 pd 表示
import seaborn as sns                    #导入 Seaborn 包,用 sns 表示
sns.set(font_scale = 2)                  #定义字号
sns.set_style('white',{'font.sans-serif':['simhei','Arial']})
                                         #解决中文不能显示问题
sns.pairplot(dataset)                    #绘制 dataset 中两两变量之间相关散点图
plt.show()                               #显示绘制的图形
```

单击“运行”按钮，结果如图 6-60③所示。

② X、Y 配对散点图。将上述散点图复制，并粘贴、移动至画布空白处。或者单击“新建页”，将其粘贴至新建页，然后对脚本做局部修改，如图 6-60④所示。

```
import matplotlib.pyplot as plt
import pandas as pd
```

```
import numpy as np                                #导入数理统计 NumPy 包
import seaborn as sns
plt.rcParams['font.sans-serif'] = ['Arial Unicode MS']
                                                  #让中文的地方显示出来
sns.pairplot(dataset,x_vars=['年龄','身高','体重','胸厚'],y_vars='摄氧量',kind=
'reg')                                            #绘制 X、Y 配对散点图并添加回归线
plt.show()
```

单击“运行”按钮，结果如图 6-60⑤所示。

(5) 创建相关系数视觉热图。可以选择多种相关系数可视化热图。

① 将上述配对散点图复制并粘贴、移动至画布空白处。或者单击“新建页”，然后将复制的散点图粘贴至新建页。

② 绘制方块矩阵热图，如图 6-61 所示。按如下代码将脚本做局部修改。

```
df_corr=dataset.corr()                            #用 corr()函数计算相关系数(添加)
plt.subplots(figsize=(9,9),dpi=1080,facecolor='w')
                                                  #设置画布大小、分辨率和底色(添加)
fig=sns.heatmap(df_corr,annot=True,vmax=1,square=True,cmap="Blues",fmt='.2g')
#绘制相关系数热图,主要参数为: annot 为显示数据;vmax 最大值为 1;square 表示方形;cmap
#表示颜色;fmt 表示保留位数(更改绘图表达式)
```

单击“运行”按钮，结果如图 6-61①所示。

③ 利用 mask(遮蔽)绘制三角方块矩阵热图。局部修改脚本如下，如图 6-61②所示。

```
mask=np.zeros_like(corr,dtype=np.bool)            #用 mask 函数产生布尔矩阵
mask[np.tril_indices_from(mask)]=True             #返回布尔矩阵上三角形的索引
sns.heatmap(corr,cmap='Blues',annot=True,mask=mask.T)          #画下三角热图
```

单击“运行”按钮，结果如图 6-61③所示。

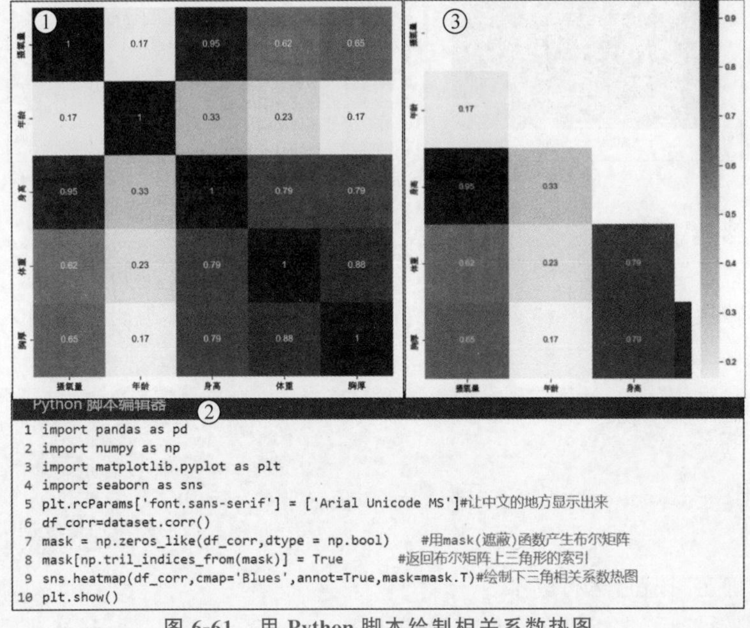

图 6-61　用 Python 脚本绘制相关系数热图

6.8.4 生成缺失数据热图并在 Query 中补缺

在 Power BI 桌面的 Power Query 编辑器中可以使用 Python 执行清洗或转换数据。

示例 6-28 在 Power Query 编辑器中运用 Python 脚本填补缺失并转换数据。

(1) 下载或准备 EuStockMarkets_NA.csv 数据文件，详见示例 6-23。

(2) 启动 Power BI 后，单击“主页”→“获取数据”→“文本/CSV”，并通过“打开”对话框打开 EuStockMarkets_NA.csv 预览框，然后单击“加载”按钮。

(3) 生成缺失值热图。

① 单击“主页”→“报表”→Python，在“启用脚本”对话框中单击“启用”按钮。

② 在“字段”窗格，依次将 Day、SMI missing values、SMI 字段加入“可视化”窗格“值”框，组成的数据集命名为“dataset”。

③ 分析缺失值并绘制热图，如图 6-62 所示。在编辑器中输入或粘贴下列脚本。

```
import pandas as pd
import numpy as np
import seaborn
import matplotlib
seaborn.heatmap(dataset.isnull(),yticklabels=False,cbar=False,
cmap='Blues_r')                        #绘制缺失数据热图,有数据为蓝色,空值标为白色
matplotlib.pyplot.tight_layout()       #按紧凑样式自动调整布局
matplotlib.pyplot.show()               #显示热图
```

单击“运行”按钮，结果如图 6-62 所示。

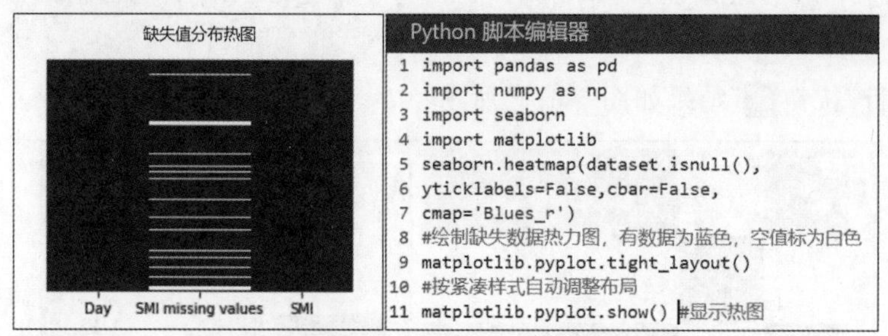

图 6-62 用 Python 脚本绘制缺失值分布热图

(4) 填补缺失数据。

① 单击“主页”→“查询”→“转换数据”，打开“Power Query 编辑器”。

② 单击“转换”→“脚本”→“运行 Python 脚本”，然后在脚本编辑器中输入如下脚本，如图 6-63①所示。

```
import pandas as pd
completedData=dataset.fillna(method='backfill',inplace=False)
                                        #按 KNN 算法填充缺失数据
dataset["completedValues"]= completedData["SMI missing values"]
                                        #将填充后的列添加至数据集
```

③ 单击“确定”按钮，运行脚本。

④ 返回编辑器后，在查询预览网格区单击 dataset 表的 Table，展开补缺后的数据表，如图 6-63②③所示。

⑤ 单击“主页”→“关闭并应用”，返回 Power BI 桌面。

(5) 创建补缺数据可视化效果图。

① 单击导航栏“报表”，然后在可视化窗格单击“折线和簇状柱形图”。

② 在字段窗格展开 EuStockMarkets_NA 表字段，然后将 Day 字段拖曳至可视化窗格的“X 轴”，将 SMI 和 SMI.missing.values 字段拖曳至“列 Y 轴”，将 completedValues 字段拖曳至“行 Y 轴”。

③ 在“筛选器”窗格 Day 字段“筛选类型”框选择“高级筛选”，然后设置为“大于”1630 且“小于”1660。显示此 30 天数据对比图表，如图 6-63④所示。

(6) 单击“文件”→“保存”，将结果保存为 Power BI 数据集文件。

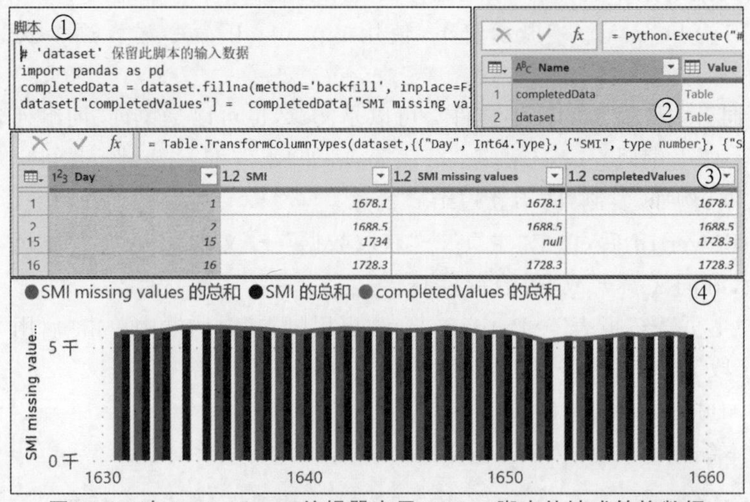

图 6-63　在 Power Query 编辑器中用 Python 脚本补缺或转换数据

提示

填补缺失数据的 KNN(K-Nearest Neighbor)算法，也称 K 最邻近法，由 Cover 和 Hart 在 1968 年提出，是一种简单的机器学习算法。其基本思路是：如果一个样本在特征空间中的 k 个最相似或最邻近样本中的大多数属于某个类别，则该样本也属于这个类别。

6.8.5　创建图案词云视觉对象

在 Power BI 中运用 Python 脚本可以轻松创建各式各样的图案词云视觉对象。

示例 6-29　用 Python 脚本生成图案词云视觉对象。

(1) 添加安装生成词云所需的软件包：wordcloud(词云)、stylecloud(样式云)、pillow(PIL 图像库)、jieba(结巴库)、csv(文本模块)等。

① 安装 wordcloud 包。按 Win+R 组合键打开 DOS 窗口，在 C:\...>提示符下输入：

```
<pip 文件路径>pip install wordcloud
```

如果不能正确安装，可用 debug 命令检查 wordcloud 与 Python 的版本是否匹配：

```
<pip 文件路径>pip debug -- verbose
```

查阅 Python 版本号，例如 cp311-cp311-win_amd64，然后登录 Python 扩展包二进制文

件网页：

```
https://www.lfd.uci.edu/~gohlke/pythonlibs/#wordcloud
```

找到匹配的wordcloud版本编译文件并单击下载：

```
wordcloud-1.8.1-cp311-cp311-win_amd64.whl
```

安装此编译文件(要按路径输入文件名)：

```
<pip 文件路径> pip install C:\Users\...\wordcloud-1.8.1-cp311-cp311-win_
amd64.whl
```

成功安装匹配的版本文件后,按上述方法重新安装wordcloud包。

② 在DOS窗口C:\...＞提示符下,使用pip install命令输入逐个安装stylecloud、pillow、jieba和csv包。

(2) 准备词云中要显示的文本文件。可以是文章,也可以是单词、词组列表。文件格式可以是TXT(UIF-8编码)、CSV和Excel表等,例如“水浒词云.csv”。也可以从网络下载或复制需要的文本,例如,复制“防治新冠.txt”消息。

(3) 启动Power BI后,单击“主页”→“获取数据”→“文本/CSV”,并通过“打开”对话框打开并加载“水浒词云.csv”或“防治新冠.txt”。

(4) 单击“主页”→“报表”→Python,并在“启用脚本”对话框中单击“启用”按钮。

(5) 在“字段”窗格,将“好汉姓名”字段加入“可视化”窗格“值”框。

(6) 运用stylecloud创建词云。

① 在“脚本编辑器”框输入脚本,如图6-64①所示。

```
import stylecloud                                   #加载 stylecloud 包
dataset.to_csv('dataset.csv',sep='|',index=False,header=True)
#将读取的列字段转换为文本格式
stylecloud.gen_stylecloud (file_path = "dataset.csv", font_path =
"FZSTK.TTF",icon_name="fas fa-ship")             #字体为方正舒体,图案为船
```

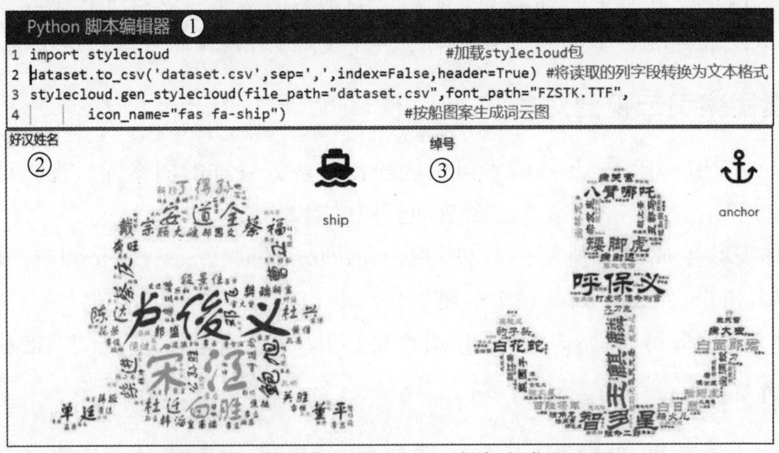

图6-64 在画布上用Python脚本生成词云图

单击“运行”按钮,结果如图6-64②所示。

② 将上述视觉对象复制、粘贴并拖曳至空白处后,在“字段”窗格将“绰号”字段拖曳添

加至可视化窗格“值”框的首位。然后将原字段“好汉姓名”删除，并在“脚本编辑器”中将最后一句表达式更改为

```
stylecloud.gen_stylecloud (file_path = "dataset.csv", font_path =
"STLITI.TTF",icon_name="fas fa-anchor")                          #字体为隶书,图案为锚
```

单击“运行”按钮，结果如图 6-64③所示。

(7) 运用 wordcloud 创建 image 图形词云。以“crown(王冠)”“star(星星)”“tree(树)”三个 PNG 或 JPG 格式图片为例，按图片创建词云的方法如下。

① 创建“王冠”词云。按上述(4)、(5)步选择 Python 视觉对象及要显示的“新冠康复”字段，然后在“脚本编辑器”中输入如下脚本，如图 6-65①所示。

```
from wordcloud import WordCloud                     #加载 wordcloud 包
from PIL import Image                               #加载 PIT 包
import numpy as np                                  #加载 NumPy 包
import matplotlib.pyplot as plt                     #加载 Matplotlib 包
import jieba                                        #加载 jieba 包
dataset.to_csv('dataset.csv',sep=',',index=False,header=True)
                                                    #将 DataFrame 结构数据转换为文本
with open("dataset.csv",encoding="utf-8") as f: s = f.read()
                                                    #读取文本
text = ' '.join(jieba.cut(s))                       #中文分词,裁剪长句,分词显示
img = Image.open("E:/指南/xlsx/crown.png")           #打开"crown"图片
mask = np.array(img)                                #遮蔽空白处,并将图形转换为数组
stopwords=["我","你","她","的","是","了","这"]         #定义不显示的字
wc=WordCloud(font_path="STCAIYUN.TTF",mask=mask,width = 800, height =500,
background_color = ' white ', colormap =" winter", max _ words = 400, stopwords =
stopwords, contour_width=1).generate(text)          #按参数生成词云
plt.imshow(wc, interpolation='bilinear')            #用 plt 绘制词云图
pt.axis("off")                                      #不显示坐标轴
plt.show()                                          #显示词云图
```

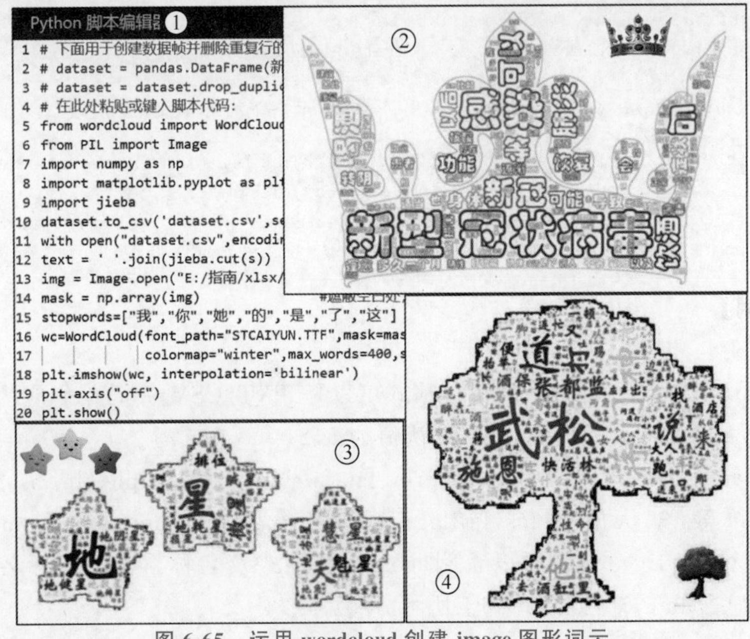

图 6-65　运用 wordcloud 创建 image 图形词云

单击“运行”按钮，结果如图 6-65②所示。

② 创建“星星”词云。将上述词云视觉对象复制后，粘贴至报表空白处，然后将水浒词云表中的“星”字段添加至“可视化”窗格“值”字段，并删除原“新冠康复”字段。之后，对脚本中打开图片的语句进行修改：

```
img = Image.open("E:/指南/xlsx/star.jpg")        #打开"star"图片
```

单击“运行”按钮，结果如图 6-65③所示。

③ 创建“树”词云。将上述词云视觉对象复制后，粘贴至报表空白处，然后对脚本中打开文本和图片的语句进行修改：

```
#dataset.to_csv('dataset.csv',sep='|',index=False,header=True)
                                                #取消或删除 dataset 数据转换
with open("E:/指南/xlsx/武松.txt",encoding="utf-8") as f:
s = f.read()                                    #直接从 E 盘读取要显示的文本
img = Image.open("E:/指南/xlsx/tree.png")         #打开"tree"图片
```

单击“运行”按钮，结果如图 6-65④所示。

提示

(1) 在 Power BI 桌面，从“字段”窗格拖曳字段至 Python 脚本视觉对象“值”框后，这些字段值便组成为 DataFrame 结构数据集，并由 Pandas 包将其定义为 dataset。为符合 wordcloud 的文本格式，需要用 csv 包将 DataFrame 结构数据转换为文本。

(2) 运用 Python 脚本直接从本地磁盘读取.TXT 文本，其字符串编码应为 UTF-8。在 Power BI 加载词云文本数据时，其字符编码也应选择 UTF-8。

(3) 按如下方法可以查阅 wordcloud 和 stylecloud 帮助信息及参数说明。

① 按 Win＋R 组合键后输入“CMD”进入 DOS。

② 在 Python 脚本路径下输入查阅参数指令：

```
C:\...\Python\Python311\Scripts>stylecloud -h
C:\...\Python\Python311\Scripts>wordcloud_cli -h
```

(4) StyleCloud 语法格式及参数可以用下式表示(输入参数时应用英文引号)。

```
stylecloud.gen_stylecloud(text, file_path, size, icon_name, palette, colors, background_color, max_font_size, max_words, stopwords, custom_stopwords, add_stopwords, icon_dir, output_name, gradient, font_path, random_state, collocations, invert_mask  pro_icon_path pro_css_path)
```

【参数说明】

- text：文本，指要显示的文本。
- file_path：文本文件及路径，文件格式可以是 TXT/CSV，字符编码应为 UTF-8。
- size：大小，指词云长度和宽度，默认值为 512。
- icon_name：图标名称，如 fas fa-grin、fas fa-ship、fas fa-apple-alt、fas fa-anchor、fas fa-smile 等，默认值为 fas fa-flag。登录 https://fontawesome.com/icons? d＝gallery&m＝free 网站，可以查阅 icon 图标样式及名称。输入图标名称的格式为“fas fa-＜name＞”，如图 6-66①所示。

- palette：调色板，默认值为 cartocolors.qualitative.Bold_6。需要比选调色板时，可登录 https://jiffyclub.github.io/palettable/网站。
- colors：颜色，为可选参数，指自定义文本颜色。
- background_color：背景颜色，默认值为 white。
- max_font_size：最大字体，默认值为 200。
- max_words：最大字数，默认值为 2000。
- stopwords：True/False 停止词，默认值为 True。
- custom_stopwords：自定义停止词，用于指定不需要显示的词，如连词等，默认值为 just，where's，could，doing，it's，here，that。
- add_stopwords：True/False 启或停自定义停止词，默认值为 False。
- icon_dir：图标目录，指用于存储图标掩码映像的临时目录，默认值为.temp。
- output_name：输出名称，指生成词云后可保存、输出 stylecloud 文件的名称，默认值为 stylecloud.png。
- gradient：梯度，指梯度或渐变方向，默认值为 None。
- font_path：字体路径，默认值为“C:\\Users\\...\\Programs\\Python...”或 Windows 系统的字体默认路径“C:\Windows\Fonts”。需要定义或更改字体时，可以按如下步骤操作。
    - ◆ 进入 C:\Windows\Fonts 目录。右击选定的字体后选择“属性”，然后单击“属性”对话框“常规”查看并记录该字体名称。
    - ◆ 在 stylecloud 函数中选用上述字体。如果选定的字体位于 Windows 默认路径，可直接输入字体名称，否则需指定字体的路径，如图 6-66②所示。

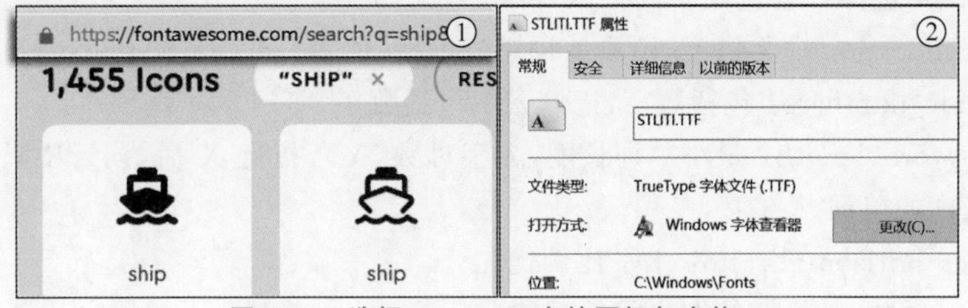

图 6-66　选择 stylecloud 中的图标与字体

- random_state：随机状态，指控制文字和颜色的随机状态，可选择一个整数，默认值为 None。
- collocations：True/False 单词搭配，指是否包含两个单词的搭配(bigrams)，默认值为 True。
- invert_mask：True/False 反转遮盖，指使用图片词云时，是否反转图标的遮盖，默认值为 False。
- pro_icon_path：图标路径。如果使用 Font Awesome Pro 的可缩放矢量图标字体，需指定 Font Awesome Pro .ttf 的路径，默认值为 None。
- pro_css_path：CSS 字体路径。如果使用 Font Awesome Pro 的 CSS 字体，需指定 Font Awesome Pro .css 的路径，默认值为 None。

(5) WordCloud 语法格式及参数可以用下式表示(输入参数时应用英文引号)。

```
wordloud(text file, regexp, stopwords, imagefile, fontfile path, mask, colormask,
contour_width, contour_color, relative_scaling, margin width, width, height,
color, background color, no_collocations, include_numbers, min_word_length,
prefer_horizontal ratio, colormap, mode, max_words, min_font_size, max_font_
size, font_step, random_state seed, no_normalize_plurals, repeat, version)
```

- text file：文本文件，指定用于构建词云的单词文件，默认值为 stdin。
- regexp：重写表达式，重写定义单词组成内容的正则表达式。
- stopwords：停止词，指定解析后停止词(每行包括一个词)文件。
- imagefile：图片文件，指 PNG 图片文件，默认值为 stdout。
- fontfile path：字体文件路径，默认值为 DroidSansMono。
- mask：掩码，用于显示图像形状的掩码。
- colormask：色彩掩码，用于图像颜色的掩码。
- contour_width：轮廓宽度，指图形轮廓线宽度，为一个正整数，0 为无，1 为最细，数越大越粗。默认值为 0。
- contour_color：轮廓线颜色，可以从 PIL.ImageColor.getcolor 指定颜色。
- relative_scaling：相对缩放比例，可按 0～1 的频率缩放单词。
- margin width：边缘宽度，指词周边的空隙。
- width：宽度，指图片(image)的宽度。
- height：高度，指图片(image)的高度。
- color：着色，指词云图片的着色，可从 PIL.ImageColor.getcolor 选择着色参数。
- background color：背景颜色，指图片(image)的背景颜色，可从 PIL.ImageColor.getcolor 选择背景色及参数。
- no_collocations：无搭配，不添加词搭配，默认值为“add unigrams and bigrams”。
- include_numbers：包括数字，指词云中包括数字。
- min_word_length：最小单词长度，为字母数(X)，指定 X 后，词云中只包括大于指定长度的单词。
- prefer_horizontal ratio：水平比例优先。
- scale：缩放，计算与绘图之间的缩放。
- colormap：词云色谱，指设计或搭配的词云色谱名称，如 spring、summer、autumn、winter 等。
- mode：模式，指使用 RGB 或 RGBA 透明背景模式。
- max_words：最大词数(N)，指最大单词数量。
- min_font_size：最小字号。
- max_font_size：最大字号。
- font_step：单词字号大小级差(step)。
- random_state seed：随机状态值。
- no_normalize_plurals：非正规复数，是否从单词中删除尾部“s”。
- repeat：重复，是否重复单词或词组。
- version：版本，显示程序的版本数和通道。

6.9 分页报表

分页报表是一种按页面格式化设计，用于打印、生成 PDF 输出文件或以页面形式共享的报表。创建分页报表需要安装 Power BI Report Builder 和注册 Power BI 服务。

6.9.1 安装报表生成器

报表生成器(Power BI Report Builder)是用于创建和发布分页报表的工具。同时，它还可以提供图表、地图、迷你图和数据栏等可视化效果。Power BI Report Builder 可以连接、导入和编辑多种数据源，包括 Azure SQL、Oracle、ODBC、Dataverse 和 Power BI 数据集等。Microsoft 下载中心提供了此工具的独立安装文件(PowerBiReportBuilder.msi)，下载地址为

```
https://aka.ms/pbireportbuilder
```

在 Microsoft Power BI Report Builder 下载页面，单击 Select Language(选择语言)框下拉箭头，并选择“中文(简体)”，然后单击“下载(Download)”。

下载之后，双击安装程序 PowerBiReportBuilder.msi，并按程序提示完成安装。

提示

Power BI Report Builder 运行环境与 Power BI Desktop 基本相同。

6.9.2 Report Builder 界面及功能简介

安装报表生成器后，单击 Windows“开始”→Power BI Report Builder，或双击快捷方式 ，运行报表生成器。Report Builder 界面及其功能如图 6-67 所示，现介绍如下。

图 6-67　**Power BI Report Builder** 操作界面及其功能

(1) 标题区。中间为当前文件名和程序名称，左侧依次为“保存”“撤销”“重做”操作指令图标，右侧为“最小化”“向下还原”“关闭”选项图标。

(2) 功能区。有“文件”“主页”“数据”“插入”“查看”选项卡。

(3) 报表数据窗格。此窗格是创建和编辑报表的数据区域，其中包括“内置字段”“参数”“图像”“数据源”“数据集”5 类数据。

- 内置字段。单击此数据项左侧“＋”号，可以展开记录报表信息的内置字段：报表的执行时间、语言、总页码、全部总页数、页名称、页码、呈现格式、呈现格式名称、报表文件夹、报表名称、报表服务器 URL、全部页、用户 ID。在创建或编辑报表时可以用表达式引用这些字段。
- 参数。当报表中含有参数时，所有参数名称将会出现在此处。右击此项，可以选择为报表“添加参数”。在报表中使用参数可以丰富报表显示方式、内容和建立交互式筛选效果。
- 图像。右击此项，可以选择“添加图像”。报表中含有图像时，所有图像名称将会排列在此处。编排报表时，可以在任意位置添加图像，增强效果。右击图像名称可以选择删除图像。
- 数据源。导入或连接数据文件后，在此处会排列数据源文件名称。右击数据源文件名，可选择“添加数据集”“删除”“编辑数据源”“重命名”等操作指令。
- 数据集。连接数据源后，Power BI Report Builder 会建立相应的数据集，其默认名称为“DataSet”。创建分页报表，就是将数据集中的字段显示为可视化报表。在使用数据集前，需要通过“查询设计”从数据源中将要引用的字段数据添加至数据集。在数据集中还可以用表达式添加计算字段供报表引用。

(4) 参数窗格。在此窗格内，可使用参数设置报表查看器工具栏或提示。

(5) 报表区。是编排、制作和显示报表的区域，类似 Power BI 中的“画布”。

(6) 属性窗格。此窗格内显示着报表区选定对象或部件的属性，包括表、矩阵、列表、图表、图像、文本框等的样式与格式。在创建或编辑报表时，可以打开此窗格，查看和设置选定对象的样式与格式，并可调整对象大小、位置。

“功能区”主要选项与功能简介如下。

(1) 文件。此选项卡包含“新建”“打开”“保存”“另存为”“发布”等操作指令。如图 6-68①所示。

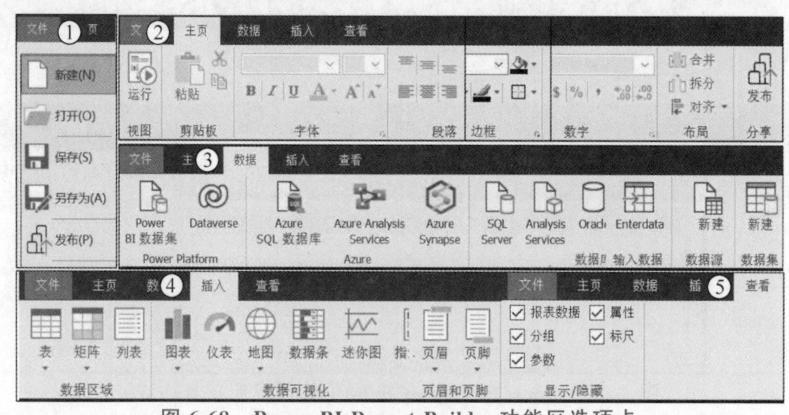

图 6-68 **Power BI Report Builder 功能区选项卡**

(2) 主页。此选项卡上包括运行、设置格式、编辑和发布等操作选项，如图 6-68②所示。

- 运行。设计和编辑好分页报表后，可单击此选项运行设计页面及参数、表达式，查看报表效果和打印布局，进行页面和打印设置。
- 设置格式。共有“字体”“段落”“边框”“数字”4 组设置选项。

• 编辑。共有“剪贴板”和“布局”两组选项，主要包括“剪切”“复制”“粘贴”“合并”“拆分”“对齐”等工具。

• 发布。创建分页报表后，可以将报表发布至 Power BI 服务“我的工作区”。

（3）数据。此选项卡上排列着导入、新建和输入数据的选项，如图 6-68③所示。

（4）插入。在此选项卡可以选择插入“表”“矩阵”“列表”数据区域和“文本框”“图像”“折线”“矩形”等报表项；也可选择插入“图表”“仪表”“地图”“数据条”“迷你图”“指示器”等可视化对象；还可以选择插入“页眉”“页脚”，如图 6-68④所示。

（5）查看。此选项卡上排列着显示或关闭“报表数据”“分组”“参数”“属性”窗格和报表区“标尺”5 个选项，图 6-68⑤所示。

6.9.3　使用“向导”创建分页图表

启动 Power BI Report Builder 时，在窗口前会显示“入门”对话框。初期，可按此对话框的向导提示创建分页图表。

示例 6-30　创建某公司“汽车销售”分页图表。

（1）启动 Power BI Report Builder 后，在“入门”对话框单击“新建报表”，并在“从向导”栏选择“图表向导”，如图 6-69①所示。

（2）在“选择数据集”框选择“创建数据集”并单击“下一步”按钮。然后在“选择数据源的链接”框单击“新建”，打开“数据源属性”框输入数据源名称、类型等属性。

① 选择“常规”，并在“名称”框输入数据源名称，默认名称为“DataSource1”。

② 单击“选择连接类型”框下拉箭头，选择数据源类型“Power BI 数据集”。

③ 在“连接字符串”栏单击“生成”按钮，打开选择数据集对话框，如图 6-69②所示。

④ 在“从 Power BI 服务中选择数据集”对话框“我的工作区”选择数据集文件。选择“汽车销售 PB”，如图 6-69③所示。

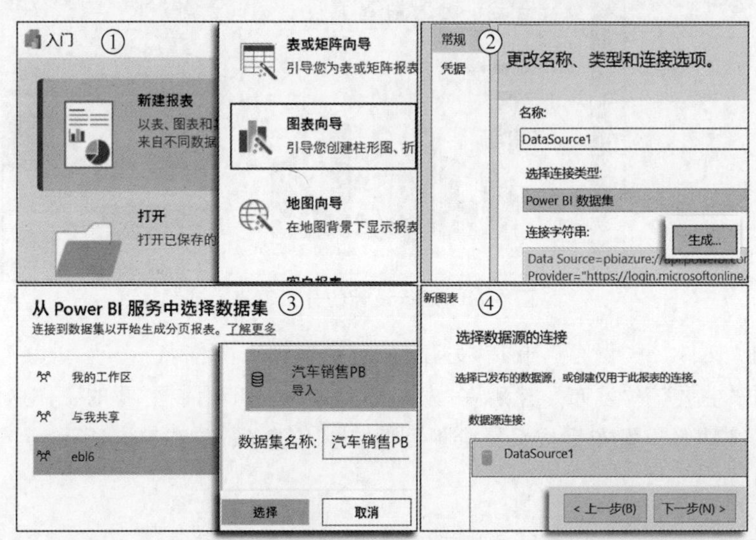

图 6-69　连接数据源

⑤ 单击“选择”按钮返回“数据源属性”框。继续单击“确定”按钮返回“选择数据源的连接”，然后单击“下一步”按钮，如图 6-69④所示。

(3) 在“设计查询”对话框的 Model 框分别单击“汽车销售 1”和“汽车销售 2”左侧“＋”号，展开字段表，如图 6-70①所示。

(4) 将要用于创建图表的字段逐个拖曳至右侧的查询方框。单击“以执行查询”可查看数据表，然后单击“下一步”按钮。

(5) 在“选择图表类型”对话框选择“列(柱形)”后，单击“下一步”按钮。

(6) 将“排列图表字段”对话框“可用字段”表中的“地区”拖曳至“类别”，将“动力类型”拖曳至“序列”，将“销售额”拖曳至“∑值”。

(7) 单击“∑值”框右上角下拉箭头选择一种聚合公式，本例选择 Sum。

(8) 单击“下一步”按钮。进入“主页”图形设计界面，如图 6-70②所示。

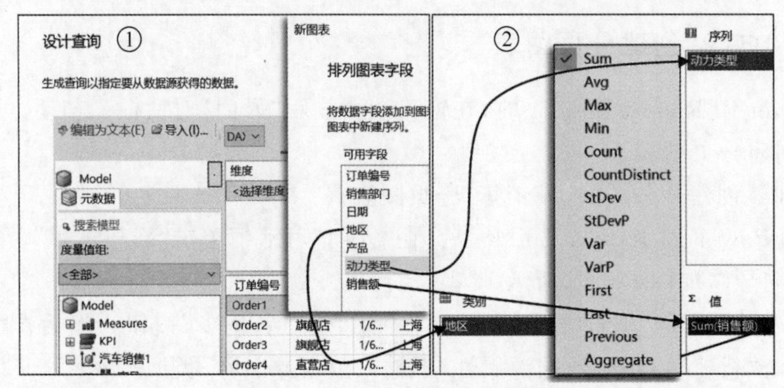

图 6-70 使用向导创建分页图表

(9) 编辑图表和设置格式。进行添加“标题”、更改图表类型、调整值字段及聚合公式、更改序列及类别字段等操作，然后单击“运行”按钮，结果如图 6-71①所示。

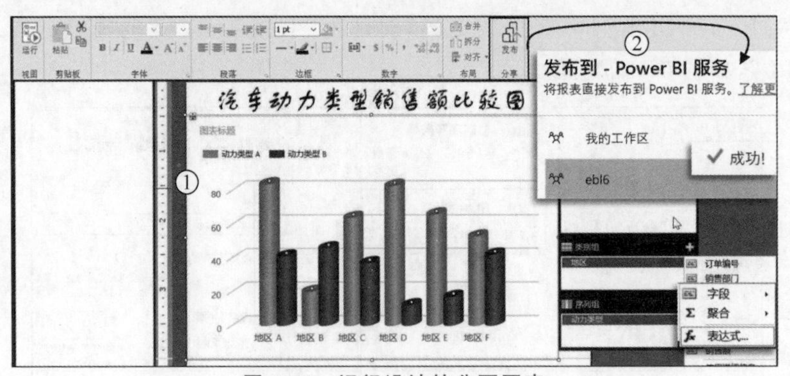

图 6-71 运行设计的分页图表

(10) 单击“文件”→“保存”，并在“另存为”对话框输入文件名。

(11) 单击“主页”→“发布”，然后在“发布到 Power BI”对话框“我的工作区”选择文件存放位置并输入文件名。发布完成系统会返回“成功”信息，如图 6-71②所示。

6.9.4 创建分页表

使用 Power BI Report Builder 可以连接、导入和编辑多种数据源，包括 Azure SQL、Oracle、ODBC、Dataverse 和 Power BI 数据集等。

示例 6-31 在 Power BI Report Builder 中导入数据集创建分页记录表。

(1) 单击 Windows“开始”→Power BI Report Builder,或双击快捷方式图标,运行报表生成器。初次使用可浏览“入门”对话框,后续可关闭此对话框。

(2) 单击“数据”→“Power BI 数据集”。在“从 Power BI 服务中选择数据集”对话框“我的工作区”选择数据集。本例选择“汽车销售 PB”,如图 6-72①所示。

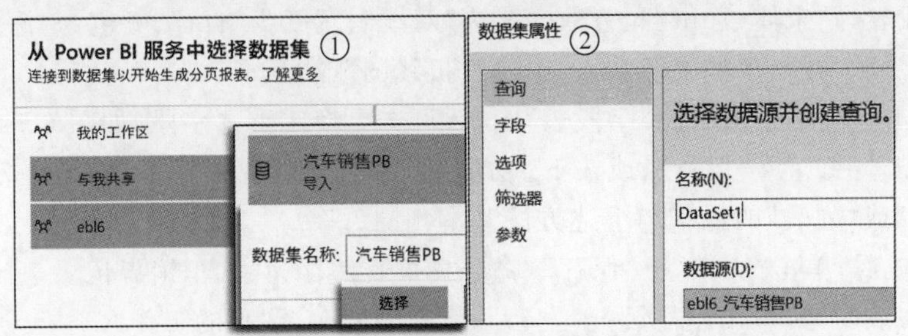

图 6-72 选择数据源并创建查询

(3) 在“选择数据源并创建查询”对话框“数据源”框选择数据源“汽车销售 PB”,并在“名称”框输入文件名“DataSet1”,然后单击“确定”按钮,如图 6-72②所示。

(4) 在“报表数据”窗格,单击“数据集”左侧⊞展开名称表。

(5) 右击数据集名称 DataSet1 并从菜单中选择“查询”,打开“设计查询”对话框,如图 6-73①所示。

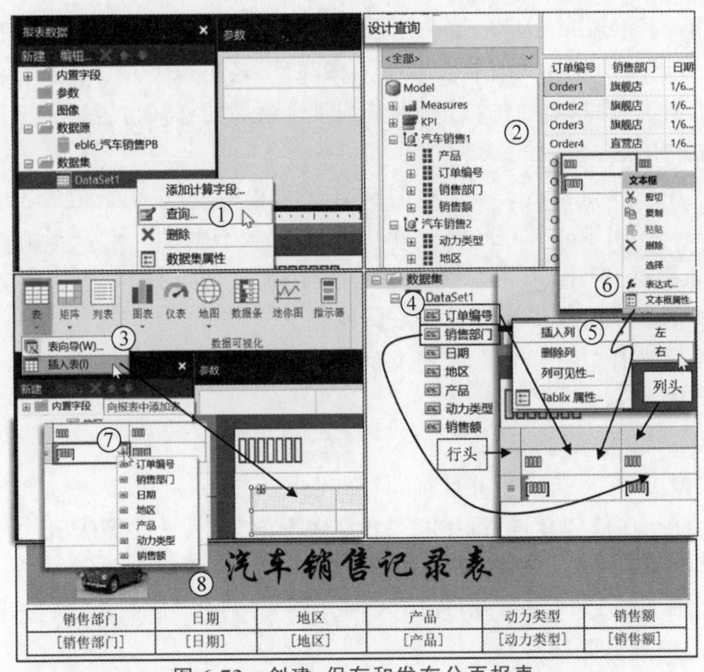

图 6-73 创建、保存和发布分页报表

(6) 单击“汽车销售 1”和“汽车销售 2”左侧“+”号,展开字段表,将要创建表或要添加至 DataSet1 的字段逐个拖曳至右侧的查询方框后,单击“确定”按钮,返回设计页面,如图 6-73②所示。

(7) 单击“插入”→“表”→“插入表”,在页面插入空白表,如图 6-73③所示。

(8) 单击 DataSet1 左侧“+”号,展开字段表,并将要创建表的字段逐个拖曳至空白表相应的位置，如图 6-73④所示。若行、列位置不够，可以右击表的列头（行头）可以进行插入列或行操作，也可以删除多余的列或行，如图 6-73⑤所示。

(9) 添加标题和设置格式、编辑字段表。单击位置便可以直接输入或粘贴标题文本；右击文本框，可以选择编辑或设置格式等操作，如图 6-73⑥所示。本例标题为“华文行楷(28pt)”，字段表为“宋体(10pt)”，边框样式为“双线”、宽度为“1pt”、颜色为“深绿色”。

(10) 需要时，可以在报表中插入“图像”“折线图”或“矩形”。

(11) 单击字段单元格右侧“字段表”图标，可选更换或重选字段，如图 6-73⑦所示。

(12) 单击“主页”→“运行”，或按 F5 功能键，可查看呈现的报表，如图 6-73⑧所示。创建分页“矩阵”或“列表”的操作与上述方法基本相同。

(13) 完成后，单击“文件”→“保存”，将分页报表保存为“汽车销售记录表.rdl”文件。需要发布分页报表时，可单击“主页”→“发布”，将报表发布至“我的工作区”。

提示

(1) “插入”选项卡“数据区域”组中“矩阵”选项，可用于按矩阵形式显示数据分页报表，也就是像数据透视表或交叉表一样，按照行和列的分组形式显示数据。

(2) “插入”选项卡“数据区域”组中“列表”选项，可用于按自由格式显示数据列表。

6.9.5 用参数和表达式编排分页报表

Power BI Report Builder 是一款功能强大、设计新颖、操作简便的分页报表或打印页面设计软件，除了可以按预设样式直接生成分页图表外，还可以使用 Visual Basic 语言表达式和参数从数据集筛选、计算需要的数据，将其编排至报表的任何位置。下面的示例介绍参数和表达式的写法和用法。

示例 6-32 用参数和表达式编排示例 6-31 中创建的“汽车销售记录表.rdl”。

(1) 启动 Power BI Report Builder，单击“文件”→“计算机”→“汽车销售记录表.rdl”。

(2) 在“报表数据”窗格，右击“参数”并选择“添加参数”，打开“报表参数属性”对话框，如图 6-74①②所示。然后按提示设置参数属性。

① “常规”：可选择“更改名称、数据类型和其他选项”，如图 6-74②所示。

- 在“名称”框输入名称“日期 1”。
- 在“提示”框输入“起始日期：”。
- 单击“数据类型”下拉箭头并选择“日期/时间”。
- 勾选“允许空白值”“允许 Null 值”“允许多个值”和可见性等选项。

② “可用值”：可“选择此参数的可用值”，如图 6-74③所示。

- “无”：选择此项，运行时将出现输入“起始”与“截止”日期提示，按用户输入值筛选数据。本例选择此项。
- “指定值”：可以直接输入或用表达式定义一个参数值。
- “从查询中获取值”：选择此项，将会显示包含指定数据类型的“数据集”“值字段”“标签字段”选项框及列表，用户可按需要选择。

③ “默认值”：可“选择此参数的默认值”，如图 6-74④所示。

- “无默认值”：不需要设默认值时勾选此项。
- “指定值”：可以输入值或表达式为参数指定默认值。注意指定的默认值数据类型

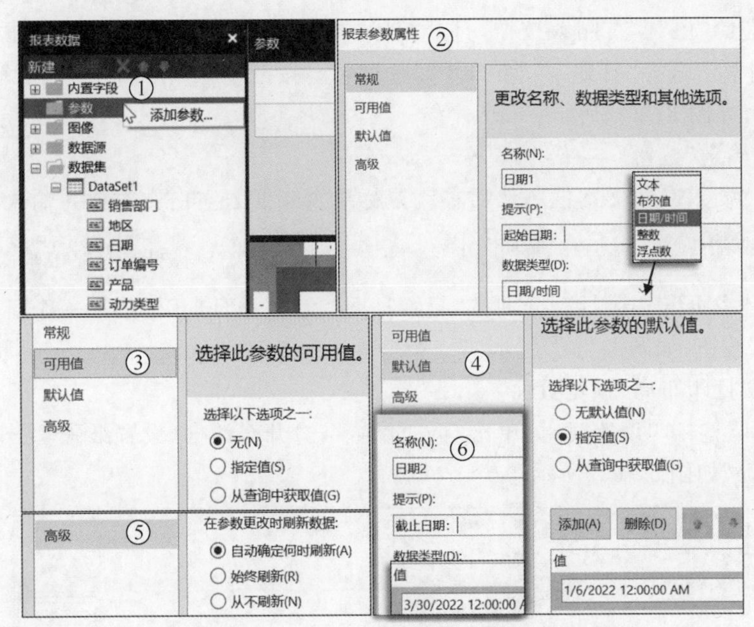

图 6-74　为分页报表添加参数

应与参数的数字类型一致。本例输入值为“1/6/2022”。

• “从查询中获取”：默认值也可从相应的查询中获取，方法同“指定值”。

④ “高级”：此处可选择参数更改时数据刷新方式——“自动确定何时刷新”“始终刷新”或“从不刷新”，如图 6-74⑤所示。

⑤ 单击“确定”按钮。

(3) 再次右击“报表数据窗格”中的“参数”，选择“添加参数”。然后按上述步骤定义截止日期参数名称“日期 2”，并指定默认值“3/30/2022”，如图 6-74⑥所示。

(4) 单击报表任意字段，出现灰色行、列边框后，右击字段行头并从鼠标菜单上选择“行组”→“组属性”，打开“组属性”对话框（如图 6-75①所示）。

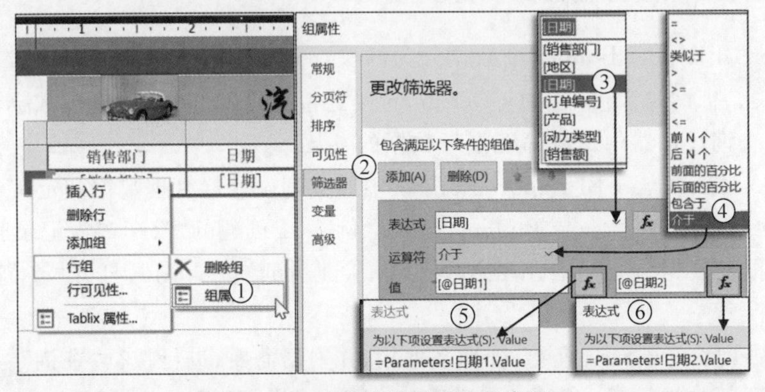

图 6-75　在组筛选器中引用参数

① 单击“筛选器”，打开“更改筛选器”选项，如图 6-75②所示。然后指定要筛选的字段。

② 单击“表达式”下拉箭头→“[日期]”，如图 6-75③所示。

③ 单击“运算符”下拉箭头，选择“介入”，如图 6-75④所示。

④ 单击左侧“值”框右侧 f_x 按钮，打开“表达式”对话框，然后单击“类别”框中的“参数”，并在“值”框内双击选择“日期 1”，如图 6-75⑤所示。按此步骤，在右侧“值”框输入引用的参数值“日期 2”，如图 6-75⑥所示。

⑤ 单击“确定”按钮。

(5) 单击“插入”→“文本框”，然后移动鼠标至页脚插入空白文本框并输入表达式：

```
="起始日期: "&Parameters!日期 1.Value&"截止日期: "&Parameters!日期 2.Value
```

(6) 单击“主页”→“运行”，分别在“起始日期”和“截止日期”框选择一个日期值，然后单击“查看报表”按钮，如图 6-76①所示。

(7) 单击“打印布局”预览页面。

(8) 需要调整打印设置时，可单击“页面设置”，打开对话框，设置纸张“大小”“来源”“方向”“页边距”等，如图 6-76②所示。

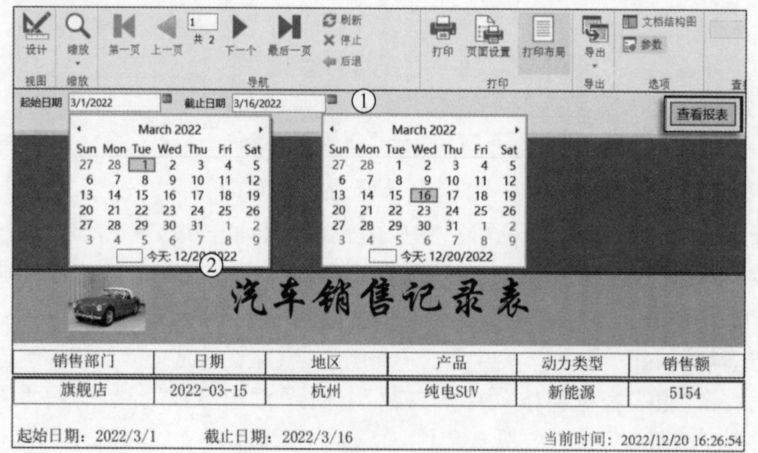

图 6-76 运行时间参数报表

6.9.6 用查询设计器管理数据和定义参数

在 Power BI Report Builder 中数据分为两块：一是连接的外部数据源；二是用于创建报表的数据集。查询设计器(Query Designer)是连接数据源和创建、管理数据集的工具，同时，还可以在查询设计器中定义筛选报表数据的参数。

示例 6-33 在 Power BI Report Builder 中用查询设计器管理数据和定义参数。

(1) 启动 Power BI Report Builder，打开示例 6-31 创建的“汽车销售记录表.rdl”。

(2) 在“报表数据”窗格，右击数据集 DataSet1 并选择“查询”，打开“查询设计器”，如图 6-77①所示。

(3) 在“查询设计器”中，查看、管理数据集，并根据需要，进行执行“查询”、显示数据、添加或删除字段、添加计算成员等操作，然后定义筛选参数，如图 6-77②所示。

① 单击“维度”栏“选择维度”，选择“汽车销售 1”。

② 单击“层次结构”栏“选择层次结构”选择“销售部门”。

③ 单击“运算符”栏下拉箭头，选择“等于”。

④ 单击“筛选表达式”栏下拉箭头，勾选 All。

⑤ 单击“确定”按钮，返回报表。

（4）单击“主页”→“运行”。在参数区单击“销售部门”下拉箭头并选择要筛选的项目名称。如选择“直营店”，然后单击“查看报表”，如图 6-77③④所示。

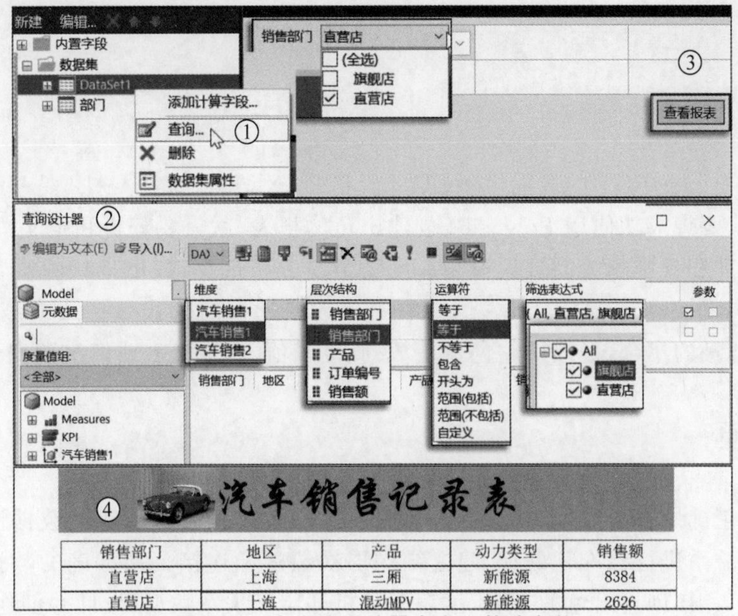

图 6-77 在查询设计器中定义筛选参数

第 7 章 Power BI 建模、度量值与 DAX

本章讲解 Power BI 中的数据模型、度量值和 DAX 语言。Power BI 是基于关系数据模型的分析程序，要想成功使用 Power BI 创建出色的报表，就需要分析和定义关系数据，设计并创建符合标准和规则的关系数据模型。度量值是分析数据、提出见解的重要依据。DAX (Data Analysis Expression)是 Power BI 中用于数据分析的公式表达式或编程语言，是函数、运算符和常量的集合，可以用它创建计算列、度量值、自定义表或解决数据分析问题。

7.1 建模

为了能够正确地分析数据、交流见解、创建报表和共享成果，需要对数据记录或数据元素及其之间的关系进行标准化处理，建立结构层次清晰和连接关系准确的数据模型。要想成功使用 Power BI 创建出色的报表，就需要分析和定义关系数据，设计并创建符合标准、易于维护的数据模型。本节将讲解数据模型的星状架构、建模视图、关系数据表的连接、在数据模型中添加计算和创建关键绩效指标(KPI)视觉对象的方法。

7.1.1 按星状架构链接数据表

在现实数据分析工作中，数据源往往由多个表构成。例如，企业的销售订单表、产品表、销售数量表、销售额表、交易日期表等。多个关系表之间的连接是数据建模的重要环节。将数据加载到 Power BI 中时，"自动检测"功能将会分析各个表之间的数据关系，并按星状架构原则，通过名称相似的列建立事实数据表与维度表的连接模型。下面的示例介绍关系数据的星状架构模型图。

示例 7-1 分析星状架构数据模型。

(1) 从微软学习网站 https://learn.microsoft.com/zh-cn/training/modules 下载示例文件 Adventure Works DW 2020 M01.pbix。

(2) 启动 Power BI，打开示例文件 Adventure Works DW 2020 M01.pbix。

(3) 单击导航栏中的"模型视图"图标，打开数据表模型图，如图 7-1①所示。

① 1 个事实数据表(Fact tables)，位于模型图中心，如图 7-1②所示。该表逐行记录着"销售"业务的存储事件或观测值，包括销售额、分销额、订货量、单价、产品成本等。从表结构看，设有连接维度表的"键列"和可以汇总的度量值列；从数据量看，具有大量的行记录着每个时点存储值或观测值。

② 6 个维度表(Dimension tables)，位于事实数据表周围，如图 7-1③所示。"客户""分销商""产品""销售区域"等维度表，从不同角度记录存储着业务实体数据；"日期""订单"是常见的概念维度表，其中每个日期或每个订单包含一个行，且与事实数据表中的记录对应。

每个维度表须设有与事实数据表连接的“键列”，且键列的字段值必须是唯一值。

③ 表及连接属性。要查看、修改或编辑表的连接关系，可以单击表或连接线，然后在模型图或画布的右侧的“属性”窗格进行相关操作。也可以右击要编辑的表或连接线，通过快捷菜单进行相关操作，如图 7-1④所示。

④ 表及字段。在桌面右端“字段”窗格排列着模型中的表及其字段。需要对表或字段进行创建度量值、层次结构、新建组等操作时，可以右击该表或字段，然后选择操作选项，如图 7-1⑤所示。

⑤ 模型图标签。在画布底部左侧显示模型图 All tables 标签。需要添加新的关系数据表布局时，可以单击标签右侧“+”号，打开新页面，然后添加新的布局及连接设计方案，如图 7-1⑥所示。

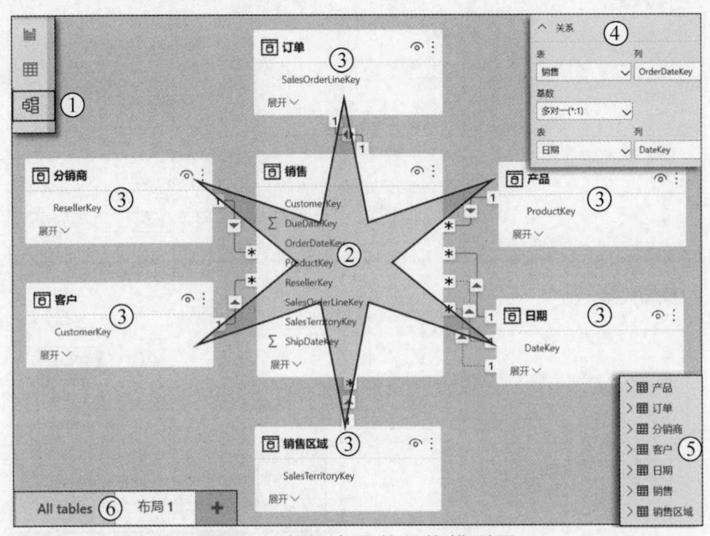

图 7-1　数据表星状架构模型图

7.1.2　创建星状架构数据模型

在 Power BI 中加载数据之后，创建数据模型是生成可视化报表的关键步骤。

示例 7-2　以某班“学生成绩”表为例，创建和编辑星状架构关系数据模型。

(1) 启动 Power BI。单击“主页”→“Excel 工作簿”，打开“学生成绩 Model.xlsm”。

(2) 在“导航器”对话框，选择要加载的数据表：学分、学期、学生信息和课程，并单击“加载”按钮，如图 7-2 所示。

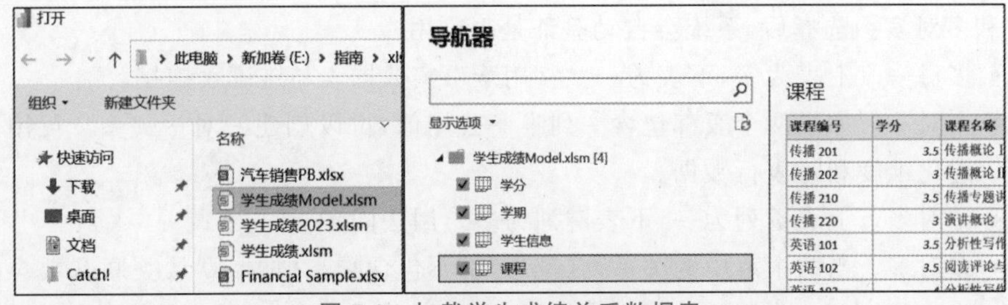

图 7-2　加载学生成绩关系数据表

(3) 单击导航栏“数据”图标，并通过“字段”窗格逐个检查加载的数据表。

(4) 将各表键列格式设置为文本。

(5) 单击导航栏“模型”图标，打开学生成绩数据表模型图，可以看到维度表“学生信息”“课程”已经自动与事实表“学分”连接，因维度表“学期”中键列名“学期编号”与事实表“学分”中键列名不一致，且说明学期季节字段用了与键列相同的列名，故系统无法识别和自动连接，需要手动连接，如图 7-3①所示。

① 将“学期”表中“学期编号”字段拖曳至“学分”表中的“学期”字段。

② 双击关系连线或者右击关系连线并选择“属性”，打开“编辑关系”对话框，检查或编辑数据表之间的连接关系，如图 7-3②所示。

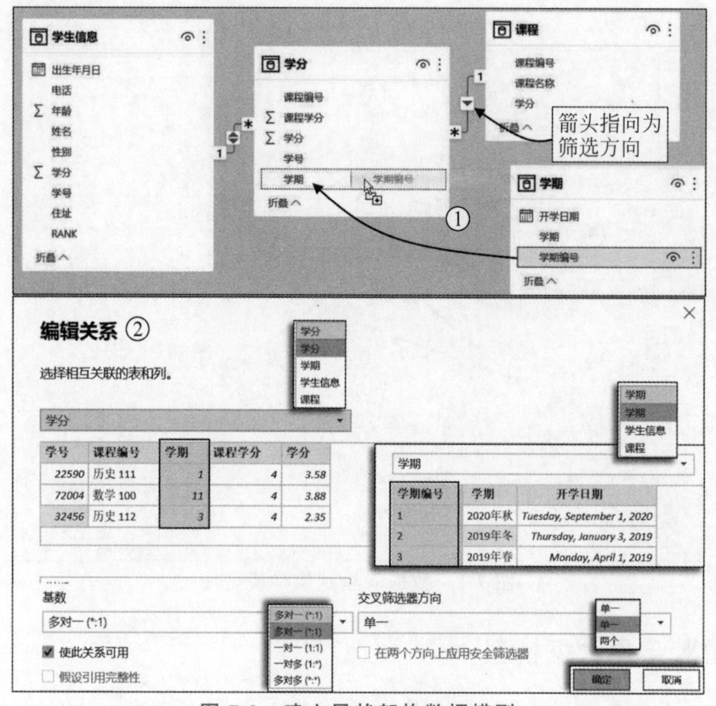

图 7-3　建立星状架构数据模型

- “选择相互关联的表和列”：此选项下排列着相互关联的表及其连接的键列（有阴影的列），需要更改时，可直接用鼠标单击列名。单击表名称框下拉箭头，可以选择要编辑的事实表和维度表，调整或修改连接关系。
- “基数（Cardinality）”：指的是关联基数，共有 4 种关系选项：多对一、一对一、一对多和多对多。选择后，系统会自动验证是否可用。
  - 多对一。上表为多，下表为一。常用于事实数据表与维度表连接。
  - 一对一。如果两个表都包含一列唯一公用值，可以创建一对一关系。可用于连接退化维度和跨表行数据。
  - 一对多。上表键列为一，下表键列为多。用法同多对一。
  - 多对多。当两个表中的关系列（键列）都不包含唯一值时，默认关联基数会被设置为“多对多”。可用于关联二维类型表、两个事实类型表、更高粒度的事实类型表。
- “交叉筛选方向”：指筛选数据表的方向，可选择：单一、两个。通常为单一，即用维度表字段筛选事实表数据。在一对一、多对多、维度到维度和使用数据切片器等特殊情况下，可以选用“两个”交叉筛选。

③ 完成编辑后单击“确定”按钮。然后单击“文件”→“保存”，将其保存为 Power BI 数据集文件“学生成绩 Model.pbix”。

提示

(1) 退化维度。退化维度指的是事实表中筛选所需的属性，也就是存储在事实表中的编号类维度列，如订单号、发票号等。在星状架构数据模型中可以考虑将这些退化维度列放在单独的表中。这样，可以将用于筛选或分组的列与用于汇总事实数据的列分隔开，达到提高性能的目的。

(2) 粒度。粒度是指数据仓库保存数据的细化或综合程度的级别。细化程度越高，粒度级就越小；相反，细化程度越低，粒度级就越大。

(3) 在“报表”页面，单击“建模”→“关系”→“管理关系”，打开“管理关系”。通过该对话框，可以进行“新建”“自动检测”“编辑”或“删除”表关系操作。

7.1.3 添加计算列

使用“建模”选项卡上的“新建列”选项可以为模型添加计算列。

示例 7-3　在某班学生成绩报表中添加计算列。

(1) 启动 Power BI，单击“文件”→“打开报表”→“浏览报表”，打开“学生成绩 Model.pbix”。

(2) 在“字段”窗格单击“学分”，然后单击“建模”→“新建列”，如图 7-4①所示。

(3) 在“报表画布”上沿“公式栏”输入公式“学分比 =［学分］/［课程学分］”。在公式中输入字段括号时，系统会自动显示可选用的字段列表，如图 7-4②所示。

(4) 单击公式栏左侧“提交”按钮☑，或者将光标移动至表达式尾部按 Enter 键。

(5) 此时，可以看到“学分比”列已添加至“学分”表。

(6) 单击“矩阵”视觉对象，然后从“字段”窗格“学生信息”表中选择“姓名”字段并拖曳至“可视化”窗格“行”框；从“学分”表依次将“课程学分”“学分”“学分比”拖曳至“可视化”窗格“值”框，如图 7-4③所示。

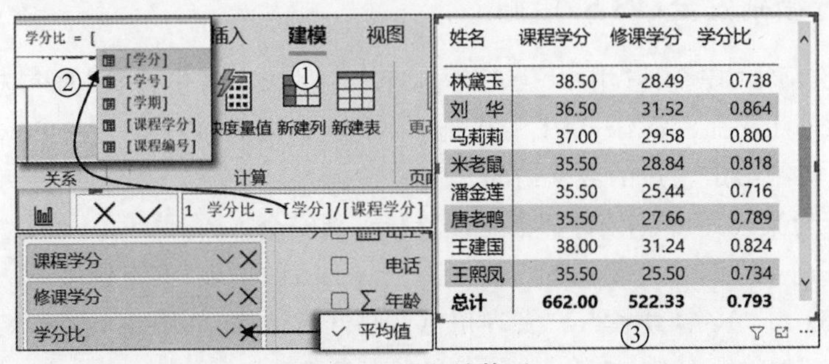

图 7-4　添加计算列

7.1.4 创建关键绩效指标(KPI)视觉对象

关键绩效指标(KPI)视觉对象可用于快速评估当前绩效值状态及其与目标的百分比

关系。

示例 7-4　在某班学生成绩报表中创建 KPI 视觉对象。

(1) 启动 Power BI。单击“文件”→“打开报表”→“浏览报表”，打开“学生成绩 Model.pbix”。然后单击“可视化”窗格“簇状柱形图”图标。

(2) 从“字段”窗格“学分”表选择“学分”字段拖曳至“可视化”窗格“Y 轴”；从“学生信息”表选择“学号”拖曳至“可视化”窗格“X 轴”。

(3) 单击视觉对象右上角“更多选项”按钮⋯→“排列轴”→“学分的总和”→“以降序排序”，如图 7-5①所示。

(4) 在“可视化”窗格单击 KPI 图标，然后从“字段”窗格“学分”表选择“课程学分”字段拖曳至“可视化”窗格“目标”框，如图 7-5②所示，其中值为“学分的总和”，走向轴为“学号”，“25.44”则是排序末位同学的学分 KPI 值，“35.5”是其目标值。

(5) 在“报表画布”选择空白区域后单击“切片器”按钮，然后将“学生信息”表中“姓名”字段拖曳至“可视化”窗格“字段”框，建立学生姓名切片器。

(6) 按上述方法，从“课程”表选择“课程名称”建立切片器，如图 7-5③所示。

(7) 使用切片器，按姓名或课程筛选、分析每位学生的总学分或单科学分 KPI 值与目标值，如图 7-5④⑤所示。

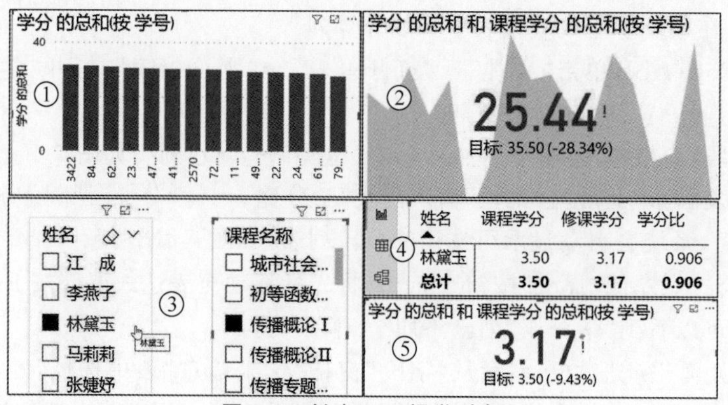

图 7-5　创建 KPI 视觉对象

7.1.5　制定行级别安全(RLS)措施

在“建模”选项卡“安全性”组中“管理角色”和“通过以下身份查看”两个选项可用于制定行级别安全(Row-Level Security，RLS)措施，以限定数据显示内容。在 Power BI 服务中，可以使用 RLS 限制给定用户的数据访问。

示例 7-5　为某公司“汽车销售”报表设置行级别安全。

(1) 启动 Power BI，打开要设置行级别安全(RLS)的报表“汽车销售 PB.pbix”。

(2) 创建 RLS。单击“建模”→“管理角色”，打开对话框，如图 7-6①所示。

① 在“角色”框输入名称，如输入“上海和南京参入者”。

② 在“表”栏选择要筛选数据的表“汽车销售 2”。

③ 在“表筛选 DAX 表达式”框输入：[地区]=“上海”||[地区]=“南京”。

④ 单击“保存”按钮。

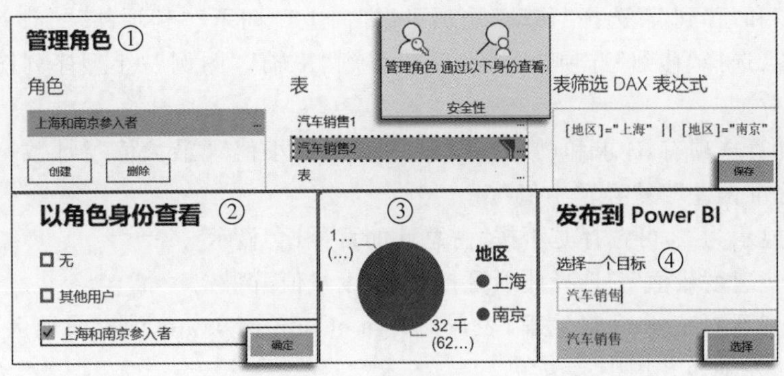

图 7-6 创建 RLS

(3) 验证 RLS。单击"建模"→"通过以下身份查看",如图 7-6②所示。然后在"以角色身份查看"框选择"上海和南京参入者"并单击"确定"按钮,如图 7-6③所示。

(4) 单击"文件"→"另存为"并输入文件名"汽车销售 RLS.pbix",然后将报表发布到"我的工作区"(汽车销售),如图 7-6④所示。

7.2 度量值及其视觉对象

度量值是分析数据、提出见解的重要依据。在创建报表过程中,可以通过字段存储井(Fields Well)设置合计、平均值、最小值、最大值和计数等汇总方式,实现交互式计算度量值和快速、动态的即时数据分析与探索。度量值是用户在查询或与报表交互时定义计算的数据,不是存储在数据源或数据库中的数据。

7.2.1 自动度量值

在 Power BI 桌面加载数据之后,系统会分析数据类型和数据汇总关系,并自动创建度量值。

示例 7-6 在 Power BI 报表中使用自动度量值选项分析数据。

(1) 从下述网站下载示例文件 Contoso Sales Sample for Power BI Desktop.pbix。

```
https://learn.microsoft.com/zh-cn/power-bi/transform-model
```

为简化操作,下载后可将文件名更改为"Ct 销售.pbix"。

(2) 启动 Power BI,单击"文件"→"打开报表"→"浏览报表",通过"打开"对话框找到示例文件"Ct 销售.pbix",然后单击"打开"按钮。

(3) 在"字段"窗格单击展开 Sales 表,勾选"∑SalesAmount(销售额)"字段,或者单击该字段并将其拖曳至报表画布区。在"可视化"窗格单击"簇状柱形图"或选择其他视觉对象,查看销售额合计及可视化效果,如图 7-7①所示。

(4) 在"可视化"窗格右击"Y 轴"框 SalesAmount 或单击其右侧向下箭头。

(5) 从显示的菜单中选择自动度量值统计等选项,如图 7-7②所示。

- "删除字段":将此字段移出"视觉对象"或"可视化"窗格。
- "针对此视觉对象重命名":选择此项可以更改此字段在"视觉对象"中的名称,例如,可将"SalesAmount"更改为"销售额"。

- “移动”和“移到”：选择“移动”选项可以“向上”“向下”“到顶部”“到底部”调整字段的位置；选择“移到”选项，可将此字段移到“X 轴”“图例”“小型序列图”或“工具提示”部位。
- 自动计算选项有：“求和(默认)”“平均值”“最小值”“最大值”“计数(非重复)”“计数”“标准偏差”“差异”“中值”。
- “将值显示为”：可选择是否按“占总计的百分比”显示。
- “新建快速度量值”：选择此项可打开“快度量值”窗格。

(6) 单击展开 Geography(地理)表，将 RegionCountryName(国家或地区)字段拖曳至“可视化”窗格“X 轴”，并用中文命名。

(7) 从 Sales 表中依次将 ∑TotalCost(总成本)、∑DiscountAmount(折扣额)、∑ReturnAmount(返点额)字段拖曳至“可视化”窗格“Y 轴”，并用中文重命名，如图 7-7③④所示。

(8) 使用“筛选器”分类或分地区查看自动度量值可视化效果，如图 7-7⑤⑥所示。

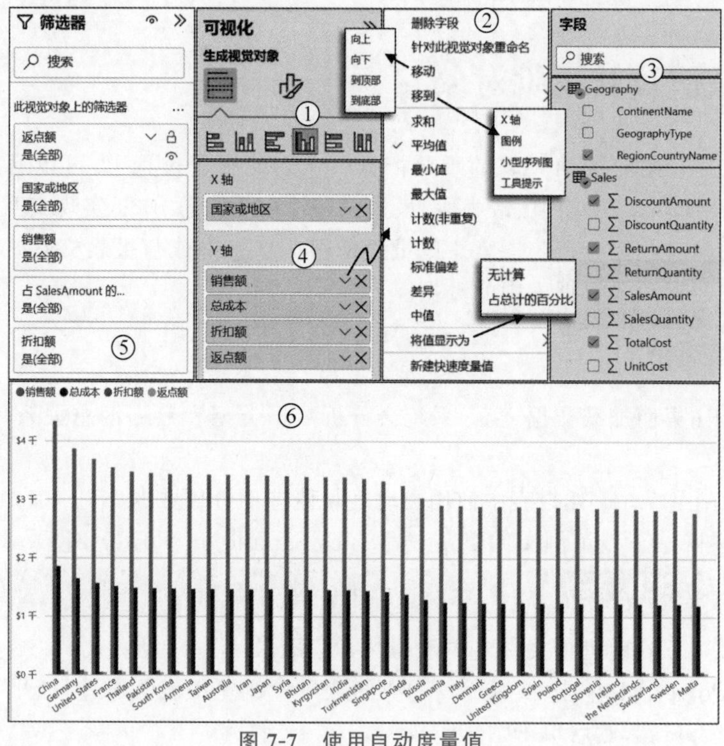

图 7-7　使用自动度量值

7.2.2　快度量值

为便于快速计算度量值，Power BI 将一些常用统计分析指标或特征值的计算预设为交互式程序，并通过“快度量值”向导帮助用户完成计算。

示例 7-7　在“Ct 销售.pbix”报表中创建快度量值。

(1) 启动 Power BI，打开“Ct 销售.pbix”文件。

(2) 在“可视化”窗格单击“矩阵”图标，然后在“字段”窗格将 Product 表中的 ProductName

拖曳至“可视化”窗格“行”框，将 Geography 表中 ContinentName（洲名称）拖曳至“可视化”窗格“列”框；将 Sales 表中∑SalesAmount 拖曳至“可视化”窗格中的“值”框，如图 7-8①所示。

（3）在“可视化”窗格单击“值”框中 SalesAmount 右侧向下箭头，然后选择“新建快速度量值”，如图 7-8②所示。或者，单击“建模”→“快度量值”。

（4）在“快度量值”窗格选择预设的快度量值计算类型，如图 7-8③所示。

- 每个类别的聚合：可选择平均值、方差、最大值、最小值或加权平均值。本例选择“每个类别的平均值”。
- 筛选器：可选择已筛选的值、与已筛选值的差异、与已筛选值的百分比差异或新客户的销售额。
- 时间智能：可选择本年迄今总计、本季度至今总计、本月至今总计、年增率变化、季度增率变化、月增率变化或移动平均。
- 总数：可选择汇总、类别总数（已应用筛选器）或类别总数（未应用筛选器）。
- 数学运算：可选择加、减、乘、除、百分比差异或相关系数。
- 文本：可选择星级评分、值连接列表。

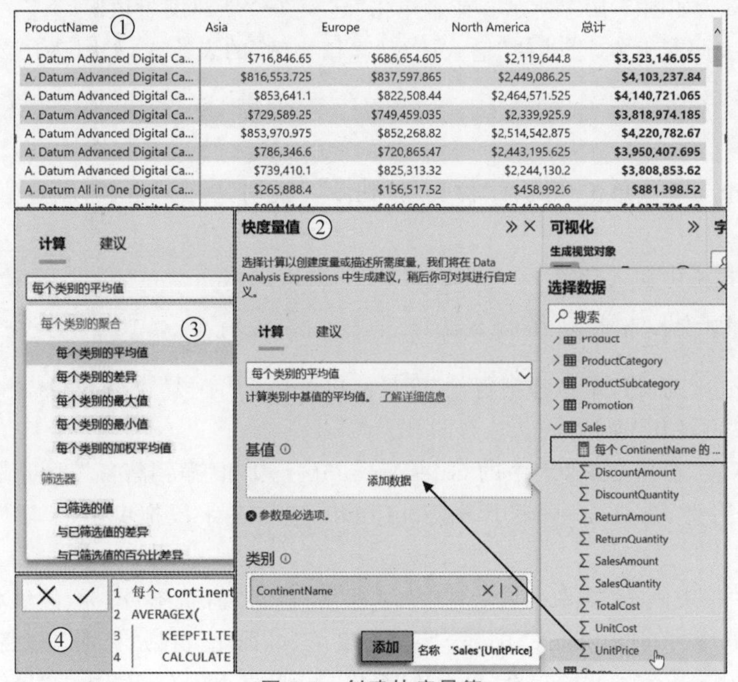

图 7-8　创建快度量值

（5）添加数据。选择上述类型后，可按相应提示添加数据。按本例选择的“平均值”类型，将 Sales 表中∑UnitPrice 拖曳至“基值”框；将 Geography 表中的 ContinentName 拖曳至“类别”框，然后单击“添加”按钮。

（6）在“公式栏”核对快速度量值公式，并在矩阵视觉对象和“字段”窗格中查看添加的度量值列，如图 7-8④所示。

（7）用度量值创建视觉对象。单击画布空白区域后，从“可视化”窗格选择“簇状柱形图”，然后，在“字段”窗格将 Product 表中的 ProductName 拖曳至“可视化”窗格“X 轴”框，将度量值“每个 ContinentName 的 UnitPrice 的平均值”拖曳至“Y 轴”框，如图 7-9 所示。

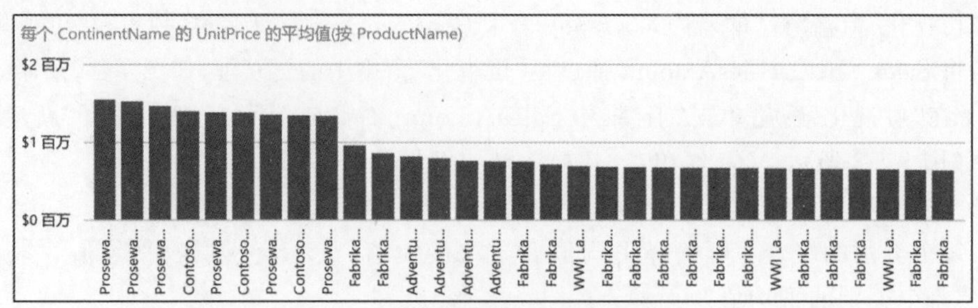

图 7-9　用快度量值创建可视化效果

7.2.3　自定义度量值

在 Power BI 桌面，可以使用度量工具和数据分析表达式(DAX)创建满足独特需要的度量值。创建度量值后，可以对其任意命名，以便后续在 DAX 表达式中引用。

示例 7-8　在"Ct 销售.pbix"报表中自定义度量值。

(1) 启动 Power BI，加载"Ct 销售.pbix"文件后，右击"字段"窗格 Sales 表，从菜单中选择"新建度量值"，如图 7-10①所示。或者单击"建模"→"新建度量值"。

(2) 在报表画布上方"公式栏"输入计算"净销售额"的表达式，如图 7-10②所示。

```
净销售额 = sum (Sales [SalesAmount]) - sum (Sales [DiscountAmount]) - sum (Sales
[DiscountAmount])
```

(3) 按 Enter 键或单击公式栏"提交"按钮☑。此时，"净销售额"度量值被添加至"字段"窗格 Sales 表中。

(4) 在公式栏中输入计算"单位净销售额"的表达式：

```
单位净销售额 = [净销售额]/sum(Sales[SalesQuantity])
```

(5) 按 Enter 键，将"单位净销售额"度量值也添加至"字段"窗格 Sales 表中。

(6) 单击"可视化"窗格"簇状柱形图"图标。

(7) 将"字段"窗格 Sales 表中的 SalesAmount 字段和"净销售额"度量值拖曳至"可视化"窗格"Y 轴"；将 Geography 表中 RegionCountryName 字段拖曳至"X 轴"，如图 7-10③所示。

(8) 单击"报表画布"空白区域后选择"可视化"窗格"树状图"图标，然后将"字段"窗格 ProductCategory 表中的 ProductCategory 字段拖曳至"可视化"窗格"类别"框，将 ProductName 表中的 ProductName 字段也拖曳至"可视化"窗格"类别"框，将 Sales 表中的"单位净销售额"度量值拖曳至"可视化"窗格"值"框，如图 7-10④所示。

(9) 用鼠标将上述"类别"框中 ProductName 拖曳至首行，如图 7-10⑤所示。

7.2.4　时间序列 KPI 视觉对象

KPI 视觉对象比较适合快速评估时间序列绩效值状态及其与目标的百分比关系。例如，对年、月销售绩效的分析。

示例 7-9　在"Ct 销售.pbix"报表中创建时间序列 KPI 视觉对象。

(1) 启动 Power BI，打开"Ct 销售.pbix"文件。

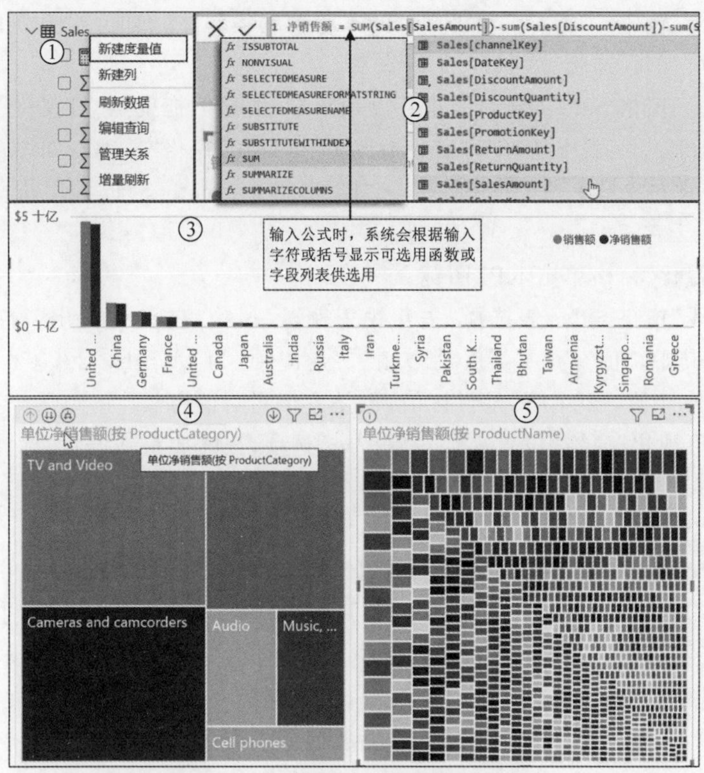

图 7-10　用度量值创建可视化效果

（2）单击导航栏“模型”图标，在模型视图中单击 Calendar 表中 DateKey 字段右侧的“隐藏”标记，取消在报表视图中对该字段的隐藏，如图 7-11①所示。

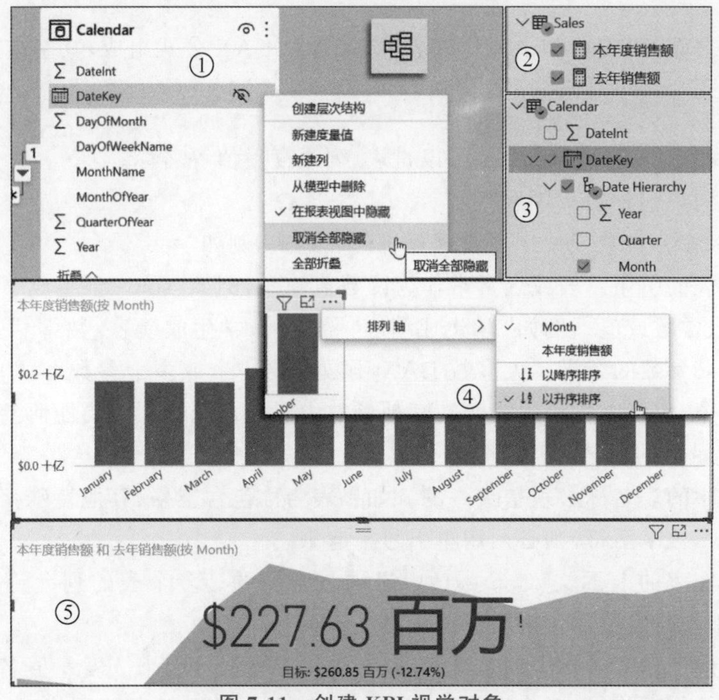

图 7-11　创建 KPI 视觉对象

(3) 在 Sales 表中添加"去年销售额"和"本年度销售额"度量值,如图 7-11②所示。

(4) 单击"可视化"窗格"簇状柱形图"图标。

(5) 从"字段"窗格 Sales 表选择"本年度销售额"度量值拖曳至"可视化"窗格"Y 轴",从 Calendar 表 DateKey 字表中选择 Month 拖曳至"可视化"窗格"X 轴",如图 7-11③所示。

(6) 单击视觉对象右上角"更多选项"→"排列轴"→Month→"以升序排序",如图 7-11④所示。

(7) 在"可视化"窗格单击 KPI 图标。

(8) 从"字段"窗格 Sales 表选择"去年销售额"字段拖曳至"可视化"窗格"目标"框,如图 7-11⑤所示,其中,"值"为"本年度销售额","走向轴"为 Month,"227.63 百万"是本年度 12 月份销售额 KPI 值,"260.85"是目标值,也是去年同期销售额。

(9) 单击"可视化"窗格"设置视觉对象格式"选项,按需要重新设置"标注值""图标""趋势轴""目标标签""日期"等格式。

7.3 在 Power BI 中使用 DAX

DAX(Data Analysis expression)是 Analysis Services、Power BI 和 Power Pivot 中用于数据分析的公式表达式或编程语言。DAX 是函数、运算符和常量的集合,在 Power BI 中可以用它创建计算列、度量值、自定义表或解决数据分析问题。本节在讲解 DAX 语法、运算符、数据类型和上下文等要领的基础上,结合示例介绍了 DAX 中调节、迭代、循环遍历、父子和关系等重点与难点函数的用法。

7.3.1 语法、运算符与数据类型

Power BI 桌面 DAX 语句由计算项名称、等号和 DAX 公式组成,其基本语法为

```
<Calculation name> = <DAX formula>
```

计算项名称(Calculation name)可以是表、列或度量值等名称。

DAX 公式可以包括以下内容。

- 标量(Scalar)常数或使用标量运算符的表达式,例如"=6"。
- 对列或表的引用。表或列常常作为函数值输入,例如"sum('学生成绩表'[数学])"。
- 运算符、常数或值。例如"'学生成绩表'[语文]+'学生成绩表'[数学]"。
- 函数及其参数的结果。大多数 DAX 函数需要一个或多个参数,其中包括表、列、表达式和值,也可以将函数嵌套在其他函数中。个别函数不需要任何参数,例如 PI()。

表、列和度量值的命名应符合下列要求。

- 数据库中的表名称必须是唯一的。如果表名称包含空格、其他特殊字符或任何非英语字母及数字字符,则必须用单引号括起来。
- 列名称在表的上下文(Context)中必须是唯一的。多个表的列允许拥有相同的名称,但引用时需要通过表名称消除歧义。
- 模型内的度量值名称必须是唯一的,必须用方括号括起来。度量值名称可以包含空格。创建度量值时,必须指定存储度量值的表。引用现有度量值时,可选择在度量

值名称前面使用表名称。

• 表、列和度量值名称都不区分大小写。

• 注释符。多行注释以“/ *”开头，“ * /”结尾；单行注释以“//”或“－－”开头。

• 以下字符和字符类型在表、列或度量值名称中无效。

  ◆ 前导空格或尾随空格。

  ◆ 控制字符。

• 以下字符在对象名称中无效：.,;': /*|? &%$! +=()[]{}<>。

公式中函数的语法因执行运算的函数类型而异，在使用或输入函数名称时 DAX 会给出语法提示。此外，DAX 所有公式或表达式受到一些规则限制：不能修改表中的单个值，也不能插入；不能使用 DAX 创建计算行。

DAX 有 4 种类型运算符：算术、比较、文本串联和逻辑运算符。

算术运算符：加(＋)、减(－)、乘(*)、除(/)和求幂(^)。

比较运算符：等于(＝)、严格等于(＝＝)、大于(>)、小于(<)、大于或等于(>＝)、小于或等于(>＝)、不等于(<>)。

文本串联运算符：与(&)，可连接或串联两个或多个文本字符串以生成单个文本段。

逻辑运算符：(&&)，用于在各有一个布尔值结果的两个表达式之间创建 AND 条件。如果两个表达式都返回 TRUE，则表达式的组合也返回 TRUE；否则，返回 FALSE。(||)，用于在两个逻辑表达式之间创建 OR 条件。如果任一表达式返回 TRUE，则结果为 TRUE；仅当两个表达式都为 FALSE 时，结果为 FALSE。IN，用于在每一行与表进行比较时创建逻辑 OR 条件。其中表构造函数语法需要使用花括号，例如'Product・[Color] IN { "Red", "Blue", "Black"}。

在 DAX 公式中输入或引用数据时，DAX 会自动识别数据类型，并在必要时自动转换和完成指定运算。DAX 使用 Microsoft SQL Server 所用的日期/时间数据类型存储日期和时间值，其中，日期值对应于 1899 年 12 月 30 日起天数的整数部分，时间值对应于日期值的十进制部分，其中，小时、分钟和秒用一天的十进制小数表示。

示例 7-10　用 DAX 语言创建“学生成绩表”。

(1) 启动 Power BI，单击“建模”→“新建表”。

(2) 在“公式栏”输入 DAX 表达式，如图 7-12 所示。

```
学生成绩表={("贾宝玉",5,4.6),("林黛玉",4.9,4.7),("梁山伯",3.5,4.9),("祝英台",4.9,
4.7),("牛郎",3.3,4.8),("织女",5,5)}
```

按 Enter 键确认，然后单击导航栏“数据”图标查看创建的学生成绩表。

(3) 双击列头 Value1，输入“姓名”，然后按同样方法将 Value2、Value3 分别重命名为“语文”“数学”。

(4) 单击“文件”→“保存”，将创建的文件保存为“学生成绩表.pbix”。

提示

(1) DAX 是 2010 年微软为处理数据模型运算问题而创建的一种函数式语言，其核心功能是对关系数据库或模型中的表、列、行进行分析和计算。登录 Power BI 学习网页 https://learn.microsoft.com/zh-cn/training/paths/dax-power-bi/，可以系统了解 DAX 语

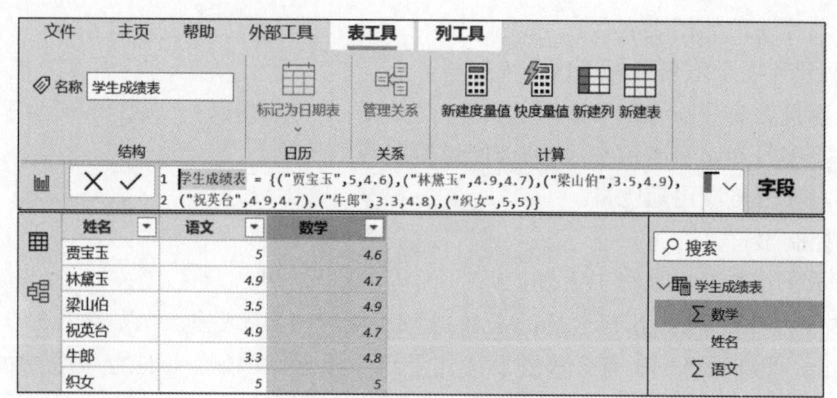

图 7-12　用 DAX 公式新建表

法、语句、函数等内容及运用 DAX 分析各类数据模型的方法。

(2) 2015 年，Alberto Ferrari 和 Marco Russo 出版了 *The Definitive Guide to DAX：Business intelligence with Microsoft Excel，SQL Server Analysis Services，and Power BI*，2019 年再版。这本书被人们简称为《DAX 圣经》。

(3) 由 Alberto Ferrari、Marco Russo 和 Daniele Perilli 等组成的 sqlbi 团队，创办了 DAX 指南网站 https://dax.guide/，为用户提供了 DAX 公式及函数等帮助信息。

7.3.2　DAX 公式中的上下文

DAX 是一种函数式语言，其表达式写法与 Excel 中的公式及函数类似。但是，在数据结构上二者截然不同。在 Excel 中每个数据位于单元格，均有行列坐标地址，在公式中引用时可以直观、清晰地指定具体地址或区域。而在 DAX 中，数据是行、列表格形式，没有固定地址，在公式中引用时需要依据关系数据集行、列标题逐行逐列筛选定义的值，当前表与其他表或数据集之间还需要通过连接关系及筛选方向搜索定义的值。简单地说，就是要用表及其行、列标题控制其名下的值，不允许数据发生错位或“张冠李戴”问题。这也就是在编写 DAX 公式中要弄清的上下文(context)问题。

实际上，context 可以理解为公式计算的环境，也就是一组变量值。这些环境变量值决定了公式的计算结果。在 Power BI 中 DAX 中主要有两种类型上下文：“行上下文”和“筛选上下文”。

行上下文(row context)：当选择“新建列”并输入公式时，DAX 为该公式设置的环境变量为“行上下文”，也就是当前行或表中所有列的值均为该公式的环境变量。这意味着，在公式中可以引用这些环境变量进行计算。

筛选上下文(filter context)：在公式中使用筛选约束参数时，DAX 会在行上下文基础上，将符合筛选约束条件的值集添加为该公式的环境变量，即“筛选上下文”。度量值的环境必须包括行、列标题，在选择“新建度量值”和“快度量值”输入公式时，其环境变量将被设定为“筛选上下文”。由于公式或函数中的筛选参数是用户根据需要和语法设定的，因此，可以把筛选上下文理解为自定义环境变量(范围)或上下文。

示例 7-11　在某班“学生成绩表.pbix”报表中分析 DAX 公式中的行上下文和筛选上下文(环境)概念，并用两种类型上下文中创建计算列或度量值公式。

（1）启动 Power BI，单击“文件”→“浏览报表”，打开“学生成绩表.pbix”。

（2）单击导航栏“数据”图标，然后单击“字段”窗格中“学生成绩表”。

（3）单击“主页”→“新建列”，然后在“公式栏”输入表达式：

```
小计(新建列) = '学生成绩表'[语文]+'学生成绩表'[数学]
```

按 Enter 键确认。此公式的环境变量(行上下文)是所有列(姓名、语文和数学)的值(名字和分数)。

（4）单击“主页”→“新建度量值”。如果按上述“新建列”表达式输入公式：

```
小计(度量值) = '学生成绩表'[语文]+'学生成绩表'[数学]
```

会出现“无法确定表'学生成绩表'[语文]的单个值，……”错误信息。这是因为度量值的环境变量是“筛选上下文”，未使用具有筛选功能的函数，DAX 无法为行标题(学生姓名)指定单一结果的度量值，如图 7-13①所示。

如果为公式中的成绩加聚合函数，DAX 就会按照设定的“筛选上下文”逐行筛选单一行标题并求和：

```
小计(度量值) = sum('学生成绩表'[语文])+sum('学生成绩表'[数学])
```

（5）为便于比较，可单击“主页”→“新建列”，然后在“公式栏”输入表达式：

```
小计(用度量值) = '学生成绩表'[小计(度量值)]
```

结果如图 7-13②所示。

（6）创建学生成绩“矩阵”视觉对象。

① 单击导航栏“报表”图标后，单击“可视化”窗格“矩阵”图标。

② 将“字段”窗格“学生成绩表”中“姓名”拖曳至“可视化”窗格中的“行”框，将“语文”“数学”“小计(度量值)”拖曳至“可视化”窗格“值”框，如图 7-13③所示。

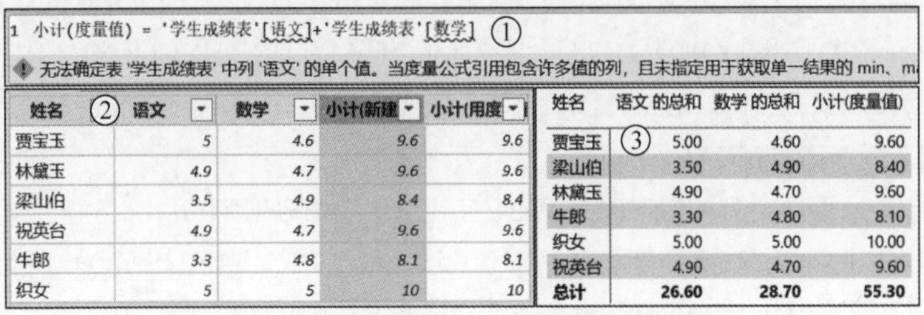

1　小计(度量值) = '学生成绩表'[语文]+'学生成绩表'[数学]　①

无法确定表 '学生成绩表' 中列 '语文' 的单个值。当度量公式引用包含许多值的列，且未指定用于获取单一结果的 min、ma

②

姓名	语文	数学	小计(新建	小计(用度
贾宝玉	5	4.6	9.6	9.6
林黛玉	4.9	4.7	9.6	9.6
梁山伯	3.5	4.9	8.4	8.4
祝英台	4.9	4.7	9.6	9.6
牛郎	3.3	4.8	8.1	8.1
织女	5	5	10	10

③

姓名	语文 的总和	数学 的总和	小计(度量值)
贾宝玉	5.00	4.60	9.60
梁山伯	3.50	4.90	8.40
林黛玉	4.90	4.70	9.60
牛郎	3.30	4.80	8.10
织女	5.00	5.00	10.00
祝英台	4.90	4.70	9.60
总计	26.60	28.70	55.30

图 7-13　**DAX** 公式的行上下文与筛选上下文

提示

DAX 公式的(context)与文章中上下文的概念并不相同，context 实际上就是运行公式的环境变量范围。也就是说，在执行公式前必须先定义环境，即要计算的数据范围及其结构关系，以确保公式可以准确地从定义的环境变量中引用关系数据。

7.3.3　函数概述

函数在 DAX 语言中发挥着重要作用，是 DAX 的核心内容。DAX 语言中有 250 多个函数，而且还在不断更新和改进。DAX 中大部分函数的数学定义或计算公式与 Excel 是相同的，在运用时可以参照 Excel 相关函数说明和示例，但是要注意函数的运算环境及其引用变量的差别，以免出现输入参数或引用数据错误。根据 Power BI 帮助文件，将 DAX 函数简述如下。

(1) 聚合函数，主要用于计算由表达式定义的列或表中所有行的(标量)值。

- 统计数据记录数函数：APPROXIMATEDISTINCTCOUNT、COUNT、COUNTA、COUNTAX、COUNTBLANK、COUNTROWS、COUNTX、DISTINCTCOUNT、DISTINCTCOUNTNOBLANK。
- 求和与乘积函数：SUM、SUMX、PRODUCT、PRODUCTX。
- 求平均值函数：AVERAGE、AVERAGEA、AVERAGEX。
- 求最大值与最小值函数：MAX、MAXA、MAXX、MIN、MINA、MINX。

(2) 日期和时间函数，主要用于计算或返回日期和时间。

- 计算连续日期和指定日期函数：CALENDAR、CALENDARAUTO、DAY、DATE、EDATE、EOMONTH、MONTH、WEEKDAY、QUARTER、YEAR。
- 返回当天或当前日期及时间值：TODAY、UTCTODAY、NOW、UTCNOW。
- 计算两个日期之间的日期数：DATEDIFF、NETWORKDAYS、WEEKNUM、YEARFRAC。
- 日期及时间格式与文本格式转换：DATEVALUE、TIMEVALUE。
- 返回时间值：HOUR、MINUTE、SECOND、TIME。
- 计算当前上下文中指定日期：CLOSINGBALANCEMONTH、CLOSINGBALANCEQUARTER、CLOSINGBALANCEYEAR、OPENINGBALANCEMONTH、OPENINGBALANCEQUARTER、OPENINGBALANCEYEAR、PARALLELPERIOD、STARTOFMONTH、STARTOFQUARTER、STARTOFYEAR、TOTALMTD、TOTALQTD、TOTALYTD。
- 计算包含当前上下文的指定日期：DATEADD、DATESMTD、DATESQTD、DATESYTD、ENDOFMONTH、ENDOFQUARTER、ENDOFYEAR、FIRSTDATE、FIRSTNONBLANK、LASTDATE、LASTNONBLANK、NEXTMONTH、NEXTQUARTER、NEXTYEAR。
- 计算指定日期表：DATESBETWEEN、DATESINPERIOD。
- 计算当前上下文之前日期：PREVIOUSDAY、PREVIOUSMONTH、PREVIOUSQUARTER、PREVIOUSYEAR、SAMEPERIODLASTYEAR。

(3) 筛选器函数，用于返回特定数据类型、在关系数据表中筛选或查找值。

- 筛选指定值：ALL、ALLNOBLANKROW、FILTER、INDEX、WINDOW、PARTITIONBY。
- 清除或删除指定筛选器：ALLCROSSFILTERED、ALLEXCEPT、ALLSELECTED、REMOVEFILTERS。
- 在修改后的筛选器上下文中计算表达式：CALCULATE、CALCULATETABLE。
- 计算 CALCULATE 或 CALCULATETABLE 时，修改应用筛选器方式：KEEPFILTERS。
- 在外部求值遍历中返回指定列当前值：EARLIER、EARLIEST。

- 搜索、查找：LOOKUPVALUE、OFFSET、SELECTEDVALUE。

(4) 财务函数，用于执行财务、会计业务计算。

- 计算利息及本金：ACCRINT、ACCRINTM、CUMIPMT、CUMPRINC、IPMT、ISPMT。
- 计算折旧：AMORDEGRC、AMORLINC、DB、DDB、SLN、SYD。
- 计算票息期天数、票息日及票息数：COUPDAYBS、COUPDAYS、COUPDAYSNC、COUPNCD、COUPPCD、COUPNUM。
- 计算贴现率、利率、收益率：DISC、EFFECT、INTRATE、NOMINAL、ODDFYIELD、ODDLYIELD、TBILLPRICE、RATE、RECEIVED、TBILLEQ、TBILLYIELD、VDB、XIRR、YIELD、YIELDDISC、YIELDMAT。
- 转换货币数字格式：DOLLARDE、DOLLARFR。
- 计算麦考利久期：DURATION、MDURATION。
- 计算证券价格：ODDFPRICE、ODDLPRICE、PRICE、PRICEDISC、PRICEMAT。
- 计算投资周期：NPER、PDURATION。
- 计算还贷金额、到期回收金额：PMT、PPMT RRI。
- 计算投资现值、未来值：XNPV、FV。

(5) 信息函数，查看作为参数提供的单元或行，并返回引用值与预期值类型是否存在匹配错误。例如 ISERROR 函数，如果引用值包含错误，则返回 TRUE。

- 表、列数据信息：COLUMNSTATISTICS、CONTAINSCONTAINSROW。
- 字符串信息：CONTAINSSTRING、CONTAINSSTRINGEXACT、CUSTOMDATA 返回关于模型中每张表每一列的统计信息表。
- 筛选值或度量值信息：HASONEFILTER、HASONEVALUE、NONVISUAL、SELECTEDMEASURE、SELECTEDMEASUREFORMATSTRING、SELECTEDMEASURENAME。
- IS 函数：ISAFTER、ISBLANK、ISCROSSFILTERED、ISEMPTY、ISERROR、ISEVEN、ISFILTERED、ISINSCOPE、ISLOGICAL、ISNONTEXT、ISNUMBER、ISODD、ISONORAFTER、ISSELECTEDMEASURE、ISSUBTOTAL、ISTEXT。
- 用户信息：USERCULTURE、USERNAME、USEROBJECTID、USERPRINCIPALNAME。

(6) 逻辑函数，用于返回表达式中值或集的信息。

- 参数、条件等逻辑运算：AND、COALESCE、IF、IF.EAGER、IFERROR、SWITCH。
- 数字逻辑运算：BITAND、BITLSHIFT、BITOR、BITRSHIFT、BITXOR。
- 返回逻辑值：FALSE、NOT、TRUE。

(7) 数据与三角函数，用于值的数学运算。

- 绝对值、公倍数、公约数、余数与符号：ABS、LCM、GCD、MOD、SIGN。
- 数值舍入与取整：CEILING、FLOOR、INT、ODD、MROUND、EVEN、ISO.CEILING、TRUNC、ROUND、ROUNDDOWN、ROUNDUP。
- 除法取整与除以零时返回备用值或空格：QUOTIENT、DIVIDE。
- 数据类型或单位转换：CONVER、CURRENCY、DEGREES、RADIANS。
- 正弦、反正弦和余弦、反余弦：SIN、ASIN、ACOS、COS。

- 双曲与反双曲：SINH、TANH、ACOSH、ACOTHASINH、ATANH、COSH、COTH。
- 正切、反正切和余切、反余切：TANACOTATAN、COT。
- 平方根、幂、e 为底指数、阶乘：SQRT、SQRTPI、POWER、EXP、FACT。
- 对数、自然对数：LN、LOG、LOG10。
- 随机数：RAND、RANDBETWEEN。

(8) 统计函数，用于计算与统计分布及概率相关的值。

- 平均数、中值：GEOMEAN、GEOMEANX、MEDIAN、MEDIANX。
- 百分点(位)数与排名：PERCENTILE.EXC、PERCENTILE.INC、PERCENTILEX.EXC、PERCENTILEX.INC、RANK.EQ、RANKX。
- 排列组合：PERMUT、COMBIN、COMBINA。
- 样本数、标准差、方差：SAMPLE、STDEV.P、STDEV.S、STDEVX.P、STDEVX.S、VAR.P、VAR.S、VARX.P、VARX.S。
- 正态分布：NORM.DIST、NORM.INV、NORM.S.DIST、NORM.S.INV。
- 卡方分布：CHISQ.DIST、CHISQ.DIST.RT、CHISQ.INV、CHISQ.INV.RT。
- T 分布：CONFIDENCE.T、T.DIST、T.DIST.2T、T.DIST.RT、T.INV、T.INV.2T。
- Beta、指数、泊松分布：BETA.DIST、BETA.INV、EXPON.DIST、POISSON.DIST。
- 置信区间：CONFIDENCE.NORM。

(9) 表操作函数，用于返回一个表或操作现有表。

- 添加计算或配对列：ADDCOLUMNS、ADDMISSINGITEM、ROLLUPISSUBTOTAL、SELECTCOLUMNS、TREATAS。
- 返回各种表：CROSSJOIN、DATATABLE、DISTINCT、DISTINCT、FILTERS、GENERATE、GENERATEALL、GENERATESERIES、INTERSECT、IGNORE、NATURALINNERJOIN、NATURALLEFTOUTERJOIN、GROUPBY、SUMMARIZE、SUBSTITUTEWITHINDEX、SUMMARIZECOLUMNS、VALUES、UNION。
- 返回行或一组行：CURRENTGROUP、DETAILROWS、EXCEPT、ROLLUP、ROLLUPADDISSUBTOTAL、ROLLUPGROUP、ROW、TOPN。

(10) 文本函数，用于连接、比较、计算和转换文本字符串。

- 串联文本：COMBINEVALUE、CONCATENATE、CONCATENATEX。
- 比较、替换、重复文本：EXACT、REPLACEREPLACE、SUBSTITUTE、REPT。
- 转换文本：FORMAT、UPPER、LOWER、FIXED、VALUE。
- 删除文本中空格和返回数字代码、Unicode 字符、TRIM、UNICODE、UNICHAR。
- 计算字符数和查找字符位置或编号：LEN、FIND、SEARCH。
- 返回指定数量或位置字符：LEFT、MID、RIGHTRIGHT。

(11) 父子、关系和其他函数。父子函数用于管理以父/子层次结构显示的数据，关系函数用于管理和利用表之间的关系。

- 父子函数：PATH、PATHCONTAINS、PATHITEM、PATHITEMREVERSE、PATHLENGTH。
- 关系函数：CROSSFILTER、RELATED、RELATEDTABLE、USERELATIONSHIP。

- 返回字符串格式表：TOCSV、TOJSON。
- 返回空白、错误消息和参数值：BLANK、ERROR、EVALUATEANDLOG。

7.3.4　调节环境的计算函数 CALCULATE

计算函数 CALCULATE 体现了 DAX 语言的特点，是 DAX 中一个十分重要的函数。公式运算时，环境变量决定了其运算结果。CALCULATE 函数的功能是“在修改后(Modified)的筛选上下文中计算表达式”。也就是说，该函数先修改或筛选运算环境(上下文)，然后在新环境中计值表达式。如果求值的表达式是表，则需用 CALCULATETABLE 函数。上述两个函数的语法分别为

```
= CALCULATE(<expression>[, <filter1> [, <filter2> [,…]]])
= CALCULATETABLE(<expression>[, <filter1> [, <filter2> [,…]]])
```

【参数说明】

- Expression：表达式，要进行求值的表达式或表表达式。
- filter1，filter2，…：筛选器，可选参数，为布尔表达式，或定义筛选器的表表达式，或用于修改筛选器的函数。

示例 7-12　在某班“学生成绩表.pbix”报表中计算“语文”和“数学”两门课程成绩之和，以及“语文”成绩大于 4 分同学的总成绩。

(1) 启动 Power BI，打开“学生成绩表.pbix”报表，单击“主页”→“新建列”，然后输入公式：

```
小计 = SUM('学生成绩表'[语文])+SUM('学生成绩表'[数学])
```

从返回值看，SUM 公式不能识别“姓名”与分数的关系，如图 7-14①所示。

(2) 将上述公式修改为

```
小计 = CALCULATE(SUM('学生成绩表'[语文])+SUM('学生成绩表'[数学]))
```

CALCULATE 将环境修改为筛选上下文(逐行筛选、计算)，公式便返回了正确结果，如图 7-14②所示。

(3) 在 CALCULATE 函数中添加“语文”成绩大于 4 分的条件：

```
小计(语文>4)=CALCULATE(sum('学生成绩表'[语文])+SUM('学生成绩表'[数学]),'学生成绩
表'[语文]>4)
```

结果如图 7-14③所示。

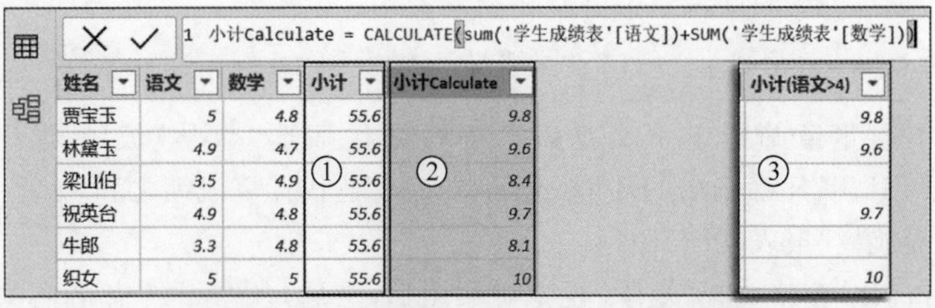

1 小计Calculate = CALCULATE(sum('学生成绩表'[语文])+SUM('学生成绩表'[数学]))

姓名	语文	数学	小计 ①	小计Calculate ②	小计(语文>4) ③
贾宝玉	5	4.8	55.6	9.8	9.8
林黛玉	4.9	4.7	55.6	9.6	9.6
梁山伯	3.5	4.9	55.6	8.4	
祝英台	4.9	4.8	55.6	9.7	9.7
牛郎	3.3	4.8	55.6	8.1	
织女	5	5	55.6	10	10

图 7-14　调节运算环境的 CALCULATE 函数

提示

在 CALCULATE 函数中可以使用如下修改筛选上下文的函数。

- REMOVEFILTERS 函数：用于删除所有筛选器，删除表的一列或多列中的筛选器，或者删除单个表的所有列中的筛选器。
- ALL1、ALLEXCEPT、ALLNOBLANKROW 函数：用于删除一列或多列中的筛选器，或者删除单个表的所有列中的筛选器。
- KEEPFILTERS 函数：用于添加筛选器，但不删除相同列上的现有筛选器。
- USERELATIONSHIP 函数：用于在相关列之间建立非活动关系，此时活动关系将自动变为非活动状态。
- CROSSFILTER 函数：用于修改筛选器方向（两个到单一，或单一到两个）或禁用关系。

7.3.5 迭代计算函数

在 DAX 中，迭代计算函数是按指定的列进行逐行迭代计算的函数，也就是在行上下文基础上逐行应用筛选列的条件。按迭代计算模式设计的函数有两类：一类是以 X 结尾的函数，例如，COUNTAX、SUMX、AVERAGEX、MAXX、PRODUCTX、GEOMEANX、RANKX 等；另一类是筛选和添加及选择列函数，例如，FILTER、FIRSTNONBLANK、ADDCOLUMNS、SELECTCOLUMNS 等。迭代函数的语法大同小异，其基本格式为

```
=函数名称(<table>,<expression>)
```

【参数说明】

- table：表或表达式，用于指定执行运算的表。
- expression：表达式，为表每行求值的表达式。

示例 7-13 在“学生成绩表.pbix”报表中用 SUMX 计算每名同学两门课程成绩总分，然后用 FILTER 筛选“数学”成绩大于 4.8 的同学两门课程成绩总分。

（1）启动 Power BI，打开“学生成绩表.pbix”报表，单击“主页”→“新建列”，然后输入公式：

```
小计 sumx = CALCULATE(SUMX('学生成绩表',[语文]+[数学]))
```

SUMX 与 CALCULATE 函数组合，按指定的求值列“语文”“数学”逐行迭代计算每名同学两门课程成绩之和，如图 7-15①所示。

（2）单击“主页”→“新建度量值”，然后输入公式：

```
小计(数学>4.8)=SUMX(FILTER('学生成绩表',[数学]>4.8),[语文]+[数学])
```

FILTER 在度量值筛选上下文基础上逐行迭代筛选“数学”成绩大于 4.8 的记录，SUMX 则按照 FILTER 筛选出的环境（上下文）逐行迭代计算成绩之和，如图 7-15②所示。

（3）单击导航栏“报表视图”图标。

（4）在“可视化”窗格选择“矩阵”视觉对象图标，然后，从“字段”窗格拖曳“姓名”至“可视化”窗格“行”框，拖曳“语文”“数学”“小计 sumx”字段和“小计(数学＞4.8)”度量值至“值”框，如图 7-15③所示。

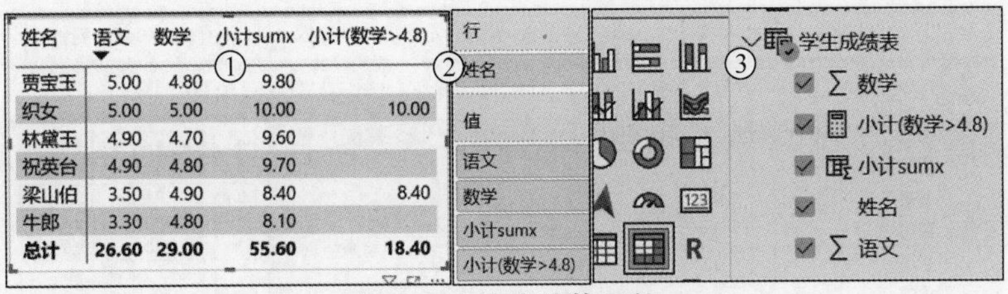

姓名	语文	数学	小计sumx	小计(数学>4.8)
贾宝玉	5.00	4.80	9.80	
织女	5.00	5.00	10.00	10.00
林黛玉	4.90	4.70	9.60	
祝英台	4.90	4.80	9.70	
梁山伯	3.50	4.90	8.40	8.40
牛郎	3.30	4.80	8.10	
总计	26.60	29.00	55.60	18.40

图 7-15　迭代计算函数

7.3.6　循环遍历函数 EARLIER

在 DAX 中迭代函数有两种类型，一种是逐行迭代计算，另一种是遍历整个表迭代计算。7.3.5 节介绍了逐行迭代函数，本节介绍两个循环遍历整表函数 EARLIER 与 EARLIEST。这两个函数的功能基本相同，它们都可以执行逐行逐列迭代计算。其语法分别为

```
= EARLIER(<column>, <number>)
= EARLIEST(<column>)
```

【参数说明】

- column：列。用于指定要迭代计算的列，或者是解析为列的表达式。
- number：正整数。可选参数，为外部计算传递的正数，下一个外部计算级别由 1 表示，两个外部级别由 2 表示，以此类推。默认值为 1。

示例 7-14　在"学生成绩表.pbix"报表中用 EARLIER 计算学生两门课程总分成绩排名，并用 EARLIEST 计算数学成绩排名。

(1) 启动 Power BI，打开"学生成绩表.pbix"报表，单击"主页"→"新建列"，然后输入公式：

```
小计(新建列) = '学生成绩表'[语文]+'学生成绩表'[数学]
```

(2) 单击"主页"→"新建列"，然后输入公式：

```
总分排名 = COUNTROWS(FILTER('学生成绩表', [小计(新建列)] >= EARLIER([小计(新建列)])))
```

FILTER 用于定义筛选列环境或上下文。EARLIER 用于逐行、逐列循环遍历比较每位同学的小计成绩，每个小计数循环遍历比较后产生一个虚拟表，然后由 COUNTROWS 计算虚拟表中的行记录数。例如，计算列首行为"9.5"，按大于或等于经循环遍历比较后，得到 9.5、9.6、9.7、10 四行记录，故 COUNTROWS 返回值为 4；第二行为"9.6"，经循环遍历比较后，得到 9.6、9.7、10 三行记录，COUNTROWS 返回值为 3，以此类推，完成循环遍历计算，如图 7-16①②所示。

(3) 单击"主页"→"新建列"，然后输入公式：

```
数学排名=COUNTROWS(FILTER('学生成绩表', EARLIEST([数学])<=[数学]))
```

当被比较行放在函数后面时，要注意大小比较符方向的变化，如图 7-16③所示。

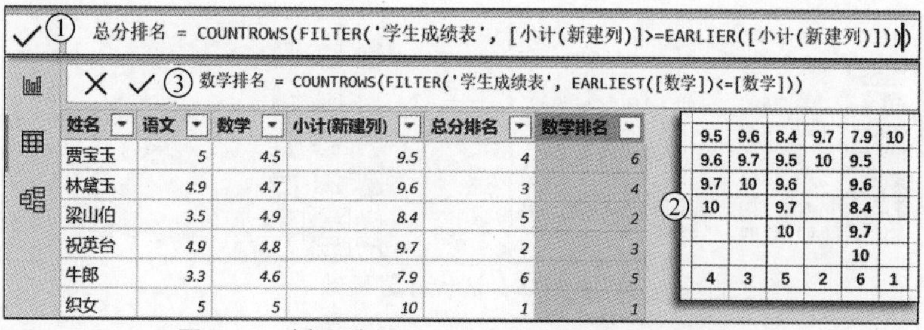

① 总分排名 = COUNTROWS(FILTER('学生成绩表', [小计(新建列)]>=EARLIER([小计(新建列)])))

③ 数学排名 = COUNTROWS(FILTER('学生成绩表', EARLIEST([数学])<=[数学]))

姓名	语文	数学	小计(新建列)	总分排名	数学排名
贾宝玉	5	4.5	9.5	4	6
林黛玉	4.9	4.7	9.6	3	4
梁山伯	3.5	4.9	8.4	5	2
祝英台	4.9	4.8	9.7	2	3
牛郎	3.3	4.6	7.9	6	5
织女	5	5	10	1	1

②

9.5	9.6	8.4	9.7	7.9	10
9.6	9.7	9.5	10	9.5	
9.7	10	9.6		9.6	
10		9.7		8.4	
		10		9.7	
				10	
4	3	5	2	6	1

图 7-16 循环遍历 EARLIER 与 EARLIST 函数

7.3.7 父子函数

父子函数可用于管理和分析具有父子层次结构的数据。DAX 提供了 5 个父子函数，主要用于获取当前行到顶端父级世系有多少级别、谁是当前行第 n 父级、谁是当前层次结构第 n 后代，以及当前层次结构父级等信息。其语法分别为

```
= PATH(<ID_columnName>, <parent_columnName>)
= PATHCONTAINS(<path>, <item>)
= PATHITEM(<path>, <position>[, <type>])
= PATHITEMREVERSE(<path>, <position>[, <type>])
= PATHLENGTH(<path>)
```

【参数说明】

- ID_columnName：ID 列名称。包含表中行唯一标识符的现有列名称。
- parent_columnName：父级列名称。包含当前行父级唯一标识符的现有列名称。
- path：路径。作为 PATH 函数求值结果而创建的字符串。
- item：项目。要在路径结果中查找的文本表达式。
- position：位置。具有返回项位置的整数表达式。
- type：类型。定义结果的数据类型——0 为文本，1 为整数。默认为文本值。

示例 7-15 假设员工 ID 与经理 ID 关系表如图 7-17①所示，分别用父子函数获取路径、级别、父级、后代、层级等信息。

(1) 启动 Power BI，单击“主页”→“新建表”，然后输入表达式：

```
父子层次结构表={(112, ),(14,112),(3,14),(11,3),(13,3),(162,3),(117,162),(221,
162),(81,162)}
```

(2) 单击“主页”→“新建列”，然后输入 PATH 函数公式，如图 7-17②所示：

```
路径 path = PATH('父子层次结构表'[员工 ID], '父子层次结构表'[经理 ID])
```

(3) 按单击“主页”→“新建列”步骤，用其他父子函数添加 4 列，输入公式分别为

```
经理 ID 检查员工 = PATHCONTAINS(PATH('父子层次结构表'[员工 ID],'父子层次结构表'[经
理 ID]), "162")
底层员工第四层经理 = PATHITEM(PATH('父子层次结构表'[员工 ID], '父子层次结构表'[经理
ID]), 4, 1)
低二级别员工 = PATHITEMREVERSE(PATH('父子层次结构表'[员工 ID], '父子层次结构表'[经
理 ID]), 3, 1)
层级 = PATHLENGTH(PATH('父子层次结构表'[员工 ID], '父子层次结构表'[经理 ID]))
```

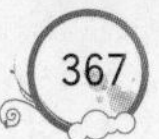

结果如图 7-17③④⑤⑥所示。

1 路径path = PATH('父子层次结构表'[员工ID], '父子层次结构表'[经理ID])

<table>
<tr><th>员工ID ①</th><th>经理ID</th><th>路径path ②</th><th>经理ID检查员工 ③</th><th>底层员工第四层经理 ④</th><th>低二级别员工 ⑤</th><th>层级 ⑥</th></tr>
<tr><td>112</td><td></td><td>112</td><td>False</td><td></td><td></td><td>1</td></tr>
<tr><td>14</td><td>112</td><td>112|14</td><td>False</td><td></td><td></td><td>2</td></tr>
<tr><td>3</td><td>14</td><td>112|14|3</td><td>False</td><td></td><td>112</td><td>3</td></tr>
<tr><td>11</td><td>3</td><td>112|14|3|11</td><td>False</td><td>11</td><td>14</td><td>4</td></tr>
<tr><td>13</td><td>3</td><td>112|14|3|13</td><td>False</td><td>13</td><td>14</td><td>4</td></tr>
<tr><td>162</td><td>3</td><td>112|14|3|162</td><td>True</td><td>162</td><td>14</td><td>4</td></tr>
<tr><td>117</td><td>162</td><td>112|14|3|162|117</td><td>True</td><td>162</td><td>3</td><td>5</td></tr>
<tr><td>221</td><td>162</td><td>112|14|3|162|221</td><td>True</td><td>162</td><td>3</td><td>5</td></tr>
<tr><td>81</td><td>162</td><td>112|14|3|162|81</td><td>True</td><td>162</td><td>3</td><td>5</td></tr>
</table>

图 7-17　父子函数

7.3.8　关系函数

通常，数据模型由多个关系数据表构成。为便于管理数据表之间的关系，通过表关系传递和计算数据，DAX 设计了两个非常重要的关系函数：RELATED 和 RELATEDTABLE。

```
= RELATED(<column>)
= RELATEDTABLE(<tableName>)
```

【参数说明】

- column：列。要检索值的列。
- tableName：表名称。当前表或要计算的关系表名称。

示例 7-16　在“学生成绩表.pbix”报表中，用 Power Query 编辑器添加“学费表”，并用“姓名”建立关系，然后以学费为条件计算学生两门课程总分。

（1）启动 Power BI，打开“学生成绩表.pbix”报表。

（2）单击“主页”→“获取数据”→“空白查询”。

（3）在 Power Query 编辑器公式栏输入表达式：

```
let 学费表=Table.FromRecords({[姓名="贾宝玉",单价=500,学期数=4],[姓名="林黛玉",
单价=600,学期数=3],[姓名="梁山泊",单价=300,学期数=2],[姓名="祝英台",单价=400,学
期数=1],[姓名="牛郎",单价=700,学期数=5],[姓名="织女",单价=200,学期数=6]})
in 学费表
```

（4）单击“关闭并应用”，将“学费表”添加至 Power BI 数据集。

（5）单击导航栏“模型视图”图标，将“学费表”中“姓名”字段拖曳至“学生成绩表”，建立连接，如图 7-18①所示。

（6）单击导航栏“数据视图”图标。

（7）在“字段”窗格选择“学生成绩表”。

（8）单击“主页”→“新建列”，然后输入公式：

```
小计(学费>1000)=CALCULATE(SUMX(FILTER('学生成绩表',RELATED('学费表'[学费])>
1000),'学生成绩表'[语文]+[数学]))
```

结果如图 7-18②所示。

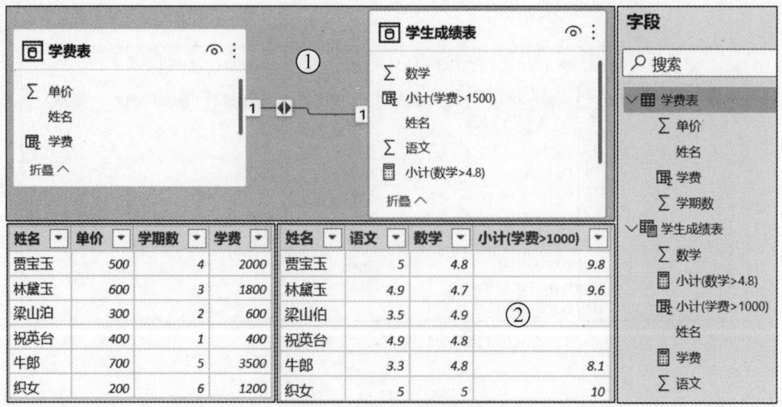

图 7-18 关系函数

7.4 使用外部工具编辑数据

Power BI 桌面嵌入了三个比较专业化的数据编辑工具。一是 ALM Toolkit，其主要功能是对两个模型或表中的数据进行比较，显示比较信息和提出合并建议，并可按用户选择执行数据模型合并。二是 DAX Studio，一款可以执行对 Power BI、PowerPivot、SQL Server 数据读写分析，并可连接 Excel 的 DAX 语言软件。三是 Tabular Editor，一种数据表编辑器，其主要功能包括：创建或编辑数据集中的计算列、度量值和 KPI 值；批量编辑和重命名；数据建模分析（OLS、预测、分组计算等）；执行 C＃ 语言脚本；连接 SSAS、Azure、Power BI 等。

7.4.1 ALM Toolkit

ALM Toolkit 是 S-CORP 公司为 BI 及数据仓库开发的数据模型比较与合并程序，是一个免费的开源工具。当数据模型来源于团队多成员时，为统一最终报表数据模型，就需要对各成员的数据模型或表进行比较、分析与合并操作。

示例 7-17 使用 ALM Toolkit 工具分析、合并数据模型。

(1) 启动 Power BI，打开或导入要合并的数据集或数据模型。本例打开“学生成绩 context.pbix”和“学生信息 ALM.pbix”数据集文件。

(2) 单击“外部工具”→ALM Toolkit，如图 7-19①所示。

(3) 在 Connections(连接)对话框中按类型选择 Source(源)和 Target(目标)。

① 在 Source(源)栏单击 Power BI Desktop 选择“学生成绩 context”。

② 在 Target(目标)栏单击 Power BI Desktop 选择“学生信息 ALM”。

③ 单击 OK 按钮，如图 7-19②所示。

(4) 在 ALM Toolkit 窗口查看 Source 与 Target 数据集或模型比较、分析情况和 ALM Toolkit 给出的合并方案。如果不想删除目标数据中的表，可以单击其右侧 Action(动作)向下箭头并选择 Skip(跳过)。

(5) 单击 Home(主页)→Validate(确认)，如图 7-20 所示。

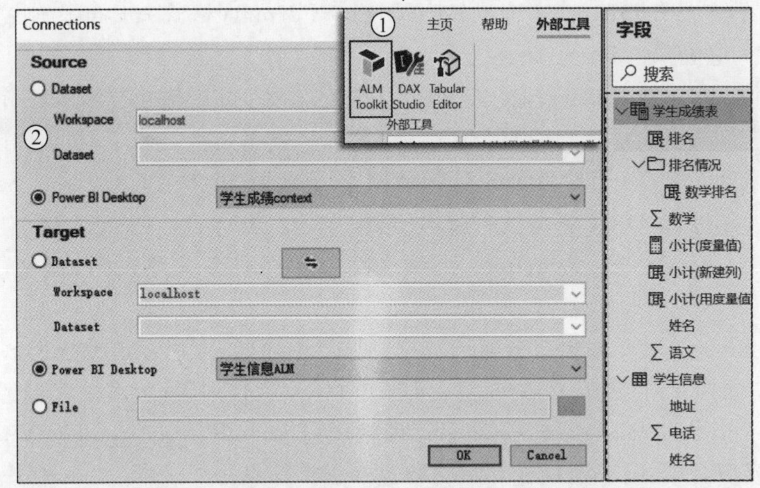

图 7-19　使用 ALM Toolkit 工具分析、合并数据模型

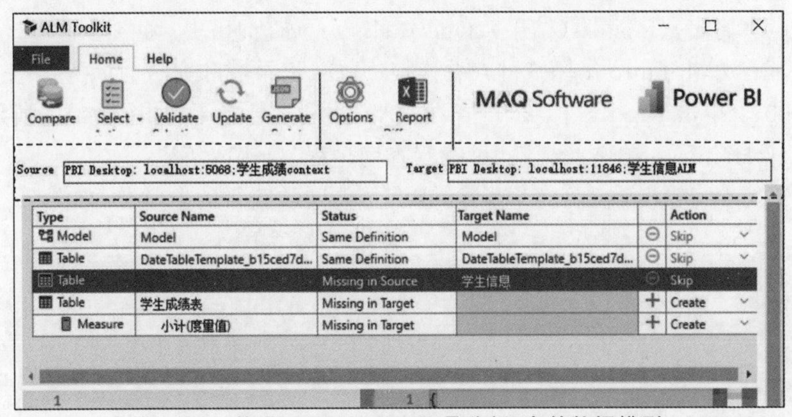

图 7-20　使用 ALM Toolkit 工具分析、合并数据模型

7.4.2　DAX Studio

DAX Studio 是由 sqlbi 团队开发的免费工具软件。该工具可以连接到 Power BI、Excel PowerPivot、SQL Server Analysis Service 等不同类型，查看数据模型的内容，编写和优化复杂的 DAX 公式，在连接的数据管理与分析平台之间筛选、提取和传递数据。

示例 7-18　用“学生成绩 Model.pbix”文件介绍 DAX Studio 外部工具的用法。

(1) 启动 Power BI，打开“学生成绩 Model.pbix”数据集文件。

(2) 单击“外部工具”→DAX Studio，打开 DAX Studio 窗口，如图 7-21 所示。其界面布局、操作选项及其主要功能如下。

① 标题栏。主要有“打开新窗口”“保持连接打开新窗口”“保存”“自定义快速访问工具栏”选项，如图 7-21①所示。

② 功能区。包括“文件”、Home(主页)、Advanced(高级)、Help(帮助)4 个选项卡，如图 7-21②所示。

- 文件：主要有 New(新建)、New(Copy Connection，新建并复制连接)、Save(保存)、Options(选项)、Exit(退出)等选项。

- Home：主要有 Query（查询）、Edit（编辑）、Format（格式）、Find（查找）、Power BI、Traces（追溯）、Connection 等选项。
- Advanced：主要是输入、输出选项及工具。例如，可以输出至 Excel 并使用数据透视表进行分析，也可以输出保存为 CSV、SQL 数据文件。
- Help：可连接打开 DAX Studio 帮助网页、Power Pivot 和 Analysis Services 论坛，查看故障报告、DAX 新特性及版本信息。

③ Metadata（元数据）、Functions（函数）和 DMV（动态管理视图）窗格，如图 7-21③所示。

- Metadata：显示要编辑或分析的数据。需要引用时，可以双击或拖曳。
- Functions：单击 Functions 标签，可打开 DAX 函数列表，可直接双击选择使用。
- DMV：指 Analysis Services 动态管理视图（Dynamic Management Views），是返回有关模型对象、服务器操作和运行状况的查询信息。

④ 编辑窗格。打开多个编辑窗格时，上边一行会显示对象名称，如图 7-21④所示。

⑤ Output（输出）、Results（结果）、Query History（查询历史）窗格。

- Output：单击 Output 标签可查看连接、开始、记录数和完成时间等信息。
- Results：单击 Results 标签，可查看 DAX 程序运行结果，如图 7-21⑤所示。
- Query History：单击此标签，可查看查询过程、痕迹或历史。

（3）在公式或编辑栏输入 DAX 程序，查询每位同学获得的总学分，如图 7-21⑥所示。

```
DEFINE                                        //定义语句,引入具有一个或多个实体定义的语句
    MEASURE '学分'[学分] = SUM ( '学分'[学分] )   //计算度量值
EVALUATE                                      //评估语句,引入 DAX 表达式
    ADDCOLUMNS (VALUES('学生信息'[姓名]),"学分",'学分'[学分])
                                              //函数添加列,并用值函数返回度量值
```

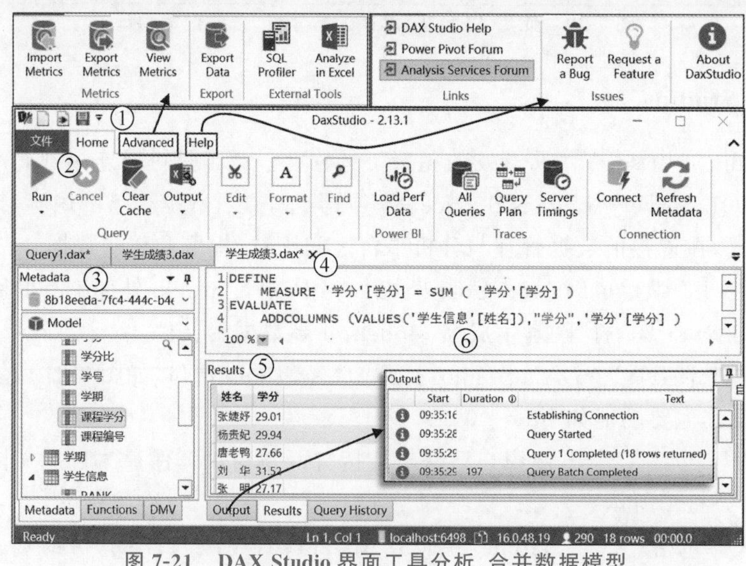

图 7-21 DAX Studio 界面工具分析、合并数据模型

（4）启动 Excel。

（5）返回 DAX Studio，单击 Home（主页）→Output→Excel，并选择 Excel 为连接输出

表(Linked)。

(6) 单击 Home(主页)→RUN。单击 Results 标签可以查看“添加列”结果。同时,计算的“添加列”,即学分度量值按连接渠道被输出到 Excel 工作表。

(7) 进入 Excel 工作表查看从“学生成绩 Model.pbix”提取的学生学分数据。需要查看连接情况时,可单击“数据”→“现有连接”→“表格”,如图 7-22 所示。

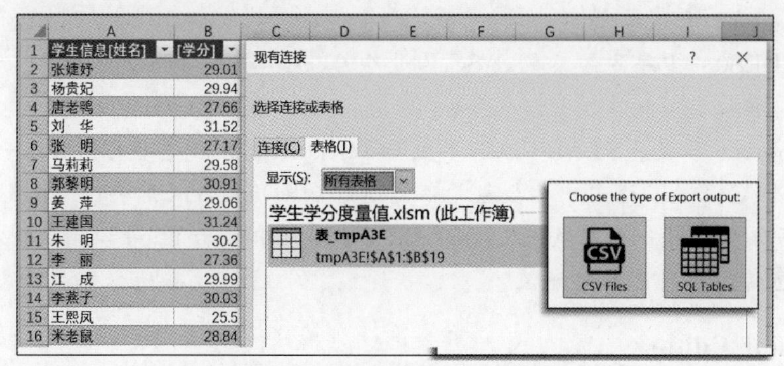

图 7-22　DAX Studio 输出数据

提示

在 Power BI 中,用“新建度量值”“新建列”“新建表”三个选项定义了 DAX 句法。而在 DAX Studio 中,编写表达式时,需要使用关键字(Keyword)定义句法。

(1) EVALUATE(评估或求值),用于引入执行查询所需的 DAX 语句。

(2) DEFINE(定义),用于定义一个或多个实体,这些实体定义可应用于一个或多个 EVALUATE 语句。在 DEFINE 中可以包括 VAR、MEASURE、COLUMN 和 TABLE 等定义。

(3) VAR(变量),用于将表达式的结果存储为命名变量,然后可以将其作为参数传递给其他度量值表达式。

(4) MEASURE(度量值),引入度量值定义,该定义可在一个或多个 EVALUATE 语句中使用。

(5) COLUMN(列),用于定义查询列。

(6) TABLE(表),用于定义查询表。

(7) ORDER BY(排序),用于定义由 EVALUATE 语句返回结果的排序。

(8) START AT(起始),引入定义 ORDER BY 结果中起始值的语句。

上述关键字基本句法为

```
DEFINE
  MEASURE <table name>[<measure name>] = <scalar expression>
  VAR <var name> = <table or scalar expression>
  TABLE <table name> = <table expression>
  COLUMN <table name>[<column name>] = <scalar expression>
EVALUATE <table expression>
ORDER BY <expression> ASC
ORDER BY <expression> DESC
START AT <value>,<parameter>
```

- table name:表名称。

- measure name：度量值名称。
- scalar expression：标量表达式。
- var name：变量名称。
- table or scalar expression：表或标量表达式。
- column name：列名称。
- expression：表达式。
- ASC，DESC：排序方式参数，ASC 为升序（默认参数），DESC 为降序。
- value：值。
- parameter：参数。START AT 参数与 ORDER BY 语句中的列具有一对一对应关系。START AT 语句中参数数量不能超过 ORDER BY 语句中参数数量。START AT 语句中的第一个参数定义 ORDER BY 列 1 中起始值；第二个参数定义满足列 1 起始值的行中列 2 的起始值。

7.4.3 Tabular Editor

Tabular Editor（表格编辑器）是总部位于丹麦的商务智能（BI）和分析公司（Kapacity）的衍生产品。2016 年，Tabular Editor 研发人 Daniel Otykier 专注 Power BI 数据建模研究，成功发布了 Tabular Editor。2019 年，该公司研发了 Tabular Editor 3。目前，作为 Power BI 外部工具的是 Tabular Editor 2，也是该公司推出的开源免费版，而新版 Tabular Editor 3 是需要付费的。

Tabular Editor 2 是一个轻量级应用程序，其操作界面简单、直观，具有快速导航、编辑模型元数据、批量重命名、部署向导、最佳实践分析、C＃语言脚本编辑等功能，可用于快速修改 Analysis Services 或 Power BI 数据模型的表格对象。

Tabular Editor 3 是一个更高级的应用程序，在 Editor 2 基础上提供了许多方便、更强大的功能，主要有：支持多显示器、更高分辨率和定制用户界面，具有智能感知的 DAX 编辑器，离线格式化、语法检查和数据类型推断，改进的表导入向导和表架构更新检查，支持 Power Query 数据源，枢轴网格表预览，可视化表关系编辑器，后台数据刷新，C＃语言宏记录器，在单个文档中编辑多个 DAX 表达式，VertiPaq 分析和 DAX 调试。

在 Power BI 桌面，单击“外部工具”→Tabular Editor，可以打开 Tabular Editor 2 窗口，如图 7-23 所示。其界面布局、操作选项及其主要功能介绍如下。

（1）功能区。显示着 Tabular 的选项菜单及其快捷图标和选择框，如图 7-23①所示。

① File（文件）。选项有：New model（新建模型）、Open（打开）、Save（保存改变至连接的数据集）、Save as（保存为）、Save as Folder（保存为文件夹）、Preferences（偏好）、Recent（近期文件）和 Exit（退出）等。其中，选择 Preferences 可打开 Tabular Editor Preferences 对话框，设置如下选项。

- Features（特点）：主要有最佳实践问题背景扫描、探测本地实例更改等选项。
- General（常规）：系统代理、C＃语言编译路径和选项以及版本更新等选项。
- DAX：有分隔符、自动公式改进两个选项。
- Serialization（序列）：主要有常规、前缀文件名、关系等选项。

② Edit（编辑）。选项有：Undo（取消）、Redo（重复）、Show history（显示历史）、Cut（剪

切)、Copy(复制)、Paste(粘贴)、Delete(删除)、Select All(选择全部)、Find(查找)、Replace(替换)和 DAX Editor(DAX 编辑器)。

③ View(视觉)。显示/隐藏选项：Measures(度量值)、Columns(列)、Hierarchies(层次)、Display Folders(显示文件夹)、Hidden Objects(隐藏目标)、Metadata Information(元数据信息)、Sort alphabetically(按字母排序)、Show All Objects Types(显示所有目标类型)、Expand Here(展开)、Collapse Here(折叠)、Expand All(展开全部)、Collapse All(折叠全部)。

④ Model(模型)。选项有：Deploy(部署)、New Table(新表)、New Calculated Table(新计算表)、New Calculated Group(新计算组)、New Data Source(新数据源)、New Perspective(新透视表)、New Shared Expression(新分享表达式)、New Relationship(新连接)、New Role(新角色)、New Translation(新翻译)。其中，Deploy 是部署为 SSAS(SQL Server Analysis Services) Tabular 服务。

⑤ Tools(工具)。选项有：Best Practice Analyzer(最优实践分析)、Manage BPA Rules(管理最优实践分析)、Export translations(输出翻译)、Import translations(输入翻译)。

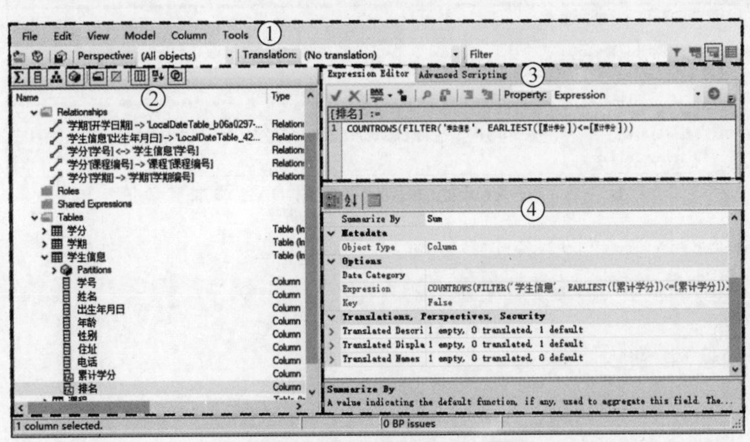

图 7-23　Tabular Editor 2 界面

⑥ 上述菜单下面显示着常用选项的快捷图标及列表框。

(2) 数据区窗格。显示着数据模型的相关信息，包括数据源、透视表、连接关系、角色、分享表达式和翻译等信息。窗格第一行为显示/隐藏快捷选项，如图 7-23②所示。

(3) 编辑器窗格。单击此窗格上沿标签，可选择 Expressions Editor(DAX 表达式编辑器)或 Advanced Scripting(C＃语言高级脚本)模式。标签下沿为编辑操作选项图标，其中，DAX 模式下主要有确认、取消、导航、查找、替换、注释等；高级脚本模式下主要有打开、保存、运行、样本、删除、查找、替换、注释等，如图 7-23③所示。

(4) 属性表窗格。在此窗格内可检查和设置所有对象的属性，如字符串格式、表关系、描述、翻译、透视表成员、显示文件夹、DAX 表达式等。在此窗格内可以对格式、文件夹、描述、DAX 表达式等属性进行修改，如图 7-23④所示。

示例 7-19　用 Tabular Editor 外部工具在“学生成绩 Model.pbix”报表中添加度量值。

(1) 启动 Power BI，打开“学生成绩 Model.pbix”数据集文件。

(2) 单击“外部工具”→Tabular Editor，打开 Tabular Editor 2 窗口。

(3) 在“学生信息”表中添加每位同学“累计学分”度量值。

① 在数据区窗格右击“学生信息”，选择 Create New→Measure，如图 7-24①所示。或者，单击 Table→Create New→Measure。

② 单击新添加的 New Measure 并更名为“累计学分”。

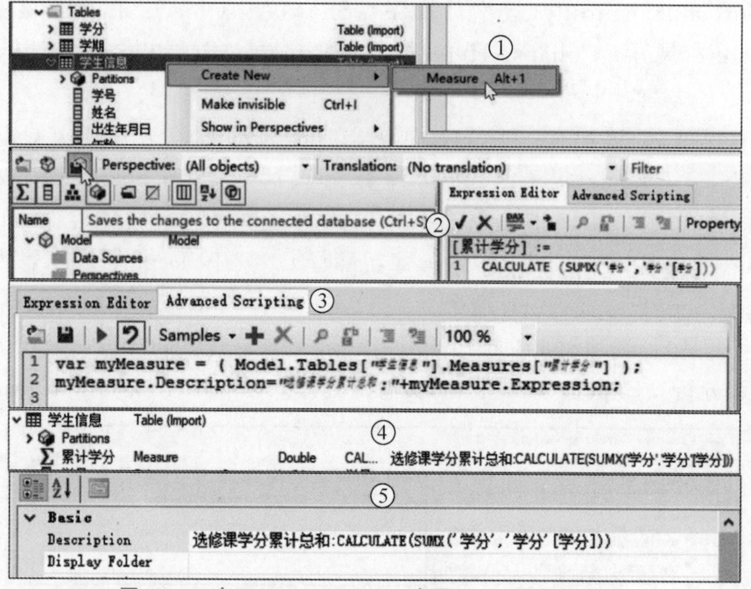

图 7-24 在 Tabular Editor 2 中用 DAX 添加度量值

③ 在编辑器窗格输入计算累计学分的 DAX 表达式：

```
CALCULATE(SUMX('学分','学分'[学分]))
```

④ 单击“确认”按钮☑。

⑤ 单击“保存至连接的数据集”按钮，如图 7-24②所示。

(4) 用 C＃语言高级脚本为“累计学分”添加描述(Description)。

① 单击 Advanced Scripting 标签，输入如下脚本：

```
var myMeasure = (Model.Tables["学生信息"].Measures["累计学分"]);
myMeasure.Description="选修课学分累计总和:"+myMeasure.Expression;
```

输入表或字段名时，可直接从数据区窗格中拖曳。

② 单击 Run Script(运行脚本)按钮，如图 7-24③所示。

③ 在数据区和属性表窗格查看 Description(描述)信息，如图 7-24④⑤所示。

④ 单击功能区“保存至连接的数据集”按钮。

(5) 用 C＃语言高级脚本为度量值“累计学分”定义格式和添加文件夹。

① 单击 Advanced Scripting 标签。

② 在数据区窗格选择度量值“累计学分”并将其拖曳至编辑器窗格编辑栏，并利用智能感知列表输入脚本，如图 7-25①所示。

```
Model.Tables["学生信息"].Measures["累计学分"].FormatString="0.00";
Model.Tables["学生信息"].Measures["累计学分"].DisplayFolder="学分";
```

③ 单击 Run Script(运行脚本)按钮。

④ 在数据区和属性表窗格查看 Display Folder(文件夹)信息,如图 7-25②所示。

⑤ 单击功能区"保存至连接的数据集"按钮,如图 7-25③所示。

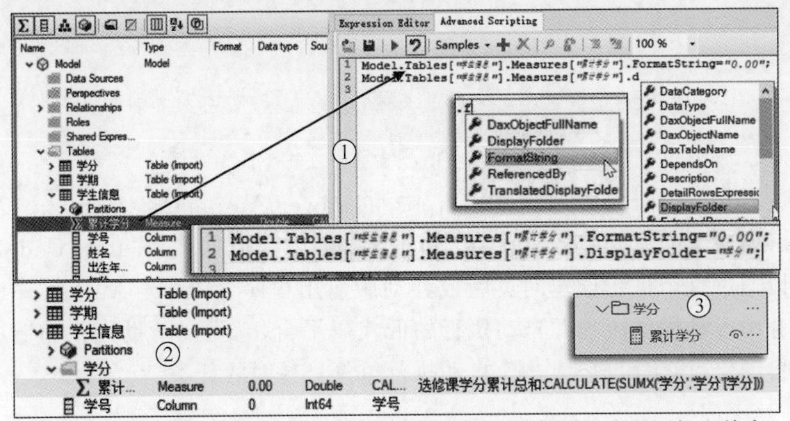

图 7-25　在 Tabular Editor 2 中用 C#脚本定义度量值格式和添加文件夹

提示

(1) IntelliSense(智能感知)是使编码更方便的一组功能名称。通常,IntelliSense 功能都可以在"选项"对话框中设置启用或禁用。

(2) 在 https://tabulareditor.com/网站可以下载 Tabular Editor3 版本免费 30 天程序。Tabular Editor 3 界面如图 7-26 所示。

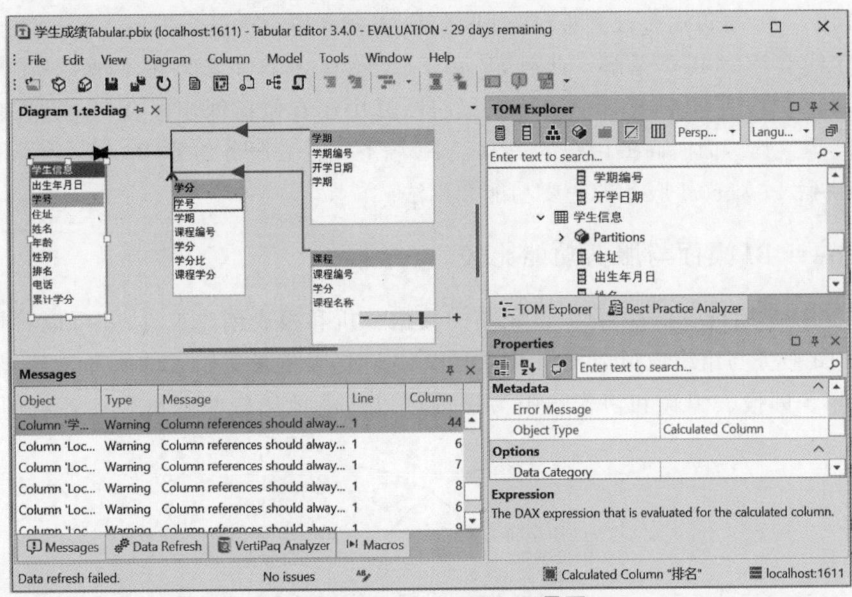

图 7-26　Tabular Editor 3 界面

第 8 章 Power BI 服务、移动应用与自动化

本章讨论 Power BI Service、Power Apps 和 Power Automate。Power BI 服务是基于云的在线(Online)数据分析服务软件。Power Apps 是一个低代码(Low-Code)开发平台，普通用户可以通过这个平台创建网页版或移动版应用程序。Power Automate 是一种在各种应用或服务中设计操作流程并自动执行的低代码平台，它可以帮助用户将日常频繁的手动操作过程自动化，优化用户工作流，自动执行重复且耗时的任务。

8.1 Power BI 服务

Power BI 服务(https://app.powerbi.com)的主要基块(Building Blocks)是仪表板(Dashboards)、报表(Reports)、工作簿(Workbooks)、数据集(Datasets)和数据流(Dataflows)。通常，这 5 个基块被整理、存储在工作区中。由于 Power BI 服务是在线软件，在使用工作区时需要深入了解订购版本关于工作区容量大小、名称和管理等规则。在 Power BI 服务中，可以通过仪表板(Dashboards)及显示贴(Display Tiles)分析、探索连接的数据集，在线交流和共享见解。此外，Power BI 还有一个可安装在本地带有 Web 门户(Web Portal)的报表服务(Report Server)软件，其中还有包括创建报表、分页报表、移动报表和 KPIs 等工具。面向商务用户的 Power BI 服务或报表服务需要 Pro 或 Premium 许可证。本节讲解 Power BI 服务的主要功能和用法。

8.1.1 Power BI 桌面与服务功能比较

Power BI 桌面(Desktop)是一个完整的数据分析和报表创建工具，并可以将报表发布到 Power BI 服务与组织成员或同事共享。Power BI 服务是基于云的服务软件(SaaS)，支持团队和组织的报表编辑和协作。用韦恩图可以清晰地比较两者重叠和独特的功能，如图 8-1 所示。

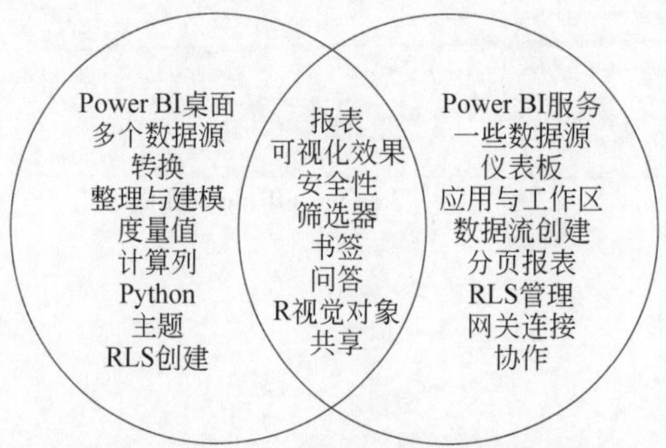

图 8-1 Power BI 桌面与服务功能比较

Power BI 桌面：连接多个数据源、转换数据、整理（Shaping）数据和建模、度量值、计算列、Python 脚本、主题样式、RLS 创建。

重叠区域：报表、可视化效果、安全性、筛选器、书签、问答、R 视觉对象、共享。

Power BI 服务：连接一些数据源、仪表板、应用与工作区、数据流创建、分页报表、RLS 管理、网关连接、协作。

在 Power BI 桌面获取、整理和转换数据，建立数据模型，创建可视化报表后，可以将其保存或分享到 Power BI 服务中的“工作区”，以便与同事协作完成组织的工作。在 Power BI 服务中，可以用报表数据生成仪表板，或将它们添加到应用中。然后可以使用分配权限方式与组织内外的其他人共享这些仪表板、报表和应用。

8.1.2 创建和管理工作区

工作区是 Power BI 服务为用户提供的在线或云储存空间，是与同事协作创建仪表板、报表、数据集和分页报表的地方。下面的示例介绍创建和管理工作区，以及安全设置的操作方法和步骤。

示例 8-1 创建和管理“汽车销售”工作区。

1. 创建“汽车销售”工作区

(1) 登录 Power BI 服务后，在主页导航窗格，单击“工作区”→“新建工作区”，如图 8-2① 所示。

(2) 在“创建工作区”窗格“工作区图像”栏，可单击“上载”，添加标识。

(3) 在“工作区名称”框输入“汽车销售”，如图 8-2② 所示。

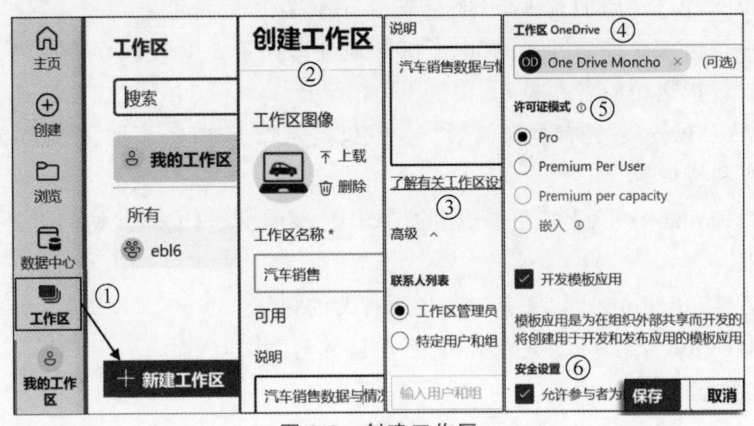

图 8-2 创建工作区

(4) 单击展开“高级”选项。

① “联系人列表”：默认为“工作区管理员”，也可以选择“特定用户和组”并输入其注册邮箱，如图 8-2③ 所示。

② “工作区 OneDrive”：为可选项。指定 OneDrive 后，可使用 Microsoft 365 组文件存储位置（由 SharePoint 提供），如图 8-2④ 所示。

③ “许可证模式”，如图 8-2⑤ 所示。

- 按注册的版本选择许可证模式，例如，选择 Pro 版。
- “开发模板应用（Power BI Template Apps）”：模板应用是为在组织外部共享而开发

的，选择此项，可在工作区使用开发的模板应用。

④“安全设置”：默认情况下，只有管理员可为工作区更新应用。如果允许参与者更新，可在此选择“允许参与者为工作区更新应用”，如图 8-2⑥所示。

(5) 单击“保存”按钮，在线保存创建的“汽车销售”工作区。

2. 添加允许访问工作区的人员并授予角色及权限

(1) 单击“工作区”→“汽车销售”。

(2) 在菜单行单击“访问”，如图 8-3①所示。

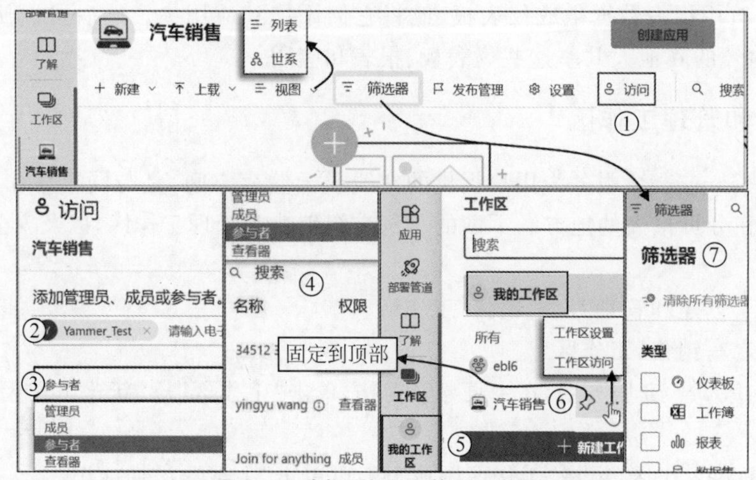

图 8-3 选择、使用和管理工作区

(3) 在“访问”窗格“添加管理员、成员或参与者”并指定角色。

① 在第一行输入允许访问者的“电子邮件地址”，如图 8-3②所示。

② 在第二行指定访问者角色，如图 8-3③④所示。

- 管理员(Admin)：具有全部权限，包括更新、删除工作区，添加、删除访问者，发布、取消发布和授权等。
- 成员(Member)：除无权更新、删除工作区，添加、授权或删除访问者外，享有其他访问权限。
- 参与者(Contributor)：享有与参与项有关的权限。
- 查看器(Viewer)：可浏览数据，查看项目并与之交互。

3. 管理工作区

完成工作区设置后，可以选择、使用和管理工作区。

(1) 选择。通常，在导航窗格显示“工作区(目录)”和“我的工作区”图标。需要选择工作区时，可单击“工作区”图标，然后从目录窗格中选择。例如，可以选择“汽车销售”为当前工作区，如图 8-3⑤⑥所示。

(2) 固定。在工作区目录窗格，单击工作区名称右侧“固定到顶部”图标，可以将此工作区选定为当前工作区并固定在目录顶部。

(3) 设置与访问。需要设置工作区或修改访问角色及权限时，可单击工作区名称右侧“更多选项”，选择“工作区设置”或“工作区访问”，如图 8-3⑥所示。

(4) 视图。工作区默认视图为“列表”模式。在菜单栏单击“视图”→“世系”，可将视图调整为“世系”模式。

(5) 筛选。当工作区数据文件较多时，可以单击“筛选器”，打开筛选器框，按文件“类型”“所有者”“其他”分类筛选文件，如图 8-3⑦所示。

(6) 发布管理。用于打开“发布管理”窗格。在此窗格中，可创建模板应用或跟踪创建模板应用的进度，并准备在组织外部发布应用。

(7) 设置。选择此项，可打开当前工作区“设置”窗格，选择设置工作区“名称”“图像”“联系人”“开发模板应用”等内容。

8.1.3 发布报表、分页报表至工作区

为便于组织成员交流见解、共享报表，或异地登录编辑、分析报表，可以将 Power BI 桌面报表、Power BI Report Builder 分页报表发布到 Power BI 服务。发布报表至 Power BI 服务工作区时，报表的数据集也随之发布至该工作区。例如，发布“学生成绩 Tabular.pbix”后，在指定工作区将会同步添加“学生成绩 Tabular”报表和数据集文件。

示例 8-2　发布“学生成绩 Tabular.pbix”和“汽车销售记录表.rdl”至工作区。

1. 从 Power BI 发布报表

(1) 启动 Power BI，打开要发布的数据集文件“学生成绩 Tabular.pbix”。

(2) 选择“文件”→“发布”→“发布到 Power BI”，或者单击“主页”→“发布”。重复发布同名称文件时，新发布的文件将会覆盖先前发布的文件。

(3) 在“发布到 Power BI”对话框“选择一个目标”框，选择“目标(文件存放位置)”，如选择“我的工作区”，如图 8-4①所示。

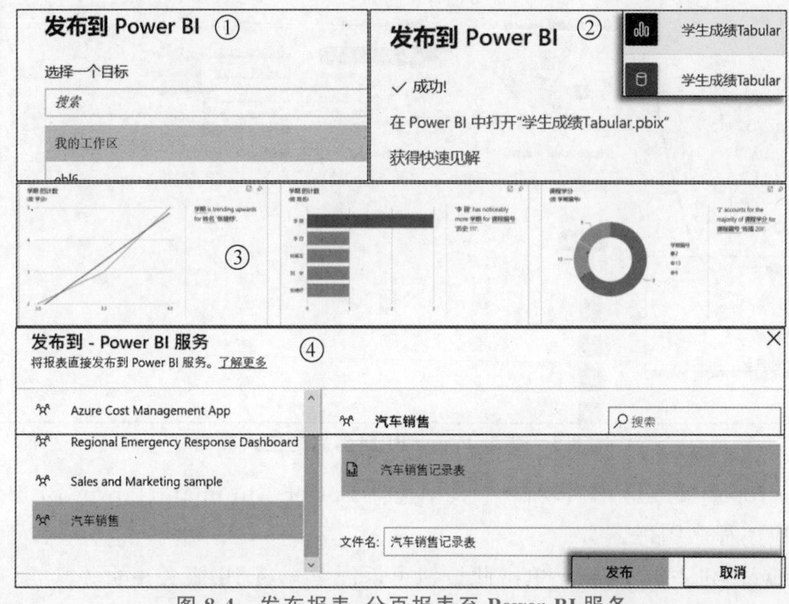

图 8-4　发布报表、分页报表至 Power BI 服务

(4) 发布完成，出现“发布到 Power BI 成功”对话框后，可进行如下操作。

(5) 单击“在 Power BI 中打开‘学生成绩 Tabular.pbix’”，可直接在 Power BI 服务中打开此报表，如图 8-4②所示；单击“获得快速见解”，Power BI 服务将对此报表的数据集进行分析并生成可视化“快速见解”，如图 8-4③所示。

2. 从 Power BI Report Builder 发布分页报表

（1）启动 Power BI Report Builder，打开要发布的文件“汽车销售记录表.rdl”。

（2）单击“文件”→“发布”→“Power BI 服务”，然后在“发布到-Power BI 服务”对话框选择工作区名称并输入“文件名”，如图 8-4④所示。

8.1.4 Power BI 服务主页界面

将报表发布到 Power BI 服务后，可以登录 Power BI 服务修改或编辑报表。登录 Power BI 服务的方法有如下 4 种。

（1）直接在 Windows 浏览器打开 https://app.powerbi.com 网页，然后按提示输入注册的邮箱和设置的密码。

（2）在 Power BI 桌面上沿标题栏，单击登录或注册名图标，打开“登录”信息框，然后单击“Power BI 服务”。

（3）尚未登录或已经注销退出登录的用户，在 Power BI 桌面，可单击“文件”→“登录”。如果已经处于登录状态，“文件”选项卡上则无“登录”选项。

（4）在 Power BI 桌面发布报表后，在“发布到 Power BI 成功”对话框单击发布文件的链接，或单击“获得快速见解”。

登录 Power BI 服务后的主页界面如图 8-5 所示，其布局元素及功能按编号简介如下。

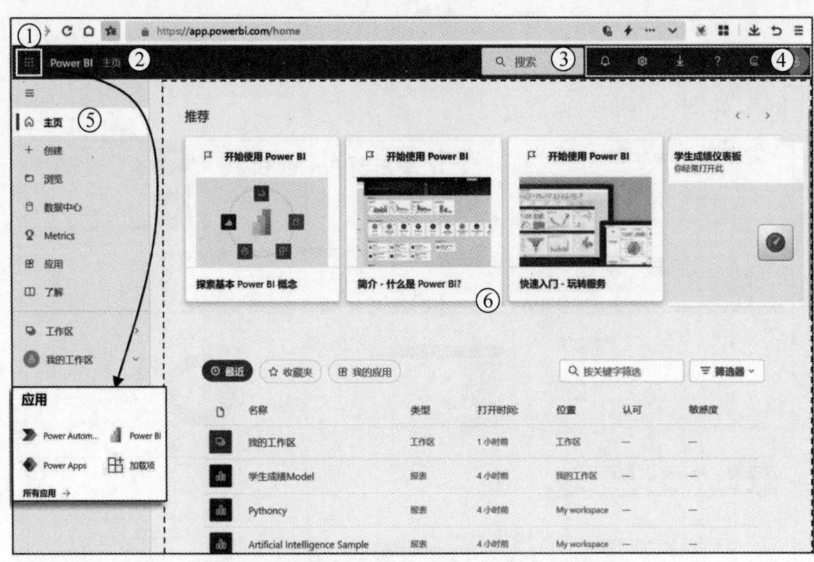

图 8-5 登录 Power BI 服务后的主页界面

（1）“Microsoft 365 应用启动器”：其中包括 Power Automate、Power BI、Power Apps、“加载项”等应用程序图标。

（2）“Power BI 主页”按钮：单击此按钮可返回 Power BI 服务主页。

（3）“搜索”框：用于搜索数据集或报表。

（4）“通知”“设置”“下载”“帮助”“反馈”选项按钮。

- 通知。用于打开系统通知窗格。
- 设置。单击此按钮可打开“管理和设置”选项表，内容包括管理个人存储、管理门户、管理连接和网关、设置、Azure Analysis Services 迁移。从中选择“设置”时，可设置隐私、语言、关闭账户、开发人员、ArcGIS Maps for Power BI、隐藏项等常规选项，以及警报、订阅、仪表板、数据集和工作簿等选项。

- 下载⬇。单击此按钮，可打开下载项列表，内容包括 Power BI Desktop、数据网关、Pagina-ted Report Builder、Power BI for Mobile、获取“在 Excel 中分析”更新。
- 帮助?。单击此按钮可打开帮助信息列表，内容包括开始使用 Power BI、文档、了解、社区、获取帮助、面向开发人员的 Power BI、隐私和 Cookie、辅助功能快捷键和关于 Power BI。
- 反馈☺。此按钮用于向社区提交观点和问题。

(5) 导航窗格。在此窗格选择导航目录，可切换“主页”“创建”“浏览”“数据中心”、Metrics、“了解”“工作区”“我的工作区”等操作界面。

- 主页。显示着经常打开的工作区文件夹，发布的报表或数据集，以及推荐新建报表的模板。
- 创建。需要创建新报表时，可单击此项，打开报表画布。
- 浏览。单击此项，可浏览、搜索“最近”“收藏夹”“与我共享”文件夹中的报表或数据集。
- 数据中心。可通过数据中心查找、浏览和使用个人和组织的数据项，包括数据市场的数据项。
- Metrics(指标)。用于跟踪、管理关键业务指标。Metrics 是用户或组织根据目标设定的业务指标，如订单或业务完成率、销售额增长率。
- 了解。此目录下包含“学习中心”“示例报表”“新增功能”三部分内容。
- 工作区和我的工作区。此目录中存放着发布或创建的报表和数据集。在工作区，可以搜索、查看、编辑、整理或删除报表或数据集。
- 单击右上角“隐藏/显示导航器窗格”按钮，可折叠或展开目录内容。

(6) 报表画布区。该区域显示内容由导航窗格目录切换。未打开仪表板时，Power BI 会根据用户使用情况，推荐显示常用工作区、报表、模板，以及报表、数据集文件目录等。当报表、数据集文件较多时，可以使用筛选器选择。

8.1.5 阅读视图界面

Power BI 服务的主要基块(Building Blocks)是仪表板(Dashboards)、报表(Reports)、工作簿(Workbooks)、数据集(Datasets)和数据流(Dataflows)。通常，这 5 个基块被整理、存储在工作区中。由于 Power BI 服务是在线软件，在使用工作区时需要深入了解订购版本关于工作区容量大小、名称和管理等规则。

在工作区中选择一个报表文件时，可以打开相应的报表或仪表板阅读视图。其应用启动器、主页按钮、搜索框、选项按钮和导航窗格与上述主页界面相同。报表或仪表板名称、视觉对象、筛选器等布局如图 8-6 所示，图中编号的具体内容与功能如下。

(1) 文件夹名称。报表文件存放的位置为“我的工作区”。

(2) 报表或仪表板名称。指当前报表或仪表板名称。

(3) 报表页标签折叠符。单击此折叠符可展开报表页标签。

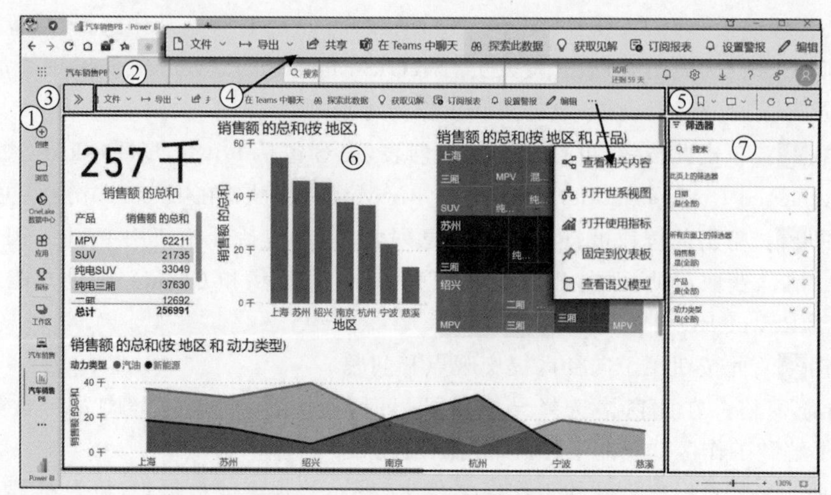

图 8-6　Power BI 服务阅读视图

(4) 操作菜单。共有“文件”“导出”“共享”“在 Teams 中聊天”“获取见解”“编辑”和“…”(更多)7 组菜单。

① 文件。此菜单上有“下载此文件”“打印此页”“嵌入报表”“生成 QR 码”和“设置”选项。

- 嵌入报表。此选项提供的子菜单为：发布到 Web(公共)或开发人员操场(Developer Playground)。
- 生成 QR 码。选择此项，可将仪表板的 URL 地址生成识别(QR)码，以便组织成员使用 QR 码查看报表。
- 设置。选择此项可打开仪表板的设置窗格，主要设置选项有报表名称、筛选器、视觉对象、跨表钻取、见解、默认摘要等。

② 导出。此菜单上有“在 Excel 中分析”、PowerPoint、PDF 选项。导出至 PowerPoint 时，可选择“嵌入图像”或“嵌入实时数据”。

③ 共享。选择此项可以与组织成员共享或共同研究、分析报表。此选项需要 Power BI Pro 许可证。

④ 在 Teams 中聊天。选择此项可打开“共享到 Microsoft Teams”对话框，可以将问题或见解发表在 Microsoft Teams 社区。

⑤ 获取见解。选择此项，Power BI 会自动搜索数据集及其子集，并通过一组算法，对异常值、趋势和 KPI 值进行分析，可生成 10 种类型可能有意义的“见解”。包括离群值、时序趋势明显变化点、相关性、低方差、众数(主要因素)、趋势、季节性和稳定份额等。此项功能需要 Power BI Premium 许可证。

⑥ 订阅报表。此选项用于向自己和他人订阅(Subscribe)报表、仪表板和分页报表。通过此菜单选择“添加新订阅”，然后，在订阅至 emails 对话框指定名称、选择要订阅的报表、输入电子邮件地址、订阅周期或时间等内容。订阅后，会在设定时间内收到包含一个快照和报表或仪表板的链接。此选项需要 Power BI Pro 许可证。

⑦ 编辑。单击此选项，将进入仪表板编辑状态，其操作界面与 Power BI 桌面基本相同，可以通过菜单选项和“筛选器”“可视化”“数据(字段)”窗格中的选项对报表进行编辑。

⑧ 更多。单击“更多”按钮…，可选择“查看相关内容”“打开世系视图”“固定到仪表板”

“查看数据集”等操作。

(5)“书签”“视图”“刷新”“注释”“添加到收藏夹”按钮。

① 书签。可选择“添加个人书签”和“显示多个书签”。

② 视图。可选择“全屏”“调整到页面大小”“适应宽度”“实际大小”“高对比度颜色(#1、#2、黑色、白色)”。

③ 刷新。数据模型更新后，单击此项将使用最新数据更新视觉对象。

④ 注释。单击此按钮可以打开注释窗格，为特定视觉对象添加注释。

⑤ 添加到收藏夹。需要将当前仪表板添加至网页收藏夹时可单击此按钮。

(6) 画布。为布置或拼贴数据分析可视化成果的区域。将数字视觉对象(磁贴，Tiles)有序布设在画布上就组成了仪表板(Dashboards)。

(7) 筛选器。用于筛选页面视觉对象磁贴数据，操作方法与 Power BI 桌面基本相同。

8.1.6　编辑视图界面

在 Power BI 服务阅读视图，单击操作菜单“编辑”可打开报表或仪表板的编辑视图，如图 8-7 所示。有关编辑报表或仪表板的菜单和选项介绍如下。

图 8-7　Power BI 服务仪表板编辑视图

1. 编辑菜单

用于编辑的菜单有“文件”“视图”“阅读视图”“移动布局”等选项。

(1) 文件。此菜单上有“保存”“打印”“发布到 Web”“导出到 PowerPoint”“导出为 PDF”“下载此文件”等选项。

(2) 视图。在此菜单上可选择“调整到页面大小”“适应宽度”“实际大小”“高对比度颜色(#1、#2、黑色、白色)”“显示智能参考线”“显示网格线”“对齐网格”“锁定对象”“选择窗格”“书签窗格”“同步切片器窗格”“Insights 窗格”等选项。

(3) 阅读视图。单击此选项将返回仪表板阅读视图。

(4) 移动布局。单击此选项可打开“移动布局画布”。为方便使用手机阅读报表，可以在移动布局画布上创建或布设视觉对象磁贴。在此布局模式下，单击“阅读视图”可返回阅读视图模式，单击“Web 布局”将返回编辑视图模式。

2. “提问”“浏览”“文本框”“形状”“按钮”“视觉对象交互”“复制此页”“保存”“固定到仪表板”“在 Teams 中聊天”“更多选项”等按钮

(1) 提问。单击此按钮，Power BI 服务会打开智能问答对话框，用户可以就关心的事项提出问题，Power BI 会根据模型及相关数据计算并回答问题。例如，当提出产品数量、销售额等问题时，Power BI 将很快返回答案。

(2) 浏览。可选择“以表的形式显示”“显示下一级别”“扩展至下一级别”“向上钻取”“向下钻取”“钻取”“以表的形式显示数据点”等选项。

(3) 文本框。选择此项，可以为报表添加标题或文本说明，包括添加动态值。

(4) 形状。可选择插入或添加“矩形”“椭圆”“等腰三角形”“折线图”“箭头”等形状。

(5) 按钮。选择此选项，可以为连接对象提供各种类型的按钮，包括“左箭头”“右箭头”“重置”“上一步”“信息”“帮助”“问答”“书签”“空白”“页面导航器”和“书签导航器”等。

(6) 视觉对象交互。单击此按钮可打开下拉菜单，选择设置“编辑交互”或“钻取筛选其他视觉对象”操作模式。

(7) 复制此页。单击此按钮将复制当前页为副本并将其添加至末页。

(8) 保存。用于保存当前报表。

(9) 固定到仪表板。此选项用于将选定视觉对象固定在仪表板当前位置。

(10) 在 Teams 中聊天。需要与团队聊天交流时可单击此选项。

(11) 更多选项…。有“生成 QR 码”“在 Excel 中分析”“获取见解”等选项。

① 生成 QR 码：将打开报表路径生成 QR 码，以便组织成员扫码访问。

② 在 Excel 中分析：用报表数据创建“.xlsx”格式文件，供下载、保存和使用 Excel 打开分析。

③ 获取见解：Power BI 自动对报表数据进行分析，并对数据中的异常和趋势等提出见解，供用户交互、使用。

3. 筛选器、可视化和数据窗格

与 Power BI 桌面相同，在筛选器窗格显示着选定视觉对象的字段数据，可以按需要筛选；在可视化窗格设置视觉对象格式和进行数据分析；在数据窗格可以选择或取消视觉对象中的字段数据。

4. 报表画布

用于布设视觉对象或磁贴。与桌面版相同，也可按需要添加页面。

8.1.7 从 Excel 发布到工作区并创建报表

注册 Power BI 服务后，便可以从本地 Excel 向 Power BI 服务工作区发布工作簿文件。发布时，可选择“上载”或“导出”。

“上载”是将工作簿文件直接上载至指定工作区。在 Power BI 服务中可以用 Excel Online 打开工作簿及工作表，并可将工作表中选定数据或元素布局(固定)到仪表板中。

“导出”则是将工作簿数据导出、加载至 Power BI 服务并转换为数据集。然后可以使用数据集来创建报表和仪表板。

下面介绍从 Excel 发布工作簿文件至 Power BI 服务工作区，然后在 Power BI 服务中并用工作簿数据创建仪表板的操作方法和步骤。

示例 8-3 发布工作簿文件“汽车销售.xlsx”至工作区并创建汽车销售仪表板。

(1) 启动 Excel，打开“汽车销售.xlsx”后单击“文件”→“发布”，如图 8-8①所示。

（2）在“发布”页面“选择要发布到 Power BI 中的位置”框，选择“我的工作区”或“汽车销售”，如图 8-8②所示。然后单击“上载”按钮，如图 8-8③所示。完成上载后，Excel 将返回工作簿界面。

（3）单击“文件”→“发布”→“导出”。待显示“已成功导出工作簿”后，单击“转至 Power BI”，如图 8-8④所示。此时，系统会打开登录 Power BI 服务对话框，用户可按步骤登录。如果已登录 Power BI 服务，系统会自动转到创建仪表板页面。

（4）在仪表板“可视化”窗格选择“地图”，然后将“数据”窗格中“地区”字段拖曳至“可视化”窗格“位置”框，将“销售额”字段拖曳至“气泡大小”框。

（5）单击画布空白区域，按上述步骤添加“日期”与“销售额”折线图和“动力类型”与“销售额”柱形图，如图 8-8⑤所示。

（6）单击“文件”→“保存”，然后在“保存报表”对话框中为报表输入名称“汽车销售仪表板”，并选择目标工作区“汽车销售”。

（7）按需要进行“发布”“生成 QR 码”和在线协作、分析、发表见解等操作。

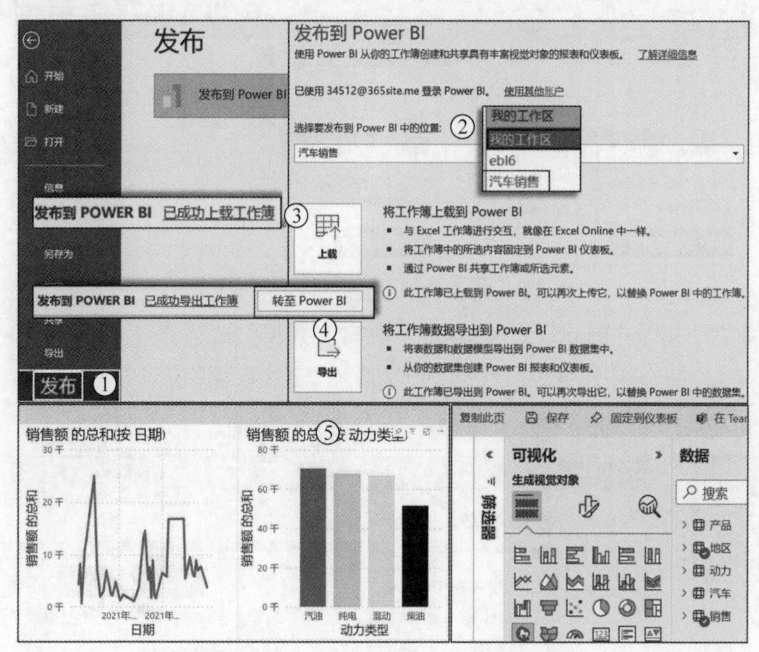

图 8-8　从 Excel 发布到工作区创建报表

8.1.8　获取本地数据或输入数据创建报表

登录 Power BI 服务后，可以从本地获取 Excel 工作簿和.CSV 文本数据，也可以直接输入、粘贴数据，然后根据需要创建报表。

示例 8-4　用本地“空气质量.CSV”数据快速创建报表。

（1）登录 Power BI 服务，单击“工作区”→“我的工作区”→“新建”→“数据集”，如图 8-9①所示。

（2）在“添加数据以开始使用”栏，单击 Excel 或 CSV，如图 8-9②所示。

（3）通过“打开”对话框选择数据文件，例如，选择“空气质量.CSV”，如图 8-9③所示。

(4) 数据文件添加至 Power BI 服务后，可在其窗口选择“使用”方式，如图 8-9④所示。

① 创建报表：创建交互式报表，与组织成员共享和分析业务见解。

② 共享数据集：生成共享数据集，以便授予权限的同事或成员访问。

③ 创建分页报表：创建便于查看、打印的分页报表。

图 8-9　获取本地 Excel、CSV 文件数据

(5) 输入数据。单击“创建”→“粘贴或手动输入数据”，或者按上述步骤，在“添加数据以开始使用”栏，单击“粘贴或手动输入数据”可以打开“输入数据”窗口及空白表格，如图 8-10①所示。以“空气质量.csv”数据为例，手动输入方法如下。

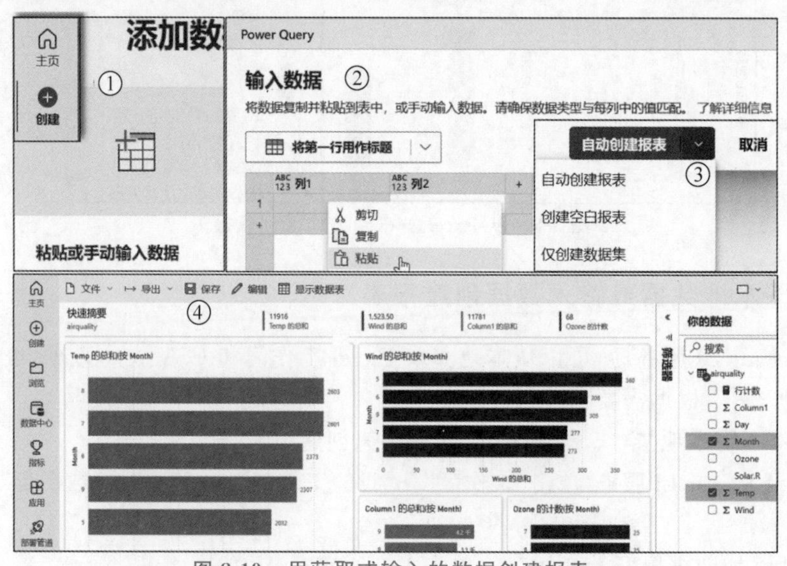

图 8-10　用获取或输入的数据创建报表

① 用 Excel、写字板或记事本将“空气质量.csv”文件打开并全选复制到剪贴板。

② 单击“列 1”后按 Ctrl＋V 组合键。如果粘贴数据包含列标题，可单击“将第一行用作标题”，如图 8-10②所示。

（6）完成数据输入后，在数据表底部“名称”框可输入数据表名称，然后单击“自动创建报表”向下箭头并选择，如图 8-10③④所示。

① 自动创建报表：Power BI 服务将自动分析数据，创建报表并生成“快捷摘要”。

② 创建空白报表：输入的数据将被加载至“数据”窗格，可在画布上创建报表。

③ 仅创建数据集：将输入数据创建为数据集添加至工作区。

（7）如果自动创建的报表未满足要求，可以单击“编辑”，然后对报表进行修改。

（8）单击“保存”按钮后，在“保存报表”对话框输入报表名称并按提示完成保存。

8.1.9　创建、编辑报表与分页报表

在 Power BI 服务中可以打开和编辑报表、分页报表，也可以打开数据集文件，选择自动或从头开始创建报表。

示例 8-5　用汽车销售数据集创建报表，编辑汽车销售报表及销售记录分页报表。

1. 用汽车销售数据集创建报表

（1）登录 Power BI 服务，在导航窗格单击“工作区”→“汽车销售”。

（2）在“汽车销售”工作区单击打开“汽车销售 PB”数据集，如图 8-11①所示。

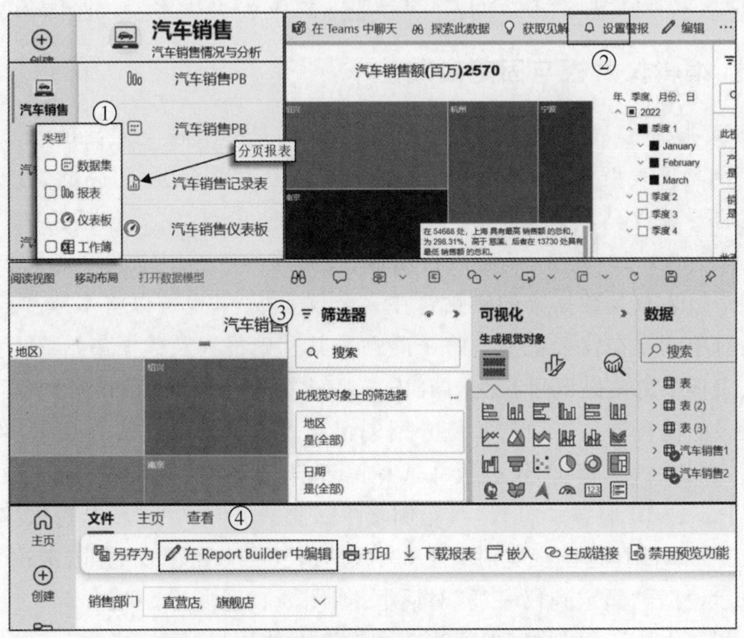

图 8-11　编辑报表、分页报表与创建报表

（3）在“可视化此数据”栏，单击“创建报表”→“自动创建”。

（4）也可选择“从头开始”或“分页报表”。

（5）完成创建报表后单击“保存”按钮，并在“保存报表”对话框输入报表名称和选择保存文件的“目标工作区”。

2. 编辑报表

(1) 登录 Power BI 服务,在导航窗格单击“工作区”→“汽车销售”。

(2) 在“汽车销售”工作区单击打开“汽车销售 PB”报表,如图 8-11①所示。

(3) 在“汽车销售 PB”阅读视图单击“编辑”,切换至编辑视图,如图 8-11②所示。

(4) 按需要对视觉对象、页面布局、文本框等进行编辑,如图 8-11③所示。

3. 编辑分页报表

(1) 登录 Power BI 服务,在导航窗格单击“工作区”→“汽车销售”。

(2) 在“汽车销售”工作区单击“汽车销售记录表”分页报表,如图 8-11①所示。

(3) 在“汽车销售记录表”阅读视图,单击“文件”→“在 Report Builder 中编辑”,如图 8-11④所示。

(4) 在 Power BI Report Builder 中编辑“汽车销售记录表”。

(5) 完成“编辑”后,单击“保存”按钮,保存编辑的分页报表。

(6) 单击“文件”→“退出 Report Builder”,返回 Power BI 服务编辑窗口。

提示

在 Power BI 服务工作区文件目录中有 5 种基本数据文件类型,其名称及图标分别是数据集、报表、分页报表、仪表板和工作簿。之前版本的数据集图标为。此外,还有数据市场、数据流、数据管道、湖屋、仓库或 SQL 终结点等数据类型。

8.1.10 创建、编辑仪表板与固定磁贴

在 Power BI 服务中,“仪表板(Dashboards)”指的是布展视觉对象的单页版面或画布;“磁贴(Tiles)”则是仪表板上的视觉对象。由于仪表板为单页版面,因此,往往用它概述报表及其数据集的要点或亮点。仪表板中的磁贴有多种来源,主要包括报表、其他仪表板、Excel、问答框(Q&A)等。此外,还可以将图像、视频作为磁贴固定到仪表板上。

可以将多个报表及其数据集的磁贴钉在一个仪表板上,也可以将本地和云中数据组合,生成统一视觉对象固定在仪表板上。每个磁贴与其基础报表及数据集始终保持着动态连接关系,因此,仪表板中的磁贴既可作为打开连接基础报表及数据集的按钮,也可作为查看重要业务指标状态的监视器。下面的示例介绍创建仪表板并固定磁贴的操作方法和步骤。

示例 8-6 创建“汽车销售”仪表板并选择销售信息“磁贴”固定到仪表板。

(1) 登录 Power BI 服务。打开“汽车销售 PB”报表并单击“编辑”,进入编辑视图。

(2) 移动鼠标悬停在选定视觉对象上,然后单击其右上角出现的“固定视觉对象”图标,如图 8-12①所示,打开“固定到仪表板”对话框,如图 8-12②所示。

① “磁贴主题设置”:可选择“保留当前主题”或“使用目标主题”。

② “您希望固定到哪里”:选择“新建仪表板”。如果已保存有仪表板文件,可选择将磁贴固定到“现有仪表板”。

③ “仪表板名称”:在此框内输入新建仪表板名称“汽车销售”。若选择已有仪表板,可在此框内选择一个仪表板名称,然后单击“固定”按钮。

④ 待返回“已固定至仪表板”消息后,可单击“创建移动布局”或“转至仪表板”。也可只看消息或直接单击“关闭”按钮,如图 8-12③所示。此时,在工作区已生成“汽车销售”仪表

板文件，如图 8-12④所示。

(3) 按上述步骤(2)继续选择视觉对象添加至“汽车销售”仪表板。

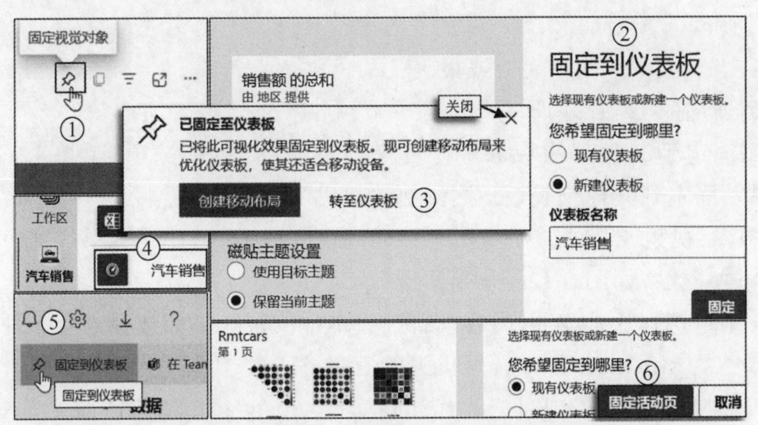

图 8-12　通过固定视觉对象创建仪表板与选择整页报表固定到仪表板

(4) 选择整页报表固定到仪表板。

① 单击“汽车销售”工作区，选择打开 Rmtcars 报表。在页面菜单栏，单击“固定到仪表板”，如图 8-12⑤所示。

② 在“固定到仪表板”对话框选择现有仪表板“汽车销售”，然后单击“固定活动页”按钮，如图 8-12⑥所示。

(5) 在“已固定至仪表板”对话框单击“转至仪表板”，然后对磁贴进行整理或编辑。

① 移动磁贴和调整大小。用鼠标按住磁贴可将其拖动到新位置；移动鼠标指向磁贴，待右下角出现图柄(Handle)时，拖动此柄可重设磁贴大小，如图 8-13①所示。

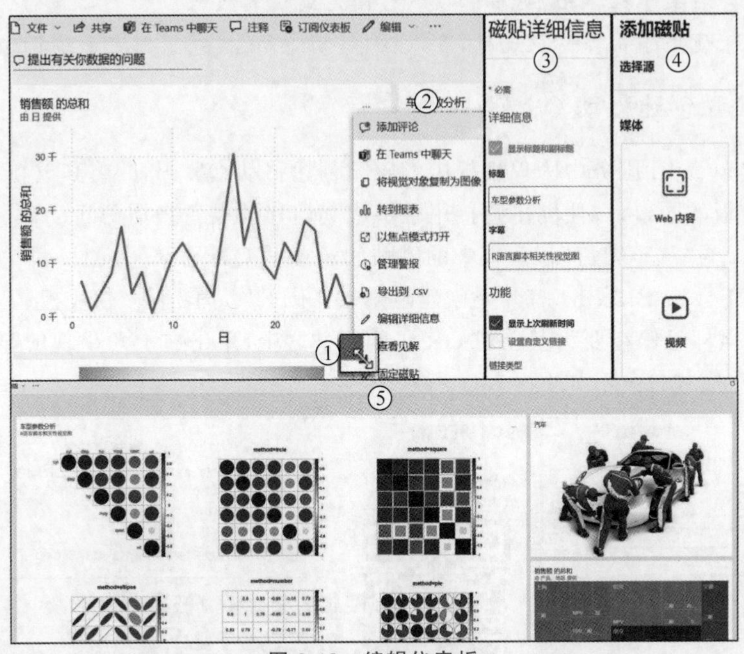

图 8-13　编辑仪表板

② 更改磁贴标题(名称)和字幕。将鼠标悬停在磁贴之上，单击其右上角出现“更多选

项”并选择“编辑详细信息”，如图 8-13②所示。然后在“磁贴详细信息”窗格更改标题、字幕和选择“显示上次刷新时间”复选框。需要更改默认超链接时，可选择“设置自定义链接”选项，如图 8-13③所示。

- 链接到当前工作区的仪表板或报表。
- 链接到外部的 URL 地址。

③ 将磁贴固定到其他仪表板和删除磁贴。在磁贴“更多选项”菜单上，选择“固定磁贴”，可将该磁贴固定到其他仪表板；选择“删除磁贴”可删除本磁贴。

④ 添加图像、视频或其他磁贴。在菜单栏，单击“编辑”→“添加磁贴”，打开“添加磁贴”窗格，可选择添加磁贴，如图 8-13④⑤所示。

- “媒体”：可选择添加 Web 内容、图像、文本框或视频。如选择内容为外部资源，可按提示输入“http://或 https://开头的有效 URL”地址，例如“http://auto.cnr.cn/wxby/20141218/W020141218346895386945.jpeg”；如选择当前工作区内容，可从“要链接到的仪表板或报表”框中直接选择。
- “实时数据”：可选择添加自定义流数据。

⑤ 移动布局。单击“编辑”→“移动布局”，可按手机屏幕设计和布置磁贴。

⑥ 仪表板主题。单击“编辑”→“仪表板主题”，可重新设置仪表板主题格式，也可上传应用或下载“JSON 主题”格式文件。

提示

(1) 在 Power BI 服务报表“阅读视图”模式下也可以选择视觉对象和整页固定到仪表板，其固定磁贴操作选项与上述“编辑视图”基本相同。“阅读视图”模式下，整页固定到仪表板的操作方法：在菜单栏单击“更多选项”→“固定到仪表板”。

(2) 为便于使用手机查看仪表板，可以在“移动布局”模式下固定和编辑磁贴。

8.1.11 为磁贴创建移动 QR 码

可以在 Power BI 服务中为仪表板中的磁贴创建移动 QR 码，并将其放在醒目位置或发送给共享仪表板的同事，以便同事直接用手机或其他移动设备扫描访问。

示例 8-7 为“汽车销售”仪表板中的磁贴创建移动 QR 码。

(1) 登录 Power BI 服务，打开要创建磁贴 QR 码的“汽车销售”仪表板。

(2) 移动鼠标悬停在要为其创建 QR 码的磁贴之上，单击右上角出现的“更多选项”，然后选择“以焦点模式打开”，如图 8-14①所示。

图 8-14 生成磁贴 QR 码

（3）在焦点模式下，单击右上角"更多选项"→"生成 QR 码"，如图 8-14②所示。

（4）在"您的 QR 码已就绪"框单击"下载"按钮，保存为".jpg"文件，如图 8-14③所示。

（5）将生成的 QR 码发送给需要分享的同事，或根据需要打印张贴于特定位置。

8.1.12　指标与记分卡

指标（Metrics）是 Power BI 服务提供的策展、跟踪关键业务指标动态变化的功能。用户可以使用此功能从报表中提取重要度量值制定业务工作计划目标，增强组织成员量化指标分析意识，提升执行计划的责任性、一致性和可见性。本节示例介绍指标功能的用法。

示例 8-8　为"汽车销售"制定指标与记分卡。

（1）登录 Power BI 服务，在导航窗格单击"指标"图标，打开指标页面。

（2）创建记分卡、输入或链接指标。单击指标页面"新建记分卡"，输入名称和数据。

①"无标题记分卡 1"：将鼠标悬浮选项上，待出现图标后单击，然后输入"汽车销售额"，如图 8-15①所示。

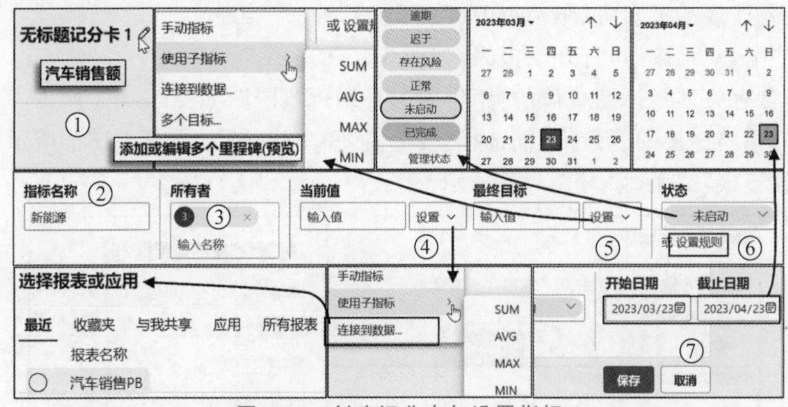

图 8-15　创建记分卡与设置指标

②"指标名称"：在此框内输入"新能源"，如图 8-15②所示。

③"所有者"：在此框内输入注册的邮箱名称，如图 8-15③所示。

④"当前值"：单击此框右侧"设置"框向下箭头，选择指标类型，如图 8-15④所示。

- 手动指标：可直接手动输入当前指标值。
- 使用子指标：选择此项可为当前指标设置子指标，并可选择子指标聚合计算函数。例如，销售额指标下可设分类产品销售额子指标。
- 连接到数据：选择此项，可从所有收藏、共享或应用的所有报表中，查找打开含有指标的报表或应用，然后从报表中选择度量值指标。例如，从"汽车销售 PB"报表中选择"销售额与日期折线图"。

⑤"最终目标"：单击此项右侧"设置"框向下箭头，可选择最终目标类型，如图 8-15⑤所示。

- 手动指标：可直接手动输入当前指标值。
- 使用子指标：选择此项可为当前指标设置子指标，并可选择子指标聚合计算函数。
- 连接到数据：选择此项，可从所有收藏、共享或应用的所有报表中，查找打开含有指标的报表或应用，然后从报表中选择度量值指标。

- 多个目标：选择此项，可设置分阶段里程碑目标。

⑥“状态”：单击右侧向下箭头，可通过比较当前值与指标值，选择当前业务进展状态，如图 8-15⑥所示。

- 手动选择：可根据当前值与目标值的比较情况从状态列表中选择：逾期、迟于、存在风险、正常、未启动或已完成。
- 管理状态：单击状态列表底部“管理状态”可打开“编辑状态”窗格，修改或编辑状态名称、填充颜色或添加新状态。
- 设置规则：单击状态栏“设置规则”可打开当前指标“状态规则”设置窗格，并可查看其“详细信息”“历史记录”“时间段”“连接”等内容。

⑦“开始日期”与“截止日期”：单击日期框右侧图标可打开日期表，使用鼠标可以直接设定开始或截止日期，如图 8-15⑦所示。

(3) 从报表中选择要连接的度量值。

① 在上述“当前值”选择“连接到数据”。

② 选定要连接的报表“汽车销售 PB”。

③ 单击“下一步”按钮，打开该报表，如图 8-16①所示。

④ 选择含有关键指标度量值的“销售额与日期折线图”，如图 8-16②所示。

⑤ 在“选择要连接的度量值”框选择“度量值”和“时间轴”，如图 8-16③所示。

⑥ 单击“连接”按钮，如图 8-16④所示。

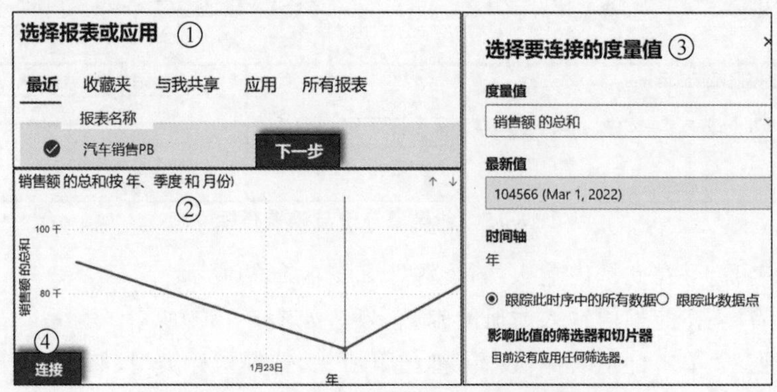

图 8-16　从报表中选择要连接的度量值

(4) 设置状态规则。

① 在上述“状态”栏单击“设置规则”，打开设置指标规则窗格。

② 单击“新规则”，打开条件选项表。在第一格选择“值”，第二格选择“大于”，在“将状态更改为”选择“已完成”。即当前值大于目标值时，其状态为“已完成”。然后在“否则，将状态更改为”栏选择“迟于”。

③ 单击“保存”按钮，如图 8-17 所示。

(5) 按上述步骤完成记分卡“汽车销售额”中“汽车销售”“汽油”“新能源”三项指标设置，如图 8-18 所示。

(6) 设置指标级别权限。为保证数据安全，可以为记分卡设置权限，如图 8-19 所示。

① 在指标页面，单击“汽车销售额”记分卡，展开指标表。

② 单击“编辑”，进入编辑模式。然后，单击“设置”。

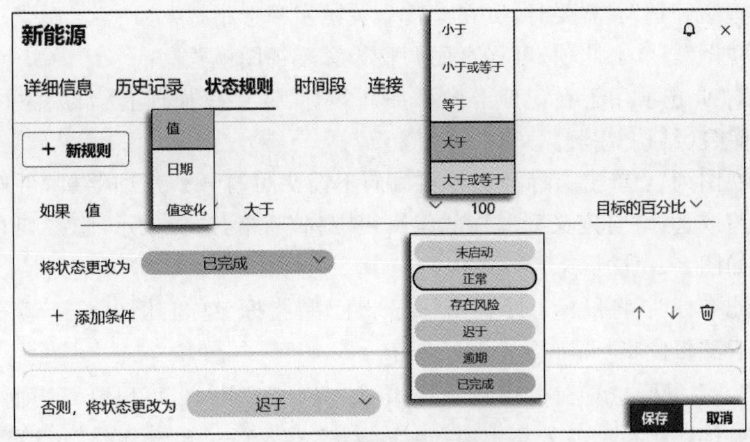

图 8-17　设置指标状态规则

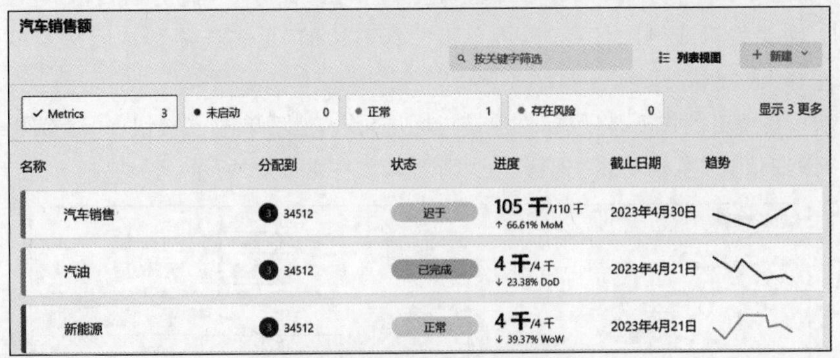

图 8-18　设置记分卡项目指标

③ 在“编辑记分卡设置”窗格，单击“权限”→“添加角色”。

④ 在“角色设置”窗格分类设置经理、业务人员和员工的指标级别权限。

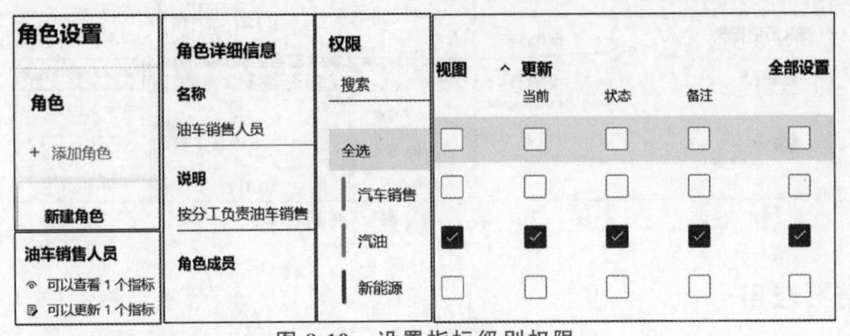

图 8-19　设置指标级别权限

(7) 共享、编辑和更新指标。

① 共享。在指标页面，单击“共享”，打开“发送链接”对话框。

- 单击“组织中具有该链接的人员可以查看共享”，打开“希望链接适用于谁”框，进行选择后单击“应用”。
- 在“输入姓名或电子邮件地址”栏输入收件人姓名和邮件地址，然后单击“发送”，如图 8-20①所示。

② 编辑。在指标页面，单击“编辑”，进入编辑模式，如图 8-20②所示。

- “按关键字筛选”：需要时，可在此输入关键字筛选指标。
- “列表视图”：单击此项，可将页面调整为紧凑视图模式。
- “新建”：此选项用于在记分卡内添加新指标、链接添加现有指标、添加子指标和设置指标层次结构等操作。
- “编辑视图列”：单击指标列名称右侧向下箭头可打开列选项菜单，可选择按字母排序指标；或选择“自定义列”打开“编辑视图列”窗格，选择显示/隐藏列和移动列排序位置，如图 8-20③所示。
- “编辑此指标”：将鼠标悬浮在指标记录上，待指标名称右侧出现铅笔图标后单击之，然后编辑此指标，如图 8-20④所示。
- “备注”：将鼠标悬浮在指标记录上，单击“备注”按钮，可以打开当前指标的“详细信息”窗格，然后在“签入历史”栏单击“新建签入”→“包含注释”可以添加注释或备注，如图 8-20⑤所示。完成添加注释后应单击“保存”。此时，备注将会显示注释数。需要编辑或删除注释时，可单击注释右边的“更多选项”，然后从菜单中选择“编辑注释”或“删除注释”。

③ 更新。在编辑模式下，将鼠标悬浮在指标记录上，然后单击…按钮→“请参阅详细信息”。

④ 在“详细信息”窗格单击“连接”→“刷新”，如图 8-20⑥所示。

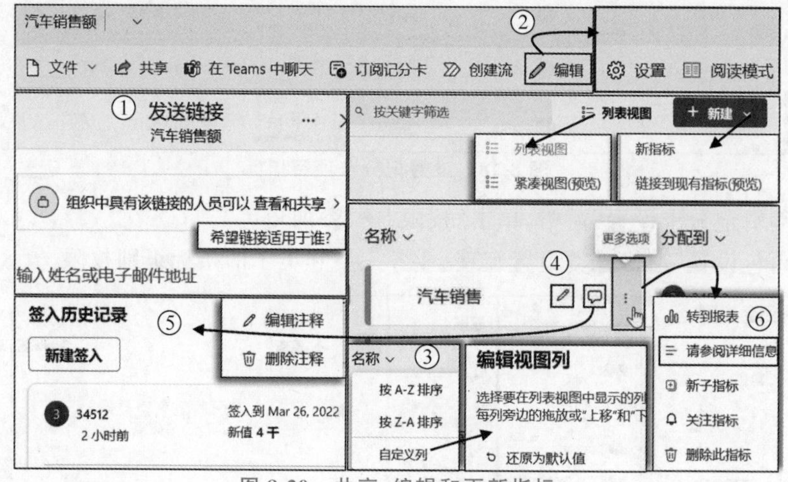

图 8-20 共享、编辑和更新指标

8.1.13 模板应用

模板应用(Template Apps)是按设定模板获取指定数据源报表的一种应用程序。用户可以在极少编码或没有编码的情况下创建模板应用，并将它部署到组织成员或业务客户中，以便组织成员或客户用设定的模板连接实时业务数据，获取可视化资讯、报表和见解。

Power BI 在应用资源(AppSources)中为用户提供了文化体育、医疗卫生、商业服务、市场营销、财务会计等大量模板应用，用户可以登录 Power BI 应用商城浏览查找所需的模板应用，或使用搜索框，输入关键字搜索需要的模板应用。用户下载、安装模板应用后，可以用它连接数据源，获取可视化报表。从 Power BI 应用资源下载、安装模板应用的方法如下。

(1) 登录 Power BI 服务，单击“应用”→“获取应用”，如图 8-21①所示。

（2）在“Power BI 应用”窗口浏览查找需要的应用，或者在“搜索”框输入关键字筛选。然后单击要获取的应用，如图 8-21②所示。例如，选择 Template Apps Exploration Tool（模板应用探究工具），出现介绍页面后单击“立即获取”。

（3）在“安装此 Power BI 应用?”对话框，单击“安装”按钮。待出现“新应用已就绪!”提示框后，单击“转到应用”按钮，如图 8-21③所示。

（4）在该应用的示例数据报表页面，单击“连接您的数据”。此链接将打开“参数”对话框，连接应用指定的数据源。然后选择“身份验证方法”，输入“账户密钥”，了解“此数据源的隐私级别设置”。之后单击“登录并连接”按钮。

（5）使用菜单指令和工具阅读和获取数据，如图 8-21④所示。

- “文件”：可选择“打印此页”“嵌入报表”“生成 QR 码”等选项。
- “导出”：可选择导出“在 Excel 中分析”、PowerPoint、PDF 等选项。
- “在 Teams 中聊天”：单击此项，可打开共享成员聊天页面。
- “获取见解”：单击此项，可打开“见解”窗格，查看关于数据分析见解。
- “订阅报表”：选择此项，可设置和管理电子邮件的订阅。
- “更多选项”：单击此项，可选择“查看相关内容”“打开世系视图”“查看数据集”等选项。
- “筛选器”：可以按需要使用此工具筛选应用页面或视觉对象中的数据。

（6）要退出应用，可单击左下角“返回”按钮。

图 8-21　获取与安装模板应用

示例 8-9　创建和发布“汽车销售”模板应用。

（1）登录 Power BI 服务，单击“工作区”→“创建工作区”，如图 8-22①所示。

（2）在“创建工作区”窗格输入工作区名称。例如，输入“汽车销售模板应用”。需要时，可添加说明和徽标图像，如图 8-22②所示。

（3）展开“高级”部分，勾选“开发模板应用”，然后单击“保存”按钮。

（4）进入新建的“汽车销售模板应用”工作区，将用于创建“模板应用”的报表、仪表板、数据集和工作簿添加到此工作区，如图 8-22③④所示。

（5）单击“创建应用”按钮。然后在“品牌”“导航”“控件”“参数”“身份验证”“访问”选项卡中定义模板应用的属性，如图 8-22⑤所示。

- 品牌：输入应用“名称”“说明”“支持站点（该应用的帮助信息位置）”，上载“应用徽标”，设置“应用主题颜色”。
- 导航：向模板应用添加报表、仪表板，并定义导航窗格。
- 控件：设置允许“查看或编辑数据集模型定义”“导出或从外部连接到数据”等保护知识产权的控制选项。
- 参数：使用原始.pbix 文件数据集参数，设置安装模板应用后连接数据时需要匹配的参数值，并提供模板应用帮助文档的连接。

图 8-22　创建模板应用

- 身份验证：为连接数据源设置身份验证方法，并配置隐私级别。
- 访问：设置访问模板应用范围为“组织”或“指定个人或组”。

（6）单击“创建应用”按钮，如图 8-22⑥所示。

（7）在“应用已做好测试准备”消息框单击“复制”，将应用的链接复制并发送给测试人员，如图 8-23①所示。

（8）在浏览器中用复制的链接下载、安装和测试模板应用。

（9）在模板应用工作区，单击“发布管理”，打开“发布管理”窗格，如图 8-23②所示。在此窗格内可以看到创建的模板应用已完成“生成和编辑”阶段，正在进行测试，后续可根据需要进行推广发布。

- 如果需要继续测试，可在“正在测试”阶段单击“获取链接”并将链接发送给测试人员继续完成测试。
- 完成测试后，需要面向公众推广时，可单击“提升应用（Promote app）”进入“预生产（Pre-production）”阶段，如图 8-23③所示。此时，系统会出现“是否将应用提升到预生产?”提示。注意，提升到预生产阶段后，创建的模板应用将会向公众提供。如确认,可在提示框单击“提升”按钮,将模板应用提交到 AppSource。这样,客户可以在 AppSource 找到、试用和购买它。需要向他人推广应用时,可在“预生产安装连接”框单击“复制”按钮并发送链接,如图 8-23④所示。

- 完成预生产后,可单击“预生产”阶段的“提升”。此时,系统会显示“是否将应用提升到生产?”提示,单击“提升”按钮,此模板应用将完成“生产”,生成公开发布的应用版本,如图 8-23⑤所示。

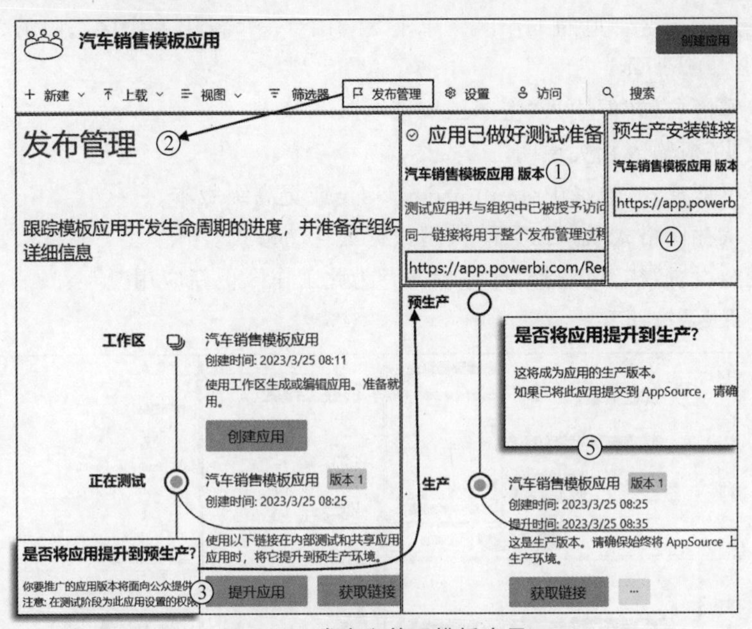

图 8-23　发布和管理模板应用

提示

(1) 模板应用与 Power BI 桌面中的报表模板(Report Templates)不同。前者是一种用可视化报表模板读取实时数据的应用程序,后者指的是创建报表可套用的模板,包括预设样式、格式、公式和视觉对象等。

(2) 在模板应用中,模板和数据是分别获取的,下载的模板应用只包含报表模板和示例数据,安装和运行应用后,方可连接实时数据并需要验证身份。这样,既方便又可保证数据安全。

8.1.14　部署管道

Power BI 部署管道(Deployment Pipeline)是一种创建业务数据持续集成(Continuous Integration)和持续交付(Continuous Delivery)的应用程序工具。使用这个工具,用户可以将企业或组织的报表、分页报表、仪表板、数据集和数据流部署到管道,实行全过程有效协作、分析和动态管理。在 Power BI 服务中,部署管道设计分为三个阶段。

(1) 开发(Development)。建立管道工作区,与组织或企业中管理员协作设计、生成和上传业务数据。

(2) 测试(Test)。对上传的业务数据进行必要的审核修改后,即可进入测试阶段。主要测试内容为:审阅共享数据、加载运行大量数据、向最终用户呈现的外观等。

(3) 生产(Production)。生成可供组织成员共享的管道应用程序最终版本。

示例 8-10 某企业需要部署“汽车销售”管道。

(1) 创建管道(空)。在导航窗格单击“部署管道”→“创建管道”,如图 8-24①所示。

① 在“创建部署管道”对话框“管道名称”框输入“汽车销售”。

② 在“描述(可选)”框输入“部署汽车销售管道”。

③ 单击“创建”按钮。

(2) 新建用于部署管道的工作区。单击“工作区”→“新建工作区”,打开“创建工作区”窗格,如图 8-24②③所示。

① 在“工作区名称”框输入“汽车销售管道”。

② 在“说明”框输入相关说明。

③ 在“许可证模式”选择 Premium Per User 或更高级版本。

④ 在“默认存储格式”框可选择“大型数据集存储格式”。

⑤ 在“安全设置”栏,可选择“允许参入者为此工作区更新应用”。

⑥ 单击“保存”按钮。

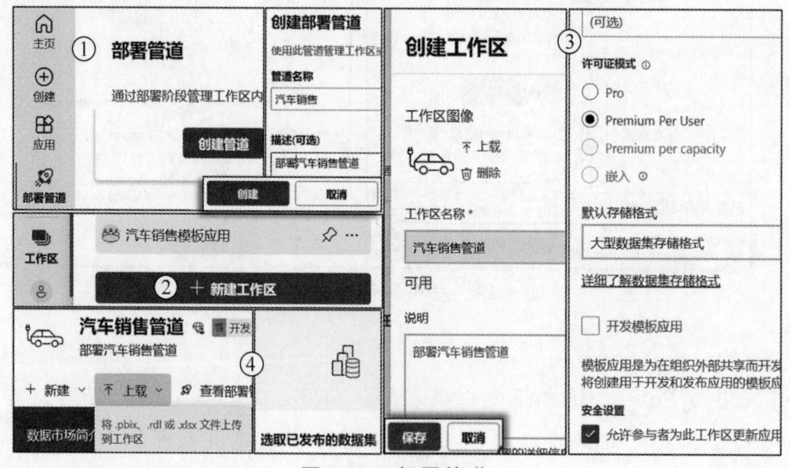

图 8-24 部署管道

(3) 向管道工作区部署内容。在新建的部署管道工作区添加数据,如图 8-24④所示。

① 单击“选取已发布的数据集”,从已发布的数据集中选择要部署的内容。

② 单击“上载”→“浏览”,从本地存储器选择要部署的内容。

(4) 向空管道分配工作区。在导航窗格单击“部署管道”→“汽车销售”,打开“汽车销售”管道页面,如图 8-25①所示。

① 在“汽车销售”管道页面“开发”阶段,单击“选择要分配给此阶段的工作区”向下箭头,选择“汽车销售管道”,然后单击“分配工作区”按钮。

② 要取消分配工作区或打开工作区“设置”窗格,可单击右上角⋮图标,选择相应的选项。

③ 单击“显示更多”向下箭头,可选择要部署的项目。

(5) 将管道部署到测试阶段。在“开发”阶段,经审核满足设计要求后,可单击“部署到测试阶段”,打开“从开发部署到测试”对话框,查看部署项目后单击“部署”按钮,如图 8-25②③④所示。在部署管道的测试阶段可进行如下操作。

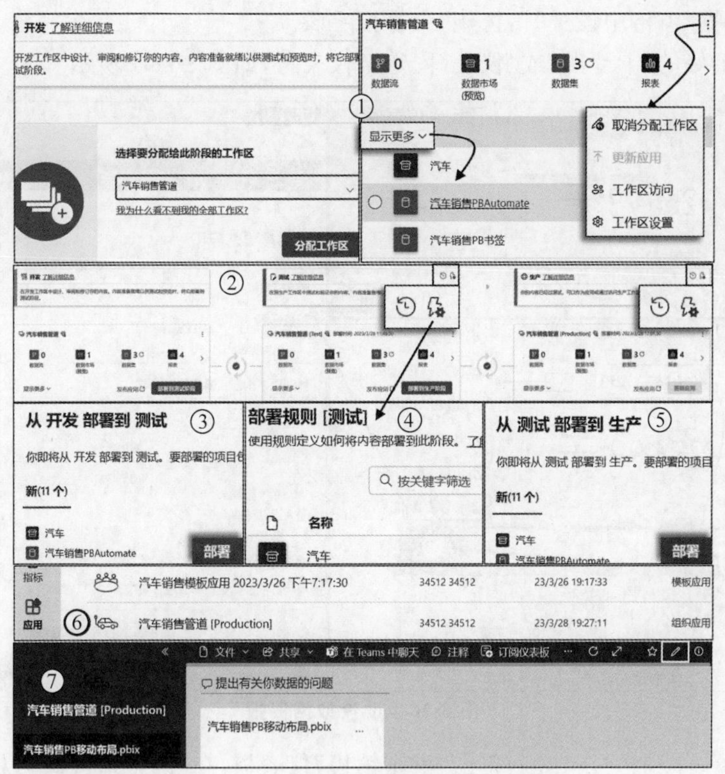

图 8-25 向管道部署内容和发布应用

① 单击右上角[图标]图标,可查看“部署历史记录”。

② 单击右上角[图标]图标,可打开“部署规则”窗格,为测试数据设置“数据源规则”和“参数规则”。

③ 单击“显示更多”可打开项目表,选择要部署至生产阶段的项目。

(6) 部署到生产阶段。经组织成员测试,达到生产要求后,可在“测试”阶段单击“部署到生产阶段”,打开“从测试部署到生产”对话框,经查看确认后单击“部署”按钮,如图 8-25⑤所示。在“生产”阶段,可单击“显示更多”选择“查看应用”或“更新应用”的项目,也可查看“部署历史记录”和设置数据“部署规则”。

(7) 发布应用。经过生产阶段,生成管道应用程序后,可在“生产”阶段单击“发布应用”,如图 8-25⑥所示。完成发布后,在组织内部或设定成员中,将会通过链接收到和启用此管道应用程序,如图 8-25⑦所示。

8.1.15 设置数据警报

在 Power BI 服务仪表板中可以为重要数据设置警报。即在某个数据超过设定的阈值时,系统会自动发出报警通知。下面介绍设置数据警报的操作方法和步骤。

示例 8-11 某企业“汽车销售”项目设置数据警报。

(1) 登录 Power BI 服务,打开“汽车销售”报表。

(2) 在菜单栏单击“编辑”,进入编辑视图。

(3) 在“可视化”窗格单击“卡片图”或“仪表”图标。

(4) 在“数据”窗格中设置“销售额”为警报字段。

(5) 将设置好的“卡片图”或“仪表”固定至仪表板，如图 8-26①所示。

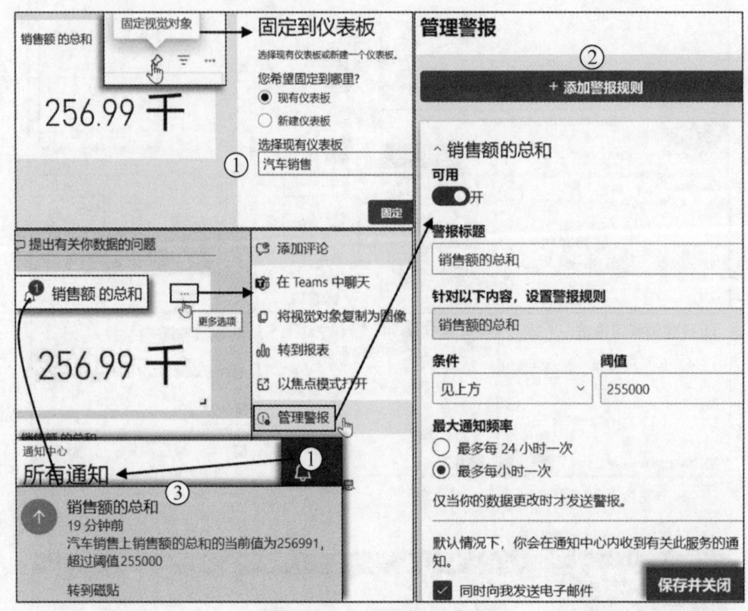

图 8-26 设置数据警报

(6) 选择“汽车销售”工作区，单击“汽车销售”仪表板，在“汽车销售额的总和”卡片图单击“更多选项”→“管理警报”，打开“管理警报”窗格。然后按提示设置警报标题、规则、条件和阈值，如图 8-26②所示。

(7) 单击“保存并关闭”按钮。完成数据警报设置后，在“汽车销售”仪表板及“销售额”磁贴便可收到警报消息，如图 8-26③所示。

8.1.16 实施和管理行级别安全

本节讲解在 Power BI 服务中打开含有行级别安全措施(RLS)的报表，实施 RLS 措施，限定设定角色的数据访问的具体操作方法和步骤。有关创建 RLS 的方法详见 7.1.5 节。

示例 **8-12** 实施和管理“汽车销售”数据的行级别安全措施。

(1) 登录 Power BI 服务，在导航窗格单击“汽车销售”，或者单击“工作区”→“汽车销售”，打开保存的报表和数据集工作区，如图 8-27①所示。

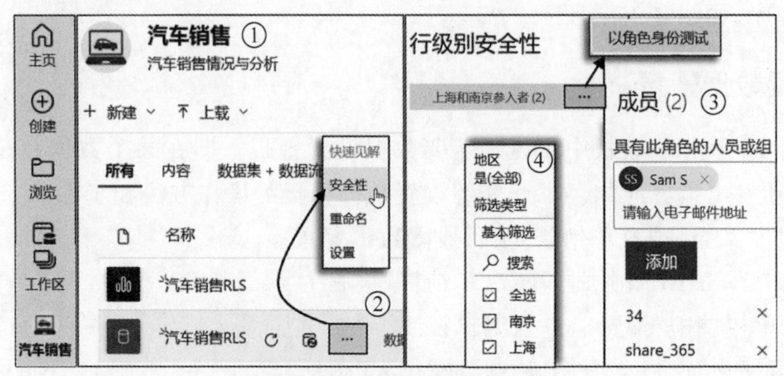

图 8-27 实施和管理 RLS

(2) 单击“汽车销售RLS”数据集右侧“更多选项”→“安全性”,如图8-27②所示。

(3) 在“行级别安全性”窗格选择创建的RLS角色“上海和南京参入者”后,在其右侧的“成员”栏“具有此角色的人员或组”框中输入此角色成员的注册电子邮件地址,并单击“添加”按钮。完成添加成员后单击“保存”按钮,如图8-27③所示。

(4) 单击RLS角色右侧“以角色身份测试”选项,打开已采取RLS措施的报表,进行测试、检查,如图8-27④所示。

(5) 需要移除此角色中的成员时,可单击成员名右侧“×”按钮。

8.2 Power Apps

使用Power Apps可以创建三种类型的应用:画布、模型驱动和门户。画布应用(Canvas Apps)是直接将字段、控件、图像、逻辑等元素拖放到画布来设计和构建业务应用。模型驱动应用(Model-driven Apps)是使用程序设计工具将窗体、视图、图表和仪表板等组件添加到表中构建业务应用。门户(Portal)是使用低代码服务型软件(SaaS)平台Power Pages快速设计、配置和创建面向外部的数据驱动网站。这些应用可在浏览器或移动设备中共享,也可嵌入在SharePoint、Power BI或Teams中运行。

8.2.1 登录与界面

Power Apps是在线平台,其网址为https://make.powerapps.com/。登录时,需用电子邮箱注册,其要求同Power BI。下面按图8-28中的编号介绍Power Apps主页界面。

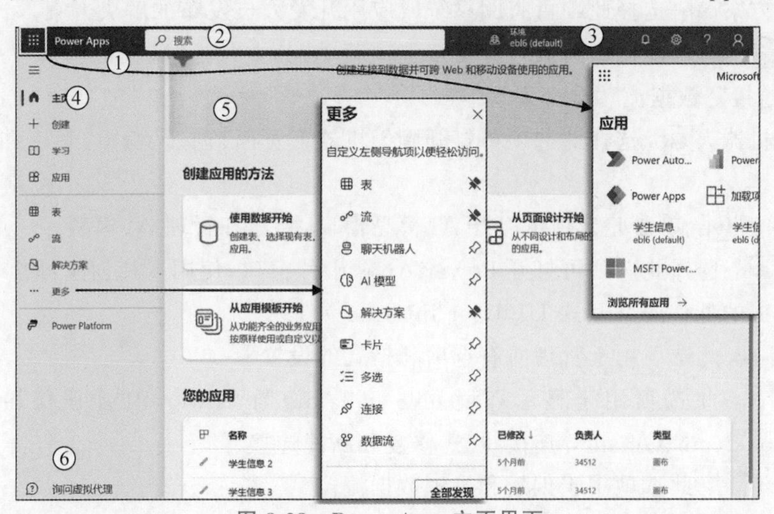

图8-28 Power Apps主页界面

(1) “应用启动器”:单击左上角按钮可以打开应用程序列表,其中包括Power Auto、Power BI、Power Apps、“加载项”、Microsoft Power Platform。此外,还包括用户创建的应用程序,例如“学生信息”等。

(2) “搜索”框:用于搜索Power Apps窗口中所有项目。

(3) “环境”“设置”“帮助”“通知”等选项。

- 环境:包括Dataverse生成的应用,存储在Power BI服务云盘或工作区的数据、应用程序、流、共享组织的业务数据等。

- 设置：Power Apps 的设置选项，内容包括“主题”“语言和时间”“通知”“目录”“密码”等。
- 帮助：此选项包括“文档”“了解”“支持”“社区”“博客”等内容。
- 通知：此选项用于查看系统的通知信息。

(4) 导航窗格。此窗格内包括“主页”“创建”“学习”“应用”“表”“流”“解决方案”“更多”、Power Platform 等选项。单击该窗格左上角的“左导航面板”按钮，可以隐藏/显示导航菜单。

① 主页：单击此选项将打开 Power Apps 主页。

② 创建：选择此选项将进入创建应用流程，可以选择创建画布应用、模型驱动应用、聊天机器人和 AI 模型等 Apps。

③ 学习：单击此选项可打开 Power Apps 学习中心网页，浏览学习文档和培训资料，也可查阅或获取 Power Apps 社区帮助信息，以及其他学习资源。

④ 应用：此选项用于打开应用列表，其中包括已创建应用或其他人创建的共享应用。然后可以从列表中选择或筛选应用，进行播放或编辑。

⑤ 表：此选项用于筛选、打开、编辑、导出、发布现有表，也可以新建、导入数据表，建立业务数据模型和管理业务数据的表。

⑥ 流：单击此选项可打开流页面，其中包括在 Power Automate 创建的云端流、桌面流等。可以筛选、编辑、测试现有流，也可以创建新流。

⑦ 解决方案：选择此项可查阅系统或应用开发人员发布的解决方案。

⑧ 更多：单击此按钮可以打开更多选项菜单，其中包括“聊天机器人”“AI 模型”“卡片”“多选”“连接”“数据流”“全部发现”等。

- 聊天机器人：选择此选项可打开聊天机器人页面，创建、编辑、管理和选用聊天机器人。
- AI 模型：单击此选项可打开 AI 模型窗口，新建和管理 AI 模型。
- 卡片：选择此选项可打开 Power Apps 卡片窗口，使用卡片创建可共享、收集和连接数据的低代码交互式 UI(User Interface)。
- 多选：此选项用于管理所有选项和格式的设置。
- 连接：此选项用于显示环境 ebl6(default)与 Power BI 注册信箱、OneDrive、Outlook.com、Gmail 等连接状态，修复和新建连接。
- 数据流：此选项用于创建和管理数据流。
- “全部发现”按钮：单击此按钮可打开“了解您可以通过 Power Apps 执行的所有操作”页面，浏览、查找需要了解的内容。

⑨ Power Platform：此选项用于打开 Power 平台，其中包括 Automate、BI、Pages、Virtual Agents 等应用的链接。

(5) “快速生成业务应用”：Power Apps 主页正文，以“创建连接到数据并可跨 Web 和移动设备使用的应用”为主题，布设了三部分内容，包括“创建应用的方法”“您的应用”“每个级别的学习链接”。可选择从“使用数据开始”Dataverse、SharePoint、Excel、SQL 或 Figma

开始,并可将上传的应用和窗体图像转为应用。

(6)“询问虚拟代理(Power Virtual Agents)”:单击“询问虚拟代理”按钮可打开“询问虚拟代理”窗格,与虚拟代理(聊天机器人)聊天、互动,可跨网站、移动应用、Facebook、Microsoft Teams 或 Azure Bot Framework 询问相关问题。

提示

(1) Dataverse 是一个用于存储、共享和管理各种数据集或表的平台或空间。通常,由企业或组织创建、维护或管理 Dataverse 平台,使用企业或学校电子邮箱注册的用户可以登录 Power Apps 搜索或添加 Dataverse 平台数据。

(2) AI Builder 是 Power Platform 中专门用于优化业务流程的 AI 工具。用户无须编写程序,就可以使用 AI Builder 的强大功能,按需要量身定制业务流程模型。

(3) Power Virtual Agents 是一个创建聊天机器人的工具,它可以为一系列请求创建具有 AI 支持的聊天机器人。用户可以通过引导式、无代码图形界面创建聊天机器人,为业务问题提供专业支持。例如,可以为销售帮助和支持、营业时间和门店信息、员工健康与福利管理等问题创建聊天机器人。

(4) 卡(Power Apps cards)是一个微型应用程序,它可以调用企业数据、工作流和其他应用程序内容快速构建业务应用。创建时,使用拖放(Drag-and-Drop)控件布设交互式用户(UI)界面元素,包括按钮、表、标签、图像、复选框、文本框等,而无须编写一行代码。

8.2.2　创建应用

在 Power Apps 中,可以从空白或连接的 Excel、Dataverse、Sharepoint 等数据表开始创建应用,也可以从系统提供的模板开始创建应用。本节以创建“学生信息”App 为例,介绍从空白开始,使用 Excel 数据创建应用的方法和步骤。

示例 8-13　创建某班“学生信息”App。

(1) 登录 Power Apps 后,在导航窗格选择“创建”进入“创建您的应用”窗口。

(2) 单击“空白应用”→“空白画布应用”→“创建”。

(3) 在“从空白开始创建画布应用”对话框“应用名称”框输入“学生信息”,在“格式”栏选择“手机”,然后单击“创建”按钮,如图 8-29①所示。

(4) 在“欢迎使用 Power Apps Studio”对话框,单击“跳过”按钮。

(5) 为应用程序设计“背景图像”。

① 单击空白画布后在“屏幕”窗格“属性”栏单击“背景图像”向下箭头并选择“添加图像”。

② 从本地计算机浏览、打开图像文件“校园 1.jpg”。

③ 在“图像位置”框选择“拉伸”,如图 8-29②所示。

(6) 在导航栏单击“数据”按钮,然后在“数据”窗格,单击“添加数据”→“连接符”→“查看所有连接数器”→“从 Excel 导入”,如图 8-29③所示。

(7) 通过“打开”对话框从本地浏览并打开“学生成绩 App20230303.xlsx”文件。

(8) 在“选择表”窗格选择要导入的表“课程”“学分”“学期”“学生信息”。然后单击“连接”按钮将选定的数据添加至“数据”窗格,如图 8-29④所示。

(9) 布设调阅学生成绩和信息的文本标签。

① 单击“插入”→“文本标签”，然后在编辑栏将“文本”更改为“姓名：”，或者在画布上双击标签框中的“文本”后输入“姓名：”。

② 在“标签”窗格“属性”子窗格设置标签的字体、字号、填充、边框等格式。

③ 右击“姓名：”标签，并从菜单上选择“复制”，然后右击画布空白位置并从菜单上选择“粘贴”。

④ 双击新“粘贴”的标签，并将标签内容更改为“学号：”。

⑤ 操作 5 次右击画布空白位置→“粘贴”，并用鼠标在画布上拖曳布设新粘贴的标签。然后按上述④依次将粘贴的标签更改为“性别：”“年龄：”“学分小计：”“住址：”“联系电话：”。

(10) 插入“文本输入”框。

① 单击“插入”→“文本输入”。

② 将“文本输入”框拖曳至“姓名：”标签右侧。

③ 在“文本输入”窗格“属性”栏“提示文本”框输入“请输入姓名：”。

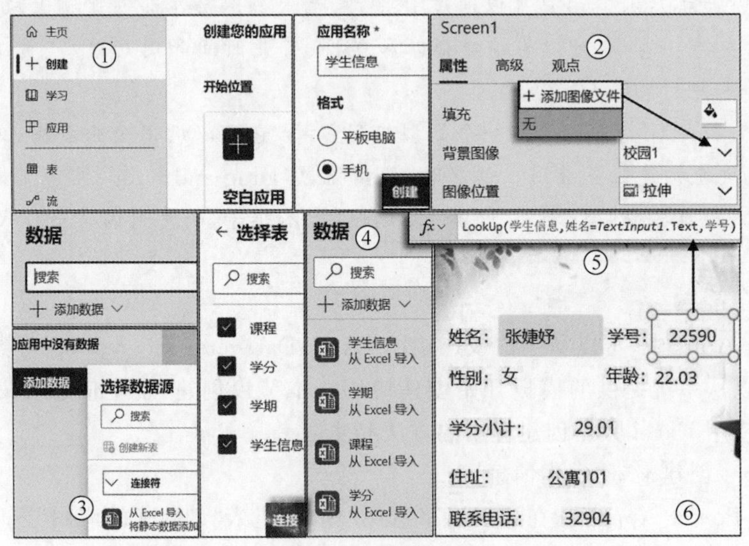

图 8-29 创建 App

(11) 按姓名查找并填充“学号”“性别”“年龄”等数据。

① 单击“插入”→“文本标签”，并将其拖曳至“学号：”右侧。

② 在编辑栏输入公式“LookUp(学生信息，姓名＝TextInput1.Text，学号)”。

- 式中 LookUp 为查找函数。公式含义是从“学生信息”表中按“姓名”等于“TextInput1.Text”的条件，查找对应的“学号”，如图 8-29⑤所示。
- “TextInput1”为文本输入“控件(control)”，也可作为变量，“.Text”用于定义读取变量的文本格式。

③ 按上述①，依次用 LookUp 从“学生信息”表中查找“性别：”“年龄：”“学分小计：”“住址：”“联系电话：”数据并添加至文本标签。

(12) 用鼠标拖放文本框，调整大小、位置，并可在“标签”和“文本输入”属性窗格设置字体、字号、对齐、填充、边框等格式，如图 8-29⑥所示。

(13) 在菜单栏单击“预览应用”按钮▷，或者按 F5 键，如图 8-30①所示。

(14) 在“请输入姓名：”框输入要了解的学生姓名，例如输入“张婕妤”，应用程序便可返回该学生的基本信息和成绩。完成预览后单击“关闭预览模式”按钮⊠，或者按 Esc 键。

（15）单击“保存”按钮，将创建的“学生信息”保存在“应用”目录，如图 8-30②所示。

（16）需要与组织成员或他人共享时，可单击“共享”按钮。

① 在“共享应用”对话框中输入共享者的“姓名、电子邮件地址”，并可添加邮件内容和图像，如图 8-30③所示。

② 或者发送生成的“移动 QR 码”，供分享者扫码打开应用，如图 8-30④所示。

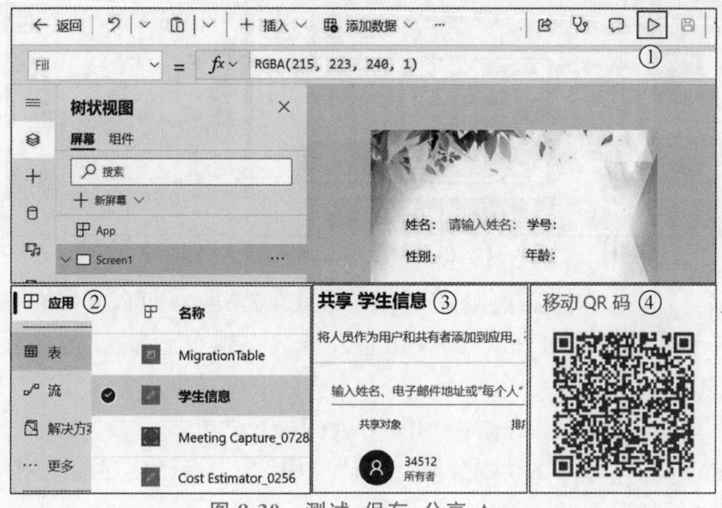

图 8-30　测试、保存、分享 App

8.2.3　在报表中插入应用

从 Power BI“插入”选项卡 Power Platform 组选择 Power Apps，可以在报表中添加或创建应用。下面介绍在 Power BI 报表中插入 Power Apps 的操作方法和步骤。

示例 8-14　在报表中插入“学生信息”App。

（1）启动 Power BI，单击“主页”→“Excel 工作簿”。

① 通过“打开”对话框浏览并打开“学生成绩 App20230303.xlsx”文件。

② 从“导航器”中将“学生信息”表加载至 Power BI。

（2）单击“插入”→Power Apps，或者在“可视化”窗格单击 Power Apps for Power BI 按钮◈，如图 8-31①所示。

（3）在“字段”窗格选择“姓名”等字段。

（4）在 Power Apps 视觉对象中单击“选择应用”按钮，如图 8-31②所示。

① 从列表中选择“学生信息”并单击“添加”按钮。

② 在“即将完成”框单击“跳过”按钮，如图 8-31③④所示。

③ 如果单击“新建”按钮，系统将打开创建“应用”窗口。

（5）在“学生信息”App 视觉对象“姓名”提示框输入学生姓名，查阅学生信息和成绩。例如输入“王建国”，App 将显示该同学的信息及成绩表，如图 8-31⑤所示。

8.2.4　在应用中使用 Power Fx 公式

Power Fx 是微软为 Microsoft Power Platform 开发的低代码语言。其表达逻辑及语

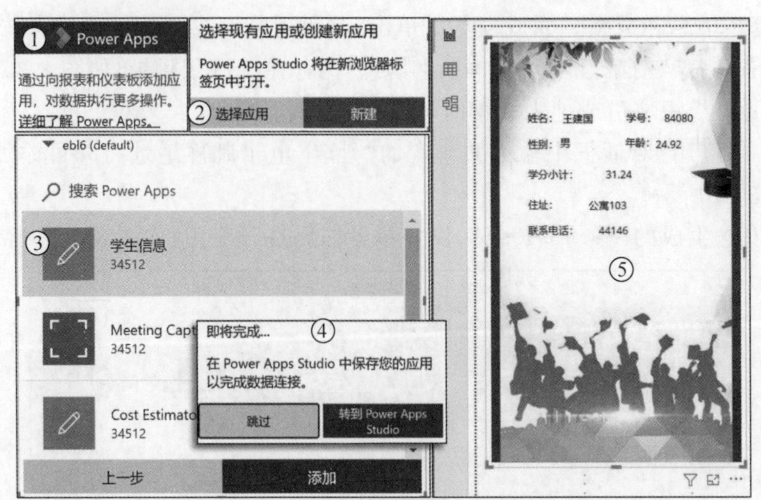

图 8-31 在 Power BI 报表中插入 App

法与 Excel 公式类似，是一种强类型、声明性函数式编程语言，可以直接在公式栏或文本窗口中使用。本节示例讲解使用 Power Fx 语言及函数在画布上筛选、运算数据和制作图表的方法和操作步骤。

示例 8-15 在“学生信息”App 中使用 Power Fx 公式。

(1) 登录 Power Apps。在导航窗格，单击“应用”并选择已创建的应用“学生信息”，然后在菜单区单击“编辑”。

(2) 用 Power Fx 公式添加学分直方图。

① 单击“新屏幕”→“空白”，添加并进入空白页。

② 单击“插入”→“图表”→“柱形图”，如图 8-32①所示。

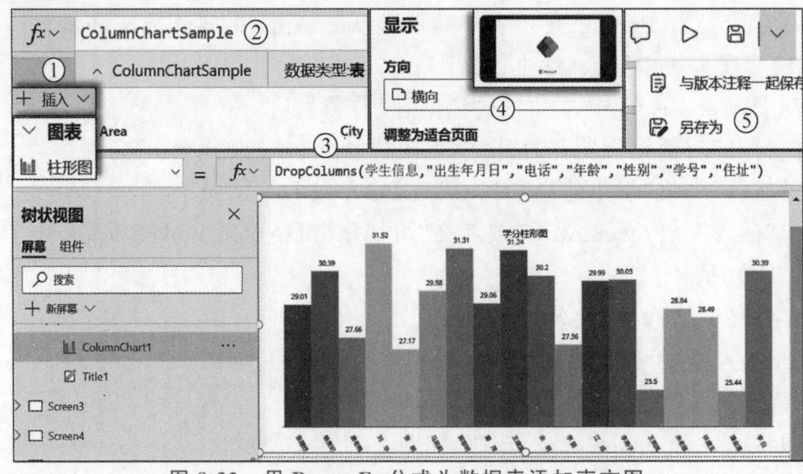

图 8-32 用 Power Fx 公式为数据表添加直方图

③ 在“树状视图”窗格展开 CompositeColumnChart1 后单击 ColumnChart1，然后在公式栏将 ColumnChartSample 改写为“DropColumns(学生信息，"出生年月日"，"电话"，"年龄"，"性别"，"学号"，"住址")”，如图 8-32②③所示。

• 公式栏中原公式 ColumnChartSample 是一个样本表，单击此公式后，在其下面可以看见带向下箭头的表名称及“数据类型”说明。单击此向下箭头可以查看样本表

数据。

- “学生信息”是之前从 Excel 加载的表。在公式栏，可以直接用此表替换 ColumnChartSample。但是，“学生信息”表中含有不需要的其他数据，故用 DropColumns 函数将不需要的列数据去掉，即不读取。

④ 在“树状视图”窗格单击 Title1，然后在公式栏输入标题“学分柱形图”。

⑤ 在菜单区单击“设置”按钮，将“显示”设置为“横向”，如图 8-32④所示。

⑥ 在菜单区单击“保存”图标右侧向下箭头，选择“另存为”并在对话框中输入新应用名称“学生信息 1”，如图 8-32⑤所示。

(3) 添加姓名、性别和学分数据表，并建立搜索框。

① 单击“新屏幕”→“空白”，添加并进入空白页。

② 单击“插入”→“布局”→“垂直库(Gallery)”，然后“预览”框右侧“选择数据源”框中选择“学生信息”，如图 8-33①所示。

图 8-33 用 Power Fx 公式添加数据表并进行搜索、分析

③ 在“树状视图”窗格单击 Title1，然后在公式栏输入“ThisItem.姓名 & "" & ThisItem.性别 & "" & Round(ThisItem.年龄,0)”，如图 8-33②所示。

- 式中 ThisItem 为从“垂直库(Gallery)”控件中引用记录运算符。
- “&”为连接字符串运算符，用法与 Excel 基本一致。
- “Round”为四舍五入函数。

④ 在“树状视图”窗格单击 Subtitle1，并在公式栏将原式更改为“ThisItem.学分小计”。

⑤ 在“垂直库(Gallery)”上方选择空白位置后，单击“插入”→“文本输入”。

⑥ 在“树状视图”窗格单击 Gallery1，并在公式栏将原式更改为“Search(学生信息, TextInput2.Text,"性别","姓名")”，如图 8-33③所示。

- 式中 Search 为搜索函数。
- TextInput2 为上述⑤插入的文本输入控件，也是搜索返回数据框。
- 在控件 TextInput2 中，输入的“性别”或“姓名”后，Search 函数将会搜索“垂直库(Gallery)”并返回符合此条件的记录。

⑦ 在“树状视图”窗格单击 Image1，然后在“图像”窗格“属性”子窗格“图像”框选择或从本地计算机添加一幅图像，如图 8-33④所示。

(4) 用最大值 Max 和最小值 Min 函数查找获得最高分、最低分同学，并计算平均分。

① 在画布选择空白位置后，单击“插入”→“文本标签”。

② 在公式栏输入“Max(学生信息，学分小计)”。

③ 单击“插入”→“文本标签”并将其拖曳至“最高分”左侧，然后在公式栏输入“LookUp(学生信息，学分小计＝Max(学生信息，学分小计)，姓名)”。

④ 单击“插入”→“文本标签”并将其拖曳至“姓名”左侧，然后在公式栏输入“"最高分"”。

⑤ 按住 Ctrl 键并用鼠标选择上述“最高分”和“姓名”等三个标签框，右击之并选择“复制”，然后右击其下面一行并选择“粘贴”。

⑥ 将新粘贴的标签更改为“最低分”，并用 Min 替换 Max 函数。

⑦ 右击下一行空白处，再次选择“粘贴”。

⑧ 将文本标签更改为“平均值”，并在分数标签公式栏输入“Round(Average(学生信息，学分小计)，2)”，如图 8-33⑤所示。

(5) 在菜单栏单击“预览应用”按钮▷，进行测试。

(6) 完成测试后，将应用另存为“学生信息 2”。

(7) 单击“共享”并生成“移动 QR 码”，如图 8-33⑥所示。

提示

(1) 在 Power Fx 公式中“文本标签(Label)”“文本输入(Text input)”等控件可以作为变量引用，这种用途与 Excel 中的单元格差不多。但是，控件可以添加到屏幕的任意位置，并可根据其在公式中的用途为其命名。例如，将两个文本输入控件分别命名为 TextInput1 和 TextInput2，这样，输入公式“TextInput1 ＋ TextInput2”便可以得到 TextInput1 和 TextInput2 中的数字之和。

(2) AddColumns、DropColumns、RenameColumns 和 ShowColumns 是一组用于处理数据表中列数据的函数，分别为添加、删除、重命名和显示列数据。

(3) ThisItem、ThisRecord 和 As 是一组类似自然语言的运算符，用于在一些控件或函数中定义字段或记录。例如，在 Gallery、Edit form、Display form 控件，或 ForAll、Filter、With、Sum 函数中定义字段。

(4) Power Fx 是基于 Excel 公式开发的，其语法、运算符、数据类型等与 Excel 公式类似，比较容易理解和学习。登录 Power Fx 学习网页可查阅详细帮助信息。

```
https://learn.microsoft.com/zh-cn/power-platform/power-fx/
```

8.2.5 Power Apps 移动应用

登录如下网页，可以扫码，下载、安装 Power Apps 移动版。

```
https://learn.microsoft.com/zh-cn/power-apps/mobile/run-powerapps-on-mobile
```

在手机上也可以直接通过浏览器搜索 Power Apps 移动版，然后进行安装。在计算机上可以下载、安装 Power Apps for Windows。为便于组织或公司管理移动应用，微软还推

出了 Microsoft Intune。使用该软件可以为本系统的移动应用制定规则并实施管理，包括发布、推送、配置、保护、监视、更新、加密移动应用，以及防止数据泄露等。

桌面版和移动版 Power Apps 的运行效果如图 8-34 所示。

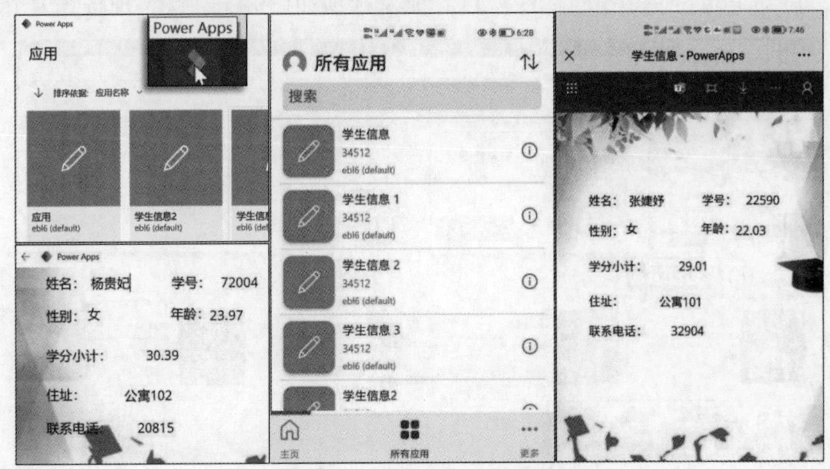

图 8-34　Power Apps 移动版

8.3 Power Automate

在 Power Automate 中，一个或一组自动操作过程被称为流（Flow），用户可以根据操作内容及需求创建云端流（Cloud Flows）、桌面流（Desktop Flows）或业务流程流（Business Process Flows）。

（1）云端流。希望自动、即时或通过计划触发自动化时，可创建云端流。云端流包括自动化流（Automated Flows）、即时流（Instant Flows）和计划流（Scheduled Flows）。自动化流是用某特定事件触发的自动化，例如，通过电子邮件的到达触发自动收件、审核与回复。即时流是通过单击按钮启动自动化，例如，单击移动设备中的按钮自动执行向团队发送提醒或通知。计划流是将工作安排自动化，例如，每日将数据上载到数据库。

（2）桌面流。可用于自动执行桌面应用程序或 Web 任务。例如，从网站中提取数据并将其存储到 Excel 文件，自动组织文档，自动提取信息等。Power Automate 扩展了桌面流的机器人自动化功能，让用户能够将所有重复的桌面流程自动化。

（3）业务流程流。运用业务流程流可以为程序化工作提供指导，例如，引领成员完成组织定义的流程。通过创建业务流程，可以确保输入数据或应对客户时遵循相同的步骤。例如，可以将提交订单、获取发票或销售过程创建为业务流程。

8.3.1　安装 Power Automate 桌面版

在 Power BI"插入"选项卡 Power Platform 组选择 Power Automate，可以插入 Power Automate 视觉对象并创建自动操作流。但是，安装和使用 Power Automate 创建"流"，然后将其插入 Power BI 报表更加高效。Windows 11 可预装 Power Automate，在 Windows 10 及其他版本操作系统可以从如下网站下载安装程序。

```
https://learn.microsoft.com/zh-cn/power-automate/desktop-flows/install
```

从“开始”菜单选择 Power Automate，或者双击屏幕上快捷图标可以启动 Power Automate。启动 Power Automate 的窗口界面及选项如图 8-35 所示，现按编号介绍如下。

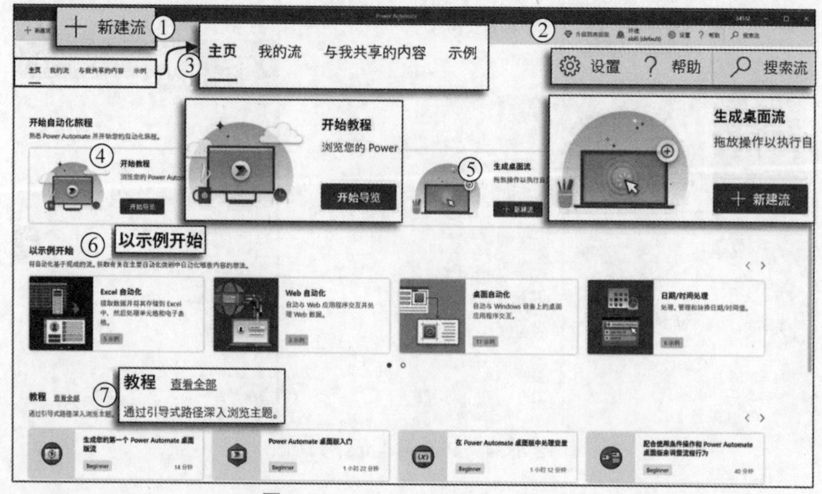

图 8-35 Power Automate 界面

(1) “新建流”：单击此选项将打开“生成流”对话框，开始“创建”流。

(2) “环境”“设置”“帮助”“搜索流”等选项。

- 环境：单击此选项，可打开 Power BI 服务为用户提供的云盘或工作区。用户存储在此空间的数据、应用程序和流，包括共享组织的业务数据，可作为创建流的环境。
- 设置：此选项为 Power Automate 的设置选项，内容包括“应用程序”“监视/通知”“更新”“计算机设置”“数据收集”等。
- 帮助：帮助选项，主要内容有“文档”“开始”“学习”“社区”“反馈”“博客”“关于”。
- 搜索流：此处为搜索框，用于搜索已创建和保存的流。

(3) “主页”“我的流”“与我共享的内容”“示例”页面或窗口标签。

(4) “开始教程”窗格：单击窗格内“开始导览”按钮，可打开 Power Automate 桌面版教程，浏览其核心功能和入门教程。

(5) “生成桌面流”窗格：在此窗格单击“新建流”按钮，可打开“生成流”对话框开始创建流。

(6) “以示例开始”窗格：此窗格内包括“Excel 自动化”“Web 自动化”“桌面自动化”“日期/时间处理”“PDF 自动化”“文本操作”“脚本”“流控制”8 类 40 多个示例。

(7) “教程”窗格：此处显示着 Power Automate 入门、创建流、执行重复性任务等教程的链接，单击可打开相应的培训网页。在“教程”窗格行下面还提供了“有用链接”“新增功能”“扩展您的自动化功能”等内容。

8.3.2 注册和登录 Power Automate 在线版

通过网络浏览器打开“https://flow.microsoft.com/”网页，可以使用电子邮箱免费注册和登录 Power Automate 在线版。下面介绍成功登录后 Power Automate 的窗口界面及选项功能，如图 8-36 所示。

图 8-36　在线 Power Automate 界面

（1）“应用启动器”按钮：单击窗口左上角按钮，可打开应用的启动程序列表。

（2）“搜索”框：可以使用此搜索框从“连接器”“模板”“了解”“文档”“博客”和“社区”搜索有关使用 Power Automate 的内容。

（3）“环境”“设置”“帮助”“我的账户”等选项。

① 环境、帮助选项与 Power Automate 桌面的内容基本一致。

② 设置：单击此按钮可打开“设置”窗格，其中有 Power Automate、“主题”“密码”“联系人首选项”等选项。

- Power Automate 选项包括“管理中心”“查看所有 Power Automate 设置”“查看我的许可证”等内容。
- 主题选项包括 53 套 Power Automate 操作界面色调主题。

③ 我的账户：单击此选项可以打开“我的账户”窗口，其中包括“应用仪表板”“设备”“组织”“安全信息”“密码”“设置和隐私”“我的登录”“Office 应用”“订阅”等内容。

（4）导航窗格。此窗格内包括“主页”“审批”“我的流”“创建”“模板”“连接器”“解决方案”“数据”“监视”、AI Builder、Process mining、“解决方案”“了解”等选项。

① 主页：Power Automate 的主页，其内容包括创建流模板及导航、学习链接、探索功能、新增功能等。

② 审批：此选项用于管理审批工作流，查看、批准和拒绝。

③ 我的流：选择此项可打开我的流窗口，其中包括“新建流”“导入”两组菜单和“云端流”“桌面流”“与我共享的内容”三个页面。“新建流”菜单选项有“模板”“Visio（流程图）模板”“自动化云端流”“即时云端流”“计划的云端流”“描述以进行设计（预览版）”“桌面流”；“导入”菜单选项有“导入解决方案（Dataverse）”“导入包（旧版）”。

④ 创建：此选项用于创建云端流、桌面流，其中包括“从空白开始”“从模板开始”“从

连接器开始”三种方法。

⑤ 模板：选择此项可打开模板窗口，其中包括“首选”“与我共享的内容”“远程工作”“审批”“按钮”、Visio、“数据收集”“电子邮件”“日历”“移动”“通知”“高效工作”“社交媒体”“同步”等模板类别页标签，每页标签都包含许多实用的创建流模板，使用页面顶部搜索框可以快速查找需要的模板。

⑥ 连接器：连接器是API(Application Programming Interface)的代理或包装器，可以用它连接云中的应用、数据和设备，Salesforce、Office 365、Twitter、Dropbox、Google等基础服务，也可以通过它来连接账户，并利用一组预生成的操作和触发器来生成应用和工作流。

⑦ 数据：此菜单下设有“表”“连接”“自定义连接器”“网关”“自定义操作(预览版)”等选项。

⑧ 监视：此菜单下设有“云端流活动”“桌面流活动”“AI Builder活动(预览版)”“桌面流运行”“工作队列(预览版)”“计算机”等选项。

⑨ AI Builder：此菜单下设有“探索”“模型”“文档自动化”等选项。人工智能生成器是一个加载项，其主要功能是使用自定义或预生成模型将AI引入应用和流程中，分析文本、预测事物、处理信息、查找见解，并可自动执行流程、提高工作效率。

⑩ Process mining：使用流程挖掘查找业务流中的问题，改进或优化业务流，包括财务、运营和供应链等流程。也可用于识别和优化桌面流、云端流。

⑪ 解决方案：选择此项可查阅系统发布的用户使用中的各类问题解决方案。

⑫ 了解：此选项用于打开Power Automate的学习和培训网页。

(5)“创建一个流以端到端方式自动执行重复的业务任务”栏：单击此栏中的“创建”按钮，可以开始创建以端到端方式自动执行重复的业务任务的流。

(6)“每个级别的学习链接”栏：此栏内分类排列着初级、中级学习课程的链接，单击课程名称可打开链接的课程。

(7)“发现无基础结构的流程机器人自动化(RPA)”栏：此栏内链接的是“托管的RPA(Robotic Process Automation)”加载项，单击“新建托管计算机(组)”可打开“新建托管计算机”窗口，开始创建托管计算机。通过托管计算机，可以构建、测试并运行有人参与和无人参与的桌面流，而无须提供或设置任何物理计算机。

(8)“要在Power Automate中探索的更多功能”栏：此栏内包括“定价”“操作方法视频”“社区论坛”“文档”“功能请求”“常见问题”等内容。在此栏下面还排列着“新增功能”和Power平台的相关信息。

(9)“询问聊天机器人”选项：单击此选项可打开右侧聊天窗格，用英文与系统设计的机器人聊天，讨论有关Power Automate及平台的问题。

8.3.3 创建流

本节讲解了Power Automate创建业务流的具体操作方法和步骤。

示例8-16 使用Power Automate新建三项业务流：①从“8.Power query编辑器.pdf”文件1～10页中提取图像；②从“8.Power query编辑器.pdf”文件中提取文本；③启动

Excel，打开“学生成绩.xlsx”工作簿。

完成上述三项业务流的操作方法和步骤如下。

(1) 在 Power Automate 主页单击“新建流”，打开“生成流”对话框。

① 在“流名称”框输入“从 PDF 文件提取图像”。

② 单击“创建”按钮，如图 8-37①所示

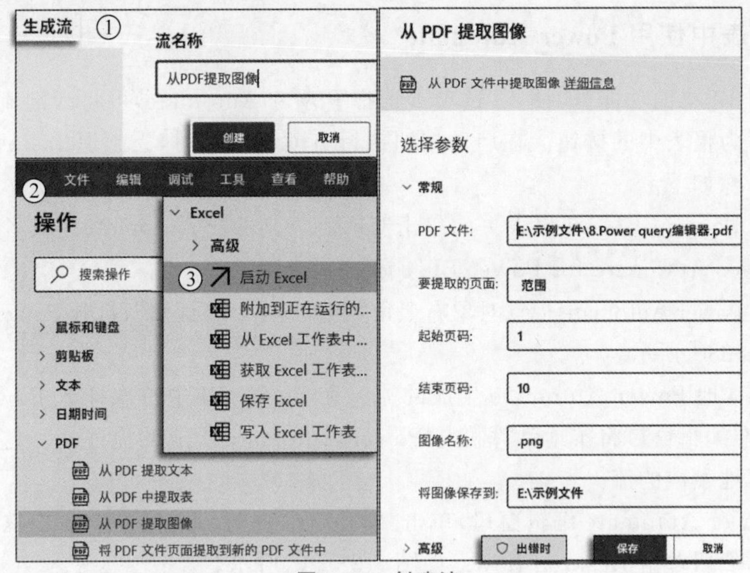

图 8-37 创建流

③ 在“操作”窗格展开 PDF 选项，并选择“从 PDF 提取图像”，如图 8-37②所示。

④ 在“PDF 文件”框单击“选择文件”按钮，输入 PDF 文件名“8.Power query 编辑器.pdf”。

- 在“要提取的页面”可选择“全部”“单个”或“范围”。本例在“起始页码”框输入“1”，在“结束页码”框输入“10”。
- 在“图像名称”框输入提取、保存图像文件后缀“.png”。
- 在“将图像保存到”框单击“选择文件夹”按钮，然后选择保存文件的位置。
- 需要设置密码时，可单击“高级”，然后输入要设置的密码。
- 若要处理运行“流”出错问题，可单击“出错时”按钮，然后设置“继续流运行”还是引发“错误”选项。
- 完成设置后单击“保存”按钮，如图 8-37③所示。

⑤ 单击“运行”按钮，测试创建的“流”。

⑥ 单击“保存”按钮。

(2) 按上述步骤从“操作”窗格中选择“从 PDF 提取文本”选项并创建从“8.Power query 编辑器.pdf”文件中提取文本的业务流。

(3) 创建自动打开 Excel 文件流。单击“新建流”，打开“生成流”对话框。

① 在“流名称”框输入“启动 Excel 学生成绩表”，然后单击“创建”按钮。

② 在“操作”窗格展开 Excel 选项，并双击“启动 Excel”，打开对话框。

③ 在“启动 Excel”框选择“并打开以下文档”。

④ 在“文档路径”框单击“选择文件”按钮，选择或输入文件名“学生成绩.xlsx”，并单击“保存”按钮。

⑤ 单击“运行”按钮，测试创建的“流”。

⑥ 完成测试后单击“保存”按钮，如图 8-37④所示。

(4) 在编辑窗口对创建的流进行编辑、调试、记录、查看和保存等操作。

8.3.4 在报表中使用 Power Automate

在 Power BI 桌面功能区“插入”选项卡选择 Power Automate，可将云端流、桌面流或业务流程流设置为报表中的按钮。在启动按钮执行自动化任务时，无须退出 Power BI。具体操作方法和步骤如下。

(1) 启动 Power BI 后，在报表页面单击“插入”→Power Automate。或者，在“可视化”窗格单击 Power Automate for Power BI 图标。

(2) 单击 Power Automate 视觉对象右上角“更多选项”→“编辑”，打开 Power Automate 编辑窗口，如图 8-38①所示。

(3) 连接本地 Power Automate 生成的流。在 Power BI 中首次插入 Power Automate 应用时，需要在编辑窗口将本地计算机与 Power Automate 生成的流连接。这样，插入的应用才能读取本地生成的流。

① 在 Power Automate 编辑窗口，单击“新建”→“即时云端流”→“新步骤”，打开“选择操作”对话框，然后单击 Desktop flows，如图 8-38②③所示。

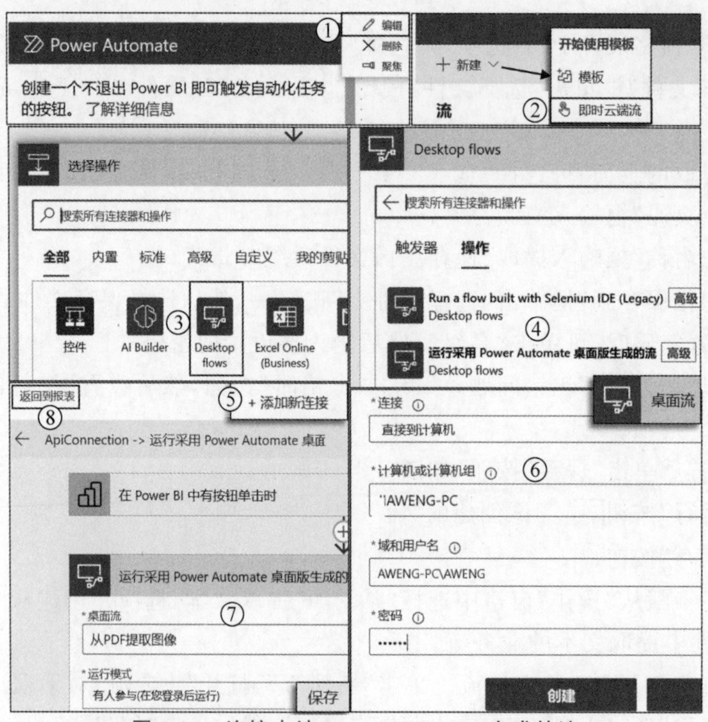

图 8-38 连接本地 Power Automate 生成的流

② 在 Desktop flows，单击“运行采用 Power Automate 桌面版生成的流”，打开对话框

后，单击右上/下角“更多选项”→“添加新连接”，打开“桌面流”对话框，如图 8-38④⑤。然后选择和输入连接的计算机、域、用户名和启动密码，如图 8-38⑥所示。

- “连接”：在此框选择“直接到计算机”。
- “计算机或计算机组”：在此框内直接选择本地计算机名。
- “域和用户名”框：在此框输入本机域和用户名。
- “密码”：指开机启动 Windows 的密码。输入后单击“创建”按钮。

③ 在“运行采用 Power Automate 桌面版生成的流”对话框中选择要采用的流，然后单击“保存”按钮，如图 8-38⑦所示。

④ 在菜单行单击“保存并应用”按钮后，单击“返回到报表”按钮，如图 8-38⑧所示。

(4) 新建流。按上述步骤(2)打开 Power Automate 编辑窗格选择新建流，如图 8-39①所示。

① 单击“新建”→“模板”，选择一种模板开始新建流。

② 单击“新建”→“及时云端流”，从“选择操作”开始新建。

(5) 采用流。已完成与本地 Power Automate 连接的，插入 Power Automate 视觉对象并打开编辑窗口，可以看到系统已自动将 Power Automate 生成的流按编号排列在编辑区，用户可以按需要直接选择要采用的流。

① 勾选要采用的流“ApiConnection－＞…桌面版生成的流”。若要查看原生成流的名称，可单击“编辑”选项(见编辑流)。此流原名称为“从 PDF 提取图像”。

② 在选定流右侧单击“应用”按钮☑，看到窗口上沿出现“您已成功将……应用于按钮”信息后，单击“返回到报表”，如图 8-39②所示。

③ 选择画布空白位置，在“可视化”窗格单击 Power Automate for Power BI 图标。然后按上述步骤，将“ApiConnection－＞…桌面版生成的流 2(从 PDF 提取文本)”应用于按钮。

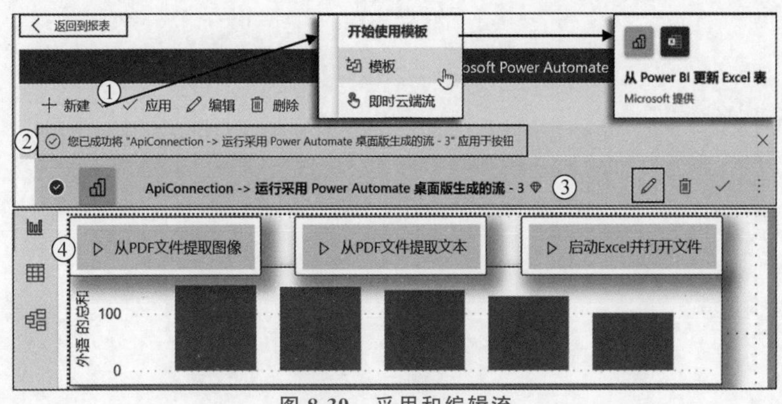

图 8-39 采用和编辑流

④ 重复上述③，将“ApiConnection－＞…桌面版生成的流 3(启动 Excel 学生成绩表)”应用于按钮，如图 8-39③所示。

⑤ 依次设置 Power Automate 按钮格式。单击选择要设置格式的按钮后，在“可视化”窗格单击“设置视觉对象格式”。然后按需要调整大小、更改按钮文本“Button text”并设置字体、字号、填充、边框等格式，如图 8-39④所示。

⑥ 按住 Ctrl 键，单击插入的 Power Automate 按钮运行自动化流。

（6）编辑流。在 Power Automate 编辑窗口，可以选择“编辑”流。

① 勾选要编辑的流，然后在其右侧单击“编辑”按钮。

② 单击“运行采用……生成的流”，展开“编辑”选项框，如图 8-40①所示。

③ 单击“编辑”按钮可打开 Power Automate 应用图标。需要启动应用编辑选定的流时，可单击“启动应用”按钮，如图 8-40②③所示。

④ 单击“新步骤”按钮，可打开“选择操作”框，为选定流添加新步骤，如图 8-40④所示。

⑤ 需要进行“重命名”“添加注释”“静态结果”“设置”“扫视代码”等操作时，可单击“更多选项”，打开菜单选择，如图 8-40⑤所示。

图 8-40 采用和编辑流